Hans-Joachim Wunderlich

Hochintegrierte Schaltungen: Prüfgerechter Entwurf und Test

Mit 391 Abbildungen und 52 Tabellen

Springer-Verlag

Berlin Heidelberg New York
London Paris Tokyo
Hong Kong Barcelona

HANS-JOACHIM WUNDERLICH
Institut für Rechnerentwurf und Fehlertoleranz
Universität Karlsruhe
Postfach 69 80
Zirkel 2
W-7500 Karlsruhe

ISBN 3-540-53456-3 Springer-Verlag Berlin Heidelberg New York

CIP-Titelaufnahme der Deutschen Bibliothek
Wunderlich, Hans-Joachim: Hochintegrierte Schaltungen: Prüfgerechter Entwurf und Test /
Hans-Joachim Wunderlich. – Berlin; Heidelberg; New York; London; Paris; Tokyo; Hong
Kong; Barcelona: Springer, 1991
ISBN 3-540-53456-3 (Berlin ...)
ISBN 0-387-53456-3 (New York ...)

© Springer-Verlag Berlin Heidelberg 1991
Printed in Germany

45/3140 - 5 4 3 2 1 0 – Gedruckt auf säurefreiem Papier

Vorwort

Es setzt sich heute immer mehr die Erkenntnis durch, daß anwendungs-spezifische hochintegrierte Schaltungen nur dann wirtschaftlich eingesetzt werden können, wenn bereits beim Entwurf die Testerzeugung und Test-durchführung berücksichtigt werden. Um die Ausbildung für den rechnerge-stützten Schaltungsentwurf an der Fakultät für Informatik der Universität Karlsruhe entsprechend abzurunden, hat der Autor seit dem Wintersemester 1985/1986 die Vorlesung "Testprobleme hochintegrierter Schaltungen" ange-boten. Etwa zum gleichen Zeitpunkt etablierte sich am dortigen Institut für Rechnerentwurf und Fehlertoleranz die Forschungsgruppe "Prüfgerechter Entwurf und Test". Das vorliegende Buch vereinigt die Erfahrungen aus der Vorlesung und die Ergebnisse der Forschungsgruppe. Es gibt einen Über-blick über wichtige Techniken des prüfgerechten Entwurfs, des Selbsttests sowie der Testerzeugung, und es enthält zahlreiche neue Vorschläge auf die-sem Gebiet.

In der vorliegenden Form wurde die Arbeit als Habilitationsschrift unter dem Titel "Rechnergestützte Verfahren für den prüfgerechten Entwurf und Test hochintegrierter Schaltungen" von der Fakultät für Informatik der Uni-versität Karlsruhe angenommen. Referent war Professor Dr.-Ing. Detlef Schmid. Er schuf am Institut für Rechnerentwurf und Fehlertoleranz optimale Bedingungen für den Aufbau der Arbeitsgruppe. Ohne seinen großen Einsatz hätte dieses neue Gebiet dort nicht etabliert und die vorliegende Arbeit nicht erstellt werden können.

Als zweiter Gutachter stellte sich Prof. Dr.-Ing. Kurt Antreich von der Technischen Universität München zur Verfügung. Er nahm großen Anteil an der Entwicklung und didaktischen Aufarbeitung des Stoffes. In besonders dankenswerter Weise unterstützte er zusätzlich auch die Herausgabe des Bu-ches.

Die Arbeit gewann sehr an Qualität durch die Hilfe der gesamten For-schungsgruppe. Frau Dipl.-Math. Sybille Hellebrand, Herrn Dipl.-Ing. Bern-hard Eschermann und Herrn Dipl.-Ing. Albrecht Ströle bin ich besonders

dankbar für zahlreiche kritische Anmerkungen und konkrete Verbesserungs-
vorschläge. Bei den mühevollen Schreib- und Zeichenarbeiten unterstützten
mich Herr Dipl.-Inform. Günther Burr, Herr Dipl.-Inform. Jürgen Holzin-
ger, Frau Renate Murr-Grobe, Frau Danuta Tautz und Herr cand. inform.
Ralf Welt. Schließlich danke ich Herrn Dr. S. Görlich, Herrn Dr. R. Schade
und Herrn Dr. E. Wolfgang von der Firma Siemens AG für Anschauungsma-
terial und Frau I. Mayer und Herrn Dr. H. Wössner vom Springer-Verlag für
ihre Hilfe bei der schnellen Herausgabe des Buches.

Karlsruhe, August 1990   Hans-Joachim Wunderlich

Inhaltsverzeichnis

Verwendete Symbole und Abkürzungen

n^+	n-dotiertes Substrat	$A \cap B$	Durchschnitt von A und B
p^+	p-dotiertes Substrat	$A \cup B$	Vereinigung von A und B
$\mathbf{N}$	Menge der natürlichen Zahlen	$A \times B$	$\{(a,b) \mid a \in A \wedge b \in B\}$
$\mathbf{R}$	Menge der reellen Zahlen	$\emptyset$	die leere Menge
$\mathbf{Z}_n$	zyklische Gruppe der Ordnung n	$\mathscr{P}(F)$	Potenzmenge von F, $\{G \mid G \subset F\}$
$+_n$	Addition modulo n	$\exists$	Existenzquantor
$\mathbf{F}_q$	Körper mit q Elementen	$\forall$	Allquantor
∞	unendlich	$A \propto B$	Problem A ist polynomial auf B
$\ln(x)$	Logarithmus von x zur Basis e		reduzierbar
$\mathrm{ld}(x)$	Logarithmus von x zur Basis 2	$\mathrm{dom}(z)$	Menge der Dominatoren von z

$\dfrac{df(X)}{dx_i}$ falls $X \in \mathbb{R}^n$: partielle Ableitung

nach x_i,

falls x ein Tupel boolescher
Variabler: boolesche Differenz

$k!$ $\displaystyle\prod_{i=1}^{k} i$

$\dbinom{n}{k}$ $\dfrac{n!}{k! \cdot (n-k)!}$

$|a|$ Absolutbetrag oder Mächtigkeit
von a

$\lceil a \rceil$ kleinste ganze Zahl größer als a

$\mathrm{ord}(a)$ Ordnung des Gruppenelements a

$<a>$ von a erzeugte Untergruppe

$a < b$ a ist echt kleiner als b

$a \neq b$ a ungleich b

$a \approx b$ a ungefähr gleich b

$a \cong b$ a isomorph b

$a \in A$ a ist Element der Menge A

$a \notin A$ a ist nicht Element von A

$\min A$ kleinstes Element der Menge A

$\max A$ größtes Element der Menge A

$\phi''A$ Bild von ϕ, $\{\phi(x) \mid x \in A\}$

$A \subset B$ A ist Teilmenge von B

$A \not\subset B$ A ist nicht Teilmenge von B

$A := B$ A ist per Definition gleich B

$P(A)$	Wahrscheinlichkeit, daß die Aussage A wahr ist
$F(c)$	Verteilung der Defektdichte
$f(D)$	Verteilungsdichte der Defektdichte
$h(x)$	Verteilungsdichte der Defektgröße
Y	Ausbeute
D_0	durchschnittliche Fehlerdichte
$\Gamma(t)$	Gammafunktion
$f_{\beta,\alpha}(x)$	Verteilungsdichte einer gammaverteilten Größe x
$\mathrm{Var}(x)$	Varianz von x
$C(\tau)$	Autokorrelationsfunktion
$G_N^F(X)$	Gütefunktion
"0", "1"	boolesche Variablen, falls keine Mißverständnisse möglich sind, auch als 0, 1 bezeichnet
0, 1	reelle Zahlen
U	unbestimmtes Signal
$\mathscr{A} = (A, +, \cdot)$	boolesche Algebra
$\mathscr{B} := (\{"0", "1"\}, \vee, \wedge, \neg)$	zweielementige boolesche Algebra
$\mathscr{B}_U$	$(\{"0", "1", U\}, \vee, \wedge, \neg)$
X^l	Tupel boolescher Zufallsvariabler

$\neg a$, $\overline{a}$	nicht a
$\wedge$	Und-Verknüpfung
$\vee$	Oder-Verknüpfung
$a \oplus b$	für a, b $\in$ $\mathscr{B}$: Antivalenz, für a, b $\in$ $\mathbf{F}_2$: Addition modulo 2
$a \Rightarrow b$	aus a folgt b
$a \Leftrightarrow b$	a ist zu b äquivalent
$(L_n, \leq)$	pseudo-boolesche Algebra mit $3n + 1$ Elementen
$a \# b$	das kleinste Element $c \in L_n$ mit $a \leq c$ und $b \leq c$: auch "Sharp"-Produkt im Würfelkalkül
$\#V$	$v_1 \# v_2 \# ... \# v_n$ für $V = \{v_1, ..., v_n\}$
$a \ddagger b$	das größte Element $c \in L_n$ mit $c \leq a$ und $c \leq b$
V_c	Menge der kombinatorischen Knoten im Schaltungsgraph
V_s	Menge der sequentiellen Knoten im Schaltungsgraph
I	Menge der Primäreingänge im Schaltungsgraph
$\omega(u,v)$	Pfad von u nach v
$\ell(\omega)$	Länge des Pfades (Zahl der Knoten auf ω)
$deg^-(v)$	Zahl eingehender Kanten in v
$deg^+(v)$	Zahl ausgehender Kanten von v
$deg(v)$	Grad des Knotens v, d. h. die Zahl aller eingehenden oder ausgehenden Kanten
$pd(v)$	die Menge der unmittelbaren Vorgänger von v
$sd(v)$	die Menge der unmittelbaren Nachfolger von v
$p(v)$	die Menge aller Vorgänger von v
$s(v)$	die Menge aller Nachfolger von v
$rg(v)$	der Rang des Knoten v
v^i	der i-te Knoten in der Aufzählung gemäß dem Signalfluß
$CC^0(k)$	Steuerbarkeits- und
$CC^1(k)$	Beobachtbarkeitswerte
$CO(k)$	
$SC^0(k)$	
$SC^1(k)$	
$SO(k)$	
$K(o)$	Kegel von o
f_v	die Bauelementefunktion des Knotens v
$\mathscr{Im}(G)$	Implementierung des Schaltungsgraphen
$C\uparrow$	steigende Taktflanke
Δ_{max}	maximale Verzögerungszeit eines Gatters
Δ_{min}	minimale Verzögerungszeit eines Gatters
$v^*(B)$	boolescher Wert von v bei der Schaltungseingabe B
$G^*(B)$	boolescher Wert aller Schaltungsausgänge bei der Schaltungseingabe B
$t(X)$	ein Produktterm mit Literalen aus X
$\mathscr{C}$	Überdeckung
$\mathscr{C}_f$	Überdeckung der Funktion f
$\tilde{\mathscr{C}}_f$	orthogonale Überdeckung von $\overline{f}$
$\mathscr{J}$	charakteristische Überdeckung
$\mathscr{J}_{\mathscr{Z}}$	vermöge $\mathscr{Z}$ reduzierte Überdeckung
$EXP(\mathscr{J}_{\mathscr{Z}})$	Expansion von $\mathscr{J}_{\mathscr{Z}}$
$\tilde{\mathscr{D}}_f$	Primitive D-Würfel, D-Fortpflanzungswürfel
s1-a	Haftfehler an "1" am Anschluß a
s0-a	Haftfehler an "0" am Anschluß a
s-op	Fehler "ständig offen"
$T(\alpha)$	Testmenge für den Fehler α
$F(\alpha)$	Fehleräquivalenzklasse für den Fehler α
$\sigma(e_1, ..., e_n)$	Transmissionsfunktion
$<\varepsilon_{n-i}>_{0 \leq i \leq n}$	Fehlerindikationsfolge
$S(v)$	Supergate von v
$IS(v)$	Eingänge des Supergates von v

1 Einleitung

1.1 Das Testproblem für hochintegrierte Schaltungen

Hochintegrierte Schaltungen können nur nach aufwendigen Tests eingesetzt werden. Bevor die Serienfertigung aufgenommen wird, müssen Prototypen getestet werden, um den Entwurf zu validieren. Während der Serienfertigung treten mit statistischer Gesetzmäßigkeit Defekte auf, die durch einen Test gefunden werden müssen. Schließlich müssen die Schaltungen während der Reparatur und der Wartung des Gesamtsystems geprüft werden. Auch sorgfältigere Herstellungsverfahren können den Test und die Aussonderung defekter Schaltungen nicht überflüssig machen. Die steigende Integrationsdichte mit Leitungsbreiten in der Größenordnung von 1 μm führt dazu, daß immer kleinere Defekte bereits den Ausfall der Schaltung verursachen können.

Zugleich wächst der Aufwand zur Testerzeugung und Testdurchführung überproportional mit der Zahl der in einem Chip integrierten Funktionen, so daß die Testkosten für anwendungsspezifische Schaltungen bereits zwischen 60% und 70% der Gesamtkosten ausmachen können [Will86, Benn84]. Diese unverhältnismäßig große Kostensteigerung für den Test hat mehrere Ursachen. Die *Zugänglichkeit* der in einer Schaltung realisierten Moduln verschlechtert sich, da die Zahl der außen verfügbaren Anschlüsse nicht in dem Maße vergrößert werden kann, wie die Zahl der realisierten Transistoren. Zur *Erzeugung eines Testprogramms* müssen Probleme von hoher Komplexität gelöst werden, deren Aufwand im schlimmsten Fall exponentiell und in der Praxis quadratisch bis kubisch mit der Schaltungsgröße wächst. Die *Zahl der Testmuster* steigt in der Regel linear an, da sie jedoch wegen der erwähnten geringeren Zugänglichkeit zumeist seriell in die Schaltung eingegeben werden, kann die *Testdurchführungszeit* quadratisch zunehmen. Da es zahlreiche Defekte gibt, die nicht die logische Funktion, aber die Schaltzeit beeinträchtigen, müssen die umfangreichen Prüfdaten in großer Geschwindigkeit der Schaltung zugeführt und ausgewertet werden. Insgesamt müssen die *Prüfgeräte* mindestens so leistungsfähig wie die zu testenden Schaltungen sein, so daß hierfür die neueste Technologie zu hohen Kosten verwendet werden muß.

Häufig sind Testerzeugung und Testdurchführung nur möglich, wenn bereits beim Entwurf unterstützende Maßnahmen getroffen wurden. Hierbei wird versucht, die Schaltung zu partitionieren, einzelne Teile von außen leichter zugänglich zu machen oder sie für einen Selbsttest auszustatten. Allerdings nimmt durch den prüfgerechten Entwurf die benötigte Chipfläche zu, so daß sich auch dadurch die Gesamtkosten der Schaltung erhöhen.

Schließlich ist der überproportionale Anteil der Testkosten auch durch die Verringerung der Kosten des Entwurfs und bei der Herstellung bedingt. Der Entwurfsaufwand kann durch zahlreiche neue, rechnergestützte Verfahren um mehrere Größenordnungen gesenkt werden. Standardzellensysteme stellen dem Entwerfer eine Bibliothek von Bauelementen zur Verfügung, mit denen er eine Netzliste zusammenstellen kann, die automatisch plaziert und verdrahtet wird. Die Generierung der Bauelemente kann durch sogenannte "Silicon Compiler" aufgrund parametrisierter Angaben des Benutzers ebenfalls automatisiert werden.

Eine wichtige Maßnahme zur Reduktion der Herstellungskosten ist der Einsatz bereits teilweise vorgefertigter Schaltungen wie "Gate Arrays", "Sea-of-Gates" oder "Logic Cell Arrays".

Die Kostenvorteile dieser neuen Techniken können nur dann voll zur Geltung gebracht werden, wenn beim automatisierten Entwurf bereits der Test berücksichtigt wird. Es gibt zahlreiche Maßnahmen zur Unterstützung der Testerzeugung und Testdurchführung, die hierbei eingesetzt werden können. In den folgenden Kapiteln werden diese Techniken ausführlich vorgestellt. Besonderer Wert wird darauf gelegt, derartige Teststrategien im rechnergestützten Entwurf automatisch zu realisieren.

1.2   Teststrategien

Eine Schaltung muß um so genauer geprüft werden, je unzuverlässiger der Produktionsprozeß und je geringer die Ausbeute ist. Zu diesem Zweck kann der Entwerfer unter zahlreichen Teststrategien auswählen. Unter einer Teststrategie verstehen wir sowohl ein Verfahren zur Testmustererzeugung und zur Testdurchführung zusammen mit den Entwurfsmaßnahmen, die bei der Anwendung dieser Verfahren vorausgesetzt werden müssen, als auch das Fehlermodell, das diejenigen Fehlfunktionen der Schaltung enthält, die aus technologiebedingten Gründen zu erwarten und während des Tests zu finden sind. Eine erste Einteilung unterscheidet Strategien zur Unterstützung des externen Tests und Methoden des Selbsttests.

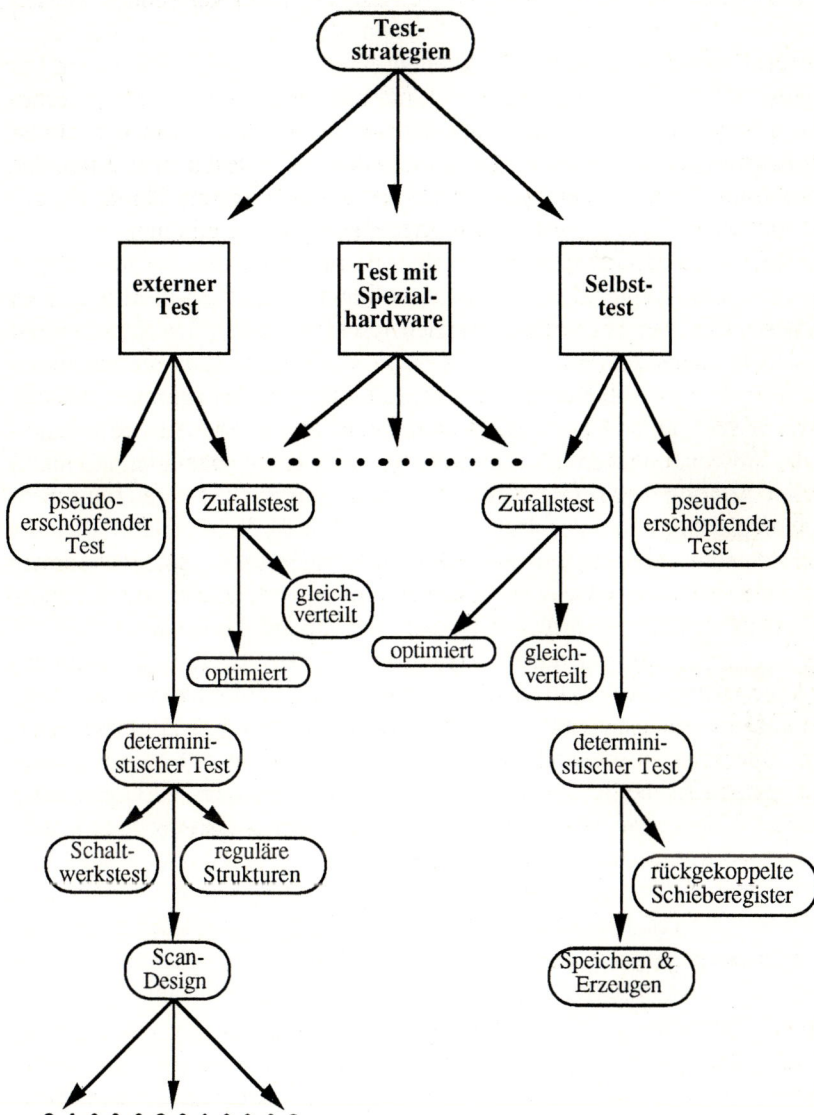

Bild 1.1: Teststrategien

Beim externen Test werden zuvor bestimmte, auf ein Fehlermodell zuge-
schnittene Bitmuster durch Testautomaten an den Chip angelegt und die Antworten ausgewertet. In der Regel hängen der Aufwand zur Bestimmung der
Testmuster und das hierfür geeignete Verfahren davon ab, inwieweit bereits
beim Entwurf entsprechende Vorbereitungen getroffen wurden. Die weitest-
gehenden Entwurfsmaßnahmen schließen einen Selbsttest der Schaltungen
ein; dabei ist die Schaltung nur noch zu initialisieren, sie prüft sich im autonomen Betrieb eine gewisse Zeit lang selbst und zeigt anschließend mit einer
Statusmeldung an, ob der Test erfolgreich abgeschlossen wurde. Zwischen
dem externen Test und dem Selbsttest gibt es Abstufungen, bei denen auf
teure Prüfautomaten verzichtet und zugleich die Zusatzkosten für den Selbsttest reduziert werden können, indem ein Teil der Selbsttestausstattung nach
außen verlagert und günstig als Spezialschaltung realisiert wird. Bild 1.1 gibt
einen Überblick über einige Teststrategien, die in den folgenden Kapiteln ausführlich behandelt werden.

Zahlreiche, im wesentlichen wirtschaftliche Kriterien bestimmen die Auswahl einer geeigneten Teststrategie. Neben der erwarteten Ausbeute beein-
flußt der Anwendungsbereich einer Schaltung die geforderte Güte und damit
auch den Umfang des Tests. Dies betrifft nicht nur die Testerzeugung, sondern auch die Verfahren des prüfgerechten Entwurfs, da in vielen Fällen die
Erkennung aller angenommenen Fehler nur durch Schaltungsmodifikationen
erreicht werden kann, welche bis zur Partitionierung der Gesamtschaltung in
erschöpfend testbare Teile reichen können. Einfluß auf die Auswahl der Teststrategien hat auch die geplante Fertigungsmenge, da Zusatzausstattungen bei
jeder produzierten Schaltung Fläche einnehmen und Kosten verursachen,
während Entwurfskosten und Testerzeugung bei einer großen Zahl produzier-
ter Chips weniger ins Gewicht fallen. Andererseits lohnt sich gerade für anwendungsspezifische Schaltungen in kleinen und mittleren Auflagen dieser
einmalige Aufwand nicht, so daß dann günstiger Selbstteststrategien implementiert und keine teuren Testautomaten eingesetzt werden. Vielfach sind
diese Zusatzausstattungen auch nützlich für den Systemtest und die Wartung
des Gesamtsystems. Die Zahl der verfügbaren Testmethoden hat in den letzten Jahren stark zugenommen, so daß bereits Expertensysteme entwickelt
werden, um den Entwerfer bei der Auswahl geeigneter Verfahren zu unterstützen [ZhBr88a].

1.3 Zum Aufbau des Buches

Das vorliegende Buch wendet sich an diejenigen, die in Studium, Lehre,
Forschung und Entwicklung mit dem prüfgerechten Entwurf und dem Test
hochintegrierter Schaltungen befaßt sind. Es enthält daher keine allgemeine

Einführung in den Entwurf und die Herstellung hochintegrierter Schaltungen, sondern es werden Grundkenntnisse über den Entwurf digitaler Systeme in einem Umfang vorausgesetzt, wie er beispielsweise in einer einführenden Vorlesung über "Technische Informatik" vermittelt wird. Zahlreiche andere Lehrbücher führen in die Grundlagen des Entwurfs und der Herstellung hochintegrierter Schaltungen ein (beispielsweise [Muro82], [MeCo80], [WeEs85], [RoCa89]), deren Kenntnis auch das Verständnis der in diesem Buch vorgestellten Entwurfstechniken erleichtert.

Das Buch wendet sich auch an den Schaltungsentwickler, dem ein Überblick über die Maßnahmen gegeben wird, die zur Verbesserung der Testbarkeit seiner Schaltung beitragen können. Zugleich wendet es sich an den Entwickler von Entwurfssystemen, der hier zahlreiche, teilweise neue Algorithmen und Verfahren für den automatischen Entwurf testbarer Schaltungen und für die zugehörige Testerzeugung findet. Es wird versucht, die Verfahren in einem einheitlichen theoretischen Rahmen vorzustellen, der Elemente der Graphentheorie, der Algebra und der kombinatorischen Optimierung enthält. Bei dieser einheitlichen, abstrakten Modellierung der Schaltung und der zugehörigen Algorithmen soll jedoch stets die Verbindung zur konkreten, schaltungstechnischen Realisierung gewahrt bleiben.

Da Ausfallursachen, Defektmechanismen, Fehlermodelle und damit auch die Testerzeugung technologieabhängig sind, muß im folgenden auch auf die technologischen Zusammenhänge bei der Chipfertigung zurückgegriffen werden.

Daher wird zu Beginn des zweiten Kapitels das prinzipielle Vorgehen bei der Chipfertigung zwar knapp umrissen, für eine durchgängige Behandlung muß aber auf die oben erwähnte Literatur verwiesen werden. In Ergänzung zu dieser einführenden Literatur werden mögliche Störungen der einzelnen Prozeßschritte ausführlicher beschrieben.

Aus der Häufigkeit der Störungen und Defekte kann auf die Ausbeute an funktionierenden Schaltungen im Verhältnis zu den insgesamt produzierten geschlossen werden. Sie bestimmt wesentlich den notwendigen Umfang des Tests. Sein Ziel ist es, mit hoher Wahrscheinlichkeit zu verhindern, daß fehlerhafte Schaltungen ausgeliefert und weiterverwendet werden.

Bestandteil der Teststrategie sind auch die zu erwartenden Fehlfunktionen der Schaltung, die im dritten Kapitel behandelt werden. Hierzu müssen die fehlerfreie und die fehlerbehaftete Schaltung geeignet modelliert werden. Darauf aufbauend wird untersucht, welche Veränderungen der Funktionen durch physikalische Defekte zu erwarten und in ein Fehlermodell aufzunehmen sind. Bereits hier wird deutlich, daß während des Tests nicht die korrekte Schaltungsfunktion verifiziert werden kann, sondern daß nur nachgewiesen wird, daß keine der angenommenen Fehlfunktionen vorliegt. Dies führt zu einer Validierung der Schaltungsfunktion, deren Qualität wesentlich von dem zugrundeliegenden Fehlermodell abhängt. Es werden realistische Fehlermodelle hergeleitet, die jeweils für bestimmte Entwurfsstile und Herstellungstechniken von Bedeutung sind. Neben dem klassischen, für bipolare Schaltungen adäquaten Haftfehlermodell werden auch komplexere, insbesondere für MOS-Schaltungen typische Fehler wie Verzögerungs- und Übergangsfehler diskutiert. Da ein sehr komplexes Fehlverhalten die Testerzeugung erschwert, werden Hinweise für den Entwurf gegeben, um dieses auszuschließen oder zumindest unwahrscheinlich zu machen.

Die wenigsten derzeit kommerziell verfügbaren Entwurfssysteme unterstützen den prüffreundlichen Entwurf bereits in ausreichendem Maße. In vielen Fällen ist daher der Entwickler gezwungen, seine Schaltung selbst soweit abzuändern, daß er hierfür manuell Testmuster erstellen kann. Als Testeingabe beim manuellen Vorgehen werden häufig diejenigen Muster verwendet, mit denen der Entwurf auch während einer Logiksimulation validiert wurde. In der Fehlersimulation wird festgestellt, welche Fehler von diesen Mustern aufgedeckt werden.

Die Fehlersimulation ist ein sehr rechenzeitaufwendiger Schritt im Schaltungsentwurf, da die Zahl der Fehler linear mit der Schaltungsgröße wächst und die Auswirkung eines jeden Fehlers durch die gesamte Schaltung fortgepflanzt und beobachtet werden muß. Es ist daher eine quadratische Zunahme der Rechenzeit mit der Schaltungsgröße zu erwarten, der auch in der Praxis beobachtet wird. Im vierten Kapitel werden Komplexitätsgrenzen für die Fehlersimulation bestimmt, klassische Verfahren der Fehlersimulation vorgestellt und innovative, effizientere Algorithmen beschrieben. Während die Fehlersimulation für jedes einzelne Muster die Menge der erkannten Fehler bestimmt, wird bei der Testsatzbewertung auf diese detaillierte Information verzichtet und nur die Menge der insgesamt erkannten Fehler ausgegeben. Am Ende dieses Kapitels wird ein neues Verfahren entwickelt, das dies für irredundante Schaltungen mit reduziertem Aufwand leistet.

Die Fehlersimulation und andere Verfahren für die Prüfvorbereitung können deutlich effizienter durchgeführt werden, wenn in der Schaltung keine speichernden Elemente zu berücksichtigen sind. Aus diesem Grund werden beim sogenannten "Scan Design" alle Speicherelemente der Schaltung zu einem Schieberegister zusammengefaßt und während des Tests direkt zugänglich gemacht, so daß nur für das verbleibende Schaltnetz Testmuster zu bestimmen sind. Das "Scan Design" ist zur Unterstützung des externen Tests gedacht, wobei im Testbetrieb der Prüfautomat die Muster in den Prüfpfad einschiebt, die Antworten des Schaltnetzes auf dieses Muster parallel in das Register geladen und wiederum herausgeschoben werden (vgl. Bild 1.2).

Als bekanntestes Verfahren hat sich hierfür das "Level Sensitive Scan Design" (LSSD) von IBM durchgesetzt [EiWi77], das die Vorteile geringer Hardware-Kosten mit denen großer Flexibilität beim Schaltungsentwurf verbindet. Dieses in der Praxis sehr wichtige Verfahren nimmt den Schwerpunkt des fünften Kapitels ein.

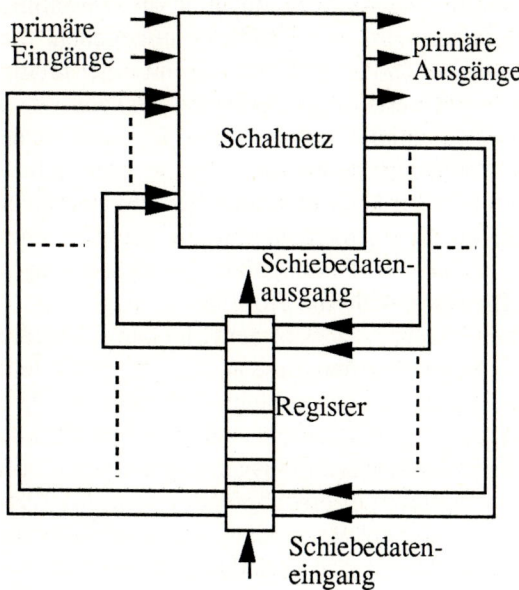

Bild 1.2: Prinzip des Scan Designs

Bei Anwendung des "Scan Designs" genügt es, nur für Schaltnetze Algorithmen für die Testerzeugung und -auswertung zu entwickeln. Die Testmuster können deterministisch erzeugt werden, oder sie werden zufällig, jedoch reproduzierbar generiert.

Beim Zufallstest ist die Zahl der Muster zu bestimmen, auf welche die Schaltung korrekt antworten muß, damit mit einer ausreichenden Wahrscheinlichkeit Fehlerfreiheit angenommen werden kann. Im sechsten Kapitel wird erläutert, wie diese notwendige Testlänge von den Wahrscheinlichkeiten abhängt, mit denen Fehler des Fehlermodells von zufällig erzeugten Mustern erkannt werden. Grundlage für diese Schätzungen sind Verfahren zur Bestimmung von Fehlererkennungswahrscheinlichkeiten und von Signalwahrscheinlichkeiten. Da auch sie eine sehr hohe Komplexität besitzen, muß auf Approximationsverfahren zurückgegriffen werden.

Es gibt zahlreiche Schaltungen, die sich als resistent gegenüber gleichverteilten Zufallsmustern erwiesen haben und die aus diesem Grunde eine unwirtschaftlich lange Folge von Zufallsmustern benötigen. Die Testmenge kann entscheidend reduziert werden, wenn die Zufallsmuster ungleichverteilt erzeugt werden und sie infolgedessen jeden Eingang der Schaltung mit einer für ihn spezifischen, optimalen Wahrscheinlichkeit auf "1" setzen. Ein entsprechendes Optimierungsverfahren wird behandelt. Da in einer Schaltung unterschiedliche Fehler widersprüchliche Anforderungen an die Verteilung für die Zufallsmuster haben können, wird ein Verfahren angegeben, die Menge der Fehler so zu partitionieren, daß jede Teilmenge mit einer relativ kleinen Zahl von Mustern gemäß einer Verteilung getestet werden kann.

Falls man die Fehlererkennung garantieren und nicht nur mit einer hohen Wahrscheinlichkeit erwarten will, sind deterministisch Testmuster zu bestimmen. Die manuelle Testerzeugung ist für hochintegrierte Schaltungen nicht befriedigend, da Muster, welche für die Entwurfsvalidierung geeignet sind, nicht automatisch die Erfassung realistischer Fehler garantieren. Für die algorithmische Testerzeugung hat im Jahr 1966 Paul Roth den D-Algorithmus vorgestellt [Roth66], und bis heute werden ständig neue, leistungsfähigere Verfahren entwickelt. Im siebten Kapitel werden diese ausführlich behandelt, und es wird die Komplexität des Testerzeugungsproblems diskutiert.

Eine noch höhere Fehlererfassung garantiert der pseudo-erschöpfende Test, bei dem die Funktion eines jeden Schaltungsausgangs getrennt geprüft wird. Während für die Gesamtschaltung ein erschöpfender Test aus Aufwandsgründen ausgeschlossen ist, hängt ein einzelner Ausgang zumeist nur von einer kleinen Menge der primären Eingänge ab und kann daher erschöpfend geprüft werden. Falls die Menge der Eingangsvariablen für einen primären Ausgang hierfür zu groß ist, kann die Schaltung mit Maßnahmen des prüfgerechten Entwurfs segmentiert werden. Im achten Kapitel wird die Zusatzausstattung zur Segmentierung vorgestellt, und anschließend werden Algorithmen zur automatischen Segmentierung beschrieben. Schließlich wird auf die Erzeugung pseudo-erschöpfender Testmengen eingegangen, die bei einem möglichst geringen Umfang alle Ausgangsfunktionen der Schaltung vollständig prüfen. Diese Muster können algorithmisch bestimmt und durch einen Testautomaten in einen Prüfpfad geschoben werden, es ist aber auch möglich, sie durch geeignete Schaltungen direkt zu generieren.

Bereits die Testerzeugung für Schaltnetze gehört zu einer Problemklasse, für deren Lösung nur Algorithmen mit exponentiellem Zeitaufwand bekannt sind. Die Testerzeugung für Schaltwerke ist noch schwieriger, da hier im schlimmsten Fall die Testlänge exponentiell mit der Schaltungsgröße wachsen kann. In neunten Kapitel werden weitere Teststrategien für synchrone Schaltwerke vorgestellt. Es wird gezeigt, daß es für einen effizienten Test ausreichend ist, nur soviel Speicherelemente in den (unvollständigen) Prüfpfad aufzunehmen, daß der Datenfluß des restlichen Schaltwerks azyklisch wird. Für das verbleibende Schaltwerk lassen sich mit ähnlichem Aufwand wie für Schaltnetze Testfolgen erzeugen, es läßt sich aber auch mit gleichverteilten oder ungleich verteilten Zufallsmustern testen, die im Selbsttest angelegt und ausgewertet werden können. Falls die Schaltung geringfügig weiter modifiziert wird, kann als neue Teststrategie der pseudo-erschöpfende Test von Schaltwerken durchgeführt werden. Es wird somit möglich, die für Schaltnetze weit verbreiteten Teststrategien des deterministischen Tests, des Zufallstests und des pseudo-erschöpfenden Tests auch bei Schaltwerken anzuwenden.

Sowohl der pseudo-erschöpfende Test als auch der Zufallstest eignen sich in besonderem Maße für den Selbsttest. Hierbei werden in der Schaltung vorhandene Register so ergänzt, daß sie als multifunktionale Schieberegister im Testbetrieb die Prüfmuster erzeugen und auswerten können, sich initialisieren lassen und natürlich auch die normale Systemfunktion erfüllen (Bild 1.3). In der Schaltung nach Bild 1.3 erzeugt zunächst das Register R1 die Testmuster für das Schaltnetz 1, und Register R2 wertet die Antworten des Schaltnetzes aus und komprimiert sie. Der Inhalt von Register R2 gibt dabei an, ob der Test erfolgreich war. Er wird ausgelesen, und dann beginnt R2 mit der Mustererzeugung für Schaltnetz 2 und R1 wertet aus.

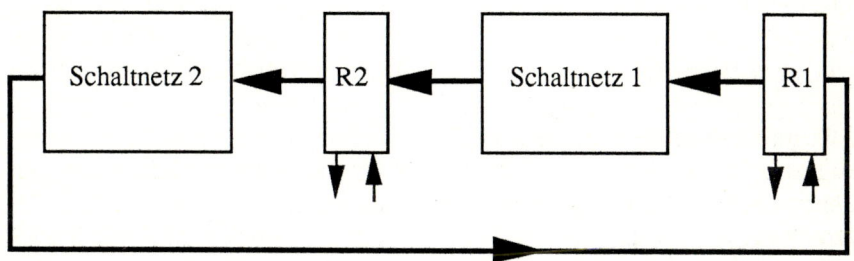

Bild 1.3: Selbsttest mit multifunktionalen Schieberegistern

Derartige Register gibt es zur Erzeugung gleichverteilter und ungleichverteilter Zufallsmuster sowie zur Erzeugung deterministischer und pseudo-erschöpfender Testmengen. Sie werden im zehnten Kapitel behandelt. Anders als in Bild 1.3 teilen die multifunktionalen Register die Schaltung zumeist in mehr als zwei Blöcke auf, die bei größtmöglicher Ausnutzung von Parallelität zu testen sind. Hierfür ist ein geeigneter Testablaufplan zu erzeugen. Für einen vollständigen Selbsttest ist es zusätzlich nötig, aufgrund dieses Ablaufplans eine Selbstteststeuerung auf dem Chip zu integrieren.

Hochintegrierte Schaltungen sind in der Regel aus mehreren speziellen Moduln aufgebaut. Im elften Kapitel werden daher geeignete Fehlermodelle für solche häufig auftretenden Strukturen wie Speicher (RAM, ROM) oder PLA vorgestellt. Das Kapitel wird ergänzt durch Verfahren für den Test und prüfgerechten Entwurf solcher Strukturen.

2 Technologische Grundlagen

Dieses einführende Kapitel faßt knapp einige Grundlagen der Herstellung integrierter Schaltungen zusammen. Es werden Störungen des Fertigungsprozesses diskutiert und Ausbeutemodelle vorgestellt. Abschließend wird die Testdurchführung skizziert, und es wird untersucht, wie umfassend ein Test sein muß.

2.1 Fertigungsprozesse und Fehlermechanismen

Es gibt eine große Zahl und viele Varianten unterschiedlicher Prozesse bei der Herstellung integrierter Schaltungen. Wir geben deshalb im folgenden nur schematisch das Prinzip wieder und verweisen für eine ausführliche Darstellung auf die entsprechenden Lehrbücher [MeCo80, Muro82, Sze83, RoCa89 u. a.]. Diese Grundkenntnisse über die Fertigung sind notwendig, um Fehlermechanismen und Fehlermodelle zu verstehen.

Zur Herstellung eines Chips werden zunächst dünne Scheiben, sogenannte Wafer, von einem einkristallinen, schwach p- oder n-dotierten Siliziumstab von bis zu 8 Zoll Durchmesser abgesägt und poliert.

Bei den im folgenden beschriebenen Herstellungsprozessen wird die Oberfläche des Wafers in einer Reihe von Schritten verändert, um auf ihr Strukturen mit unterschiedlicher Leitfähigkeit zu realisieren. Der unveränderte Wafer selbst bildet das p- oder n-dotierte *Substrat*, in dem man durch *Diffusion* oder *Ionen-Implantation* weitere schwach oder stark dotierte Zonen, also Zonen mit einem spezifischen Leitungsverhalten erzeugt. Daneben dienen *Siliziumdioxid* zur Isolation und eine oder mehrere *Metallebenen* für die Verlegung von Leitungen. Gates und manche Leitungen werden jedoch aus Fertigungsgründen manchmal auch in *Polysilizium* realisiert.

Das Layout einer Schaltung beschreibt die Geometrie dieser Strukturen. Sie werden mit sogenannten Masken in einer bestimmten Reihenfolge durch

spezifische Fertigungsschritte auf dem Wafer erzeugt. Da ein Chip nur wenige Millimeter Kantenlänge besitzt, können aus einem Wafer gleichzeitig sehr
viele Chips hergestellt werden.

2.1.1 Bipolare Schaltungen

Bild 2.1 zeigt den Aufbau eines oxid-isolierten, bipolaren Transistors nach
[Parr83]. Grundlage für seine Herstellung, die in der Bildfolge 2.2 a) bis f)
beschrieben wird, ist leicht p-dotiertes Silizium. Es wird oxidiert, und aus der
Oxidschicht wird eine Fläche ausgewaschen, die das darunterliegende Silizium für eine starke n^+-Dotierung, z. B. mit Arsen freigibt. Dieses Gebiet
wird als Teil des Kollektors in weiteren Prozeßschritten von anderen Schichten vollkommen überdeckt. In der englischsprachigen Literatur findet sich daher hierfür häufig die Bezeichnung "Buried Layer". Die Schicht dient der
Verbesserung der Leitfähigkeit der Kollektoren.

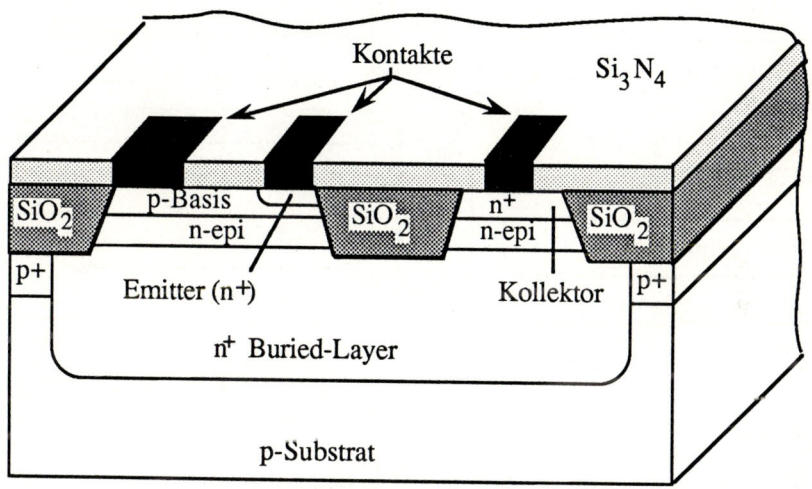

Bild 2.1: Aufbau eines bipolaren Transistors nach [Parr83]

Anschließend wird alles Oxid entfernt und eine schwach n-dotierte, einkri-
stalline Siliziumschicht aufgebracht. Dieses "Aufwachsen" oder Abscheiden
einer kristallinen Schicht wird Epitaxie genannt (Bild 2.2a). Danach wird der
Wafer mit einer dünnen Oxidschicht und mit einer Schutzschicht Si_3N_4 überzogen (Bild 2.2b).

In einem nachfolgenden Schritt wird Photolack über die Gebiete gelegt,
die als Transistoranschlüsse vorgesehen sind. Die nicht von Lack bedeckten

Schichten werden weggeätzt (Bild 2.2c), und der Rand des "Buried-Layer" wird stark p^+-dotiert.

Nach Entfernung des Photolacks werden die nicht durch Si_3N_4 geschützten Flächen in SiO_2 umgewandelt. Danach läßt sich das Si_3N_4 entfernen, ohne das Oxid anzugreifen. Mit der Basismaske wird in einem weiteren Diffusionsschritt die Basis p-dotiert, und die gesamte Epitaxieschicht wird mit einer dünnen Oxidschicht überzogen. Das Ergebnis dieser Schritte zeigt Bild 2.2d.

Mit einer weiteren Maske werden Kontaktlöcher in die Oxidschicht geätzt (Bild 2.2e). Eine letzte Maske (Bild 2.2f) schützt das Kontaktloch der Basis, während Emitter und Kollektor stark mit Arsen n^+-dotiert werden. Nach diesem Schritt ist ein bipolarer Transistor wie in Bild 2.1 entstanden, der noch mit einer Schutzschicht aus Si_3N_4 überzogen wird.

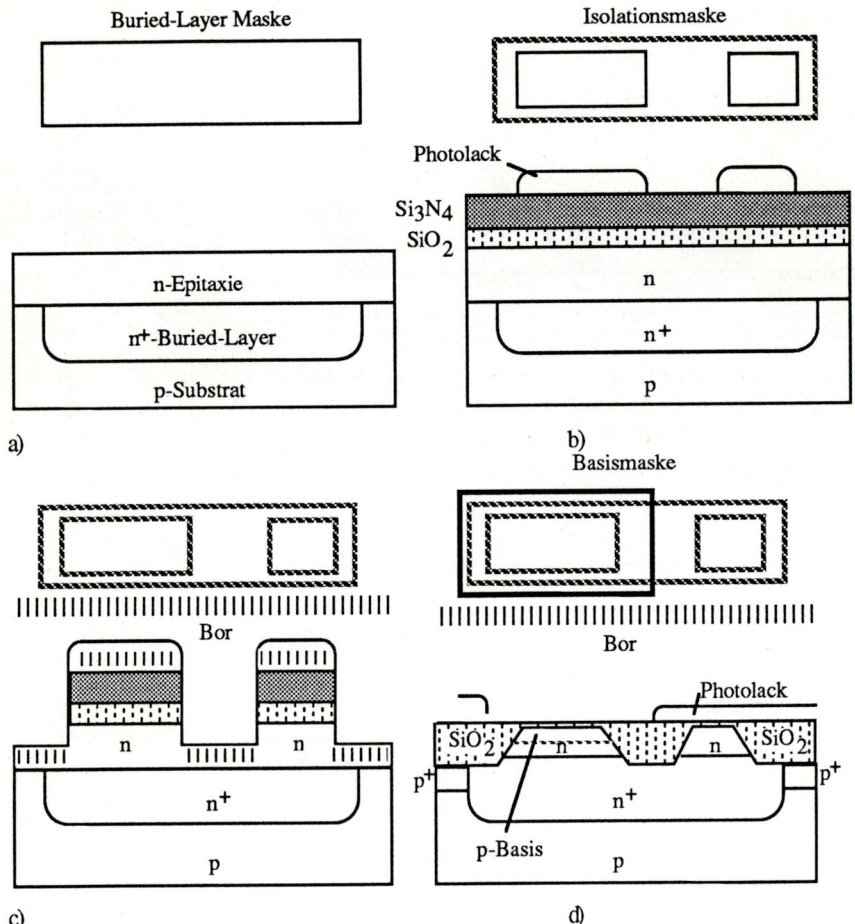

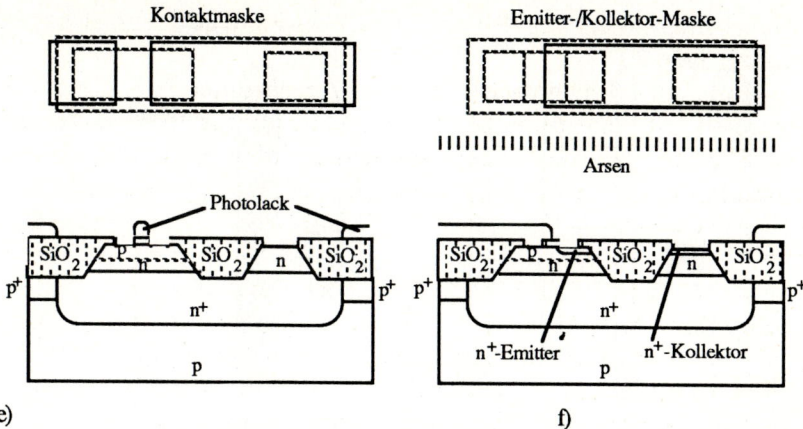

Bild 2.2: Herstellungsschritte eines bipolaren Transistors

2.1.2 MOS-Techniken

Aufgrund verschiedener Eigenschaften, welche sie für die integrierte Technik besonders geeignet machen, haben Schaltungen mit MOS-Feldeffekt-Transistoren, deren Herstellung anhand eines Beispiels für den nMOS-Prozeß beschrieben werden soll, große Bedeutung erlangt. CMOS-Realisierungen sind dabei eine besonders wichtige Gruppe der MOS-Schaltungen. Sie werden abschließend diskutiert.

Bild 2.3 zeigt den Aufbau einer NAND-Verknüpfung in nMOS, und Bild 2.4 gibt die entsprechende symbolische Darstellung wieder. Die Schaltung besteht aus der Serienschaltung zweier selbstsperrender Anreicherungstransistoren (Enhancement Mode Device) A und B und einem selbstleitenden Lasttransistor (Depletion Mode Device).

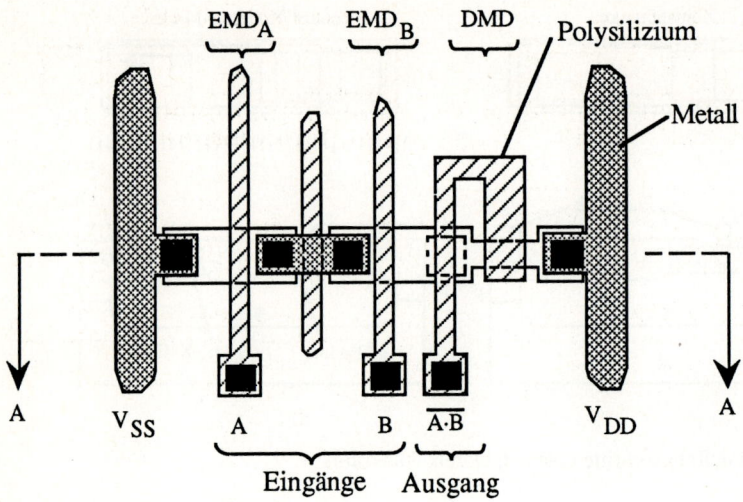

Bild 2.3: NAND-Verknüpfung in nMOS

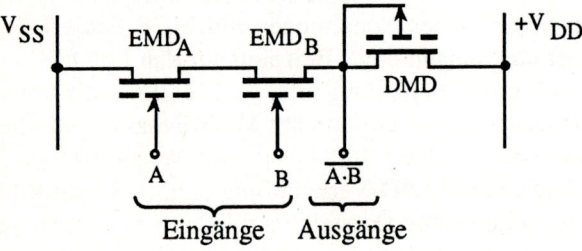

Bild 2.4: Symbolische Darstellung NAND-Verknüpfung in nMOS

Ausgangspunkt bei der Herstellung dieser Schaltung ist ein schwach p-dotiertes Substrat. Wie beim bipolaren Fertigungsprozeß wird der Wafer mit einer Schicht Oxid und obenauf mit Nitrid überzogen. Eine Isolationsmaske definiert Gebiete ohne diese Schutzschicht, in die Bor als "Channel-Stopper" implantiert wird (Bild 2.5a).

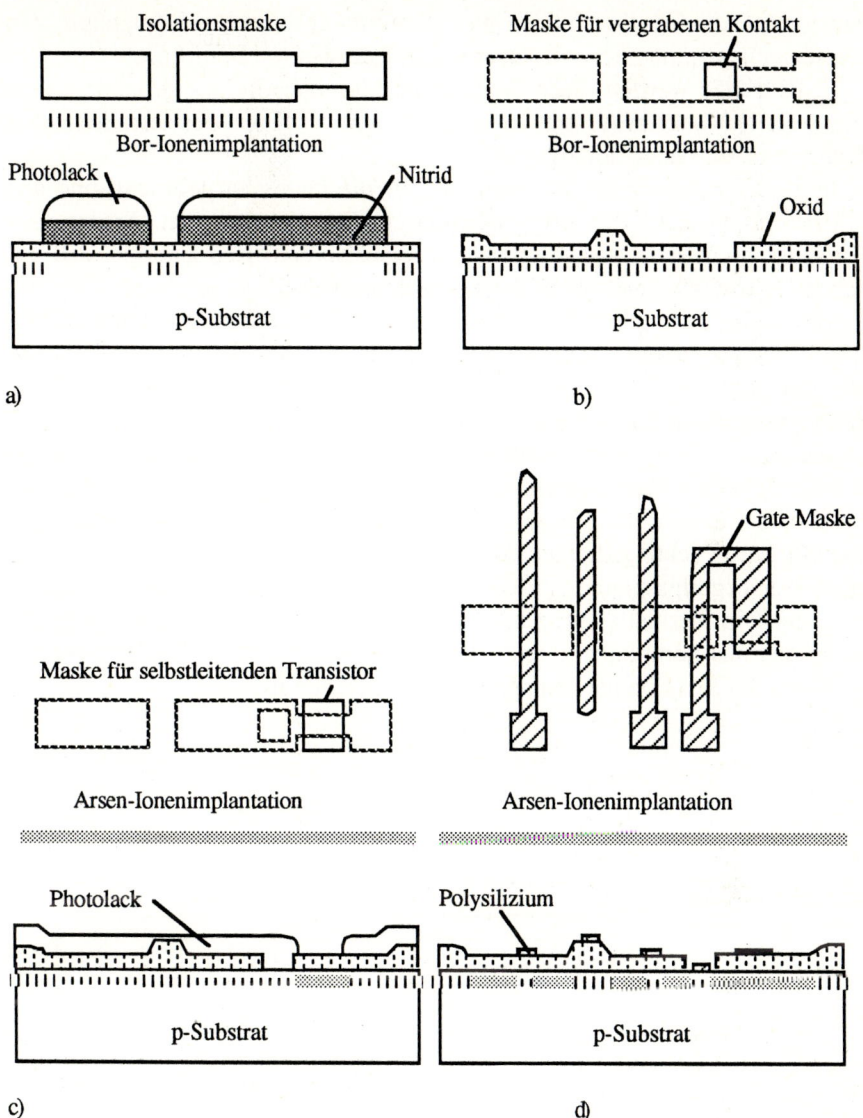

Bild 2.5: Herstellungsprozeß einer Schaltung in nMOS

Im folgenden Schritt verhindert die Nitridschicht eine erneute Oxidation, so daß sich anschließend nur über dem "Channel-Stopper" Feldoxid (FOX) bildet. Bild 2.5b zeigt ebenfalls, daß nach Entfernen der Nitrid-/Oxid-Schicht dünnes Gateoxid aufgebracht wird, in das mit der "buried contact"-Maske ein

Fenster geätzt wird. Durch das Gateoxid hindurch wird Bor implantiert, das die Schwellspannung der selbstsperrenden Transistoren bestimmt.

In Bild 2.5c werden diese Transistoren durch Photolack geschützt, und eine weitere Maske bestimmt das Gebiet, worin der Kanal des selbstleitenden Transistors mit Arsen dotiert wird.

In Bild 2.5d wird das Polysilizium für die Gates aufgebracht, und anschließend werden die selbstsperrenden Transistoren mit Arsen oder Phosphor n-dotiert. Dies geschieht mit einer so dosierten Energie, daß die dünne Oxidschicht, aber nicht das Polysilizium durchdrungen wird. Dadurch bestimmt das Gate selbst die Begrenzung von Source und Drain des Transistors ("self alignment"). Danach wird zur Oberflächenglättung ein Gemisch aus Phosphor und Siliziumdioxid ("p-Glas") aufgebracht, und weitere Masken bestimmen die Kontakte und die Metallebenen.

Während sich bipolare Schaltungen gegenüber MOS-Schaltungen vor allem durch höhere Geschwindigkeit und Treiberleistungen auszeichnen, haben MOS-Schaltungen den Vorteil, daß sie sich besser integrieren lassen und somit höhere Packungsdichten erreicht werden. Zudem können sie mit geringerer Versorgungsspannung auskommen und erzeugen kleinere Verlustleistungen. Die Verlustleistung kann noch weiter gesenkt werden, wenn die Schaltung aus komplementären Transistoren aufgebaut wird. Bild 2.6 zeigt einen in CMOS (Complementary MOS) realisierten Inverter.

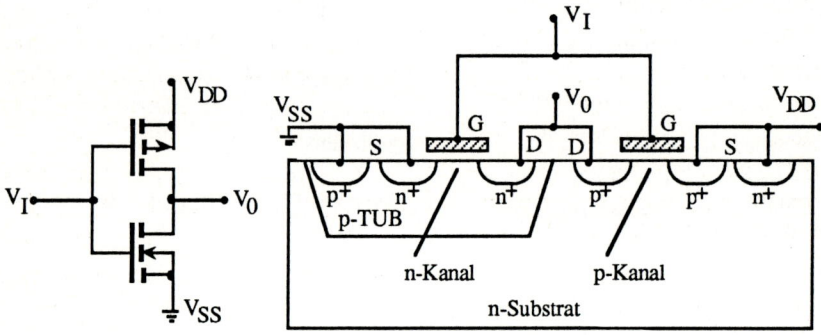

Bild 2.6: Schaltbild und Aufbau eines CMOS-Inverters

Ein weiterer Vorteil der CMOS-Technologie ist die relativ hohe Störsicherheit. Durch gemischte Verwendung von bipolaren Transistoren und CMOS auf einem Chip ("BICMOS") versucht man, die Vorteile beider Technologien zu verbinden. Dies erfordert eine etwas kompliziertere Prozeßfolge.

Neben den photolithographischen Verfahren ist auch eine *maskenlose Fertigung* verbreitet, wobei der Wafer direkt mit einem Elektronenstrahl belichtet wird. Zwar entfällt hier die sehr teure Maskenfertigung, jedoch dauert die Bearbeitung eines Wafers deutlich länger (ca. 1.5 h pro Ebene). Dieses Verfahren ist wirtschaftlich, falls nur wenige Exemplare eines Chips, etwa als Prototyp, gefertigt werden sollen.

2.1.3   Fehlermechanismen

Innerhalb der geschilderten Prozeßfolge gibt es zahlreiche Fehlermöglichkeiten, die sich in *entwurfsbedingte Defekte, prozeßbedingte globale Defekte* und in *prozeßbedingte punktuelle Defekte* einteilen lassen ([Pear83], [Mang84]).

2.1.3.1 *Punktuelle Defekte:* Am schwierigsten sind die prozeßbedingten *punktuellen* Defekte zu erkennen, und ihre Behandlung bildet im folgenden den Schwerpunkt. Sie treten zufällig auf und unterliegen gewissen Verteilungen. Im allgemeinen findet man auf einem getesteten Wafer Gebiete mit hoher Ausbeute an funktionierenden Schaltungen und Gebiete mit besonders geringer Ausbeute (vgl. Bild 2.7).

Zu den die Ausbeute negativ beeinflussenden Effekten gehören Verunreinigungen, ungleichmäßige Dicke der Oxid- und Polysilizium-Schichten, Abweichungen im elektrischen Verhalten, in der Größe der lithographisch definierten Objekte und im Aufeinanderpassen der verschiedenen Photomasken. Viele dieser Abweichungen beeinflussen sich gegenseitig und können ihre Ursache in mehreren Prozeßschritten zugleich haben.

Waferherstellung: Silizium ist zwar mit über 25% in der Masse der Erdkruste vorhanden, aber dennoch ist das Rohmaterial für einen Wafer sehr kompliziert zu gewinnen. Es wird von polykristallinem Silizium hoher Reinheit ("Electronic-Grade Silicon", EGS) ausgegangen, in dem dotierende Elemente höchstens in der Größenordnung von wenigen Teilen pro Milliarde und Kohlenstoff höchstens mit 2 Teilen pro Million (ppm) vorkommen dürfen. EGS wird in mehreren Schritten bei hohen Temperaturen gewonnen. Bereits hier taucht das Problem auf, geeignete Materialien für die zur Bearbeitung notwendigen Tiegel und Öfen zu finden, da ein beliebiges, hoch erhitzbares Material bei hohen Temperaturen Verunreinigungen in die Schmelze abgeben wird. Verwendet werden hierfür heute polykristallines Si, SiC und Quarz. Das Problem der Materialwahl taucht bei den Werkzeugen für die Kristallzüchtung erneut auf, wobei das Material für den Tiegel besonders kritisch ist. Durchgesetzt hat sich SiO_2, dabei gibt der Tiegel jedoch stets Sauerstoff ab, und je weiter der Prozeß voranschreitet, desto unreiner wird die Schmelze und umso häufiger kommen Störungen im gezogenen Kristall vor.

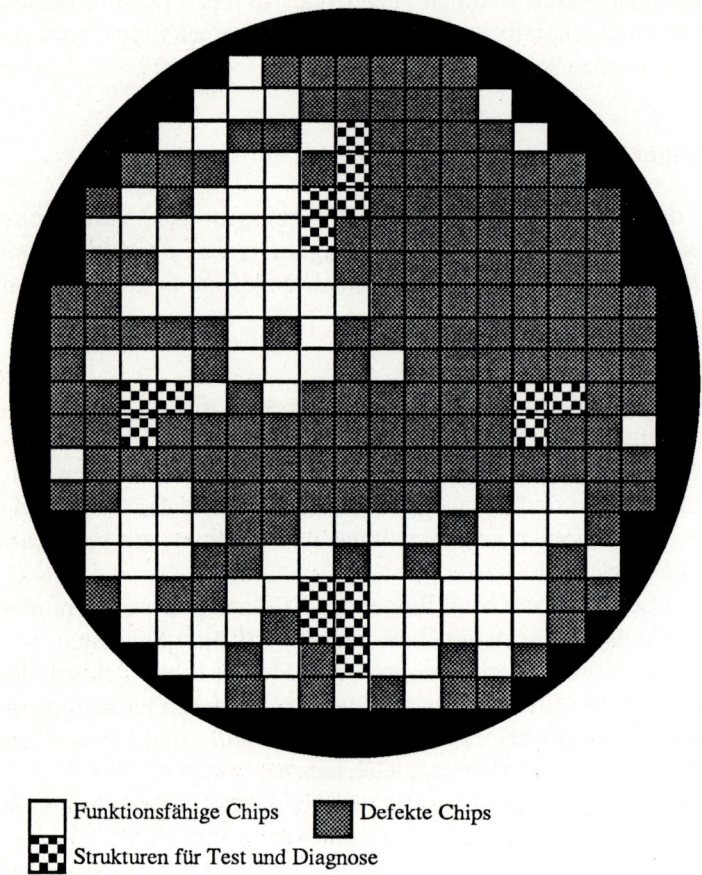

Funktionsfähige Chips   Defekte Chips

Strukturen für Test und Diagnose

Bild 2.7: Beispiel für die Ausbeute eines Wafers nach [Bert83]

Weitere Fehler betreffen die Kristallstruktur. Die Stuktur des Siliziumkristalls läßt sich mit Würfeln beschreiben, deren Achsen bestimmte Richtungen und Ebenen bezeichnen (Bild 2.8), wobei sogenannte "Miller-Indizes" verwendet werden. Zugrunde liegt ein Einheitswürfel, der in einem dreidimensionalen Koordinatensystem definiert wird. Dann bezeichnet ein Tripel von ganzen Zahlen in eckigen Klammern einen Punkt bzw. durch dessen Verbindung zum Ursprung eine bestimmte Richtung. [a b c] gibt die Richtung an, die vom Ursprung a Einheiten in die x-Achse, b in die y-Achse und c in die z-Achse weist. [100] ist beispielsweise die Richtung entlang der x-Achse und

[111] die Diagonale vom Ursprung zum Punkt x=1, y=1, z=1. Da im Einheitswürfel keine Kante ausgezeichnet ist, sind alle Richtungen entlang einer Kante kristallographisch äquivalent. Die Familie aller äquivalenten Richtungen wird mit spitzen Klammern bezeichnet, beispielsweise steht <111> für die Familie aller 8 zu [111] äquivalenten Richtungen.

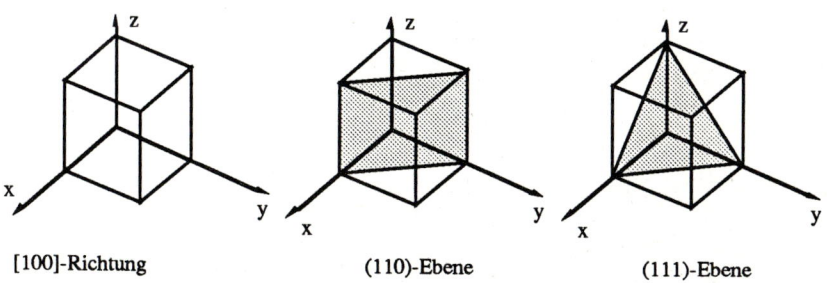

[100]-Richtung   (110)-Ebene   (111)-Ebene

Bild 2.8: Miller-Indizes

Ebenen werden durch ein Zahlentripel in runden Klammern bezeichnet, das für jede Achse die Entfernung von Nullpunkt angibt, in der diese Achse geschnitten wird. Falls eine Achse in der betreffenden Ebene verläuft, so ist ihr Koeffizient 0. Damit ist ist (110) die Ebene, welche die x und y-Achse im Punkt 1 und die z-Achse gar nicht schneidet. Geschweifte Klammern bezeichnen jeweils eine Klasse äquivalenter Ebenen. Auf den {111}-Ebenen haben die Siliziumatome ihre größte Dichte, so daß Kristalle besonders schnell auf ihr wachsen.

Die Kristalle in einem Wafer unterscheiden sich aber in mehrfacher Hinsicht von ihrer physikalisch idealen Form. So sind die Atome thermisch bewegt und an der Oberfläche unvollständig gebunden. Ferner gibt es Störstellen, die als Punktfehler, Linienfehler, Flächenfehler und Volumenfehler klassifiziert werden können:

Punktfehler: Im Kristall fehlen einzelne Siliziumatome oder es finden sich welche zusätzlich zwischen den Gitterpunkten. Fremdatome haben Siliziumatome verdrängt oder sich zusätzlich zu den Siliziumatomen im Gitter abgelegt (vgl. Bild 2.9).

Linienfehler: Eine zusätzliche Linie von Atomen hat sich gebildet oder fehlt (vgl. Bild 2.10).

Flächenfehler: Über den Querschnitt des Kristalls hinweg ist die Orientierung gespiegelt oder gar vollständig geändert.

Volumenfehler Wenn bestimmte Verunreinigungen so groß werden, daß sie sich im Kristall nicht mehr lösen können, kann sogar ein nichtkristalliner Körper im Kristall enthalten sein.

Die geschilderten Verunreinigungen und Kristalldeformationen treten bereits während der Waferherstellung auf. Es können weitere Fehlerquellen hinzukommen.

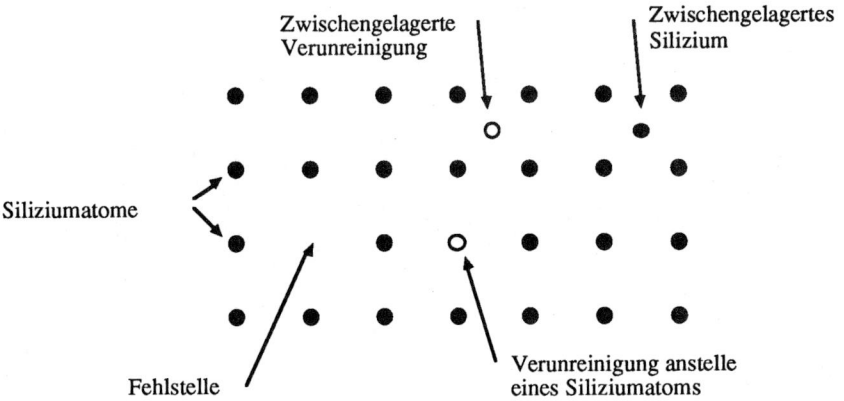

Bild 2.9: Punktfehler

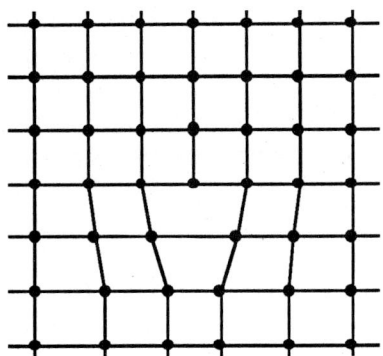

Bild 2.10: Linienfehler

Epitaxie: Alle genannten Fehlerquellen bei der Kristallzüchtung treten auch während der Epitaxie auf. Sie ist sogar noch fehleranfälliger als die Waferherstellung, da aus technischen Gründen die Züchtung neuer Kristalle einfacher ist als das Aufwachsen eines Kristalls auf einem Wafer, der bereits ein Oberflächenprofil hat. Im übrigen pflanzen sich hier bereits vorhandene Fehler des Substrats fort. Bild 2.11 zeigt einige typische Fehler dieser Art.

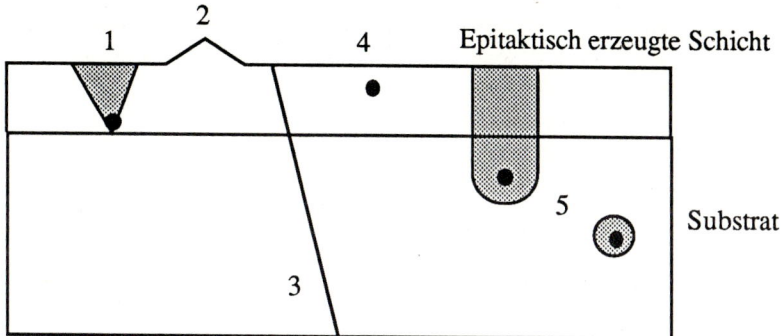

(1) Fehler in der Epitaxieschicht durch Verunreinigung des Substrats;
(2) Fehler durch unterschiedliche Wachstumsgeschwindigkeit;
(3) Fortpflanzung eines Linienfehlers des Substrats;
(4) Verunreinigung während des Aufwachsens;
(5) Fortpflanzung eines Volumenfehlers.

Bild 2.11: Fehler in der Epitaxie-Schicht nach [Pear83]

Oxidation: Zur Isolation wird der Wafer bei über 1000 °C durch Oxidation des Siliziums mit einer Siliziumdioxidschicht überzogen. Solch hohe Temperaturen können die kristalline Struktur des Substrats zerstören, und bei bereits gestörter Kristallstruktur oder bei Verunreinigungen kann die Oxidation schneller und tiefer als gewünscht vonstatten gehen. Unterschiedliche Dotierung und unterschiedliche Kristallorientierung des Substrats können zu Abweichungen in der Oxidierungsgeschwindigkeit führen. Da SiO_2 als Isolationsmaterial zwischen den verschiedenen Ebenen genutzt wird, führen Löcher in der Oxidschicht zu unerwünschten Kontakten.

Bei der Oxidation des Wafers nimmt das resultierende SiO_2 annähernd das doppelte Volumen des dabei verbrauchten Siliziums an [Bert83]. Daher ist das *innere* Silizium *Zugkräften,* das *äußere* Oxid *Druckkräften* ausgesetzt, und insgesamt ist der resultierende Wafer um Bruchteile größer geworden. Wird das Oxid weggeätzt, kann an den anderen Stellen der Wafer konvex gebogen bleiben. Diese Größenveränderungen können bis zu 20 ppm ausmachen. Bei einem 125 mm-Wafer sind das 2.5 μm, und die Ausmaße dieser zwangsläufigen Ungenauigkeiten sind dazu noch für jeden Entwurf unterschiedlich.

Abscheidung: Das Aufdampfen eines Films aus Polysilizium geschieht bei ca. 600 °C bis 650 °C. Kritisch sind die gleichmäßige Filmdicke und die Reaktionen mit dem Substrat. Als Schutzschicht bei weiterer Oxidation wird oft ein Film Si_3N_4 aufgedampft, der ebenfalls eine gleichmäßige Dicke besitzen muß. Es besteht dabei die Gefahr, daß Ionen in das Substrat diffundieren oder daß sich die Kristallstruktur löst.

Mit Phosphor gemischtes Siliziumdioxid, sogenanntes p-Glas, wird einerseits als Schutz und andererseits zur Glättung der Oberfläche vor der Metallisierung bei Temperaturen von 1000 bis 1100 °C aufgebracht. Siliziumdioxid kann auch durch eine Reaktion von SiH_4 mit O_2 bei Temperaturen zwischen 400 und 450 °C abgeschieden werden, welche eine bereits erfolgte Metallisierung nicht mehr zerstört.

Diffusion / Ionen-Implantation: Die Tiefe der Dotierung und ihre Gleichmäßigkeit sind kritisch einzustellende Größen, die sich auf die Funktionsfähigkeit der Chips auswirken. Wie bereits erwähnt wurde, verändert sich durch die Dotierung auch das Verhalten des Siliziums während anderer Prozeßschritte.

Bei der Diffusion wird der Wafer in einem Heizrohr einem Gasstrom mit ensprechender Konzentration von Ionen ausgesetzt, die in das Silizium eindringen. Genauer läßt sich das Dotierungsprofil durch Ionen-Implantation steuern, bei der die Ionen durch zwei Elektroden mit einer Spannung von etwa 150 000 Volt beschleunigt und auf den Wafer gelenkt werden. Das Dotierungsprofil hängt sowohl von der Beschleunigung als auch von der Ionen-Konzentration ab.

Photolithographie: Die Musterübertragung vom Layout auf den Wafer ist der häufigste Prozeßschritt und wird für sämtliche erwähnten Ebenen ein- oder mehrmals durchlaufen. Sie erfordert daher besonders große Genauigkeit.

Maskenverschiebungen haben zwar katastrophale Auswirkungen, sie sind aber leicht zu erkennen. Jedoch können im Laufe der Produktion die Masken auch punktuell beschädigt oder verunreinigt werden. Die daraus resultierenden Defekte können in der Regel nicht durch Inspektion entdeckt werden, sondern müssen anhand der Funktionsveränderungen im Test erkannt werden.

Ätzen: Auch hier muß der gesamte Wafer möglichst gleichmäßig bearbeitet werden, was dann besonders schwierig ist, wenn vorhergehende Prozeßschritte zu großen Oberflächenunterschieden führten. Beim Naßätzen sammelt sich Flüssigkeit in den Unebenheiten, so daß nicht nur vertikal, sondern auch horizontal Ätzwirkung ausgeübt wird. Daher wurde es inzwischen weitgehend durch das Plasma-Ätzen verdrängt, das sich allerdings auch nur mit einer beschränkten Genauigkeit plazieren läßt.

Eine vorhergehende ungenaue Prozeßdurchführung kann sich auch beim Ätzen auswirken, da beispielsweise Gebiete mit unterdurchschnittlicher Dicke der Polysilizium-Ebene dann zu lange geätzt werden, wenn die Dauer durch Polysilizium normaler Dicke bestimmt wird. In diesen Gebieten sind folglich auch die Gates dünner als in anderen, und die Transistoren schalten nicht bei der normalen Spannung ("Over-/Underetching").

Metallisierung: Ähnlich wie bei Realisierung anderer Gebiete wird die gesamte Oberfläche des Wafers mit Aluminium beschichtet, um anschließend das Metall an den Stellen zu entfernen, wo es nicht benötigt wird. Hier können offene und gebrochene Leitungen sowie Kurzschlüsse auftreten, und während des Metallisierungsvorganges kann sich das Aluminium im Silizium lösen und dessen Dotierung verändern.

2.1.3.2 Systematische Defekte: Als systematische Defekte werden sowohl prozeßbedingte globale als auch entwurfsbedingte Defekte bezeichnet. Entwurfsbedingte Defekte sind wiederum von Entwurfsfehlern zu unterscheiden, bei denen das Layout nicht der beabsichtigten Schaltung entspricht. *Entwurfsbedingte Defekte* sind möglich, falls der Entwerfer einer Schaltung nicht berücksichtigt hat, daß sämtliche Prozeßparameter nur mit einer bestimmten Bandbreite eingehalten werden können. Dann kann es signifikant große Bereiche auf dem Wafer geben, die nicht funktionsfähig sind. Dies tritt insbesondere bei innovativen Prozessen auf, falls die Entwurfsregeln ("Design Rules") noch nicht vollständig validiert sind.

Die Entwurfsregeln werden zumeist in einer Einheitslänge λ spezifiziert, die dem Auflösungsvermögen des Prozesses entspricht. In dieser Einheit werden die minimalen, zulässigen Abmessungen einzelner Komponenten angegeben, wie die minimale Breite und Länge der Transistorkanäle, die minimale Breite oder der zulässige Mindestabstand von Metalleitungen oder minimale Überlappungen von Kontakten oder von Polysilizium und Diffusion zur Definition eines Transistors. Die Angabe der Entwurfsregeln in der Einheitsgröße λ soll es erlauben, das Layout bei Prozeßänderungen automatisch zu skalieren und damit einem neuen Prozeß anzupassen.

Die Einhaltung der Entwurfsregeln schließt das Vorkommen punktueller Defekte nicht aus, senkt ihre Häufigkeit jedoch auf ein wirtschaftlich vertretbares Maß. So ist die Wahl eines geeigneten λ auch ein Kompromiß zwischen den Vorteilen einer möglichst hohen Integrationsdichte einerseits und einem großen Teil funktionierender gefertigter Chips andererseits.

Prozeßbedingte globale Defekte sind beispielsweise Maskenverschiebungen oder großflächige Kratzer. Sie betreffen zumeist den ganzen Wafer und sind durch Inspektion oder durch elementare Tests leicht zu erkennen. Nichtkatastrophale globale Defekte sind etwa Abweichungen im Dotierungsprofil. Sie führen zu Veränderungen des Schaltungsverhaltens und müssen durch Parameter- und Hochgeschwindigkeitstests erkannt werden.

2.1.4 Die Prozeßüberwachung

Die Erkennung punktueller prozeßbedingter Defekte ist besonders schwierig, da sie zumeist nicht optisch und auch nicht durch Parametermessung gefunden werden können und nur kleinere Teile des Wafers betreffen. Ursachen sind beispielsweise Verunreinigungen des Wafers durch Staub, Bakterien oder andere Partikel, kleine Defekte und Verunreinigungen der Masken oder Fehler während der Oxidierung und Ätzung. Sie sind nie auszuschließen, jedoch wird eine Häufung durch die sogenannte *Prozeßüberwachung* vermieden. Hierbei werden zur Minimierung der Fehlerursachen zumeist folgende Schritte und Parameter automatisch kontrolliert:

Diffusions-	— Gleichförmigkeit des Temperaturprofils
und thermische Prozesse:	— Reinheit der Gaskonzentration
	— Tiefe der Kontakte
	— Qualität der Oxidierung
Güte der einzelnen :	— gleichmäßige Dicke
Belagsschichten	— vollständig und ohne Löcher
	— keine Verunreinigungen
	— ausreichende Adhäsion
Ionen-Implantation:	— gleichmäßige Dosierung
	— Reinheit
	— Tiefe
Reinheit des Prozesses:	— Partikelzählung
	— Verunreinigung durch Bakterien, organische Stoffe, Schwermetalle, Kohlensäure
Photolithographie:	— Korrektes Übereinanderliegen der Ebenen
	— Überwachung kritischer Abmessungen
	— Maskendefekte
	— Auflösung
Ätzen:	— Gleichmäßigkeit
	— kritische Abmessungen
	— große Unebenheiten
	— Pads

Trotz der automatischen Überwachung und Regelung im Rahmen des Computer Aided Manufacturing lassen sich Störungen prinzipiell nicht ausschließen, und es wird unter normalen Umständen stets nur ein Teil der Chips funktionsfähig sein.

2.1.5   Die Prozeßvalidierung

Während der Prozeßvalidierung werden sämtliche für das Funktionieren einer Schaltung wesentlichen Parameter empirisch bestimmt und die erwähnten Entwurfsregeln aufgestellt. Die hierfür notwendigen Diagnosetechniken werden in Abschnitt 2.3 behandelt. Hier befassen wir uns nur mit den Techniken der Prozeßvalidierung, die zur Bestimmung der Verteilungen und der Wahrscheinlichkeiten bestimmter Defekte dienen.

Wir wollen mit D die ortsabhängige Defektdichte und mit D_0 die durchschnittliche Zahl von punktuellen Defekten pro Flächeneinheit bezeichnen. In Bild 2.7 ist zu erkennen, daß auf manchen Gebieten eines Wafers Defekte besonders häufig vorkommen. Es liegt daher nahe, die Defektdichte als eine Zufallsvariable aufzufassen. Für ein $c \in \mathrm{IR}$ sei $P(D<c)$ die Wahrscheinlichkeit, daß an einer zufällig gewählten Stelle des Wafers die Defektdichte kleiner als c ist. Hierdurch wird eine Verteilungsfunktion

$$(2.1) \qquad\qquad F(c) := P(D<c)$$

definiert. Die *Dichte der Verteilung* f(D) ist ein statistischer Begriff und darf nicht mit der Defektdichte verwechselt werden. Sie ist implizit definiert durch

$$(2.2) \qquad\qquad F(c) = \int_0^c f(D)dD,$$

und damit gilt insbesondere $\int_0^\infty f(D)dD = 1$.

F und f werden mit Teststrukturen, sogenannten Monitoren, empirisch bestimmt. Bild 2.12 zeigt das Layout einer einfachen Teststruktur für Kontakte. Metallbahnen verbinden Diffusionsgebiete durch Kontakte, die in die Isolationsschicht geätzt wurden.

Das Testgebiet hat 3 Teilfelder mit den Größenverhältnissen 1:2:4 und ermöglicht so eine Stichprobe für die Ausbeute an Kontakten in Abhängigkeit von deren Anzahl. Jedes Teilfeld hat vier Anschlüsse nach außen (I+, V+, V-, I-), wobei es im fehlerfreien Fall von V+ nach V- eine leitende Verbindung geben muß. Zur Unterscheidung zwischen defekten Anschlüssen nach außen und defekten Kontakten werden auch die Verbindungen zwischen I+ und V+ und zwischen I- und V- getestet. Ist hier keine Verbindung vorhanden, so ist bereits der Anschluß nach außen defekt, und der Chip wird aus der Stichprobe genommen. Aus den Meßergebnissen für die unterschiedlich großen Teststrukturen lassen sich die Verteilungsfunktion F(c) für die Fehlerdichte und deren Verteilungsdichte f(D) schätzen.

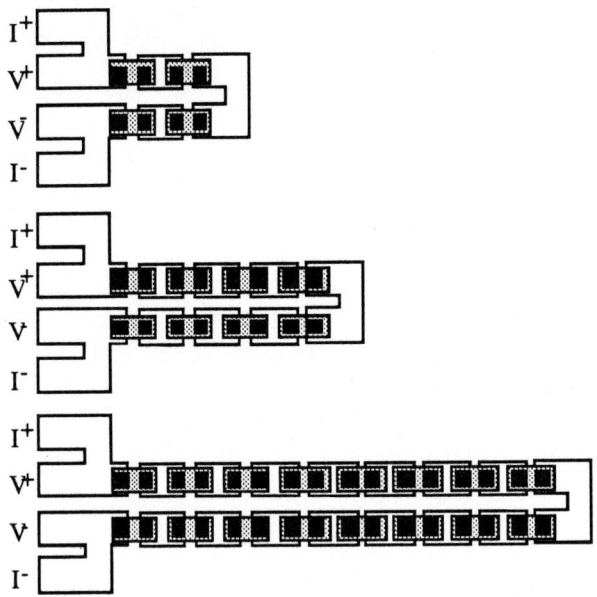

Bild 2.12: Layout einer einfachen Teststruktur für Kontakte nach [HiMi83]

Teststrukturen wurden nicht nur für Kontakte, sondern für nahezu alle Schaltungsteile entwickelt. Sie sind so entworfen, daß ein Defekttyp möglichst eindeutig zu identifizieren ist. Bild 2.13 zeigt einen Plattenkondensator, mit dem die Dichte der Defekte in der isolierenden Oxidschicht bestimmt werden kann.

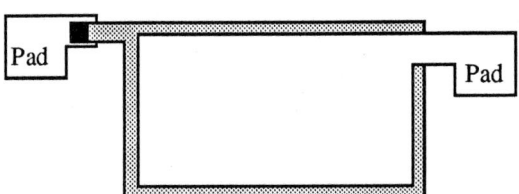

Bild 2.13: Zwei Platten (Metall, Polysilizium oder Diffusion) mit zwischenliegender Oxidschicht (nach [Walk87])

Der Monitor aus Bild 2.14 zeigt ineinander verschlungene Leitungen auf derselben Ebene, mit denen die Verteilungen von Kurzschlüssen bestimmt werden können. Die Leitungen selbst sind besonders breit ausgelegt, um die Wahrscheinlichkeit von Unterbrechungen zu minimieren, denn bei gleichzeitig auftretenden Kurzschlüssen und Unterbrechungen kann der Fehler nicht erkannt und das Meßergebnis verfälscht werden.

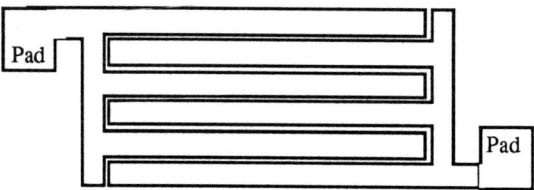

Bild 2.14: Verschlungene Leitungen (nach [Walk87])

Aus ähnlichem Grund sind bei dem Mäander in Bild 2.15 die Abstände der einzelnen Schlingen besonders weit. Hier will man die Verteilungen von Unterbrechungen messen und zugleich einen eventuell auftretenden Kurzschluß verhindern.

Bild 2.15: Mäander (nach [Walk87])

Wenn diese Mäander orthogonal versetzt auf verschiedenen Ebenen realisiert werden, lassen sich simultan Unterbrechungen innerhalb einer Ebene und Kurzschlüsse zwischen zwei Ebenen untersuchen (Bild 2.16).

Da nicht nur die Häufigkeit der Defekte, sondern auch die Verteilungen der Defektdichte bestimmt werden müssen, sind diese Monitore in unterschiedlichen Größen vorzusehen.

Aufwendiger sind Messungen der Verteilungen für die Defektgröße. Ein Monitor zur Untersuchung von fehlendem oder zusätzlichem Metall nach Maly [Maly87] besteht aus k Segmenten aus Polysilizium (Bild 2.17), wobei k als ungerade Zahl gewählt wird.

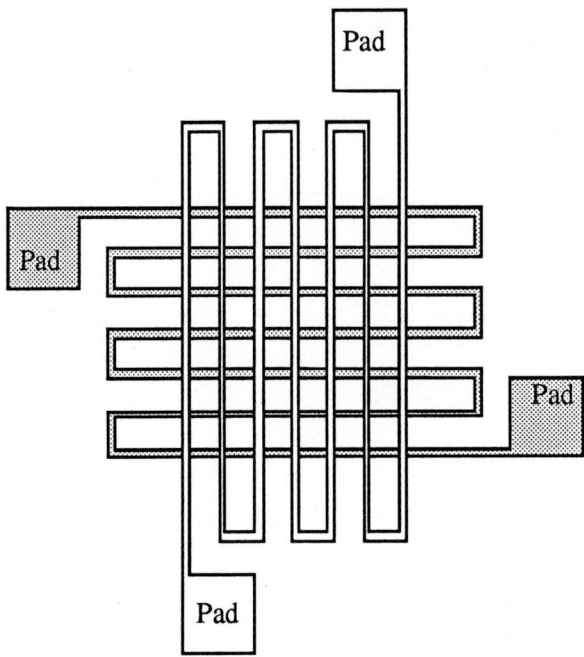

Bild 2.16: Übereinanderliegende Mäander (nach [Walk87])

R sei der Widerstand der Schleife zwischen Pad 1 und Pad 2. Ein Segment in Bild 2.17 entspricht entweder einer vertikalen Leitung oder eine Schleife; sein Widerstand beträgt ebenfalls R. Die $(k+1)/2$ vertikalen Leitungen sind zusätzlich mit Metall überzogen, dessen Widerstand im fehlerfreien Fall zu vernachlässigen ist. Kurzschlüsse oder Unterbrechungen des Metalls können anhand des Widerstandes $R_{2,3}$ zwischen Pad 2 und Pad 3 gemessen werden. Im fehlerfreien Fall beträgt er $R \cdot (k-1)/2$. Wenn ein Defekt s Metalleitungen kurzschließt, nimmt der Widerstand um $R \cdot (s-1)$ ab; werden s Metalleitungen unterbrochen, nimmt er um $R \cdot s$ zu.

Aufgrund empirischer Daten hat Stapper [Stap83] eine Verteilungsfunktion für die Defektgröße aufgestellt. Er untersucht die relativen Häufigkeiten der Defektgrößen. Da es keine sinnvolle Möglichkeit gibt, sehr kleine, sich nicht in der Funktion auswirkende Defekte zu messen, nimmt Stapper an, daß die Häufigkeit der Defekte mit deren Durchmesser bis zu einem Gipfelpunkt an x_0 linear wächst und ab dort mit $1/x^n$ für einen freien Parameter n wieder fällt. Die Verteilungsdichte h(x) der Defektgröße illustriert Bild 2.18.

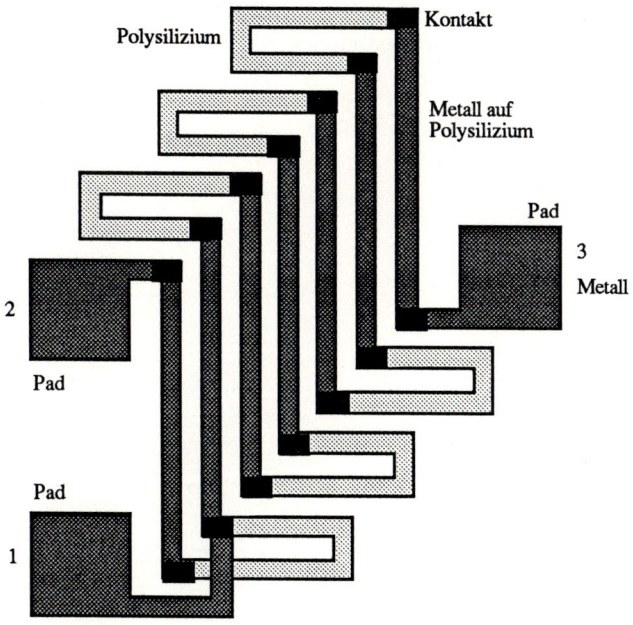

Bild 2.17: Teststruktur zur Bestimmung von Defektgrößen (nach [Maly87])

Wie in (2.2) bei der Funktion f(D) für die Defektdichte muß auch für die Verteilungsdichte der Defektgröße $\int_{0}^{\infty} h(x)dx = 1$ gelten. Da zudem h(x) an der Stelle x_0 stetig ist, wird der Funktionsverlauf in Abhängigkeit von dem freien Parameter n eindeutig wie folgt festgelegt:

$$(2.3) \qquad h(x):=\begin{cases} \dfrac{2(n-1)x}{(n+1)x_0^2}\,, & 0 \le x \le x_0 \\[2ex] \dfrac{2(n-1)x_0^{n-1}}{(n+1)x^n}\,, & x_0 \le x \le \infty \end{cases}$$

Aus der Verteilungsdichte h(x) für die Defektgröße folgt die normierte Verteilungsfunktion $H(x) = \int_{0}^{x} h(t)dt$ gemäß Formel (2.2). H(x) beschreibt, wie sich die Defektgrößen relativ zur durchschnittlichen Defektdichte D_0 verteilen. Die Wahrscheinlichkeit, tatsächlich einen Defekt der maximalen Größe x auf einer Flächeneinheit zu finden, berechnet sich durch Multiplikation mit

D_0 als $P(d<x) = D_0 H(x)$. Die fehlenden Parameter x_0 und n werden mit Monitoren ermittelt. Eine gute Näherung stellt $n \approx 3$ dar:

(2.4)
$$h(x) := \begin{cases} \dfrac{x}{x_0^2}, & 0 \leq x \leq x_0 \\[2mm] \dfrac{x_0^2}{x^3}, & x_0 \leq x \leq \infty \end{cases}$$

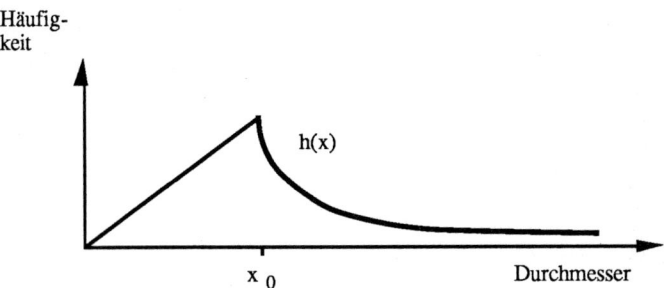

Bild 2.18: Verteilungsdichte der Defektdurchmesser

2.2   Ausbeutemodelle

In den vorhergehenden Abschnitten wurde deutlich, daß stets nur ein Teil der gefertigten Schaltungen funktionsfähig sein wird. Diesen Teil, charakterisiert durch den Quotienten aus der Zahl der funktionierenden Schaltungen und der Gesamtzahl, bezeichnet man als *Ausbeute*. In diesem Kapitel wollen wir untersuchen, welche Ausbeute in Abhängigkeit von bestimmten Schaltungsparametern zu erwarten ist. Im allgemeinen wird die Ausbeute Y als eine Funktion folgender Form ausgedrückt:

(2.5) $Y := Y_0 \cdot Y_1(D_0, A, a)$.

Es ist $(1-Y_0)$ der Teil der Chips, die großflächig aus prozeß- oder entwurfsbedingten Gründen nicht funktionieren, d. h. auf denen systematische Fehler aufgetreten sind. Y_1 ist der Anteil der guten Chips und wird als Funktion der durchschnittlichen Fehlerdichte D_0, der Fläche A des Chips und eines für jedes Ausbeutemodell spezifischen Parameters a angegeben.

2.2.1 Das Poissonmodell

Eines der ersten Modelle zur Schätzung der Ausbeute beruht auf der Annahme, daß die Fehler auf dem Wafer überall gleich verteilt sind. Die Bestimmung der Ausbeute reduziert sich damit auf das klassische Problem der Stati-
stik, n Bälle auf N Zellen zufällig zu verteilen und die Wahrscheinlichkeit p_k
zu bestimmen, daß eine Zelle genau k Bälle enthält. In unserem Fall ist n die
Gesamtzahl aller Fehler auf dem Wafer, N die Zahl der Chipplätze, und k soll
natürlich 0 sein. Diese Wahrscheinlichkeit wird durch die Binominalverteilung gegeben:

$$(2.6) \qquad p_k = \binom{n}{k} (\frac{1}{N})^k (1-\frac{1}{N})^{n-k}$$

Für wachsende N und n mit endlichem $m := \frac{n}{N}$ nähert sich die Binominalverteilung der Poissonverteilung:

$$(2.7) \qquad p_k = e^{-m} \cdot \frac{m^k}{k!}$$

Nach diesem Modell ist die Wahrscheinlichkeit, daß auf einem Chipplatz
kein Fehler ist, annähernd gleich $Y_1 = p_0 = e^{-m}$. Die durchschnittliche Zahl
von Fehlern auf einem Chip ist $m = \frac{n}{N} = D_0 A$, und als Ausbeutemodell erhalten wir

$$(2.8) \qquad Y_1 = p_0 = e^{-D_0 A}$$

Das Poissonmodell unterschätzt jedoch die erzielbare Ausbeute beträchtlich, und laut [Bert83] verzögerte diese Fehleinschätzung sogar die Einführung der IC-Technik. Dennoch ist der Entwerfer oft gezwungen, auf diese
Abschätzung als untere Schranke zurückzugreifen, falls ein Fremdhersteller
keine genaueren Parameter zur Verfügung stellt.

2.2.2 Ungleichmäßige Fehlerdichten

Die beträchtliche Diskrepanz zwischen geschätzter und tatsächlich erzielter
Ausbeute führte zur Vermutung einer ungleichmäßigen Fehlerdichte auf dem
Wafer. Es muß daher die Fehlerdichte D als Zufallsvariable betrachtet wer-
den, die auf dem Wafer die Ausbeute e^{-DA} nach Formel (2.8) variieren läßt.
Nun können unterschiedliche Funktionen für die im vorhergehenden Kapitel
eingeführte Verteilungsdichte $f_a(D)$ für die Fehlerdichte untersucht werden,
der Index a spezifiziert dabei, welches Ausbeutemodell zugrunde gelegt wird.
Hiermit errechnet sich die Gesamtausbeute als

$$(2.9) \qquad Y(D_0,A,a) = \int_0^\infty e^{-DA} \cdot f_a(D) dD,$$

und die durchschnittliche Fehlerdichte ist

$$(2.10) \qquad D_0 = \int_0^\infty D \cdot f_a(D) dD.$$

Ebenfalls im vorhergehenden Kapitel wurden Teststrukturen in unterschiedlichen Größen vorgestellt. Bild 2.12 zeigte drei Strukturen für Kontakte, im allgemeinen Fall wird für n Strukturen der Größe A_i die zugehörige Ausbeute $M(A_i)$ gemessen, und mit den gewonnenen Maßzahlen können die Verteilungsdichte $f_a(D)$ und damit auch das Ausbeutemodell $Y(D_0,A,a)$ validiert werden. Verbreitet ist die Methode der kleinsten Quadrate, bei der ein Wert für D_0 und eine Funktion $f_a(D)$ für die Verteilungsdichte gesucht werden, daß die Summe

$$(2.11) \qquad \sum_{i=1}^{n} (Y(D_0,A_i,a)-M(A_i))^2$$

minimal ist. Bild 2.19 skizziert dieses Einpassen eines Ausbeutemodells in experimentell gewonnene Daten.

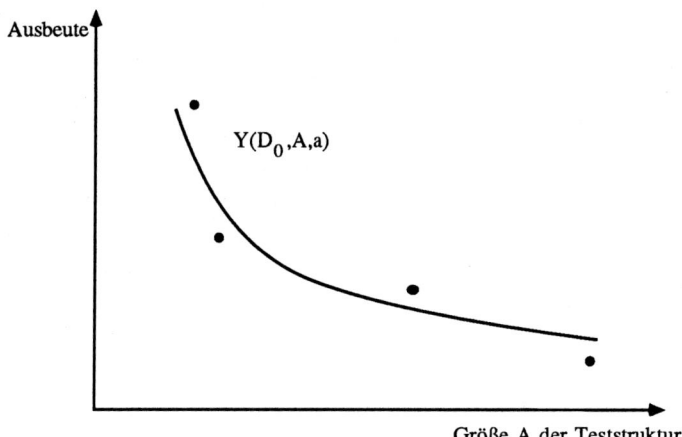

Bild 2.19: Einpassen eines Ausbeutemodells

Murphy hat als mögliche Verteilungsdichten die Deltafunktion, die Dreieckverteilung und die Rechteckverteilung (Bild 2.20) [Murp64] vorgeschlagen.

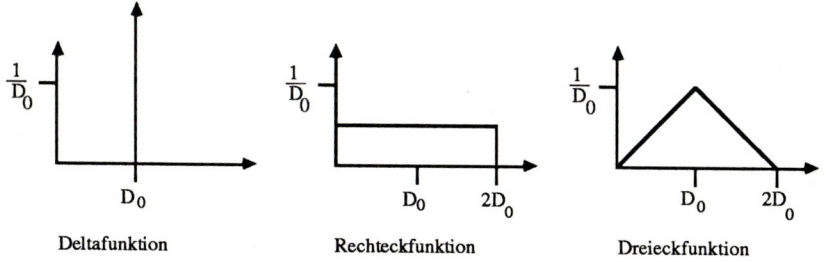

Deltafunktion   Rechteckfunktion   Dreieckfunktion

Bild 2.20: Verteilungen der Fehlerdichte

Die Deltafunktion besagt, daß die Fehlerdichte überall gleich D_0 ist und führt somit auf das Poissonmodell mit $Y = e^{-D_0 A}$, die beiden anderen Funktionen geben optimistischere Abschätzungen der Ausbeute. Die Dreieckfunktion ist

$$f_d(D) := \begin{cases} \dfrac{D}{D_0^2} & , \ 0 \leq D \leq D_0 \\[2ex] \dfrac{2D_0 - D}{D_0^2} & , \ \ D_0 \leq D \leq 2D_0 \end{cases} .$$

Setzt man diesen Ausdruck in Formel (2.9) ein, erhält man

$$(2.12) \qquad Y(D_0, A, d) = \int_0^{2D_0} e^{-DA} f_d(D) dD = \left(\frac{1 - e^{-D_0 A}}{A D_0} \right)^2 \approx \left(\frac{1}{A D_0} \right)^2 .$$

Für die Rechteckfunktion $f_r(D) := \dfrac{1}{2D_0}$, $0 \leq D \leq D_0$, ist

$$(2.13) \qquad Y(D_0, A, r) = \int_0^{2D_0} e^{-DA} f_r(D) dD = \frac{1 - e^{-2D_0 A}}{2 A D_0} \approx \frac{1}{2 A D_0} .$$

Insbesondere dieses Modell schätzt die Ausbeute bereits recht gut und wird oft angewandt.

2.2.3   Das Stapper-Modell

Stapper hat als Verteilung zur Bestimmung der Ausbeute die Gammaverteilung vorgeschlagen [Stap76]. Diese Verteilung beschreibt Ereignisse, die
wiederum Ergebnisse einer Summe mehrerer anderer Ereignisse sind
[Fell68]. Sie beruht auf der Gammafunktion, die in der Eulerschen Form

$$(2.14) \qquad \Gamma(t) := \int_0^\infty x^{t-1}e^{-x}dx$$

lautet und im Bereich der natürlichen Zahlen denselben Verlauf wie die Fakul-
tätsfunktion $\Gamma(n+1) = n!$ hat. Die Gammaverteilung hat die Dichte

$$(2.15) \qquad f_{\beta,\alpha}(D) := \frac{\beta^\alpha D^{\alpha-1}e^{-D\beta}}{\Gamma(\alpha)}.$$

Hier sind α und β zwei Parameter, welche die durchschnittliche Fehler-
dichte $D_0 = \dfrac{\alpha}{\beta}$ und deren Varianz $\text{Var}(D) = \dfrac{\alpha}{\beta^2}$ festlegen. Wir setzen
$s := \dfrac{\text{Var}(D)}{D_0^2} = \dfrac{1}{\alpha}$, $f_s(D) := f_{\beta,\alpha}(D)$ und erhalten mit Gleichung (2.9) als Aus-

beute

$$(2.16) \qquad Y(D_0,A,s) = \int_0^\infty e^{-DA}f_s(D)dD = \left(\frac{A}{\beta}+1\right)^{-\alpha} = (1+sAD_0)^{-1/s}.$$

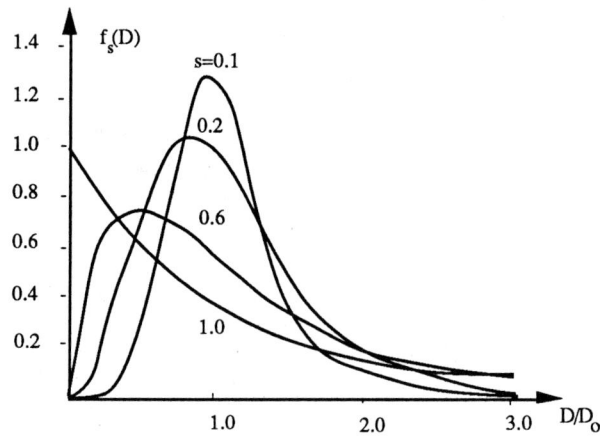

Bild 2.21: Die Dichte der Gammaverteilung

Für s gegen 0 entartet die Gammaverteilung zur Deltafunktion und das Stapper-Modell zum Poissonmodell.

Für genauere Abschätzungen der Ausbeute bestimmter Prozeßschritte ist das Stapper-Modell heute weit verbreitet. Die freien Parameter Var(D) und D_0 sind aus dem Prozeß zu bestimmen. Bild 2.21 zeigt die Gammaverteilung für verschiedene Werte von s. Bild 2.22 zeigt die Ausbeuteerwartungen nach der Deltafunktion, der Dreieckfunktion, der Rechteckfunktion und nach dem Stapper-Modell.

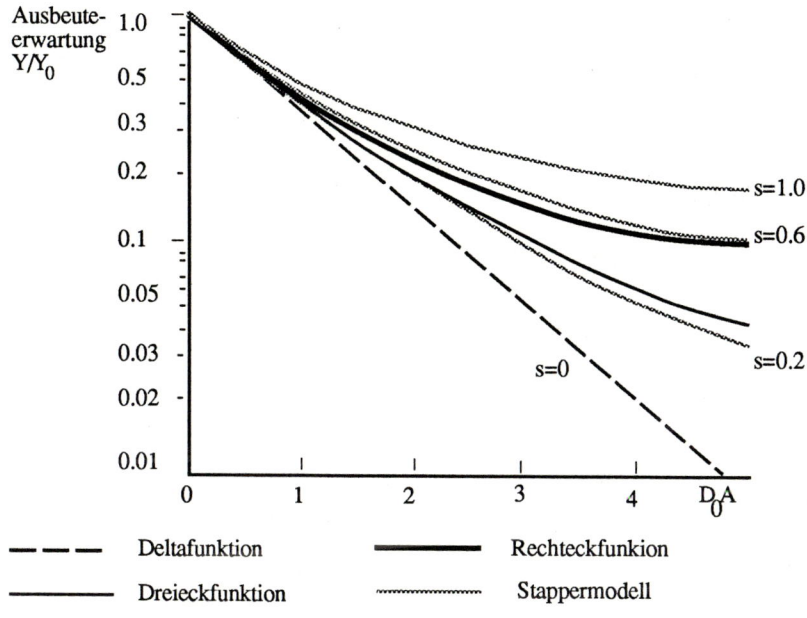

Bild 2.22: Die Ausbeute nach den vorgestellten Modellen

2.2.4   Das Produktmodell

Beim Produktmodell wird für jedes entworfene Objekt getrennt die erwartete Ausbeute bestimmt und daraus die Gesamtausbeute errechnet. Es wird angenommen, daß für unterschiedliche Objekte die Fehlertypen auf verschiedene Mechanismen zurückzuführen sind und daß deren Vorkommen unabhängig voneinander ist. Wir legen für jedes einzelne Objekt das Stapper-Modell zugrunde. Jeder Fehlermechanismus hat eine eigene Fehlerdichte mit dem

Durchschnitt D_0^n, dem Parameter s(n) und der Fläche A_n, auf der er sich auswirken kann. Somit gibt es für jedes entworfene Objekt eine eigene Ausbeute

(2.17) $$Y_n = \left(1 + s(n)A_n D_0^n \right)^{\frac{-1}{s(n)}}.$$

Für t verschiedene Fehlertypen folgt dann als Schätzung der Gesamtausbeute

(2.18) $$Y = \prod_{n=1}^{t} Y_n = \prod_{n=1}^{t} (1 + s(n) A_n D_0^n)^{\frac{-1}{s(n)}}.$$

Für ein Beispiel mit sieben solcher Fehlertypen gibt Tabelle 2.1 die Teil-
ausbeuten und als Produkt die Gesamtausbeute an. Das Beispiel ist vereinfacht, in der Praxis werden zumeist noch mehr Fehlertypen unterschieden.

Tabelle 2.1: Produktmodell für die Ausbeute

	Schaltungsteil	Teilausbeute
40 cm	Leitungen	0.50
1000	Kollektor-Kontakte	0.87
4000	Basis-Kontakte	0.95
5000	Metall-Metall-Kontakte	0.93
3000	Emitter-Kontakte	0.65
35000 μm^2	Emitter-Basis-Verbindung	0.47
15000 μm^2	Schottky-Dioden Fläche	0.89
	Gesamtausbeute	0.10

Die Produktformel (2.18) zeigt, daß die Gesamtausbeute von den relativen
Häufigkeiten der einzelnen Teile und damit vom Entwurf abhängt. Ist die
Ausbeute für manche Schaltungskomponenten signifikant niedrig, kann der
Prozeß modifiziert werden, um deren Ausbeute auch auf Kosten anderer Teile
zu erhöhen, oder der Entwurf kann abgeändert werden, um deren Zahl zu-
gunsten anderer Komponenten zu reduzieren.

Eine für den untersuchten Entwurf spezifische Fehlerdichte kann gefunden
werden, indem man zunächst Formel (2.18) umformt in

(2.19) $$\ln(Y) = \sum_{n=1}^{t} \frac{-1}{s(n)} \ln(1 + s(n) A_n D_0^n).$$

Y_n ist die Ausbeute an Chips, auf denen kein Fehler des Typs n vorkommt, und soll daher nahe bei 1 sein. Folglich sollte $s(n)A_nD_0^n < 1$ gelten, und wir erhalten aus der Potenzreihenentwicklung des Logarithmus

$$(2.20) \qquad \ln(1+s(n)A_nD_0^n) \approx s(n)A_nD_0^n$$

und

$$(2.21) \qquad \ln(Y) \approx \sum_{n=1}^{t} - A_nD_0^n.$$

Bestimmen wir die gewichtete Fehlerdichte

$$(2.22) \qquad D' := \frac{1}{A} \sum_{n=1}^{t} - A_nD_0^n,$$

so folgt $\qquad Y \approx e^{-AD'}.$

Wieder gilt, daß die Ausbeute exponentiell mit der benutzten Fläche sinkt. Ein wichtiger Unterschied zum Poissonmodell ist jedoch, daß D' für jeden Entwurf unterschiedlich ist. Falls derselbe Entwurf, der zuvor auf einem Chip integriert war, M-mal auf den Chip gebracht wird, dann ist tatsächlich eine exponentielle Abnahme der Ausbeute $Y_M = e^{-MAD'}$ zu erwarten. Dieser Sachverhalt kommt zum Beispiel beim Speicherentwurf oder beim Vergrößern der Datenbreite von Prozessoren zum Tragen.

Die exponentielle Abnahme hindert daran, zu große Schaltungen zu entwerfen. Sie ist auch ein Argument gegen zu umfangreiche Zusatzausstattungen zur Erleichterung des Tests. Hat man einen Prozeß und eine Chipgröße, für die eine Ausbeute von 0.2 zu erwarten ist, und will man das Chip beispielsweise um 20 % Zusatzausstattung zu Testzwecken vergrößern, so läßt sich die dann zu erwartende Ausbeute grob durch $0.2^{1.2} = 0.145$ abschätzen. Um dieselbe Anzahl funktionsfähiger Schaltungen zu erhalten, müßten von den um 20 % größeren Chips das 20/14.5 = 1.38-fache der ursprünglichen Zahl gebaut werden. Insgesamt würde 138·1.2%-100% = 65.6 % mehr Silizium gebraucht, um die um 20 % größeren Chips herzustellen.

Die Ausbeute sinkt ebenfalls exponentiell mit der gewichteten Fehlerdichte. Bei gleicher Qualität des Prozesses nimmt die Fehlerdichte mit der Zahl der logischen Funktionen zu, die auf einer Flächeneinheit integriert werden. Technologische Verbesserungen und Prozeßoptimierungen wirken dem entgegen. Hier dienen die Abschätzungen für die erwartete Ausbeute dazu, optimale Chipgrößen festzulegen und herzuleiten, wie umfassend die Chips getestet werden müssen.

2.3   Der Test

Die Diskussion der Fehlermechanismen und der Ausbeutemodelle hat deutlich gemacht, daß der Test einer Schaltung eine technische Notwendigkeit und integraler Bestandteil der Fertigung sein muß. Er begleitet eine Schaltung vom Entwurf bis zur Auslieferung und in vielen Fällen sogar während der gesamten Lebenszeit. In der Regel ist mit dem Test des *Prototyps* zugleich eine Entwurfsvalidierung durchzuführen, um in einem "Re-Design" eventuelle Fehler zu korrigieren. Ist für einen Schaltungsentwurf das logisch korrekte Verhalten gewährleistet, muß in einem weiteren Testschritt der Leistungsbereich charakterisiert werden.

Erst nach diesen Schritten, die an Prototypen durchgeführt werden, beginnt die Serienfabrikation. Hier ist im *Produktionstest* jeder einzelne Chip auf die korrekte Funktion zu überprüfen, bevor er ausgeliefert werden kann. Dieser Test hat die größten Auswirkungen auf die Gesamtkosten der Schaltung und wird daher im folgenden schwerpunktmäßig behandelt.

Untersuchungen haben gezeigt, daß die Ausfallwahrscheinlichkeit für einen Chip nicht über seine gesamte Lebensdauer hinweg gleich ist [JePe82]. Unmittelbar nach der Produktion, zu Beginn des Einsatzes werden gehäuft Ausfälle auftreten, die bald abklingen und erst gegen Ende der erwarteten Lebensdauer wieder ansteigen. Um die Anfangsausfälle zu reduzieren, kann deshalb in einem sogenannten *"Burn-In"* die Schaltung einige Stunden oder Tage unter normalen Bedingungen oder bei leicht erhöhten Anforderungen betrieben und dann erneut getestet werden.

Auch der Kunde, der in seinem Produkt einen Chip verwendet, wird nicht das Risiko eingehen wollen, eine defekte Schaltung einzubauen, denn je später ein Fehler gefunden wird, desto teurer wird seine Reparatur: die Kosten für Fehler am Chip, an der Leiterplatte, am gesamten System oder gar im Feld unterscheiden sich jeweils um Größenordnungen. Daher führt der Anwender zumeist noch zusätzlich einen *Wareneingangstest* durch. Schließlich werden später bei Reparatur und Wartung ebenfalls ständig Tests vorgenommen.

Bei kundenspezifischen Schaltungen in kleinen und mittleren Auflagen können bis zu 70% der Gesamtkosten auf die Testerzeugung und Testdurchführung entfallen [Will86]. Diese Kosten wachsen überproportional mit der Schaltungsgröße. Wenn die Zahl n der Transistoren als Maßzahl für die Schaltungsgröße genommen wird, so zeigen Erfahrungen aus der Praxis, daß die Testdatenmenge in der Größenordnung $O(n^2)$ und die Rechenzeit zur Erzeugung dieser Testdaten in der Größenordnung $O(n2)$ bis $O(n3)$ zunehmen [Goel82]. Die Testerzeugung für digitale Schaltungen erreicht heute die Grenze der Leistungsfähigkeit der verfügbaren Universalrechner und ist vielfach nur in akzeptabler Zeit möglich, falls Maßnahmen des prüfgerechten Entwurfs und des Selbsttests berücksichtigt werden.

2.3.1 Der Pre-Test

Sowohl während des Prototyp-Tests als auch während des Produktionstests wird zuerst ein *Pre-Test* ausgeführt, um möglichst frühzeitig leicht erkennbare, offensichtliche Fehler auszuschalten. Hierfür sind Teststrukturen auf dem Chip untergebracht, die sowohl zur Prozeßvalidierung und -optimierung, als auch zur Prüfung des Wafers und jedes Chipplatzes auf dem Wafer dienen. Zu Testzwecken werden auf jedem Wafer Test-Chips (vgl. Bild 2.7) und auf jedem Chipplatz einige zusätzliche Transistoren und Kontakte realisiert. An ihnen läßt sich bereits optisch erkennen, ob auf dem Wafer großflächige Fehler wie die Verschiebung von Masken, Fehler bei der Oxidation oder beim Ätzen aufgetreten sind. Durch weitere Messungen wird festgestellt, ob vorgegebene Parameter eingehalten wurden. Sie schließen folgende Kontrollen ein:

— Dicke der Filme
— Tiefe der Kontakte
— Konzentration von Dotierungen
— Verunreinigungen
— Breite der Leiterbahnen
— Höhe von Durchschlagsspannungen
— Schwellspannungen
— Widerstände in den einzelnen Schichten.

Diese Schritte sind zwar auch im Produktionstest vorgesehen, beim Prototyptest will man aber zusätzlich den Grund des Ausfalls erfahren, um den Entwurf oder den Prozeß entsprechend korrigieren zu können.

2.3.2 Der Prototyp-Test

Während des Prototyp-Tests wird überprüft, ob die entworfene und gefertigte Schaltung der Spezifikation entspricht. Es sind daher sowohl Entwurfsfehler als auch Fertigungsfehler von Interesse. Während der *Schaltungscharakterisierung* wird festgestellt, ob unter bestimmten Umweltbedingungen auch die geforderte Leistung erbracht wird, und falls dies nicht der Fall ist, werden die Gründe hierfür mittels *Fehlerdiagnoseverfahren* gesucht.

2.3.2.1 Die Schaltungscharakterisierung: Der Parameterbereich, in
dem die Schaltung funktioniert (beispielsweise minimale und maximale Geschwindigkeit, Spannung, Umweltbedingungen wie Temperatur oder Luft-
feuchtigkeit), muß empirisch bestimmt werden. Es ist im allgemeinen zu aufwendig, sämtliche Parameterkombinationen zu prüfen. Man begnügt sich damit, die Bereichsgrenzen für diese Kombinationen zu bestimmen, und geht
davon aus, daß die Schaltung auch innerhalb dieser Grenzen funktioniert. Für
die Kombination der Parameter "Temperatur" und "Betriebsspannung" ist in
Bild 2.23 die Bereichsgrenze eingetragen, innerhalb der die Schaltung gerade
noch funktioniert.

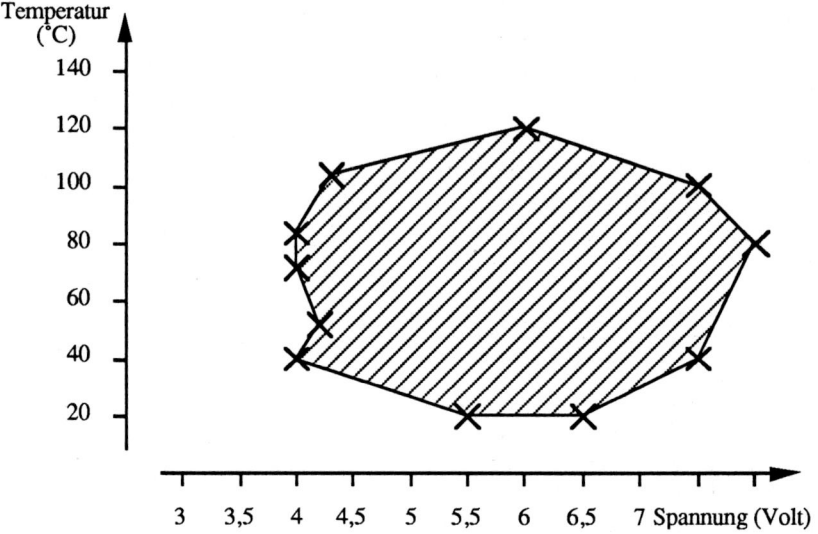

Bild 2.23: Korrekte Funktion einer Schaltung in Abhängigkeit von Temperatur und Spannung

Die Funktionsfähigkeit im schraffierten Gebiet wird daraufhin angenommen. Während man sich beim Produktionstest nur auf sehr wenige, typische
Parameterkombinationen beschränkt, werden zu Beginn der Serienproduktion
Prototypen einer ausgiebigen Schaltungscharakterisierung unterworfen, bei
der durch zahlreiche Parameterkombinationen die Funktionsfähigkeit in einem
möglichst großen Gebiet validiert wird.

2.3.2.2 Diagnoseverfahren: Zusätzlich werden bei der Einführung
neuer Prozesse und bei der Anpassung eines neuen Schaltungsentwurfs an
einen bestehenden Prozeß auch Diagnoseverfahren eingesetzt. Mit ihnen wer-

den im Rahmen der Prozeßvalidierung die für den Entwurf benötigten Parameter (z. B. für Simulations- und Verifikationswerkzeuge) bestimmt. Bei zellorientierten Entwürfen wird auf diese Weise die gesamte Bibliothek von Bauelementen validiert. Zugleich werden Diagnoseverfahren für die Ausfallanalyse eingesetzt. Sie können auch dann nötig werden, wenn bei einem bewährten Entwurf Schwankungen im Fertigungsprozeß zu einer Häufung frühzeitiger Ausfälle oder zu einer Abnahme der Ausbeute führen. Zur Fehler*diagnose* gehören die Fehler*erkennung* und die Fehler*lokalisierung*. Tabelle 2.2 klassifiziert die Anwendungen der Fehlerdiagnose.

Tabelle 2.2: Anwendung von Diagnoseverfahren

	Chip-Validierung	**Fehleranalyse**
Fehlertyp:	Entwurfsfehler	Prozeß- oder Materialfehler
Aufgabe:	Bestimmung von - Simulationsmodellen - Bibliotheksparametern - Entwurfsregeln	Bestimmung von Fehlerarten und -ursachen
Anwendungsphase:	Entwurf	Produktion und Test bei - Verlust an Ausbeute - neuen Anforderungen an die Schaltung - Fehler im Feld

Die Analyse der Ausfallursachen verlangt sehr aufwendige Untersuchungsmethoden. Einige wichtige Techniken sind in Tabelle 2.3 aufgeführt.

Exemplarisch wird im folgenden der Test mit dem Raster-Elektronenmikroskop (REM) erläutert. Mit seiner Hilfe läßt sich das elektrische Potential auf freiliegenden Metallbahnen des Chips sichtbar machen. Dabei werden Elektronen mit einer Energie von $E_0 := 2000\text{-}40000$ eV auf Metall geschossen. Ein großer Teil der Elektronen (BS) wird ohne wesentlichen Geschwindigkeitsverlust reflektiert. Zugleich sendet das beschossene Metall auch sogenannte sekundäre Elektronen (SE) mit einer deutlich geringeren Energie aus, die der Verteilung aus Bild 2.24 entspricht.

Im Energiespektrum nach Bild 2.24 besitzen die sekundären Elektronen eine Energie unter 50 eV, die meisten sekundären Elektronen haben ungefähr 5 eV. Die Geschwindigkeit der sekundären Elektronen hängt auch vom Potential des Metalls ab (Bild 2.25), so daß mit ihrer Hilfe das Oberflächenpotential V_S auf den Leiterbahnen der Schaltungen gemessen werden kann. Man beschießt bei diesem Verfahren also eine Metallbahn mit einem Elektronenstrahl und mißt die Geschwindigkeit der vom Metall ausgesendeten sekundären Elektronen. Falls sie die für eine geringe Spannung erwartete Energie haben, wird auf einem geeigneten Material ein Photoeffekt erzeugt.

Tabelle 2.3: Diagnosetechniken

Technik	Zweck	Vergrößerung	Auflösung
Optische Mikroskopie	morphologische Untersuchungen	ca. 1000x	ca. 0.25µm
Elektronenstrahl-mikroskopie	morphologische Untersuchungen, chemische Analyse, elektrisches Verhalten	ca. 10.000x bis 50.000x	ca. 100 Å
"Transmission Electron-Microscopy"	Kristallstruktur, mechanische Eigenschaften	bis 50000x	ca. 2 Å
Rutherford Spektroskopie	chemische Analyse	s. o.	
Röntgenstrahl	chemische Analyse, Kristallstruktur, mechanische Eigenschaften	s. o.	
Laserstrahl	Kristallstruktur, mechanische Eigenschaften	s. o.	

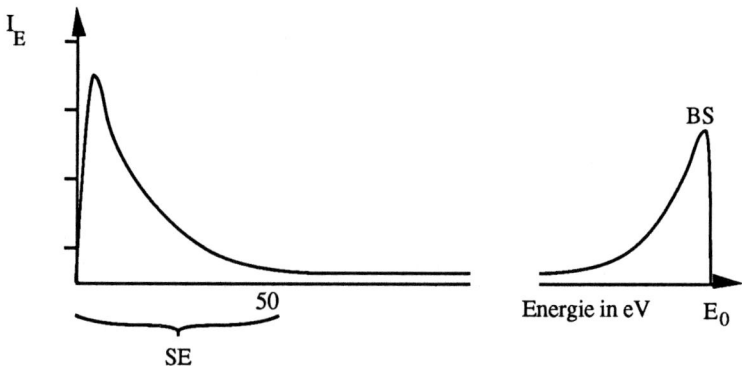

Bild 2.24: Verteilung der freigesetzten Elektronen

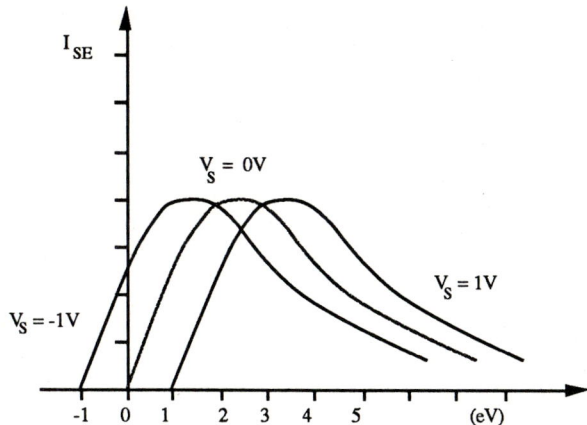

Bild 2.25: Abhängigkeit der Geschwindigkeit der sekundären Elektronen (SE) vom Potential

Folglich sind beim Elektronenstrahltest die Bahnen mit *hohem* Potential *dunkel* und die Bahnen mit geringem Potential *hell*. Auch die restlichen Teile der Schaltung bleiben dunkel, so daß ohne Versorgungsspannung die gesamte Metallebene auf dem Monitor des Rasterelektronenmikroskops erkannt werden kann. Bild 2.26 zeigt schematisch den Aufbau des Rasterelektronenmikroskops, und Bild 2.27 vergleicht den Layoutplan einer Schaltung an der Entwurfsstation mit dem Abbild am Monitor eines Rasterelektronenmikroskops.

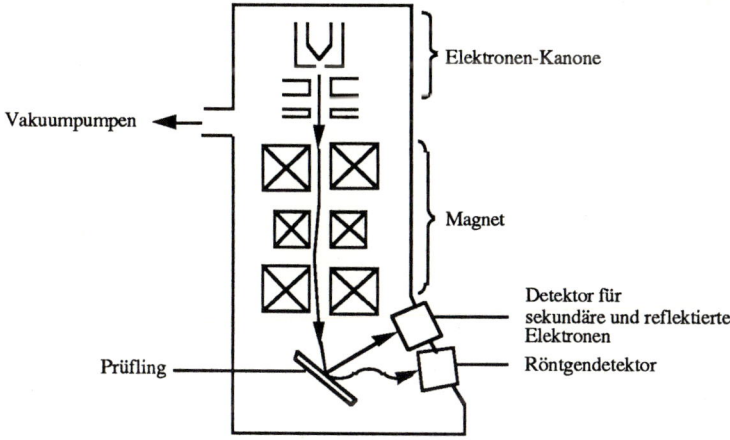

Bild 2.26: Schema des Rasterelektronenmikroskops. Zusätzlich wurden die vom Prüfling reflektierten Elektronen und die ausgehenden Röntgenstrahlen aufgenommen

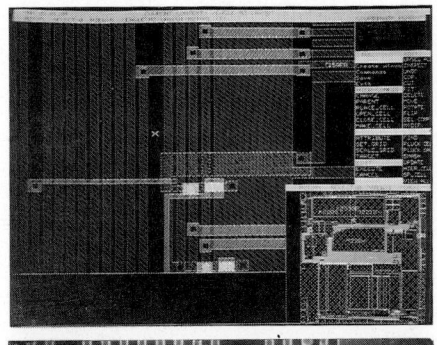
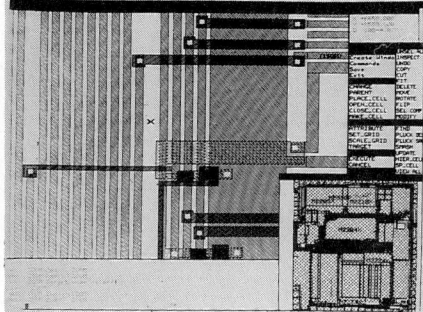
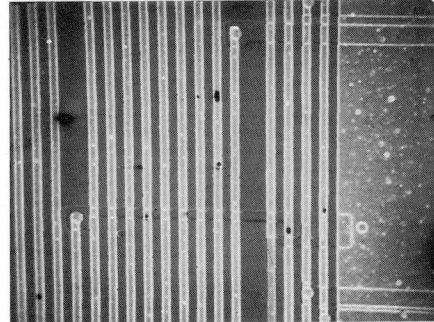

Bild 2.27: Layoutplan an der Entwurfsstation und Chipabbild am REM-Monitor [GHK87]

Wird die Versorgungsspannung angelegt, erscheinen die Metalleitungen mit hohem Potential dunkel. Bild 2.28 gibt ein solches Bild für einige Leitungen wieder, deren Spannungsverlauf über ein Zeitintervall hinweg betrachtet wurde, und vergleicht es mit der entsprechenden Vorhersage der Logiksimulation.

Mit dieser Methode lassen sich jedoch nur die Signale auf der obersten Metallebene verfolgen. Signale auf Leitungen aus Polysilizium oder Diffusion können deshalb nur bestimmt werden, wenn bereits beim Entwurf diese Leitungen mit entsprechenden Metallpads nach oben geführt werden (Bild 2.29).

Mit diesem Testverfahren läßt sich statisch die Spannung auf dem Chip messen, ferner der Zustandsverlauf auf Leitungen über die Zeit hinweg aufzeichnen und mit Sollwerten vergleichen, und es können Signale mit bestimmten Frequenzen gesucht und Frequenzen auf Leitungen bestimmt werden. Zur Logikauswertung ist das REM jedoch noch entsprechend zu ergänzen. Bild 2.30 zeigt das Schema eines automatischen Elektronenstrahltesters und Bild 2.31 einen entsprechenden Aufbau der Firma Siemens.

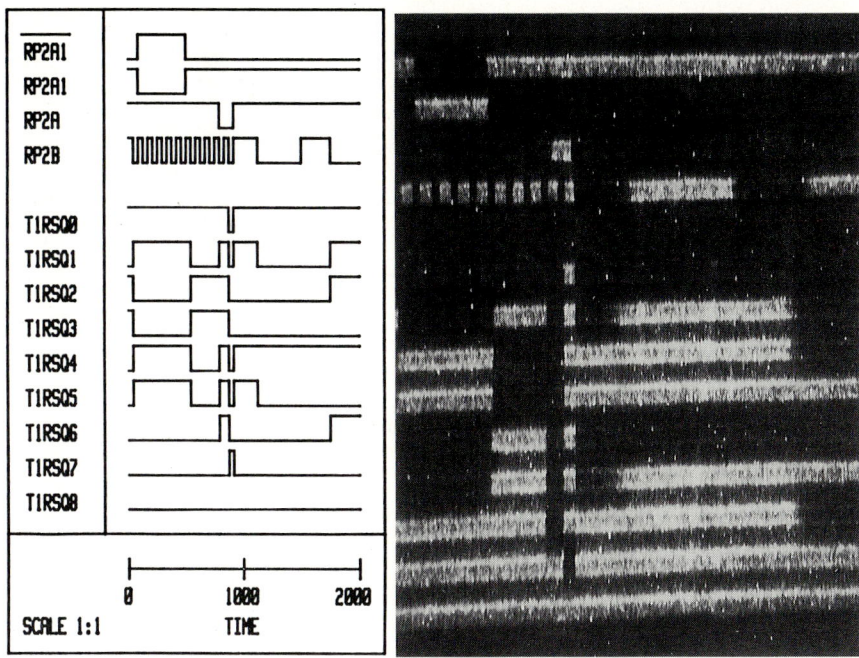

Bild 2.28: Simulation und Logikbild am REM-Monitor [GHK87]

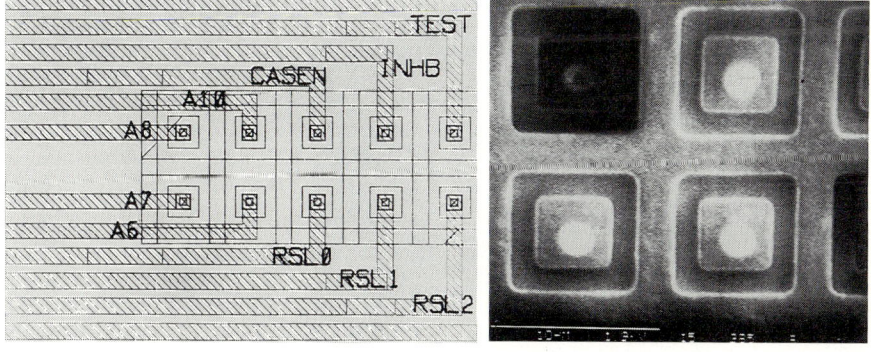

Bild 2.29: Layoutplan und REM-Bilder von speziellen Testpads für den Elektronenstrahltest [GÖRL87]

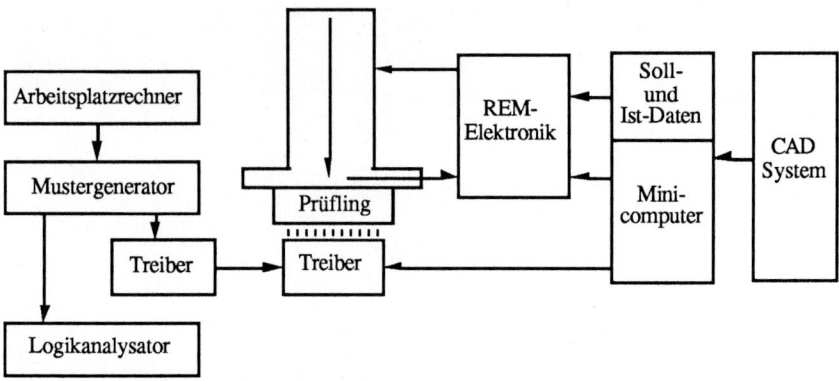

Bild 2.30: Schema eines automatischen Elektronenstrahltesters

Der in [GÖRL87] vorgestellte automatische Elektronenstrahltester arbeitet mit 2500 eV. Der Strahl hat eine räumliche Auflösung von 0.5 µm und kann mit einer Genauigkeit von 0.2 µm positioniert werden. Messungen können während eines Zeitintervalls von 1 Sekunde mit einer zeitlichen Auflösung von 1 ns und einer Auflösung bezüglich der Spannung von 10 mV aufgenommen werden. Die Station integriert die Messung und die Auswertung der Ergebnisse, Bild 2.32 gibt die entsprechende Bildschirmausgabe wieder.

Bild 2.31: Photographie eines Elektronenstrahl-Testplatzes (Siemens, [Wolf86])

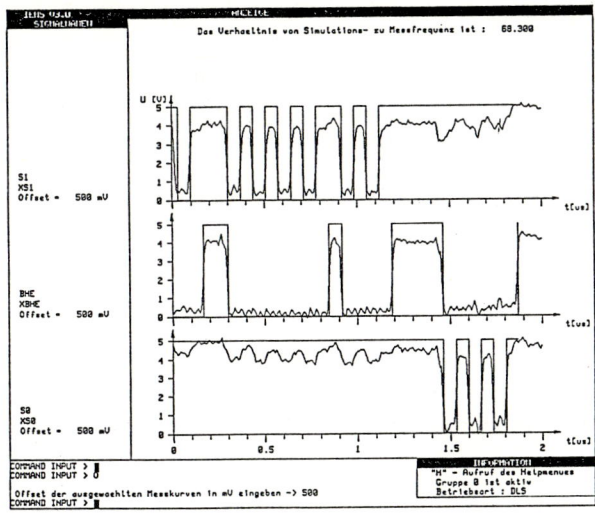

Bild 2.32: Integration von Elektronenstrahltest, rechnergestütztem Entwurf und Test in einer Arbeitsplatzstation: Vergleich zwischen Simulation und Messung am Bildschirm (SIEMENS)

Das gesamte Vorgehen bei der Chip-Validierung mit dem Elektronenstrahl ist in Tabelle 2.4 skizziert.

Tabelle 2.4: Schritte zur Chip-Validierung mit dem Rasterelektronenstrahlmikroskop

Voraussetzung beim Entwurf:	Auf dem Chip müssen die zu beobachtenden Leitungen, die nicht auf der obersten Metallisierungsebene laufen, an einigen Stellen auf die oberste Ebene als Testpads geführt werden.
Vorbereitungen:	Entfernen der Passivierung; Erfüllen der Arbeitsbedingungen (Spannung, Frequenz etc.); Erstellen einer Testfolge.
Fehlerlokalisation:	Aufzeichnen der logischen Zustände der obersten Metallisierungsebene mit dem Elektronenmikroskop; Vergleich mit Sollfunktion.
Parametertest:	Messung der Schwingungen an einigen Knoten.
Validierung:	Vergleich der gewonnenen Daten und der bislang für die Simulation verwendeten Daten; erneute Simulation mit den gemessenen Parametern.

2.3.3 Der Produktionstest

Abschließend soll beschrieben werden, wie nach Erstellung eines testbaren Entwurfs die Prüfung in der Serienproduktion erfolgt.

2.3.3.1 Arbeitsschritte beim Produktionstest: Im erwähnten Pre-Test werden die Wafer und Chipplätze ausgewählt, die keine offensichtlichen Fehler aufweisen. Danach beginnt erst die eigentliche Testarbeit, wobei jeder einzelne Chip mehrere Testschritte durchlaufen muß:

— Prüfung, ob zwischen den primären Anschlüssen des Chips Kurzschlüsse bestehen.
— Anlegen der Versorgungsspannung und Durchführung eines kurzen funktionalen Tests. Entscheidung, ob eine Fortsetzung des Tests sinnvoll ist.
— *Messung der statischen Parameter:* Dies schließt den Stromfluß durch den Chip ein, wenn alle Eingänge auf "1" gesetzt sind und die maximal zulässige Betriebsspannung angelegt wird. Weiter wird die Schwellspannung für das Umschalten der primären Eingänge bestimmt. Die Leckströme zwischen den primären Eingängen und Ausgängen werden gemessen, und die Belastbarkeit der primären Ausgänge wird bestimmt.
— *Messung der dynamischen Parameter:* Die Messungen sollen sicherstellen, daß die Schaltung auch mit der geforderten Geschwindigkeit funktioniert. Diese AC-Tests sind funktionale Tests, die bei hoher Geschwindigkeit durchgeführt werden. Auf sie kann verzichtet werden, wenn für den deutlich längeren Test der logischen Funktion des Chips ebenfalls Hochleistungsgeräte eingesetzt werden, welche die Muster in der geforderten Geschwindigkeit anlegen und auswerten.
— *Test der logischen Funktion:* Hier wird die Schaltung mit einer Menge von Bitmustern stimuliert. Die Antworten der Schaltung werden aufgenommen und mit den Sollwerten verglichen. Unter anderem sind dabei folgende Aufgaben zu lösen:
   * Entwicklung von Testgeräten, welche die Prüfdaten mit der erforderlichen Geschwindigkeit erzeugen und mit der erforderlichen Auflösung aufnehmen. Die Anforderungen an diese Testautomaten müssen daher zwangsläufig höher sein als diejenigen an die zu testenden Einheiten.
   * Verwaltung der großen Testdatenmengen.
   * Erzeugung von Prüfmustern, die möglichst viele Fehler entdecken.
— *Annahme oder Zurückweisen der Chips.*

Erst nach diesen Schritten kann ein Hersteller die integrierten Schaltungen ausliefern. In der Regel verläßt sich jedoch der Kunde nicht auf den Herstellertest allein und führt deshalb noch einen Wareneingangstest durch. Er besteht im wesentlichen auch aus den oben beschriebenen Schritten, zumeist aber eingeschränkt auf die vom Kunden tatsächlich genutzte Funktion des Chips.

2.3.3.2 Testgeräte: Der Produktionstest wird mit Testautomaten (englisch: "Automatic Test Equipment", ATE) durchgeführt. Wesentliche Parameter für ein ATE, die auch dessen Kosten bestimmen, sind Testgeschwindigkeit, die Zahl der testbaren Anschlüsse, Durchsatz, Genauigkeit und Auflösung. Heutige Testgeräte können bis zu 512 Anschlüsse bedienen, mit einer Genauigkeit im Picosekundenbereich stimulieren und Testantworten mit einer ähnlichen Auflösung aufnehmen. Sie erreichen eine Taktrate von über 100 MHz.

Idealerweise sollten bei der Testdurchführung die Signale mindestens mit der Betriebsgeschwindigkeit der zu testenden Einheit angelegt und überwacht werden. Falls jeder Testkanal aus einem schnellen Speicher versorgt wird, können typischerweise um die 50 MHz erreicht werden. Höhere Geschwindigkeiten sind möglich, wenn mehrere Testkanäle durch Multiplexer auf einen Chipanschluß gelegt oder wenn Pseudo-Zufallsmuster durch eine einfache, schnelle Schaltung algorithmisch erzeugt und nicht gespeichert werden. Die Hochleistungsgeräte müssen durch schnelle automatische Hantierung einen hohen Durchsatz gewährleisten und zugleich den Test ausreichend genau durchführen können. Beide Anforderungen verteuern die Geräte sehr; die Preise liegen derzeit (Stand 1989) zwischen einer halben Million und mehreren Millionen DM. Bild 2.33 zeigt einen Testautomaten der Firma Siemens.

Da bislang noch keine hinreichende, anerkannte Standardisierung der Testerschnittstellen erfolgt ist und sich Handhabung, Leistungsumfang und Programmierung der Geräte beträchtlich unterscheiden, sei hier für weitere Informationen auf die Dokumentation und Handbücher der diversen Hersteller verwiesen.

Um zu verhindern, daß defekte Chips gebondet und verpackt werden, kann man bereits die Wafer mit Probern automatisch durchmessen und an entsprechende Testautomaten anschließen (Bild 2.34).

Für den Prototyptest und die Diagnose ist die automatische Hantierung nicht notwendig. Hierfür stehen sogenannte "Low-Cost-Tester" zur Verfügung, die oft auch als Kleinserien-Tester für anwendungsspezifische ICs und für den Wareneingangstest verwendet werden. Sie unterscheiden sich von Hochleistungstestern kaum in der elektronischen Leistungsfähigkeit, aber sehr im Programmier- und Bedienkomfort und damit im erzielbaren Durchsatz. Geräte dieser Art sind bereits für 100.000 DM erhältlich (1989).

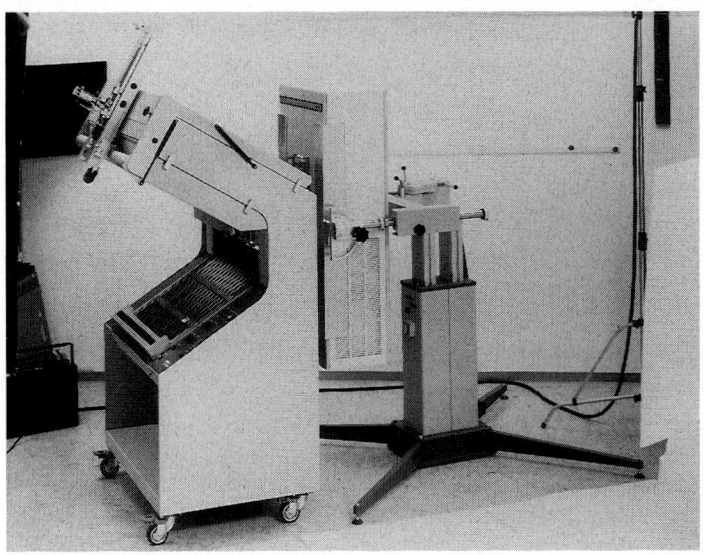

Bild 2.33: Testautomat SITEST der Firma Siemens

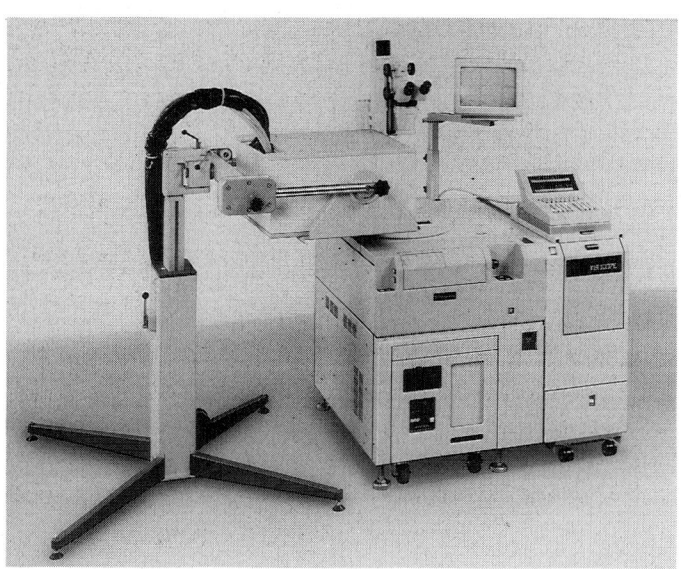

Bild 2.34: SITEST-Gerät für den Wafer-Test

2.4 Die Produktqualität

Die Betrachtungen über die Ausbeute haben verdeutlicht, daß nur ein Teil der gefertigten Schaltungen spezifikationsgemäß funktionieren wird. Ziel des Produktionstests ist es, diesen Teil aus der Gesamtheit der Schaltungen herauszufinden und die Auslieferung defekter Schaltungen zu verhindern. Der *Defekt-Level* ist der Prozentsatz der ausgelieferten Chips, bei denen man während des Tests einen vorhandenen Fehler nicht erkannt hat. Sein Gegenstück ist die *Produktqualität*, der Prozentsatz der ausgelieferten Chips, die gemäß der Spezifikation funktionieren. Der Defekt-Level ist abhängig von der Ausbeute und von der erreichten Fehlererfassung (auch Fehlerüberdeckung genannt).

Die *Fehlererfassung* T ist der Prozentsatz der betrachteten Fehler, für die ein Test angelegt wird, gemessen an der Zahl aller möglichen Fehler. Es ist eine Frage der Wirtschaftlichkeit und der geforderten Zuverlässigkeit, wie hoch die Fehlererfassung beim Produktionstest getrieben wird. Je später entdeckt wird, daß ein Chip fehlerhaft ist, desto größere Kosten fallen an. Die bekannte "Regel der 10" besagt, daß die Kosten, welche die Erkennung und Lokalisation eines Fehlers auf dem Chip, auf der Leiterplatte im Gesamtsystem oder nach der Auslieferung verursachen, jeweils um den Faktor 10 steigen [Will81]. Wegen dieser Kostenzunahme ist man bemüht, möglichst früh fehlerhafte Chips auszusondern.

Aus den Daten für die Ausbeute und für die Fehlererfassung T des Tests lassen sich Produktqualität Y_T und Defekt-Level DL schätzen. Nehmen wir das Produktmodell mit der gewichteten Fehlerdichte D' und der Fläche A an, so gilt für die Gesamtausbeute $Y = e^{-D'A}$. Falls wir vereinfachend voraussetzen, daß die Verteilungen der normierten Dichte für die im Test erkannten und für die nicht erkannten Fehler gleich sind, erhalten wir mit

$$(2.23) \qquad\qquad \tilde{D} := (1-T)D'$$

die gewichtete Dichte der nicht erkannten Fehler. Die Ausbeute an im Test für gut befundenen Schaltungen, die auch funktionieren, ist damit

$$(2.24) \qquad\qquad Y_T = e^{-\tilde{D}A}.$$

Dies entspricht der Produktqualität, und wir haben

$$(2.25) \qquad\qquad Y_T = e^{-(1-T)D'A} = Y^{(1-T)}$$

und somit einen Defekt-Level von $DL = 1 - Y^{(1-T)}$.

Tabelle 2.5 gibt in Abhängigkeit von der Ausbeute und der Fehlererfassung die erzielte Produktqualität wieder.

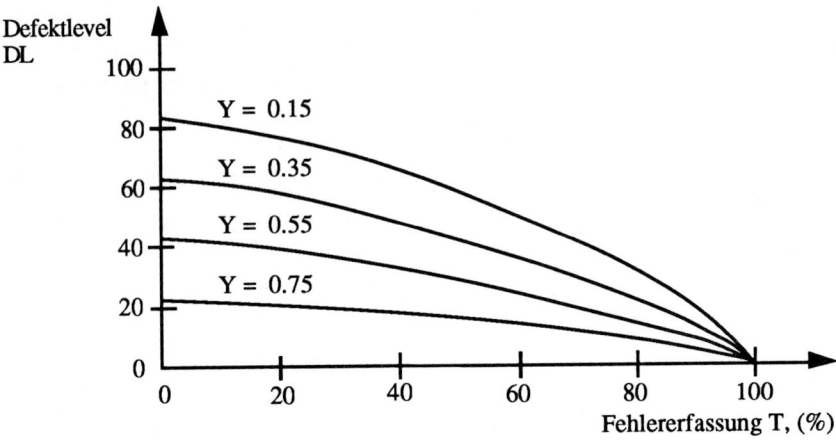

Bild 2.35: Defekt-Level als Funktion der Fehlererfassung und der Ausbeute

Tabelle 2.5: Produktqualität in Abhängigkeit von Ausbeute und Fehlererfassung

Fehlererfassung:		90.0 %	98.5 %	99.2 %	99.6 %
Ausbeute:	10.0 %	79.4 %	96.6 %	98.1 %	99.0 %
	30.0 %	88.7 %	98.2 %	99.0 %	99.5 %
	50.0 %	93.3 %	99.0 %	99.4 %	99.7 %

Mit den produzierten Chips werden in der Regel größere Systeme zusammengesetzt. Um die Wahrscheinlichkeit zu schätzen, daß das Gesamtsystem fehlerfrei ist, können die Überlegungen bei der Bestimmung der Ausbeute verwendet werden. Besteht das Gesamtsystem aus n Chips, von denen wir der Einfachheit wegen annehmen, daß sie alle dieselbe Produktqualität Y besitzen, so ist nach Formel (2.18) $Y_G := Y^n$ die Wahrscheinlichkeit, daß sämtliche Chips im System funktionieren. Y_G berücksichtigt noch nicht Fehler wie beispielsweise unzuverlässige Lötstellen, die bei der Montage der Chips auf Leiterplatten relativ häufig vorkommen.

Wird eine Rechnerplatine montiert, die aus 70 Chips mit einer Produktqualität von je 99 % besteht, so ist nur mit einer Wahrscheinlichkeit von $0.99^{70} \approx$ 0.5 zu erwarten, daß alle Schaltungen fehlerfrei sind. Bei einer Produktqualität von 80 % beträgt diese Wahrscheinlichkeit nur 0.00000016, d. h. ein funktionsfähiger Rechner ist nahezu ausgeschlossen.

Da die Fehlerdiagnose für eine komplette Platine deutlich teurer als der Einzeltest der Chips ist, müssen nach Tabelle 2.5 und Formel (2.25) zumeist Fehlererfassungen über 99 % gefordert werden. Eine genauere Modellierung des Zusammenhangs zwischen Testkosten, Defekt-Level und Fehlererfassung findet man in [YKL88]. Dort leiten die Autoren mit aufwendigen Berechnungen aus den genannten Parametern optimale Testverfahren her, um die Gesamtkosten für Test und Reparatur zu minimieren.

3 Schaltungs- und Fehlermodellierung

3.1 Ebenen der Schaltungsmodellierung

Ein Schaltwerk mit n primären Eingängen und m Flipflops kann bis zu 2^m Zustände annehmen, wobei es in jedem Zustand auf jede der 2^n Eingangsbelegungen korrekt reagieren, das heißt, die richtige Ausgabe und den richtigen Folgezustand erzeugen muß. Selbst das Durchspielen aller 2^{n+m} Kombinationen aus Zuständen und Eingabebelegungen kann nicht die Entdeckung aller möglichen Fehler des Gesamtschaltwerks sichern und ist bereits bei 20 Eingängen und 20 Flipflops nicht mehr in sinnvoller Zeit durchzuführen.

Daher ist es im allgemeinen zu aufwendig, die Funktion eines komplexen, integrierten Systems vollständig zu prüfen. Man beschränkt sich beim Test darauf, nur eine bestimmte, eingeschränkte Menge von Fehlfunktionen anzunehmen und zu verifizieren, daß keine dieser Fehlfunktionen vorliegt. Diese Menge nennt man Fehlermodell, es kann auf unterschiedlichen Abstraktionsebenen beschrieben werden.

Aus Komplexitätsgründen ist es sowohl beim Test als auch beim Entwurf nicht möglich, in jedem Arbeitsschritt alle Informationen über die Gesamtschaltung zu berücksichtigen. Stattdessen betrachtet man die Gesamtschaltung auf mehreren Abstraktionsebenen. Beim "Top-Down"-Entwurf geht man von einer höheren Abstraktionsebene zur nächstniederen, wobei ein immer kleinerer Teil der Schaltung betrachtet, aber immer mehr Information über seine Realisierung berücksichtigt wird. Es gibt keine standardisierte Einteilung der Entwurfsebenen, für unsere Zwecke erscheint die folgende besonders geeignet:

1. *Die System- oder Architekturebene:* Auf dieser Ebene beginnt man mit der Spezifikation des zu entwerfenden Systems, das aus einer Menge untereinander kommunizierender, ansonsten selbständig arbeitender Mo-

duln besteht. Die Moduln sind Rechenwerke, Speicher, Busse und anderes mehr und können in sehr allgemeiner Form als abstrakte Datentypen modelliert werden.

2. *Die algorithmische Ebene:* Man betrachtet einzelne Moduln, die zur Erfüllung ihrer als abstrakte Datentypen gegebenen Spezifikationen bestimmte Algorithmen abarbeiten. Bei der Spezifikation dieser Algorithmen müssen die Parallelität und Nebenläufigkeit der von den Moduln ausgeübten Operationen und das Zeitverhalten der Moduln und des Gesamtsystems berücksichtigt werden.

3. *Die Registertransfer-Ebene:* Hier wird der beschriebene Algorithmus konkretisiert, und es wird festgelegt, welche Struktur ihn ausführt. Der Algorithmus ist in einer imperativen Sprache beschrieben und wird auf Registertransfer-Ebene in eine Strukturbeschreibung von Komponenten und ihren Verbindungen umgesetzt. Die Komponenten führen bestimmte Operationen aus, und als Komponenten sind Register, Speicher, Schaltnetze oder Busse zulässig. Es wird explizit unterschieden zwischen speichernden Elementen (Register) und nicht speichernden. Im Regelfall haben wir es mit synchronen Schaltungen zu tun, so daß das Zeitverhalten durch ein Taktschema gegeben ist.

4. *Die Gatterebene:* Auf der Gatterebene werden die genannten Komponenten der Registertransfer-Ebene zu einem Netz aus einfachen Bauelementen expandiert. Der Entwurf einer Schaltung bis zu diesem Grad der Abstraktion wird heute noch zumeist manuell durchgeführt. Sogenannte Synthesesysteme, die diese Netzliste automatisch aus einer algorithmischen Beschreibung erzeugen, befinden sich in der Entwicklung [MPC88].

Es gibt zahlreiche Werkzeuge, welche die weitere Konkretisierung der Schaltung bis zum fertigen Layout unterstützen. Zugleich ist die Gatterebene auch von besonderer Bedeutung für die Fehlermodellierung, da Testmustererzeugung und Fehlersimulation auf dieser Ebene am effizientesten durchführbar sind und dabei die Informationen über die möglichen Fehlfunktionen der verwendeten Bauelemente noch zugänglich bleiben.

5. *Die Schalterebene:* Auf dieser Ebene werden die Bauelemente zu einer Netzliste expandiert, die aus Transistoren, Leitungen, Widerständen und Kondensatoren besteht. Allerdings wird mit diesen Elementen keine analoge Netzwerksimulation durchgeführt, sondern ihr Verhalten wird mit einem kleinen, diskreten Wertebereich nachgebildet. Damit läßt sich das Verhalten genauer beschreiben als mit der gewöhnlichen, zweiwertigen booleschen Logik auf Gatterebene, zugleich können aber die notwendigen Berechnungen effizienter erfolgen als mit der elektrischen Simulation.

6. *Die Layout- und die elektrische Ebene:* Das Layout einer Schaltung ist die geometrische Beschreibung der Masken für die Fertigung der Chips. In der Literatur werden häufig das Layout und das elektrische Verhalten als unterschiedliche Ebenen eingeführt, und die elektrische Ebene wird dann als die unterste Ebene angesehen [Ramm86]. Diesem Ansatz folgen wir nicht, da aus dem gegebenen Layout sehr wohl das elektrische Verhalten herzuleiten ist, in die andere Richtung ist der Weg jedoch nicht eindeutig. Ähnlich wie der Systembeschreibung ein sogenannter "Floorplan" entspricht, der den verwendeten Moduln ihren Platz zuordnet, entsprechen dem elektrischen Verhalten die im Layout definierten Grundstrukturen wie Leitungen und Transistoren.

Während der Entwurf einer Schaltung gewöhnlich bei der Systemebene beginnt und zum Layout führt, ist der Arbeitsgang bei der Fehlermodellierung umgekehrt. Hier interessieren zunächst die bei der Fertigung auftauchenden Defekte, aus denen ein fehlerhaftes elektrisches Verhalten folgt. Da die Simulation und die Testerzeugung auf dieser Ebene zu aufwendig wären, modelliert man diese Fehler auf einer höheren Ebene. Bei einer fortschreitenden Abstraktion der Fehlermodelle verliert man aber relevante Informationen über das tatsächlich zu erwartende fehlerhafte Verhalten, das durch die Technologie und durch die konkrete Implementierung bestimmt wird. Diesen Zusammenhang verdeutlicht Bild 3.1.

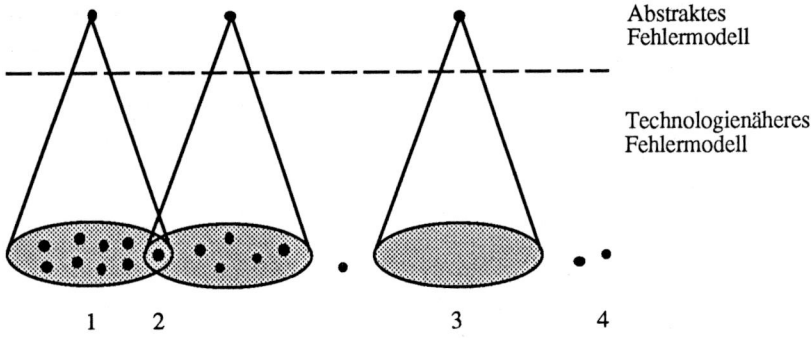

Abstraktes
Fehlermodell

Technologienäheres
Fehlermodell

1   2   3   4

Bild 3.1: Fehlermodelle auf unterschiedlichen Abstraktionsebenen

Beim Übergang von einem Fehlermodell zu einem Modell auf höherer Ebene schränken die folgenden vier Mechanismen die Genauigkeit ein:

1. Viele unterschiedliche Fehler auf der unteren Ebene werden auf einen Fehler der höheren Ebene abgebildet. Dieser Fall ist der häufigste, und er

entspricht auch dem Ziel der Fehlermodellierung auf höheren Ebenen, da nur so die Fehlermenge reduziert werden kann. Zugleich kann aber auf oberer Ebene nicht mehr zwischen diesen vielen Fehlern unterschieden werden, und die Diagnosemöglichkeiten sind eingeschränkt.

2. Manche Fehler auf unterer Ebene werden von mehreren Fehlern des abstrakteren Fehlermodells zugleich erfaßt. Dies kann zur Fehlerdiagnose genutzt werden.

3. Manchen Fehlern auf höherer Ebene entspricht gar kein Fehler auf unterer Ebene. Dies bedeutet, daß es keinen physikalischen Defekt gibt, der dieses modellierte fehlerhafte Verhalten verursachen könnte, und daß die Testerzeugung für diesen Fehler somit sinnlos ist.

4. Für manche Fehler auf unterer Ebene wird kein Fehler im höheren Fehlermodell modelliert. Dies kann dazu führen, daß für diese Fehler auch keine Tests generiert und sie nicht erfaßt werden. Aus diesem Grunde sinkt in der Regel die Fehlererfassung, je abstrakter das gewählte Fehlermodell ist. Daher ist es beim Test hochintegrierter Schaltungen mit bekannter Struktur zumeist nicht sinnvoll, über die Gatterebene hinaus zu abstrahieren.

Im vorhergehenden Kapitel wurde die Fehlererfassung in bezug zu den möglichen Defekten auf Layoutebene eingeführt. Da bei fortschreitender Abstrahierung ein Fehlermodell immer weniger dieser realistischen Fehler abdeckt, ist eine Ergänzung der Definition notwendig. Für ein gegebenes Fehlermodell ist die *Fehlererfassung im engeren Sinne* der Anteil der Fehler des Modells, der erkannt wurde. Falls die Fehlererfassung im engeren Sinne beispielsweise bezüglich eines Fehlermodells auf Gatterebene bestimmt wurde, ändert sich die Formel zur Bestimmung der Produktqualität etwas:

Es sei T_F der Anteil aller Defekte, die zu fehlerhaftem Verhalten führen und von dem betrachteten Fehlermodell abgedeckt werden, und es sei T die Fehlererfassung im engeren Sinne bezüglich dieses Fehlermodells. Dann gilt für die Fehlererfassung im weiteren Sinne

(3.1) $$T' = T_F T,$$

und für die Produktqualität erhält man wie gehabt

(3.2) $$Y_T = Y^{(1-T')}.$$

3.2   Die Layout-Ebene

3.2.1   Struktur und Verhalten

Das Layout einer Schaltung ist eine Beschreibung der Geometrie der Masken für die einzelnen Fertigungsebenen. Bild 3.2 zeigt das Layout eines CMOS-NOR-Gatters.

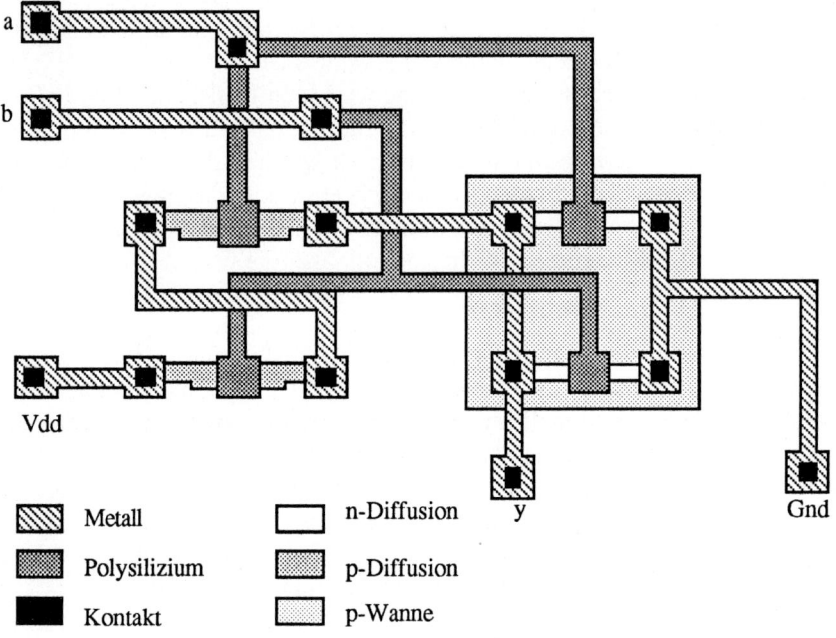

Bild 3.2: NOR-Gatter mit Polysiliziumgates in CMOS p-Wannentechnik

Das Layout kann einzeln für jede verwendete Prozeßebene dargestellt werden, wobei die Objekte auf jeder Ebene durch Polygonzüge zu beschreiben sind. Bild 3.3 zeigt für die Metallebene die Objekte des NOR-Gatters.

Eine einfache Sprache zur Beschreibung der Geometrie dieser Ebenen ist beispielsweise die Caltech Intermediate Form (CIF, [MeCo80]). Ein maschinennäheres Format für den Austausch von Layoutbeschreibungen ist GDSII. Solche Beschreibungen werden jedoch vom Entwerfer selbst kaum benötigt, da dieser seine Schaltung an Grafikstationen mit Layout-Editoren in Form von Polygonzügen eingeben kann.

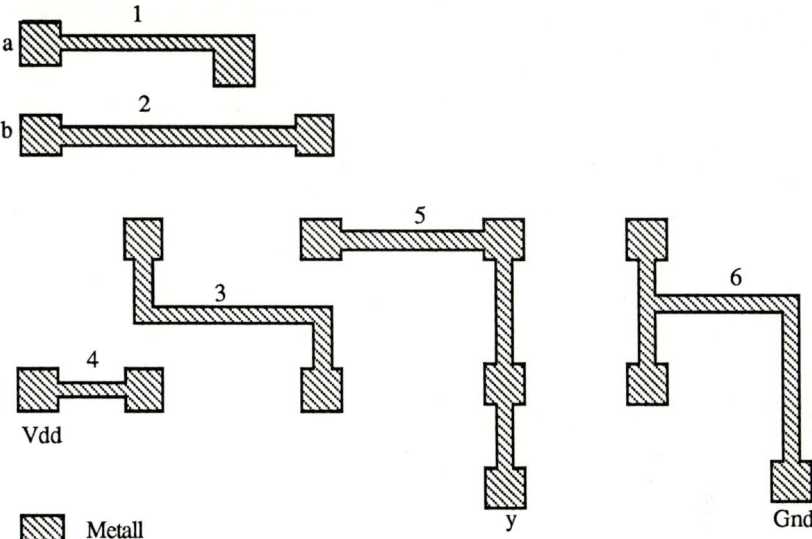

Bild 3.3: Objekte auf der Metallebene

Schaltungsextraktoren können aus dem Layout das zugehörige elektrische Netzwerk aus Transistoren, Leitungen, Kondensatoren, Widerständen und Induktivitäten gewinnen (z. B. DRACULA, [DRAC88]). Bild 3.4 zeigt ein vereinfachtes Netzwerk für das beschriebene NOR-Gatter.

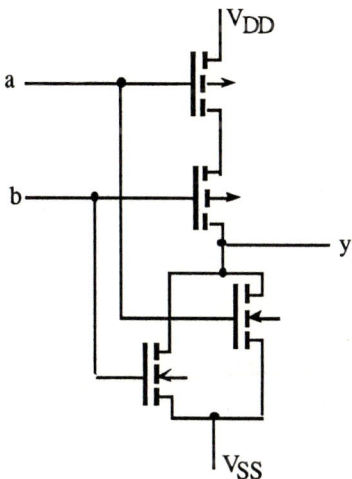

Bild 3.4: Transistornetzliste

Das zugehörige elektrische Verhalten wird mit Programmen zur Netzwerkanalyse wie Spice simuliert [SPICE80]. Verfahren der elektrischen Simulation sind beispielsweise in [Spir85] beschrieben. Sie sind sehr aufwendig und werden daher in der Regel nicht zur Fehlersimulation genutzt.

3.2.2 Induktive Fehleranalyse

Während im vorhergehenden Kapitel die Fehlerquellen bei der Fertigung beschrieben wurden, sollen jetzt die Strukturen genauer untersucht werden, die bei fehlerhafter Prozeßdurchführung entstehen können. Bei der induktiven Fehleranalyse beschränkt man sich in der Regel auf Deformationen der physikalischen (geometrischen) Struktur der Schaltung durch punktuelle Defekte. Die fehlerhafte und die fehlerfreie Schaltung können weitgehend mit denselben Hilfsmitteln beschrieben werden, denn die meisten der punktuellen Defekte haben dieselben Auswirkungen wie Maskendeformationen:

— Eine Verunreinigung des Wafers vor Aufbringen des Photolacks kann zu Fehlstellen im Photolack führen (vgl. Bild 3.5). Die Auswirkung dieser Verunreinigung unterscheidet sich nicht von der eines fehlerhaft als durchlässig beschriebenen Gebiets in der Maske.
— Eine Verunreinigung nach Aufbringen des Photolacks kann dazu führen, daß in der Maske beschriebene Gebiete nicht belichtet werden, und Photolack je nach Prozeßtyp fälschlich stehenbleibt oder entfernt wird.
— Eine Verunreinigung während anderer Schritte kann die korrekte Ausführung an dieser Stelle verhindern (z. B. unterbrochene Leitungen). Dies läßt sich ebenfalls in der Maskenbeschreibung darstellen.
— Störungen in Ebenen, für die keine eigene Maske existiert (etwa das Gateoxid), müssen durch Abänderung mehrerer Masken beschrieben werden.

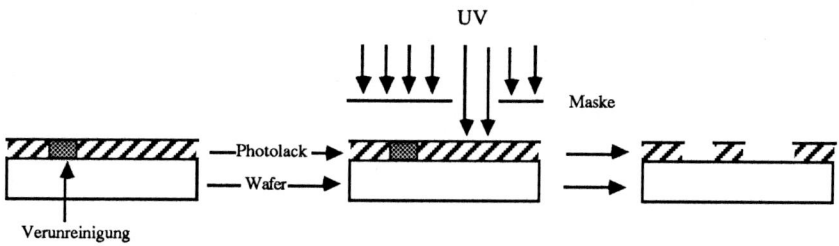

Bild 3.5: Auswirkung einer Verunreinigung

Derartige Fehler werden bei der induktiven Fehleranalyse nach drei Kriterien untersucht [Maly87, Ferg86, FeSh88]:

(1) *Qualitativ* wird beschrieben, welche Schaltungsteile fehlerhaft zusätzlich entstehen oder wegfallen können. Dies umfaßt hauptsächlich Kurzschlüsse zwischen Leitungen, Unterbrechungen, kurzgeschlossene oder ständig leitende Transistoren, zusätzliche oder fehlende Kontakte und Transistoren.

(2) Das *Verhalten* wird bei Vorliegen eines Fehlers durch analoge oder sogenannte "Switch-Level" Simulation analysiert.

(3) *Quantitativ* wird für die einzelnen Fehler mit Hilfe der aus dem Prozeß gewonnenen Daten die Wahrscheinlichkeit bestimmt, mit der sie zu erwarten sind. Zusammen mit der Analyse des Verhaltens erhält man so Hinweise über die Fehlermenge, für die Testmuster zu erzeugen sind, und über die zu erwartende Ausbeute.

3.2.2.1 Qualitative Analyse:

3.2.2.1 Qualitative Analyse: Wir befassen uns mit der qualitativen Analyse am Beispiel des CMOS NOR-Gatters aus Bild 3.2 und unterscheiden als wesentliche Defekte Kurzschlüsse, unterbrochene Leitungen und Transistorfehler.

3.2.2.1.1 Kurzschlüsse: Kurzschlüsse zwischen Leiterbahnen sind möglich, wenn zwischen Objekten einer Ebene zuviel verbindendes Material stehenbleibt (Bild 3.6) oder wenn die Isolationsschicht zwischen zwei Objekten verschiedener Ebenen unvollständig ist (Bild 3.7). Objekte auf der Metallebene des NOR-Gatters von Bild 3.2 können durch zusätzliches Metall miteinander verbunden sein, so daß ein einziges Objekt entsteht.

Solche Kurzschlüsse sind nicht nur auf der Metallebene, sondern auch auf der Diffusionsebene und der Polysiliziumsebene möglich.

3.2.2.1.2 Offene Leitungen: Offene Leitungen können ebenfalls auf zwei Arten entstehen. Bild 3.6 zeigt mit den Fehlern 1b und 2b Möglichkeiten, wie Leitungen der Metallebene durch Fremdkörper unterbrochen werden, ähnlich lassen sich offene Leitungen auch in Diffusion und Polysilizium darstellen.

Bild 3.7 skizziert eine weitere Möglichkeit für offene Leitungen. Bei Fehler 1a führt zuviel SiO_2 dazu, daß Eingang a nicht angeschlossen werden kann. Der Fehler 2a verhindert die Stromversorgung der Zelle. Bereits diskutiert wurde Fehler 1b, ein Kurzschluß der Eingänge a und b, und Fehler 2b, ebenfalls ein Kurzschlußfehler.

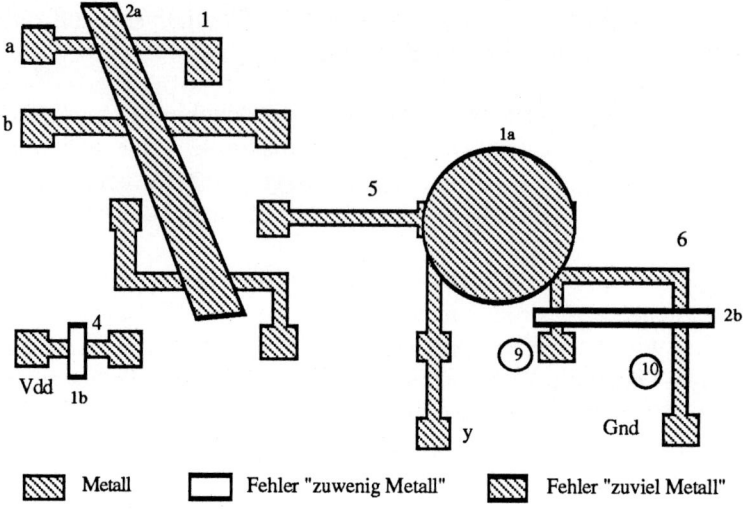

| Metall | Fehler "zuwenig Metall" | Fehler "zuviel Metall" |

Bild 3.6: Fehler auf Metallebene

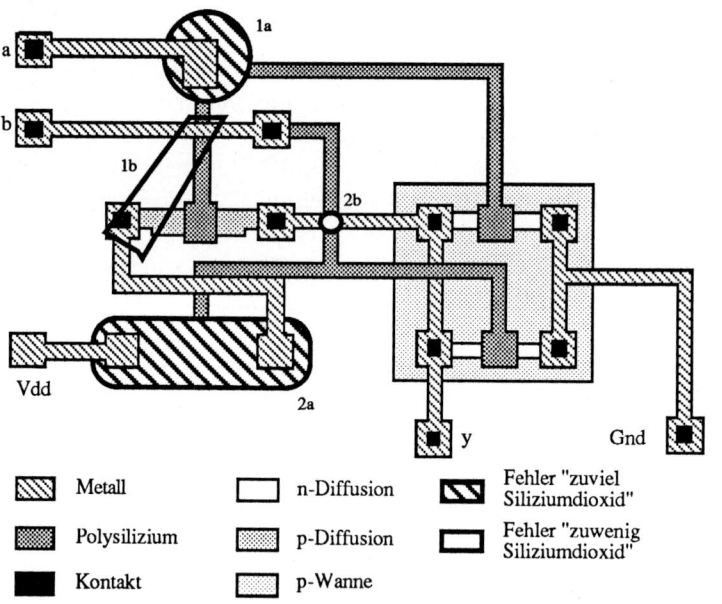

Metall	n-Diffusion	Fehler "zuviel Siliziumdioxid"
Polysilizium	p-Diffusion	Fehler "zuwenig Siliziumdioxid"
Kontakt	p-Wanne	

Bild 3.7: Kontaktfehler

3.2.2.1.3 Transistorfehler: Ständig leitende Transistoren haben hauptsächlich zwei Ursachen. Zum einen kann zwischen Source und Drain ein normaler, bereits beschriebener Kurzschluß sein. Dies zeigt Fehler 3 in Bild 3.8 für die Polysiliziumebene. Fehler 1 ist ebenfalls ein gewöhnlicher Kurzschluß.

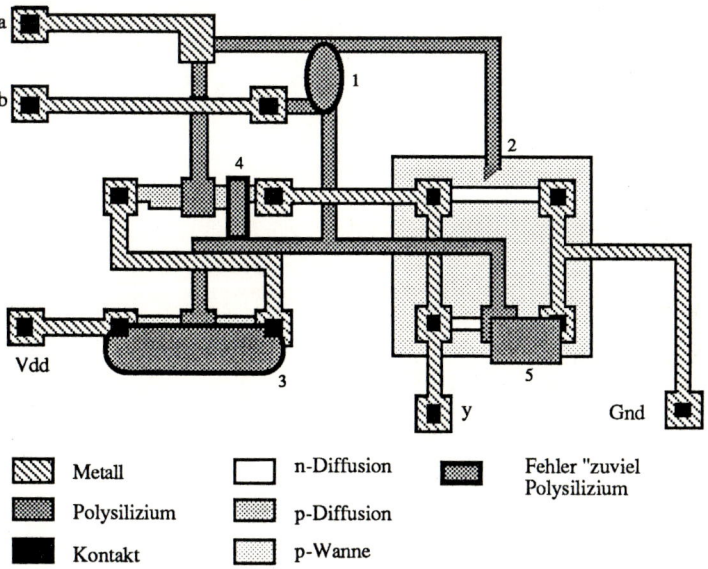

Bild 3.8: Fehler "zuviel Polysilizium"

Zum anderen können ständig leitende Transistoren auch durch fehlendes Polysilizium verursacht werden (Fehler 2). Dies hat in der Reihenfolge der Prozeßschritte seine Ursache. Bei einem selbstjustierenden Gate werden Source und Drain erst nach Auftragen des Polysiliziums dotiert, welches den darunter liegenden Kanal schützt. Fehlt jedoch das Polysilizium, so liegt der Kanal frei, wird ebenfalls dotiert, und zwischen Source und Drain ist eine ständig leitende Verbindung.

Ständig offene oder sperrende Transistoren haben neben Dotierungsfehlern dieselben Ursachen wie unterbrochene Leitungen. Dotierungsfehler entstehen zum Beispiel, wenn über Diffusionsgebiet nicht angeschlossenes Polysilizium liegt, das eine Dotierung verhindert.

Insbesondere bei der Technik der selbstjustierenden Gates können auch *neue Transistoren* durch Prozeßfehler entstehen. Fehler 4 in Bild 3.8 führt dazu, daß Eingang b das Gate eines zusätzlichen Transistors bildet.

3.2.2.2 *Analyse des Verhaltens:* Da sich die meisten punktuellen Defekte wie Maskenfehler auswirken, lassen sie sich auch durch die gängigen Layoutsprachen, z. B. CIF oder GDSII, beschreiben. Ist in der Layoutbeschreibung ein Fehler eingebaut, so kann mit den erwähnten Schaltungsextraktoren die fehlerhafte Netzliste erzeugt und mit Analogsimulatoren (z. B. Spice) oder mit Switch-Level-Simulatoren (z. B. CADAT, [CADA86]) analysiert werden. Durch Simulation ist für mögliche Eingaben das zu erwartende Fehlerverhalten festzustellen, und Testmuster können erzeugt werden. Bild 3.9 skizziert das vollständige Vorgehen bei der Verhaltensanalyse.

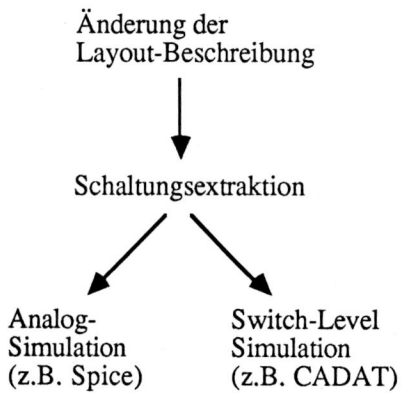

Bild 3.9: Verhaltensanalyse

3.2.2.3 *Quantitative Analyse:* Die quantitative Analyse schätzt die Wahrscheinlichkeit, daß ein bestimmtes Fehlerverhalten zu erwarten ist, abhängig von der Form möglicher Defekte, von der Verteilung der Defektdurchmesser H(x) und von der Verteilung der Defektdichte F(D).

Die in [Ferg86, Maly87, FeSh88] vorgestellten Verfahren zur quantitativen Fehleranalyse gehen von einer konvexen Form der Defekte aus und verlangen empirisch gewonnene Werte für H(x) und F(D). Nach dem Monte-Carlo-Prinzip erzeugen sie dann gemäß dieser Verteilungen Fehlstellen in der Layoutbeschreibung. Die so eingebauten Defekte werden einer Verhaltensanalyse unterzogen, so daß für jedes Fehlerverhalten absolute und relative Häufigkeiten gewonnen werden. Auf diese Weise kann für einen Prozeß bestimmt werden, für welche Fehler Testmuster erzeugt werden müssen und welche wegen zu geringer Wahrscheinlichkeit vernachlässigt werden können.

3.3 Die Schalterebene

Aufgrund der großen Zahl möglicher, unterschiedlicher Defekte im Layout wäre eine Verhaltensanalyse mittels elektrischer Simulation in den meisten Fällen viel zu aufwendig. Daher wurden einfachere Modelle entwickelt, die das elektrische Verhalten zwar weniger genau widerspiegeln, aber dafür weit effizienter als stetige Simulationsverfahren sind. Wir stellen im folgenden das von Hayes [Hayes82b, Haye86] entwickelte Modell vor.

Auf der Schalterebene (englisch: Switch-Level) wird eine Schaltung mit Elementen beschrieben, die den elektrischen Leitungen, Transistoren, Widerständen und Kondensatoren entsprechen. Ziel ist es, deren Verhalten nicht durch aufwendige Differentialgleichungssysteme über den reellen Zahlen, sondern mit dem stark eingeschränkten Wertevorrat einer mehrwertigen Logik wiederzugeben. Dazu müssen die elektrischen Größen Strom, Spannung, Kapazität und Widerstand diskretisiert werden.

Um hervorzuheben, daß von nun an nicht mehr elektrische Bauelemente sondern diskrete Operatoren auf dem oben beschriebenen Signalvorrat betrachtet werden, bezeichnen wir Leitungen als Connectoren, Transistoren als Switches, Widerstände als Attenuatoren und Kondensatoren als Wells. Diese Elemente geben der hier vorgestellten Modellierung den Namen CSAW-Modell, sie werden wie in Bild 3.10 dargestellt und bilden die Knoten eines Graphen nach Bild 3.11. Wir führen im folgenden diesen Graphen mit formalen Methoden ein.

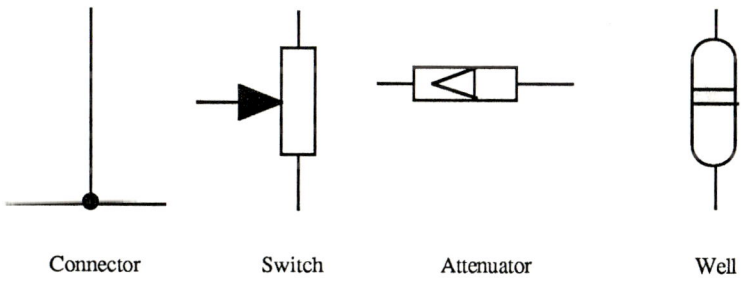

Connector   Switch   Attenuator   Well

Bild 3.10: Elemente des CSAW-Modells

Definition 3.1: Sei $G := (V, E)$ ein Graph mit den Knoten V und den Kanten $E \subset \{\{a,b\} \mid a,b \in V\}$. Die Funktion

   $\deg: V \rightarrow \mathbb{N}$,

   $\deg(v) := |\{\{a,b\} \in E \mid a=v \lor b=v\}|$

bestimmt für jedes $v \in V$ seine *Ordnung* $\deg(v)$ als die Zahl der zugehörigen Kanten.

Definition 3.2: Ein *SL-Graph* G := (V, E) ist ein ungerichteter Graph mit Knoten V und Kanten E ⊂ {{a,b} | a,b ∈ V}. Die Knotenmenge ist eine disjunkte Vereinigung V = T ∪ V_C ∪ V_S ∪ V_A ∪ V_W. Die Knoten t ∈ T heißen *Terminale* und es gilt deg(t) = 1, die Knoten v_c ∈ V_C sind *Connectoren* mit deg(v_c) > 1, die Knoten v_a ∈ V_A sind die *Attenuatoren* mit deg(v_a) = 2, die *Switches* sind Knoten v_s ∈ V_S mit deg(v_s) = 3, und die Knoten v_w ∈ V_W sind *Wells* mit 1 ≤ deg(v_w) ≤ 2.

Bild 3.11 zeigt den SL-Graphen eines CMOS NAND-Gliedes mit den Terminalen T = {0, 1, x_1, x_2, z}. Falls, wie in diesem Beispiel, eine Well nur eine eingehende Kante besitzt, soll sie die Kapazität zum Substrat modellieren. In diesem Bild wurden p- und n-Transistoren der besseren Übersichtlichkeit wegen durch unterschiedliche Switches dargestellt.

Es sollen nun der Wertevorrat und die Operationen beschrieben werden, um mit den oben beschriebenen Elementen das elektrische Verhalten einer Schaltung nachzubilden. Wenn an einer Schaltung eine feste Spannung V anliegt, so folgt aus einer Diskretisierung $0 = R_0 < \ldots < R_n = \infty$ der Widerstände aufgrund des Ohmschen Gesetzes auch eine Diskretisierung der Stromstärken:

(3.3) $$I_i = \frac{V}{R_i}, i = 0, \ldots, n \text{ mit } I_0 := \infty.$$

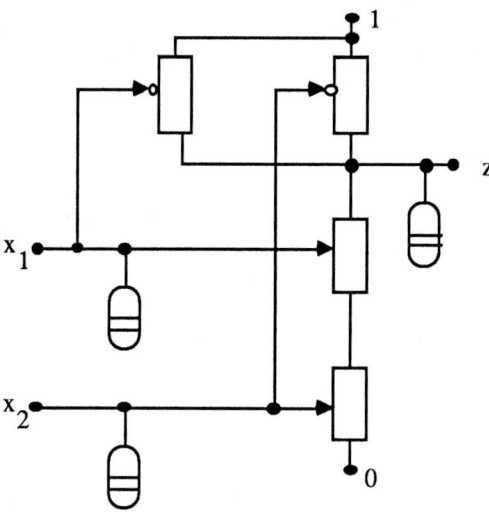

Bild 3.11: CSAW-Graph eines NAND in CMOS

Es sei der Einfachheit halber die Spannung an Masse auf 0 Einheiten und an der Stromversorgung auf 1 Einheit normiert. Nach Thevenin läßt sich der elektrische Zustand einer jeden Leitung f in der Schaltung eindeutig durch das Paar von Werten beschreiben, das aus der Spannung zwischen f und Masse und der Stärke des Stroms besteht, der durch f bei einem Kurzschluß mit Masse fließen würde (Bild 3.12) [Simo80].

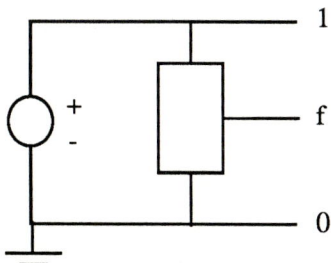

Bild 3.12: Ersatzschaltbild nach Thevenin

Der elektrische Zustand von f entspricht der logischen 1, wenn die Spannung zwischen f und Masse nahe an 1 ist; falls die Spannung nahe 0 ist, entspricht er der logischen 0. Ist die Spannung in einem verbotenen Zwischenbereich und f somit nicht in der Lage, das Gate eines Transistors zu treiben, so ist f logisch undefiniert. Dies führt auf die drei Signale (1, 0, U).

Es sei j_0 der Strom, der durch f fließt, wenn f mit der Versorgung (1) kurzgeschlossen wird, und j_1 fließe, falls f mit Masse (0) kurzgeschlossen wird. Wenn f den logischen Wert "1" hat, so ist offensichtlich $j_1 \gg j_0$. Ist f logisch "0", so muß $j_0 \gg j_1$ gelten, während bei undefiniertem f beide Ströme in derselben Größenordnung $j_0 \approx j_1$ liegen. Die Stromstärken j_1 und j_0 sind ein Maß für die Treiberstärke des Signals f. Je größer j_1 ist, desto schneller kann über f ein Kondensator positiv geladen werden. Es liegt deshalb nahe, die Stromstärken j_1 und j_0 als Stärke des Signales und den Zustand einer Leitung f als Paar (Signal, Stärke) zu definieren:

$$(3.4) \quad f := \begin{cases} (0, i), & \text{Spannung an f niedrig und } i := j_0 \\ (1, i), & \text{Spannung an f hoch und } i := j_1 \\ (U, i), & \text{Spannung undefiniert und } i := \max\{j_1, j_0\} \\ Z, & \text{hochohmig, d. h. } i \approx 0 \end{cases}$$

Die Diskretisierung der Stromstärken $\infty = I_0, \ldots, I_n = 0$ nach (3.3) führt auf eine Diskretisierung der Werte von (3.4), wobei wir aber künftig statt (0, I_k), (1, I_k) und (U, I_k) nur (0, k), (1, k) und (U, k) schreiben. Damit erhält man für k = 0 den stärksten und k = n den schwächsten Wert. Mit der

Definition $Z := (0, n) = (1, n) = (U, n)$ ergeben sich $3n+1$ mögliche Werte für f. In diesem Modell steht U nicht nur für das undefinierte Signal, sondern auch für den möglicherweise definierten, aber unbekannten Wert. Der gesuchte diskrete Wertebereich ist damit

$$(3.5) \qquad L_n := \{(v, i) \mid v \in \{0, 1, U\}, i = 0, ..., n-1\} \cup \{Z\}.$$

Um einen SL-Graphen $G := (V, E)$ zu interpretieren, weisen wir jeder Kante $\{v, x\} \in E$ zwei Werte $v^x_{in} \in L_n$ und $v^x_{out} \in L_n$ zu. Dies entspricht den in den Knoten hineingehenden und von dem Knoten ausgehenden Signalen, und an jeder Kante gilt $v^x_{in} = x^v_{out}$. Offensichtlich muß der Wert v^x_{out} eine Funktion aller v^y_{in}, $y \neq x$, sein. Wir diskutieren diese Funktionen im einzelnen:

a) Connector:

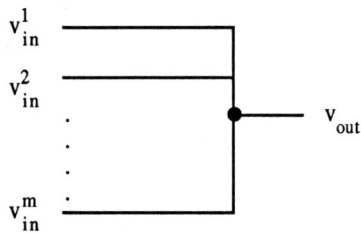

Bild 3.13: Berechnung der Werte an einem Connector

Wir erwarten, daß sich in Bild 3.13 an v_{out} das stärkste der hineingehenden Signale durchsetzen wird. Dies läßt sich in folgendem formalen Kalkül ausdrücken:

Setze $\tilde{V} := \{ v^1_{in}, ..., v^m_{in} \}$.

Setze $i := \min\{k \mid \exists v \ (v, k) \in \tilde{V}\}$ und erhalte so die größte Stärke der in $\tilde{V}$ vorkommenden Werte.

Setze $W := \{v \mid (v, i) \in \tilde{V}\}$ und erhalte so die Menge aller Signale, die in V mit maximaler Stärke vorkommen. Setze

$$(3.6) \quad \#\tilde{V} := \begin{cases} (U, i), & \text{falls } U \in W \text{ oder } 0 \in W \wedge 1 \in W \\ (0, i), & \text{falls } 0 \in W \text{ und } \neg(1 \in W \vee U \in W) \\ (1, i), & \text{falls } 1 \in W \text{ und } \neg(0 \in W \vee U \in W) \\ Z, & \text{falls } \neg(1 \in W \vee 0 \in W \vee U \in W) \end{cases}$$

Schließlich setze $v_{out} := \#\tilde{V}$.

Die Operation # läßt sich insbesondere auch auf ein Paar von Signalen a # b anwenden. Sie ist sowohl assoziativ als auch kommutativ. Mit ihr wird auf dem Wertebereich L_n eine Halbordnung $\leq$ definiert: Es ist a $\leq$ b genau dann, wenn a # b = b gilt. Es soll im folgenden kurz die algebraische Struktur von $(L_n, \leq)$ diskutiert und mit der üblichen booleschen Algebra verglichen werden.

Definition 3.3: Ein Tripel (A, +, ·) heißt *boolesche Algebra* , wenn A eine Menge ist, und + und · zwei zweistellige Operatoren auf A sind, so daß gelten:

(A1) Das Kommutativitätsgesetz für alle a, b $\in$ A:
  a + b = b + a; a · b = b · a.

(A2) Die Distributionsgesetze für alle a, b, c $\in$ A:
  a · (b + c) = a · b + a · c; a + (b · c) = (a + b) · (a + c).

(A3) Für alle a $\in$ A gibt es bezüglich + und bezüglich · neutrale Elemente:
  0 + a = a; 1 · a = a.

(A4) Für jedes a $\in$ A gibt es genau ein inverses Element $\overline{a}$ $\in$ A:
  a + $\overline{a}$ = 1; a · $\overline{a}$ = 0.

Aus diesen vier Axiomen lassen sich weitere Gesetze wie das Assoziativgesetz und die DeMorganschen Gesetze herleiten. Insbesondere folgt, daß die Mächtigkeit der Trägermenge A eine Zweierpotenz ist, für Einzelheiten sei auf die elementaren Lehrbücher der booleschen Algebra verwiesen.

Wenn auf der oben konstruierten Struktur L_n noch eine weitere Operation ‡ durch a ‡ b = a $\Leftrightarrow$ a $\leq$ b eingeführt wird, dann ist L_n eine *pseudo-boolesche Algebra* mit 3n+1 Elementen, das heißt, in $(L_n, \#, ‡)$ gelten die Axiome (A1), (A2) und (A3) [Haye86]. Das neutrale Element bezüglich # ist Z, und bezüglich ‡ ist (U,0) das neutrale Element. Bild 3.14 zeigt das Hasse-Diagramm dieses Verbandes für L_2.

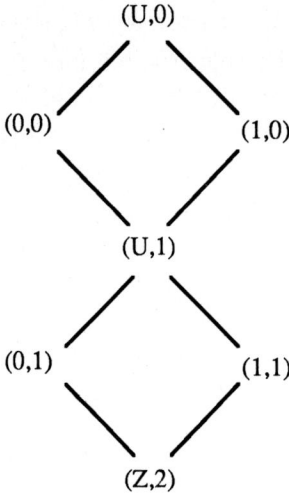

Bild 3.14: Hasse-Diagramm von $(L_2, \leq)$

Wir fahren mit der Beschreibung der Grundelemente des CSAW-Modells fort:

b) Switch:

Der Switch nach Bild 3.15 kann einen idealen Schalter nach Tabelle 3.1 modellieren.

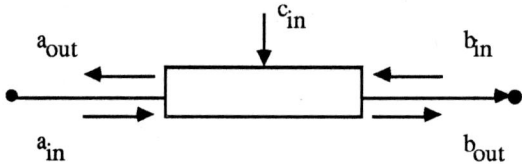

Bild 3.15: Signale an einem Switch

Tabelle 3.1: Operationstabelle eines idealen Schalters

c_{in}	a_{out}	b_{out}
$(1,i)$	b_{in}	a_{in}
$(0,i)$	Z	Z

Das Schaltverhalten eines MOS-Transistors kann im CSAW-Modell noch genauer beschrieben werden. Wir definieren $S(a) := a_{in} \# a_{out}$ und erhalten für einen selbstsperrenden n-Transistor folgende partielle Operationstabelle:

Tabelle 3.2: Operationstabelle eines Switches

$S(a)$	c_{in}	a_{out}	b_{out}	Zustand
$(0,j)$	$(1,k)$	b_{in}	a_{in}	ein
$(0,j)$	$(0,k)$	Z	Z	aus
$(1,j)$	$(0,k)$	Z	Z	aus
$(1,j)$	$(1,k)$	Z	Z	aus

Hierbei sind j und k beliebige Stärken. Die Tabelle modelliert einen Transistor, der nur durchschaltet, wenn zwischen Gate (hier c_{in}) und Source (hier a) eine positive Spannung anliegt. Die Tabelle ist sinngemäß für den Zustand $S(b)$ zu ergänzen. Entsprechende Operationstabellen lassen sich auch für andere Transistortypen aufstellen.

c)   Attenuator:

Der Attenuator arbeitet symmetrisch bidirektional, schwächt die hereinkommenden Signale auf eine bestimmte Maximalgröße ab und leitet sie weiter. Signale werden unverändert durchgelassen, solange ihre Stärke i die Stärke j des Attenuators R_j nicht übersteigt, ansonsten wird die neue Stärke zu j (Bild 3.16). Wir erinnern hier daran, daß in der Halbordnung ein Signal umso stärker ist, je kleiner der Wert von i ist.

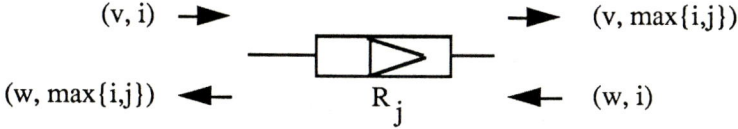

Bild 3.16: Attenuator

In Verbindung mit der Funktionsweise des Connectors folgt bei der Serienschaltung von k Attenuatoren der Stärken $r_1,...,r_k$ in Serie eine Gesamtstärke von $r = \max\{r_j \mid j = 1, ..., k\}$ und bei Parallelschaltung $r = \min\{r_j \mid j = 1, ..., k\}$. Die Anwendung der Ohmschen und Kirchhoffschen Gesetze würde exakte Stärken von $\tilde{R} = \sum\limits_{j=1}^{k} R_{r_j}$ und $\dfrac{1}{\tilde{R}} = \sum\limits_{j=1}^{k} \dfrac{1}{R_{r_j}}$ ergeben. Für diese Werte ist nicht mehr sichergestellt, daß sie in der Diskretisierung $\{R_0, ..., R_n\}$ vorkommen. Ist jedoch die Diskretisierung so gewählt, daß stets $R_{i+1} > 2kR_i$ gilt, so führt der oben erzeugte Wert r auf dasjenige Element R_r aus $\{R_0, ..., R_n\}$, das am nächsten am exakten Wert $\tilde{R}$ liegt.

d)   *Well:*

Das Zeitverhalten einer Schaltung wird zum großen Teil durch die Kapazitäten der Gates und Leitungen bestimmt. Mit Hilfe von Wells können Kondensatoren diskret beschrieben werden. In Bild 3.17a wird an der gestrichelten Linie deutlich, daß beim Laden eines Kondensators das Signal eine Weile definiert auf den logischen Wert "0" liegt, dann einen längeren Zeitraum hinweg unbestimmt bleibt, bis es schließlich definiert "1" ist. Umgekehrt verläuft der Entladevorgang.

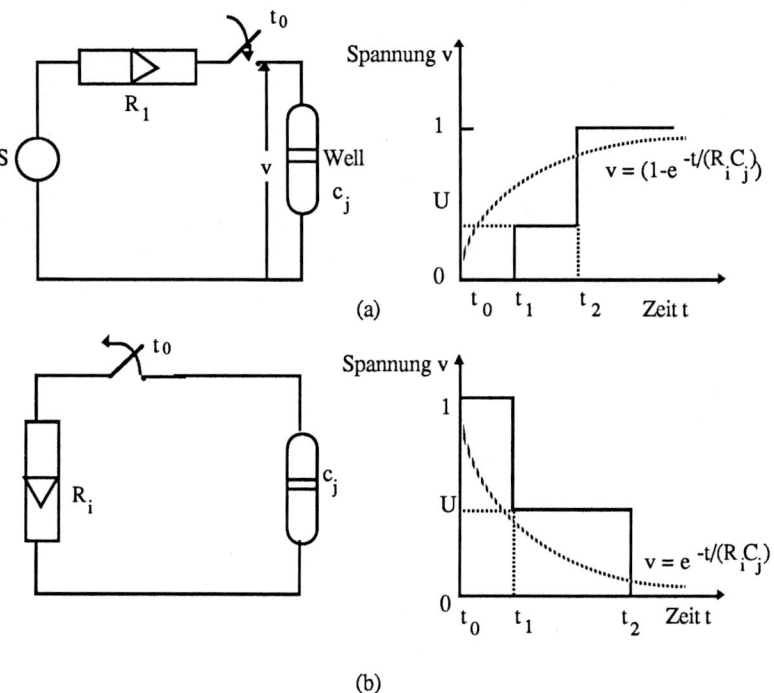

Bild 3.17: Laden und Entladen eines Kondensators und einer Well

In der Regel wird die Kapazität zur Masse genommen, so daß die Well häufig nur einen Anschluß besitzt, der dann zwangsläufig zu einem Connector führt (Bild 3.18).

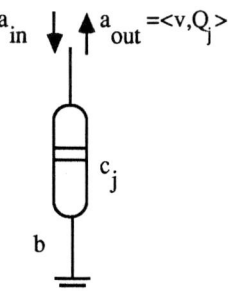

Bild 3.18: Signale an einer Well

Da in einer Schaltung unterschiedliche Kapazitäten vorkommen können, müssen auch deren Stärken $Q_0 > \ldots > Q_{m-1}$ diskretisiert werden. Zur Abkürzung lassen wir wieder Q weg und schreiben $a_{out} = \langle v,j \rangle$. Die spitzen Klammern deuten an, daß es sich bei a_{out} um ein dynamisches Signal handelt, das nach einer gewissen Zeit von einem statischen Signal überschrieben werden kann.

Die dynamischen Signale sind daher schwächer als die statischen. Um mit beiden Signalarten gemeinsam rechnen zu können, wird aus den dynamischen Signalen die pseudo-boolesche Algebra L_m gebildet, die mit der Algebra L_n der statischen Signale, wie in Bild 3.19 gezeigt, zur Algebra $L_{n,m}$ zusammengeklebt werden kann.

Auf diese Weise haben wir als zusätzliche Werte Ladungen diskretisiert. Für unsere Zwecke reicht es aus, die Switch Level-Modellierung zeitdiskret durchzuführen. Hierfür wurden in der Literatur unterschiedlich aufwendige und genaue Modellierungen vorgeschlagen. Auf einfache Weise lassen sich jeder Well zwei Konstanten τ_1 und τ_2 zuordnen, die angeben, wie lange eine Well bei Eintreffen eines statischen Signals ihren definierten Wert behält beziehungsweise wie lange es dauert, bis durch Überschreiben ein neuer definierter dynamischer Wert geladen wird.

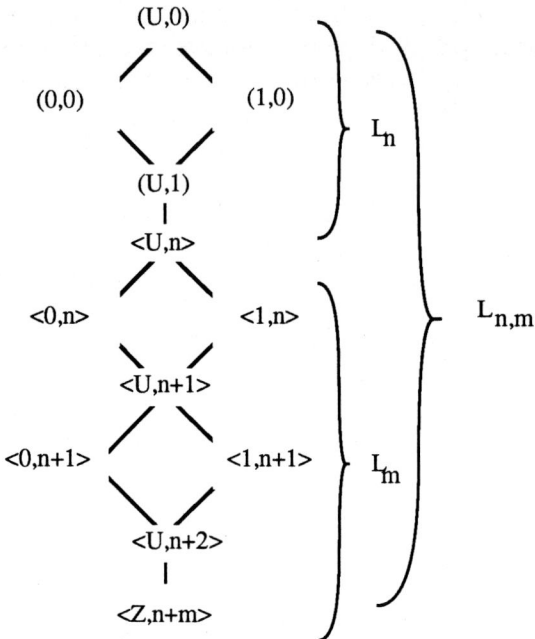

Bild 3.19: Algebra mit statischen und dynamischen Signalen

Für eine Well mit Stärke k wird die Funktion nach (3.7) definiert. Hierbei ist $a_{in} = (x,i)$ ein beliebiges statisches oder dynamisches Signal, $a_{out} = <y,j>$ $\leq <U,n>$ ein beliebiges dynamisches Signal, und es sind $x,y \in \{0, 1, U\}$. Es sei weiter $(v,r) := a_{in} \# a_{out}$ für ein $r \leq m$.

$$(3.7) \quad a_{out}(t+\varepsilon) := \begin{cases} a_{out}(t), & \text{falls } 0 \leq \varepsilon < \tau_1 \text{ oder } a_{in}(t) \leq a_{out}(t) \\ <U,k>, & \text{falls } \tau_1 \leq \varepsilon < \tau_2 \text{ und } \neg(a_{in}(t) \leq a_{out}(t)) \\ <v,r>, & \text{falls } \varepsilon = \tau_2 \end{cases} \quad .$$

Die τ_1 und τ_2 können für verschiedene Wells unterschiedlich gewählt werden, zusätzlich ist es noch möglich, sie von der Stärke der eingehenden und ausgehenden Signale abhängig zu machen.

Mit diesem Instrumentarium läßt sich das Verhalten von Transistornetzlisten für die Fehleranalyse ausreichend genau darstellen. Die *Fehlermodellierung*, auf der Schalterebene ist unkompliziert, es werden die bei der induktiven Fehleranalyse erkannten qualitativen Strukturänderungen in den SL-Graphen eingebaut [Haye85]. Offene Leitungen entstehen, indem Connectoren aufgetrennt werden und man den stärksten Attenuator einsetzt, Kurzschlüsse, indem Connectoren zu einem einzigen zusammengefaßt werden. Hierbei kann auch noch die Kapazität des kurzschließenden Materials durch unterschiedliche Wells beschrieben werden. Ständig sperrende und ständig leitende Transistoren werden modelliert, indem man sie durch den stärksten bzw. schwächsten Attenuator und die Leitung zum Gate durch eine Well ersetzt. Schließlich wird ein neu entstandener Transistor durch einen neuen Switch nachgebildet.

Bei der Untersuchung von Grundzellen und Gattern im nächsten Abschnitt werden wir implizit dieses Modell anwenden, jedoch der leichteren Verständlichkeit wegen auf die Darstellung des formalen Kalküls verzichten.

3.4 Die Gatterebene

Auf der Gatterebene, häufig auch Strukturebene genannt, wird die Schaltung als Netzliste einfacher Bauelemente wie NAND-Gatter oder Flipflops beschrieben, die über ihre Anschlüsse miteinander verbunden sind. Bild 3.20 zeigt eine Beispielschaltung.

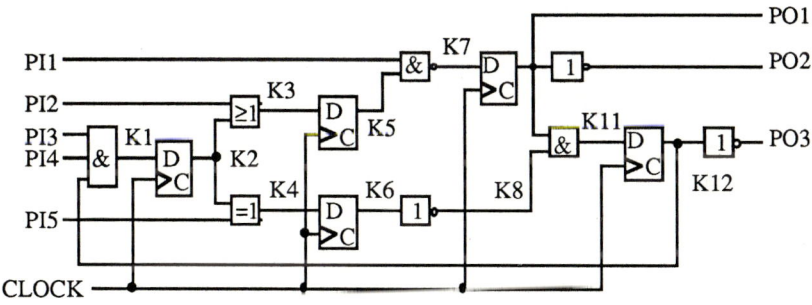

Bild 3.20: Schaltung auf Gatterebene

Die Gatterebene wird für die Beschreibung von Verfahren des prüfgerechten Entwurfs und für die Testerzeugung am häufigsten verwendet, da hier einerseits durch die Zusammenfassung von Transistornetzlisten zu Gattern Hierarchien ausgenutzt und effiziente Verfahren möglich werden und da andererseits die tatsächlich implementierte Struktur noch erkennbar ist und damit geeignete Fehlermodelle vorhanden sind.

3.4.1 Schaltungsmodellierung als Graph

Manche Entwurfswerkzeuge stellen eine Bibliothek von Bauelementen zur Verfügung, aus denen der Entwerfer die Schaltung zusammensetzen kann. Die Standardzellensysteme verlangen entweder eine grafische Eingabe der Schaltungsstruktur auf Gatterebene oder bieten die Möglichkeit der textuellen Eingabe [VENU86]. Darauf aufbauend übernehmen sie die automatische Plazierung und Verdrahtung und erstellen das Layout.

Auch Programme zur automatischen Testerzeugung und zur Fehlersimulation verlangen eine entsprechende, oft textuelle Eingabe. In diesen Sprachen spezifiziert man eine Liste der verwendeten Bauelemente und beschreibt, welche Bauelementanschlüsse durch Leitungen miteinander verknüpft sind. Zusätzlich müssen die Terminale der Schaltung definiert werden, die im Beispiel von Bild 3.20 aus den Eingängen {PI1, PI2, PI3, PI4, PI5}, dem Takt CLOCK und den Ausgängen {PO1, PO2, PO3} bestehen. Beispielsweise wird in der Sprache NDL (Network Description Language) des Simulators CADAT [CADA86] die Schaltung aus Bild 3.20 wie folgt beschrieben:

```
HEADER $
        CIRCUIT NAME $
                beisp $
PARTS $
        P1 and/3 $
        P2 dff-l_q $
        P3 or/2 $
        P4 equ $
        P5 dff-l_q $
        P6 dff-l_q $
        P7 nand/2 $
        P8 inv $
        P9 dff-l_q $
        P10 inv $
        P11 and/2 $
        P12 dff-l_q $
        P13 inv $
CONNECTIONS $
        P1.1 PI3 $
        P1.2 PI4 $
        P3.1 PI2 $
        P4.2 PI5 $
        P7.1 PI1 $
        P1.4 P2.1 $
        P2.3 P3.2 P4.1 $
        P3.3 P5.1 $
        P4.3 P6.1 $
        P5.3 P7.2 $
        P6.3 P8.1 $
        P7.3 P9.1 $
        P8.2 P11.2 $
```

```
            P9.3 P11.1 P10.1 PO1 $
            P11.3 P12.1 $
            P12.3 P1.3 P13.1 $
            P10.2 PO2 $
            P13.2 PO3 $
            P2.2 P5.2 P6.2 P9.2 P12.2 CLOCK $
EXTERNALS $
            PI5 (IN) $
            PI4 (IN) $
            PI3 (IN) $
            PI2 (IN) $
            PI1 (IN) $
            PO1 (OUT) $
            PO2 (OUT) $
            PO3 (OUT) $
            Clock (IN) $
      END $
```

Bild 3.21: Schaltungsbeschreibung in NDL

Diese Beschreibungsform erleichtert zwar die Schaltungseingabe, ist aber ungeeignet für eine algorithmische Weiterverarbeitung. Für diesen Zweck führen wir eine graphentheoretische, formale Beschreibung wie folgt ein:

Definition 3.4: Ein Schaltungsgraph $G := (V,E)$ ist ein gerichteter Graph mit den Knoten V und den Kanten $E \subset V^2$. $V := V_c \cup V_s \cup I$ ist eine disjunkte Vereinigung kombinatorischer Knoten V_c, sequentieller Knoten V_s und Eingänge I.

In dieser Definition werden Gatterausgänge durch V_c repräsentiert, die Ausgänge von Flipflops durch V_s und I enthält die primären Eingänge außer den Takten. Bild 3.22 zeigt den Schaltungsgraph für das Beispiel nach Bild 3.21 bzw. 3.20. Die primären Ausgänge sind im Graph nicht gesondert dargestellt, sie sind eine beliebige Teilmenge $O \subset V$ von Knoten, die von außen beobachtbar sind. Im Beispiel ist $O = \{PO1, PO2, PO3\}$.

Die Knoten dieses Graphen zerfallen in $V_c = \{K1, K3, K4, K7, K8, K11, PO2, PO3\}$, $V_s = \{K2, K5, K6, PO1, K12\}$ und in $I = \{PI1, PI2, PI3, PI4, PI5\}$. Es fällt auf, daß die Taktleitung nicht gesondert erscheint. Dies soll der Übersichtlichkeit dienen, da wir im folgenden nur vollständig synchrone, zur Erläuterung der Verfahren häufig mit einem Einphasen-Takt gesteuerte Schaltungen voraussetzen. Ist dies nicht der Fall, verwenden wir einen erweiterten Schaltungsgraphen.

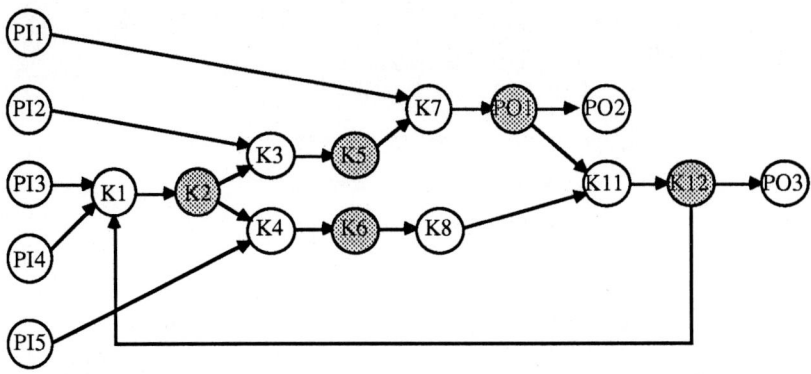

Bild 3.22: Schaltungsgraph

Definition 3.5: Ein erweiterter Schaltungsgraph $G := (V,E)$ ist ein Schaltungsgraph mit einer ausgezeichneten Menge $T \subset V$, so daß jeder sequentielle Knoten s mit einem Knoten aus T verbunden ist: $\forall s \in V_s \; \exists t \in T \; (t,s) \in E$.

Bild 3.23 zeigt den erweiterten Schaltungsgraphen zu dem Beispiel von Bild 3.20.

Definition 3.6: Sei $G := (V, E)$ ein gerichteter Graph, und seien $u,v \in V$. Ein Pfad $\omega(u,v) = (\, k_i \mid 0 \le i \le n \,)$ von u nach v ist eine Folge von Knoten $k_0, \ldots, k_n$ mit $k_0 = u$, $k_n = v$ und $(k_{i-1}, k_i) \in E$ für $i = 1, \ldots, n$. Dabei ist n die Länge $\ell(\omega)$ von ω.

Falls keine Mißverständnisse zu befürchten sind, identifizieren wir die Menge $\{k_i \mid 0 \le i \le n\}$ der Knoten eines Pfades mit dem Pfad selbst und können dann beispielsweise $k_i \in \omega(u,v)$ schreiben. Für zwei Pfade $\omega_1(u,v) = (k_0, \ldots, k_m)$ und $\omega_2(v,w) = (h_0, \ldots, H_n)$ bezeichnen wir mit $\omega_1(u,v) + \omega_2(v,w)$ den Pfad $\omega(u,w) = (k_0, \ldots, k_m = h_0, \ldots, h_n)$.

Definition 3.7: Ein Pfad $\omega = (\, k_i \mid 0 \le i \le n \,)$ heißt Zyklus, falls $k_0 = k_n$ ist.

Definition 3.8: Sei $G := (V, E)$ ein Schaltungsgraph. Der Teilgraph $G' = (I \cup V_c, E \cap (I \cup V_c)^2)$ heißt Schaltnetzgraph, falls er keinen Zyklus enthält.

Bei synchronen Schaltungen ist der oben beschriebene Teilgraph G' stets ein Schaltnetzgraph.

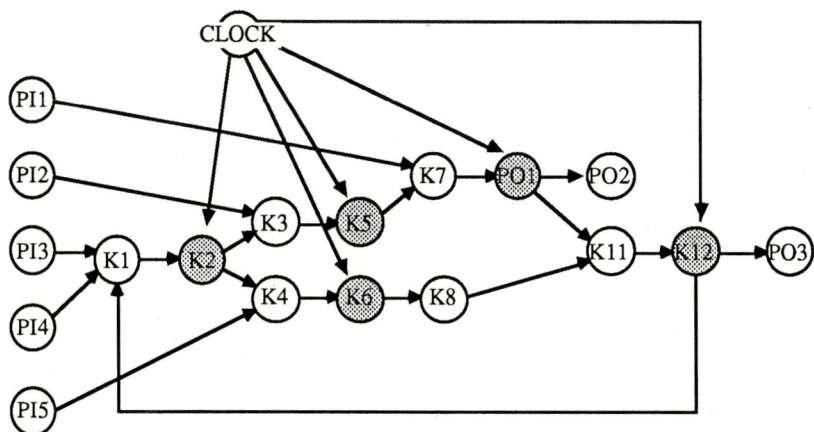

Bild 3.23: Erweiterter Schaltungsgraph

Definition 3.9: Sei G := (V,E) ein gerichteter Graph und sei $v \in V$. $pd(v) := \{w \in V \mid (w,v) \in E\}$ ist die Menge der direkten Vorgänger von v und $sd(v) := \{w \in V \mid (v,w) \in E\}$ die Menge der direkten Nachfolger.

Für einen sinnvollen Schaltungsentwurf wird im folgenden stets $I = \{v \in V \mid pd(v) = \emptyset\}$ angenommen.

Definition 3.10: Sei G := (V, E) ein Schaltnetzgraph mit $v \in V$. Die Menge $p(v) := \{w \in V \mid \exists \omega \; \omega(w,v)\}$ ist die Menge der Vorgänger, $s(v) := \{w \in V \mid \exists \omega \; \omega(v,w)\}$ die Menge der Nachfolger von v.

Definition 3.11: Sei G := (V, E) ein Schaltnetzgraph. Der Rang $rg:V \to \mathbb{N}$ ist eine Funktion, die für $v \in V$ definiert ist durch

$$rg(v) := \begin{cases} 0, \text{ falls } pd(v) = \emptyset \\ \max\{rg(w) \mid w \in pd(v)\}+1, \text{ sonst.} \end{cases}$$

Da G keinen Zyklus enthält, ist der Rang hiermit wohldefiniert.

Definition 3.12: Sei G := (V,E) ein Schaltnetzgraph. Eine Aufzählung $(v^i \mid 1 \le i \le |V|)$ der Knoten des Graphen verläuft gemäß dem Signalfluß, falls $rg(v^j) < rg(v^k) \Rightarrow j < k$ gilt.

Die Menge V kann stets nach dem Signalfluß aufgezählt werden, und es wird im weiteren eine derartige Indizierung v^i vorausgesetzt.

Definition 3.13: Sei G := (V,E) ein gerichteter Graph und sei $v \in V$. Die Zahl $deg^-(v) := |pd(v)|$ heißt Eingangsgrad von v, die Zahl $deg^+(v) := |sd(v)|$ Ausgangsgrad, und $deg(v) := deg^-(v) + deg^+(v)$ heißt Grad von v.

Die bisherigen Definitionen dienen dazu, die Struktur einer Schaltung auf Gatterebene zu beschreiben. Das Verhalten der Schaltung läßt sich ausdrücken, indem jedem Knoten eine boolesche Funktion in Abhängigkeit von seinen unmittelbaren Vorgängern zugeordnet wird.

3.4.2   Bauelementefunktionen

Bei der Funktionsbeschreibung auf Gatterebene wird von den elektrischen Sachverhalten abstrahiert, und jedem Knoten können nur zwei mögliche, definierte Signale "0" und "1" zugewiesen werden. Es wird daher die Struktur $\mathcal{B} := (\{"0", "1"\}, \vee, \wedge)$ mit den durch "0" $\wedge$ x = "0", "1" $\wedge$ x = x, "0" $\vee$ x = x und "1" $\vee$ x = "1" für x $\in$ {"0", "1"} eindeutig definierten Operationen verwendet. Leicht zeigt man

Satz 3.1: $\mathcal{B}$ ist eine boolesche Algebra.

Jedem Knoten $v \in V$ eines Schaltnetzgraphen G := (V, E) entspricht ein Bauelement und damit eine boolesche Funktion f_v: {"0", "1"}$^{pd(v)} \to$ {"0", "1"}. Die Zuordnung der Funktion zu den einzelnen Schaltungsknoten erfolgt zumeist über Zellbibliotheken, sie legt die durch die Gesamtschaltung realisierte Funktion fest. Dazu muß nicht nur die Funktion, sondern auch die Reihenfolge ihrer Argumente festgelegt werden.

Definition 3.14: Sei G := (V,E) ein (erweiterter) Schaltungsgraph. Eine Implementierung $\mathcal{Im}(G)$ ordnet jedem $v \in V$ folgendes zu:

$$\mathfrak{Im}(v) := \begin{cases} \emptyset, \text{ falls } pd(v) = \emptyset, \\ ((w \mid w \in pd(v)), f_v : \{0,1\}^{\deg^-(v)} \to \{0,1\}), \text{ falls } v \in V_c, \\ ((w \mid w \in pd(v)), Z \subset \mathbb{N} \text{ endlich}, \\ \quad f_v^a : \{0,1\}^{\deg^-(v)} \times Z \to \{0,1\}, f_v^b : \{0,1\}^{\deg^-(v)} \times Z \to Z), \text{ sonst} \end{cases}$$

Eine Implementierung ordnet somit jedem Knoten des Schaltungsgraphen die entsprechende Funktion des Bauelements zu. Die Aufzählung (w | w ∈ pd(v)) gibt an, in welcher Reihenfolge die Knoten der eingehenden Kanten als Argumente der Bauelementefunktion f_v erscheinen, für Flipflops und andere Speicherelemente führt man noch eine endliche Menge Z von Zuständen ein. Im folgenden fassen wir V als eine Menge boolescher Variablen auf und verlangen für $v \in V_c$ stets $v = f_v(w \mid w \in pd(v))$.

Weiterhin setzen wir voraus, daß zwischen zwei Knoten höchstens eine Kante besteht. Ist der Knoten w an zwei Eingängen des Bauelements von Knoten v angeschlossen, so modifizieren wird die entsprechende Bauelementefunktion. Beispielsweise wird v = AND3(w, x, w) äquivalent auf v = AND2(w, x) abgebildet. Eine Implementierung eines Schaltnetzgraphen beschreibt somit für jeden Knoten eine boolesche Funktion in Abhängigkeit von den Variablen I an den Primäreingängen:

Definition 3.15: Sei G := (V,E) ein Schaltnetzgraph. Für einen Knoten $v \in V$ ist die globale Funktion $v^* : \{0,1\}^I \to \{0,1\}$ für B :=($b_i \in \{0,1\} \mid i \in I$) definiert durch $v^*(B) := \begin{cases} b_v, \text{ falls } v \in I \\ f_v(w^*(B) \mid w \in pd(v)), \text{ falls } v \in V_c. \end{cases}$

Die Funktion $v^*(B)$ kann für jeden Knoten $v \in V$ und jede Belegung B der Primäreingänge durch Logiksimulation des entsprechenden Schaltnetzes ausgewertet werden. Schließlich wird auf diese Weise auch die gesamte Funktion des Schaltnetzes festgelegt:

Definition 3.16: Sei G := (V,E) ein Schaltnetzgraph mit gegebener Implementierung. Seine Funktion ist $G^* : \{0,1\}^I \to \{0,1\}^O$ mit $G^*(B) :=$ $(o^*(B) \mid o \in O)$.

Bei den Verfahren des pseudo-erschöpfenden Tests, die in späteren Kapiteln ausführlich behandelt werden, ist es nicht nötig, eine Implementierung für den Schaltungsgraphen vorauszusetzen. Für alle funktionsorientierten Ansätze ist sie jedoch unerläßlich, und wir gehen, falls nichts anderes gesagt wird, bei einem Schaltznetzgraphen stets von einer zugehörigen Implementierung aus. Dabei verbinden die Definitionen 3.13 und 3.16 Struktur und Funktion der Schaltung über eine Bibliothek von Bauelementefunktionen f_v.

Wir behandeln noch kurz die Darstellung solcher boolescher Funktionen f: $\{"0", "1"\}^n \to \{"0", "1"\}$ in den Variablen $X := (x_1, ..., x_n)$.

Definition 3.17: Ein *Literal* l ist eine Variable x_i oder ihre Negation $\bar{x}_i$.

Definition 3.18: Ein *Produktterm* t(X) ist die Konjunktion von Literalen
$$\prod_{i=1}^{m} l_i = l_1 \wedge ... \wedge l_m \text{ oder die Konstante "0" oder "1".}$$

Jeder Produktterm $t(X) = \prod_{i=1}^{m} l_i$ kann so dargestellt werden, daß eine Variable x in höchstens einem Literal vorkommt. Falls $l_h = x$ und $l_j = x$ ist, gilt $l_h \wedge l_j = x$, und es ist $t(X) = \prod_{\substack{i=1 \\ i \neq j}}^{m} l_i$. Entsprechendes gilt für $\bar{x}$; ist jedoch $l_h = x$ und $l_j = \bar{x}$, so erhält man t(X) = "0".

Definition 3.19: Ein *Implikant* t(X) einer Funktion f(X) ist ein Produktterm mit $t(X) \Rightarrow f(X)$. Ein *Minterm* ist ein Implikant, in dem jede Variable genau einmal vorkommt.

Jede Belegung $B \in \{0, 1\}^n$, die f(X) erfüllt, bestimmt einen Minterm t(X) durch t(B) = "1". Daher läßt sich jede boolesche Funktion als eine disjunktive Form, als Summe von Produkttermen $f(X) = t_1(X) \vee ... \vee t_m(X) = \sum_{i=1}^{m} t_i(X)$ ausdrücken.

Definition 3.20: Es sei $T := \{t_1(X), ..., t_m(X)\}$ eine Menge von Produkttermen. T heißt *orthogonal* wenn für alle $i \neq j$ stets $t_i(X) \wedge t_j(X) \equiv "0"$ gilt.

Da die Menge der Minterme einer booleschen Funktion orthogonal ist, läßt sich jede Funktion als Summe orthogonaler Produktterme $f(X) = \sum_{t \in T} t(X)$ ausdrücken.

Ein Produktterm t(X) läßt sich im sogenannten Würfelkalkül beschreiben. Ein Würfel $C := (c_1, ..., c_n) \in \{0, 1, -\}^n$ wird durch den Produktterm t(X) wie folgt bestimmt:

$$c_i := \begin{cases} 0, \text{ falls das Literal } \overline{x}_i \text{ in } t(X) \text{ vorkommt} \\ 1, \text{ falls das Literal } x_i \text{ in } t(X) \text{ vorkommt} \\ -, \text{ falls die Variable } x_i \text{ in } t(X) \text{ nicht vorkommt} \end{cases}$$

Ein Vektor $(c_1, ..., c_n)$, der an keiner Stelle ein "-" besitzt, beschreibt einen 0-dimensionalen Würfel, also einen Punkt. Ein Vektor der an $m \leq n$ Stellen ein "-" besitzt, ist ein m-dimensionaler Würfel. Der Begriff Würfel läßt sich für $n = 3$ besonders leicht veranschaulichen. Der gesamte Kubus aus Bild 3.24 wird durch den Würfel (-,-,-) beschrieben, und jeder der acht möglichen Minterme von $X := (x_1, x_2, x_3)$ repräsentiert eine Ecke eines Würfels.

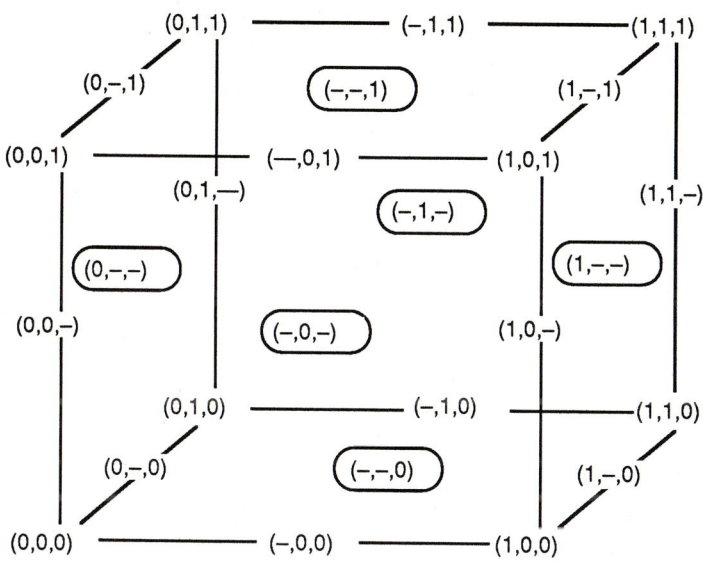

Bild 3.24: Würfelkalkül

Ein Minterm wird durch einen Würfel dargestellt, der an keiner Stelle ein "-" besitzt. Zwischen zwei Mintermen wird eine Kante gezogen, wenn sie sich in genau einem Literal an der Stelle i unterscheiden. Dieser Kante wird der Vektor zugeordnet, der an i ein "-" enthält und sonst den Eckvektoren entspricht. Entsprechend werden den sechs Flächen die sechs Vektoren (0,-,-), (1,-,-), (-,0,-), (-,1,-), (-,-,0), (-,-,1) zugeordnet. Allgemein bezeichnen wir den n-dimensionalen Würfel (-, ..., -) als Universum, und jeder Würfel $C :=$ $(c_1, ..., c_n)$, der genau $m \leq n$ Komponenten mit $c_i = $ "-" enthält, bildet einen m-dimensionalen Unterraum und somit ebenfalls einen Würfel. Zur Beschreibung einer Funktion f zeichnet man im Universum diejenigen Eckpunkte aus, die den Mintermen entsprechen. Jeder von diesen Punkten gebildete Unterraum entspricht einem Implikanten von f und kann als Würfel dargestellt werden.

Andererseits definiert jeder Würfel C eine Menge $\{t \subset C \mid t$ ist Minterm$\}$ von Mintermen, wobei hier der Minterm t mit dem Würfel identifiziert wurde, der an keiner Komponente ein "-" besitzt. Ein Würfel $A := (a_1, \ldots, a_n)$ enthält den Würfel $B := (b_1, \ldots, b_n)$, $B \subset A$, wenn an jeder Komponente $(a_i = b_i) \vee a_i =$ "-" gilt. Eine Überdeckung ist schließlich eine Menge von Würfeln $\mathcal{C} := (C_1, \ldots, C_m)$. Da jeder Würfel einem Produktterm entspricht, repäsentiert eine Überdeckung eine boolesche Funktion als Disjunktion dieser Produktterme. Wenn $\mathcal{C}$ die zur Funktion F(X) gehörende Überdeckung ist, dann bildet

$\bigcup_{C \in \mathcal{C}} \{t \subset C \mid t$ ist Minterm$\}$ die Menge der Minterme von F(X). Eine Überdeckung heißt orthogonal, wenn die Menge der den Würfeln zugeordneten Produktterme orthogonal ist.

Im folgenden setzen wir mitunter voraus, daß in der Bibliothek der Bauelementefunktionen für jeden Knoten v die boolesche Funktion f_v mit einer orthogonalen Überdeckung $\mathcal{C}_f$ beschrieben ist. Zugleich verlangen wir, daß auch ihr Komplement $\overline{f}_v$ orthogonal mit $\tilde{\mathcal{C}}_f$ beschrieben ist. Diese Form bezeichnen wir mit $\tilde{f}_v$. Die Formen können durch einfache Vorverarbeitung aus beliebigen Funktionsbeschreibungen gewonnen werden.

Wenn f eine Funktion mit m Eingängen und einem Ausgang ist, werden $\mathcal{C}_f$ und $\tilde{\mathcal{C}}_f$ aus Würfeln mit m+1 Komponenten gebildet. Für $C \in \mathcal{C}_f$ erhält die letzte Komponente den Wert $c_{m+1} = 1$ und für ein $C \in \tilde{\mathcal{C}}_f$ ist $c_{m+1} = 0$. Bild 3.25 zeigt für einige Bauelemente die entsprechende Darstellung im Würfelkalkül.

a)

| & |

1	1	1	1	$\}$ $\mathcal{C}_f$
0	-	-	0	
-	0	-	0	$\tilde{\mathcal{C}}_f$
-	-	0	0	

b)

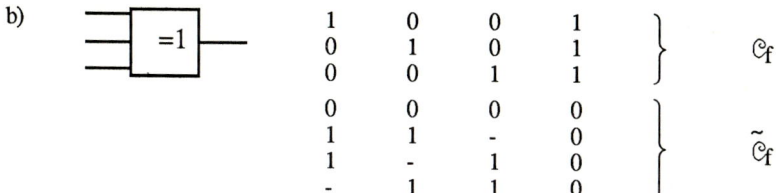

$$
\left.\begin{array}{cccc}
1 & 0 & 0 & 1 \\
0 & 1 & 0 & 1 \\
0 & 0 & 1 & 1
\end{array}\right\} \quad \mathcal{C}_f
$$

$$
\left.\begin{array}{cccc}
0 & 0 & 0 & 0 \\
1 & 1 & - & 0 \\
1 & - & 1 & 0 \\
- & 1 & 1 & 0
\end{array}\right\} \quad \tilde{\mathcal{C}}_f
$$

Bild 3.25: Funktionsdarstellung im Würfelkalkül

Die Überdeckungen sind noch nicht orthogonal, sie können aber äquivalent umgeformt werden. Mit Würfeln kann in naheliegender Weise auch die Funktion eines Bauelements mit mehreren Ausgängen beschrieben werden. Wenn p die Zahl der Ausgänge ist, erhält man so Würfel mit m+p Komponenten. Allerdings können die Überdeckungen dann nicht mehr in $\mathcal{C}_f$ und $\tilde{\mathcal{C}}_f$ unterteilt werden.

Für die Fehlermodellierung ist von Interesse, welche Verfälschung der Funktionen f_v aufgrund unterschiedlicher Technologien zu erwarten sind und wie sich Störungen der Struktur des Schaltungsgraphen auswirken. Damit beschäftigt sich der Rest dieses Kapitels.

3.4.3 Fehlermodelle auf Gatterebene

3.4.3.1 Das Haftfehlermodell: Das einfachste und zugleich am weitesten verbreitete Fehlermodell nimmt an, daß irgendein Eingang oder Ausgang eines Schaltgliedes fälschlich auf einem konstanten Wert bleibt. Dies wird als Haftfehler (englisch: stuck-at fault) bezeichnet. Falls das NAND von Bild 3.26 am Eingang a einen Haftfehler an 1 (s1-a) besitzt, dann erhält das Schaltelement auch bei dem Eingabemuster (a,b) = (0,1) an a den Wert 1 und liefert an y den fehlerhaften Wert 0. Somit ist (0,1) ein Testmuster für den Fehler s1-a.

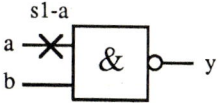

Bild 3.26: Fehlerhaftes NAND

Dieses klassische Fehlermodell gibt für bipolare Transistoren die Auswirkung zahlreicher Defekte wieder. In Kapitel 2 wurde beschrieben, wie Störungen dazu führen können, daß die Oxidation zu tief vordringt. Falls wie in Bild 3.27 das p-dotierte Gebiet durchstoßen wurde, sind nach dem Wegätzen der Oxidschicht und dem epitaktischen Aufbringen des n-dotierten Gebiets Emitter und Kollektor kurzgeschlossen.

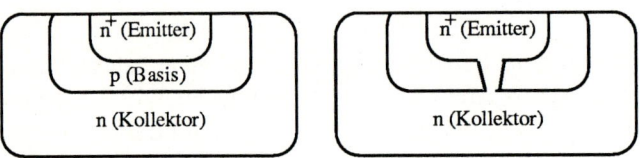

Bild 3.27: Emitter-Kollektor Kurzschluß durch Oxidierungsfehler (Querschnitt)

Diese Kurzschlüsse führen dazu, daß der betreffende Transistor ständig leitet. Falls der Transistor T4 in dem NAND-Glied nach Bild 3.28 oder in dem NAND-Glied mit einer Gegentaktendstufe nach Bild 3.29 ständig leitet, kann stets Strom vom Ausgang y zur Masse abfließen. Dies wirkt sich als ein Haftfehler an 0 des Ausgangs y aus (s0-y).

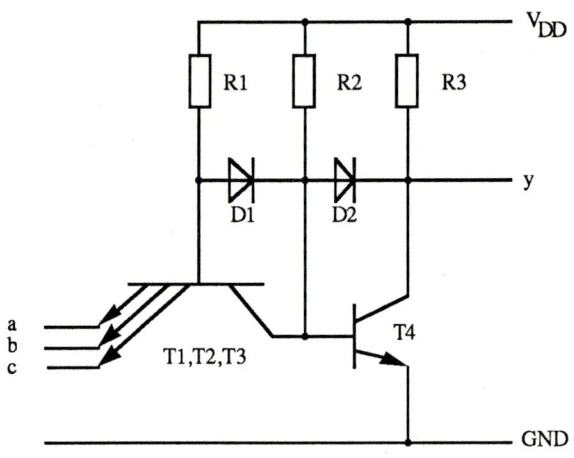

Bild 3.28: NAND-Glied in TTL-Technik

Weitere häufige Transistorfehler entstehen bei der Kontaktierung, so daß
Emitter, Kollektor oder Basis unterbrochen oder miteinander kurzgeschlossen
sein können. Die meisten dieser Fehler wirken sich als Haftfehler an 0 (s0)
oder als Haftfehler an 1 (s1) eines Anschlusses des Schaltglieds aus. Für das
NAND-Glied nach Bild 3.28 wurden in [BEH82] die Auswirkungen dieser
Fehler mittels analoger Simulation untersucht. Tabelle 3.3 faßt die Ergebnisse
zusammen [Abra86]. In ihr kommt eine Reihe von Defekten vor, die als nicht
erkennbar klassifiziert sind. Sie verursachen kein logisches Fehlverhalten,
sondern die Schaltzeit des Gatters wird heraufgesetzt.

Tabelle 3.3: Defekte und Auswirkungen im NAND-Glied nach Bild 3.28

Element	Defekt	Verhalten
T1	Basis unterbrochen, Emitter unterbrochen, Basis-Emitter kurzgeschlossen	s1-a
T2	Emitter unterbrochen, Basis-Emitter kurzgeschlossen	s1-b
T3	Emitter unterbrochen, Basis-Emitter kurzgeschlossen	s1-c
T1, T2, T3	Kollektor unterbrochen	s0-y
T4	Kollektor unterbrochen, Basis-Emitter kurzgeschlossen	s1-y
T4	Kollektor-Emitter kurzgeschlossen	s0-y
T1, T2, T3, T4	Kollektor-Basis kurzgeschlossen	s0-y
R1	unterbrochen	s0-y
R2, R3, D1, D2	unterbrochen	nicht erkennbar
T1, T2, T3	Kollektor-Emitter kurzgeschlossen	nicht erkennbar
T2, T3	Basis unterbrochen	nicht erkennbar

Nicht nur Transistor-Defekte können durch Haftfehler eines Gatteran-
schlusses modelliert werden, auch Kurzschlüssen und Unterbrechungen von
Leitungen wirken sich entsprechend aus. Bild 3.29 zeigt eine TTL-Grundschaltung mit Gegentaktendstufe, in die fünf Defekte eingezeichnet sind. Die
skizzierten Defekte führen zu folgendem Fehlverhalten des Schaltglieds:

Defekt 1: Die Unterbrechung der Eingangsleitung verhindert, daß der
Strom I_S durch den Emitter des Transistors T1 und den Ausgang des vorhergehenden Gatters abfließt. Folglich erscheint der Eingang auf ständig 1 (s1).

Defekt 2: Wegen der Unterbrechung der Stromversorgung können weder der Strom I_S noch der Strom I_T fließen. Daher bleiben die beiden Transistoren T1 und T3 stets ausgeschaltet, folglich auch T4, und ein eventueller Strom am Ausgang y des Gatters kann nicht abfließen. Somit erscheint der Gatterausgang auch hier auf ständig 1 (s1).

Defekt 3: Die Verbindung mit Masse ist unterbrochen und weder T2 noch T4 können leiten. Daher schaltet I_T ständig den Transistor T3 an und der Ausgang liegt auf 1 (s1).

Defekt 4: Hier ist die Eingangsleitung mit der Stromversorgung kurzgeschlossen, und es liegt dann die Eingangsleitung auf 1 (s1). Zusätzlich wird T4 übersteuert, so daß eventuell zusätzliche Ausfälle auftreten können.

Defekt 5: Die Eingangsleitung ist mit Masse kurzgeschlossen und führt zu einem s0 Fehler.

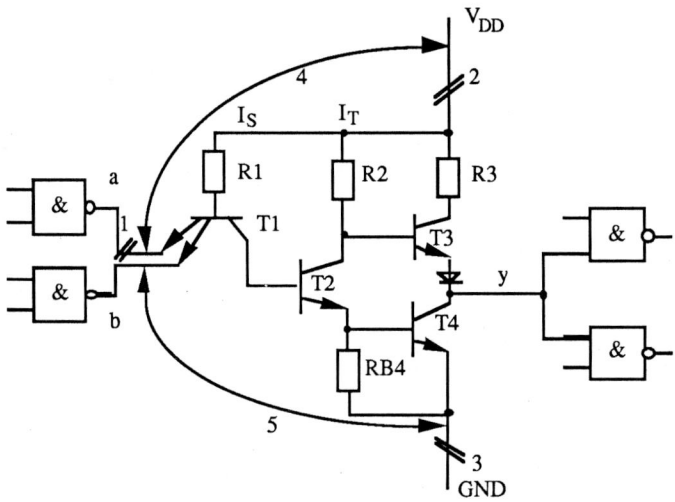

Bild 3.29: TTL-Grundschaltung (NAND) mit Gegentaktendstufe

3.4.3.2 Fehlerreduktion:

Unter *Fehlerinjektion* versteht man die Umformung einer Schaltungsbeschreibung, so daß je nach Beschreibungsebene das Verhalten eines Registers oder Schaltnetzes, eines Gatters oder eines Transistors fehlerhaft ist. Bei der Testerzeugung sind Eingabefolgen gesucht, die zu einer unterschiedlichen Antwort der fehlerfreien und der fehlerhaften Schaltung führen. Bei der Fehlersimulation wird die Reaktion einer fehlerhaften Schaltung auf die Eingabe untersucht. Für Fehler, die ein Schaltnetz auch wieder in ein Schaltnetz überführen, ist die Injektion relativ problemlos. Dies gilt insbesondere für Haftfehler, die kein sequentielles Verhalten verursachen können.

In der Regel setzt man voraus, daß der zu testende Chip höchstens einen Fehler aufweist. Dies ist nicht immer realistisch, aber für sämtliche möglichen Mehrfachfehler ist die Testerzeugung zumeist nicht praktikabel. In einer Schaltung mit k Gatteranschlüssen gibt es 2k einzelne Haftfehler und (3^k-1) mögliche Mehrfach-Haftfehler, da jeder Anschluß entweder ständig auf 0, ständig auf 1 oder fehlerfrei sein kann. Dies führt auf 3^k verschiedene mögliche Kombinationen, wovon eine für den fehlerfreien Fall abgezogen werden muß.

Es ist möglich, die Zahl der zu betrachtenden Haftfehler durch *Äquivalenzklassenbildung* zu verringern [McCl71, ScMe72]. Zwei Fehler sind äquivalent, wenn sie sich bei jeder Eingangsbelegung der Schaltung gleich auswirken. Das NAND mit den Eingängen a und b und dem Ausgang y nach Bild 3.26 besitzt die vier Fehleräquivalenzklassen {s0-a, s0-b, s1-y}, {s1-a}, {s1-b} und {s0-y}, denn jedes Testmuster, das s0-a erkennt, entdeckt auch s0-b und s1-y und umgekehrt. Es genügt, immer nur einen Fehler aus jeder Äquivalenzklasse zu betrachten. Dieser Sachverhalt soll anhand der in Definition 3.14 eingeführten Implementierung und Bauelementefunktion formal beschrieben werden:

Definition 3.21: Sei G := (V,E) ein Schaltnetzgraph mit gegebener Implementierung, und sei v∈ V. Ein *Haftfehler* an 0 von v, s0-v, ist die Modifikation der Bauelementefunktion f_v zur konstanten Funktion $f_{s0\text{-}v} \dots 0$. Der Fehler s1-v führt zur konstanten Funktion $f_{s1\text{-}v} \dots 1$.

Ein Haftfehler s0-v oder s1-v an einem Knoten verändert somit die Implementierung des Schaltungsgraphen G und damit in der Regel auch seine Funktion. Für den Schaltungsgraphen mit fehlerhafter Implementierung schreiben wir künftig G(s1-v) oder G(s0-v). Entsprechend werden Haftfehler an Gattereingängen beschrieben:

Definition 3.22: Sei G := (V,E) ein Schaltnetzgraph mit gegebener Implementierung, und sei e := (w,v) ∈ E eine Kante. Ein *Haftfehler* an 0 von e, s0-e, verändert die Bauelementefunktion f_v zu $f_{s0\text{-}e}(x \mid x \in pd(v)) := f_v(z_x \mid x \in pd(v))$, wobei $z_x = x$ für $x \neq w$ und $z_x = 0$ für $x = w$ ist. $f_{s1\text{-}e}$ ist entsprechend definiert.

Bei Anlage eines Musters wird ein Haftfehler genau dann erkannt, wenn die fehlerhafte Schaltung anders als die fehlerfreie antwortet. Dies führt auf den Begriff der Testmenge:

Definition 3.23: Sei G := (V,E) ein Schaltnetzgraph und α ein Haftfehler. Ein Muster B := $(b_i \in \{0,1\} \mid i \in I)$ ist ein *Testmuster* für α genau dann, wenn $G^*(B) \neq G(\alpha)^*(B)$ ist. Die Menge $T(\alpha) := \{B \in \{0,1\}^I \mid G^*(B) \neq G(\alpha)^*(B)\}$ heißt *Testmenge* von α.

Definition 3.24: Sei G := (V,E) ein Schaltnetzgraph, und sei F := {si-x | $i \in \{0,1\}$, $x \in V \cup E\}$ die Menge aller Haftfehler von G. Zwei Fehler α, $\beta \in F$ sind *äquivalent*, wenn sie für jede Eingabe $B \in \{0,1\}^I$ dieselbe Ausgabe haben: $G(\alpha)^* = G(\beta)^*$. Die Menge $F(\alpha) := \{\beta \in F \mid G(\alpha)^* = G(\beta)^*\}$ heißt *Fehleräquivalenzklasse* von α.

Um eine Schaltung auf alle Haftfehler zu testen, genügt es, aus jeder Äquivalenzklasse nur einen Fehler zu behandeln. Jedoch ist die vollständige Einteilung in Fehleräquivalenzklassen sehr rechenaufwendig, so daß Heuristiken eingesetzt werden, die zumeist nicht zu einer minimalen Fehlerzahl führen. Entsprechende Verfahren sind beispielsweise in [ScMe72] beschrieben.

Bereits die lokale Zusammenfassung äquivalenter Fehler reduziert bei den elementaren Schaltgliedern NOR, OR, NAND, AND mit n Eingängen die Zahl der Fehler von 2n+2 auf n+2. Weiter läßt sich die Zahl der zu berücksichtigenden Fehler durch Beachtung der Fehlerdominanz verringern. Die Fehleräquivalenzklasse F2 dominiert die Fehleräquivalenzklasse F1, wenn jedes Muster, das F1 entdeckt, auch F2 testet. So dominiert in Bild 3.26 die Klasse {s0-y} die Klassen {s1-a} und {s1-b}. Es genügt, nur die Fehler aus den dominierten Klassen zu betrachten, falls kein Wert auf die Fehlerdiagnose gelegt wird. Definition 3.25 beschreibt diesen Sachverhalt formal:

Definition 3.25: Sei G := (V,E) ein Schaltnetzgraph, und seien α und β zwei Haftfehler. α dominiert β (kurz: $\beta \leq \alpha$), wenn $T(\beta) \subset T(\alpha)$ gilt.

Die Relation "$\leq$" ist eine Halbordnung auf der Menge der Haftfehler und kann in der üblichen Weise als Diagramm dargestellt werden. Hierbei ist zwischen α und β eine gerichtete Kante, falls $\beta \leq \alpha$ und $\alpha \neq \beta$ gelten und zwischen α und β kein weiterer Fehler γ mit $\beta \leq \gamma \leq \alpha$ liegt. Bild 3.30 zeigt das Diagramm für das NAND-Glied nach Bild 3.24:

Es müssen demnach nur für F1, F2 und F3, nicht aber für F4 Tests erzeugt werden.

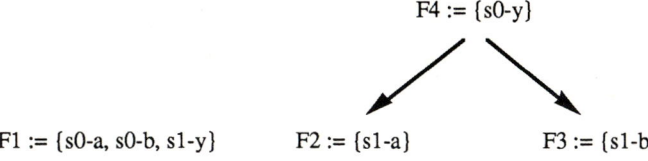

F4 := {s0-y}

F1 := {s0-a, s0-b, s1-y}   F2 := {s1-a}   F3 := {s1-b}

Bild 3.30: Fehlerdominanz

Die hier gegebene Definition der Dominanz stammt von Poage [Poag63] und findet sich auch in manchen Lehrbüchern [BrFr76]. Allerdings wird der Begriff mitunter auch in entgegengesetzter Weise verwendet [ABRA86]. Um zu einer möglichst weitgehenden Fehlerreduktion zu gelangen, benötigt man noch folgende Begriffsbildung:

Definition 3.26: Sei G := (V,E) ein Schaltungsgraph. Der Knoten $v \in V$ heißt *Verzweigungsstamm*, falls $\deg^+(v) > 1$ ist. Eine Kante $(v,w) \in E$ heißt *Zweig* an v.

Damit gilt nach [To73, BrFr76] folgender Satz:

Satz 3.2: Sei G := (V,E) ein Schaltnetzgraph, der nur AND, OR, NAND, NOR und Inverter als Bauelementefunktionen besitzt. Ein Test, der alle einfachen (mehrfachen) Haftfehler an den Primäreingängen und an den Zweigen der Verzweigungsstämme entdeckt, erfaßt alle einfachen (mehrfachen) Haftfehler der Schaltung.

Beweis: Ohne Beeinträchtigung der Allgemeinheit kann man annehmen, daß nur NAND-Glieder und Inverter als Bauelementefunktionen vorkommen, da sich die anderen Schaltelemente aus diesen ohne zusätzliche Verzweigungen zusammensetzen lassen.

Wir beweisen den Satz durch Widerspruch: Die Testmenge T entdecke alle Haftfehler an den primären Eingängen und Zweigen, erfasse aber nicht alle Fehler in G. Dann muß es einen Knoten $v \in V$ geben, so daß an den Kanten $(w,v) \in E$ alle Haftfehler erkannt werden, aber nicht an v selbst. Dies gilt, da T Tests für alle Kanten an Verzweigungsstämmen enthält und für alle anderen Kanten $(x,y) \in E$ ein Fehler an x und einer an (x,y) nicht zu unterscheiden sind.

Der Fehler an v kann kein s1-Fehler sein, da s1-v an einem NAND mit allen s0-(w,v) Fehlern äquivalent ist, die nach Voraussetzung erkannt werden. Andererseits kann an v auch kein s0-Fehler sein, da ein s0-v Fehler alle s1-(w,v) Fehler dominiert. Somit erkennt ein Test für s1-(w,v) auch s0-v, und im Widerspruch zur Annahme werden an v alle Haftfehler erfaßt. □

Die in Satz 3.2 erwähnten Anschlüsse werden *Testpunkte* genannt. Falls keine Fehlerdiagnose erforderlich ist, genügt es, nur für sie Testmuster zu erzeugen. In einer Schaltung können aber Haftfehler vorkommen, für die gar kein Testmuster existiert. Die Schaltung in Bild 3.31 enthält solche Fehler.

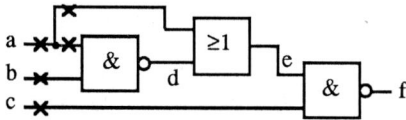

Bild 3.31: Beispielschaltung mit eingezeichneten Testpunkten

Hier ist es nicht möglich, a und d gleichzeitig auf 0 zu setzen. Also ist e stets 1, und die folgenden Fehler sind nicht erkennbar: s0-a, s1-a, s1-(a,e), s0-(a,d), s0-b, s1-b, s1-e. Daher kann die Schaltung zu f = NOT(c) vereinfacht werden, und der Knoten e ist redundant, d. h. überflüssig. Formal beschreiben wir Redundanz durch folgende Definition:

Definition 3.27: Sei $G := (V,E)$ ein Schaltnetzgraph. Der Gatteranschluß $x \in V \cup E$ heißt redundant, wenn $G^* = G(s1\text{-}x)^*$ oder $G^* = G(s0\text{-}x)^*$ gilt.

Diese Definition besagt, daß ein Gatteranschluß redundant ist, wenn er auf einen festen Wert, entweder 0 oder 1, gelegt werden kann, ohne daß sich die globale Funktion der Schaltung verändert. In der Regel bemüht man sich, eine Schaltung redundanzfrei zu entwerfen, um Siliziumfläche einzusparen. Liegt Redundanz vor, kann die Fehlerreduktion nach Satz 3.2 scheitern. Falls für einen Testpunkt kein Testmuster existiert, sind die Voraussetzungen des Satzes nicht mehr erfüllt und es müssen zusätzliche Fehler auf ihre Erkennbarkeit überprüft werden. Andernfalls kann die erzeugte Testmenge unvollständig sein, und für erkennbare Fehler können Testmuster fehlen [ABRA86]. Ein Verfahren, die Zahl der Fehler zu reduzieren, ohne die Fehlererfassung zu beeinträchtigen, wird in [HeRo89] beschrieben.

Auch bei Anwendung der in diesem Abschnitt beschriebenen Fehlerreduktion ist die Testerstellung und -durchführung für alle Mehrfachfehler nur in sehr kleinen Schaltungen möglich. Im allgemeinen decken die Testmengen für das Einfachfehlermodell einen großen Teil der Mehrfachfehler ab, da das Auftreten von mehreren Fehlern zumeist zu einem stärkeren Abweichen von der intendierten Funktion führt [Hugh88, BrFr76]. Im weiteren behandeln wir stets nur das Einfach-Fehlermodell und überlassen die zumeist kanonische Erweiterung für Mehrfachfehler dem Leser.

3.4.3.3 *Komplexe kombinatorische Funktionsfehler:* Das klassische Haftfehlermodell gibt die logischen Auswirkungen physikalischer Defekte in moderner MOS-Technologie, bei der die logische Funktion in sehr vielfältiger Weise verfälscht werden kann, nur unvollständig wieder. Bild 3.32 zeigt den prinzipiellen Aufbau eines nMOS "pull down"-Gatters (pd-Gatter).

Das Gatter besteht aus einem selbstleitenden Lasttransistor, der an die Stromversorgung und den Gatterausgang z angeschlossen ist, und aus einem schaltenden Netz aus selbstsperrenden nMOS-Transistoren mit Eingängen I und zwei ausgezeichneten Endpunkten S und D, die mit Masse und dem Gatterausgang z verbunden sind. In Abhängigkeit von seiner Eingangsbelegung schaltet das Netz einen leitenden Pfad zwischen z und Masse und setzt den Ausgang somit auf 0, oder es sperrt, so daß über den Lasttransistor der Ausgang z auf 1 gesetzt wird.

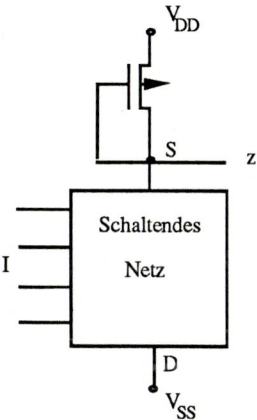

Bild 3.32 nMOS-pull-down Gatter

Wesentlicher Bestandteil der "pull-down"- sowie der meisten anderen MOS-Techniken ist das schaltende Netz mit dem Endpunkt S am Gatterausgang und dem Punkt D an der Masse. Für ein Antivalenz-Gatter ist in Bild 3.33 das zugehörige schaltende Netz dargestellt.

Die *Transmissionsfunktion* $\sigma(e_1, ..., e_n)$, $e_1, ..., e_n \in I$, eines schaltenden Netzes ist eine boolesche Funktion, die genau dann "1" ist, wenn zwischen S und D ein leitender Pfad existiert. In einer nMOS pd-Schaltung entspricht die Funktion des Schaltglieds somit der negierten Transmissionsfunktion.

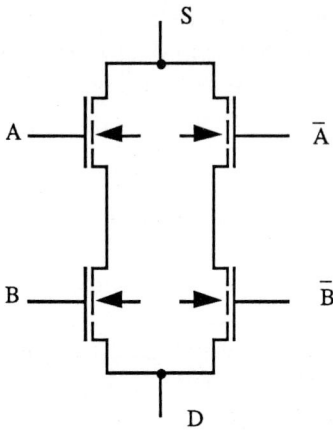

Bild 3.33: Schaltendes Netz (Antivalenz)

Falls die Eingangsvariablen sowohl in negierter als auch in positiver Form vorliegen, läßt sich jede boolesche Funktion als schaltendes Netz induktiv wie folgt konstruieren:

1) Eine Unterbrechung ist ein schaltendes Netz ($\sigma \equiv 0$).

2) Eine Verbindung ist ein schaltendes Netz ($\sigma \equiv 1$).

3) Ein Schalter (Switch, Transistor) ist ein schaltendes Netz, wobei für nMOS-Transistoren $\sigma = e_1$ gilt. Ist das Netz aus pMOS-Transistoren aufgebaut, erhält man $\sigma = \neg e_1$.

Die nach den Regeln 1) bis 3) konstruierten Netze heißen elementare schaltende Netze, aus denen iterativ kompliziertere Netze zusammengesetzt werden können:

4) Die Serienschaltung zweier schaltender Netze S1 und S2 mit den Transmissionsfunktionen σ_1 und σ_2 ist wieder ein schaltendes Netz mit der Transmissionsfunktion $\sigma = \sigma_1 \wedge \sigma_2$.

5) Die Parallelschaltung zweier schaltender Netze ist wieder ein schaltendes Netz mit der Transmissionsfunktion $\sigma = \sigma_1 \vee \sigma_2$).

Ein nach den Regeln 1) bis 5) konstruiertes schaltendes Netz nennt man seriell/parallel. Bild 3.34 zeigt einen entsprechenden Aufbau, der die Funktion $\sigma(i_1, \ldots, i_5) = i_2 i_4 \vee i_1(i_3 \vee i_5)$ realisiert.

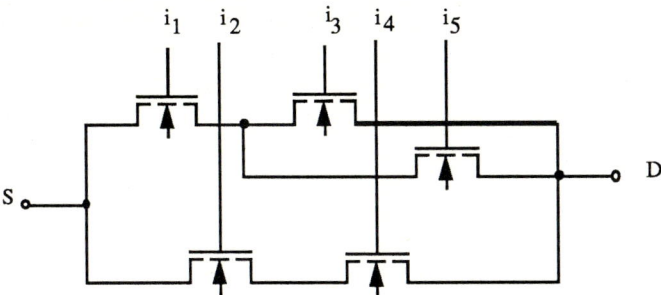

Bild 3.34: Seriell/paralleles Netz

Es lassen sich auch ohne Einhaltung dieser Regeln schaltende Netze konstruieren, da zur Definition einer Transmissionsfunktion lediglich vorausgesetzt werden muß, daß die Teilnetze nur über ihre Punkte S und D, nicht aber über ihre Eingänge miteinander verknüpft sind. Ein allgemeines schaltendes Netz zur Realisierung der Funktion $\sigma(a,b,c,d,e) := ab \vee cd \vee e(ad \vee cb)$ zeigt Bild 3.35:

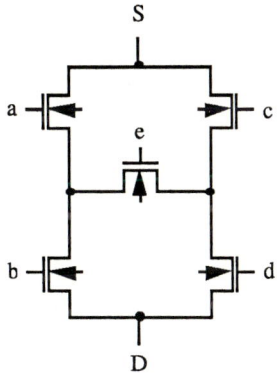

Bild 3.35: Allgemeines schaltendes Netz

Wie nehmen an, daß in einem schaltenden Netz die folgenden physikalischen Fehler möglich sind:

a)   Eine Leitung ist unterbrochen;
b)   ein Schalter ist stets offen;
c)   ein Schalter ist stets geschlossen.

Jede dieser Fehlerannahmen überführt ein nach 1) bis 3) elementares schaltendes Netz wieder in ein elementares schaltendes Netz. Deshalb bleiben komplizierter zusammengesetzte, seriell/parallele schaltende Netze auch im Fehlerfall seriell/parallele Netze mit einer booleschen Transmissionsfunktion. Kurzschlüsse der Eingänge eines schaltenden Netzes werden in einem gesonderten Abschnitt behandelt. Nehmen wir zusätzlich zu a), b) und c) noch Kurzschlüsse zwischen den Endpunkten beliebiger Teilnetze in das Fehlermodell auf, so kann ein seriell/paralleles Netz zu einem allgemeinen verfälscht werden.

Messungen haben ergeben, daß Leitungen ohne Verbindung mit der Stromversorgung binnen einiger Millisekunden ihre Ladung verlieren und das Signal "0" tragen [Ride79]. Daher können unterbrochene Eingangsleitungen eines schaltendes Netzes als offener Transistor modelliert werden. Für die Schaltung von Bild 3.36 zeigt Tabelle 3.4 die möglichen Fehlfunktionen bei defekten Transistoren.

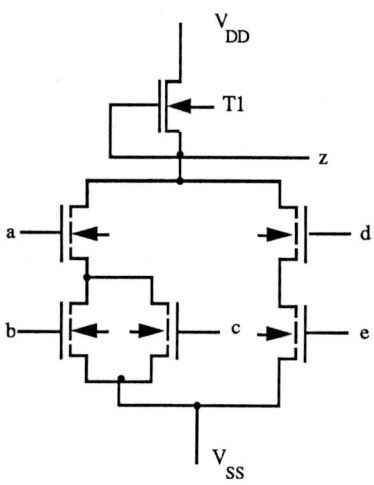

Bild 3.36: nMOS-Zelle mit $z = \neg(\text{de} \vee \text{a}(\text{b} \vee \text{c}))$

Es wurde bereits erwähnt, daß auch Kurzschlußfehler innerhalb des schaltenden Netzes die Transmissionsfunktion zu einer fehlerhaften booleschen Funktion verfälschen. Bild 3.37 zeigt eine MOS-Implementierung der booleschen Funktion $z := \neg((\text{a} \vee \text{b})(\text{c} \vee \text{d}) \vee \text{ef})$, worin vier Fehler eingetragen sind.

Tabelle 3.4: Auswirkungen von Transistorfehlern

Fehler	Funktion
a stets leitend	$\neg\,(de \vee b \vee c)$
a stets sperrend	$\neg\,(de)$
b stets leitend	$\neg\,(a \vee de)$
b stets sperrend	$\neg\,(ac \vee de)$
c stets leitend	$\neg\,(a \vee de)$
c stets sperrend	$\neg\,(ab \vee de)$
d stets leitend	$\neg\,(e \vee a(b \vee c))$
d stets sperrend	$\neg\,(a(b \vee c))$
e stets leitend	$\neg\,(d \vee a(b \vee c))$
e stets sperrend	$\neg\,(a(b \vee c))$
T_1 stets sperrend	0

Der Kurzschluß 1 wirkt sich wie ein s1-Fehler am Eingang e aus, die Unterbrechung 3 kann als s0-Fehler an e oder f modelliert werden. Der Kurzschluß 2 führt dazu, daß die Funktion $z := \neg((a \vee b \vee e)(c \vee d \vee f))$ ausgeführt wird, und die Unterbrechung 4 verwandelt die Funktion in $z := \neg(ac \vee bd \vee ef)$.

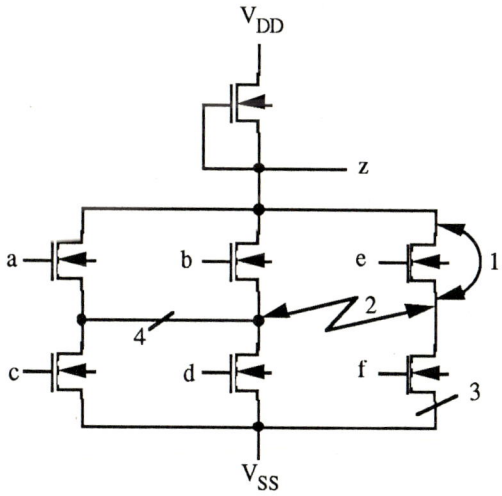

Bild 3.37: MOS-Schaltung mit Fehlern nach [Lala85]

Das Haftfehlermodell ist daher für moderne MOS-Techniken nicht immer ausreichend. Solange jedoch ein Fehlermodell keine Fehler enthält, die speichernde Eigenschaften in eine rein kombinatorische, boolesche Funktion einführen, können mit geringen Modifikationen die Algorithmen für das Haftfehlermodell verwendet werden. Dies trifft auch auf die oben geschilderten Fehler in nMOS-pull-down-Gattern zu, da offene und kurzgeschlossene Leitungen und stets leitende oder sperrende Transistoren eine Transmissionsfunktion wieder in eine kombinatorische Transmissionsfunktion abbilden. Folglich kann die Definition 3.21 in naheliegender Weise auch auf komplexe Funktionsfehler α erweitert werden.

3.4.3.4 *Übergangsfehler:* Die beschriebenen komplexen Funktionsfehler in den schaltenden Netzen eines nMOS-pd-Gatters können kein sequentielles Verhalten hervorrufen. Fehler mit sequentiellem Verhalten werden Übergangsfehler (englisch: transition faults) genannt. In Schaltnetzen gehört zu jedem Knoten v eine boolesche Funktion f_v. Durch einen Übergangsfehler kann diese Funktion zu einem Schaltwerk werden, das bei bestimmten Eingaben seine alte Ausgabe beibehält und bei anderen Eingaben den korrekten neuen Wert annimmt.

Derartige Fehlverhalten sind typisch für CMOS- oder nMOS-"pass-transistor"-Schaltungen (pt-Schaltungen), und sie sind offensichtlich weder als Haftfehler noch als komplexe Funktionsfehler modellierbar. Die zugrunde liegenden Defekte sind ständig sperrende Transistoren und unterbrochene Leitungen, sie werden in der Literatur auch oft als "stuck-open" (s-op) Fehler bezeichnet. Im folgenden erläutern wir ihre Auswirkungen mit Hilfe des CSAW-Modells; Bild 3.38 ist die Beschreibung eines nMOS-pt-Multiplexers auf dieser Ebene.

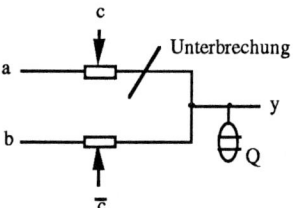

Bild 3.38: Fehlerhafter Multiplexer in "Pass-Transistor"-nMOS

Die Well Q beschreibt die kapazitive Last am Ausgang y, der ja in der Regel zu einer Metalleitung führt, die mit den Gates anderer Transistoren verbunden ist. Ohne die eingezeichnete Leitungsunterbrechung übernimmt y den

Wert von a, falls c auf 1 liegt. Ist der Multiplexer jedoch fehlerhaft, und ist c = 1, so behält y aufgrund seiner Kapazität den alten Wert. In Tabelle 3.5 sind nur die Signale an den einzelnen Anschlüssen wiedergegeben, ohne zwischen den Stärken dynamischer und statischer Werte zu unterscheiden. Es sei δ die Schaltzeit der Transistoren, und das Muster an (a, b, c) sei diese Zeit konstant angelegen.

Offensichtlich beschreibt Tabelle 3.5 eine speichernde Funktion, die wie in Definition 3.14 durch ein Tupel

$$((w \mid w \in pd(y)), Z \subset \mathbb{N} \text{ endlich}, f_y^a : \{0,1\}^{\deg^-(y)} \times Z \to \{0,1\},$$

$$f_y^b : \{0,1\}^{\deg^-(y)} \times Z \to Z)$$

beschrieben werden kann.

Tabelle 3.5: Funktion eines fehlerhaften und fehlerfreien Multiplexers mit nMOS-"Pass-Transistoren"

a	b	c	$y(t+\delta)$	$y_f(t+\delta)$
0	0	0	0	0
0	0	1	0	$y_f(t)$
0	1	0	1	1
0	1	1	0	$y_f(t)$
1	0	0	0	0
1	0	1	1	$y_f(t)$
1	1	0	1	1
1	1	1	1	$y_f(t)$

Auch bei Schaltungen in statischer CMOS-Technologie können offene Leitungen zu sequentiellem Verhalten führen [Wads78]. Bild 3.39 zeigt den prinzipiellen Aufbau eines CMOS-Gatters.

SN1 ist ein schaltendes Netz aus pMOS-Transistoren und SN2 ein schaltendes Netz aus nMOS-Transistoren. Die beiden zugehörigen Transmissionsfunktionen erfüllen $\sigma_1 = \neg\sigma_2$. Falls für eine Eingangsbelegung $(x_1,...,x_n)$ im Fehlerfall $\sigma_1(x_1,...,x_n) = \sigma_2(x_1,...,x_n) = 1$ vorkommt, führt dies zu einem Kurzschluß zwischen Stromversorgung und Masse, was je nach dem Widerstand beider Netze unterschiedliche Konsequenzen auf die logische Funktion haben kann. Gut erkennbar ist der Fehler, falls der Widerstand des fehlerhaften Netzes ausreichend klein ist und der Gatterausgang tatsächlich einen falschen logischen Wert annimmt. Schwerer zu testen sind fehlerhafte Netze mit hohem Widerstand, da sich hier der Ausgang auf den richtigen logischen Wert einpegelt, aber das gesamte Gatter als "pull-up"- oder "pull-down"-Element arbeitet. Dieser Arbeitsmodus ist langsamer, der Geschwindigkeitsverlust ist abhängig vom Verhältnis zwischen dem Widerstand des betrachteten Netzes im fehlerfreien und im fehlerhaften Fall. Auf diese Verzögerungsfehler wird im nächsten Abschnitt eingegangen.

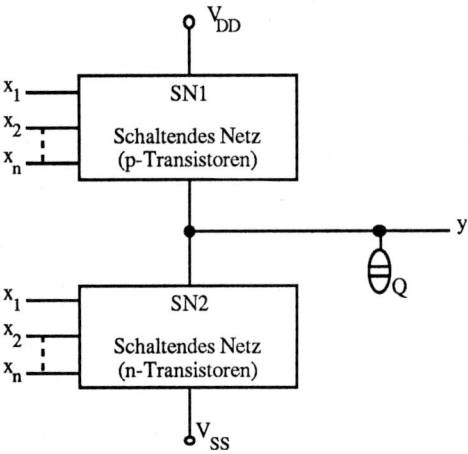

Bild 3.39: CMOS-Gatter

Falls aber für eine Eingangsbelegung $\sigma_1(x_1,...,x_n) = \sigma_2(x_1,...,x_n) = 0$ vorkommt, erhält der Gatterausgang weder zur Versorgungsspannung noch zur Masse eine Verbindung, sondern erhält seinen logischen Wert aus den angeschlossenen Metalleitungen und Gates. Deren Kapazität ist in Bild 3.39 durch die Well Q modelliert. Es ergibt sich dadurch ein *sequentielles* Verhalten im Fehlerfall. Dies sei am Beispiel des CMOS-Gatters aus Bild 3.40 erläutert.

Die p-Kanal-Transistoren leiten, wenn a = b = 0 ist. Andererseits ist y über die n-Kanal-Transistoren mit Masse verbunden, falls einer der Eingänge auf 1 liegt. Bei einer Leitungsunterbrechung an 4 ist in dieser Schaltung der Transistor T_2 von y getrennt, die Well Q_5 kann nicht geladen werden, und der Fehler erscheint als s0-y, falls Q_5 nicht von anderer Quelle her Ladung bezieht. Aber die Unterbrechung 1 ist weder als s0 noch als s1 modellierbar, sondern für die Eingangsbelegung a = 0, b = 1 erhält y das Signal aus der Well Q_5, worin der vorhergehende Wert gespeichert ist.

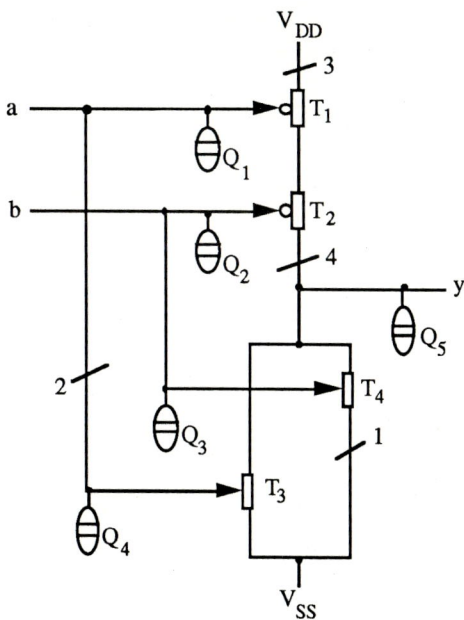

Bild 3.40: Switch-Level-Beschreibung eines CMOS-NOR

In Tabelle 3.6 ist das Verhalten der CMOS Zelle für die folgenden Defekte dargestellt:
1) Gate, Drain oder Source von T_3 sind unterbrochen.
2) Gate, Drain oder Source von T_4 sind unterbrochen.
3) V_{DD} ist nicht angeschlossen.

Tabelle 3.6: Verhalten des fehlerfreien und des fehlerhaften NOR-Gatters

a	b	$y(t+\delta)$	$y_1(t+\delta)$	$y_2(t+\delta)$	$y_3(t+\delta)$
0	0	1	1	1	$y_3(t)$
0	1	0	0	$y_2(t)$	0
1	0	0	$y_1(t)$	0	0
1	1	0	0	0	0

Da durch einen "stuck-open"-Fehler ein weiterer Zustand in die Schaltung eingeführt werden kann, ist er nur durch eine Testfolge sicher zu entdecken. Der Leser möge als Übung verifizieren, daß nicht nur die eingezeichneten, sondern alle möglichen "stuck-open"-Fehler gefunden werden, wenn unmittelbar hintereinander die Tests für die Fehler s1-a, s0-a, s1-a, s1-b, s0-b, s1-b angelegt werden [Chan83]. Falls die Schaltung nur aus den elementaren Schaltgliedern AND, NAND, OR, NOR und Invertern besteht, gilt sogar, daß sämtliche "stuck-open"-Fehler erkannt werden, falls jeder Anschluß des Gatters unmittelbar hintereinander auf s0, s1 und s0 oder auf s1, s0 und s1 getestet wird.

Allgemein besteht eine Testfolge für einen einfachen "stuck-open"-Fehler in einem CMOS-Schaltnetz aus zwei Belegungen, von denen die erste die *Initialisierungsfunktion* f_I und die zweite die *Testfunktion* f_T erfüllen muß. Die Initialisierungsfunktion $f_I(X)$ ist genau dann wahr, wenn der Gatterausgang über das intakte schaltende Netz entweder positiv geladen wird, falls das intakte Netz aus p-Transistoren besteht, oder auf Null entladen wird, falls das Netz aus n-Transistoren fehlerfrei ist. Die Testfunktion $f_T(X)$ ist genau dann wahr, wenn das defekte schaltende Netz fehlerhaft sperrt und dies an einem Primärausgang des Schaltnetzes sichtbar wird.

Eine solche Testfolge kann jedoch durch Hasards oder durch Ladungsverteilung ungültig gemacht werden. In der Schaltung von Bild 3.41 habe das NAND-Gatter einen Fehler, der zu erkennen sei, wenn an (f, g) die Folge (11), (10) angelegt wird. Dies scheint zu gelingen, wenn die x_i auf 1 gesetzt werden, und (a, b, c) mit der Folge (000), (100) stimuliert wird, da für diesen Fehler

$$f_I(a,b,c,x_1\ldots,x_{15}) = ((a \lor b)x_1\ldots x_{15} \leftrightarrow a)((a \lor b)x_1\ldots x_{15} \leftrightarrow c)$$

die Initialisierungsfunktion und

$$f_T = ((a \lor b)x_1\ldots x_{15} \leftrightarrow a) \land \neg((a \lor b)x_1\ldots x_{15} \leftrightarrow c)$$

die Testfunktion ist.

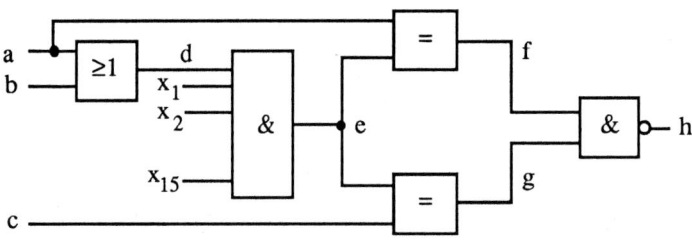

Bild 3.41: CMOS-Schaltung

Eine Berücksichtigung der zu treibenden Lasten und der Schaltzeiten der einzelnen CMOS-Gatter nach Tabelle 3.7 im Zeitdiagramm von Bild 3.42 zeigt jedoch, daß der Fehler dennoch nicht erkannt wird:

Tabelle 3.7: Schaltzeiten für CMOS-Gatter

Gatter-Typ	Schaltzeit
OR	1.7 ns
16-Inp. AND	7.7 ns
Äquivalenz	2.5 ns
NAND	2.5 ns

Aus untenstehendem Zeitdiagramm folgt, daß vor dem Umschalten von (f, g) von (11) auf (10) insgesamt 9.4 ns lang 01 anliegt. Dies reicht aus, um h auf 1 zu setzen und so das Fehlverhalten zu verdecken.

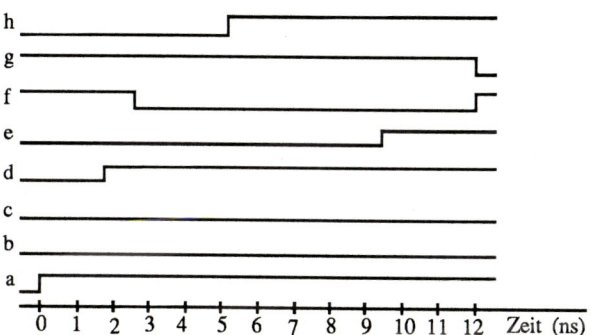

Bild 3.42: Zeitdiagramm der Schaltung aus Bild 3.41

Neben diesen Signalwettläufen kann die Erkennung von "stuck-open"-Fehlern bei komplexen CMOS-Zellen auch durch unbeabsichtigten Ladungs-abfluß ("Charge Sharing") verhindert werden [REDD83, ReRe86]. Bild 3.43 zeigt eine solche Zelle mit einem eingezeichneten "stuck-open"-Fehler.

In diesen komplexen CMOS-Gattern sind die die Leitungen innerhalb der schaltenden Netze in Metall ausgeführt und können eine derartige Länge er-reichen, daß bei der Fehleranalyse ihre Kapazität nicht vernachlässigt werden darf. Diese Kapazitäten werden in Bild 3.43 durch die Wells Q_1, Q_2, Q_3 und Q_4 modelliert, die Kapazitäten an den anderen Knoten sind der Übersichtlich-keit wegen nicht eingezeichnet.

Die Eingangsbelegung T1 := (a, b, c, d) = (1010) setzt den Knoten g auf 1 und erfüllt somit die Initialisierungsfunktion. Das Muster T2 := (1000) erfüllt die Testfunktion, da nur durch den fehlerhaften Transistor ein Pfad von g nach V_{SS} existiert. Dennoch ist nicht gewährleistet, daß durch die Folge T1, T2 der eingezeichnete Fehler erkannt wird. Der Fehler wird maskiert, wenn die durch Q_1, Q_2 oder Q_3 modellierte Kapazität größer als die von Q_4 ist.

In diesem Fall liege zum Zeitpunkt 0 das Muster T0:= (1100) an. Dann ist g = (0,j) für eine gewisse Stärke j, die Well Q_4 wird mit (0,h) geladen und die anderen Wells erhalten (0,i). Nach Voraussetzung hat Q_4 die kleinere Kapazität, und es ist i < h. Das Muster T1 setzt dann g = (1,j) und Q_4 auf (1,h), aber Q_1, Q_2 und Q_3 bleiben auf (0,i), da von diesen Wells unter T1 weder ein Pfad zu V_{dd} noch zu V_{SS} aktiviert wird. Das anschließende Muster T2 verbindet g zwar nicht mit Masse, aber die negative Ladung (0,i) der Wells Q_1, Q_2 und Q_3 überschreibt wegen i < h die positive, den Fehler offenbarende Ladung (1,h) von Q_4. Es ist somit nicht gewährleistet, daß der fehlerhafte Wert von g erkannt wird.

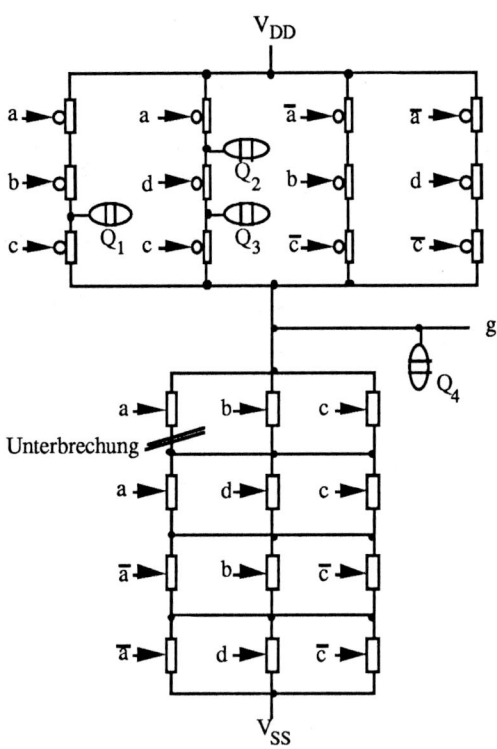

Bild 3.43: Komplexes CMOS-Gatter nach [ReRe86]

Die Verwendung komplexer CMOS-Gatter erzwingt daher eine dynamische Analyse der Gesamtschaltung, um zu robusten Tests zu gelangen. Ein Paar von Testmustern für einen Übergangsfehler heißt *robust,* wenn unabhängig vom Zeitverhalten der Gesamtschaltung und unabhängig von der kapazitiven Auslegung einzelner Knoten stets die Erkennung des Fehlers gewährleistet wird. Bereits beim Entwurf eines CMOS-Schaltnetzes sollte man darauf achten, daß für mögliche "stuck-open"-Fehler robuste Tests existieren.

Schließlich wurden auch Entwurfstechniken untersucht, um die Wahrscheinlichkeit für das Auftreten von "stuck-open"-Fehlern zu minimieren [Koep87]. Es hat sich gezeigt, daß Leitungsunterbrechungen besonders häufig bei Kontakten und Metall- und Polysiliziumbahnen vorkommen, jedoch mit einer deutlich geringeren Häufigkeit in Diffusion. Legt man daher die internen Verbindungen eines schaltenden Netzes der CMOS-Gatter in Diffusion aus, reduziert sich die Gefahr sequentiellen Fehlverhaltens. Allerdings hat dies den Nachteil eines etwas größeren Flächenverbrauchs und erhöhter Schaltzeiten.

Eine weitere Möglichkeit, bei MOS-Schaltungen sequentielles Fehlverhalten zu verhindern, sind Entwurfsstile, bei denen Knoten vorgeladen werden (englisch: pre-charging). Sie werden im nächsten Abschnitt behandelt.

3.4.3.5 Fehler in dynamischen MOS-Schaltungen: Bei statischem CMOS muß die beabsichtigte logische Funktion des Gatters stets zweimal implementiert werden, zum einen als schaltendes Netz in p-Transistoren und zum anderen komplementiert als schaltendes Netz in n-Transistoren. Diese doppelte Implementierung der Funktion kann bei *dynamischem (Domino-) CMOS* eingespart werden (Bild 3.44). Ein weiterer Vorteil ist, daß unterbrochene Leitungen und ständig sperrende Transistoren bei Domino-CMOS kein sequentielles Verhalten hervorrufen [BARZ84], [KoOk84].

Ein Gatter in Domino-CMOS besteht aus einem schaltenden Netz mit n-Kanal-Transistoren. Zusätzlich enthält es einen p-Kanal-Transistor T_1 und einen n-Kanal-Transistor T_2. Beide werden durch den Takt Φ gesteuert. Zum Zeitpunkt $\neg\Phi$ wird ein interner Knoten y, der eine ausreichende Kapazität besitzen muß, über den Transistor T_1 positiv geladen. Zum Zeitpunkt Φ kann er dann durch das schaltende Netz SN und durch den n-Transistor T_2 gegebenenfalls entladen werden. Ob y entladen wird, hängt von der Belegung der Eingangssignale $i_1, ..., i_n$ ab. Der Ausgang z ist nur bei aktivem Takt Φ gültig und ist bei dem hier geschilderten Entwurfsstil der invertierte Wert von y. Im Unterschied zu statischen nMOS- und CMOS-Gattern entspricht die logische Funktion eines Domino-Gatters exakt der Transmissionsfunktion des schaltenden Netzes mit n-Kanal-Transistoren.

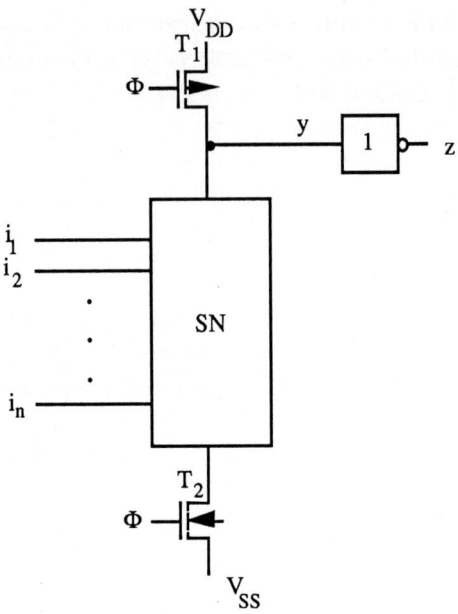

Bild 3.44: Gatter in Domino-CMOS

Ein Schaltnetz aus Domino-Gattern wird durch einen einzigen Takt gesteuert (Bild 3.45).

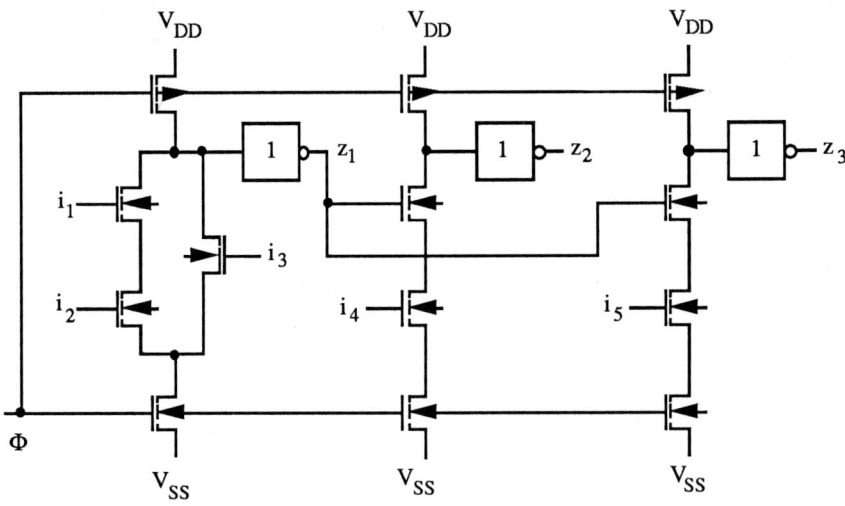

Bild 3.45: Schaltnetz aus Domino-Gattern

Während $\neg\Phi$ anliegt, sind die Ausgänge aller Gatter auf niedriger Spannung, folglich kann zum Zeitpunkt Φ die Spannung eines Knotens nur steigen oder unverändert bleiben. Dies hat auf die Testbarkeit wesentlichen Einfluß, da keine Signalwettläufe entstehen können. In [BARZ84, KoOk84] wurde gezeigt, daß die erwähnten Fehlerannahmen bei Domino-CMOS nicht zu sequentiellem Fehlverhalten führen. Für Fehler innerhalb des schaltenden Netzes haben wir dies bereits gezeigt. Es sind also noch die folgenden vier Fehler an den Transistoren T_1 und T_2 nach Bild 3.44 zu untersuchen:

1) *T_1 sperrt ständig:* Dann wurde y noch nie positiv geladen, und es entsteht für z ein Haftfehler an 1.

2) *T_1 leitet ständig:* Hier sind zwei Fälle zu unterscheiden:
   a) Der Widerstand von T_1 ist sehr viel kleiner als der Widerstand von T_2 und des schaltenden Netzes zusammen: Dann wird y nie entladen, und z ist stets 0.
   b) Andernfalls braucht y längere Zeit bis zur Entladung. Solche Verzögerungsfehler werden im nächsten Abschnitt behandelt und können in diesem Fall sicher durch einen Hochgeschwindigkeitstest als ein Haftfehler an 0 erkannt werden.

3) *T_2 sperrt ständig:* Dann kann y nie entladen werden, und z bleibt stets 0.

4) *T_2 leitet ständig:* Dieser Fehler kann auf der logischen Ebene nicht modelliert werden, da zum Zeitpunkt $\neg\Phi$ alle Eingänge i_j, die ja ebenfalls Ausgänge anderer Domino-Gatter sind, auf 0 liegen, und daher auf keinen Fall ein leitender Pfad von y zu V_{SS} existiert. Da jedoch die Eingangssignale mit unterschiedlichen Verzögerungszeiten eintreffen können, ist das exakte Verhalten des Gatters für diesen Fehler nicht zu bestimmen. Er kann unentdeckt bleiben, da der Transistor T_2 nicht aus Gründen der logischen Funktion, sondern zur Garantie des Zeitverhaltens eingefügt worden ist, aber er kann keinesfalls ein sequentielles Verhalten verursachen.

Domino-CMOS hat also nicht nur die Vorteile des kleineren Flächenbedarfs sowie der Vermeidung von Hasards und Signalwettläufen, sondern es kommt auch mit einem kombinatorischen Fehlermodell aus. Ähnliches trifft auf dynamische nMOS-Schaltungen zu. Während Schaltungen aus statischen "pull-down"-Gattern in nMOS recht hohe Verlustleistungen haben können, zeichnen sich Realisierungen in dynamischem nMOS durch geringere Leistungsaufnahme bei gleichzeitig erhöhter Geschwindigkeit aus. Bild 3.46 zeigt das Prinzip eines solchen Gatters. Es besteht aus einem schaltenden Netz aus n-Kanal-Transistoren, dessen beide Endpunkte mit demselben Takt

Φ verbunden sind. Die Eingänge werden über selbstsperrende Transistoren ebenfalls von diesem Takt gesteuert.

Wenn Φ aktiv ist, wird der Gatterausgang z positiv vorgeladen, die Transistoren T_1, ..., T_n an den Gattereingängen leiten ebenfalls und die Eingänge i_1, ..., i_n des schaltenden Netzes erhalten eine Ladung entsprechend den Gattereingängen e_1, ..., e_n. Geht Φ auf 0, so sperren T_1, ..., T_n und T_{n+1}, an den Eingängen i_1, ..., i_n wird die Ladung gespeichert und z wird genau dann entladen, wenn die Transmissionsfunktion von SN wahr ist. Die Funktion eines Gatters in dynamischem nMOS ist daher invers zu der Transmissionsfunktion.

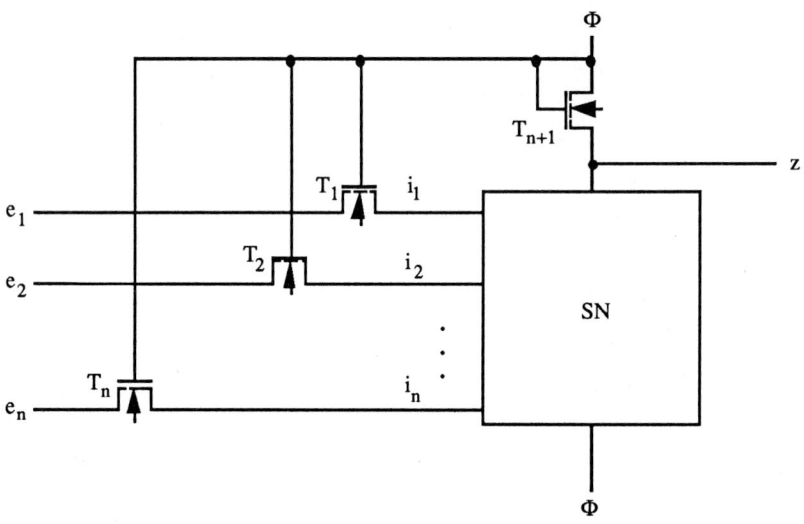

Bild 3.46: Schema eines Gatters in dynamischem nMOS

Die Eingänge eines Gatters in dynamischem nMOS werden kurz vor dem Moment blockiert, in dem sein Ausgang einen gültigen Wert annimmt. Daher muß man zwei nichtüberlappende Takte verwenden, um aus dynamischen nMOS-Gattern ein Schaltnetz aufzubauen (Bild 3.47).

Die genannten Fehlerannahmen, ständig leitende oder ständig sperrende Transistoren und unterbrochene oder kurzgeschlossene Leitungen, führen auch bei Gattern in dynamischem nMOS nur zu kombinatorischem Fehlverhalten [WuRo86]. Hier sei die Untersuchung anhand des schematischen Gatters aus Bild 3.46 kurz skizziert, wobei nochmals daran erinert sei, daß sämtliche Eingänge e_1, ..., e_n Ausgänge von Gattern sein müssen, die mit dem nichtüberlappenden Takt Ψ gesteuert werden. Außerdem ist das Verhalten des Gatterausgangs nur während $\neg\Phi$ von Interesse:

1) *Einer der Transistoren T_j, $j = 1, ..., n$ ist ständig gesperrt:* Dann wurde der Knoten i_j noch nie geladen, was sich als Haftfehler an 0 auswirkt.

2) *Einer der Transistoren T_j, $j = 1, ..., n$ ist ständig leitend:* Während $\neg\Phi$ anliegt, existiert von e_j nach i_j ein fehlerhaft leitender Pfad. Zur gleichen Zeit ist der Takt Ψ aktiv, lädt e_j positiv und damit auch i_j. Also wird der Ausgang z entladen, wenn für die Transmissionsaktion $\sigma(i_1, ..., i_{j-1}, 1, i_{j+1}, ..., i_n) = 1$ gilt. Dies entspricht einem s1-e_j Haftfehler.

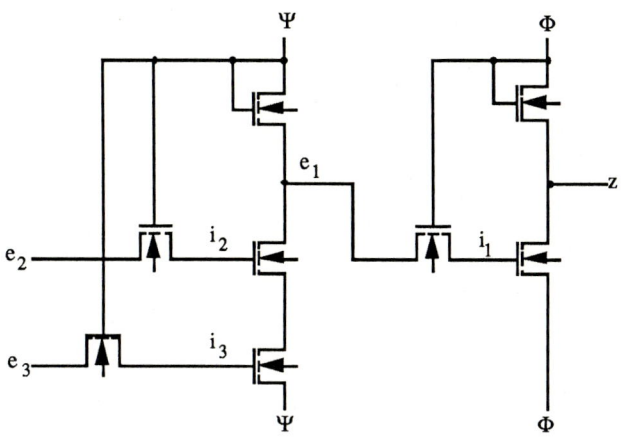

Bild 3.47: Schaltnetz in dynamischem nMOS

3) *T_{n+1} ist ständig gesperrt:* Während $\neg\Phi$ kann z nie Ladung besitzen, denn wenn T_{n+1} ständig gesperrt ist, kann z nur durch das schaltende Netz SN geladen werden. Dies ist jedoch nur dann der Fall, wenn eine entsprechende Eingangsbelegung die Transmissionsfunktion wahr macht. Dann ist diese Transmissionsfunktion auch während $\neg\Phi$ wahr, und z wird dann wieder entladen. Folglich haftet z an 0.

4) *T_{n+1} ist ständig leitend:* Dann erhält z natürlich stets den Wert des Taktes und ist bei $\neg\Phi$ auf 0. Wir haben hier den interessanten Sachverhalt, daß sowohl ein ständig sperrender als auch ein ständig leitender Transistor T_{n+1} dasselbe logische Fehlverhalten verursachen.

Folglich führen Realisierungen in dynamischem MOS nicht nur zu Verbesserungen des Zeitverhaltens, zu geringerer Verlustleistung oder zu kleinerem Flächenbedarf, sondern sie erhöhen zugleich auch die Testbarkeit der Schaltung durch den weitgehenden Ausschluß sequentiellen Fehlverhaltens.

3.4.3.6 *Verzögerungsfehler:* Bislang wurden Fehlermodelle untersucht, die eine Verfälschung der logischen Funktion der Schaltglieder beschreiben. Eine korrekte Schaltung muß ihre logische Funktion jedoch auch in der spezifizierten Geschwindigkeit ausführen können. Die erreichbare Betriebsgeschwindigkeit einer Schaltung hängt von den Schaltzeiten der einzelnen Gatter ab. Diese werden in der Regel unterschiedlich für Anstieg- und Abfallzeiten spezifiziert. Möglichkeiten für deren Modellierung stellen wir in diesem Abschnitt vor.

Es sei beispielsweise $f(x_1, \ldots, x_n)$ eine Bauelementefunktion mit der spezifizierten Anstiegzeit t_r und Abfallzeit t_f. Ein Verzögerungsfehler f_d von der Größe δ wird durch zwei Gattereingaben $A = (a_1, \ldots, a_n)$, $B = (b_1, \ldots, b_n)$ beschrieben, für die einer der unten angegebenen Fälle 1 oder 2 gilt.

Fall 1) Es sei $f(a_1, \ldots, a_n) = 0$ und $f(b_1, \ldots, b_n) = 1$, und es sei bis zum Zeitpunkt t_0 hinreichend lange A mit $f(a_1, \ldots, a_n) = 0$ angelegen. Zur Zeit t_0 werde B angelegt, und es sei t_1 der früheste Zeitpunkt, an dem der Gatterausgang auf 1 liegt. Für $t_1 - t_0 \le t_r$ liegt kein Fehler vor, sonst ein Verzögerungsfehler der Größe $\delta := t_1 - t_0 - t_r$.

Fall 2) Es sei $f(a_1, \ldots, a_n) = 1$ und $f(b_1, \ldots, b_n) = 0$, weiter sei bis t_0 hinreichend lange A angelegen. Zur Zeit t_0 werde B angelegt, und es sei t_1 der früheste Zeitpunkt, an dem der Gatterausgang auf 0 liegt. Für $t_1 - t_0 \le t_f$ liegt kein Fehler vor, sonst ein Verzögerungsfehler der Größe $\delta := t_1 - t_0 - t_f$.

Ein Verzögerungsfehler eines Gatters wird somit durch ein Paar von Eingaben und eine Zeitangabe δ spezifiziert, welche die Überschreitung der Anstieg- oder Abfallzeit angibt. Untenstehendes Zeitdiagramm verdeutlicht dies.

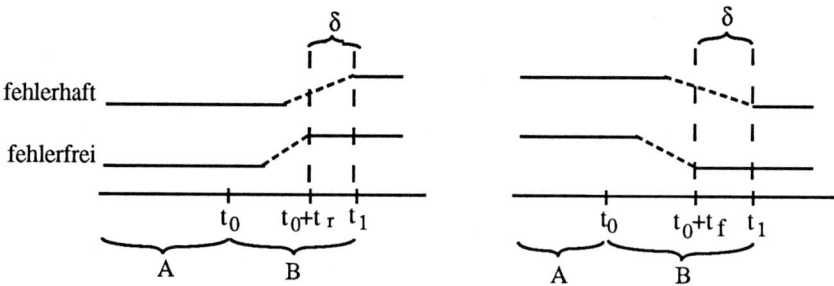

Bild 3.48: Verzögerungsfehler der Größe δ

Derartige Störungen des Zeitverhaltens können, abhängig von der verwendeten Technologie, unterschiedliche Ursachen habe. Falls z. B. in dem bipolaren NAND-Gatter aus Bild 3.28 der Widerstand R2 unterbrochen ist, vergrößert sich die Schaltzeit um mehrere Faktoren [BEH82].

In nMOS-pd- und in CMOS-Schaltungen bestimmt die Auslegung der Transistoren deren Treiberfähigkeit und damit die Schaltzeit. Punktuelle Defekte der Polysiliziumsschicht können die Größe der Transistoren und die Schaltzeit beeinträchtigen. Besitzt beispielsweise der Transistor T3 im CMOS-NOR von Bild 3.40 einen zu langen Kanal, wird die Abfallzeit beim Muster $(a,b) = (1,0)$ größer sein als beim Muster $(a,b) = (0,1)$. Dieses Beispiel verdeutlicht auch, warum ein Verzögerungsfehler nicht durch eine einheitliche Verlängerung der Anstiegs- oder Abfallzeit spezifiziert werden kann, sondern auf ein bestimmte Musterpaare bezogen werden sollte.

Beim CMOS-Transmissionsgate können ständig sperrende Transistoren ebenfalls das Zeitverhalten beeinträchtigen (Bild 3.49). Falls einer der beiden Transistoren ausfällt, wird das Schaltverhalten unsymmetrisch und die Treiberleistung sinkt. Die Ladung wird auf die nachfolgenden Kapazitäten langsamer übertragen.

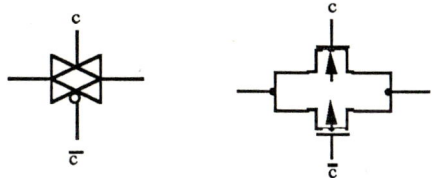

Bild 3.49: CMOS-Transmissionsgate

Schließlich können Verzögerungsfehler nicht nur an einzelnen Gattern auftauchen. Streuungen in der Dotierung haben großflächigere Auswirkungen, so daß die Schaltgeschwindigkeit ganzer Pfade herabgesetzt werden kann.

3.4.3.7 Kurzschlußfehler:
Ein Kurzschlußfehler entsteht, wenn zwei oder mehr Leitungen der Schaltung fälschlich miteinander verbunden sind. Häufig wird dies auch als Brückenfehler bezeichnet, und der Begriff Kurzschlußfehler wird nur für leitende Verbindungen zwischen Stromversorgung und Masse verwendet. Derartige Fehler können durch zusätzlich angebrachtes Metall oder Polysilizium oder durch unvollständige Isolierung mit Siliziumdioxid verursacht werden. Sie wirken sich je nach verwendeter Technologie unterschiedlich aus.

Sind in einer TTL-Schaltung die Ausgänge mehrerer Gatter miteinander verbunden, so erscheint dies als eine AND-Verknüpfung (Bild 3.50): Wenn der Ausgang irgendeines der kurzgeschlossenen Gatter, hier A und B, auf niedriger Spannung liegt, kann der Emitterstrom aller nachfolgenden Gatter, hier C und D, darüber abfließen. Tatsächlich können auf diese Weise auch beabsichtigte AND-Verknüpfungen realisiert werden.

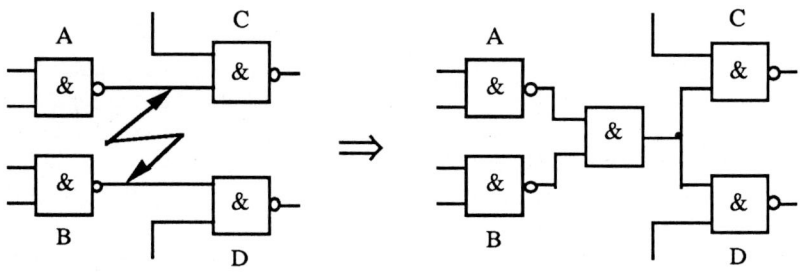

Bild 3.50: "Wired-AND" durch einen Kurzschlußfehler

Ein ähnlicher Effekt tritt in nMOS-pd-Schaltungen auf, Bild 3.51 zeigt ein derartiges Beispiel.

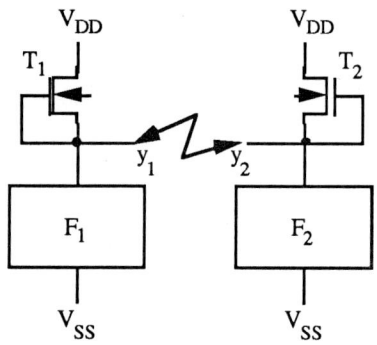

Bild 3.51: Kurzschluß in nMOS-pd-Schaltungen

Im fehlerfreien Fall sind $y_1 = \overline{F_1}$ und $y_2 = \overline{F_2}$, bei einem Kurzschluß zwischen y_1 und y_2 fließt Ladung ab, sobald nur eine der beiden Funktionen wahr ist. Daher erhält man mit $y_1 = y_2 = \overline{F_1 \vee F_2} = \overline{F_1} \wedge \overline{F_2}$ ebenfalls eine AND-Verknüpfung. Allerdings ist nicht garantiert, daß in jedem Fall an den kurzgeschlossenen Knoten y_1 und y_2 definierte Werte anliegen, da jetzt zwei parallel geschaltete Lasttransistoren T_1 und T_2 die Verbindung zur Stromversorgung herstellen, der Lastwiderstand reduziert ist, aber in manchen Fällen Ladung nur über eines der schaltenden Netze abfließen kann. Es wird zumindest zusätzlich ein Verzögerungsfehler auftreten, dessen Größe von der Auslegung der einzelnen Transistoren abhängt.

Schwerer ist das Verhalten bei Kurzschlüssen in CMOS-Schaltungen vorherzusagen.

Ein Kurzschluß zwischen zwei Leitungen kann sich nur dann bemerkbar machen, wenn sie im fehlerfreien Fall unterschiedliche Signale tragen würden. Es sei also in Bild 3.52 $y_1 = 1$ und $y_2 = 0$. Dann ist über F_1 und $\overline{F}_2$ ein leitender Pfad zwischen V_{DD} und V_{SS} geschaltet, der zu einem erhöhten Stromverbrauch des Chips führt. Allerdings reicht die Erhöhung in der Regel nicht aus, um beim Parametertest signifikante Abweichungen messen und den Fehler erkennen zu können. Stattdessen muß versucht werden, den Fehler durch die Veränderungen des logischen Verhaltens zu erfassen. Es ist jedoch von der Auslegung der schaltenden Netze und der verwendeten Transistoren abhängig, ob die resultierende Spannung an $y_1 = y_2$ ausreicht, nachfolgende Gates zu treiben (OR-Verknüpfung) oder nicht (AND-Verknüpfung). Bei komplexen Zellen kann dies auch noch davon abhängen, welche Pfade in den schaltenden Netzen aktiviert sind, und so zu noch komplexeren Fehlerverhalten führen.

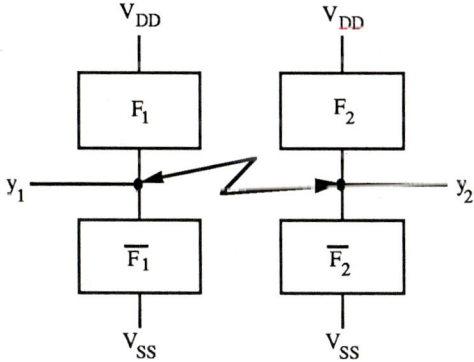

Bild 3.52: Kurzschluß auf Leitungen zwischen CMOS-Gattern

Die Zahl der möglichen Kurzschlußfehler ist deutlich größer als die Zahl der Fehler in anderen Modellen. Falls eine Schaltung n Knoten besitzt und man alle Kurzschlüsse zwischen s verschiedenen Knoten behandeln will, sind $\binom{n}{s}$ Fehler zu betrachten. Um diese große Zahl zu reduzieren, beschränkt man sich auf Kurzschlüsse zwischen benachbarten Leitungen.

Aus einer Schaltungsbeschreibung auf Gatterebene ist die Nachbarschaft zwischen Leitungen nur sehr eingeschränkt zu entnehmen. Offensichtlich müssen Leitungen, die an dasselbe Schaltglied angeschlossen sind, auch räumlich benachbart sein, für weitere Aussagen benötigt man jedoch Kenntnisse über die Plazierung und Verdrahtung. Daher gestatten es Testerzeugungs- und Simulationsprogramme, daß der Entwerfer zu untersuchende Kurzschlüsse zusätzlich spezifizieren kann. Es sei $G := (V,E)$ ein Schaltungsgraph. Ein Kurzschlußfehler α der Vielfachheit s ist eine Teilmenge $A := \{v_1, \ldots, v_s\} \subset V$. Die fehlerhafte Schaltung $G(\alpha) := (V_\alpha, E_\alpha)$ wird beschrieben durch:

$$V_\alpha := V \cup \{v\}, v_{neu}$$
$$E_\alpha := E \setminus \{(x,w) \in E \mid x \in A\} \cup \{(x,v_{neu}) \mid x \in A\} \cup$$
$$\{(v_{neu},w) \mid \exists x \in A \ (x,w) \in E\}$$

und der Verknüpfungsfunktion $f_{v_{neu}}(v_1, \ldots, v_s)$, die zumeist ein AND, mitunter auch ein OR ist. Bild 3.53 macht die Veränderungen in einem Schaltungsgraphen deutlich. In der Regel wird als Benutzereingabe lediglich die Menge A verlangt.

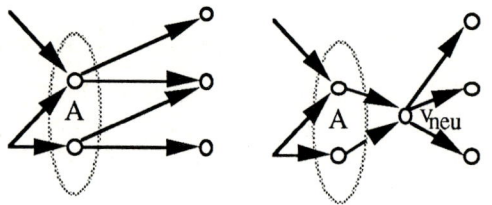

Bild 3.53: Veränderung des Schaltungsgraphen durch einen Kurzschluß

Die so spezifizierten Kurzschlüsse werden in Eingangskurzschlüsse und Rückkopplungskurzschlüsse eingeteilt. Ein Teilmodul einer Schaltung realisiere die kombinatorische Funktion $F(x_1, \ldots, x_n)$. Wenn s Eingänge des Moduls untereinander verbunden sind, entsteht ein Eingangskurzschluß der Vielfachheit s.

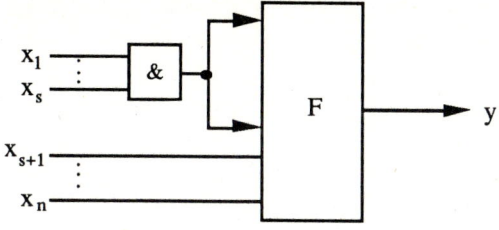

Bild 3.54: Logisches Modell des Eingangskurzschlusses $(x_1, ..., x_s)$ nach [Lala85]

Bei einem Rückkopplungskurzschluß ist der Ausgang von F mit s-1 Eingängen verbunden:

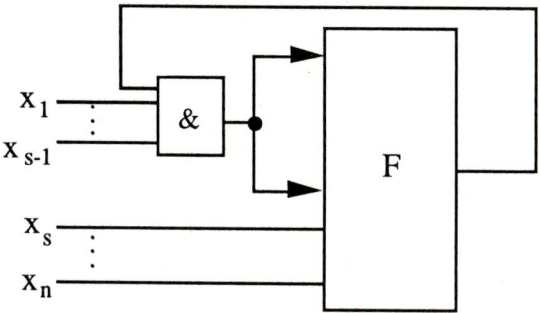

Bild 3.55: Logisches Modell des Rückkopplungskurzschlusses $(y, x_1, ..., x_{s-1})$

Durch einen Rückkopplungskurzschluß kann ein Schaltnetz in einen endlichen Automaten überführt werden oder anfangen zu schwingen. Ist der Ausgang y mit den Eingängen $(x_1, ..., x_{s-1})$ kurzgeschlossen, so oszilliert die Schaltung für eine Eingangsbelegung $(b_0, ..., b_n) \in \{0,1\}^n$, falls gilt:

$$b_1...bx_{s-1}F(0, ..., 0, b_s, ..., b_n) \, \overline{F(1, ..., 1, b_s, ..., b_n)} = 1.$$

Die Schaltung verhält sich als endlicher Automat für

$$b_1...b_{s-1} \, \overline{F(0, ..., 0, b_s, ..., b_n)} \, F(1, ..., 1, b_s, ..., xb_n) = 1.$$

Die Schaltung nach Bild 3.56 führt im fehlerfreien Fall die Funktion y := $(\overline{x_1x_2x_3} \, x_4) \vee (x_4x_5x_6)$ aus. Wenn der Fehler (y, x_1, x_2) vorliegt, dann oszilliert sie für die Eingangsbelegung $(x_1, ..., x_6) = (111100)$ und für jede Belegung mit $x_4 = x_5 = x_6 = 1$ arbeitet sie als endlicher Automat.Häufig sind Testmuster zur Entdeckung von Haftfehlern sind auch für Eingangskurzschlüsse geeignet [Mei74]. In Bild 3.57 seien die Leitungen a und b kurzgeschlossen, und beide Leitungen seien keine Verzweigungsstämme. Weiter nehmen wir an, daß ein Kurzschluß zu einer AND-Verknüpfung führt. Der Fehler s0-a wird nur durch die Belegung (100) entdeckt, der Fehler s0-b durch (010), aber beide Testmuster finden den eingezeichneten Fehler.

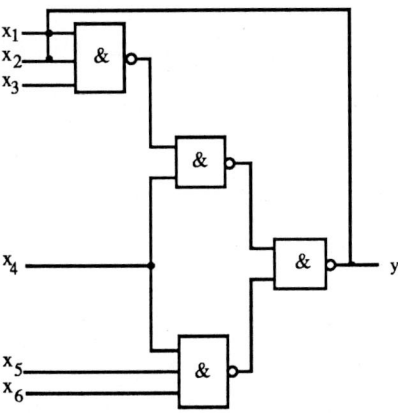

Bild 3.56: Schaltung mit Rückkopplungskurzschlüssen nach [Lala85]

Wenn die Schaltung kompliziertere Gatter als AND, OR, NAND, NOR oder Inverter enthält oder wenn Eingangskurzschlüsse zwischen Anschlüssen vorliegen, die zugleich Verzweigungsstämme sind, ist eine Überführung in das Haftfehlermodell zumeist nicht mehr möglich. Solange aber keine Rückkopplungskurzschlüsse zu behandeln sind, muß kein sequentielles Fehlverhalten berücksichtigt werden, und die Algorithmen für das Haftfehlermodell lassen sich zumeist recht einfach modifizieren.

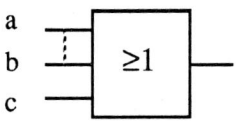

Bild 3.57: Beispiel für einen Eingangskurzschluß

4 Fehlersimulation

Logiksimulatoren sind wichtige Hilfsmittel, um einen Schaltungsentwurf zu validieren und die Reaktion einer Schaltung auf eine Folge von Eingabemustern vorherzusagen. Während der Fehlersimulation wird zusätzlich für jeden Fehler festgestellt, ob er zu einer Verfälschung des Schaltungsverhaltens führt und somit erkannt wird. Wesentliche Anwendungen der Fehlersimulation sind:

— *Validierung einer Testmenge:* Häufig stehen dem Entwerfer einer Schaltung bereits Testmuster zur Verfügung, für die er die Fehlererfassung bezüglich eines bestimmten Fehlermodells bestimmen will. Dies können dieselben Muster sein, mit denen er den Logikentwurf validiert hat, es können Muster sein, die durch entsprechende Programme speziell für den Test erzeugt wurden, oder es sind Muster, die die Schaltung im Selbsttest generiert. Bei der Fehlersimulation werden für diese Testmuster die Menge der erkannten Fehler und damit die Fehlererfassung festgestellt.

— *Minimierung von Testmengen:* Es kann untersucht werden, ob die Fehler, die ein gegebenes Muster erkennt, auch von anderen Testmustern aufgedeckt werden. In diesem Fall kann das Muster aus der Testmenge entfernt werden.

— *Beschleunigung der Testerzeugung:* Für leicht erkennbare Fehler lassen sich durch Fehlersimulation mit zufällig erzeugten Mustern schneller Tests finden als mit Testerzeugungsprogrammen. Da die Erzeugung eines Testmusters für einen vorgegebenen Fehler sehr rechenzeitaufwendig ist, bestimmt man nach Konstruktion eines Testmusters stets die Menge der Fehler, die von diesem Muster zusätzlich erkannt werden. Nur für einen der restlichen Fehler ist im nächsten Schritt ein weiteres Muster zu konstruieren.

Die Verfahren zur Fehlersimulation wurden ursprünglich aus Algorithmen zur Logiksimulation der korrekten Schaltung entwickelt, und die meisten kommerziell verfügbaren Fehlersimulatoren sind Programme, die auch zur Logiksimulation geeignet sind. Es werden daher im folgenden zunächst einige grundlegende Sachverhalte aus dem Gebiet der Logiksimulation behandelt, um anschließend auf die Besonderheiten der Fehlersimulation einzugehen.

4.1   Prinzip der Logiksimulation

Bei der Logiksimulation wird im Rechner ein Modell der Schaltung aufgebaut. Vorgänge in der Schaltung, die in der Realität parallel ablaufen, müssen im Rechnermodell sequentiell abgearbeitet werden. Dadurch ist die Simulation um Größenordnungen langsamer als die von ihr modellierten realen Vorgänge. In der Fehlersimulation müssen zudem nicht nur die Ausgabegrößen der korrekten Schaltung berechnet werden, sondern auch die aller betrachteten fehlerhaften Schaltungen. Daher gehört die Fehlersimulation mit zu den rechenzeitintensivsten Arbeitsschritten beim Schaltungsentwurf.

4.1.1   Simulationsebenen

Die zu Beginn von Kapitel 3 eingeführten Entwurfsebenen sind auch zur Unterscheidung von Simulationswerkzeugen nützlich. Auf der Layout- oder Prozeßebene erhält ein Simulator als Eingabe die Geometriebeschreibung des Layouts. Aufgrund der vom Hersteller vorgeschriebenen Parameter wie Dotierungsgrad, verwendete Materialien für die einzelnen Ebenen des Wafers und den zugehörigen Konstanten wird das Verhalten der Schaltung extrahiert. Derartige Simulatoren sind sehr rechenzeitaufwendig, da komplizierte physikalische Prozesse nachvollzogen werden müssen. Prozeßsimulatoren werden zur Validierung neuer Prozesse, zur Bestimmung von Parametern für höhere Simulationsebenen oder, wie bereits geschildert, zur induktiven Fehleranalyse eingesetzt. Die Kenngrößen, die auf dieser Ebene bestimmt werden, sind die Eingangsparameter für die nächsthöhere Ebene.

Auf der Transistorebene sind die elektrischen Grundelemente und ihre Kenngrößen bereits vorgegeben. Den elektrischen Leitungen wurden Kapazitäten und Widerstände zugeordnet, und für die Transistoren wurden die Widerstände in gesperrtem und leitendem Zustand, Leckströme, Schaltungsverzögerungen, Treiberleistung u. a. m. bestimmt. Aufgrund dieser Daten erfolgt die Simulation mittels Netzwerkanalyse [Spir85]. Auf diese Weise können für einzelne Grundelemente und Gatter der Schaltung die Eingangsparameter für die Simulation auf Schalter- oder Gatterebene erzeugt werden. Ein Modell für die Simulation auf Schalterebene wurde bereits im vorhergehenden Kapitel vorgestellt.

Die Simulation auf Gatterebene hat das Ziel, den Schaltungsentwurf auf logische Fehler, die Signallaufzeiten und das Zeitverhalten zu überprüfen. Letzteres ist auch bei der Simulation von Übergangs- und Verzögerungsfehlern nötig. Die Eingabeinformation eines Logiksimulators besteht gewöhnlich aus:

1) einer Beschreibung der zu simulierenden Schaltung,
2) Eingabedaten, die simuliert werden sollen,
3) Anfangszuständen für die Speicherelemente,
4) einer Menge von Signalen, deren logische Werte aufgezeichnet werden sollen.

Die Schaltungsbeschreibung erfolgt in Form einer Netzliste elementarer Gatter, wie sie im vorhergehenden Kapitel vorgestellt wurde. Oft besteht die Möglichkeit, aus den Gattern Moduln zusammenzusetzen, die als Makros mehrfach in der Schaltungsbeschreibung verwendet werden können. Falls die innere Struktur eines Moduls für die Simulation nicht von Interesse ist, kann er vom Anwender häufig als System boolescher Gleichungen oder in einer höheren Programmiersprache beschrieben werden.

Für die Beschreibung der Eingabedaten, die auch Stimuli genannt werden, existieren im wesentlichen zwei Möglichkeiten. Die eine ist die Eingabe einer binären $(n \times m)$-Matrix $A = (a_{ij})_{1 \leq i \leq n, 1 \leq j \leq m}$, wobei jedes a_{ij} den logischen Wert des primären Eingangs i zum Zeitpunkt t_j beschreibt. Sind die t_j ebenfalls festgelegt, dann ist A eine *Realzeit-Eingabe*, ansonsten wird der nächste Vektor $a_j := (a_{1j}, \ldots, a_{nj})$ erst dann angelegt, wenn sich die Antwort auf den Vektor a_{j-1} stabilisiert hat, und A wird *statische Eingabe* genannt. Die andere Eingabemöglichkeit ist eine höhere Sprache, die Befehle enthält, um beispielsweise an bestimmte Eingänge einen Takt zu legen, zu zählen, bestimmte Musterfolgen als Makros zu definieren und sie wiederholt anzulegen. Eine solche Stimulibeschreibungssprache heißt im Englischen "Waveform Description Language".

Schließlich lassen es die meisten Simulatoren zu, die Anfangszustände der Speicherelemente und primären Eingänge beliebig zu spezifizieren.

4.1.2 Modellierung des Zeitverhaltens der Schaltglieder

Zur Validierung des Zeitverhaltens der Gesamtschaltung muß das Verhalten der Grundelemente beschrieben werden, wobei Techniken Anwendung finden, die sich bezüglich ihres Aufwandes bei der Simulation und ihrer Genauigkeit der Modellierung unterscheiden. Bei der Logiksimulation ist die Analyse des Zeitverhaltens wichtig, um besonders in asynchronen Schaltungsteilen kurzzeitige Signaleinbrüche, kritische Signalwettläufe und Hasardfehler festzustellen. Bei der Fehlersimulation will man zusätzlich untersuchen, ob dynamische Fehler wie Übergangs- oder Verzögerungsfehler erkannt werden.

Eine einfache, allerdings auch wenig genaue Modellierung besteht darin, auf die Angabe von Verzögerungszeiten für die Gatter ganz zu verzichten (Zero Delay) und Hasardfehler und kurzzeitige Signaleinbrüche vermittels einer mehrwertigen Logik vorherzusagen. Eichelberger schlug hierfür eine dreiwertige Logik mit den Signalen 0, 1 und U vor, wobei U jetzt nicht mehr nur für einen unbekannten Wert steht, sondern auch alle Signalübergänge modellieren soll [Eich65]. Tabelle 4.1 gibt die Verknüpfungsfunktion der Grundelemente in dieser mehrwertigen Logik wieder und beschreibt Beispiele für den Signalverlauf, der durch U repräsentiert wird.

Tabelle 4.1: Zeitanalyse mittels dreiwertiger Logik

OR	0	1	U
0	0	1	U
1	1	1	1
U	U	1	U

AND	0	1	U
0	0	0	0
1	0	1	U
U	0	U	U

INV	0	1	U
	1	0	U

Bedeutung von U:

steigende Flanke

fallende Flanke

statische Hasards

dynamische Hasards

Die so definierte Logik kann keine boolesche Algebra bilden, da ihre Mächtigkeit keine Zweierpotenz ist, sie enthält auch für das Element U kein eindeutiges Komplement. Im folgenden bezeichnen wir diese Struktur mit $\mathcal{B}_U := (\{0,1,U\}, \wedge, \vee, \neg)$.

Das Signal U repräsentiert nicht nur steigende und fallende Flanken, sondern auch kurzzeitige Signaleinbrüche und Hasards. Erhält z. B. ein AND-Glied mit zwei Eingängen an einem Eingang ein fallendes Signal und am anderen ein steigendes, so wird der Wert am Ausgang vor und nach diesem Signalwechsel jeweils 0 sein, es ist aber nicht ausgeschlossen, daß zwischenzeitlich beide Signale kurz auf 1 und damit auch der Ausgang auf 1 liegen.

Ein *statischer Hasard* ist die Möglichkeit, daß auf einem Knoten der Schaltung, der bei einer Änderung der Schaltungseingabe einen festen logischen Wert beibehalten sollte, ein kurzer Signaleinbruch vorkommt. Diese Möglichkeit wird mittels der Eichelberger-Logik sicher erkannt, da dies genau den Fällen entspricht, an denen der Knoten von 1 nach U und wieder auf 1 oder von 0 auf U und wieder nach 0 geht. Bei einem Hasardfehler tritt dieser Signaleinbruch aufgrund der vorliegenden Laufzeitbedingungen tatsächlich auf.

Bei einem *dynamischen Hasard*, wie er auch in Tabelle 4.1 dargestellt ist, geht das Signal eines Knotens von einem definierten Wert zu einem anderen, wobei es zwischen diesen beiden Übergängen noch ein- oder mehrmals zwischen den Werten schwanken kann. Wie bei einem einfachen Signalübergang wird auch in diesem Fall von der Eichelberger-Logik der Wert U ausgegeben. Kommt diese Schwankung tatsächlich vor, spricht man von einem Hasardfehler.

Mit der dreiwertigen Analyse erfolgen diese Warnungen auch dann, wenn sich die Hasards aufgrund konkreter Zeitbedingungen in der Schaltung gar nicht auswirken und kein Hasardfehler auftritt. Die Analyse ist also korrekt und pessimistisch. Dies besagt, daß zwar sämtliche Signaleinbrüche und Hasards gefunden werden, aber daß in manchen Fällen die ausgegebene Warnung überflüssig ist. Die Korrektheit läßt sich leicht folgendermaßen einsehen:

Bei Eingabeänderungen für das Simulationsprogramm darf ein Eingang entweder von einem definierten Wert zu U gehen oder von U zu einem definierten Wert, es darf jedoch nicht vorkommen, daß sich ein Signal unmittelbar von 1 auf 0 oder von 0 auf 1 ändert. Falls sich Gattereingänge von einem definierten Wert zu U ändern, so bleibt der Gatterausgang entweder unverändert oder er geht auch zu U. Falls sich Gattereingänge von U zu einem definierten Wert ändern, bleibt der Gatterausgang auf U oder er nimmt einen definierten Wert an.

Daher gilt auch für ein gesamtes Schaltnetz, daß seine Ausgänge entweder definiert bleiben oder zu U gehen, falls sich Eingänge von einem definierten Wert zu U verändern. Umgekehrt bleiben die Ausgänge des Schaltnetzes auf U oder ändern sich zu einem definierten Wert, falls entsprechendes mit seinen Eingängen geschieht. Folglich gilt für das gesamte Schaltnetz, daß ein Knoten seinen definierten Wert nur ändern kann, wenn er zwischenzeitlich das Signal U trägt. Also werden bei diesem Vorgehen alle Signaländerungen auch kurzzeitiger Art mit dem Signal U beschrieben; dies garantiert die Korrektheit, andererseits erhalten auch einfache steigende und fallende Flanken dieses Signal, daraus folgt die zu pessimistische Analyse.

Fantauzzi schlug eine neunwertige Logik vor, um einfache Signalübergänge von Hasards unterscheiden zu können [Fant74]. Tabelle 4.2 stellt die verwendeten Werte und ihre Verknüpfung vor. Induktiv läßt sich leicht zeigen, daß auch die Simulation mit dem Modell von Fantauzzi zu korrekten Ergebnissen und zur Erfassung sämtlicher dynamischer und statischer Hasards führt. Allerdings ist auch dieses Vorgehen pessimistisch, da viele Hasards gemeldet werden, die aufgrund der tatsächlichen Schaltzeiten der Gatter gar nicht vorkommen können.

Tabelle 4.2: Neunwertige Logik zur Analyse statischer und dynamischer Hasards nach [Fant74]

a) Elemente der neunwertigen Logik

Symbol	Negation	Bedeutung	
0	1	‾‾‾	konstant 0
1	0	___	konstant 1
/	\	⎍	dynamischer 0-1-Hasard
\	/	⎍	dynamischer 1-0-Hasard
∧	∨	⌐	hasardfreier 0-1-Übergang
∨	∧	⌐	hasardfreier 1-0-Übergang
M	W	⊓	statischer 0-Hasard
W	M	⊔	statischer 1-Hasard
*	*	unbestimmte Wettlaufbedingung	

b) AND-Verknüpfungstabelle

AND	0	1	/	\	∧	∨	M	W	*
0	0	0	0	0	0	0	0	0	0
1	0	1	/	\	∧	∨	M	W	*
/	0	/	/	M	/	M	M	/	*
\	0	\	M	\	M	\	M	\	*
∧	0	∧	/	M	∧	M	M	/	*
∨	0	∨	M	\	M	∨	M	\	*
M	0	M	M	M	M	M	M	M	M
W	0	W	/	\	/	\	M	W	*
*	0	*	*	*	*	*	M	*	*

Auf einfache Weise werden Verzögerungszeiten berücksichtigt, indem für jedes Gatter eine Einheitsverzögerung angegeben wird (Unit Delay). Allerdings haben unterschiedliche Gatter aus technologischen Gründen auch unterschiedliche Verzögerungszeiten. Daher gestatten es modernere Simulatoren, jedem Gatter und jeder Leitung eine spezifische Verzögerungszeit zuzuweisen. In der Regel sind nicht nur die Verzögerungszeiten der einzelnen Gatter, sondern auch deren Anstieg- und Abfallzeiten unterschiedlich, die wie im vorhergehenden Kapitel als t_r und t_f gesondert spezifiziert werden.

Ein Gatter braucht zum Wechseln des Ausgangspegels eine ausreichende Energie, um seine Transistoren zu schalten. Sind jedoch die Werteänderungen an seinen Eingängen nur sehr kurzzeitig, kann der Impuls nicht weitergeleitet werden. Die minimale Pulsbreite, unterhalb derer die Impulse absorbiert werden, nennt man "träge Totzeit" (Inertial Delay). Das Beispiel in Bild 4.1 verdeutlicht diesen Effekt. Die Impulse an den Gattereingängen sind alle kürzer als die träge Totzeit des OR-Glieds, keines dieser Signale darf daher zu einer Änderung des Ausgangssignals y führen. Modelliert man jedoch nur mit Anstiegs- und Abfallzeit, erhält man das falsche Ausgangssignal y'.

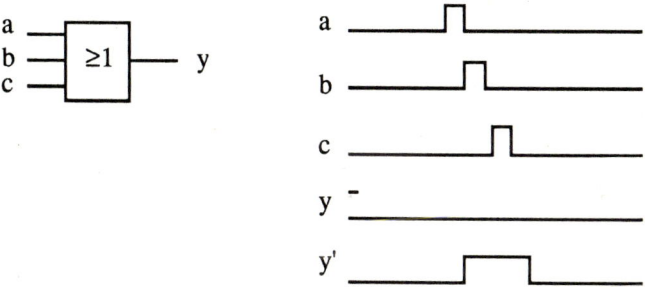

Bild 4.1: Simulation mit (y) und ohne Berücksichtigung (y') der trägen Totzeit

Auch Gatter gleichen Typs haben zumeist unterschiedliche, durch Herstellungstoleranzen oder durch die zu treibenden Lasten bedingte Verzögerungszeiten. Daher gestatten es manche Simulatoren, einem Gatter einen Verzögerungsbereich durch Angabe einer minimalen Zeit Δ_{min} und einer maximalen Zeit Δ_{max} anstelle einer exakten Verzögerung zuzuweisen. Da sich jedoch im Laufe der Simulation einer Gesamtschaltung die Unsicherheitsintervalle an den Gattern addieren können, führt auch dieses Modell zu sehr pessimistischen Vorhersagen.

Bild 4.2 gibt für einen Inverter die beschriebenen Modellierungsarten des Zeitverhaltens wieder.

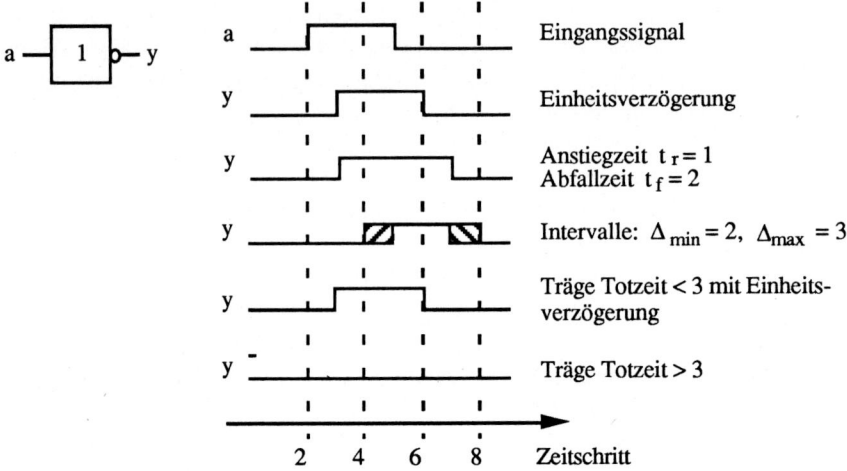

Bild 4.2: Zusammenfassung der Verzögerungsmodelle

Im nächsten Abschnitt behandeln wir einige Verfahren, um auf Grundlage dieser Modelle die Gesamtschaltung zu simulieren.

4.1.3   Simulationsarten

Die bekannten Simulationsverfahren können bezüglich zweier Kriterien unterschieden werden. Bei der *ereignisgesteuerten Simulation* werden zu jedem Zeitpunkt nur für diejenigen Gatter der Schaltung Berechnungen durchgeführt, bei denen Änderungen der Eingangssignale aufgetreten sind. Das Gegenstück hierzu sind Simulationsverfahren, die stets die gesamte Schaltung neu durchrechnen.

Des weiteren werden Simulatoren danach eingeteilt, ob sie die Schaltungsbeschreibung zu einem ausführbaren Programm *compilieren* oder ob sie *interpretierend* für jedes Gatter die Berechnungen durchführen. In älteren Lehrbüchern wird häufig die compilierte Simulation im Gegensatz zur ereignisgesteuerten gesehen. Es gibt jedoch bereits compilierte, ereignisgesteuerte Simulatoren, die sehr genau das Zeitverhalten der Schaltung berücksichtigen können [BARZ87, BRYA87]. Es lassen sich daher compilierte und interpretierende Verfahren einerseits und ereignisgesteuerte und den alten Zustand nicht berücksichtigende Verfahren andererseits zu insgesamt vier verschiedenen Simulationsmethoden kombinieren. Ihre Prinzipien sollen im folgenden vorgestellt werden.

4.1.3.1 Compilierte Simulation: Bei der compilierten Simulation wird die Schaltungsbeschreibung automatisch in einen Programmcode übersetzt (zumeist Assembler, aber auch C, LISP, PASCAL u. a. m.), der in ein Maschinenprogramm umgesetzt und ausgeführt werden kann. Dazu muß die Schaltungsbeschreibung vorbehandelt werden, indem man die Knoten in der Reihenfolge sortiert, in der ihre Werte zu berechnen sind. Diese Reihenfolge ist bei Zyklen in der Schaltung nicht eindeutig bestimmt, und es wird daher nur der in Definition 3.9 eingeführte Schaltnetzgraph entsprechend bearbeitet.

Falls keine Verzögerungszeiten oder lediglich Einheitsverzögerungszeiten modelliert werden, wird die Reihenfolge durch die Vergabe des Ranges $rg(v)$ nach Definition 3.11 für jeden Knoten v festgelegt (englisch: levelizing), wobei Speicherelemente und Primäreingänge den niedrigsten Rang erhalten und der Rang für andere Knoten einfach fortgezählt wird. Bild 4.3 zeigt ein Schaltnetzbeispiel, für das Tabelle 4.3 die entsprechende Rangvergabe wiedergibt.

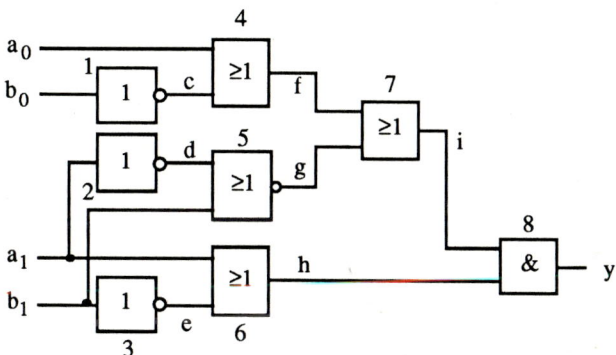

Bild 4.3: Komparator als Beispielschaltung

Tabelle 4.3: Rangvergabe

Rang	Knoten
0	a_0, b_0, a_1, b_1
1	c, d, e
2	f, g, h
3	i
4	y

Anschließend wird jedem Schaltungsknoten eine Variable eines Computer-
programms zugeordnet, jede Bauelementefunktion wird auf einen Program-
mierbefehl abgebildet, und in der Reihenfolge ihres Rangs werden für die
Schaltungsknoten Programmieranweisungen erzeugt. In einer PASCAL-ähn-
lichen Beschreibung kann das im einfachsten Fall wie in Bild 4.4 aussehen:

```
Prozedur  KOMPARATOR;

      var a0, b0, a1, b1, c, d, e, f, g, h, i, y : boolean;
      begin
            read_stimuli(a0, b0, a1, b1);
                  {Liest das Muster für die Primäreingänge}
            c := not a0;
            d := not a1;
            e := not b1;
            f := a0 or c;
            g := not (d or b1);
            h := a1 or e;
            i := f or g;
            y := i and h;
            write_out(y);
                  {Schreibt die geforderten Signalwerte}
      END.
```

Bild 4.4: Übersetzte Schaltungsbeschreibung

Bei jedem Aufruf dieser Prozedur wird ein Muster eingelesen, und die
Werte aller Variablen und damit der Schaltungsknoten werden bestimmt.
Allerdings ist dieses Beispiel in mehrfacher Hinsicht vereinfacht. Erstens arbeiten die Simulatoren im praktischen Einsatz nicht mit PASCAL als Zielspra-
che, sondern erzeugen aus Effizienzgründen meist unmittelbar Assembler-
code. Zweitens ist der Gebrauch einer zweiwertigen Logik unzureichend, bei
Hinzunahme des U-Signals aus der dreiwertigen Logik $\mathcal{B}_U$ können neben
"0" und "1" auch unbestimmte Signale und Signalübergänge durch insgesamt
2 Bits codiert werden. Die unbestimmten Werte können auch zur Initialisierung der Speicherelemente genutzt werden. Eine Variable wird zu einem Feld
f[0..1], wobei der Wert f[1] besagt, ob das Signal gültig ist (f[1] = 1) oder
ob U anliegt (f[1] = 0), und in f[0] wird der definierte logische Wert gespeichert. Jetzt muß das OR-Glied in zwei PASCAL-Anweisungen übersetzt
werden:

```
i[0]   :=     f[0] or g[0];
i[1]   :=     (g[1] and f[1]) or (g[1] and g[0])
              or (f[1] and f[0]);
```

Dies gilt, da i nur dann definiert ist, wenn f und g definiert sind oder wenn zumindest ein Eingang definiert auf 1 liegt. Bei Gebrauch einer Logik mit weiteren Werten müssen diese noch aufwendiger codiert werden.

Eine weitere Vereinfachung des Beispiels betrifft die Darstellung des Zeitverhaltens, das bei komplexeren Verzögerungsmodellen durch aufwendigeres Sortieren oder durch eine entsprechende Ablaufsteuerung wiedergegeben werden kann. Schließlich kann man das Verfahren noch dahingehend erweitern, daß bei Änderung der Signale an einigen Knoten nicht die gesamte Schaltung erneut durchgerechnet wird. Ändert sich beispielsweise in Bild 4.3 nur das Signal am Eingang a_0, so sind lediglich die Knoten f, i und y neu zu berechnen. Dies läßt sich einerseits durch eine geeignete Partitionierung der Schaltung in Teile erreichen, die unabhängig voneinander simuliert werden können, andererseits kann zusammen mit der Schaltungsbeschreibung ein Steuerungsprogramm erzeugt werden, das möglichst nur den benötigten Programmteil aktiviert .

Die compilierte Simulation ist zwar sehr effizient für große Mustermengen, hat bei kleineren Mustermengen jedoch den Nachteil langer Rüstzeiten für das Sortieren der Elemente und die Übersetzung. Dann ist es sinnvoll, auf die Übersetzung zu verzichten und den erzeugten Programmcode zu interpretieren oder statt eines Programmcodes eine Tabelle zur Repräsentation der Schaltung zu erzeugen.

4.1.3.2 Tabellengesteuerte Simulation: Bei der tabellengesteuerten, interpretierenden Simulation wird auf die Möglichkeit zur Compilation ganz verzichtet, stattdessen werden die Schaltung und die Funktionen sämtlicher Bauelemente in Tabellenform abgespeichert. Die Operationstabellen 4.1 und 4.2 beschreiben beispielsweise Bauelementefunktionen mittels mehrwertiger Logik. Zusätzlich sind je nach dem verwendeten Zeitmodell die zugewiesenen Verzögerungszeiten, Anstieg- oder Abfallzeiten, Unsicherheitsbereiche oder Eingangsträgheiten hinzuzufügen. Diese Typenbeschreibungen der Bauelemente sind in einer entsprechenden Bibliothek abgelegt. Die gesamte Schaltung wird ebenfalls in Form einer Tabelle beschrieben. Wir geben hier das im Programmpaket PROTEST ([Wu85], [Wu87]) verwendete Datenformat wieder, das nicht nur für die ereignisgesteuerte Simulation, sondern auch für zahlreiche andere in diesem Buch vorgestellte Algorithmen verwendet werden kann.

Die ersten vier Einträge einer solchen Tabelle sind ganze Zahlen, welche die Zahl der Primäreingänge, die Zahl der Primärausgänge, die Zahl der Knoten der Schaltung und die Zahl der Knoten, die Ausgang eines speichernden Bauelementes sind, beschreiben. Anschließend werden sämtliche Knoten der Schaltung jeweils mit einem Beschreibungssatz spezifiziert. Zuerst folgen die Beschreibungssätze für die Primäreingänge der Schaltung, anschließend die Beschreibungssätze für speichernde Knoten, und danach werden die kombinatorischen Knoten in der Reihenfolge ihres Ranges aufgezählt. Das Format eines solchen Beschreibungssatzes ist in Bild 4.5 dargestellt.

KNOTEN		
BAUELEMENT	TYP	EINGÄNGE
AUSGÄNGE		PRIMÄRAUSGANG

Bild 4.5: Beschreibungssatz eines Schaltungsknotens

Das Feld KNOTEN enthält die entsprechende Knotenbezeichnung, das Feld BAUELEMENT enthält eine eindeutige Bezeichnung für das Schaltglied, von dem der Knoten Ausgang ist. Die Unterscheidung zwischen Knoten und Bauelement ist notwendig, falls in der Schaltung Elemente mit mehreren Ausgängen wie Addierer oder Vergleicher vorkommen. Das Feld TYP gibt den Namen der Bauelementfunktion aus der Bibliothek wieder, wobei für Elemente mit mehreren Ausgängen zusätzlich der Ausgang spezifiziert werden muß, an dem der betreffende Knoten angeschlossen ist. Das Feld EINGÄNGE enthält die Zahl der Eingänge des zum Knoten gehörenden Bauelements und die daran angeschlossenen, unmittelbar vorhergehenden Knoten in derselben Reihenfolge, wie die Eingänge in der Funktionsbeschreibung spezifiziert sind. Das Feld AUSGÄNGE enthält zuerst den Ausgangsgrad des entsprechenden Knotens und anschließend eine Liste all der Knoten, die unmittelbarer Nachfolger sind. Schließlich gibt die Marke PRIMÄRAUSGANG an, ob der Knoten ein primärer Ausgang ist. Die Tabelle 4.4 spezifiziert die Schaltung KOMPARATOR in diesem Datenformat.

Mit Hilfe dieser Datenstruktur läßt sich ein sehr einfaches Simulationsverfahren, das auch Einheitsverzögerungen berücksichtigen kann, wie folgt implementieren: Der Zustand der Schaltung zum Zeitpunkt i kann durch eine Liste L(i) beschrieben werden, die für jeden Knoten v der Schaltung seinen logischen Wert zum Zeitpunkt i enthält, der mit $v(i)$ bezeichnet wird. Der Wert von $v(i+1)$ kann mit der zur Bauelementefunktion f_v gehörenden Operationstabelle bestimmt werden. Als Argumente dienen dabei die Werte aus der Liste L(i).

Tabelle 4.4: Beschreibung der Schaltung KOMPARATOR

4									
1									
12									
0									
a_0;	0;	I;	0;	1,	f;	0;			
b_0;	0;	I;	0;	1,	c;	0;			
a_1;	0;	I;	0;	2,	d,	h;	0;		
b_1;	0;	I;	0;	1,	e;	0;			
c;	1;	INV;	1,	b_0;	1,	f;	0;		
d;	2;	INV;	1,	a_1;	1,	g;	0;		
e;	3;	INV;	1,	b_1;	1,	h;	0;		
f;	4;	OR2;	2,	a_0,	c;	1,	i;	0;	
g;	5;	NOR2;	2,	d,	b_1;	1,	i;	0;	
h;	6;	OR2;	2,	a_1,	e;	1,	y;	0;	
i;	7;	OR2;	2,	f,	g;	1,	y;	0;	
y;	8;	AND2;	2,	h,	i;	0;	1;		

Bei einer statischen Eingabe führt dies auf das in Bild 4.6 beschriebene, einfache tabellengetriebene Verfahren, das in jedem Zeitschritt die Zustände an allen Schaltungsknoten neu berechnet. In der Regel ändern sich jedoch nicht alle Knoten in einem Zeitschritt, und es ist effizienter, sich die Änderungen zu merken und nur die entsprechenden Knoten neu zu berechnen. Derartige Ereignissteuerungen beschreiben wir im nächsten Abschnitt.

```
Prozedur   TABELLENGETRIEBENE_SIMULATION;

    L(0) sei der Anfangszustand der Schaltung;

    Eine neue Eingabe wird gelesen, den Primäreingängen der
    Schaltung wird der entsprechende Wert zugewiesen, und
    der so beschriebene Zustand der Schaltung wird als L(1)
    bezeichnet;
    Setze i := 0;
    Solange L(i) ≠ L(i+1) oder keine Oszilation vorliegt:
        Setze i := i+1 und berechne L(i+1);
        Falls es ein p > 0 mit j = i-p und L(i) = L(j)
        gibt, so oszilliert die Schaltung

    {Bei L(i) = L(i+1) hat sich die Schaltung stabilisiert.
    Den primären Eingängen kann ein neues Eingabemuster
    zugewiesen werden.};
END.
```

Bild 4.6: Einfache tabellengetriebene Simulation

4.1.3.3 Ereignisgesteuerte Simulation: Als Ereignis bezeichnen wir eine Signaländerung an einem Knoten. Ein einfaches ereignisgesteuertes Tabellenverfahren für die Simulation mit Einheitsverzögerungen läßt sich mit Hilfe zweier Ereignislisten A und B implementieren. Die Liste A enthält während der Simulation eines Zeitschrittes alle aktuellen Ereignisse als Paare bestehend aus dem Knoten und dem neu angenommenen logischen Wert. Die Liste B enthält die Knoten, an denen im nächsten Zeitschritt Ereignisse auftreten werden. Schließlich beschreibt zu Beginn jedes Zeitschrittes die Liste L den Zustand der Gesamtschaltung. Mit diesen Listen läuft das gesamte Verfahren wie in Bild 4.7 dargestellt ab, allerdings wurde der Übersichtlichkeit wegen der Test auf Oszillation weggelassen. Tabelle 4.5 gibt einen Simulationsschritt der Beispielschaltung KOMPARATOR wieder.

Tabelle 4.5: Ereignisgesteuerte Simulation der Schaltung KOMPARATOR mit Einheitsverzögerung nach dem Algorithmus aus Bild 4.7

	a_0	b_0	a_1	b_1	c	d	e	f	g	h	i	y	A	B
Start-														
zustand	1	1	0	0	0	1	1	1	0	1	1	1		
Eingabe	0												$(a_0,0)$	$(f,0)$
								0					$(f,0)$	$(i,0)$
											0		$(i,0)$	$(y,0)$
												0	$(y,0)$	$\varnothing$

Da eine Einheitsverzögerung angenommen wurde, kann ein Ereignis nur im unmittelbar folgenden Zeitschritt irgendwelche Auswirkungen haben. Diese Auswirkungen werden in der Liste B gespeichert. Nimmt man jedoch gatterspezifische Verzögerungszeiten oder gar unterschiedliche Anstieg- und Abfallzeiten an, genügt dieses Vorgehen nicht mehr, und man muß sich für jedes zukünftige Ereignis auch den Zeitschritt merken, in dem es stattfinden wird.

Es ist nicht sinnvoll, alle zukünftigen, zu unterschiedlichen Zeitpunkten stattfindenden Ereignisse in derselben Liste B zu speichern, da diese dann bei jedem Fortschalten der Zeit erneut nach aktuell gewordenen Ereignissen durchsucht werden müßte. Stattdessen legt man mehrere unterschiedliche Listen an, in der Regel so viele, wie die maximal auftretende Verzögerung an Zeitschritten benötigt. Damit kann stets auf die Liste der Ereignisse zugegriffen werden, die in einem gegebenen Zeitschritt stattfinden werden. Um Speicherplatz zu sparen, wird keine Tabelle von Listen verwendet, sondern die Listen werden zyklisch angeordnet, wie es Bild 4.8 verdeutlicht.

```
Prozedur   EINFACHE_EREIGNISSTEUERUNG;

1)   Zunächst wird der Eingabevektor eingelesen, und jeder primäre
     Eingang, dessen neuer Signalwert sich von dem alten, in L
     eingetragenen Wert unterscheidet, wird zusammen mit dem neuen
     Wert in die Liste A aufgenommen;

2)   Der in der Liste L beschriebene Schaltungszustand wird
     aktualisiert, indem für jedes Paar aus der Liste A dem Knoten
     das entsprechende Signal zugewiesen wird;

3)   Für jeden Knoten v ∈ A werden die Werte aller Nachfolger
     w ∈ sd(v) neu berechnet. Falls sich das so bestimmte, neue
     Signal von dem in L eingetragen Wert unterscheidet, wird das
     Paar,bestehend aus w und seinem neuen Wert, in die Liste B
     aufgenommen;

4)   Setze A := B, lösche die Liste B;

5)   Falls die Liste A leer ist, hat sich die Schaltung stabili-
     siert, und es wurde der Eingabevektor vollständig simuliert.
     Andernfalls wird bei Schritt 2 fortgefahren, wobei eventuell
     bei einer Realzeiteingabe gleichzeitig ein neuer Eingabe-
     vektor gelesen werden kann;
END.
```

Bild 4.7: Ereignissteuerung mit Einheitsverzögerung

Mit Hilfe dieses Zeitrades läßt sich ein allgemeines tabellengesteuertes Simulationsverfahren nach Bild 4.9 angeben. Statt zweier Listen A für aktuelle und B für künftige Ereignisse verwenden wir jetzt die Liste A(0) für die aktuellen Ereignisse und die Listen A(i), i = 1, ..., T, für mögliche Ereignisse im i-ten Zeitschritt. T ist hier die maximale Zahl von Zeitschritten für die Verzögerung eines Elements. Der Schaltungszustand wird wieder in einer Liste L gespeichert. Für Zwischenrechnungen benötigt man noch zusätzlich eine Ereignisliste E.

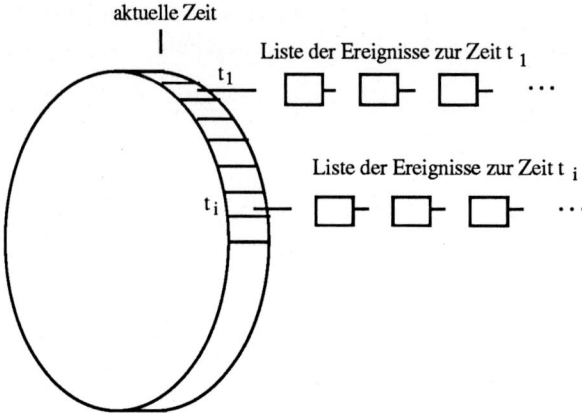

Bild 4.8: Zeitrad für die ereignisgesteuerte Simulation

Prozedur   EREIGNISSTEUERUNG;

1)   Zur Initialisierung werden die leeren Listen A(i),
     i := 0, …, T, erzeugt;

2)   Alle Eingabeänderungen werden in A(0) eingetragen.

3)   Falls A(0) leer ist, wird das Zeitrad vorgedreht, bis man
     zu einer nichtleeren Liste gelangt. Das Zeitrad wird um 1
     weitergedreht, indem man A(0) löscht, A(T) die leere Liste
     zuordnet und sonst A(i):= A(i+1) setzt. Sind alle Listen
     leer, ist die Schaltung in einem stabilen Zustand und die
     Simulation kann abgebrochen werden.

4)   Jedes Paar (Knoten, Wert) aus der aktuellen Liste A(0),
     das eine Signaländerung beschreibt und bei dem sich der
     Wert von dem in der Liste L beschriebenen Schaltungszu-
     stand unterscheidet, wird in die Zwischenliste E einge-
     tragen. Anschließend wird der Schaltungszustand in L mit
     den neuen Werten aus E aktualisiert;

5)   Nun wird die Zwischenliste E bearbeitet, wobei für jeden
     Knoten v aus E die Werte seiner unmittelbaren Nachfolger
     $w \in sd(v)$ durch Simulation bestimmt werden. Da dem zu w
     gehörenden Bauelement eine Verzögerungszeit δ zugeordnet
     ist, muß das Paar bestehend aus Knoten w und dem jetzt neu
     bestimmten Wert in Liste $A(\delta)$ einsortiert werden;

6)   Die Zwischenliste E wird gelöscht und das Zeitrad einen
     Schritt vorgedreht. Man fährt bei Schritt 3 fort;
END.

Bild 4.9: Allgemeine ereignisgesteuerte Simulation

Dieser Algorithmus sei ebenfalls am Beispiel KOMPARATOR erläutert, wobei wir für den Inverter die Verzögerungszeit $\delta = 1$, für das NOR-Gatter die Verzögerungszeit $\delta = 2$, und für die OR-Glieder und das AND-Glied die Verzögerungszeit $\delta = 3$ annehmen. Tabelle 4.6 zeigt die dabei anfallenden Simulationsschritte. Der Übergang von der vorletzten zur letzten Zeile eines Zeitschrittes entspricht dem Vordrehen des Zeitrades um 1.

Tabelle 4.6: Simulation mit gatterspezifischen Verzögerungen

Zeit	a_0	b_0	a_1	b_1	c	d	e	f	g	h	i	y	E	A_0	A_1	A_2	A_3
Start 0	0	0	1	1	1	0	0	1	0	1	1	1		$(a_1,0)$			
1		0												$(a_1,0)$			
													$(a_1,0)$				
															$(d,1)$		$(h,0)$
														$(d,1)$		$(h,0)$	
2				1											$(d,1)$		$(h,0)$
													$(d,1)$				
																	$(g,0)$
															$(h,0)$		
																$(g,0)$	
3															$(h,0)$		
																$(g,0)$	
															$(h,0)$		
																$(g,0)$	
4															$(h,0)$		
																$(g,0)$	
							0						$(h,0)$				
																	$(y,0)$
																$(y,0)$	
5															$(y,0)$		
																$(y,0)$	
6															$(y,0)$		
															$(y,0)$		
7															$(y,0)$		
												0	$(y,0)$				

Aus der Tabelle sind die Signaländerungen zu den einzelnen Zeitpunkten zu entnehmen, nach der Eingabe im ersten Zeitschritt dauert es bis zum siebten Schritt, bis sich das Ausgangssignal y ändert.

Bei Berücksichtigung des Totzeit-Modells wird dieses Simulationsverfahren noch beträchtlich komplizierter und rechenaufwendiger. Nach Signaländerungen an dem Knoten v werden zunächst alle Nachfolgeaktivitäten in die Listen A(i) eingetragen. Falls jedoch die Signaländerung an v nach wenigen Zeitschritten wieder rückgängig gemacht wird, so daß die Zeit unterhalb der Totzeit liegt, müssen diese Nachfolgeaktivitäten aus den Listen A(i) wieder entfernt werden. Die Entfernung erfordert entweder ein nochmaliges Durchsuchen dieser Listen, oder es muß zusätzlicher Speicherplatz aufgebracht werden, um auf die Nachfolgeaktivitäten schneller zugreifen zu können.

4.2   Klassische Verfahren der Fehlersimulation

Die ursprüngliche Form der Fehlersimulation war, einen Fehler in eine Schaltung zu injizieren und die vollständige, jetzt fehlerhafte Schaltung zu simulieren. Der Vorteil dieses Vorgehens ist, daß die gesamte Mächtigkeit des Logiksimulators auch für die Fehlersimulation zur Verfügung steht und auch detaillierte Kenntnisse über das fehlerhafte Zeitverhalten zu gewinnen sind. Der Nachteil des viel zu großen Zeitaufwandes überwiegt jedoch in den meisten Fällen, so daß man effizientere Methoden einsetzt.

Dazu werden im folgenden drei verschiedene Verfahren vorgestellt. Die zunächst diskutierte parallele Fehlersimulation wird in der Regel compiliert durchgeführt und verzichtet in ihrer ursprünglichen Form auf eine Ereignissteuerung. Die anschließend beschriebenen Verfahren der deduktiven und der sogenannten nebenläufigen Simulation werden zumeist ereignisgesteuert realisiert. Alle vorgestellten Verfahren können beliebige kombinatorische Fehlermodelle bearbeiten, die Simulation von Übergangs- und Verzögerungsfehlern erfordert jedoch Modifikationen, die in Abschnitt 4.5 behandelt werden. Um die Darstellung zu vereinfachen, werden alle Verfahren stets am Beispiel des Haftfehlermodells beschrieben, die Erweiterung auf allgemeine kombinatorische Fehlfunktionen ist einfach und bleibt dem Leser überlassen. Auf die Fragen des Simulationsablaufs selbst, wie etwa die Ereignissteuerung, wird nicht mehr gesondert eingegangen. Sie behalten hier ihre Bedeutung, insbesondere der Test auf Oszillationen ist weiterhin notwendig. In der korrekten Schaltung deutet Oszillation bei der Simulation auf einen undurchdachten Entwurf hin. Sie sollte dort daher selten vorkommen, ist aber in fehlerhaften Schaltungen weit häufiger zu erwarten und muß dann abgefangen werden. Dies allein kann bereits bis zu 30 % der Rechenzeit bei der Fehlersimulation erfordern [Bott86].

4.2.1   Parallele Fehlersimulation

4.2.1.1 Repräsentation der Fehler: Bei der parallelen Fehlersimulation versucht man, die gesamte Wortbreite w eines Rechners möglichst gut auszunutzen und mehrere Fehler gleichzeitig in einem Rechnerwort zu simulieren. Ein Rechner besitzt zahlreiche Bit-orientierte Befehle wie AND oder OR, die jedes einzelne Bit-Paar zweier Worte verknüpfen. Für alle elementaren Gatterfunktionen gibt es entsprechende Rechnerbefehle, so daß man für jedes Gatter parallel den logischen Wert im fehlerfreien Fall und auch den Wert für w-1 in der Schaltung verteilte Fehler berechnen kann. Einen ausführlichen Überblick über solche parallelen Simulationsverfahren geben Thompson und Szygenda in [SzTh75].

Wie bei der Logiksimulation ist auch bei der Fehlersimulation häufig ein Teil der primären Eingänge eines Schaltnetzes nicht definiert, oder es sind in Schaltwerken zumindest zu Beginn der Simulation Speicherelemente in einem unbestimmten Zustand. Es reicht daher eine zweiwertige Logik nicht aus, und zumindest ein dritter Wert X muß für undefinierte Signale hinzugenommen werden. Die Verknüpfungtabelle für das unbestimmte Signal X entspricht der Tabelle 4.1 für das Signal U, mit dem Eichelberger dynamische Übergänge modellierte. Daher benötigt man zur Speicherung des logischen Werts an einem Schaltungsknoten mindestens zwei Bits.

Zumeist erzeugt man bei der parallelen Fehlersimulation für jeden Schaltungsknoten zwei Wörter W1 und W2. Ein Bit in W1 entspricht dem logischen Wert (0 oder 1) des Knotens. Das entsprechende Bit ist in W2 gesetzt, falls der Wert in W1 gültig sein soll. Ist der Knoten undefiniert, wird das Bit zu 0. Die hier verwendete Kodierung der dreiwertigen Logik unterscheidet sich von der in [SzTh75] vorgestellten, bei der (0,0) das Signal 0, (1,1) das Signal 1 und (1,0) und (0,1) den unbestimmten Wert repräsentieren, da diese Kodierung Nachteile bei der Logikauswertung, insbesondere bei der Invertierung von Werten hat und auch die Fehlerinjektion erschwert

Das jeweils erste Bit W1[1], W2[1] entspricht dem Wert, den der Knoten in der fehlerfreien Schaltung annimmt. Die Positionen W1[2, ...,w], W2[2, ...,w] beschreiben die Werte für w-1 Fehler. An einem Wort ist ein Fehler i nur dann sicher erkennbar, wenn er zu einem gültigen, abweichenden Wert führt, also wenn W1[i] $\neq$ W1[1] und W2[i] = 1 gelten.

Bild 4.10 zeigt für w = 8 die parallele Simulation für den fehlerfreien Fall ff und für die 7 Fehler f1, ..., f7. Es seien A1 und A2 die Rechnerworte an dem Eingang a des OR-Gliedes, B1 und B2 seien die Rechnerworte an b und C1 und C2 seien dem Ausgang c zugeordnet. An jedem Knoten ist in den Rechnerwörtern die Position schraffiert gekennzeichnet, die einem Fehler entspricht, der zu einem definierten falschen Wert führt.

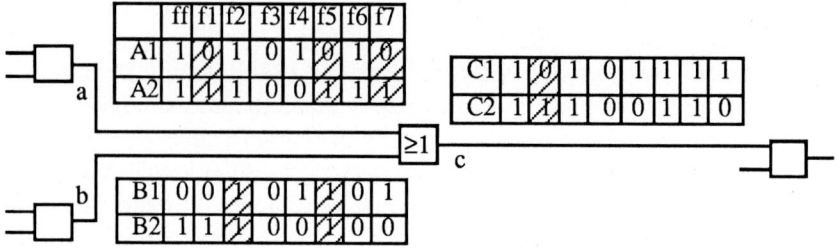

Bild 4.10: Parallele Behandlung von Fehlern

Mit der bitweise durchgeführten Operation C1 := A1∨B1 werden die Werte in dem ersten Wort für den Knoten c bestimmt. Gültig ist der in C1 gespeicherte Wert jedoch nur dann, wenn die Werte sowohl des Knotens a als auch des Knotens b gültig sind oder wenn wenigstens an einem von beiden eine gültige 1 anliegt: C2 = (A2∧B2)∨(A1∧A2)∨(B1∧B2). Will man einen Wert negieren, so gilt $\overline{W} := \overline{(W1, W2)} = (\overline{W1}, W2)$, und für die Konjunktion erhält man als bitweise durchzuführende Operation A∧B = (A1, A2) ∧ (B1, B2) = (A1∧B1, (A2∧B2)∨($\overline{A1}$ ∧A2)∨($\overline{B1}$ ∧B2)). Die Verknüpfungen für andere Schaltglieder lassen sich in entsprechender Weise herleiten.

4.2.1.2 Fehlerinjektion:

4.2.1.2 Fehlerinjektion: Bevor die Simulation einzelner Muster beginnen kann, muß die Liste der zu behandelnden Fehler in eine Datei geschrieben und eine Fehlerinjektion durchgeführt werden. Diese Liste enthält zumeist die unten beschriebenen Informationen, die in PROTEST zur Fehlersimulation und auch zu anderen Zwecken verwendet werden:

1. *Fehlernummer*: Alle Fehler müssen eindeutig gekennzeichnet sein. Eine Numerierung und Sortierung erleichtert den Zugriff auf einzelne Fehler.
2. *Nummer des Knotens, der fehlerhaft ist:* Auch ein Haftfehler an einem Eingang eines Gatters erhält die Nummer des Knotens, der an dem Ausgang des entsprechenden Gatters angeschlossen ist.
3. *Bezeichnung des Fehlertyps:* Hier können Haftfehler an 0, an 1, komplexe kombinatorische Funktionsfehler und Kurzschlüsse bezeichnet werden.
4. *Bezeichnung des fehlerhaften Schaltglieds.*
5. *Anschlußnummer:* Falls in 3) ein Haftfehler angegeben wurde, wird hier der Bauelementeanschluß spezifiziert, an dem er auftritt. Falls ein Kurzschluß spezifiziert wurde, kann die Nummer des Knotens angegeben werden, mit dem der in 2) spezifizierte Knoten kurzgeschlossen ist.
6. *Bauelementtyp.*

Aufgrund dieser Fehlerliste wird in der internen Schaltungsdarstellung vermerkt, ob und welche Fehler an einem Gatter simuliert werden sollen. Während eines Simulationsdurchgangs können gleichzeitig nicht mehr als w-1 Fehler simuliert werden, da es günstiger ist, in jedem Durchgang auch den fehlerfreien Fall zu behandeln, anstatt hierfür gesondert Speicherplatz zu reservieren. Um die Fehler zu injizieren, wird an jedem Knoten, an dem ein Fehler zu modellieren ist, eine Marke gesetzt. Muß während der Simulation ein Knoten mit gesetzter Marke ausgewertet werden, erfolgt eine Sonderbehandlung. Dabei wird aus Effizienzgründen nicht unmittelbar auf die oben spezifizierte Fehlerliste zugegriffen, sondern die Fehler werden vor der Simulation in eine geeignete interne Darstellung überführt. Bild 4.11 zeigt die entsprechenden Datensätze.

Eingangsfehler am Gatter:

Bauelement-Nummer	Elementeingang	Maske1	Maske2

Ausgangsfehler am Gatter:

Bauelement-Nummer	Maske1	Maske2

Funktionsfehler des Gatters:

Bauelement-Nummer	Fehlerart

Bild 4.11: Interne Fehlerdarstellung für die parallele Simulation

Maske1 und Maske2 sind ebenfalls zwei Rechnerworte, mit denen für den beschriebenen Fehler festgelegt wird, an welcher Bit-Position er simuliert wird. Außerdem spezifizieren sie das fehlerhafte Verhalten. Gelangt der Algorithmus an einen markierten Knoten v, bestimmen die Werte in Maske1[i] und Maske2[i], i := 2, ..., w-1, was mit dem i-ten Bit der zu v gehörenden Rechnerworte V1 und V2 zu geschehen hat (siehe Tabelle 4.7).

Tabelle 4.7: Bedeutung der Masken

Maske1[i]	Maske2[i]	Bedeutung
0	0	An Bit i wird kein Fehler injiziert
0	1	An Bit i wird der Fehler "ständig unbestimmt" injiziert
1	0	An Bit i wird s0 injiziert
1	1	An Bit i wird s1 injiziert

Ist der Ausgang des zu v gehörenden Gatters in der Fehlerliste, so werden zunächst entsprechend der fehlerfreien Funktion die Wörter V1 und V2 bestimmt. Anschließend werden bitweise die nachfolgenden Operationen zusätzlich durchgeführt.:

(4.1) $V1 := V1 \wedge \overline{Maske1} \vee Maske2$ $V2 := V2 \wedge \overline{Maske2} \vee Maske1$

Man rechnet leicht nach, das auf diese Weise das i-te Bit von V1 und V2 entsprechend der in Tabelle 4.7 aufgeführten Bedeutung verfälscht oder beibehalten wird. Die ursprünglich vorgeschlagene, anfangs erwähnte Kodierung von [SzTh75] benötigt bei V2 eine weitere Operation, wie man ebenfalls leicht nachprüft. Ist ein Fehler an einem Gattereingang a zu modellieren, so ist mit den Eingangsworten A1 und A2 die Operation (4.1) auszuführen, bevor anschließend in der üblichen Weise V berechnet wird.

Es ist sehr einfach, auf diese Art Mehrfachfehler und kompliziertere Fehlermodelle zu simulieren. Mehrfachfehler und Fehler an Bauelemente mit mehreren Ausgängen werden durch die oben beschriebene Prozedur behandelt, indem in dieselbe Bitposition an mehreren Knoten Fehler injiziert werden, komplexere Fehler (z. B. statt NAND ein AND) benötigen besondere Routinen. Es können auch Fehler an mehreren Anschlüssen desselben Gatters gleichzeitig an verschiedenen Bits eines Wortes injiziert werden.

Die Simulation von w-1 fehlerhaften Schaltungen kann damit fast genauso schnell wie die Logiksimulation der korrekten Schaltung durchgeführt werden. Bezeichnet man eine solche Simulation eines Testmusters als "Schritt", so benötigt man für N_F Fehler $\lceil N_F/(w-1) \rceil$ Schritte. Ein Nachteil der parallelen Fehlersimulation ist es, daß während eines Schrittes für einen Fehler ein Bit reserviert bleibt, auch wenn sich an dem zugehörigen Knoten der fehlerhafte und der fehlerfreie Fall nicht unterscheiden. Dieser Vorgang ist an Bild 4.8 gut erkennbar. An den Knoten a und b können 4 verschiedene, mit durch Schraffur markierte Fehler erkannt werden, wovon am Ausgang c nur noch einer übrig bleibt. Dieser Effekt verstärkt sich, je tiefer die Simulation in die Schaltung vordringt. Aus diesem Grund ist die parallele Fehlersimulation zwar für kleine und mittlere Schaltungen effizient, wird aber für große Schaltungen ungünstiger.

4.2.2   Deduktive Fehlersimulation

4.2.2.1 Fehlerlisten: Bei der parallelen Fehlersimulation wird für ein gegebenes Muster an jedem Schaltungsknoten eine feste Menge von Fehlern behandelt. Die logischen Werte für diese Fehler sind in einem Feld fester Länge, einem Rechnerwort gespeichert, selbst wenn sie sich vom korrekten

Wert nicht unterscheiden. Alle Berechnungen werden stets mit der gesamten Menge von Fehlern unabhängig von deren Erkennbarkeit durchgeführt.

Bei der deduktiven Fehlersimulation hingegen wird für jeden Gatteranschluß nur die Liste der Fehler mitgeführt, die an diesem Anschluß für das simulierte Muster einen falschen Wert verursachen. Es wird die Zahl der mitzuführenden Fehler auch nicht durch einen festen Wert begrenzt, sondern bei ausreichender Speicherkapazität des Rechners werden in einem Schritt stets sämtliche Fehler untersucht. Das Verfahren besteht darin, an jedem Gatter Fehlerlisten abzuarbeiten, aus den Listen an den Gattereingängen und aus der logischen Belegung der Gattereingänge im fehlerfreien Fall abzuleiten, welche Fehler den Wert des Gatterausgangs verfälschen, und diese in die Ausgangsliste aufzunehmen. Dieses Verfahren wurde 1972 von Armstrong erstmals publiziert [Arms72].

Das AND-Glied aus Bild 4.12 sei Teil einer größeren Schaltung, und am Gattereingang a seien die Fehler aus der Liste L_a, an b aus L_b und an c aus L_c zu erkennen. An d ist natürlich der Fehler s1-d erkennbar. Da wegen a = 0 das Gatter blockiert, wird kein Fehler aus L_b oder L_c durchgeschaltet. Aber auch ein Fehler aus L_a ist nur dann an d erkennbar, wenn dieser Fehler nicht gleichzeitig b oder c auf 0 setzt und sich nicht selbst blockiert. Folglich erscheint an d die Fehlerliste $L_d := \{s1\text{-}d\} \cup (L_a \cap \overline{L_b} \cap \overline{L_c})$.

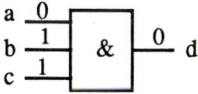

Bild 4.12: AND-Glied

Bei der deduktiven Fehlersimulation sind demnach bei Eingabe eines Musters an jedem Gatteranschluß der logische Wert und die Liste der diesen Wert verfälschenden Fehler zu bestimmen. Entsprechend unterscheidet eine Ereignissteuerung *logische Ereignisse,* falls sich an einem Knoten der korrekte logische Wert ändert, und *Listenereignisse*, wenn sich die Liste der Fehler ändert, die dort erkannt werden können. Jedes logische Ereignis führt selbstverständlich auch auf ein Listenereignis, allerdings kann es auch Listenereignisse geben, wenn der logische Wert eines Knotens unverändert bleibt. Die hier verwendeten Listen können im allgemeinen Fall mit Hilfe der Funktion v^* von Schaltungsknoten nach Definition 3.15 wie folgt beschrieben werden:

Definition 4.1: Es seien G $:=(V,E)$ ein Schaltungsgraph, $B \in \{0,1\}^I$ ein Eingabemuster, α ein Haftfehler in G, $v \in V$ und v' sei der entsprechende Knoten in $G(\alpha)$. α wird an v *erkannt*, genau dann wenn $v^*(B) \neq v'^*(B)$ gilt.

Die Fehlerliste an einem Knoten v ist damit die Liste der dort erkennbaren Fehler. Fehler in der Schaltung können nicht nur die Knoten, sondern auch Gattereingänge verfälschen. Ihnen entsprechen die Kanten $e := (v,w) \in E$ im Schaltungsgraphen, an denen ein Fehler genau dann erkannt werden kann, wenn er auch am ausgehenden Knoten w erkannt und von dort zu einem Primärausgang weitergeleitet wird. Für einen beliebigen Gatteranschluß $k \in V \cup E$ ist bei einer Belegung B die Liste L_k die Menge der nach Definition 4.1 erkannten Fehler.

4.2.2.2 Listenereignisse: Logische Ereignisse werden bei der deduktiven Fehlersimulation genauso behandelt wie bei der Logiksimulation selbst; die Besonderheit sind die Listenereignisse an einem Gatter. Im folgenden wird das Rechnen mit Fehlerlisten erklärt:

Es seien: $f(x_1, ..., x_n)$:   die Baulementefunktion des Knotens v,

$E(x_1, ..., x_n) := t_1(x_1, ..., x_n) \vee ... \vee t_k(x_1, ..., x_n)$
eine disjunktive Normalform von f,

$E'(x_1, ..., x_n) := d_1(x_1, ..., x_n) \vee ... \vee d_m(x_1, ..., x_n)$
eine disjunktive Normalform von $\neg f$,

$L_{x_1}, ..., L_{x_n}$:   die an den Gattereingängen $x_1, ..., x_n$ erkennbaren Fehler.

Üblicherweise enthält die Bauelementebibliothek die beiden Funktionen $E(x_1, ..., x_n)$ und $E'(x_1, ..., x_n)$ in der entsprechenden Form des Würfelkalküls. Der Ausdruck für die Fehlerliste am Ausgang des Bauelements ist vom logischen Wert des Knotens $v = f(x_1, ..., x_n)$ abhängig:

Fall 1: $v = 0$:
Die boolesche Formel $E(x_1, ..., x_n)$ wird in eine Formel $H(L_{x_1}, ..., L_{x_n})$ über Fehlerlisten umgewandelt.
Für jeden Eingang i mit $x_i = 0$ ersetze in E:

$$x_i \quad :\Leftrightarrow \quad L_{x_i}$$
$$\overline{x_i} \quad :\Leftrightarrow \quad \overline{L_{x_i}}$$

Für jeden Eingang i mit $\overline{x_i} = 1$ ersetze in E:

$$\overline{x_i} \quad :\Leftrightarrow \quad L_{xi}$$

$$x_i \quad :\Leftrightarrow \quad \overline{L_{x_i}}$$

Ersetze in E die booleschen Operationen durch Mengenoperationen:

$$\wedge \quad :\Leftrightarrow \quad \cap$$

$$\vee \quad :\Leftrightarrow \quad \cup.$$

Fall 2: $v = 1$:
Führe die Operationen von Fall 1 mit der Formel $E'(x_1, \ldots, x_n)$ durch.

Die gerade konstruierte Formel $H(L_{x_1}, \ldots, L_{x_n})$ beschreibt eine Fehlermenge, und es läßt sich leicht durch Induktion über die Zahl der Produktterme von $E(x_1, \ldots, x_n)$ zeigen, daß $H(L_{x_1}, \ldots, L_{x_n}) \cup \{s1\text{-}v\}$ beziehungsweise $H(L_{x_1}, \ldots, L_{x_n}) \cup \{s0\text{-}v\}$ genau die Menge von Fehlern ist, die v verfälschen. Als Beispiel betrachten wir den Ausgang c_{out} des Volladdierers nach Bild 4.13.

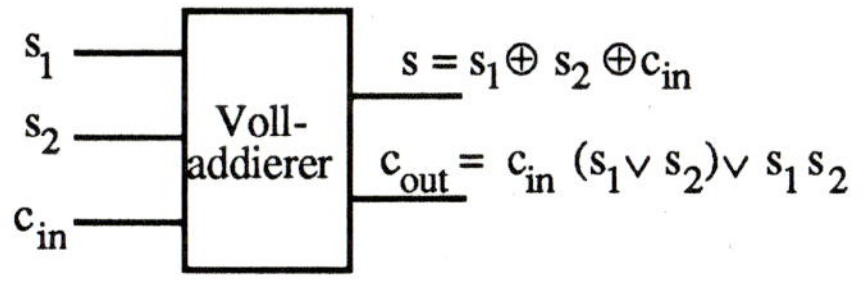

Bild 4.13: Volladdierer

Als Ausgangsfunktion in disjunktiver Normalform erhält man $E(c_{in}, s_1, s_2) := c_{in} s_1 \vee c_{in} s_2 \vee s_1 s_2$ und als deren Negation $E'(c_{in}, s_1, s_2) := \overline{c_{in}} \; \overline{s_1} \vee \overline{c_{in}} \; \overline{s_2} \vee \overline{s_1} \; \overline{s_2}$. Bei der Belegung $(c_{in}, s_1, s_2) = (001)$ muß c_{in} durch $L_{c_{in}}$, s_1 durch L_{s_1} und s_2 durch $\overline{L_{s_2}}$ ersetzt werden. Da bei dieser Belegung $c_{out} = 0$ ist, erfolgt die Ersetzung in $E(c_{in}, s_1, s_2)$ und man erhält

$$H(L_{c_{in}}, L_{s_1}, L_{s_2}) = (L_{c_{in}} \cap L_{s_1}) \cup (L_{c_{in}} \cap \overline{L_{s_2}}) \cup (L_{s_1} \cap \overline{L_{s_2}}).$$

Also ist an c_{out} die Fehlerliste $L_{c_{out}} := \{s1\text{-}c_{out}\} \cup H(L_{c_{in}}, L_{s_1}, L_{s_2})$.

Bei der Belegung $(c_{in}, s_1, s_2) = (011)$ muß $\overline{c_{in}}$ durch $L_{c_{in}}$, $\overline{s_1}$ durch L_{s_1}

und $\overline{s_2}$ durch L_{s_2} ersetzt werden. Da in diesem Fall $c_{out} = 1$ ist, erfolgt die

Ersetzung in $E'(c_{in}, s_1, s_2) = \overline{c_{in}}\,\overline{s_1} \vee \overline{c_{in}}\,\overline{s_2} \vee \overline{s_1}\,\overline{s_2}$. Hier erhält man

$$H(L_{cin}, L_{s1}, L_{s2}) = (\overline{L_{c_{in}}} \cap L_{s_1}) \cup \overline{L_{c_{in}}} \cap L_{s_2}) \cup (L_{s_1} \cap L_{s_2}).$$

Dann ist an c_{out} die Fehlerliste $L_{c_{out}} := \{s0\text{-}c_{out}\} \cup H(L_{c_{in}}, L_{s_1}, L_{s_2})$.

Bild 4.14 zeigt eine Beispielschaltung mit der Eingangsbelegung
$(a,b,d,e,h,i) = (1,1,0,1,1)$ und den zugeordneten Fehlerlisten.

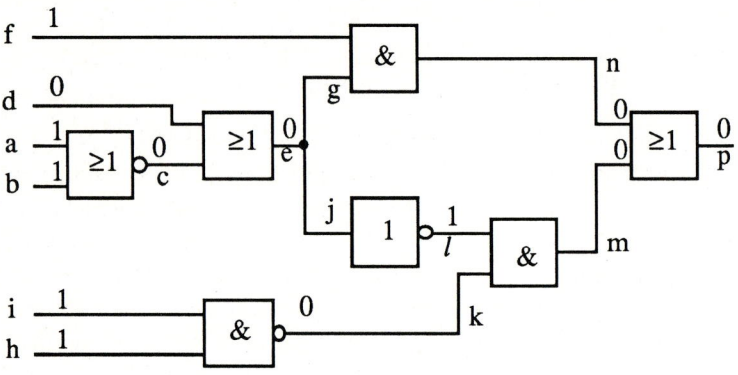

$L_a = \{s0\text{-}a\}, L_b = \{s0\text{-}b\}, L_c = \{L_a \cap L_b\} \cup \{s1\text{-}c\} = \{s1\text{-}c\}, L_d = \{s1\text{-}d\},$

$L_e = L_d \cup L_c \cup \{s1\text{-}e\} = \{s1\text{-}c, s1\text{-}d, s1\text{-}e\}, L_f = \{s0\text{-}f\},$

$L_g = L_e \cup \{s1\text{-}g\} = \{s1\text{-}c, s1\text{-}d, s1\text{-}e, s1\text{-}g\}, L_h = \{s0\text{-}h\}, L_i = \{s0\text{-}i\},$

$L_j = L_e \cup \{s1\text{-}j\} = \{s1\text{-}c, s1\text{-}d, s1\text{-}e, s1\text{-}j\}, L_k = L_i \cup L_h \cup \{s1\text{-}k\} = \{s0\text{-}i, s0\text{-}h, s1\text{-}k\},$

$L_l = L_j \cup \{s0\text{-}l\} = \{s1\text{-}c, s1\text{-}d, s1\text{-}e, s1\text{-}j, s0\text{-}l\},$

$L_m = \{L_k \cap \overline{L_l}\} \cup \{s1\text{-}m\} = \{s0\text{-}i, s0\text{-}h, s1\text{-}k, s1\text{-}m\},$

$L_n = \{L_g \cap \overline{L_f}\} \cup \{s1\text{-}n\} = \{s1\text{-}c, s1\text{-}d, s1\text{-}e, s1\text{-}g, s1\text{-}n\}$

$L_p = L_n \cup L_m \cup \{s1\text{-}p\} = \{s1\text{-}c, s1\text{-}d, s1\text{-}e, s1\text{-}g, s1\text{-}n, s0\text{-}i, s0\text{-}h, s1\text{-}k, s1\text{-}m, s1\text{-}p\}$

Bild 4.14: Abarbeitung der Fehlerliste

Die deduktive Fehlersimulation überführt auf elegante Weise die Bauelementefunktionen, die auf der zweiwertigen booleschen Algebra $\mathcal{B}$ definiert
sind, in Funktionen über der booleschen Algebra, die durch das Potenzmen-
gensystem $\mathcal{P}(F)$ auf der Menge der Fehler mit der Durchschnitts- und der
Vereinigungsbildung definiert ist. Mit zunehmender Schaltungsgröße ist sie
der parallelen Fehlersimulation an Effizienz überlegen. Allerdings wird bei
diesem Verfahren ein weit größerer Speicherplatz benötigt. Außerdem können

die an jedem Gatter durchzuführenden Operationen auf den Fehlerlisten sehr
aufwendig sein. Die Bildung der Vereinigung und des Durchschnitts ist re-
chenzeitintensiv, und die Komplementbildung verlangt, daß an einem Gatter
alle Fehler der Schaltung und nicht nur die dort möglichen Fehler betrachtet
werden.

Ein weiterer Nachteil besteht in der Häufigkeit der Listenereignisse. Sie
treten ein, selbst wenn sich bei einer weiteren Schaltungseingabe oder in einem späteren Zeitschritt die logischen Werte an den Eingängen eines Gatters
nicht ändern, sondern dort nur ein weiterer Fehler in der Liste aufgenommen
oder aus der Liste entfernt wird. Aber auch diese geringfügigen Änderungen
erfordern, daß an dem Gatter die definierten Operationen auf den gesamten
Fehlerlisten durchgeführt werden müssen.

4.2.3 Nebenläufige Fehlersimulation

Die sogenannte nebenläufige (englisch: concurrent) Fehlersimulation vermeidet die Behandlung der gesamten Fehlerliste an einem Gatter, falls lediglich ein Listenereignis aufgetreten ist. Während eines Simulationsschritts werden an jedem Gatter alle sich dort auswirkenden Fehler gespeichert. Bereits
dies sind zwei Unterschiede zur deduktiven Simulation, welche einerseits
eine Fehlerliste nicht den Gattern, sondern den Gatteranschlüssen zuordnet
und andererseits an einem Gatterausgang nur Fehler in die Liste aufnimmt,
die ihn verfälschen. Die nebenläufige Simulation nimmt dahingegen auch
Fehler auf, die sich nur auf Gattereingänge, nicht aber auf den Ausgang auswirken. Folglich benutzt sie weniger Listen, diese sind aber größer und werden daher Superfehlerlisten genannt. Es wird weiter vorausgesetzt, daß die
Fehler sortiert sind, und man über einen Index direkt auf sie zugreifen kann.
Bild 4.15 macht diesen Aufbau deutlich.

Es werden also für jeden Fehler in der Schaltung, der dazu führt, daß das
Gatter einen fehlerhaften Wert erhält oder weitergibt, Kopien des Gatters mit
eben diesen fehlerhaften Signalen angelegt, und es werden sowohl Gatter als
auch Gatterkopien simuliert. Die Grundidee der nebenläufigen Simulations-
technik besteht darin, die Ereignissteuerung so einzusetzen, daß nur an solchen Gattern oder Gatterkopien simuliert wird, an denen tatsächlich Ereignisse aufgetreten sind.

Die Gatterkopien werden in der Superfehlerliste folgendermaßen repräsentiert: Es sei E ein Gatter mit n Eingängen $a_1, \ldots, a_n$ und dem Ausgang b, und
sei F_E die Menge der Fehler, die sich an E auswirken. Während der Simulation eines Musters hat dieses Gatter für jeden Fehler $f \in F_E$ die Werte
$a_1^f, \ldots, a_n^f$ an seinen Eingängen und den Wert b^f am Ausgang, $f = 0$ bezeichne

den fehlerfreien Fall. Die Superfehlerliste für b ist eine Liste von Einträgen
der Form

$$f; a_1^f, ..., a_n^f; b^f.$$

In Bild 4.15 wird dem Knoten b die Superfehlerliste S_b zugeordnet, deren
erstes Element 9; 0, 0; 1 ist. Die Elemente der Liste sind nach einem
Fehlerindex geordnet.

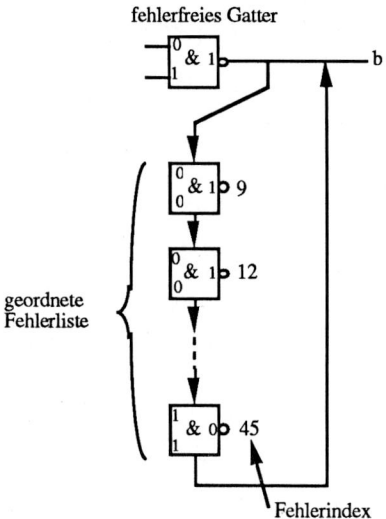

Bild 4.15: Superfehlerliste nach [BrFr76]

Bei der nebenläufigen Simulation haben logische Ereignisse und Listenereignisse dieselbe Bedeutung wie bei der deduktiven, es unterscheidet sich jedoch die Behandlung der Listenereignisse. Ein am Gatter E zu behandelndes
Listenereignis tritt auf, wenn es entsprechend Bild 4.16 einen Eingang a_i
gibt, der am Ausgang c des Gatters K oder an einem primären Eingang angeschlossen ist, so daß einer der folgenden drei Fälle eintritt:

1) *An c wird ein weiterer Fehler f sichtbar:* Dann muß für diesen Fehler
   ein neuer Eintrag $f; a_1^f, ..., a_i^f, ..., a_n^f; b^f$ in der Superfehlerliste von E

   gemacht werden, wobei $a_i^f = c^f$ gilt.

2)   *An c ist der Fehler f nicht mehr sichtbar:* Dann gilt $a_i^f = c = a_i$. Falls es
ein j mit $a_j^f \neq a_j$ gibt, also der Fehler noch einen weiteren Eingang
verfälscht, tritt ein sogenanntes *logisches Listenereignis* auf, und an b
muß der Eintrag zu f; a_1^f, ..., a_i, ..., a_n^f ; b^f geändert werden,
andernfalls wird der zu f gehörende Eintrag entfernt.

3)   *Der Wert der Variablen c ändert sich:* Dann tritt an E ein logisches Ereignis auf und die gesamte Superfehlerliste ist neu zu bestimmen.

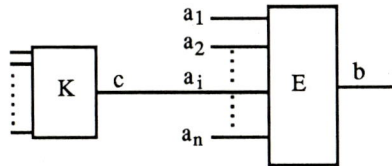

Bild 4.16: Beispiel für die Typen der Listenereignisse

Auf diese Weise werden an einem Gatter stets nur Fehler behandelt, die
neu zu einer Verfälschung führen oder deren Auswirkungen sich ändern. Der
Effizienzgewinn dieses Verfahrens gegenüber der deduktiven Simulation ist
um so höher, je kleiner der Anteil der logischen Listenereignisse ist, die bei
beiden Verfahren die Behandlung von Fehlern erfordern, deren Erkennbarkeit
sich nicht geändert hat.

Der Begriff nebenläufige Simulation ist darin begründet, daß alle fehlerhaften Schaltungen in einem Schritt ereignisgesteuert simuliert werden. Für
jeden Fehler wird ein Gatter "kopiert", solange dieser Fehler am Ausgang
oder auch nur an einem Eingang des Gatters bemerkt werden kann.

4.3   Innovative Simulationsverfahren

Die Rechenzeit eines parallelen Fehlersimulators kann durch Benutzung eines Computers mit großer Wortbreite gesenkt werden. Untersuchungen haben gezeigt, daß in Abhängigkeit von der Wortbreite für kleinere Schaltungen
(< 500 Gatter) die parallele Fehlersimulation schneller als die deduktive oder
nebenläufige ist [CCES74]. Bei größeren Schaltungen sind letztere überlegen. Allerdings bleibt die Fehlersimulation sehr rechenzeitaufwendig, die notwendige Rechenzeit steigt in Abhängigkeit von mehreren Parametern:

— sie ist abhängig von der Größe der Schaltung, durch die die Fehlerliste geschleust werden muß;

— sie ist abhängig vom durchschnittlichen Umfang der Fehlerliste;

— sie hängt von der simulierten Musterzahl ab.

Dies zusammen ergibt eine in der Praxis festgestellte Zunahme der Rechenzeit mit der Schaltungsgröße N in Höhe von $O(N^2)$ bis $O(N^3)$ [Goel80]. Es werden daher heute spezielle Rechner, sogenannte Simulationsmaschinen für die Logiksimulation angeboten. Zugleich werden auch weitere Verfahren entwickelt, um die Effizienz der Fehlersimulation auf Universalrechnern für hochkomplexe Schaltungen zu verbessern. Derartige Schaltungen sind zumeist mit einem Prüfpfad oder Selbsttesthilfen ausgestattet, so daß Testmustermengen nur für Schaltnetze zu erzeugen und zu untersuchen sind. Zwei Simulationsverfahren für Schaltnetze werden in diesem Abschnitt diskutiert, zunächst müssen aber noch einige Grundlagen bereitgestellt werden.

4.3.1 Fehlererkennung und boolesche Differenzen

Oft ist es von Interesse, ob bei einer booleschen Funktion $f := \{0,1\}^n \rightarrow \{0,1\}$ mit den Eingangsvariablen $X := \{x_1, ..., x_n\} \in \{0,1\}^n$ ein fehlerhafter Wert an der Position i auch an der Ausgabe von f beobachtet werden kann. Dies ist genau dann der Fall, wenn der Ausdruck $f(x_1, ..., x_i, ..., x_n) \oplus f(x_1, ..., \overline{x_i}, ..., x_n)$ erfüllt ist. Diesen Ausdruck nennt man boolesche Differenz der Funktion f nach x_i und schreibt hierfür kurz

(4.2) $\dfrac{df(X)}{dx_i} := f(x_1, ..., x_i, ..., x_n) \oplus f(x_1, ..., \overline{x_i}, ..., x_n).$

Leicht zeigt man

(4.3)
$\dfrac{df(X)}{dx_i} := f(x_1, ..., x_{i-1}, 1, x_{i+1}, ..., x_n) \oplus f(x_1, ..., x_{i-1}, 0, x_{i+1}, ..., x_n).$

Für boolesche Differenzen gilt eine Reihe von Regeln, die der Leser für $X \in \{0,1\}^n$, $Y \in \{0,1\}^m$ zur Übung beweisen möge:

(4.4)   a) $\dfrac{df(\overline{X})}{dx_i} = \dfrac{df(X)}{dx_i}$

b) $\dfrac{d}{dx_i}\dfrac{df(X)}{dx_j} = \dfrac{d}{dx_j}\dfrac{df(X)}{dx_i}$

c)   Produktregel:

$$\frac{d(f(X) \wedge g(X))}{dx_i} = (f(X) \wedge \frac{dg(X)}{dx_i}) \oplus (g(X) \wedge \frac{df(X)}{dx_i}) \oplus (\frac{df(X)}{dx_i} \wedge \frac{dg(X)}{dx_i})$$

d) Linearität:

$$\frac{d(f(X) \oplus g(X))}{dx_i} = \frac{df(X)}{dx_i} \oplus \frac{dg(X)}{dx_i}$$

e)Kettenregel:

$$\frac{dg(f(X),Y)}{dx_i} = \frac{dg(f(X),Y)}{df(X)} \wedge \frac{d(f(X),}{dx_i} \; .$$

Für einen Schaltnetzgraphen G := (V, E) mit den Ausgängen O und den Eingängen I bezeichnet nach Definition 3.15 $o^*(B)$ die Funktion des Ausgangs $o \in O$ in Abhängigkeit von einer Belegung B = $(b_i \in \{0,1\} \mid i \in I)$ der Primäreingänge. Der Ausdruck $\frac{do^*(B)}{db_i}$ ist genau dann erfüllt, wenn der fehlerhafte Wert am Eingang $i \in I$ zu o durchgeschaltet wird. Die Fehlersimulation eines Eingangshaftfehlers ist somit äquivalent zu folgenden zwei Schritten:

1)   Feststellen, ob der Fehler initialisiert ist. An b_i muß das dem Fehler entgegengesetzte Signal anliegen.

2)   Feststellen, ob für irgendeinen Ausgang $o \in O$ der Ausdruck $\frac{do^*(B)}{db_i}$ wahr ist.

Nicht nur für die Eingangsfehler, auch für Haftfehler innerhalb der Schaltung kann die Simulation auf die Auswertung boolescher Differenzen zurückgeführt werden. Hierzu benötigt man noch eine weitere Definition:

Definition 4.2: Es sei G := (V,E) ein Schaltnetzgraph mit Primäreingängen I, Ausgängen O und einem Knoten $w \in V \setminus I$. Der *Schnitt* von G an w ist der Graph $G_{\{w\}} := (V_{\{w\}}, E_{\{w\}})$ mit dem neuen Knoten i_w und

V_w := $V \cup \{i_w\}$

I_w := $I \cup \{i_w\}$

O := $O \cup \{w\}$

E_w := $E \setminus \{(w,x) \in E\} \cup \{(i_w,x) \mid (w,x) \in E\}$.

Ein Schnitt eines Graphen macht einen Knoten w zum Primärausgang und fügt einen zusätzlichen Primäreingang ein, der alle von w abgehenden Kanten enthält. Bild 4.17 verdeutlicht dies.

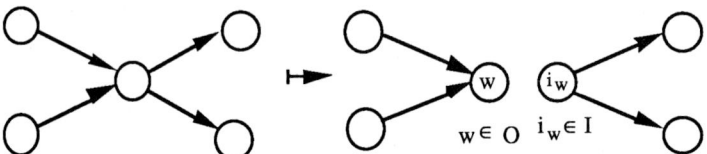

Bild 4.17: Schnitt am Knoten w

Einen Graphen kann man mehrfach schneiden, der resultierende Graph ist offensichtlich unabhängig von der Reihenfolge der Schnitte: $G_{\{v\}\{w\}} = G_{\{w\}\{v\}}$. Aus diesem Grund schreiben wir künftig auch für eine Menge $W := \{w_1, \ldots, w_k\} \in V$ abkürzend $G_W := G_{\{w_1\}\ldots\{w_k\}}$.

Durch den Schnitt eines Graphen erhält man einen weiteren Eingang, der als Argument für eine Ausgangsfunktion $o^*(B, i_w)$ dienen kann, und die boolesche Differenz $\dfrac{do^*(B, i_w)}{di_w}$ ist genau dann wahr, wenn in $G_{\{w\}}$ der Eingang i_w durchgeschaltet wird. Nach (4.2) ist $\dfrac{do^*(B, i_w)}{di_w}$ unabhängig von i_w, und der Ausdruck beschreibt, ob im ursprünglichen Graphen G das Signal von w an den Primärausgang o geleitet wird.

Definition 4.3: Sei $G := (V, E)$ ein Schaltnetzgraph, $B \in \{0,1\}^I$ eine Belegung und sei $w \in V$. Die *Beobachtbarkeit* $O_w(B)$ von w unter B ist der boolesche Ausdruck

$$O_w(B) := \begin{cases} \dfrac{do_1^*(B)}{dw} \vee \ldots \vee \dfrac{do_k^*(B)}{dw}, & \text{falls } w \in I \\[2em] \dfrac{do_1^*(B, i_w)}{di_w} \vee \ldots \vee \dfrac{do_k^*(B, i_w)}{di_w}, & \text{falls } w \in V \setminus I. \end{cases}$$

Allerdings werden wir im folgenden die Schreibweise etwas vereinfachen, indem wir auch bei inneren Knoten w auf die neu eingefügte Variable i_w verzichten und definieren:

$$\frac{do^*(B, w)}{dw} := \frac{do^*(B, i_w)}{di_w}$$

Offensichtlich wird ein Fehler s0-w genau dann bemerkt, wenn $w \wedge O_w$ gilt, und s1-w wird bei $(\neg w) \wedge O_w$ erkannt. Mit diesen Bezeichnungen ist die Fehlersimulation äquivalent mit der Feststellung, ob der Fehler initialisiert und beobachtbar ist. Die Bezeichnungen seien an Bild 4.18 erläutert.

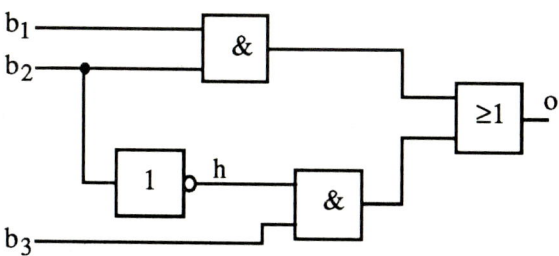

Bild 4.18: Beispielschaltung

Die Schaltung aus Bild 4.18 realisiert die Funktion $o^*(B) = b_1 b_2 \vee \overline{b_2} \, b_3$. Es ist $O_{b_1} = b_2$, der Fehler s0-b_1 wird durch $b_1 b_2$ und s1-b_1 wird durch $\overline{b_1} \, b_2$ entdeckt.

Für den Knoten h ist $O_h(B) = \dfrac{do^*(B,h)}{dh} = \dfrac{d(b_1 b_2 \vee h b_3)}{dh} = \overline{b_1 b_2} \, b_3$.
s0-h wird durch $h \wedge O_h(B) = \overline{b_2} \ \overline{b_1 b_2} \, b_3 = \overline{b_2} \, b_3$ und
s1-h durch $\overline{h} \wedge O_h(B) = b_2 \, \overline{b_1 b_2} \, b_3 = \overline{b_1} \, b_2 b_3$ entdeckt.

4.3.2 Gebietsanalyse

Die Fehlersimulation läßt sich beschleunigen, wenn man zusätzliche Informationen über die Schaltungsstruktur ausnutzt. Entsprechende Vorschläge wurden 1979 von Hong gemacht und von Antreich und Schulz weiterentwickelt ([Hong78, AnSc87, Schu88]). Die Simulation eines Fehlers an k ist äquivalent damit, ihn zu initialisieren und festzustellen, ob bei Anlage eines Musters B die Beobachtbarkeit $O_k(B)$ erfüllt ist. Die von einem Testmuster erfaßten Fehler betreffen genau die Knotenmenge $\{k \in V \mid O_k = 1\}$. Die Beobachtbarkeit von Knoten, die keine Verzweigungsstämme sind, kann deutlich einfacher bestimmt werden als die Beobachtbarkeit von Verzweigungsstämmen. Für einen Knoten, der sich nicht verzweigt, läßt sich die Beobachtbarkeit einfach aus der booleschen Differenz der Gatterfunktion seines Vorgängerknotens und dessen Beobachtbarkeit berechnen (Bild 4.19).

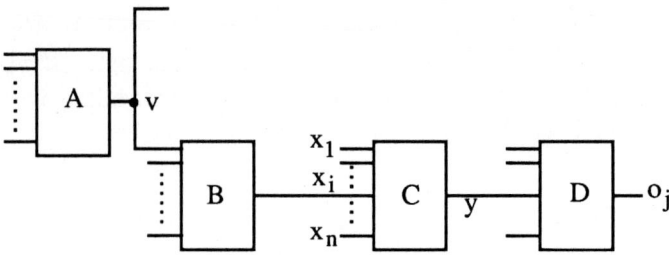

Bild 4.19: Berechnung der Beobachtbarkeit

In Bild 4.19 besitze das Bauelement C die boolesche Funktion $f(x_1,...,x_n)$. Der Knoten x_i ist genau dann beobachtbar, wenn C die Variable x_i durchschaltet:

$$\frac{df(x_1, ..., x_n)}{dx_i} = 1,$$

und wenn zugleich y beobachtbar ist.

Der Ausdruck

(4.5) $$O_{x_i} = \frac{df(x_1, ..., x_n)}{dx_i} O_y$$

für die Beobachtbarkeit von x_i läßt sich auch exakt mit Hilfe der Kettenregel (4.4e) herleiten:

Es sei $B \in \{0,1\}^I$ wieder eine Belegung der Primäreingänge des Schaltnetzgraphen, der die Ausgänge $o_1, ..., o_k$ besitze. Im geschnittenen Graphen $G_{\{x_i\}}$ sei $o_j^*(B,x_i)$ die Funktion des Ausgangs o_j, und $\tilde{o}_j^*(B,x_i)$ sei die Ausgangsfunktion im Graphen $G_{\{y\}}$. Die Bauelementefunktion von y sei $f(x_1,...,x_n)$ mit den direkten Vorgängern $pd(y) := \{x_1, ..., x_n\}$. Es ist nach Konstruktion

$$o_j^*(B,x_i) = \tilde{o}_j^*(B,f(x_1^*(B), ..., x_{i-1}^*(B), x_i, x_{i+1}^*(B), ..., x_n^*(B))).$$

Nach der Kettenregel erhält man

$$\frac{do_j^*(B,x_i)}{dx_i} = \frac{d\tilde{o}_j^* (B,f(x_1^*(B),...,x_{i-1}^*(B),x_i,x_{i+1}^*(B),...,x_n^*(B))}{df(x_1^*(B),...,x_{i-1}^*(B),x_i,x_{i+1}^*(B),...,x_n^*(B))} \wedge$$

$$\frac{df(x_1^*(B),...,x_{i-1}^*(B),x_i,x_{i+1}^*(B),...,x_n^*(B))}{dx_i}$$

$$= \quad \frac{d\tilde{o}_j^*(B,y)}{dy} \quad \wedge$$

$$\frac{df(x_1^*(B),\ldots,x_{i-1}^*(B),x_i,x_{i+1}^*(B),\ldots,x_n^*(B))}{dx_i} \quad .$$

Damit ist

$$O_{x_i} \quad = \frac{do_1^*(x_i)}{dx_i} \vee \ldots \vee \frac{do_k^*(x_i)}{dx_i} = \frac{df(x_1, \ldots x_n)}{dx_i} \left(\frac{d\tilde{o}_1^*(y)}{dy} \vee \ldots \vee \frac{d\tilde{o}_k^*(y)}{dy} \right)$$

$$= \frac{df(x_1, \ldots x_n)}{dx_i} O_y$$

Für einen Verzeigungsstamm läßt sich die Beobachtbarkeit nicht so einfach herleiten. In Bild 4.20 sind zwei Gegenbeispiele dargestellt.

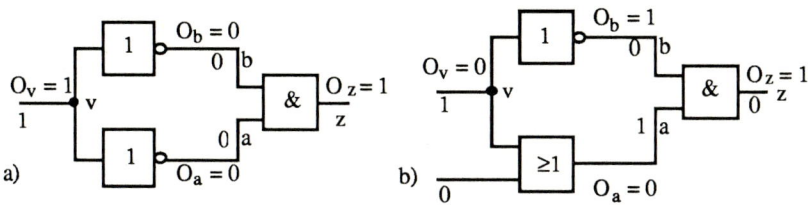

Bild 4.20: Beobachtung an Verzweigungsstämmen

In Bild 4.20 a) besitzt der Verzweigungsstamm v zwei unmittelbare Nachfolger a und b, deren beider Beobachtbarkeit $O_a = O_b = 0$ ist. Dennoch ist der Knoten v selbst mit $O_v = 1$ beobachtbar. In Bildteil b) besitzt v einen Nachfolger b, der beobachtbar ist, während v selbst nicht beobachtbar ist.

Es bietet sich daher folgende Zweiteilung der Fehlersimulation eines Musters an:

1) Für alle Verzweigungsstämme v werden die beiden Haftfehler s0-v und s1-v auf konventionelle Weise simuliert. Ist einer von ihnen erkannt, so ist $O_v = 1$.

2) Für alle anderen Knoten x wird die Beobachtbarkeit mit der Formel $O_x = \frac{dy}{dx} O_y$ bestimmt.

Dieses Vorgehen verlangt als Vorbereitung eine Aufteilung des Schaltungsgraphen in Verzweigungsstämme und in maximale verzweigungsfreie

Gebiete (VFG). Bild 4.21 zeigt ein Schaltnetz mit zugehörigem Schaltnetz-graph.

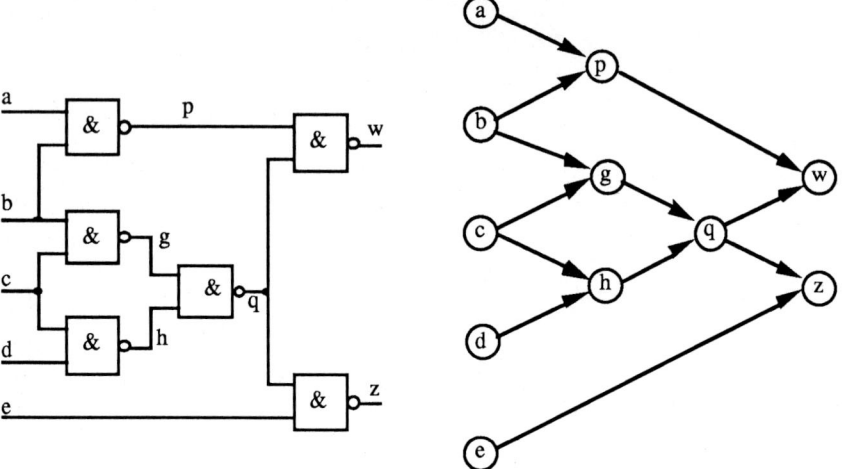

Bild 4.21: Beispielschaltung mit Graph

Dieser Graph wird so zerlegt, daß die entsprechenden Gebiete verzwei-gungsfrei und maximal sind (Bild 4.22).

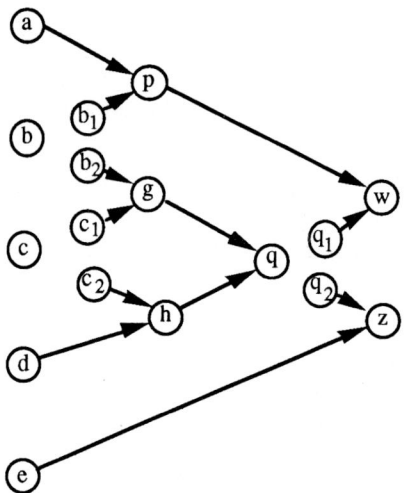

Bild 4.22: Partitionierter Schaltungsgraph mit verzweigungsfreien Gebieten

In dem partitionierten Graphen entsprechen alle Knoten v ohne Nachfolger ($s(v) = \emptyset$) entweder stets beobachtbaren Primärausgängen oder Verzweigungsstämmen, deren Beobachtbarkeit durch Simulation festzustellen ist. Für alle anderen Knoten x in den VFG läßt sich die Beobachtbarkeit nach $O_x = \frac{dy}{dx} O_y$ berechnen. Bei $x \wedge O_x$ wird ein s0-Fehler und bei $\bar{x} \wedge O_x$ wird ein s1-Fehler erkannt. Dieses Vorgehen reduziert deutlich die Zahl der Fehler, deren Erfassung durch aufwendige Simulation bestimmt werden muß. Durch Einsatz einiger graphentheoretischer Mittel lassen sich Regeln für einen weiteren Effizienzgewinn herleiten (vgl. [MaRa88, Schu88]).

Definition 4.4: Es sei $G := (V, E)$ ein Schaltnetzgraph und es sei $v \in V$ ein Verzweigungsstamm. Der Knoten $u \in V$ ist *Rekonvergenzpunkt* von v, wenn es zwei verschiedene Pfade $\omega_1(v,u)$, $\omega_2(v,u)$ von v nach u gibt, die nur Anfangs- und Endpunkt gemeinsam haben: $\omega_1(v,u) \cap \omega_2(v,u) = \{v,u\}$.

In Bild 4.20 a) und b) ist z jeweils ein Rekonvergenzpunkt von v.

Auch der logische Wert an Kanten $e = (v,w) \in E$ kann beobachtbar sein. Es sei $f_w(X,v)$ die Bauelementefunktion von w, dann ist $O_e = \frac{df_w(X,v))}{dv} O_w$. Folgender Sachverhalt reduziert die Zahl der zu simulierenden Fehler weiter:

Satz 4.1: $G := (V,E)$ sei ein Schaltnetzgraph, und es sei $v \in V$ ein Verzweigungsstamm mit den ausgehenden Kanten $c_1 := (v,k_1), \ldots, e_n := (v,k_n)$. Falls v keinen Rekonvergenzpunkt besitzt, ist $O_v = O_{e_1} \vee \ldots \vee O_{e_n}$.

Beweis: Falls v keinen Rekonvergenzpunkt besitzt, gilt $s(k_i) \cap s(k_j) = \emptyset$ für $i \neq j$. Folglich führen von k_i Pfade nur zu unterschiedlichen Primärausgängen. Es sei o ein Ausgang, der von k_i abhängt, und k_i habe die Bauelementefunktion $f(X,v)$.
Dann ist $\frac{do^*(B,v)}{dv} = \frac{df(X,v)}{dv} O_{k_i}$, und der Rest der Behauptung läßt sich direkt aus der Definition der Beobachtbarkeit herleiten.   □

In dem Schaltungsgraph nach Bild 4.22 ist beispielsweise q ein Knoten ohne Rekonvergenzpunkt, für den die Beobachtbarkeit nach Satz 4.1 bestimmt werden kann. Man erhält also folgende erste Regel zur Effizienzsteigerung:

A)   Die Beobachtbarkeit von Verzweigungsstämmen ohne Rekonvergenzpunkte wird nach Satz 4.1 bestimmt.

Es sei t ein Testmuster und F das Fehlermodell. Die Menge der von t auf-
gedeckten Fehler ist nach Definition 3.19 $F(t) := \{f \in F \mid G^*(t) \neq G(f)^*(t)\}$.
$T := <t_1, \ldots, t_n>$ sei die Folge der Testmuster, die in dieser Reihenfolge
simuliert werden. Unter *Fehleraufgabe* (englisch: fault dropping) versteht
man ein Vorgehen nach folgender Regel:

B)   Für das Muster t_i werden nur Fehler simuliert, die noch nicht von einem vorhergehenden Muster t_j, j < i, erkannt wurden. Es wird also nur

die Fehlermenge $F \setminus \bigcup_{j<i} F(t_j)$ behandelt.

Speziell für die Simulation mit Gebietsanalyse läßt sich diese Regel noch
konkreter fassen:

C)   Für einen Knoten k ist nur dann die Beobachtbarkeit O_k zu bestimmen,
wenn es an k oder einem Vorgänger $v \in p(k)$ einen Fehler gibt, der

noch nicht in $\bigcup_{j<i} F(t_j)$ erfaßt wurde.

Mit dem von Tarjan eingeführten Begriff der Flußdominanz lassen sich
weitere Möglichkeiten zur Effizienzsteigerung beschreiben [Tarj74]:

Definition 4.5: Es sei G := (V,E) ein Schaltnetzgraph mit Primärausgängen $O \subset V$. Der Knoten $x \in V$ *dominiert* ($x \in dom(y)$) den Knoten $y \in V$
genau dann, wenn alle Pfade $\omega(y,o)$ von y zu einem Ausgang $o \in O$ durch x
führen, d. h. $\forall o \in O \ \forall \omega(y,o): x \in \omega(y,o)$ gilt.

Im Schaltnetzgraph nach Bild 4.22 dominiert der Knoten q den Knoten c,
da alle Pfade von c nach w oder nach z durch q gehen. Für zwei Knoten v, w
$\in dom(y)$, $v \neq y$, muß entweder v ein Vorgänger von w oder w ein Vorgänger von v sein ($v \in p(w)$ oder $w \in p(v)$), da alle Pfade von y zu einem Ausgang sowohl durch v als auch durch w gehen. Die Dominatorrelation bildet
somit eine Halbordnung, und falls $dom(y) \neq \emptyset$ ist, gibt es insbesondere einen eindeutig bestimmten Dominator $w \in dom(y)$, der am nächsten an y liegt:
$\exists w \in dom(y) \ \forall v \in dom(y), v \neq w: w \in p(v)$. Diesen Knoten nennt man den *unmittelbaren Dominator*. Falls x einen Knoten y dominiert, ist y genau dann
beobachtbar, wenn x an einem Primärausgang beobachtet werden kann, d. h.

$O_x(B) = 1$ ist, und wenn y an x zu beobachten ist, also ebenfalls $\dfrac{dx^*(B,y)}{dy} =$
1 ist. Dies führt zu der nächsten Regel:

D) Es sei y ein Verzweigungsstamm mit dem Dominator x. Es genügt, durch Simulation die Beobachtbarkeit $\dfrac{dx^*(B,y)}{dy}$ von y an x festzustellen, und dann $O_y = \dfrac{dx^*(B,y)}{dy} O_x$ zu berechnen.

Die Beachtung der angeführten Regeln kann zu einem deutlichen Effizienzgewinn führen. Laut [Schu88] können innovative Fehlersimulatoren um den Faktor 1.000 bis 10.000 schneller als konventionelle Verfahren sein.

4.3.3 Parallele Musterbehandlung

Die parallele Fehlersimulation simuliert für ein Muster gleichzeitig in einem Rechnerwort der Länge w die fehlerfreie Schaltung und w-1 Fehler. Es hat sich gezeigt, daß dies bei großen Schaltungen wegen der Fehlermaskierung zu einer schlechten Ausnutzung der Wortbreite führen kann. Sinnvoller ist es, in einem Wort w verschiedene Muster parallel zu simulieren und dann sukzessive die Auswirkung eines Fehlers in den Wörtern zu prüfen, die nachfolgenden Knoten zugeordnet sind. Diese parallele Musterbehandlung wurde von Waicukauski mit der Abkürzung PPSFP (Parallel Pattern Single Fault Propagation) bezeichnet und ähnlich auch von Barzilai et al. vorgeschlagen [BARZ87, WAIC85].

Der Algorithmus, der die Auswirkung eines Fehlers untersucht, wird auch *Fehlerfortpflanzung* genannt. Dabei wird zuerst am Fehlerort in ähnlicher Weise wie bei der parallelen Fehlersimulation der Fehler injiziert. Während bei der parallelen Fehlersimulation die Maske für einen Fehler nur ein Bit des Rechnerwortes betrifft, werden bei PPSFP zwei Rechnerworte verwendet. Eines besitzt in jedem Bit den korrekten Wert und wird durch parallele Logiksimulation erstellt, das andere enthält an jeder Position den Wert der fehlerhaften Schaltung und wird im folgenden Fehlerwort genannt. Nach der Logiksimulation werden die Gatter abgearbeitet, die an einem Eingang ein Fehlerwort besitzen. Am Gatterausgang wird nur dann ein Fehlerwort gespeichert, wenn es sich in mindestens einer Stelle von dem in der Richtigsimulation erzeugten Wort unterscheidet. Die Fehlerfortpflanzung wird solange betrieben, wie unbehandelte Gatter mit einem Fehlerwort an einem Eingang existieren oder noch kein primärer Ausgang erreicht ist.

Bild 4.23 gibt einen Überblick über den Ablauf des Algorithmus.

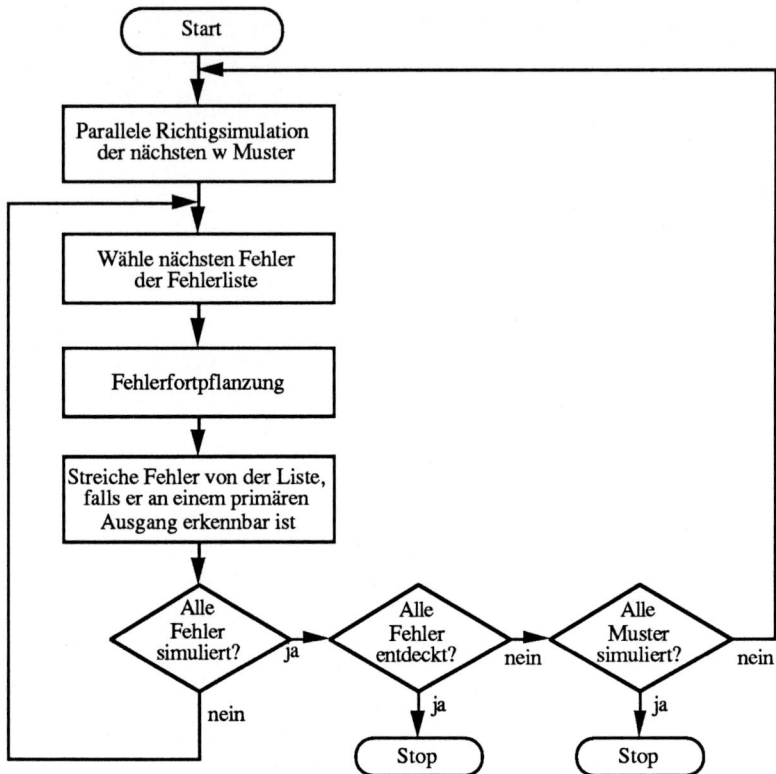

Bild 4.23: PPSFP

PPSFP ist besonders effizient auf Rechnern mit großer Wortbreite w, die für Spezialrechner zur Simulation typisch sind. Für w = 256 wurde der durchschnittliche Aufwand bei der parallelen Fehlersimulation und bei PPSFP in [WAIC85] verglichen. Es sei:

#G Zahl der Gatter der Schaltung,
#P Zahl der simulierten Muster,
#F Zahl der simulierten Fehler,
k durchschnittlicher Anteil der Fehler, die von einem Muster simuliert werden müssen,
s durchschnittliche Zahl von Rechnungen, die pro Muster an einem Fehler ausgeführt werden müssen.

Wir setzen wie stets das Haftfehlermodell voraus und nehmen vereinfachend #F = 2·#G an. Bei PPSFP muß $\frac{\#P}{256}$ mal die Schaltung durchlaufen werden, und es ist

$$R_{PPSFP} := (\#G+s\cdot k\cdot\#F)\cdot\frac{\#P}{256} = (\#G+2\cdot\#Gsk)\frac{\#P}{256} = \frac{(1+2sk)\cdot\#P\cdot\#G}{256}$$

die erwartete Gesamtzahl der Rechenoperationen. Da bei der parallelen Fehlersimulation 1 Bit für die Richtigsimulation reserviert ist, sind hier pro Muster $\frac{\#Fk}{255}$ Schritte durch die Schaltung nötig, und die erwartete Gesamtzahl der Rechenschritte beträgt

$$R_P := \frac{\#P\cdot\#G\cdot\#F\cdot k}{255} = \frac{2k\cdot\#P\cdot\#G^2}{255}.$$

Setzen wir diese Zahlen ins Verhältnis, folgt

$$\frac{R_{PPSFP}}{R_P} = \frac{(1+2sk)\cdot 255}{2k\cdot\#G\cdot 256} \approx \frac{s+\frac{1}{2k}}{\#G}.$$

In der Regel besitzt ein relativ großer Teil der betrachteten Fehler eine höhere Erkennungswahrscheinlichkeit, während ein kleinerer Teil sehr schwer durch zufällig erzeugte Muster erkannt wird. Daher steigt die Fehlererfassung zumeist zu Beginn der Simulation relativ rasch und flacht umso stärker ab, je weiter die Simulation fortgeschritten ist. Bild 4.24 gibt den qualitativen Verlauf der Fehlererfassung FC·100% und mit (1-FC)·100% den Prozentsatz der noch zu simulierenden Fehler wieder. Es weist darauf hin, daß k relativ klein gewählt werden muß, 0.1 bis 0.2 sind typische Größen.

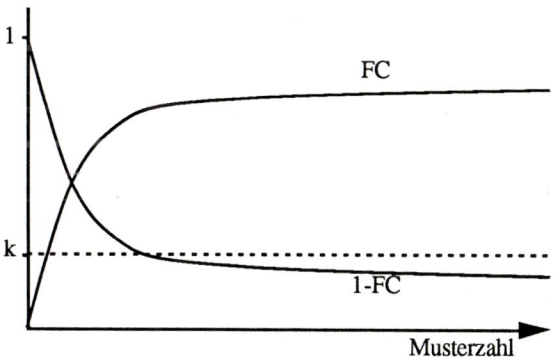

Bild 4.24: Verlauf der Fehlererfassung während der Simulation

Auch die durchschnittliche Zahl s der Rechnungen pro Fehler wird relativ gering sein. Denn ist ein Fehler leicht erkennbar, so wird er bereits nach wenigen Mustern entdeckt und später nicht mehr behandelt. Gemittelt über alle

Muster ist s damit gering. Ist der Fehler jedoch schwer entdeckbar, so liegt das daran, daß er in der Schaltung maskiert wird. Ist er überall maskiert, wird die Simulation abgebrochen. Also kann auch hier s relativ klein im Verhältnis zur Schaltungsgröße gewählt werden. Empirisch wurde in [WAIC85] die Zahl von s = 20 als oft zutreffend bestimmt, allerdings werden normalerweise s und k sehr wohl von der Gesamtgröße der Schaltung abhängen.

Mit diesen Daten wäre nach obenstehender Formel für eine Schaltung mit 10 000 Gattern und k = 0.1 das PPSFP-Verfahren 400 mal schneller als die konventionelle parallele Fehlersimulation. Allerdings ist obenstehende Abschätzung nach [WAIC85] keine exakte Komplexitätsbetrachtung, da auch für die parallele Fehlersimulation bei Fehleraufgabe ein der Konstanten s entsprechender Parameter eingeführt werden kann, die Abschatzüng macht jedoch die beobachtete Effizienzsteigerung plausibel.

Die Fehlersimulation mit vorhergehender Gebietsanalyse läßt sich mit der parallelen Musterbehandlung zu einer gemeinsamen Technik verbinden. Dabei werden zunächst die Verzweigungsstämme $Z \subset V$ und für jeden Stamm z $\in Z$ sein unmittelbarer Dominator aus dom(z) bestimmt. Die Menge $S \subset Z$ enthalte diejenigen Verzweigungsstämme, die Rekonvergenzpunkte besitzen, und bestimme somit die Menge der zu simulierenden Fehler, falls keine Fehleraufgabe durchgeführt wird.

Anschließend wird für w Eingabemuster die korrekte Schaltung simuliert, so daß nach diesem Schritt jeder Kante und jedem Knoten k$\in$V$\cup$E ein Rechnerwort W1(k) zugeordnet ist, dessen i-tes Bit das Signal von k bei Eingabe des i-ten Musters enthält.

Nun werden in dem Signalfluß entgegengesetzter Richtung alle Knoten und mit einem Knoten auch alle eingehenden Kanten k$\in$V$\cup$E durchlaufen, um Rechnerworte W2(k) zu bestimmen. Es ist W2(k)[i] = 1 genau dann, wenn k bei Eingabe des i-ten Musters beobachtbar ist. Wenn auf eine Kante k := (v,u) $\in$ E getroffen wird, so ist für den Endknoten u $\in$ V bereits das Wort W2(u) bestimmt worden. Der Knoten u habe die Bauelementefunktion $f(x_1, \ldots, v, \ldots, x_n)$. Das Wort W2(k) erhält den Wert seines i-ten Bits durch

$$W2(k)[i] := \frac{df(W1(x_i)[i], \ldots, v, \ldots, W1(x_n)[i])}{dv} \wedge W2(u)[i].$$

Das gesamte Wort W2(k) wird natürlich nicht bitweise, sondern durch Wortoperationen bestimmt.

Ist der Knoten v kein Verzweigungsstamm, so ist W2(v) := W2(k). Ist v$\in$Z\S ein Verzweigungsstamm ohne Rekonvergenzpunkte mit den wegführenden Kanten $\{k_1, \ldots, k_n\}$, so kann W2(v) := W2(k_1) $\vee \ldots \vee$ W2(k_n) gesetzt werden.

Mittels PPSFP sind schließlich nur noch Knoten $v \in S$ zu simulieren. Allerdings wird diese Simulation nur bis zu dem unmittelbaren Dominator aus dom(v) getrieben, falls dieser existiert, da ein Fehler an v wird genau dann erkannt, wenn er an einem beobachtbaren Dominator erkannt wird. Die Simulation von v erfolgt in Worten W3, wobei simultan sowohl Haftfehler an 0 und Haftfehler an 1 simuliert werden. Ist der logische Wert W1(v)[i] = 1, so wird mit W3(v)[i] := 0 ein s0-Fehler injiziert, ist W1(v)[i] = 0, wird W3(v)[i] := 1 gesetzt.

Bild 4.25 zeigt den Ablauf von PPSFP mit Gebietsanalyse für die Schaltung aus Bild 4.21 mit 8-bit Worten. Die Spalte a) bezeichnet den behandelten Knoten, b) das verwendete Wort, c) den Inhalt dieses Wortes, d) den Rechenschritt gemäß der auf Bild 4.25 folgenden Übersicht und e) die erkannten Haftfehler.

Bild 4.25: PPSFP mit Gebietsanalyse

a	b	c								d	e	
a	W1	1	0	1	0	0	1	0	0	1	s1	
	W2	0	0	0	0	0	0	1	0	38		
	W3											
b	W1	0	1	0	1	0	1	1	0	2	s1	s0
	W2	0	0	0	0	1	0	1	0	37		
	W3'	1	0	1	0	1	0	0	1	31		
(b,p)	W2	0	0	0	0	0	0	0	0	30		
(b,g)	W2	0	0	1	0	1	0	1	0	29	s1	s0
c	W1	0	0	1	0	1	0	1	1	3	s1	s0
	W2	1	1	0	1	0	0	1	1	28		
	W3	1	1	0	1	0	1	0	0	24		
(c,g)	W2	0	1	0	1	0	0	0	0	23	s1	
(c,h)	W2	1	0	0	1	0	0	0	1	22	s1	s0
d	W1	1	0	0	1	0	0	0	1	4	s1	s0
	W2	0	0	1	0	1	0	0	1	21		
	W3											
e	W1	0	1	0	0	1	0	0	0	5	s1	
	W2	0	0	0	0	0	0	1	1	20		
	W3											
g	W1	1	1	1	1	1	1	0	1	6	s1	s0
	W2	1	1	1	1	1	0	1	0	19		
	W3'	1	1	0	1	0	1	1	0	32		
	W3	1	0	1	0	1	0	1	1	25		
h	W1	1	1	1	1	1	1	1	0	7	s1	s0
	W2	1	1	1	1	1	0	0	1	18		
	W3	0	1	1	0	1	1	1	1	26		
p	W1	1	1	1	1	1	0	1	1	8	s0	
	W2	0	0	0	0	0	0	1	1	17		
	W3'	0	1	0	1	1	1	1	1	34		
q	W1	0	0	0	0	0	0	1	1	9	s1	s0

	W2	1	1	1	1	1	0	1	1	16		
	W3'	0	0	1	0	1	0	0	1	33		
	W3	1	1	0	1	0	1	0	0	27		
(q,w)	W2	1	1	1	1	1	0	1	1	15	s1	s0
(q,z)	W2	0	1	0	0	1	0	0	0	14	s1	
w	W1	1	1	1	1	1	1	0	0	10	s1	s0
	W2	1	1	1	1	1	1	1	1	12		
	W3'	1	1	1	1	0	1	1	0	35		
z	W1	1	1	1	1	1	1	1	1	11	s0	
	W2	1	1	1	1	1	1	1	1	13		
	W3'	1	1	1	1	0	1	1	1	36		

Im einzelnen werden folgende Berechnungen durchgeführt:

Rechenschritt:

1 - 5		Die acht Eingabemuster
6 - 11		Ergebnisse der Logiksimulation
12 - 13		Primärausgänge sind stets beobachtbar
14		$O_{(q,z)} = e$
15		$O_{(q,w)} = p$
16		$O_q = O_{(q,w)} \vee O_{(q,z)}$
17		$O_p = q$
18		$O_h = g \wedge O_q$
19		$O_g = h \wedge O_q$
20		$O_e = q$
21		$O_d = c \wedge O_h$
22		$O_{(c,h)} = d \wedge O_h$
23		$O_{(c,g)} = b \wedge O_g$
24		Fehlerinjektion W3 := ¬W1
25		Simulation mit W3(c)
26		Simulation mit W3(c)
27		Simulation mit W3(g) und W3(h)
28		Durch Fehlersimulation: W2(c)[i] = (W1(q)[i] $\oplus$ W3(q)[i]) $\wedge$ W2(q)[i]
29		$O_{(b,g)} = c \wedge O_g$
30		$O_{(b,p)} = a \wedge O_p$
31		Fehlerinjektion W3' := ¬W1
32		Simulation mit W3'(b)
33		Simulation mit W3'(g)
34		Simulation mit W3'(b)
35		Simulation mit W3'(p) und W3'(q)
36		Simulation mit W3'(q)
37		$O_a = O_p \wedge b$
38		Durch Fehlersimulation: W2(b)[i] := (W3'(z)[i] $\oplus$ W1(z)[i]) $\vee$ (W3'(w)[i] $\oplus$ W1(w)[i])

4.4 Komplexität der Fehlersimulation

Erfahrungen in der Praxis haben gezeigt, daß der Aufwand für die Fehlersimulation quadratisch mit der Gatterzahl wächst [Goel80]. Oft wird dies damit begründet, daß die Zahl der Fehler proportional mit der Schaltung zunimmt und die Auswirkung eines jeden Fehlers wiederum durch die gesamte Schaltung propagiert werden muß. In diesem Abschnitt leiten wir eine harte untere Schranke für die Komplexität der Fehlersimulation im schlechtesten Fall her, indem wir das Problem der Multiplikation zweier $n\times n$-Matrizen mit linearem Aufwand auf die Fehlersimulation für eine Schaltung D' der Größe $O(n^2)$ reduzieren. Wir verwenden dabei den booleschen Ring $\{0,1\}$ mit "$\wedge$" als Multiplikation und "$\oplus$" als Addition.

Die Matrix-Multiplikation ist eines der am besten untersuchten Probleme der Algorithmen- und Komplexitätstheorie, die in der Praxis schnellsten Verfahren arbeiten in $O(n^3)$, und das für große n derzeit günstigste Verfahren besitzt den Aufwand $O(n^{2.48})$ [AHU74, Stra86]. Es ist äußerst unwahrscheinlich, daß über den Umweg der Fehlersimulation die untere Schranke für die Verfahren der Matrix-Multiplikation derart deutlich, auf $O(n^2)$, verbessert werden kann. Schließlich zeigen wir am Ende dieses Abschnitts, daß die bislang vorgestellten Verfahren der Fehlersimulation bei dem Beispiel D' der Größe $O(n^2)$ mit quadratischem Aufwand, d. h. mit $O(n^4)$ arbeiten.

Im einzelnen gehen wir wie folgt vor:

1) Für zwei $n\times n$-Matrizen A und B konstruieren wir eine Schaltung D der Größe $O(n^2)$ mit n Primäreingängen, die für jeden Eingabevektor e als Ausgabe eC mit C := AB liefert.
2) Die Schaltung D wird zur Schaltung D' der Größe $O(n^2)$ mit n^2 Eingängen und einem Ausgang erweitert, welche die Koeffizienten von C dekodiert.
3) Es wird gezeigt, daß ein Koeffizient der Produktmatrix genau dann 1 ist, wenn ein zugehöriger s1-Haftfehler an einem entsprechenden Eingang von D' durch das Muster 0 = (0, …, 0) aufgedeckt wird.
4) Lineare Fehlersimulation der Schaltung D' würde somit zu einem Verfahren führen, das mit $O(n^2)$ die Produktmatrix berechnet.

Ein Schaltnetz G mit n Eingängen und n Ausgängen nennen wir eine Realisierung der $n\times n$-Matrix A = $(a_{i,j})$, wenn G für jeden Eingabevektor x = $(x_1, …, x_n)$ die Ausgabe xA liefert. Da am i-ten Ausgang von G stets das innere Produkt von x mit der i-ten Spalte von A erscheint, läßt sich diese Funktion einfach mit Antivalenzgliedern nach Bild 4.26 implementieren.

$$A := \begin{pmatrix} 1 & 0 & 1 & 1 & 1 \\ 1 & 1 & 1 & 0 & 1 \\ 1 & 0 & 1 & 1 & 1 \\ 1 & 1 & 1 & 0 & 1 \\ 1 & 0 & 0 & 1 & 1 \end{pmatrix}$$

a) Matrix

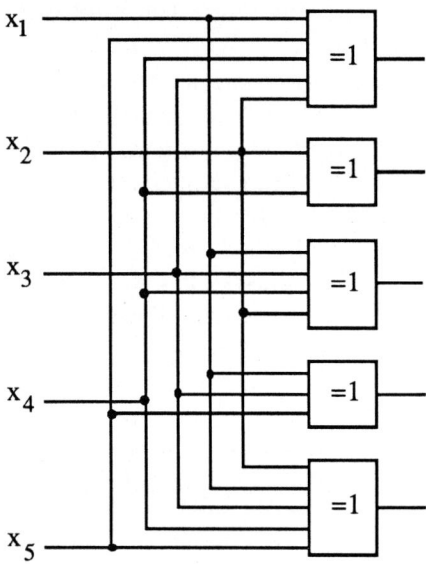

b) zugehörige Realisierung

Bild 4.26:   Matrix A und ihre Realisierung

Auch das Matrix-Produkt läßt sich einfach realisieren:

Lemma 4.2:   Es seien A und B zwei $n \times n$ - Matrizen mit den Realisierungen R und S. RS sei die Schaltung, die durch Verbindung des i-ten Ausgangs von R mit dem i-ten Eingang von S entsteht, $i = 1, ..., n$. Dann ist RS eine Realisierung von AB.

Beweis: $RS(x)$ $= S(R(x))$ (nach Konstruktion)
               $= R(x)B$ (S realisiert B)

$$= (xA)B \qquad \text{(R realisiert A)}$$
$$= x(AB) \qquad \text{Assoziativgesetz.} \qquad\qquad \Box$$

Die Realisierung nach Bild 4.27 ist somit die in (1) geforderte Schaltung D. Es fällt auf, daß R, S und D die Größe O(n) haben, jedoch der Eingangsgrad und der Ausgangsgrad der Knoten nicht beschränkt sind. Da ein XOR-Glied mit n Eingängen durch n-1 XOR-Glieder mit je zwei Eingängen nachgebildet und in gleicher Weise der maximale Ausgangsgrad n durch zusätzlichen Einbau von n-2 Treibern auf 2 reduziert werden kann, können R, S und D als Schaltungen der Größe $O(n^2)$ mit begrenztem Eingangs- und Ausgangsgrad implementiert werden.

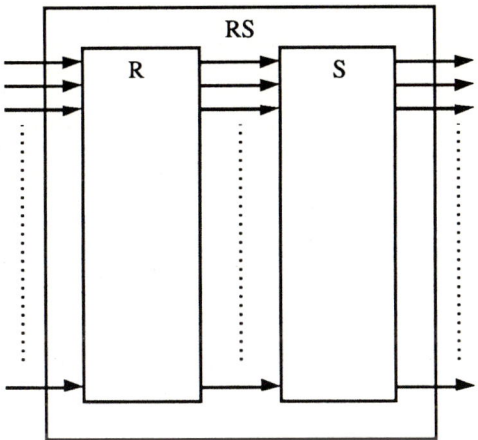

Bild 4.27: Realisierung RS für das Matrix-Produkt AB

Wir bezeichnen mit C := AB die gesuchte Produktmatrix und konstruieren die unter (2) genannte Schaltung D'. Sie soll als Dekodierer folgende Funktion erfüllen: Die n^2 Eingänge werden als Auswahlmatrix $Z = (z_{i,j})_{1\leq i,j\leq n}$ angesehen, und bei Eingabe der Nullmatrix sei auch die Ausgabe von D' gleich 0. Die Matrix $E_{i,j} := (e_{h,k})_{1\leq h,k\leq n}$ sei definiert durch:

$$e_{h,k} := \begin{cases} 1 \text{ für h=i und k=j} \\ 0 \text{ sonst} \end{cases} .$$

Bei Eingabe von $E_{i,j}$ sei die Ausgabe von D' der (i,j)-te Koeffizient $c_{i,j}$ der Produktmatrix $C = (c_{h,k})_{1\leq h,k\leq n}$. Die Schaltung D' kodiert also die Produktmatrix und wird wie folgt konstruiert ($1 \leq i,j \leq n$, Bild 4.28):

—   Alle Eingänge der i-ten Reihe von Z speisen ein OR-Glied p_i.

—   Alle Eingänge der j-ten Spalte von Z speisen ein OR-Glied q_j.
—   Der Ausgang von p_i ist mit dem i-ten Eingang von D = RS verbunden.
— q_j und der j-te Ausgang von D werden durch ein AND-Glied zu r_j verknüpft.
—   Sämtliche r_j werden durch ein OR-Glied zu dem einzigen Ausgang s von D verknüpft.

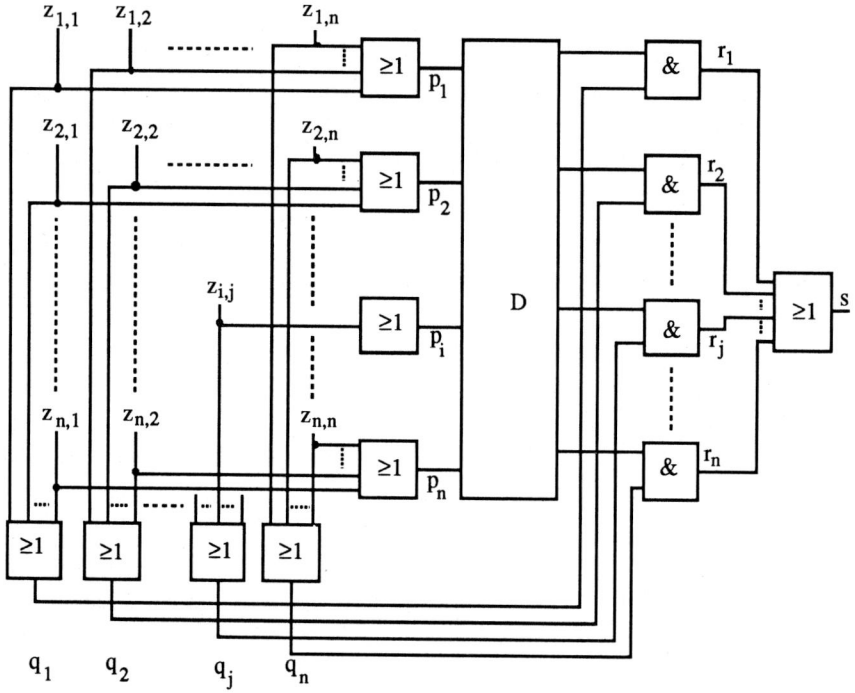

Bild 4.28: Der Dekodierer D' für D = RS nach [HaKr87]

Lemma 4.3: Sei D eine Realisierung einer booleschen Matrix C, dann ist die oben konstruierte Schaltung D' ein Dekodierer für C.

Beweis: Bei Anlegen der Nullmatrix sind alle p_i, q_j gleich 0. Da D(0) = 0 ist, sind auch die $r_j = 0$, und damit ist s = 0.

Sei $z_{i,j}$ der einzige Eingang von Z ungleich 0. Dann sind alle p_k und q_k gleich 0 außer $p_i = 1$ und $q_j = 1$. Damit sind alle r_h gleich 0, außer möglicherweise r_j, das den Wert des j-ten Ausgangs von D annimmt und schließlich zum Primärausgang s weitergeleitet wird. Da D eine Realisierung von C ist,

ist bei der hier erfolgten Eingabe von $(0, ..., 0, 1_i, 0, ..., 0)$ der j-te Ausgang die j-te Komponente in der i-ten Reihe von C, also $c_{i,j}$. □

Im folgenden bezeichnen wir mit $T_{MM}(n)$ die Zeit, die der beste Algorithmus im schlechtesten Fall zur Lösung eines Problems der Größe n aus der Matrix-Multiplikation benötigt. Entsprechend ist $T_{FS}(m)$ die Zeit der Fehlersimulation für eine Schaltung der Größe O(m). Damit läßt sich Punkt 4) unseres Programms wie folgt formulieren:

Satz 4.4 (Harel, Krishnamurthy 1987): $T_{MM}(n) \leq T_{FS}(n^2)$.

Beweis: Die konstruierte Schaltung D' hat die Größe $O(n^2)$. Bei Eingabe des 0-Musters an Z wird ein Haftfehler s1 an $z_{i,j}$ genau dann entdeckt, wenn der Ausgang s von D' auf 1 geht. Dies ist genau dann der Fall, wenn im fehlerfreien Fall die Antwort auf $E_{i,j}$ die 1, d. h. $c_{i,j} = 1$ wäre. Folglich ergibt die Simulation der n^2 s1-Eingangsfehler gerade die Produktmatrix C, und es ist $T_{MM}(n) \leq T_{FS}(n^2)$. □

Bis jetzt haben wir gezeigt, daß die Fehlersimulation mindestens so aufwendig wie die Matrix-Multiplikation sein muß. Nun untersuchen wir, wie sich deduktive und "concurrent"-Fehlersimulation tatsächlich bei der Schaltung D' verhalten. Es sei $m = n^2$, so daß D' von der Größe O(m) ist.

Bei der *deduktiven Fehlersimulation* wird jedem Knoten und jeder Kante des Schaltungsgraphen die Liste der Fehler zugeordnet, die sich dort bemerkbar machen. Für jeden Knoten $a \in V$ war L_a die zugehörige Fehlerliste, entsprechend war für jede Kante $e = (a_1, a_2) \in E$ die Liste L_e definiert.

An jedem Eingangsknoten v_i der Realisierung D = RS von C = AB machen sich die n Haftfehler an den Kanten $(z_{i,1}, p_i), ..., (z_{i,n}, p_i)$ bemerkbar, und es ist $|L_{v_i}| = O(n)$. Auf der S entsprechenden Ebene von D gilt für jede Kante (v_i, w_j) auch $|L_{(v_i, w_j)}| = O(n)$, da L_{v_i} an die Kanten weitergereicht wird. Auf den beiden folgenden Ebenen haben die entsprechenden Mengen die Größe $O(n^2)$. Es seien v_i', w_j' die Knoten der Realisierung von S. Dann ist $|L_{v_i'}| = O(n^2)$, da zu jedem $w_j = v_j'$ insgesamt O(n) Kanten führen, welche disjunkte Fehlerlisten der Größe O(n) besitzen. Wie oben ist damit auch $|L_{(v_i', w_j')}| = O(n^2)$. Es gibt jedoch $O(n^2)$ viele Kanten (v_i', w_j'), und es sind daher $O(n^2) \cdot O(n^2)$ Dateneinträge zu machen. Dies hat eine Zeitkomplexität von mindestens $O(n^4)$, so daß für diese Schaltung die deduktive Simulation eine Zeit von mindestens $O(m^2)$ benötigt.

Bei der *"concurrent"-Fehlersimulation* werden Kopien "fehlerhafter" Gatter angelegt, was Kopien von Knoten im Schaltungsgraphen entspricht. In der beschriebenen Form des Dekodierers ist jedes Gatter von der Größe O(n), und es entspricht O(n) Gattern mit zwei Eingängen. Jetzt bezeichne S(v) für jeden Knoten $v \in V$ die Menge der Kopien, also die Superfehlerliste.

In D = RS ist $|S(w_i)| = O(n^2)$, da jeder Fehler an $(z_{i,j}, p_i)$ für $1 \le j \le n$ sich an (p_i, v_i) auswirkt und die $O(n)$ Knoten v_j zu den w_i verzweigen. Ebenso sind $|S(w_i')| = O(n^2)$ und auch $|S(r_i)| = O(n^2)$. Aber da jedes XOR-Glied w_i' selbst $O(n)$ Eingänge hat, läßt sich $S(w_i')$ nur mit $O(n) \cdot O(n^2)$ Einträgen beschreiben. Es gibt jedoch $O(n)$ solche $S(w_i')$, so daß wir insgesamt $O(n) \cdot O(n) \cdot O(n^2) = O(n^4)$ Einträge zu machen haben und wiederum eine Zeitkomplexität von $O(m)$ folgt.

Die Komplexitätsbetrachtung gilt auch für Verfahren mit Gebietsanalyse, da nur Fehler an den Eingängen $z_{i,j}$ betrachtet wurden. Diese sind aber Verzweigungsstämme mit Rekonvergenzpunkten, deren Beobachtbarkeit durch Simulation bestimmt werden muß. Da für alle Eingänge nur der Primärausgang ein Dominanzknoten ist, kann auch die Berücksichtigung der Dominanzrelation die Komplexität nicht veringern.

Die nichtlineare, in der Praxis quadratische Komplexität der Fehlersimulation führte zur Untersuchung effizienterer Approximationsverfahren.

4.5   Approximative Verfahren

4.5.1   Kritische Pfade

Approximationsverfahren versuchen, mit geringem Aufwand für ein Testmuster t die Menge F(t) der Fehler zu schätzen, die von diesem Muster erkannt werden. Das von Brglez unter dem Namen "Fast Fault Grading" vorgeschlagene Verfahren bestimmt für jeden Knoten und jede Kante $k \in V \cup E$ einen Ausdruck $\tilde{O}_k$, der mit großer Wahrscheinlichkeit dann wahr ist, wenn auch $O_k = 1$ und damit k beobachtbar ist [Brgl85]. Für Kanten (x,y) und Knoten x, die keine Verzweigungsstämme sind, ist $\tilde{O}_x := \frac{dy}{dx} \tilde{O}_y$ wie bei der Gebietsanalyse. Für Verzweigungsstämme x mit den Zweigen $x_1, \ldots, x_n$ wird

$$(4.6) \qquad\qquad \tilde{O}_x := \tilde{O}_{x_1} \vee \ldots \vee \tilde{O}_{x_n}$$

gesetzt. Auf diese Weise können die Werte $\tilde{O}$ mit linearem Aufwand bestimmt werden. Allerdings geben diese Werte nur Anhaltspunkte für die Beobachtbarkeit, die von den tatsächlichen Werten in zwei Richtungen abweichen können. Im Fall von Bild 4.20 a) liefert die Formel (4.6) den Wert $\tilde{O}_v = \tilde{O}_a \vee \tilde{O}_b = 0$, obwohl v beobachtbar ist, und im Fall von Bildteil b) wird mit (4.6) der Wert $\tilde{O}_v = 1$ berechnet, obwohl v nicht beobachtet werden kann.

Nützlicher sind Verfahren, die nur in einer Richtung von den tatsächlichen Werten abweichen können. Für jeden Fehler $f \in F$ und für jedes Eingabemuster t gebe ein Approximationsverfahren den booleschen Wert d(f,t) aus, der die Fehlererkennung wiedergeben soll. Das Verfahren heißt *pessimistisch*, wenn d(f,t) nur wahr wird, wenn t ein Testmuster für f ist: $d(f,t) \Rightarrow f \in F(t)$. Es heißt *optimistisch*, wenn d(f,t) nur dann falsch wird, wenn t kein Test für f ist: $\neg d(f,t) \Rightarrow f \notin F(t)$. Die exakte Fehlersimulation ist sowohl optimistisch als auch pessimistisch, da stets $d(f,t) \Leftrightarrow f \in F(t)$ gilt.

Ein effizientes pessimistisches Verfahren hat den Vorteil, daß für ein gegebenes Muster t weniger Fehler aufwendig simuliert werden müssen, da alle Fehler f als bereits erkannt aufgegeben werden können, für die d(f,t) = 1 ist. Ein optimistisches Verfahren kann für jeden Fehler f die Zahl der Muster reduzieren, die zu simulieren sind, da jedes Muster t mit d(f,t) = 0 garantiert kein Test sein kann.

Ein pessimistisches Verfahren wurde von M. Abramovici et al. unter dem Namen "Critical Path Tracing" CPT vorgeschlagen [AMM83]. Es basiert auf der Idee der Einzelpfad-Sensibilisierung.

Definition 4.6: Es sei G := (V,E) ein Schaltnetzgraph mit v, w $\in$ V. Unter dem Eingabemuster B$\in \{0,1\}^I$ ist ein Einzelpfad $\omega(v,w)$:= (v=v_0, ..., v_n=w) von v nach w sensibilisiert, wenn gelten:

a) Alle Knoten auf dem Pfad haben für die beiden Fehler s0-v, s1-v unterschiedliche Werte: $v_i^*(B,0_v) \neq v_i^*(B,1_v)$, i := 0, ..., n.

b) Alle direkten Vorgänger $k \neq v_{i-1}$ von v_i, i := 1, ..., n, die nicht auf dem Pfad liegen, haben für die beiden Fehler s0-v und s1-v denselben Wert: $k^*(B,0_v) = k^*(B,1_v)$.

Bild 4.29 zeigt ein Beispiel für die Einzelpfad-Sensibilisierung.

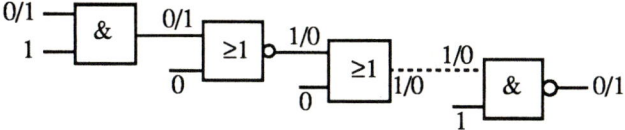

Bild 4.29: Einzelpfad-Sensibilisierung

Wenn von einem Knoten v zu einem primären Ausgang ein Einzelpfad sensibilisiert ist, dann ist v an diesem Ausgang beobachtbar. Allerdings gilt der umgekehrte Schluß nicht. Das "Critical Path Tracing" bestimmt für jeden Knoten, ob ein Einzelpfad zu einem primären Ausgang sensibilisiert ist, und ist daher ein pessimistisches Verfahren. Der Algorithmus wird nicht im einzelnen vorgestellt, da im nächsten Abschnitt gezeigt wird, wie zugleich optimistische und pessimistische Werte berechnet werden können.

4.5.2 Pessimistische und optimistische Approximation

In [HaKr87] wurde gezeigt, daß die Bestimmung der Einzelpfad-Sensibilisierung ähnlich der Fehlersimulation mindestens soviel Aufwand wie die Matrixmultiplikation benötigt und daher ebenfalls kein lineares Verfahren zu erwarten ist.

Im folgenden wird ein Algorithmus vorgestellt, dessen Aufwand und dessen Genauigkeit parametrisiert werden können. Dabei nehmen wir vorerst an, daß das Schaltnetz nur einen Primärausgang o besitzt. Für jeden Knoten und jede Kante $k \in V \cup E$ des Schaltungsgraphen werden booleschen Werte $s(k)$ und $n(k)$ mit folgender Bedeutung berechnet: Wenn $s(k) = 1$ ist, dann wird von k zu dem primären Ausgang ein Einzelpfad sensibilisiert, und bei $n(k) = 1$ ist sicher, daß alle Pfade zu o blockiert sind. Damit ist die Variable s eine pessimistische und die Variable $\neg n$ eine optimistische Schätzung. Zugleich wird jedem $k \in V \cup E$ mit $s(k) = 1$ eine Liste $S(k)$ zugeordnet, welche die Knoten des Pfades enthält, der von k zu o sensibilisiert ist.

Lemma 4.5: Es gebe eine Knotenmenge $Z \subset V$, die für jeden Pfad $\omega(k,o)$ ein $z \in Z \cap \omega(k,o)$ mit $z^*(B,1_k) = z^*(B,0_k)$ enthält. Dann ist k nicht beobachtbar.

Beweis: Nach Definition 3.15 und Definition 4.2 ist $o^*(B) = o^*(B,(z^*(B) \mid z \in Z))$, und damit gilt insbesondere auch $o^*(B,0_k) = o^*(B, 0_k, (z^*(B,0_k) \mid z \in Z))$. Da nach Voraussetzung im geschnittenen Schaltnetzgraphen G_Z der Knoten k kein Vorgänger von o ist, folgt

$$o^*(B, 0_k, (z^*(B,0_k) \mid z \in Z)) = o^*(B, 1_k, (z^*(B,0_k) \mid z \in Z)).$$

Nach Voraussetzung ist $z^*(B,1_k) = z^*(B,0_k)$ für jedes $z \in Z$, und wir erhalten

$$o^*(B,0_k) = o^*(B, 1_k, (z^*(B,0_k) \mid z \in Z)) = o^*(B, 1_k, (z^*(B,1_k) \mid z \in Z)) = o^*(B,1_k).$$

Damit ist $O_k(B) = \dfrac{do^*(B,k)}{dk} = o^*(B,0_k) \oplus o^*(B,1_k) = 0.$ □

Definition 4.7: Der Pfad $\omega(k, o) := (k = k_0, k_1, \ldots, k_n = o)$ wird unter der Belegung B der primären Eingänge von dem Knoten $k_{i+1} \in \omega(k,o)$

blockiert, falls $\dfrac{df_{k_{i+1}}}{dk_i} = 0$ ist und die unmittelbaren Vorgänger $v \in pd(k_{i+1})$, die nicht auf $\omega(k, o)$ liegen ($v \neq k_i$), unabhängig von k sind, d. h. $v^*(B,0_k) = v^*(B,1_k)$ gilt.

Ein Knoten eines Pfades blockiert somit genau dann, wenn die boolesche Differenz seiner Bauelementefunktion zu seinem Vorgänger im Pfad nicht erfüllt ist und an allen seinen direkten Vorgängern außerhalb des Pfades der Wert von k nicht beobachtet werden kann. Damit folgt, daß k nicht beobachtbar ist, wenn alle Pfade von k zum Primärausgang o einen blockierenden Knoten enthalten.

Definition 4.8: Es sei $k \in V$ mit $deg^+(k) = 2$, $e_1 := (k, g) \in E$, $e_2 := (k, h) \in E$. Zwei Mengen A_1, $A_2 \subset V$ erfüllen die *Blockadebedingung* für k bezüglich o, wenn gilt:

a) A_1 enthält für jeden Pfad $\omega_1(g,o)$ einen blockierenden Knoten.

b) A_2 enthält für jeden Pfad $\omega_2(h,o)$ einen blockierenden Knoten.

c)   Für jedes $b \in A_1 \cap A_2$ mit $b = g_i \in \omega_1$ und $b = h_j \in \omega_2$ ist $g_{i-1} = h_{j-1} \in \omega_1 \cap \omega_2$.

Insbesondere ist die Blockadebedingung auch dann erfüllt, wenn $A_1 \cap A_2 = \emptyset$ gilt. Die Begriffsbildung sei am Beispiel von Bild 4.30 erläutert. Bei der Eingangsbelegung von Bildteil a) ist der Pfad $\omega_1(g,o)$ durch die Menge $A_1 := \{o\}$ blockiert, und auch $\omega_2(h,o)$ wird durch $A_2 := \{o\}$ blockiert. Es ist jedoch $A_1 \cap A_2 \neq \emptyset$, und wegen der Verletzung von c) aus Definition 4.8 ist die Blockadebedingung nicht erfüllt.

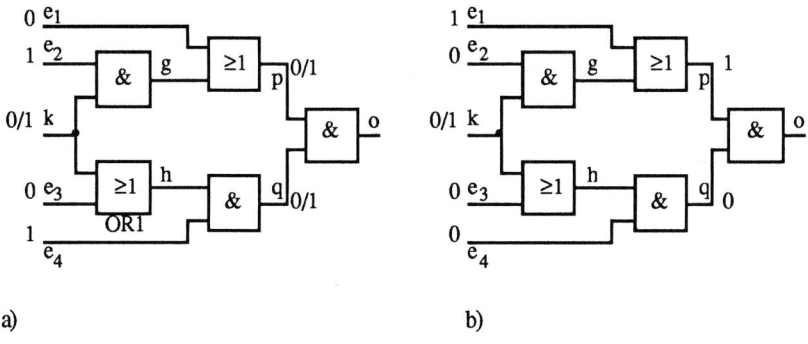

a)   b)

Bild 4.30: Beispielschaltung zu Blockadebedingung

Bei der Eingabe nach Bildteil b) sind ebenfalls die beiden Pfade blockiert, aber hier ist für ω_1 die blockierende Menge $A_1 := \{p\}$ und für ω_2 ist es $A_2 := \{q\}$. Damit ist die Blockadebedingung erfüllt.

Die Blockadebedingung hat Auswirkungen auf die Beobachtbarkeit des Verzweigungsstammes k. Obwohl in Bildteil a) beide von k wegführenden Kanten (k,h) und (k,g) nicht beobachtbar sind, kann k dennoch beobachtet werden. Auch in Bildteil b) sind diese Kanten nicht zu beobachten, aber die Blockadebedingung ist erfüllt, und man stellt leicht fest, daß hier k nicht beobachtet werden kann. Diesen Sachverhalt verallgemeinert der folgende Satz:

Satz 4.6: A_1, $A_2 \subset V$ mögen die Blockadebedingungen erfüllen. Es sei $b \in A_1 \cup A_2$ der Knoten von kleinstem Rang, der in einem A_i, i = 1, 2, zwar den Pfad $\omega = (p, ..., o)$, p = h oder p = g, blockiert, aber nicht den Pfad (k, p) + ω = (k, p, ..., o). Dann existieren A_1', $A_2' \subset (A_1 \cup A_2) \setminus \{b\}$, die ebenfalls die Blockadebedingung erfüllen.

Beweis: O. B. d. A blockiere b den Pfad $\omega = (g, ..., o)$, nicht aber (k, g) + ω = (k, g, ..., o). Dann muß b noch von dem zweiten unmittelbaren Nachfolger von k, nämlich von h abhängig sein. Demnach existiert ein Pfad (k, h) + ω' = (k, h, ..., b), der nicht blockiert ist. Da b von kleinstem Rang ist, enthält A_2 keinen Knoten, der ω' blockiert. Dann muß A_2 für jeden Pfad $\omega' := (b, ..., o)$ einen Knoten x enthalten, der ihn blockiert.

Falls dieses x auch ω blockiert, setze $A_1' := A_1 \setminus \{b\} \cup \{x\}$. Da x Nachfolger von b ist, bleibt damit Bedingung c) erfüllt. Falls aber x den Pfad ω nicht blockiert, muß es auch einen Pfad (g, ..., x) geben, der in A_1 noch nicht blockiert wurde. Dann müssen nach Voraussetzung für alle Pfade (x, ..., o) blockierende Knoten in A_1 sein, und $A_1' = A_1 \setminus \{b\}$ enthält ebenfalls für alle Pfade (g, ..., o) einen blockierenden Knoten. $\Box$

Satz 4.7: A_1, $A_2 \subset V$ mögen die Blockadebedingungen für k erfüllen. Dann enthält $A_1 \cup A_2$ für jeden Pfad $\omega(k,o)$ einen blockierenden Knoten.

Beweis: Fortgesetzte Anwendung von Satz 4.6 würde andernfalls auf $A_1' = \emptyset$ oder $A_2' = \emptyset$ führen, die ebenfalls die Blockadebedingung erfüllen müßten.

Korollar 4.8: Es sei $k \in V$ mit $\deg^+(k) = 2$, $e_1 := (k,g) \in E$, $e_2 := (k,h) \in E$, und $\omega(g,o)$ sei ein sensibilisierter Einzelpfad. $N(e_1) \subset V$ enthalte für jeden Pfad $\omega_1 := (k, g, ..., p)$ mit $p \in \omega(g,o)$ und $\omega_1 \not\subset (k, g) + \omega(g,o)$)

einen blockierenden Knoten ungleich p. $N(e_2)$ enthalte blockierende Knoten für jeden Pfad $\omega_2 := (k, h, ..., o)$, und es gelte $\frac{df_g}{dk} = 1$.

Falls $N(e_1) \cap N(e_2) = \emptyset$ und $N(e_2) \cap \omega(g,o) = \emptyset$ gelten, ist auch $(k, \omega(g, o))$ ein sensibilisierter Einzelpfad, und $N(k) := N(e_1) \cup N(e_2)$ enthält für jeden Pfad $\tau(k,p)$ mit $p \in (k, g) + \omega(g,o))$ und $\tau(k,p) \not\subset (k, g) + \omega(g,o))$ einen blockierenden Knoten ungleich p.

Beweis: Es genügt, die geforderte Eigenschaft von $N(k)$ nachzuweisen, da hieraus mit $\frac{df_g}{dk} = 1$ unmittelbar die Einzelpfad-Sensibilisierung folgt.

Es sei $\tau(k,p) = (k, k_1, ..., k_n, p)$ ein Pfad mit $p \in \omega(g,o)$. Es muß gezeigt werden, daß $N(k)$ für τ einen blockierenden Knoten enthält, wobei $k_n \notin \omega(g,o)$ angenommen werden kann. Bezüglich $p \in \omega(g,o)$ erfüllen aber $N(e_1)$ und $N(e_2)$ die Blockadebedingung für k, und nach Satz 4.7 enthält die Menge $N(e_1) \cup N(e_2)$ blockierende Knoten für τ, und k_n ist unabhängig von k. Mit $\frac{df_g}{dk} = 1$ ist nach Definition 4.6 $(k, g) + \omega(g, o))$ ein sensibilisierter Einzelpfad.   □

Mit diesen Sachverhalten läßt sich ein Verfahren TEVA (Test Evaluation, [Wu90]) zur simultanen Bestimmung sowohl pessimistischer als auch optimistischer Werte folgendermaßen konstruieren:

```
Prozedur  TEVA;

1)  Führe mit der Eingabe B Logiksimulation durch;

2)  Bestimme in entgegengesetzter Richtung zum Signalfluß für
    jeden Knoten und jede Kante k ∈V∪E die Werte s(k),
    n(k) ∈{0,1}, die Menge S(k) ⊂ V der Knoten des sensibilisier
    ten Pfades  und die Menge N(k) ⊂ V der blockierenden Knoten
    durch folgende Fallunterscheidung:

    Fall a)      k ist primärer Ausgang:
                 Setze s(k) := 1, n(k) := 0 und
                 S(k) := N(k) := ∅

    Fall b):     k = (k₁,k₂)∈E:

                 Setze s(k) := (df_{k₂}/dk₁) ∧ s(k₂), S(k) := S(k₂)

                 und n(k) := (¬df_{k₂}/dk₁) ∨ n(k₂);
```

$$\text{Für } \frac{df_{k_2}}{dk_1} = 0 \text{ setze } N(k) := \{k_2\}, \quad \text{sonst}$$

ist $N(k) := N(k_2)$;

Fall c): $k \in V$ mit $\deg^+(k) = 1$ und $e := (k, k_2) \in E$:
Setze $s(k) := s(e)$;
Für $s(k) = 1$ setze $S(k) := S(k_2) \cup \{k\}$,
sonst setze $S(k) := \emptyset$;
Setze $n(k) := n(e)$ und $N(k) := N(e)$;

Fall d): $k \in V$ mit $\deg^+(k) = 2$ und $e_1 := (k, k_1)$,
$e_2 := (k, k_2) \in E$. Hier sind Unterfälle zu unterscheiden:

d.i) $s(e_1) \wedge s(e_2)$:
In diesem Fall kann mehrfache Pfadsensibilisierung vorliegen. Es kann keine Information gewonnen werden, und man setzt:
$s(k) := n(k) := 0$, $S(k) := N(k) := \emptyset$;

d.ii) $n(e_1) \wedge n(e_2)$:
Bei $N(e_1) \cap N(e_2) = \emptyset$ ist die Blockadebedingung erfüllt, und man setzt $n(k) := 1$,
$s(k) := 0$, $N(k) := N(e_1) \cup N(e_2)$,
$S(k) := \emptyset$;
Ist jedoch $N(e_1) \cap N(e_2) \neq \emptyset$, kann keine Information gewonnen werden, und man weist wie in Fall d.i) zu;

d.iii) $s(e_1) \wedge n(e_2)$:
Sind $N(e_2) \cap S(e_1) = \emptyset$ und $N(e_2) \cap N(e_1) = \emptyset$,
so ist die Blockadebedingung erfüllt, und man setzt $s(k) := 1$, $S(k) := S(e_1) \cup \{k\}$,
$n(k) := 0$, $N(k) := N(e_1) \cup N(e_2)$;
Andernfalls ist wiederum keine Information herzuleiten, und man setzt die Werte wie in d.i);

END.

Bild 4.31: Approximative Testsatzbewertung

Offensichtlich sind s und n die geforderten pessimistischen und optimistischen Schätzungen.

Wir diskutieren noch die Komplexität dieses Verfahrens. Die Logiksimulation des Schaltnetzes benötigt $O(n)$ Rechenschritte. Für die vier Fälle 2a) - 2d) wird jeweils folgende Zahl von Operationen verlangt:

Fall 2a)-2c): Die Zahl der Zuweisungen ist durch eine Konstante beschränkt.
Fall d.i): Die Zahl der Zuweisungen ist durch eine Konstante beschränkt.

Fall d.ii):   N(e_1) und N(e_2) sind nicht beschränkt. Der Test auf eine leere Schnittmenge kann daher O(n) Schritte erfordern, falls beide Mengen bereits sortiert vorliegen.

Fall d.iii):   Auch hier benötigt der Test für N(e_1)∩N(e_2) = Ø bis zu O(n) Operationen, dasselbe gilt für N(e_2)∩S(e_1) = Ø.

Da die Fälle d.ii) und d.iii) für O(n) Knoten eintreten können, hat das gesamte Verfahren im schlechtesten Fall eine quadratische Komplexität. Im folgenden Abschnitt beschreiben wir, wie sich die Komplexität reduzieren läßt.

4.5.3   Parallele Approximation

In der oben beschriebenen Form weist TEVA noch einige Mängel auf:

1)   Es kann nicht wie das PPSFP-Verfahren die Parallelverarbeitungsmöglichkeiten eines Universalrechners durch gleichzeitige Behandlung mehrerer Muster ausnutzen, da an jedem Knoten für unterschiedliche Eingaben auch unterschiedliche Mengen abzuspeichern sind.
2)   Die Mengenoperationen selbst führen auf quadratische Komplexität.

Das Problem 1) kann leicht gelöst werden, da nur an Verzweigungsstämmen (Fall 2d) die Mengen S(k) und N(k) zur Berechnung der Werte s(k) und n(k) benötigt werden.

Es sei k eine Kante oder ein Knoten, der nicht Verzweigungsstamm ist. Falls es nur einen Pfad ω(k, o) zum Primärausgang o gibt, so setzen wir v(k) := o. Gibt es jedoch mehrere Pfade, so führen alle durch den Verzweigungsstamm, der am nächsten an k liegt, in diesem Fall sei v(k) ∈ V dieser eindeutig bestimmte Verzweigungsstamm. Ist k jedoch selbst Verzweigungsstamm, so setzen wir v(k) := k. Die Variablen s'(k) und n'(k) geben wieder, ob der eindeutig bestimmte Pfad von k nach v(k) sensibilisiert ist oder nicht. Sie können parallel für w Muster in einem Maschinenwort s'(k)[1...w], n'(k)[1...w] bestimmt werden:

```
Prozedur   TEVA_PART1;

  1)   Führe mit w Eingabemustern eine parallele Logiksimulation
       durch und bestimme an jedem Knoten das Wort k[1…w];

  2)   Bestimme in entgegengesetzter Richtung zum Signalfluß für
       jeden Knoten und jede Kante k ∈ V ∪ E die Worte s'(k)
       und n'(k) durch folgende Fallunterscheidung:
```

```
        Fall a)        k = v(k):
                       Setze s'(k) := (1 … 1) und n'(k) := (0 … 0);

        Fall b)        k = (k₁, k₂) ∈ E:
```

$$\text{Setze } s'(k)[1\ldots w] := \frac{df_{k_2}}{dk_1}[1\ldots w] \wedge s'(k_2)[1\ldots w];$$

$$\text{Setze } n'(k)[1\ldots w] := \neg\frac{df_{k_2}}{dk_1}[1\ldots w] \vee n'(k_2)[1\ldots w];$$

```
        Fall c)        k ∈ V mit e := (k, k₂) ∈ E:
                       Setze s'(k)[1…w] := s'(e)[1…w] und
                       n'(k)[1…w] := n'(e)[1…w];
END.
```

Bild 4.32: Parallele Approximation in verzweigungsfreien Gebieten

Die Prozedur TEVA_PART1 kann somit vollständig parallelisiert werden. Aber auch TEVA_PART2 kann in großen Teilen parallel behandelt werden, allerdings müssen an Verzweigungsstämmen k entsprechend w verschiedene Mengen S(k)[1…w] und N(k)[1…w] erzeugt werden.

```
Prozedur  TEVA_PART2;

Bestimme in entgegengesetzter Richtung zum Signalfluß für jeden Knoten
und jede Kante k ∈ V ∪ E die Werte s(k) und n(k) durch folgende Fall-
unterscheidung:

a)   k ≠ v(k):
     Setze s(k)[1…w] := s'(k)[1…w] ∧ s(v(k))[1…w];
     n(k)[1…w] :=  n'(k)[1…w] ∨ n(v(k))[1…w];

b)   k = v(k):

     i)     k ist Primärausgang:
            Setze s(k) := (1 … 1);
            n(k) := (0 … 0);
     ii)    deg⁺ = 2 und e₁ = (k, k₁), e₂ = (k, k₂) ∈ E:
            Setze  s(k)[1…w] :=
                   ¬(s(e₁) ∧ s(e₂))[1…w] ∧ ¬(n(e₁) ∧ n(e₂))[1…w]
                   ∧ ((s(e₁) ∧ n(e₂)) ∨ (n(e₁) ∧ s(e₂)))[1…w];
            Setze  n(k)[1…w] :=
                   ¬(s(e₁) ∨ s(e₂))[1…w] ∧ (n(e₁) ∧ n(e₂))[1…w].
            Diese Belegungen sind noch nicht endgültig, und für
            j := 1, …, w trifft man folgende Fallunterscheidung:

            Für s(k)(j) = 0     setze  S(k)(j) := ∅;
            Für n(k)(j) = 0     setze  N(k)(j) := ∅:
            Für s(k)(j) = 1 oder n(k)(j) = 1 müssen die Mengen
```

```
            N(e₁)(j), N(e₂)(j), S(e₁)(j) und S(e₂)(j) konstru-
            iert werden:

            Berechnung von N(e₁)(j):
            n(e₁)(j) = 0: Setze N(e₁)(j) = ∅.
            n(e₁)(j) = 1 und n'(e₁)(j) = 0:
                    Setze N(e₁)(j) := N(v(e₁))(j).
            n'(e₁)(j) = 1:
                    Setze N(e₁)(j) gleich einem Knoten, der
                    (k₁,…, v(e₁)) blockiert.

            N(e₂)(j) berechnet sich in gleicher Weise.

            Berechnung von S(e₁)(j):
            Ist s(e₁)(j) = 1, so setze
            S(e₁)(j) := ω(k₁, …, v(e₁)) ∪ S(v(e₁))(j),
            sonst setze S(e₁)(j) := ∅.

            S(e₂)(j) berechnet sich entsprechend.

    {Es werden nachträglich die Bedingungen d.ii) und d.iii)
    der Prozedur TEVA verifiziert:}

    n(k)(j) = 1:
    Gilt N(e₁)(j) ∩ N(e₂)(j) = ∅, so bleibt n(k)(j) = 1, und
    man setzt s(k)(j) := 0, N(k)(j) := N(e₁)(j) ∪ N(e₁)(j)
    und S(k)(j) := ∅. Andernfalls setzt man n(k)(j) :=
    s(k)(j) := 0 und S(k)(j) := N(k)(j) := ∅.

    s(k)(j) = 1:
    Bei N(e₂)(j) ∩ S(e₁)(j) = ∅, N(e₂)(j) ∩ N(e₁)(j) = ∅
    setzt man n(k)(j) := 0, S(k)(j) := S(e₁)(j) ∪ {k},
    N(k)(j) := N(e₁)(j) ∪ N(e₂)(j).
    Bei N(e₁)(j) ∩ S(e₂)(j) = ∅, N(e₂)(j) ∩ N(e₁)(j) = ∅
    setzt man n(k)(j) := 0, S(k)(j) := S(e₂)(j) ∪ {k},
    N(k)(j) := N(e₁)(j) ∪ N(e₂)(j).
    Anderfalls revidiert man s(k)(j) := n(k)(j) := 0 und
    S(k)(j) := N(k)(j) := ∅;
END.
```

Bild 4.33: Parallele Approximation an Verzweigungsstämmen

Hiermit sind Listenoperationen nur noch an Verzweigungsstämmen durchzuführen, und zwar nur in solchen Fällen, in denen eine große Wahrscheinlichkeit dafür besteht, daß mit $n(k) = 1$ oder $s(k) = 1$ Information gewonnen
wird. Alle anderen Rechenoperationen können parallel für mehrere Muster
stattfinden.

Der zweite anfangs erwähnte Mangel kann durch folgende Maßnahmen be-
hoben werden:

1) Es wird eine Konstante $\beta \in \mathbb{N}$ gewählt, und falls in Fall d.ii) oder in Fall d.iii) $|N(e_1) \cup N(e_2)| \geq \beta$ ist, wird keine Information mehr erzeugt: $s(k) := n(k) := 0$ und $S(k) := N(k) := \emptyset$.

2) Der in $S(k)$ gespeicherte sensibilisierte Pfad wird als Suchbaum organisiert, wobei ein neues Element mit $O(ld(n))$ Operationen angefügt und mit ebenso vielen Operationen untersucht werden kann, ob ein gegebenes Element in dem Pfad liegt.

Mit diesen Änderungen ist der Algorithmus in $O(n \cdot ld(n))$ abzuarbeiten. Schaltnetze mit mehreren Ausgängen werden behandelt, indem man sich in ähnlicher Weise, wie es in [AMM83] beschrieben wird, auf geeignete Teilschaltnetze beschränkt.

Definition 4.9: Es sei $G := (V,E)$ ein Schaltnetzgraph, $v \in V$. Der *Kegel* von v ist der Teilgraph $K(v) := (A,B)$, mit den Knoten $A := p(v) \cup \{v\}$ und den Kanten $B := A^2 \cap E$.

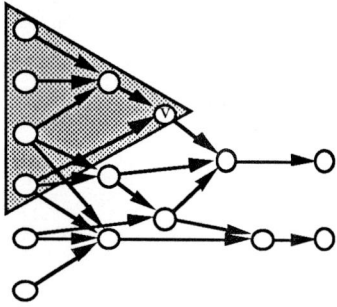

Bild 4.34:   Kegel des Knotens v

Bei $O := \{o_1, \ldots, o_m\}$ Ausgängen wird das beschriebene Approximationsverfahren auf die m Teilschaltungen $K(o_i)$, $i = 1, \ldots, m$, angewandt. Danach gilt für einen Knoten $s(v) = 1$ in der Gesamtschaltung, wenn zumindest in einem Kegel $s(v) = 1$ ist. Dagegen gilt $n(v) = 1$ in der Gesamtschaltung, wenn in allen Kegeln $n(v) = 1$ ist.

4.5.4 Bewertung großer Testmengen

In diesem Abschnitt wird gezeigt, wie das oben vorgestellte Verfahren eingesetzt werden kann, um effizient große Mustermengen zu bewerten. Bei der

Fehlersimulation mit Fehleraufgabe simuliert man sukzessive eine Mustermenge $T := \{t_1, \ldots, t_\alpha\}$ und bestimmt dabei für jedes Muster t_i mit $\Phi_{t_i} :=$ $(F \setminus \bigcup_{j<i} \Phi_{t_j}) \cap F(t_i)$ die Menge der Fehler, die zuerst von dem Muster erkannt werden. Dies ist jedoch mehr Information, als tatsächlich benötigt wird. Da beim Selbsttest und auch bei anderen kostengünstigen Testanwendungsverfahren der Test nicht nach der ersten falschen Antwort des Prüflings abgebrochen wird, sondern die Testantworten komprimiert werden, ist lediglich die Menge $F(T) := \bigcup_{t \in T} F(t)$ aller erfaßten Fehler von Interesse.

Wir leiten zunächst den Aufwand her, der notwendig ist, falls diese Menge durch Simulation bestimmt wird, und benutzen dabei die folgenden Parameter:

c: die für das verwendete Simulationsverfahren charakteristische Konstante,

C: die Schaltungsgröße,

α: die Zahl der zu bewertenden Muster,

p_f: die Wahrscheinlichkeit, daß ein Fehler $f \in F$ von einem zufällig gewählten Muster erkannt wird.

Mit diesen Parametern wird für den Fehler f die erwartete Musterzahl $E(f)$ bis zur Fehlererkennung durch den folgenden Ausdruck bestimmt:

$$E(f) := \sum_{i=1}^{\alpha} i(1-p_f)^{i-1} p_f = -p_f \sum_{i=1}^{\alpha} \frac{d(1-p_f)^i}{dp_f}$$

$$= -p_f \frac{d\sum_{i=1}^{\alpha}(1-p_f)^i}{dp_f} = -p_f \frac{d\left(\frac{(1-p_f)-(1-p_f)^{\alpha+1}}{p_f}\right)}{dp_f} = \frac{1-(1-p_f)^\alpha}{p_f} - \alpha(1-p_f)^\alpha.$$

Wir setzen $a(f) := \dfrac{1-(1-p_f)^\alpha}{p_f}$.

Für die während der Simulation nicht erkannten Fehler ist $R(f) := \alpha(1-p_f)^\alpha$ als Musterzahl zu erwarten, insgesamt sind daher im Durchschnitt $SIM(f) := R(f) + E(f) = a(f)$ viele Muster für f zu simulieren. Dies ergibt einen Gesamtaufwand von $A_G := O(\sum_{f \in F} a(f) \cdot c \cdot C)$. Berücksichtigt man noch die wegen Re-

dundanz nicht erkennbaren Fehler, so gilt mit $A_R := O(\alpha \cdot c \cdot C \cdot |\{f \in F \mid p_f = 0\}|)$
und $A_E := O(\sum_{\substack{f \in F \\ p_f \neq 0}} a(f) \cdot c \cdot C)$ für den Gesamtaufwand $A_G = A_R + A_E$.

Mit dem beschriebenen Approximationsverfahren bietet sich statt der Simulation folgendes Vorgehen zur Bestimmung der Fehlererfassung durch die Testmenge $T := \{t_1, \ldots, t_\alpha\}$ an:

1)   Setze $\tilde{F}_0 := F$, und für jeden Fehler $f \in F$ setze $\overline{T}(f) := \emptyset$.
2)   Setze für $i := 1, \ldots, \alpha$:

    $\hat{F}_i :=$ Menge der Fehler aus $\tilde{F}_{i-1}$, die durch das Muster t_i mit TEVA als erkennbar klassifiziert werden.

    $\tilde{F}_i := \tilde{F}_{i-1} \setminus \hat{F}_i$.

    Falls das Muster t_i den Fehler $f \in \tilde{F}_i$ sicher nicht entdecken kann und

    $n(f) = 1$ beim Anlegen von t_i ist, setze $\overline{T}(f) := \overline{T}(f) \cup \{t_i\}$.

Nach dieser Behandlung ist sicher, daß die Fehler $\bigcup_{i \leq \alpha} \hat{F}_i$ von der Testmenge T erkannt werden. Zusätzlich liegt für die noch unentschiedenen Fehler $\tilde{F} :=$ $F \setminus \bigcup_{i \leq \alpha} \hat{F}_i = \tilde{F}_\alpha$ die Information vor, daß aus $\overline{T}(f)$ kein Muster den Fehler f $\in \tilde{F}$ erkennen kann. Damit verbleibt als letzter Schritt folgende Aufgabe:

3)   Simuliere jeden Fehler $f \in \tilde{F}$ mit Mustern aus $T \setminus \overline{T}(f)$.

Es soll der Gesamtaufwand für dieses Vorgehen geschätzt werden. Hierzu werden noch folgende Parameter verwendet:

e_f: die Wahrscheinlichkeit, daß der Fehler $f \in F$ durch ein Muster mit TEVA als erkennbar klassifiziert wird;

$c_1(f)$:   eine reelle Funktion, so daß $e_f := c_1(f) \cdot p_f$ gilt;

m_f: die Wahrscheinlichkeit, daß TEVA mit $n(f) = 1$ Nichterkennbarkeit identifiziert;

$c_2(f)$:   eine reelle Funktion mit $m_f := c_2(f) \cdot (1 - p_f)$;

$\alpha_f := (1 - m_f)\alpha$:   die erwartete Zahl der noch zu simulierenden Muster $T \setminus \overline{T}(f)$;

$d_f := \dfrac{p_f}{1-m_f}:$ die bedingte Erkennungswahrscheinlichkeit, falls ein

Muster aus $T \setminus \overline{T}(f)$ simuliert wird.

Der Einfachheit halber berücksichtigen wir bei TEVA keine Fehleraufgabe, und erhalten damit für Schritt 2) den Aufwand $O(\alpha\beta C \cdot \ln(C))$. Für jeden Fehler ist $(1-e_f)^\alpha$ die Wahrscheinlichkeit, daß er in Schritt 2) nicht erkannt wird. Mit diesen Bezeichnungen liegt der erwartete Simulationsaufwand bei Schritt 3) in der folgenden Größenordnungen:

$$A_G' := \sum_{f \in F} (1-e_f)^\alpha \, \frac{1-(1-d_f)^\alpha}{d_f} \cdot c \cdot C = \sum_{f \in F} (1-c_1(f)p_f)^\alpha \, \frac{1-\left(1-\dfrac{p_f}{1-m_f}\right)^{\alpha_f}}{\dfrac{p_f}{1-m_f}} \cdot c \cdot C \ .$$

Eine übliche Abschätzung für kleine Zahlen δ ist $1-\delta \approx e^{-\delta}$ und damit gilt für kleine $p\delta$ die Formel $(1-p\delta)^q \approx (e^{-p\delta})^q \approx e^{-pq\delta} \approx (1-\delta)^{pq}$. Mit dieser Abschätzung ist

$$\frac{1-\left(1-\dfrac{p_f}{1-m_f}\right)^{\alpha_f}}{\dfrac{p_f}{1-m_f}} = \frac{1-(1-p_f)^\alpha}{\dfrac{p_f}{1-m_f}} \ ,$$

und man erhält

$$A_G' \approx \sum_{f \in F}(1-p_f)^{c_1(f)\alpha}(1-m_f)\frac{1-(1-p_f)^\alpha}{p_f} \cdot c \cdot C = A_R' + A_E',$$

wobei $A_R' \approx \displaystyle\sum_{\substack{p_f=0 \\ f \in F}} \alpha \cdot c \cdot C \cdot (1-c_2(f))$ für redundante Schaltungsteile und ansonsten $A_E' = \displaystyle\sum_{\substack{p_f \neq 0 \\ f \in F}} a'(f)$ mit $a'(f) := (1-p_f)^{c_1(f)\alpha}(1-c_2(f)(1-p_f))\dfrac{1-(1-p_f)^\alpha}{p_f} \cdot c \cdot C$

gelten.

Jeder Summand von A_R' ist wegen des Faktors $(1-c_2(f))$ kleiner oder gleich dem entsprechenden Summanden $a(f)$ von A_R. Bei gut entworfenen, irredundanten Schaltungen verschwinden die Terme A_R und A_R', aber auch bei Redundanz ist der Effizienzgewinn nicht sehr bedeutend. In der Regel sollten jedoch nur sehr wenige Schaltungsteile redundant sein. Interessanter ist das Verhältnis zwischen den Summanden $a'(f)$ und $a(f)$. Es ist

$$\frac{a'(f)}{a(f)} = \frac{(1 - p_f)^{c_1(f)\alpha}\,(1 - c_2(f)(1 - p_f))\dfrac{1 - (1 - p_f)^{\alpha}}{p_f}\,c\ C}{\dfrac{1 - (1 - p_f)^{\alpha}}{p_f}\,c\ C} =$$

$$(1 - p_f)^{c_1(f)\alpha}\,(1 - c_2(f)(1 - p_f))\,.$$

In [AMM83] wird beschrieben, daß im Durchschnitt ein großer Teil der Testmuster einen Fehler durch Einzelpfad-Sensibilisierung aufdecken. Zwar bestimmt in TEVA der Parameter β, ob in hinreichendem Maße Einzelpfad-Sensibilisierung erkannt wird und beide Parameter $c_1(f)$ und $c_2(f)$ hinreichend groß sind, aber auch für niedrigere Werte führt das geschilderte Verfahren zu beträchtlichen Einsparungen. Für große α geht der obenstehende Quotient für $c_1(f) \neq 0$ und für hinreichend gut erkennbare Fehler $p_f \neq 0$ gegen 0.

Die Testmustermengen sollen in der Regel zu einer vollständigen Erfassung auch schwer erkennbarer Fehler $f \in F$ führen. Die Wahrscheinlichkeit $(1-p_f)^{\alpha}$, daß ein Fehler f von allen α Mustern nicht erfaßt wird, soll daher unter einer Vorgabe $\varepsilon \geq (1-p_f)^{\alpha}$ liegen. Typische Werte sind $\varepsilon = 0.001$ bis $\varepsilon = 0.01$. Damit ist der Quotient

(4.7) $$\frac{a'(f)}{a(f)} \leq \varepsilon^{c_1(f)}(1-c_2(f)(1-p_f)),$$

und die Einsparungen können mehrere Größenordnungen betragen, wie man sich leicht anhand geeigneter Zahlenbeispiele mit Formel (4.30) veranschaulicht.

4.6 Simulation von Verzögerungs- und Übergangsfehlern

Alle bislang vorgestellten Simulationsverfahren wurden am Beispiel des Haftfehlermodells erläutert, sie lassen sich aber ohne Probleme auch für komplexere kombinatorische Fehlfunktionen anpassen. Beim Haftfehlermodell besteht die Fehlerinjektion darin, statt der Bauelementefunktion $f_v(x_1, \ldots, x_n)$ die fehlerhafte Funktion $f'_v(x_1, \ldots, x_n) \equiv 1$ oder $f'_v(x_1, \ldots, x_n) \equiv 0$ auszuführen. Bei komplexeren kombinatorischen Funktionsfehlern ist die Fehlfunktion nicht mehr konstant, sondern sie muß in einer Bibliothek abgespeichert und am Fehlerort ausgewertet werden. Nur diese Fehlerinjektion wird geringfügig aufwendiger, das Simulationsverfahren selbst bleibt unverändert.

Dagegen hat die Simulation von Verzögerungs- und Übergangsfehlern nicht nur Einfluß auf die Fehlerinjektion, sondern auch auf den gesamten

Simulationsalgorithmus. In diesem Fall können Fehler nicht mehr durch ein einziges Muster erkannt werden, sondern es muß eine Musterfolge angelegt werden, die unmittelbar hintereinander die Initialisierungsfunktion des Fehlers und eine Testfunktion erfüllt.

Ein Verzögerungsfehler der Größe δ läßt nach der Definition aus Kapitel 3 einen Bauelementeausgang um δ Zeiteinheiten zu langsam ansteigen oder abfallen. Bei einem Übergangsfehler findet das Ansteigen oder Abfallen überhaupt nicht statt, so daß er als ein Verzögerungsfehler der Größe $\delta = \infty$ aufgefaßt werden kann. Daher können Übergangsfehler mit denselben Algorithmen wie Verzögerungsfehler simuliert werden, und wir beschränken uns im folgenden darauf, Verfahren zur Behandlung von Verzögerungsfehlern vorzustellen.

4.6.1 Einfache Verfahren mit paralleler Musterbehandlung

Das oben vorgestellten PPSFP-Verfahren läßt sich auf einfache Weise zur Behandlung von Übergangsfehlern erweitern. Für ein Bauelement mit der Funktion $f(e_1, ..., e_n)$ sei beispielsweise ein zu langsames Ansteigen durch zwei Belegungen E und E' mit $f(E) = 0$ und $f(E') = 1$ beschrieben. Bei der Simulation wird jedem Bauelementeeingang e_i ein Rechnerwort E1(i) zugeordnet, dessen k-tes Bit dem logischen Wert des Eingangs beim Anlegen des k-ten Musters an die Schaltung entspricht.

Bei kombinatorischen Funktionsfehlern wird für das gesamte Wort E1(i) die Fehlerfortpflanzung durchgeführt, hingegen werden bei der Simulation der Übergangsfehler nur diejenigen Bits W1(i)[k] betrachtet, für die E(i) = W1(i)[k] und E'(i) = W1(i)[k+1] gelten. Am Fehlerort werden somit nur solche Bitpaare k, k+1 in das Fehlerwort W2 aufgenommen. Ist dies erfüllt, wird am Ausgang des Schaltglieds das (k+1)-te Bit verfälscht und der Fehler propagiert. Andernfalls ist der Fehler gar nicht initialisiert worden. Das vollständige Simulationsverfahren sieht wie folgt aus:

```
Prozedur  ÜBERGANGSFEHLER;

1)  Vorverarbeitung: Hierzu gehören die Erzeugung der Fehler-
    liste und das Sortieren des Schaltungsgraphen nach dem
    Rang;

2)  Ordne die ersten w Muster den primären Eingängen zu;

3)  Führe eine Logiksimulation der ersten w Muster durch;

4)  Bestimme bei jedem Fehler die Bits k und k+1, an denen
    für k := 1, …, w-1 ein Übergangsfehler initialisiert
```

```
    wird;

5)  Führe mit den in 4) bestimmten Stellen k+1 die Fehler-
    fortpflanzung durch. Ist der Fehler an einem Primäraus-
    gang erkennbar, streiche ihn von der Liste;

6)  Fahre mit 2) fort, bis alle Muster simuliert sind;
END.
```

Bild 4.35: Simulation von Übergangsfehlern

Leider berücksichtigt dieses einfache Simulationsverfahren einige dynamische Sachverhalte nicht, die eine Fehlererkennung verhindern können.

4.6.2 Erkennung dynamischer Fehler

Bei der Testdurchführung wird bei Anlage eines neuen Musters nach τ Zeiteinheiten die Antwort des Prüflings aufgenommen. Folglich darf hierbei kein Pfad in der Schaltung eine längere Laufzeit als τ besitzen, damit jeder Verzögerungsfehler einer Größe $\delta > \tau$ sicher erkannt wird. Es ist aber auch die minimale Größe von Interesse, bei der ein Verzögerungsfehler noch sicher entdeckt wird.

Die Verzögerung eines Pfades von A nach B ist die Summe aller Verzögerungszeiten der Gatter des Pfades. Man könnte annehmen, daß ein Fehler dann erkannt wird, wenn die Summe bestehend aus der Pfadverzögerung und der Fehlergröße die Meßzeit τ übersteigt. Dies ist im allgemeinen aber falsch, wie Bild 4.36 verdeutlicht.

Hier sei am Eingang e die Abfallzeit um $\delta = 2$ verlängert. Der Fehler wird über den besonders ausgezeichneten Pfad übertragen, der insgesamt eine Verzögerung von 5 Einheiten besitzt. Beides zusammen übersteigt deutlich die Meßzeit von beispielsweise $\tau = 5.5$. Dennoch unterscheidet sich zu dieser Zeit der fehlerhafte Wert y' nicht vom fehlerfreien Wert y, so daß bei dieser Meßfrequenz der Fehler nicht erkannt werden kann. Eine genaue Simulation des dynamischen fehlerhaften Verhaltens verlangt die aufwendigeren Verfahren, die in Abschnitt 4.1 vorgestellt wurden.

Ein Testmusterpaar t_1 und t_2 für ein Schaltnetz mit einem Übergangsfehler der Größe δ heißt *robust*, wenn unabhängig von den Laufzeiten der Schaltglieder auch der Wechsel der Ausgangsfunktion um δ Zeiteinheiten verschoben wird. Insbesondere schließt ein robuster Test statische und dynamische Hasards an dem beobachteten Primärausgang aus.

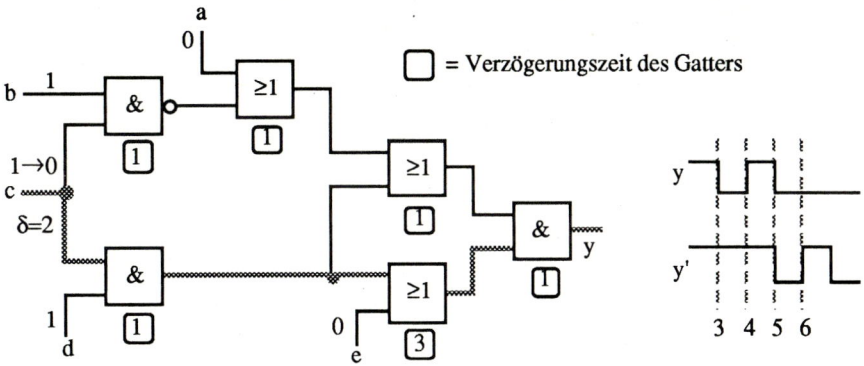

Bild 4.36: Pfadverzögerung

Während in der Schaltung von Bild 4.36 das gezeigte Musterpaar (a, b, c, d, e) = (0, 1, 1, 1, 0), (0, 1, 0, 1, 0) offensichtlich nicht robust ist, garantiert das Paar (1, 0, 1, 1, 0), (1, 0, 0, 1, 0) die Fehlererkennung und ist robust. Eine hinreichende Bedingung für die Existenz eines robusten Tests kann mit Hilfe der Eichelberger-Logik verifiziert werden: Ein Paar t_1, t_2 bildet sicher einen robusten Test, wenn es einen einzelnen Pfad $\omega(v, o) = (v=v_0, \ldots, v_n=o)$ zu einem primären Ausgang o gibt, der sowohl von t_1 als auch von t_2 sensibilisiert wird, wenn t_1 den Fehler initialisiert und t_2 ihn an v testet und wenn beim Übergang von t_1 nach t_2 an keinem $k \in pd(v_i)$, $i = 1, \ldots, n$, $k \neq v_{i-1}$, der Wert U erscheint. Diese Bedingung kann sowohl durch eine dreiwertige Fehlersimulation als auch durch die Erweiterung des geschilderten Approximationsverfahrens TEVA auf die dreiwertige Logik überprüft werden. Simulation und Testerzeugung für Pfadverzögerungsfehler sind so aufwendig, daß sie bisher keinen Eingang in die Praxis gefunden haben, sondern noch Gegenstand der Forschung sind [SFF89a, SFF89b, REDD87, REDD88, IYEN88, LiRe87].

5 Prüfpfad-Techniken

Im vorhergehenden Kapitel wurde deutlich, daß die Fehlersimulation vereinfacht und beschleunigt werden kann, falls die Schaltung weder speichernde Elemente noch Rückkopplungen enthält. In späteren Abschnitten wird gezeigt, daß entsprechendes auch für andere Testalgorithmen wie etwa die Erzeugung von Testmustern gilt. In diesem Kapitel werden Entwurfstechniken diskutiert, welche die Speicherelemente direkt zugänglich zu machen. Die verbleibende, noch zu testende Schaltung ist dann lediglich ein Schaltnetz. Zunächst werden einige der gebräuchlichsten Speicherelemente und anschließend einige Entwurfsstile für Schaltwerke vorgestellt. Durchgängig werden nur synchrone Schaltungen betrachtet, die sich dadurch auszeichnen, daß eine Menge von Primäreingängen, Takte genannt, bestimmt, ob ein speicherndes Bauelement seinen Zustand ändern kann oder nicht. Den Hauptteil des Kapitels nehmen Techniken ein, um die speichernden Bauelemente direkt lesbar und setzbar zu machen, so daß diese als Primäreingänge für das verbleibende Schaltnetz zu nutzen sind.

5.1 Synchrone Schaltungen

5.1.1 Speichernde Bauelemente

Speichernde, synchrone Elemente lassen sich in zustands- oder pegelgesteuerte Elemente einerseits und in flankengesteuerte Elemente andererseits einteilen. Flankengesteuerte Elemente können ihren Zustand nur ändern, wenn das Taktsignal seinen Wert ändert, also bei einer steigenden oder fallenden Flanke des Taktes (englisch: edge-triggered). Pegelgesteuerte Elemente ändern ihren Zustand nur, während das Taktsignal den stabilen Wert 1 hält. In Schaltungsdiagrammen wird durch ein kleines Dreieck kenntlich gemacht, daß die Flanke des Taktsignals zur Steuerung verwendet wird. In Bild 5.1 hat der Takt eine Periode von $\tau := \tau_1 + \tau_2$. Zum sicheren Betrieb der Schaltung müssen Taktänderungen und Datenänderungen in einem gewissen zeitlichen Abstand erfolgen. Δ_s ist die Zeit, in der das Eingangssignal D vor dem Flankenwechsel stabil sein muß, und wird Setup-Zeit genannt. Die Hold-Zeit Δ_h ist die Zeit nach dem Flankenwechsel, während der D stabil sein muß, um ein definiertes Signal am Ausgang zu garantieren.

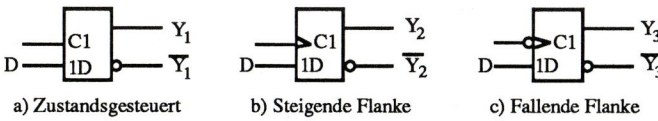

a) Zustandsgesteuert   b) Steigende Flanke   c) Fallende Flanke

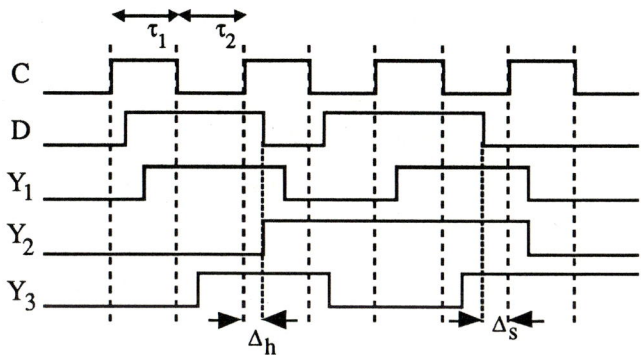

Bild 5.1: Flanken- und zustandsgesteuerte Elemente mit Zeitdiagramm

Das wohl einfachste speichernde Schaltelement ist das pegelgesteuerte D-Flipflop, dessen englischer Name D Latch auch im deutschen häufig verwendet wird. Die Funktion und das Schaltzeichen des D-Latches ist in Bild 5.1 a) dargestellt. Es zeichnet sich durch die Transparenzeigenschaft aus, da bei aktivem Takt C der Dateneingang D zu dem Ausgang Y_1 des Bauelements durchgeschaltet wird. Ist der Takteingang C = 0, so bleibt an Y_1 der vorhergehende Wert erhalten. Bild 5.2 zeigt Realisierungsmöglichkeiten des D-Latches auf Gatter- und Transistorebene.

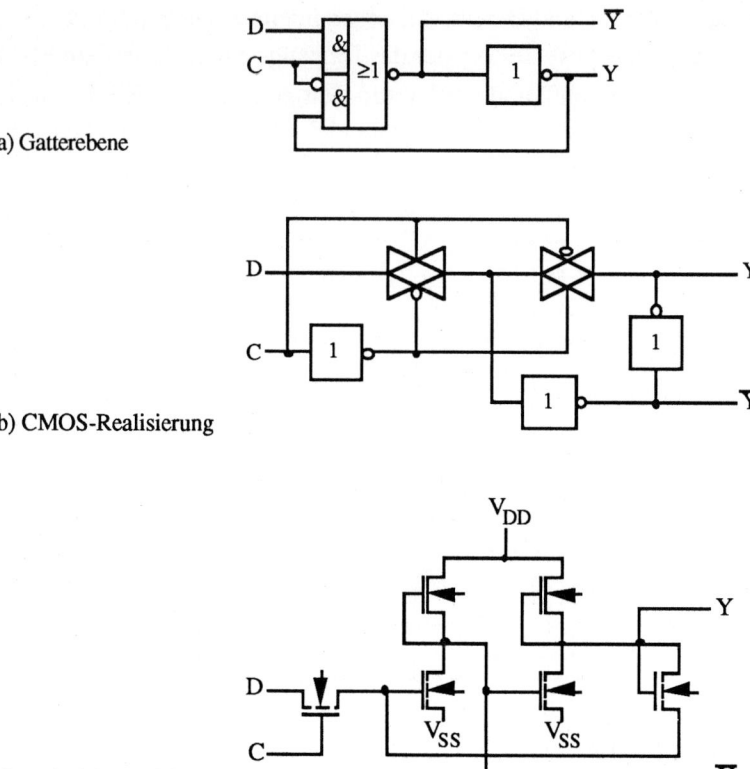

a) Gatterebene

b) CMOS-Realisierung

c) statisches nMOS

Bild 5.2: Realisierungen eines Latches

Flankengesteuerte D-Flipflops besitzen diese Transparenzeigenschaft nicht. Wenn zum Zeitpunkt τ der Takt von 0 auf 1 geht $(C\uparrow)$ und während des Zeitraumes $[\tau - \Delta_s, \tau + \Delta_h]$ an D das Datum D_1 anliegt, dann übernimmt der Ausgang Y_2 den Wert D_1 und behält ihn auch, wenn C wieder fällt. Dies drücken wir durch $Y_2(t+1) = D(t)$ aus. D-Flipflops nach Bild 5.1 b) können, wie in Bild 5.3 gezeigt, aus zwei Latches zusammengesetzt werden.

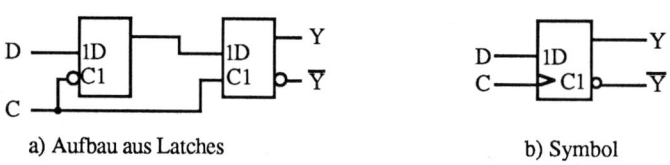

a) Aufbau aus Latches

b) Symbol

Bild 5.3: Flankengesteuertes D-Flipflop

Eine weniger aufwendige Implementierung ist in nMOS-Technik möglich, wenn man dynamische Eigenschaften ausnutzt (Bild 5.4).

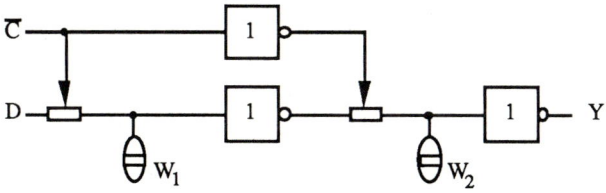

Bild 5.4: Switch-Level Darstellung eines dynamischen D-Flipflops in nMOS

Hier wird der Zustand als Ladung auf den Metalleitungen gespeichert, deren Kapazitäten durch die Wells W_1 und W_2 ausgedrückt werden. Da W_1 und W_2 mit der Zeit ihre Ladung verlieren, muß eine derartige Schaltung mit einer gewissen Mindestgeschwindigkeit betrieben werden.

Neben dem D-Flipflop ist das JK-Flipflop gebräuchlich, das durch die Operationstabelle 5.1 beschrieben wird. Es läßt sich wie in Bild 5.5 aus einem D-Flipflop konstruieren:

Tabelle 5.1: Funktion des JK-Flipflops

J	K	Y(t+1)
0	0	Y(t)
0	1	0
1	0	1
1	1	$\overline{Y(t)}$

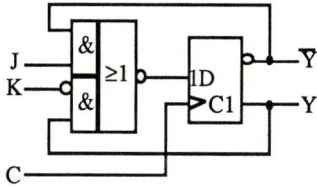
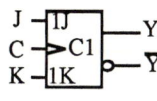

Bild 5.5: JK-Flipflop

Weniger häufig werden RS-Flipflops verwendet, deren Funktion Tabelle 5.2 wiedergibt.

Tabelle 5.2: Funktion des RS-Flipflops

R	S	Y(t+1)
0	0	Y(t)
0	1	1
1	0	0
1	1	undefiniert

Es fällt auf, daß mit K = R und J = S ein JK-Flipflop die Funktion des RS-Flipflops übernehmen kann. In kommerziellen Bauelemente-Bibliotheken finden sich daher vermehrt ausschließlich JK-Flipflops, die zusätzlich für $(J, K) = (1, 1)$ noch die "Toggle"-Funktion $Y(t+1) := \overline{Y(t)}$ ausführen können. Bild 5.6 zeigt eine Implementierung des RS-Flipflops auf Gatterebene.

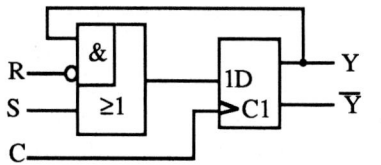

Bild 5.6:   RS-Flipflop

Die "Toggle"-Funktion kann ebenfalls durch das T-Flipflop realisiert werden:

Tabelle 5.3: Funktion des T-Flipflops

T	Y(t+1)
0	Y(t)
1	$\overline{Y(t)}$

Bild 5.7 zeigt die Realisierung des T-Flipflops mittels eines D-Flipflops.

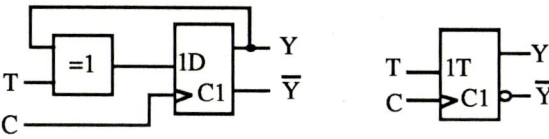

Bild 5.7: T-Flipflop

Es fällt auf, daß sich alle vorgestellten Flipflop-Typen mit einem D-Flip-flop realisieren lassen. Aus diesem Grund können wir im folgenden ohne Einschränkung der Allgemeinheit annehmen, daß eine Schaltung nur D-Flip-flops oder D-Latches enthält. Falls andere Speicherelemente verwendet werden, so müssen diese zu Modellierungszwecken gemäß den obenstehenden Beschreibungen auf D-Flipflops abgebildet werden.

5.1.2 Taktschemata

Flankengesteuerte und pegelgesteuerte Speicherelemente führen zu unterschiedlichen Entwurfsstilen und Taktschemata. Gewöhnlich werden zahlreiche Speicherelemente von einem einzigen Taktsignal gesteuert, so daß Treiberelemente für die Taktleitung eingesetzt werden müssen. Sowohl die Leitungslaufzeit als auch die Schaltzeiten der Treiber bewirken, daß das Taktsignal nicht alle Speicherelemente zum selben Zeitpunkt erreicht. Die Zeitverschiebung für die Ankunft des Taktsignals an verschiedenenen Flipflops wird englisch "clocking skew" genannt. Bild 5.8 verdeutlicht den Effekt großer Zeitdifferenzen.

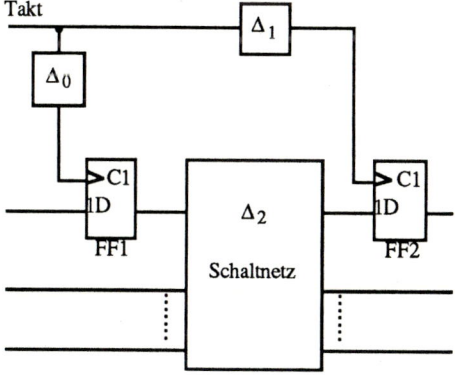

Bild 5.8: Taktverschiebung $\Delta_1 - \Delta_0$

Bei einem Flankenwechsel zum Zeitpunkt t+1 sollte das Flipflop FF2 den Wert annehmen, der durch die zur Zeit t noch andauernde Ausgabe von FF1 bestimmt wird. Gilt in der Schaltung für einen Signalwechsel aber $\Delta_1 - \Delta_0 \approx \Delta_2$, stellt sich undefiniertes Verhalten ein, und ist gar $\Delta_1 - \Delta_0 \geq \Delta_2 + \Delta_h + \Delta_s$, so übernimmt das Flipflop FF2 einen falschen Wert, da FF1 früher umgeschaltet hat. Dieser Effekt muß durch eine sorgfältige Zeitanalyse der Schaltung vermieden werden. Allerdings behandelt die Analyse nur den fehlerfreien Fall und trifft bei Verzögerungsfehlern nicht mehr zu. Ein sichereres und leichter testbares Verhalten kann bei Verwendung von zweiflankengesteuerten Flipflops garantiert werden.

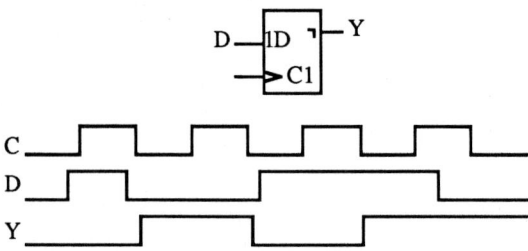

Bild 5.9: Zweiflankengesteuertes Flipflop

Das zweiflankengesteuerte Flipflop übernimmt den Zustand am Dateneingang mit der steigenden Flanke, zeigt aber den neuen Zustand am Datenausgang erst mit der fallenden Flanke an. Während beim Entwurf mit dem einfachen D-Flipflop die relative Zeitverschiebung des Taktes an den einzelnen Flipflops und damit die Gefahr der Funktionsverfälschung von der Betriebsfrequenz im wesentlichen unabhängig sind, kann beim zweiflankengesteuerten Flipflop bei ausreichend niedriger Frequenz das korrekte Verhalten garantiert werden. Allerdings hat der Entwurf mit zweiflankengesteuerten Flipflops Nachteile bezüglich der erreichbaren Betriebsfrequenz und bezüglich des Flächenbedarfs. Bereits das einflankengesteuerte Flipflop ist annähernd so aufwendig wie zwei D-Latches, das zweiflankengesteuerte Element kann aus drei Latches gebildet werden und benötigt noch mehr Fläche.

Falls die Schaltung nach Bild 5.8 mit einer zulässigen Taktverschiebung $\Delta_1 - \Delta_0$ entworfen wurde, kann sie mit einem Takt mit $\tau_1 \geq \Delta_h$, $\tau_2 \geq \Delta_s$ und $\tau := \tau_1 + \tau_2 \geq \Delta_2 + \Delta_s + \Delta_h$ betrieben werden. Die letzte dieser Bedingungen bestimmt die Frequenz. Bei zweiflankengesteuerten Elementen gilt statt $\tau \geq \Delta_2 + \Delta_s + \Delta_h$ die schärfere Anforderung $\tau_2 \geq \Delta_2 + \Delta_s + \Delta_h$, da sich der Flipflopausgang erst nach τ_1 Zeiteinheiten ändert. Folglich muß bei zweiflankengesteuerten Entwürfen der inaktive Taktzustand so lange dauern, wie bei einflankengesteuerten Entwürfen die gesamte Periode, und die gesamte Schaltung wird langsamer.

Der Einsatz von Latches in Verbindung mit etwas aufwendigeren Taktschemata vermeidet diese Nachteile. Die Einhaltung der erwähnten Taktschemata ist notwendig, um asynchrones Verhalten auszuschließen, wie es in der Schaltung nach Bild 5.10 eintreten könnte, falls die Takte A und B gleichzeitig aktiv sind.

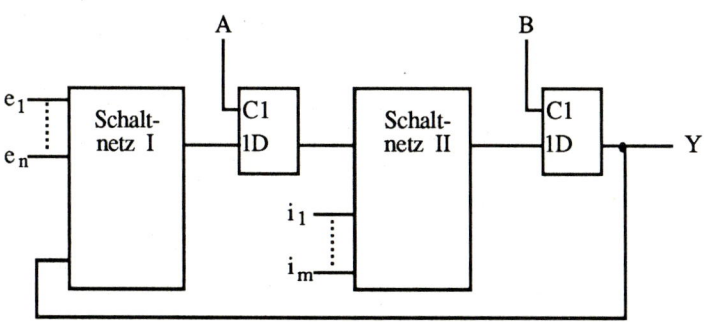

Bild 5.10: Pegelgesteuertes Schaltwerk

Bei gleichzeitig aktivem Takt A und Takt B kann durch die Schaltnetze I und II eine Rückkopplung geschaltet sein, die beide Schaltungen zusammen zu einem asynchronen Schaltwerk machen. Dies wird durch nicht-überlappende Takte verhindert. Ein System von Takten (C_1, ..., C_k) heißt nicht-überlappend, wenn zu jedem Zeitpunkt τ höchstens ein C_i auf 1 liegt.

Bild 5.11: Nicht-überlappende Takte

Mit pegelgesteuerten Latches läßt sich ein definiertes Schaltungsverhalten einfacher als mit flankengesteuerten Flipflops sicherstellen, entsprechende Schaltungen wurden von Eichelberger und Williams "level-sensitive" genannt [EiWi77]:

Definition 5.1: Ein logisches Teilsystem ist genau dann *level-sensitive*, wenn im eingeschwungenen Zustand die Antwort auf erlaubte Eingangswechsel unabhängig von den Verzögerungszeiten der Schaltelemente und Leitungen im Teilsystem ist. Falls der Eingabewechsel mehrere Primäreingänge betrifft, muß die Antwort unabhängig von der Reihenfolge der Änderungen an den Eingängen sein. Unter dem eingeschwungenen Zustand wird hierbei der logische Wert an sämtlichen Gatterausgängen verstanden, nachdem in der Schaltung alle Aktivitäten beendet sind.

In obenstehender Definition ist die Einschränkung auf erlaubte Eingabewechsel notwendig, um die Einhaltung des nicht-überlappenden Taktschemas zu gewährleisten und um auszuschließen, daß sich Daten- und Takteingänge gleichzeitig ändern und so die "Set"- und "Hold"- Bedingungen der Latches verletzt werden. Zusätzlich verlangt ein level-sensitiver Entwurf auch eine hasardfreie Implementierung der Latches. Dieser Einschränkung genügt das Latch nach Bild 5.2 a) nicht, da die Funktion $Y = (DC \vee Y\overline{C})$ nur mit zwei benachbarten konjunktiven Termen dargestellt ist. Falls der Dateneingang D konstant auf 1 liegt und das Latch im Zustand $Y(t) = 1$ ist, kann beim $(1 \rightarrow 0)$-Übergang des Taktsignals ein falscher Wert gespeichert werden. Fällt nämlich die Ausgabe des AND-Gliedes für DC bevor $Y\overline{C}$ auf 1 geht, übernimmt das Latch mit $Y(t+1) = 0$ einen falschen Wert. Da dies von den konkreten Laufzeiten der AND-Glieder und des Taktsignals abhängt, ist eine derartige Implementierung sicher nicht level-sensitiv. Als Abhilfe schlugen Eichelberger und Williams ein Latch nach Bild 5.12 vor.

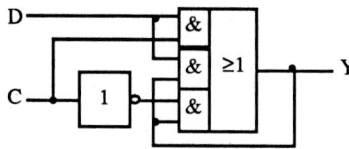

Bild 5.12: Hasardfreies D-Latch

Mit solchen Bauelementen läßt sich jedes synchrone Schaltwerk "level-sensitive" implementieren, wobei gegenüber zweiflankengesteuerten Flipflops bei einem geringeren Flächenbedarf auch Geschwindigkeitsvorteile auftreten. Nehmen wir in Bild 5.11 vereinfachend für beide Taktsignale A und B dieselbe Periode τ an, so folgt die Zeitbedingung $\tau \geq \Delta_s + \Delta_h + \Delta_2$, hierbei ist Δ_2 wieder die Schaltnetzverzögerung.

Sowohl flanken- als auch zustandsgesteuerte Speicherelemente können in einen Prüfpfad eingebunden werden, entsprechende Techniken werden in den folgenden Abschnitten vorgestellt.

5.2 Prüfpfad für flankengesteuerte Elemente

5.2.1 Das Prinzip des Prüfpfads

Eine wirtschaftliche deterministische Testerzeugung und Fehlersimulation ist bei großen Gatterzahlen zumeist nur für Schaltnetze möglich. Daher sollte man so strukturiert entwerfen, daß nur für Schaltnetze Tests erzeugt werden müssen. Der wesentliche Ansatz dieses strukturierten Entwurfs sind Prüfpfad-Techniken (englisch: Scan Design), deren Prinzipien in diesem Abschnitt dargestellt werden. Die erste Publikation darüber erschien 1973 von M. J. Y. Williams und J. B. Angell [AnWi73] und bezog sich auf flankengesteuerte Speicherelemente.

Bild 5.13 stellt das allgemeine Modell einer synchronen Schaltung dar, wobei $Y_1, \ldots, Y_n$ die Speicherelemente sind. SN ist der kombinatorische Teil der Schaltung, PI sind die primären Eingänge und PO die primären Ausgänge. Die Primärausgänge PO sind eine Funktion der Primäreingänge PI und des Inhalts der Speicherelemente Y, der künftige Wert von Y ist ebenfalls eine Funktion der PI und der Speicherelemente selbst.

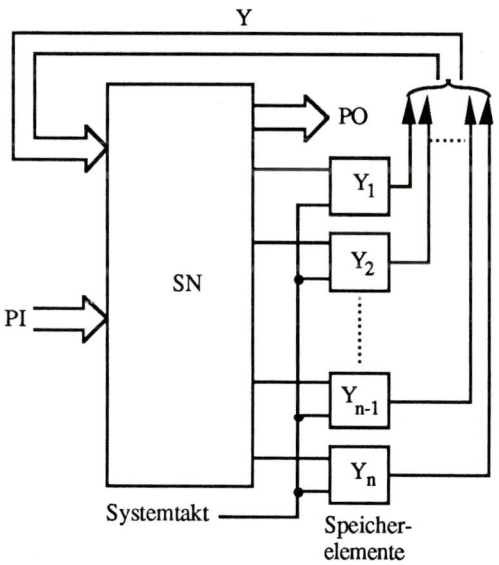

Bild 5.13: Allgemeines Modell eines synchronen Schaltwerks

Die Abhängigkeit des künftigen Zustands der Schaltung vom gegenwärtigen verursacht großen Aufwand bei der Testerzeugung, denn die PI sind die einzigen Variablen, auf die der Test-Programmierer direkten Einfluß hat. Das "Scan Design" löst dieses Problem, indem es folgendes ermöglicht:

(a)   Die speichernden Elemente der Schaltung können getrennt vom Rest der Schaltung getestet werden.

(b)   Die speichernden Elemente der Schaltung können unabhängig vom gegenwärtigen Zustand unmittelbar in einen beliebigen anderen Zustand gesetzt werden.

(c)   Die Ausgabe des kombinatorischen Teils der Schaltung in die speichernden Elemente kann unmittelbar beobachtet werden.

Diese Eigenschaft einer Schaltung kann man erreichen, indem man durch Multiplexer einen zusätzlichen, seriellen Zugriff auf die Speicherelemente schafft. Bild 5.14 zeigt das Prinzip:

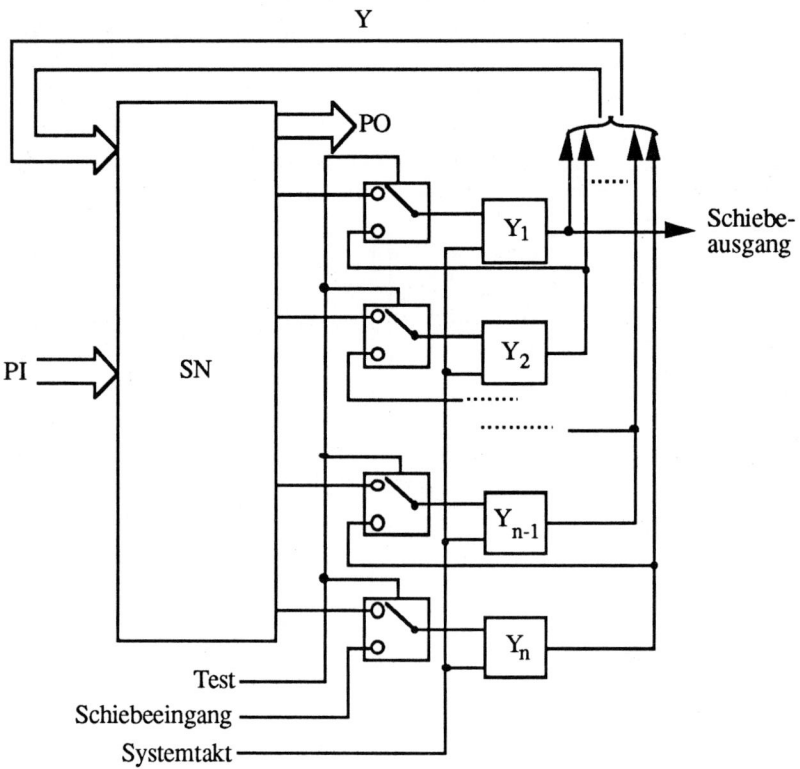

Bild 5.14: Prinzip des Scan Design

Jedem speichernden Element ist ein Multiplexer vorgeschaltet, der von einem gemeinsamen Test-Signal gesteuert wird. Ist das Test-Signal aus, dann verbinden die Multiplexer die Ausgänge des kombinatorischen Teils der Schaltung mit den Eingangsanschlüssen der Flipflops, und die Schaltung arbeitet im normalen Betriebsmodus. Ist jedoch das Test-Signal an, so werden sämtliche speichernden Elemente in ein serielles Schieberegister umkonfiguriert. Im Schiebebetrieb können somit die speichernden Elemente auf jeden beliebigen Wert gesetzt und ihr Inhalt kann gelesen werden. Der Testvorgang läuft in folgenden Schritten ab:

Schritt 1:   Eine Testmenge für den kombinatorischen Teil der Schaltung wird unter folgenden Voraussetzungen bestimmt:

a)   die primären Eingänge und die Zustandseingänge sind direkt steuerbar;
b)   die primären Ausgänge und die Zustandsausgänge sind direkt beobachtbar.

Eine derartige Testmenge können die vom Entwerfer bereits zur Entwurfsvalidierung erstellten Eingaben sein. Deren Fehlererfassung wird durch die bereits im vorhergehenden Kapitel vorgestellten effizienten Fehlersimulatoren oder Testsatzbewertungen für Schaltnetze bestimmt. Entsprechend können auch zufällig erzeugte Muster behandelt werden. Im folgenden Kapitel werden Verfahren vorgestellt, um Zufallsmuster mit einer besonders hohen Fehlererfassung zu erzeugen, und in Kapitel 7 werden Algorithmen zur deterministischen Testmustererzeugung diskutiert.

Schritt 2:   Der Schiebebetrieb wird gewählt, und das entstehende Schieberegister wird mit einem geeigneten Registertest getestet. Mögliche Registertests sind beispielsweise:

a)   Flush-Test: Alle Speicherelemente werden mit 0 initialisiert und eine 1 wird durch das Register geschoben. Anschließend werden alle Speicherelemente mit 1 initialisiert, und eine 0 wird durch das Register geschoben. Diese Folgen prüfen, ob die Speicherelemente sowohl den Wert 1 als auch den Wert 0 annehmen können.
b)   Schiebe-Test: Die Folge 0011001100... wird durch das Register geschoben. Sie testet, ob jedes Speicherelement alle möglichen Kombinationen von gegenwärtigem und zukünftigem Zustand annehmen kann.

Schritt 3:   Jedes Testmuster wird in folgender Weise angelegt :

a)   Im Schiebebetrieb wird der Prüfpfad mit den Werten des Testmusters geladen, und die primären Eingänge werden entsprechend belegt.

b)   Im Systemmodus wird die Antwort des kombinatorischen Teils der Schaltung auf das Testmuster parallel in die Speicherelemente geladen.

c/a) Im Schiebebetrieb wird der Inhalt des Schieberegisters nach außen gegeben und zugleich wird es mit einem neuen Testmuster geladen. Der Registerinhalt und die direkt an den primären Ausgängen zu beobachtenden Werte werden mit der erwarteten fehlerfreien Antwort verglichen.

5.2.2 Flankengesteuerte Prüfpfadelemente

Im vorhergehenden Abschnitt wurde bereits erwähnt, daß bei synchronen Schaltungen mit einfachen, flankengesteuerten D-Flipflops Signalwettläufe verhindern können, daß die Ausgangsdaten des Schaltnetzes korrekt in die Speicherelemente geladen werden. Ein schnell reagierendes Speicherelement kann seinen Ausgang bereits ändern, bevor ein langsameres Element Zeit zu reagieren hatte. Dieses Problem wird bei Einsatz eines Prüfpfades verschärft, denn im allgemeinen lassen sich die Speicherelemente im Prüfpfad durch Schieben auch in Zustände bringen, die im Systembetrieb gar nicht vorgesehen sind. Eine Zeitanalyse durch Logiksimulation wird sich jedoch aus Aufwandsgründen auf den Systembetrieb beschränken müssen. Daher ist bei einer flankengesteuerten Prüfpfadtechnik der Einsatz zweiflankengesteuerter Flipflops mit zusätzlichem Schiebedateneingang obligatorisch. Eine entsprechende Implementierung zeigt Bild 5.15.

Die gezeigte Prüfpfadzelle verwendet neben einem Multiplexer zwei einflankengesteuerte Flipflops und führt daher zu einem beträchtlichen Flächenaufwand. Allerdings wird nur ein Taktsignal benötigt, das auch im Systembetrieb benutzt werden kann. Somit sind bei dieser Prüfpfadtechnik lediglich die drei zusätzlichen externen Schaltungsanschlüsse Test, globaler Schiebeeingang und globaler Schiebeausgang erforderlich.

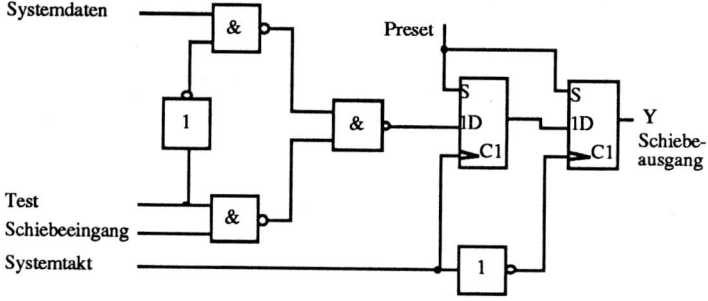

Bild 5.15: Zweiflankengesteuertes D-Flipflop mit Prüfpfadmöglichkeit

5.3   LSSD: "Level-Sensitive Scan-Design"

Der Verzicht auf Latches und der erzwungene Einsatz zweiflankengesteuerter Flipflops bedeuten starke Einschränkungen für den Entwerfer. Die
LSSD-Technik läßt dagegen auch Latches zu. Sie wurde 1977 von Eichelberger und Williams vorgeschlagen [EiWi77] und ist derzeit die Standard-Ent-
wurfstechnik bei IBM. Zu ihr gehört die Einhaltung von zwei wesentlichen
Anforderungen:

1.   Die Schaltung ist level-sensitiv nach Definition 5.1.
2.   Die Schaltung besitzt einen Prüfpfad mit pegelgesteuerten Speicherele-
     menten.

Zur Realisierung dieser Technik werden bestimmte Typen von Speicherelementen benötigt, die im nächsten Abschnitt vorgestellt werden. Mit einem
Regelsystem kann überprüft werden, ob die beiden obenstehenden Anforderungen auch von Schaltungen mit einem komplizierteren Taktschema erfüllt
werden. Nach der Erläuterung dieses Regelsystems werden in einem dritten
Abschnitt drei Schaltungskonfigurationen behandelt, mit denen dieses Regelsystem stets erfüllt werden kann.

5.3.1   LSSD-gerechte Speicherelemente

Die grundlegende Zelle für diesen strukturierten Ansatz ist das pegelgesteuerte Schieberegister-Latch aus Bild 5.16. Das Schieberegister-Latch SRL
besteht aus den beiden Latches L1 und L2. Das Latch L2 übernimmt die
Daten von L1 und wird mit dem Schiebetakt B gesteuert. An seinem Ausgang
erscheinen Schiebedaten für ein nachfolgendes SRL im Prüfpfad. Das Latch
L1 besitzt zwei Dateneingänge. Bei aktivem Systemtakt CLK wird der Wert
vom Systemdateneingang D übernommen, bei aktivem Schiebetakt A wird
der Schiebedateneingang SDI geladen. Offensichtlich ist es hier notwendig,
daß die Takte A, B und CLK ein nicht-überlappendes Taktsystem bilden.

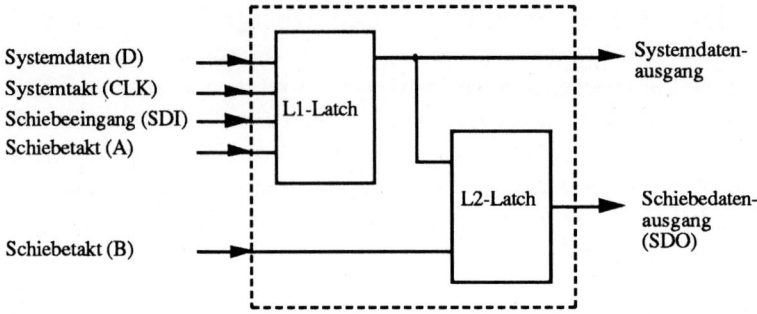

Bild 5.16: Pegelgesteuertes Schieberegister-Latch (SRL)

Bild 5.17 zeigt eine Implementierung eines Schieberegister-Latches in NAND Gattern.

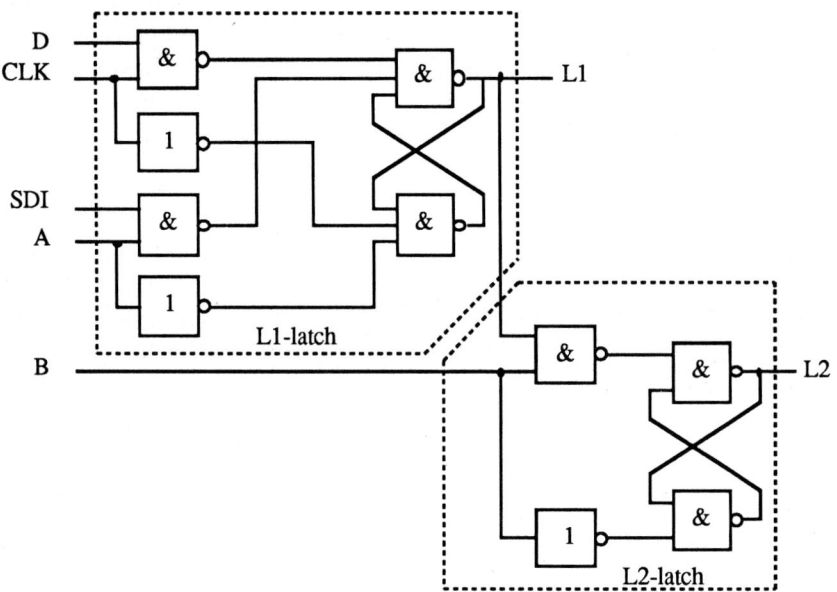

Bild 5.17: NAND-Implementierung eines SRL

Die entsprechende Zelle in CMOS-Technik zeigt Bild 5.18.

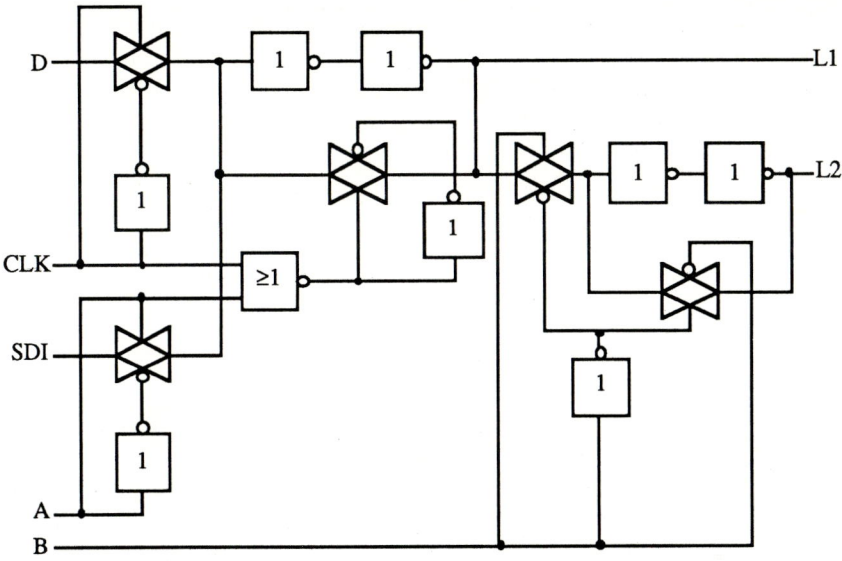

Bild 5.18: Ein LSSD-gerechtes SRL mit CMOS-Transmission-Gates

5.3.2 Die LSSD-Regeln

Ein LSSD-gerechter Entwurf soll durch die Einhaltung des folgenden Regelsystems gewährleistet werden, das wir mit Hilfe der eingeführten Schaltungsmodellierung als Graph erläutern. Das Modell wird um einige Definitionen erweitert, die speziell die Topologie der Speicherelemente beschreiben.

Definition 5.2: Sei $G := (V, E)$ ein Schaltungsgraph mit $V = V_c \cup V_s \cup I$. Sein S-Graph (Speicher-Graph) $G^s := (V^s, E^s)$ ist definiert durch
a) $V^s := O \cup V_s \cup I$
b) $E^s := \{(v,w) \in V^s \times V^s \mid \text{Es gibt einen Pfad } \omega(v,w) \text{ in } G \text{ mit } \omega(v,w) \cap V^s = \{v,w\}\}$.

Der S-Graph vergröbert daher den Schaltungsgraphen und läßt einen Großteil der Knoten aus V_c weg. Bei dieser Definition setzen wir voraus, daß Flipflopausgänge keine Primärausgänge sind, $O \cap V_s = \emptyset$, was durch Hinzunahme einfacher Treiber stets gewährleistet ist. Bild 5.19 zeigt den S-Graphen, der zu dem Schaltungsgraphen aus Bild 3.22 gehört.

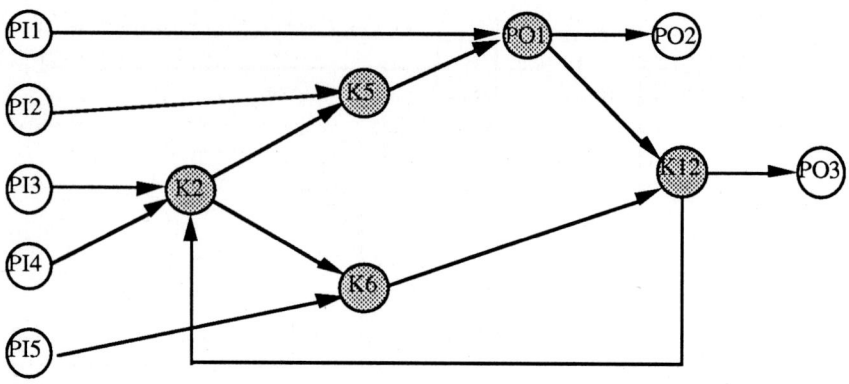

Bild 5.19: S-Graph

Falls die Schaltung mehrere Takte besitzt, wird entsprechend zum erweiterten Schaltungsgraph nach Definition 3.5 ein erweiterter S-Graph gebildet:

Definition 5.3: Sei G := (V, E) ein erweiterter Schaltungsgraph mit $V = V_c \cup V_s \cup I$ und den Takten $T \subset V$. Sein erweiterter S-Graph $G^s := (V^s, E^s)$ ist definiert durch

a) $V^s := O \cup V_s \cup I \cup T$

b) $E^s := \{(v,w) \in V^s \times V^s \mid$ Es gibt einen Pfad $\omega(v,w)$ in G mit $\omega(v,w) \cap V^s = \{v,w\}\}$.

Die Primärtakte eines Schaltwerks sind von außen zugänglich und werden durch die Menge $PT := I \cap T$ beschrieben. Mit diesen Bezeichnungen lassen sich die in [EiWi77] gegebenen Regeln wie folgt formulieren:

1)   Alle Speicherelemente der Schaltung sind hasardfreie, pegelgesteuerte L1- oder L2-Latches.
2)   Die Latches werden durch nicht überlappende Takte gesteuert, so daß gilt:
   a)   Sind s_1, $s_2 \in V_s$ Latches und gilt $(s_1, s_2) \in E^s$, so müssen sie von unterschiedlichen Systemtakten gesteuert werden.
   b)   Der Datenausgang des Latches s_1 darf genau dann mit dem Takt $c_1 \in T$ konjunktiv zu dem abgeleiteten Takt $c_{1a} := s_1$ AND c_1 zur Steuerung eines anderen Latches s_2 verknüpft werden, wenn das Latch s_1 selbst nicht von irgendeinem von c_1 abgeleiteten Takt gesteuert wird.

3) Jeder Takt t ∈ T ist entweder ein Primärtakt t ∈ PT, oder er wird erzeugt, indem ein Primärtakt mit Primäreingängen oder SRL-Ausgängen konjunktiv verknüpft wird. Insbesondere muß gelten:

   a) Alle Taktanschlüsse der Latches müssen auf 0 sein, wenn die Primärtakte auf 0 liegen.

   b) Jeder Taktanschluß eines Latches kann durch einen oder mehrere Primärtakte gesteuert werden, so daß er auf 1 schaltet, wenn einer der zugehörigen Primärtakte auf 1 schaltet und wenn im Falle von abgeleiteten Takten die betreffenden Latches und die anderen Primäreingänge entsprechende Daten liefern.

   c) Ein Takt darf weder mit einem anderen Takt noch mit dessen Komplement verknüpft werden.

4) Primärtakte dürfen nicht an die Dateneingänge der Latches angeschlossen werden, und es darf auch keinen Pfad durch rein kombinatorische Bauelemente von einem Primärtakt zu einem Dateneingang eines Latches geben.

Die Regeln 1 bis 4 führen zu einem level-sensitiven Entwurf, zwei weitere Regeln garantieren die Existenz eines Prüfpfades:

5) Alle System-Latches sind Teil eines Schieberegister-Latches (SRL) nach Bild 5.16. Alle SRL sind zu einem oder mehreren Schieberegistern verbunden, für die außerhalb der Schaltung der globale Schiebedateneingang SDI, der globale Schiebedatenausgang SDO und die Schiebetakte zu Verfügung stehen.

6) Es muß eine Belegung der Primäreingänge, den Schiebezustand, geben, so daß gelten:

   a) Jedes SRL oder jeder globale Schiebedatenausgang ist ausschließlich eine Funktion des vorausgehenden SRL bzw. des globalen Schiebedateneingangs.

   b) Außer den Schiebetaktanschlüssen liegen alle anderen Takte der SRL auf 0.

   c) Jeder Schiebetaktanschluß an einem SRL kann über den entsprechenden Primärtakt auf 0 oder 1 gesetzt werden.

Das hier beschriebene Regelsystem läßt eine ausreichende Flexibilität beim Entwurf zu und gewährleistet zugleich die Testbarkeit der Schaltung. Es ist hier jedoch nur exemplarisch in diesem Umfang aufgeführt worden, andere Entwurfssysteme für Schaltungen verwenden häufig Abwandlungen oder gänzlich andere Regelsätze.

5.3.3 Automatische Regelüberprüfung

Entwurfssysteme müssen den Einbau eines Prüfpfades unterstützen und die Einhaltung der entsprechenden Testregeln überprüfen. Standardzellensysteme oder Silicon Compiler entlasten den Entwerfer von der Auswahl der prüfpfadfähigen Zellen, so daß der Entwerfer lediglich die Systemfunktion der SRL zu nutzen hat, indem die Daten- und Systemtakteingänge entsprechend belegt werden. Die Ansteuerung mit den Schiebetakten und die Integration der SRL in den Prüfpfad übernimmt das Entwurfssystem.

Insbesondere hat sich der Entwerfer in der Regel nicht um die Reihenfolge zu kümmern, in der die SRL in dem Prüfpfad liegen. Diese Reihenfolge ist für die Testdurchführung und für den Systembetrieb völlig ohne Bedeutung, so daß sie ausschließlich mit dem Ziel bestimmt werden kann, den Verdrahtungsaufwand zu minimieren. Es ist daher sinnvoll, die Speicherzellen zunächst nur mit Rücksicht auf ihre Systemanschlüsse zu plazieren und zu verdrahten und erst anschließend die daraus folgende, günstigste serielle Verdrahtung als Prüfpfad zu bestimmen. In [AGRA84] wurde empirisch festgestellt, daß auf diese Weise der notwendige Verdrahtungsaufwand um bis zur Hälfte im Vergleich zu einer frühzeitigen Festlegung der Prüfpfad-Reihenfolge reduziert werden kann.

Da die Anschlüsse der SDI-, SDO- und der Schiebetakt-Signale vom System erfolgen, muß in der Hauptsache nur noch das vom Benutzer vorgegebene Taktschema auf die Einhaltung der Entwurfsregeln überprüft werden. Für das oben angeführte Regelsystem wurde in [Godo77] ein entsprechendes Validierungsverfahren beschrieben. Die korrekten Anschlüsse der Taktleitungen können in einem einmaligen Durchgang durch die Schaltungsbeschreibung geprüft werden. Regel 3a) wird validiert, indem allen Primärtakten die 0 und allen anderen Knoten der Schaltung der unbestimmte Wert U zugewiesen wird. Eine anschließende Simulation muß an allen Taktanschlüssen der SRL den definierten Wert 0 ergeben. Regel 3a) und Regel 6) verlangen, daß bestimmte Knoten auf bestimmte Werte gesetzt werden können. Dies kann mit einer sogenannten Rückverfolgungsprozedur festgestellt werden, die im einzelnen in Kapitel 7 behandelt wird.

Ein Programm zur hierarchischen Überprüfung von Testregeln wurde in [KnTr89] vorgestellt, das mit unterschiedlichen Regelsätzen für verschiedene Prüfpfad-Techniken arbeiten kann. Ähnliche Verfahren finden sich in [Bhav83, Son85, CAMU88], die als regelbasierte Systeme arbeiten und zum Teil auch den Entwerfer bei der Testerzeugung unterstützen.

5.3.4 LSSD-Konfigurationen

Die manuelle oder auch rechnergestützte Erstellung einer LSSD-gerechten Taktansteuerung der Speicherelemente ist sehr aufwendig. Es gibt jedoch einige grundlegende Konfigurationen, die stets zu einem LSSD-gerechten Entwurf führen. In der Doppel-Latch-Konfiguration nach Bild 5.20 wird der L1-Ausgang der SRL nicht genutzt, nur der Ausgang von L2, der sowohl Systemdatenausgang als auch Schiebedatenausgang ist.

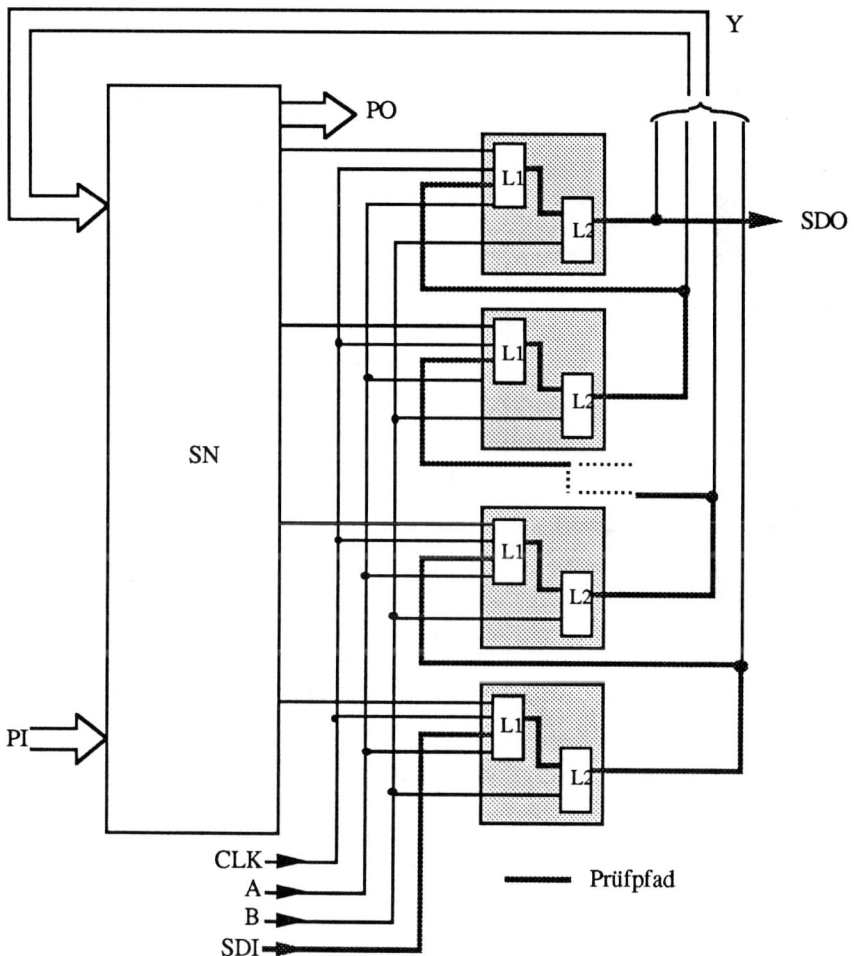

Bild 5.20: Doppel-Latch-LSSD-Konfiguration

Folglich arbeitet das SRL in einem "Master-Slave"-Modus, wobei die Datenübernahme durch den Systemtakt CLK und durch den Takt B gesteuert wird. Der Name "Doppel-Latch" kommt daher, daß für jedes SRL beide Latches im Systembetrieb verwendet werden müssen. Da stets zwei Latches durchlaufen werden, ist diese Konfiguration relativ langsam. Nicht die Periode τ von CLK, sondern bereits dessen aktive Phase τ_1 muß mindestens so lange wie die Verzögerung des Schaltnetzes SN dauern.

Bild 5.21 zeigt als Lösung eine schnellere Schaltung. Hier verwendet man den L1-Ausgang und vermeidet die Auswirkungen möglicher Signalwettläufe, indem man das Schaltnetz in zwei disjunkte Teile SN(1) und SN(2) aufteilt.

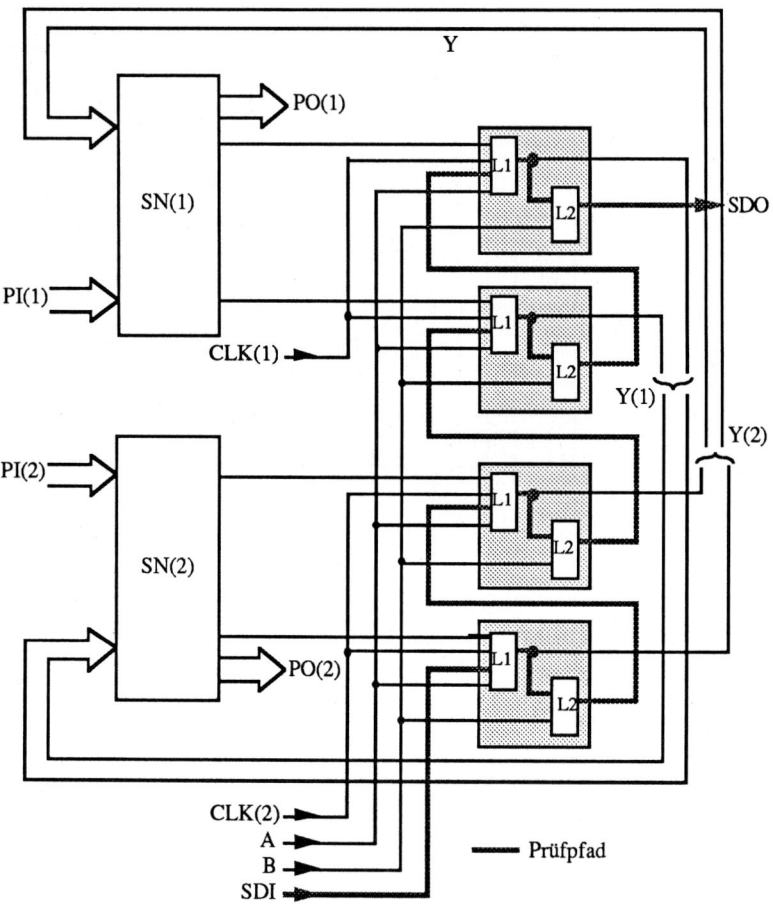

Bild 5.21: Einzel-Latch-Konfiguration

Die SRL, die von SN(1) ihre Daten erhalten, werden vom Takt CLK(1) gesteuert, die anderen vom Takt CLK(2). Die Ausgänge der zu SN(1) gehörenden SRL sind die Eingänge von SN(2) und umgekehrt. Da die Takte CLK(1) und CLK(2) nicht-überlappend sind, ist die Übernahme falscher Werte bei Signalwettläufen ausgeschlossen. Der Name "Einzel-Latch" rührt daher, daß im Systembetrieb stets nur das Latch L1 gebraucht und nur dessen Datenausgang genutzt wird. Falls eine Zerlegung in disjunkte Teilnetze SN(1) und SN(2) nicht möglich ist, und es somit SRL gibt, von deren Ausgängen Pfade durch ein Schaltnetz wieder zu ihren Eingängen führen, dann müssen hier zwei Latches hintereinander geschaltet werden. Dies führt für diese Elemente wieder zur erwähnten Doppel-Latch Lösung.

Der wesentliche Unterschied zwischen einer LSSD-Realisierung als Einzel-Latch- oder als Doppel-Latch-Konfiguration liegt in der Geschwindigkeit der resultierenden Schaltung. Das Doppel-Latch System benötigt zwei unabhängige, nicht-überlappende Takte CLK und B, die sich ändern müssen, bevor das Signal die Latches L1 und L2 durchlaufen kann. Dagegen braucht die Einfach-Latch-Konfiguration je nach Änderung der Eingänge von SN(1) und SN(2) stets nur eine aktive Taktphase CLK(1) oder CLK(2), bis das Signal durch die Latches geleitet wird. In beiden Fällen wird die schnellstmögliche Betriebsgeschwindigkeit durch die Verzögerung in den Schaltnetzen bestimmt.

Ein Nachteil der Einfach-Latch-Konfiguration ist, daß das Latch L2 während des Normalbetriebs keine Aufgabe hat und somit reinen Mehraufwand nur zu Testzwecken darstellt. Dies wird mit einem sogenannten L1/L2*-SRL umgangen, dessen Struktur Bild 5.22 zeigt.

Das normale L1/L2-SRL und das L1/L2*-SRL unterscheiden sich in den L2-Latches. Ein L2*-Latch bietet einen zusätzlichen Systemdateneingang D(2), der mit dem zusätzlichen Takt CLK(2) gesteuert wird. Der innere Aufbau eines L2*-Latches entspricht demnach dem eines L1-Latches, und es können sowohl der L1- als auch der L2*-Datenausgang im Systembetrieb benutzt werden.

Hier werden die Datenausgänge von SN(1) in die D(1) Eingänge der L1-Latches und die Datenausgänge von SN(2) in die D(2) Eingänge der L2*-Latches geführt. Beide sind somit Teil des System-Betriebs, und der Mehraufwand zu Testzwecken ist deutlich geringer als bei der normalen Einzel-Latch-Konfiguration.

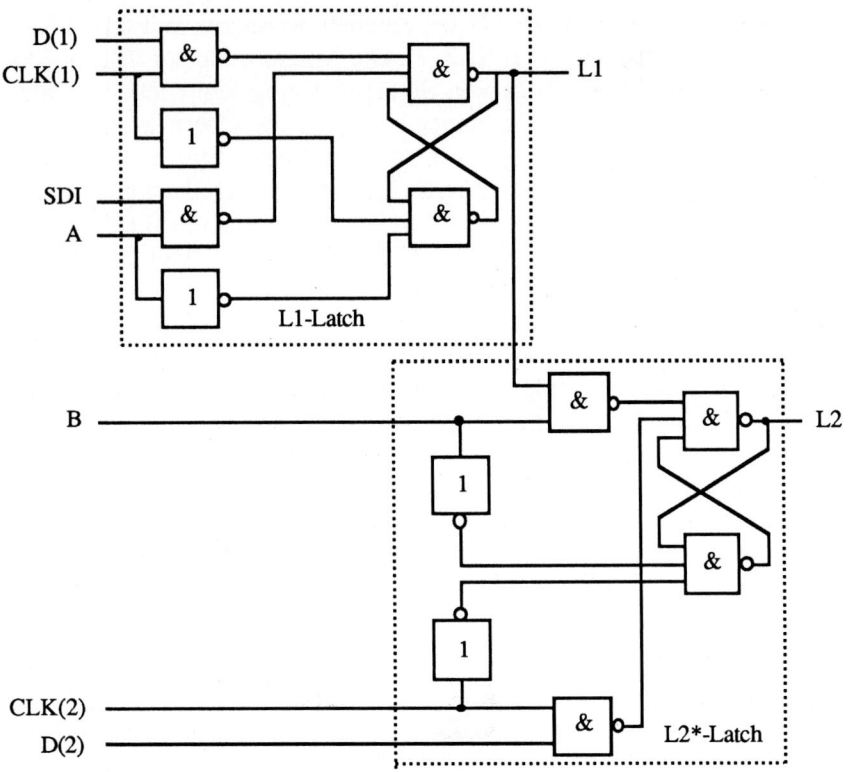

Bild 5.22: L1/L2*-SRL

Die L1/L2*-Konfiguration ist eine Konkretisierung der eingeführten LSSD-Regeln für einen effizienten Entwurf mit zwei Takten. Insbesondere wird die Regel 2 wie folgt auf zwei Takte eingeschränkt:

I.   Die SRL werden von zwei nicht-überlappenden Takten CLK(1) und CLK(2) gesteuert, so daß gelten:
   a)   CLK(1) steuert die L1-Latches.
   b)   CLK(2) steuert die L2*-Latches.
   c)   Der Schiebetakt A steuert die L1-Latches.
   d)   Der Schiebetakt B steuert die L2*-Latches.
II. Der kombinatorische Teil der Schaltung zerfällt in zwei disjunkte Schaltnetze SN(1) und SN(2), so daß gelten:
   a)   Schaltnetz SN(1) liefert Daten ausschließlich an L1-Elemente und erhält Daten ausschließlich von L2*-Elementen.
   b)   Schaltnetz SN(2) liefert Daten ausschließlich an L2*-Elemente und erhält Daten ausschließlich von L1-Elementen.

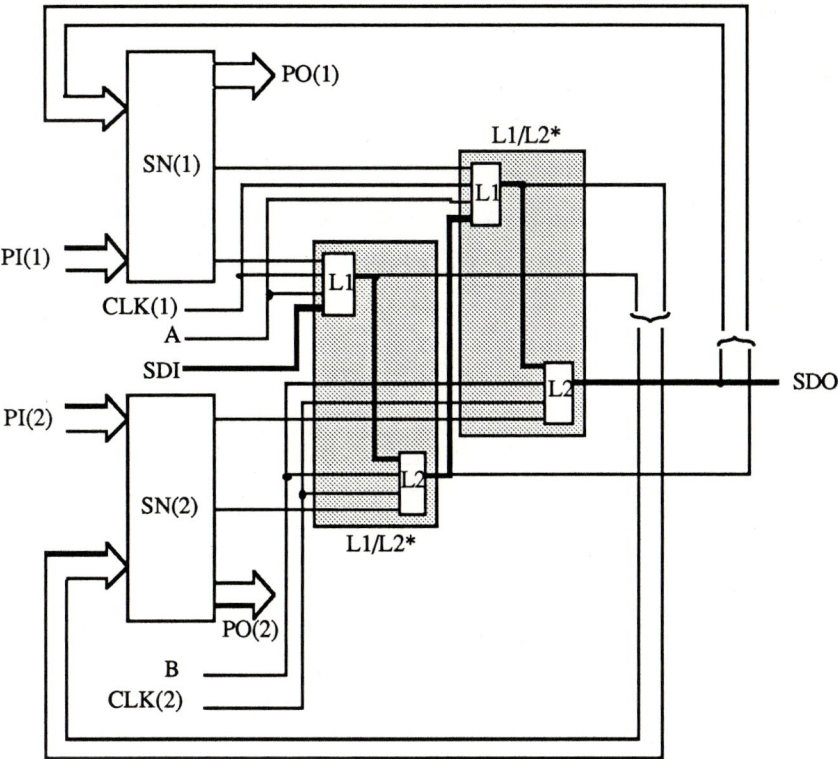

Bild 5.23: L1/L2*-Konfiguration

Falls sich diese Partitionierung nicht durchführen läßt, da sie auf eine ungleiche Zahl von L1- und L2*-Latches führt, müssen manche der Speicherelemente als L1/L2-Einzel-Latches realisiert werden. Ist eine disjunkte Zerlegung des Schaltnetzes unmöglich, so muß wieder auf die Doppel-Latch-Lösung zurückgegriffen werden.

Offensichtlich steht bei dieser Konfiguration im Testbetrieb nur die halbe Zahl von Speicherelementen zur Verfügung, da ja zwei im Systembetrieb eingesetzte Latches zu einem SRL zusammengefaßt werden. Die beiden Schaltnetze SN(1) und SN(2) können daher nicht gleichzeitig getestet werden, die Muster müssen getrennt für SN(1) und SN(2) eingeschoben werden und in Abhängigkeit vom getesteten Schaltnetz müssen die Antworten entweder von CLK(1) oder CLK(2) geladen werden.

5.4   Der Prüfbus ("Random Access Scan")

Einen ähnlichen Zweck wie die LSSD- und Prüfpfad-Technik verfolgt der von Fujitsu verwendete Prüfbus (Random Access Scan, RAS) [Ando80]. Sein hauptsächliches Ziel ist es, jedes Speicherelement getrennt von außen zugänglich zu machen, so daß es unabhängig von den anderen gesetzt, rückgesetzt oder beobachtet werden kann. In Bild 5.24 kann jedes Latch individuell durch das Schieberegister angewählt werden.

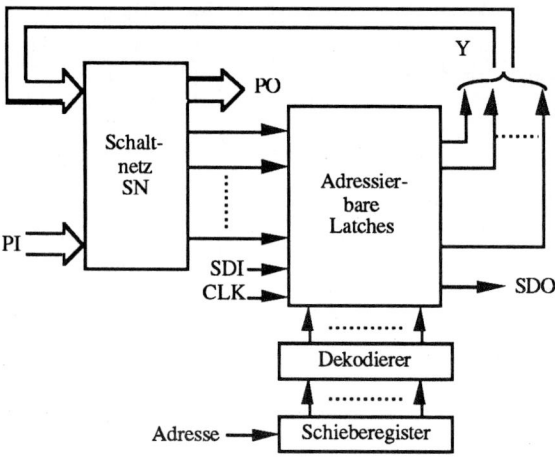

Bild 5.24: Random Access Scan

Das Schieberegister ist optional, es dient dazu, die Zahl der notwendigen primären Eingänge zu senken, es erhöht jedoch die Zeit für die Testdurchführung. Ein Dekodierer wählt das im Schieberegister adressierte Latch an, so daß es über den Primäreingang SDI gesetzt oder rückgesetzt und am Primärausgang SDO beobachtet werden kann. Für diese Technik wurden zwei verschiedene Arten adressierbarer Latches vorgeschlagen. Bild 5.25 zeigt ein normales, pegelgesteuertes adressierbares Latch.

Bei normaler Betriebsweise liegt der Schiebetakt SCLK auf 0, so daß bei inaktivem Systemtakt CLK die Systemdaten D nach Q gelangen. Die Werte von D werden gespeichert, falls CLK aktiv ist. Der Prüfbetrieb wird durch den Takt SCLK gesteuert und verlangt, daß CLK auf 1 bleibt. Wenn das Latch ausgewählt wird, kann es auf den Wert des Prüfdateneingangs SDI gesetzt oder am Prüfdatenausgang SDO beobachtet werden.

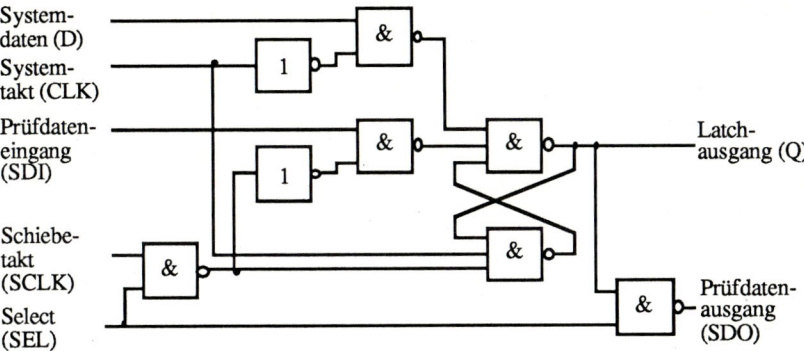

Bild 5.25: Pegelgesteuertes adressierbares Latch

Zusätzlich wurde auch ein adressierbares Latch mit globalem Setzen und Rücksetzen nach Bild 5.26 vorgeschlagen.

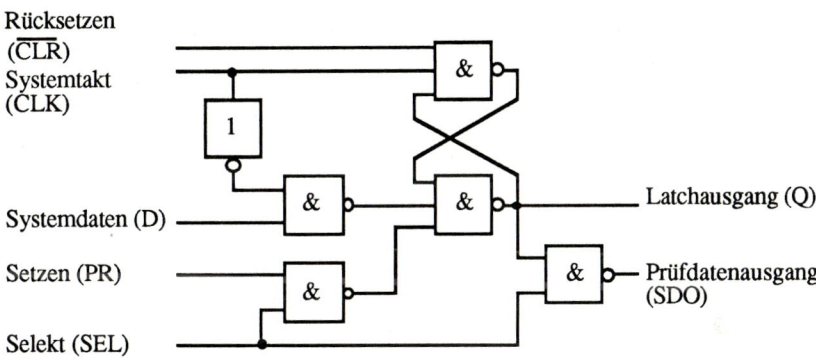

Bild 5.26: Adressierbares Latch mit Preset und Clear

Dieses Speicherelement wird nicht direkt mit Prüfdaten geladen, sondern kann im Prüfbetrieb getrennt mit dem negierten Rücksetzsignal $\overline{\text{CLR}}$ und dem Setzsignal PR gesteuert werden:

a) Zum Löschen sind zunächst sowohl $\overline{\text{CLR}}$ als auch PR auf 0 und der Systemtakt CLK auf 1 zu setzen. Dann wird $\overline{\text{CLR}}$ aktiviert und PR inaktiv gelassen.

b) Im normalen Betrieb soll das Latch auf den Dateneingang D reagieren. Dies geschieht bei $\overline{\text{CLR}}$ = 1 und PR = 0.

c)   Das Setzen folgt durch Auswahl des Latches mit SEL = 1 bei aktivem PR, $\overline{\text{CLR}}$ und CLK.

d)   Der Wert am Prüfdatenausgang SDO kann beobachtet werden, wenn das Latch angewählt wird.

Zur Beobachtung der adressierbaren Latches nutzt man aus, daß an nicht adressierten Latches der Wert von SDO auf 1 liegt. So können die Prüfdatenausgänge aller Latches mit einem NAND verknüpft auf einen gemeinsamen Ausgang gelegt werden. Wenn das ausgewählte Latch an Q eine 0 erhält, dann bleibt SDO auf 1 und der gemeinsame NAND-Ausgang ist 0. Hat das selektierte Latch an Q eine 1, wird SDO auf 0 gehen und die NAND-Verknüpfung liefert damit eine 1.

Nachteile dieser Prüfbustechnik ist der hohe Zeitaufwand, um die Latches setzen und beobachten zu können. Auch der Mehraufwand an zusätzlichen Gattern ist relativ hoch.

5.5   "Scan/Set"-Logik

Die Scan-Set-Logik wurde bei Sperry-Univac von Stewart entwickelt [Stew78]. Es werden Schieberegister benutzt, die nicht Teil des Datenpfades des Systems und unabhängig von allen für den normalen Betrieb notwendigen Latches sind (vgl. Bild 5.27).

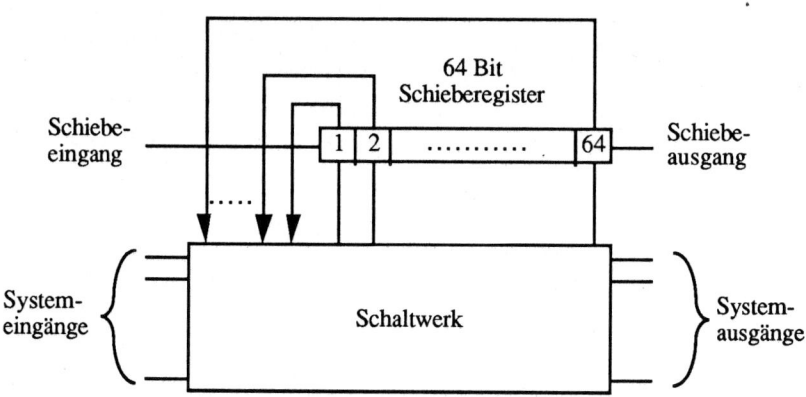

Bild 5.27: Serielle Scan/Set-Logik

Das Prinzip besteht darin, an einigen Punkten des Schaltwerks, hier 64, das Signal abzugreifen und auf einmal in ein Schieberegister zu laden. Dann können diese Daten, wie beim normalen Prüfpfad üblich, nach außen geschoben werden. In derselben Weise können Daten bei Verwendung von Multiplexern in die Systemlatches geladen werden.

Bei dieser Technik ist die Testerzeugung nur dann auf Schaltnetze reduziert, wenn alle Systemlatches gesetzt und beobachtet werden können. Insgesamt läßt diese Maßnahme des prüfgerechten Entwurfs für den Aufbau des Systems eine größere Flexibilität zu. Da in den Datenpfaden keine zusätzlichen Schaltungen aufgenommen werden, führt die Scan/Set-Technik nur zu einer geringfügigen Beeinträchtigung der Systemgeschwindigkeit. Ein weiterer Vorteil besteht darin, daß interne Knoten auch während des normalen Betriebs beobachtet werden können. Nachteile sind die lange Testdauer, ein größerer Testmehraufwand, falls die Testerzeugung auf Schaltnetze reduziert werden soll, und eine aufwendigere Testerzeugung.

5.6 Auswirkungen der Prüfpfadtechnik auf Test und Systemfunktion

In diesem Abschnitt werden einige Auswirkungen des Scan Designs auf den Test, die Systemfunktion und die Gesamtschaltung aufgezählt, wobei man sich stets bewußt sein muß, daß die Gewichtung der Vor- und Nachteile von den Anforderungen an die intendierte Schaltung abhängig ist. Zu den wesentlichen Nachteilen gehören:

(a) *Zusätzliche Schaltungsteile:* Es sind sowohl weitere Schaltungsanschlüsse nach außen nötig, als auch intern zusätzliche Zellen. Die LSSD-Technik verlangt zumindest vier weitere Ein- bzw. Ausgänge (SDI, SDO, A, B), und der Mehraufwand an Chipfläche wird auf 4% bis 20% geschätzt [EiWi77, PaWi82]. Hinzu kommt noch eine erwartete Abnahme der Ausbeute und der Zuverlässigkeit aufgrund der vergrößerten Chipfläche.

(b) *Lange Testzeiten:* Um das resultierende Schaltnetz zu testen, sind Schiebetakte notwendig, die das Muster in das Schieberegister bringen, und es ist ein Takt für den Normalbetrieb nötig, um die Antworten des Schaltnetzes in das Schieberegister aufzunehmen. Das Herausschieben der Antwort kann gleichzeitig mit dem Einschieben eines neuen Musters geschehen. Dennoch kann es bei der großen Mustermenge zu langen Testzeiten kommen. Da die Zahl der Testmuster in der Praxis linear mit der Zahl der Fehler, d. h. mit der Schaltungsgröße wächst, und da die Zahl der Latches ebenfalls proportional zur Schaltungsgröße ist, sind sowohl mehr Muster als auch längere Muster in den Prüfpfad zu schieben. Dies ergibt im schlechtesten Fall eine quadratische Zunahme der Testzeit (vgl. [EiLi83b]).

(c)   *Kein Test während des Normalbetriebs und mit maximaler Geschwindigkeit:* Viele Fehler äußern sich nur im Zeitverhalten der Schaltung. Da jedoch zwischen zwei Mustern stets ein vollständiger Schiebevorgang liegt, wird das Schaltnetz langsamer getestet als in der maximal möglichen Geschwindigkeit während des Systembetriebs. Besondere Probleme bereitet der Test von Übergangsfehlern, beispielsweise benötige das Gatter aus Bild 5.28 das Initialisierungsmuster (a,b) = (1,1) und das Testmuster (a,b) = (1,0).

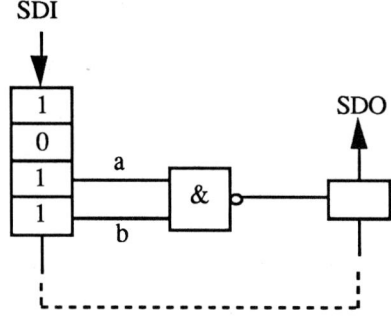

Bild 5.28 Kein Test möglich für den Übergangsfehler (a,b) = (1,1),(1,0)

Im Schiebebetrieb liegt zwischen (1,1) und (1,0) zwangsläufig stets (0,1) an und macht das Initialisierungsmuster ungültig. Da im Systembetrieb das Register jedoch parallel geladen wird, kann die Kombination (1,1), (1,0) sehr wohl vorkommen und einen Fehler verursachen. Abhilfe kann durch die Konstruktion von SRL aus drei Latches geschaffen werden, so daß während des Schiebens der Systemausgang auf einem festen Wert bleibt [DasG80]. Dies vergrößert jedoch den Flächenmehraufwand weiter und verlangsamt den Test und auch die Systemfunktion. Der langsamere Test einer Schaltung im Scan-Betrieb ist somit auch in diesem Fall im eigentlichen Sinn kein Test der tatsächlich später verwendeten Schaltungsfunktion.

(d)   *Entwurfsbeschränkungen:* Die skizzierten Entwurfsregeln müssen eingehalten werden und hindern den Entwerfer, alle technischen Möglichkeiten beispielsweise zur Erzielung maximaler Leistung auszunutzen.

Zu den Vorteilen des Scan Designs gehören:

(a)   *Einfache Entwurfsvalidierung und Zeitanalyse:* Dies ist eine Folge da-
      von, daß nur synchrone Schaltungen realisierbar sind. Besonders ver-
      einfacht werden diese Aufgaben durch die automatisch auf ihre Einhal-
      tung zu prüfenden LSSD-Entwurfsregeln.
(b)   *Testauswertung:* Die Fehlersimulation muß nur für Schaltnetze durch-
      geführt werden und braucht das Zeitverhalten nicht zu berücksichtigen.
(c)   *Testmustererzeugung:* Die Testmustererzeugung wird auf Schaltnetze
      reduziert und in vielen Fällen erst dadurch möglich.
(d)   *Fehlerdiagnose:* Die zusätzlichen Testmöglichkeiten können auch bei
      Ausfällen zur schnelleren Diagnose und Reparatur digitaler Systeme ge-
      nutzt werden.

Insbesondere bei großen, nichtregulären Schaltungen wird man in vielen
Fällen zwangsläufig ein Scan Design wählen müssen, um einen testbaren
Entwurf zu erstellen. Es bleibt dann nur noch der Freiheitsgrad, dasjenige
Verfahren auszuwählen, welches für die konkrete Schaltung die geringsten
Nachteile hat. Firmen, die ihre Schaltungen für den Eigenbedarf etwa im
Rechnerbau entwerfen und fertigen, können sich auf eine der geschilderten
Prüfpfadtechniken festlegen, um so die Testdurchführung nach der Pro-
duktion, den Test von Baugruppen und schließlich auch die Systemwartung
zu vereinheitlichen und zu vereinfachen.

5.7   Standardisierung

In der Regel besteht ein digitales System aus einer Vielzahl hochintegrierter Schaltungen, die zu Baugruppen zusammengefaßt werden. Für die Baugruppen ist ebenfalls ein Test erforderlich, er wird jedoch erschwert, wenn
die eingesetzten Schaltungen keine Testhilfen enthalten oder diese nicht auf-
einander abgestimmt sind. Da zumeist Chips von unterschiedlichen Herstel-
lern verwendet werden, ist eine Standardisierung der Testhilfen notwendig.
Aus diesem Grund haben sich im November 1985 auf Initiative der Firma
Philips zahlreiche große Halbleiter-Hersteller und -Anwender aus Europa und
Nordamerika zur Joint Test Action Group (JTAG) zusammengeschlossen,
um eine gemeinsame, verbindliche Testschnittstelle der Chips festzulegen.
Bei Drucklegung dieses Buches (1990) waren diese Arbeiten noch nicht abgeschlossen, so daß im folgenden nur einige grundlegende Ideen des Vor-
schlags der Version 2.0 [JTAG88] skizziert werden. Entsprechende Normie-
rungen werden auch vom US-amerikanischen Ingenieurverband IEEE betrieben, bei dem sich eine Arbeitsgruppe etabliert hat, um den "IEEE P1149
Testability Bus" zu definieren, der auch die JTAG-Vorschläge umfaßt.

Im folgenden diskutieren wir zunächst einige Probleme des Baugruppentests, anschließend beschreiben wir die unter dem Namen "Boundary Scan" bekannte Technik, durch die gesamte Baugruppe einen Prüfpfad zu legen. Schließlich skizzieren wir kurz die unter dem Namen "Test Access Port" vorgeschlagene Testschnittstelle.

5.7.1   Baugruppentest

Eine Baugruppe kann aus mehreren hundert hochintegrierten Schaltungen bestehen, die auf einer Leiterplatte montiert sind. Der Test der Baugruppe besteht aus der Lösung von drei Teilaufgaben:

a)   Überprüfung der Funktion jedes eingesetzten Moduls;
b)   Überprüfung der Verbindungen zwischen den Moduln;
c)   Überprüfung der Gesamtfunktion der Schaltung.

Die Aufgabe c) kann in der Regel nicht vollständig gelöst werden, so daß man sich auf einen kurzen Funktionstest beschränkt und annimmt, daß dies zusammen mit der erfolgreichen Überprüfung von a) und b) zu einem ausreichend sicheren Test führt.

Die Teilaufgaben a) und b) können mit einem Funktionstest nur unzureichend und mit einem sehr hohen Rechenaufwand behandelt werden. Daher verwendet man hierfür zumeist einen "In-Circuit"-Test, bei dem mittels Testnadeln Signale von den Chipanschlüssen und den Leiterbahnen abgegriffen werden können. Bei gedruckten Leiterplatten werden die Chips nur auf einer Seite montiert, die Chipanschlüsse durchkontaktiert und die Leiterbahnen auf der Rückseite weitergeführt. Legt man daher eine derartige Baugruppe mit der Rückseite auf ein sogenanntes Nadelbett, ist jeder Anschluß unmittelbar zugänglich. Die Beobachtung eines Signals auf einer Leitung mit einer Testnadel bereitet kaum Schwierigkeiten, will man jedoch ein neues Signal auf eine Leitung setzen, muß das vorhandene Signal überschrieben werden. Hierbei besteht die Gefahr, den treibenden Baustein auf der Leiterplatte im Test zu zerstören, und man ist daher bestrebt, diese Technik nur selten anzuwenden.

Falls die Baugruppen nicht auf gedruckten Leiterplatten, sondern nach innovativeren Verfahren montiert werden, sind die Testnadeln nur sehr eingeschränkt oder überhaupt nicht einzusetzen. Derzeit werden Baugruppen in zunehmendem Maße als SMT (Surface-Mount Technology) montiert, bei der die Leiterbahnen innerhalb der Platine verlaufen, die beispielsweise aus Keramik besteht. Die Leiterbahnen nehmen mehrere Ebenen in Anspruch, so daß bei starker Miniaturisierung eine Verdrahtung der gesamten Baugruppe immer noch möglich ist. Da die Zahl der Anschlüsse pro Chip stark zunimmt und

Pins häufig nicht nur an den Seiten des Chipgehäuses, sondern auf der gesamten Unterseite angebracht sind, ist eine solche Verdrahtung auf mehreren Ebenen unerläßlich. Zugleich sind dadurch zahlreiche Chipanschlüsse unterhalb des Gehäuses für die Testnadel nicht mehr zugänglich. Da auf SMT-Baugruppen die Chips äußerst dicht mit einem Abstand bis zu 0.1 mm gepackt sind, läßt sich eine Meßspitze auch auf die offenliegenden Pins nur schwer positionieren. Derzeit befinden sich weitere Techniken für Baugruppen in der Entwicklung, beispielsweise die Montage der Chips auf Silizium oder die verdrahtungslose Montage durch unmittelbares Anlagern. Diese Techniken werden die Zugänglichkeit interner Signale noch weiter einschränken. Aus diesem Grund versuchen die Standardisierungsvorschläge, durch einheitliche zusätzliche Testhilfen auf dem Chip den In-Circuit-Test mit Nadeln überflüssig zu machen.

5.7.2 Boundary-Scan

Beim In-Circuit-Test ist jeder Anschluß eines Chips unmittelbar zugänglich. Dasselbe Ziel läßt sich erreichen, wenn jedes Pin eines jeden Chips zusätzlich an ein Flipflop angeschlossen wird und diese Flipflops in einen globalen Prüfpfad durch die gesamte Baugruppe integriert werden (vgl. Bild 5.29).

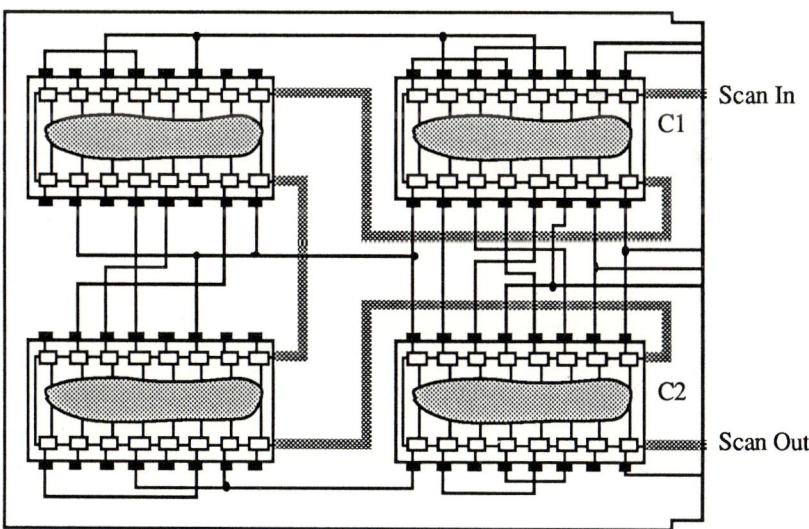

Bild 5.29: Baugruppe mit Boundary-Scan

Mit diesem Prüfpfad lassen sich die externen Anschlüsse eines in der Baugruppe montierten Chips belegen und die Antworten des Chips nach außen schieben. Zugleich können in den Prüfpfad auch die von anderen Chips hereinkommenden Signale geladen und damit die Verbindungen überprüft werden. Bild 5.30 zeigt eine mögliche Implementierung einer Peripheriezelle für den Boundary-Scan.

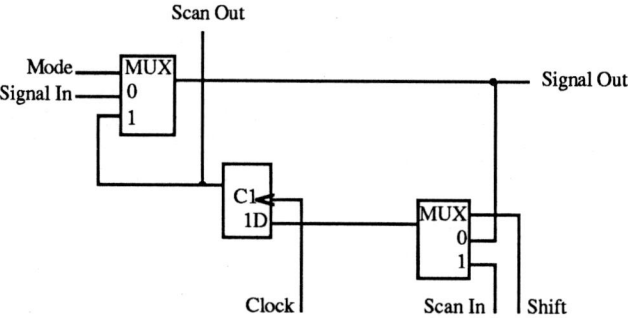

Bild 5.30: Peripheriezelle für den Boundary-Scan Entwurf

In Abhängigkeit davon, ob der betreffende Anschluß ein Primäreingang oder ein Primärausgang ist, werden "Signal In" und "Signal Out" mit dem Chipinneren und mit den Pins verbunden. Bei bidirektionalen Anschlüssen sind die Peripheriezellen entsprechend aufwendiger zu gestalten. Der Boundary-Scan und auch die im folgenden Abschnitt vorgestellten weiteren Testregister können als Schattenregister ausgelegt werden, die seriell mit dem Takt Cl1 geladen werden können, ohne die Ausgabe des Registers zu ändern. Erst durch Takt Cl2 wird dann nach Bild 5.31 der neue Inhalt übernommen.

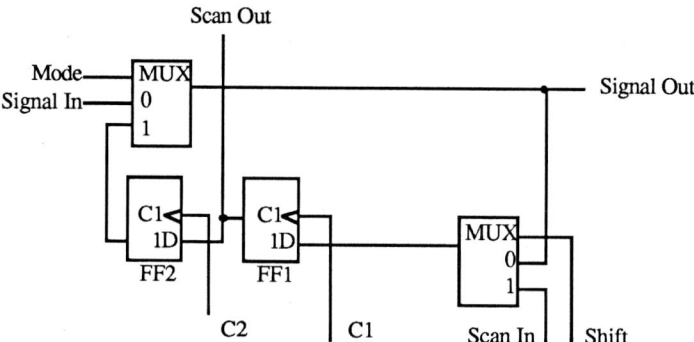

Bild 5.31: Boundary-Scan als Schattenregister

Da die Normierungsverfahren bis auf weiteres noch nicht abgeschlossen sind, sollte bei dem Entwurf von Schaltungen auf die jeweils aktuellen Vorschläge der entsprechenden Gremien zurückgegriffen werden.

5.7.3 Test Access Port

Um zu gewährleisten, daß ein einheitlicher Prüfpfad durch die Schaltungen unterschiedlicher Hersteller gelegt werden kann, definieren JTAG und IEEE P1149 die Schnittstellen zu den Testhilfen auf den einzelnen Chips. Sie werden durch einen Testzugangsport nach Bild 5.32 realisiert. Er besitzt vier externe Anschlüsse TDI, TMS, TCK und TDO. An TCK (Test Clock) wird der Takt angeschlossen, der den Testbetrieb steuert, an TDI (Test Data Input) werden die Daten aufgenommen, die in eines der Register geschoben werden sollen, und TDO (Test Data Output) gibt die Registerinhalte wieder aus. An TMS (Test Mode Select) kann eine serielle Steuereingabe eingegeben werden. Der Testzugangsport muß mindestens in den folgenden drei Betriebsarten verwendbar sein:

1) *Externer Test:* Dies ist die wichtigste Betriebsweise beim Baugruppentest. Der Boundary-Scan wird verwendet, um die externen Verbindungen zwischen den einzelnen Chips zu prüfen. Dazu wird beispielsweise in Bild 5.29 das Boundary-Scan-Register des Chips C1 seriell geladen, so daß an den Ausgängen von C1 das entsprechende Muster anliegt und in das Boundary-Scan-Register von C2 übernommen werden kann, falls die Verbindungsleitungen korrekt sind. Der Inhalt des Boundary-Scan-Registers von C2 wird schließlich wieder herausgeschoben.

2) *Interner Test:* Diese Betriebsweise unterstützt hauptsächlich den Prototyptest und die Diagnose. Das Boundary-Scan-Register kann mit Testmustern für das Chipinnere geladen und die entsprechenden Testantworten können ausgelesen werden.

3) *Stichproben:* Häufig will man während der Systementwicklung wissen, welche Daten im Normalbetrieb an einem Baustein anliegen. Diese Daten können in dieser Betriebsweise, ohne den Normalbetrieb zu stören, in den Boundary-Scan geladen und nach außen gebracht werden.

Optional kann der Testzugangsport noch weitere Betriebsweisen unterstützen, beispielsweise:

4) *Runtest:* Falls für den Chip ein Selbsttest vorgesehen ist, kann er in diesem Betriebsmodus ablaufen.

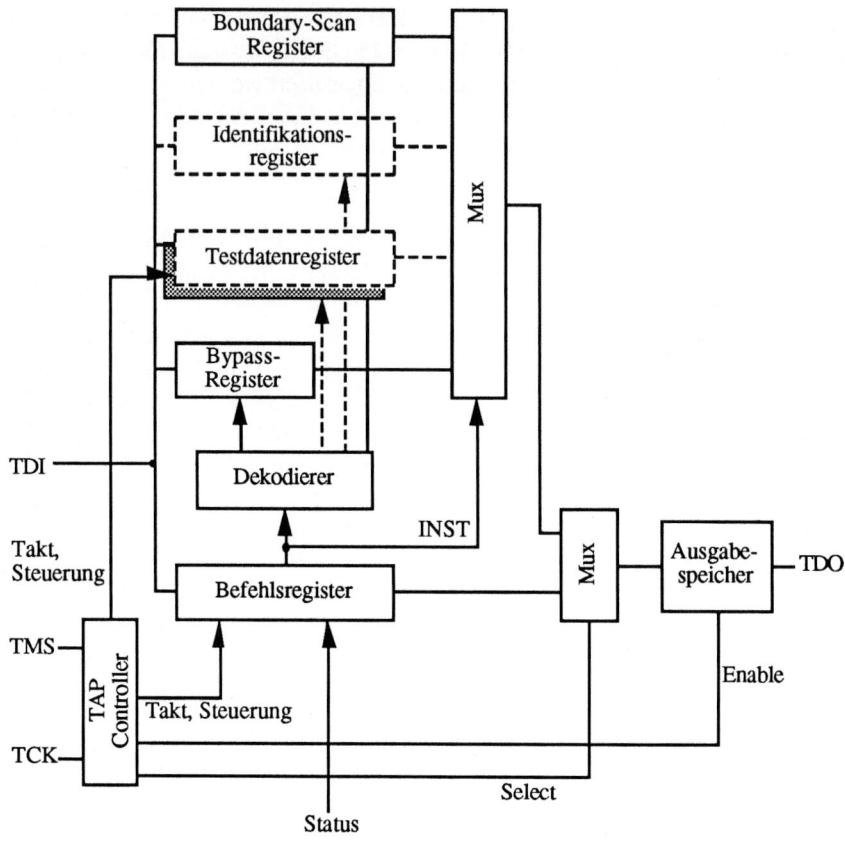

Bild 5.32: Testzugangsport nach [JTAG88]

Das Bypass-Register dient dazu, Daten seriell durch den Chip direkt wei-
terzugeben, falls sie an anderer Stelle in der Baugruppe verwendet werden
sollen. Die Testdatenregister sind optional und gestatten den Zugriff auf weitere Testhilfen in der Schaltung. Sie können beispielsweise einen oder mehrere Prüfpfade oder Selbsttestregister enthalten. Das Identifikationsregister ist
ebenfalls optional und enthält festverdrahtete Informationen wie z. B. die Se-
riennummer des Bausteins. Sein Inhalt ist über den Ausgang TDO zugänglich. Die aktuelle Betriebsweise der Schaltung wird durch den Inhalt eines
Befehlsregisters bestimmt. Es legt fest, welches Testregister angewählt wird
und wie dieses Testregister betrieben wird. Das Befehlsregister wird seriell
wie die Testdatenregister über den Anschluß TDI geladen. Die in IEEE 1149
gemachten Vorschläge sehen ein mindestens zwei Bit breites Register vor, in
dem die Testmodi kodiert werden. Der Normalbetrieb, in dem das Bypass-

Register aktiviert ist, wird mit (11...1) angewählt, der externe Test, der den Boundary-Scan benutzt, mit (000...0). Interner Test, Stichproben und das Lesen des Identifikationsregisters sind beliebig kodierbar.

Um die Testausstattung auf die geschilderte Weise betreiben und mit den erwähnten vier externen Anschlüssen auskommen zu können, ist ein spezielles Teststeuerwerk, der TAP-Controller, erforderlich. Es besitzt lediglich das TMS-Signal als Eingabe und kontrolliert den Zugriff auf die beschriebenen Register.

Der TAP-Controller ist ein synchrones Steuerwerk mit 16 Zuständen. Sein Zustandsübergangsdiagramm zeigt Bild 5.33, die Kanten sind mit der Eingangsbelegung für TMS bezeichnet. Wir erläutern nun die einzelnen Zustände des Steuerwerks, wobei wir die in dem Standardisierungsvorschlag verwendeten englischsprachigen Bezeichnungen übernehmen. Die Befehle mit "DR" beziehen sich auf das Testdatenregister und diejenige mit "IR" auf das Befehlsregister.

TLR (Test-Logic-Reset)	Das Befehlsregister wird auf "1...1" gesetzt. Dieser Zustand bezeichnet den Normalbetrieb und wird durch ein "Power-on-Reset" erreicht. Von jedem beliebigen anderen Zustand kann TLR in höchstens fünf Takten erreicht werden, falls TMS auf "1" liegt.
RT (Run-Test/Idle)	In diesem Zustand kann beispielsweise ein Selbsttest ablaufen.
SDR/SIR (Select-DR-Scan Select-IR-Scan)	Es wird in Zustände verzweigt, die das Testdatenregister (DR) oder das Befehlsregister (IR) behandeln.
CDR/CIR (Capture)	In DR oder in IR können parallel Daten aufgenommen werden.
ShDR/ShIR (Shift)	Über den Eingang TDI kann seriell das Testdatenregister DR beziehungsweise das Befehlsregister IR seriell geladen werden.
UDR/UIR (Update)	Die als Schattenregister aufgebauten Testdatenregister und Befehlsregister nach Bild 5.31 übernehmen in FF2 den Wert der FF1.
E1DR, E2DR, E1IR, E2IR (Exit)	Diese Zustände dienen zum Verzweigen in Folgezustände.

PS1, PS2
Pause

Hiermit können Warteschleifen realisiert werden, falls dem Testautomaten oder anderen
Chips auf der Baugruppe für gewisse Operationen Zeit gelassen werden muß.

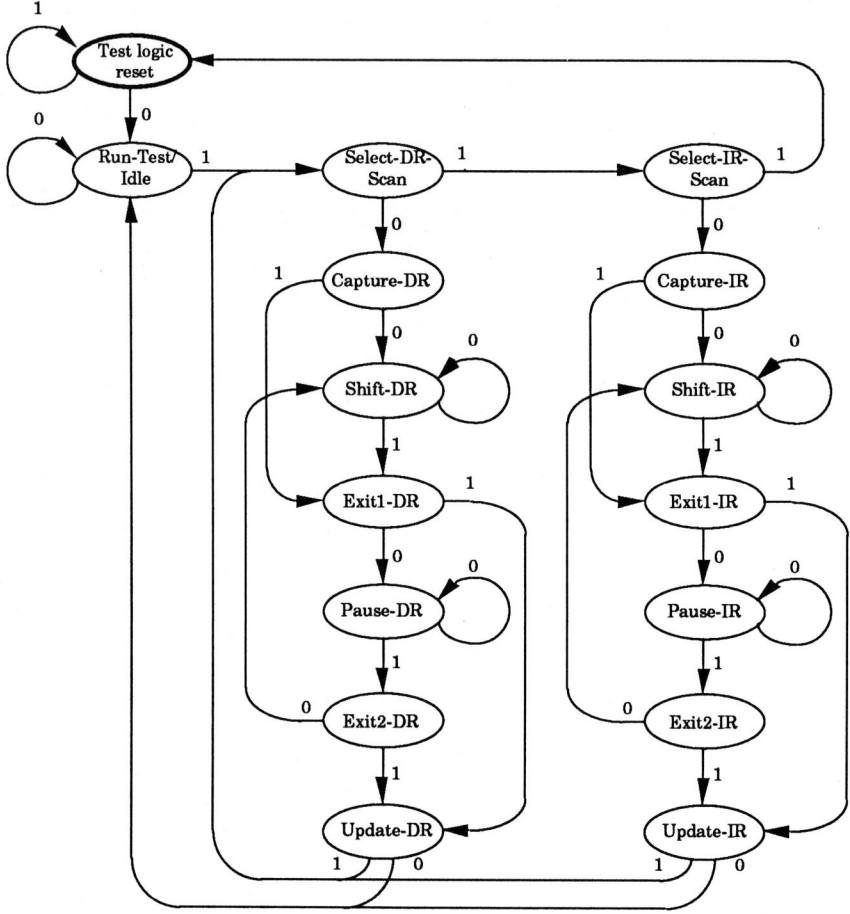

Bild 5.33: Zustandsübergangsgraph des TAP-Controllers

Der Testzugangsport in Verbindung mit dem Boundary-Scan ermöglicht
einen Baugruppentest ohne Testnadeln. Er ist bereits dann eine große Hilfe,
wenn nicht alle Chips der Baugruppe mit ihm ausgestattet sind. Denn es können auch auf den Leitungen einer Baugruppe Signale gesetzt oder beobachtet
werden, die lediglich an einer Stelle mit einem Chip mit Boundary-Scan verbunden sind. Für den aktuellen Stand der Normierung muß auf die einschlä-
gigen, aktuellen Dokumentationen verwiesen werden.

6 Der Test mit Zufallsmustern

Testmuster sind deterministisch erzeugt, wenn sie mit einem Algorithmus konstruiert wurden, um einen vorgegebenen Fehler des Fehlermodells, den Zielfehler, zu entdecken. Eine Reihe solcher Algorithmen wird im siebenten Kapitel eingeführt. Eine Komplexitätsbetrachtung ergibt, daß die deterministische Testmustererzeugung sehr rechenzeitaufwendig ist. Zudem muß die deterministische Testmenge abgespeichert werden, und es sind sehr aufwendige Geräte notwendig, um den Test in hinreichender Geschwindigkeit durchführen zu können.

Beim Zufallstest wird auf die aufwendige Testmusterbestimmung und Speicherung verzichtet, stattdessen werden zufällige, aber technisch günstig zu erzeugende Muster verwendet. Der Begriff Zufallsmuster ist insofern etwas irreführend, als keine rein zufälligen, sondern mit einem Zufallsmustergenerator reproduzierbare Muster verwendet werden. Daher können für diese Muster während einer Logiksimulation die korrekte Schaltungsantwort und während einer Fehlersimulation die Fehlererfassung bestimmt werden. Der Test wird durchgeführt, indem an jede Schaltung dieselbe, zumeist recht umfangreiche Zufallsmustermenge angelegt wird. Reagiert die Schaltung auf alle Muster korrekt, so kann mit ausreichender Wahrscheinlichkeit Fehlerfreiheit angenommen werden.

Zunächst wird in diesem Kapitel gezeigt, wie linear rückgekoppelte Schieberegister als effiziente Zufallsmustergeneratoren eingesetzt werden können. Ein großer Teil der Vorteile des Zufallstests ginge verloren, wenn die Antworten des Prüflings mit teuren Testgeräten aufgenommen und gespeichert werden müßten. Daher komprimiert man die Antworten während des Tests. Weit verbreitet ist hierfür die Signaturanalyse, die ebenfalls mit linear rückgekoppelten Schieberegistern erfolgt.

Die Wahrscheinlichkeit, daß bei einem Zufallstest alle Fehler erkannt werden, hängt vom Umfang der eingesetzten Testmenge ab. Im dritten Abschnitt werden einige Zusammenhänge zwischen der notwendigen Testlänge, der Wahrscheinlichkeit für eine vollständige Fehlererfassung und den Fehlererkennungswahrscheinlichkeiten hergeleitet. Die Erkennungswahrscheinlichkeit eines Fehlers ist die Wahrscheinlichkeit, daß er von einem zufällig erzeugten Muster erkannt wird. Im wesentlichen wächst die notwendige Testlänge umgekehrt proportional zu den Erkennungswahrscheinlichkeiten der am schwersten zu entdeckenden Fehler. Im fünften Abschnitt diskutieren wir das Problem, die Erkennungswahrscheinlichkeiten effizient zu bestimmen. Zuvor stellen wir Verfahren vor, um Signalwahrscheinlichkeiten zu schätzen. Dies sind die Wahrscheinlichkeiten, mit denen bestimmte Knoten der Schaltung auf "1" liegt. Dabei gehen wir in diesem Kapitel stets davon aus, daß Schaltnetze getestet werden oder daß ein Prüfpfad in Schaltwerken integriert ist und somit die Verfahren des Schaltnetztests anwendbar sind.

Einige Schaltungen benötigen bei einem Zufallstest mit gleichverteilten Mustern unwirtschaftlich große Testmengen. In vielen Fällen kann die Zahl der Muster drastisch reduziert werden, wenn jeder Primäreingang des Schaltnetzes mit einer spezifischen, für ihn optimalen Wahrscheinlichkeit auf 1 gesetzt wird. Es wird eine Methode vorgestellt, optimale Eingangswahrscheinlichkeiten zu bestimmen; die Erzeugung ungleichverteilter Zufallsmuster wird beschrieben. Schließlich gibt es Schaltungen, deren Testumfang auch in diesem Fall zu groß ist. Sie lassen sich aber wirtschaftlich testen, wenn mehrere Mustermengen mit unterschiedlichen Verteilungen verwendet werden. Entsprechende Verfahren und einen entsprechenden Testaufbau behandelt der sechste Abschnitt.

6.1 Test mit linear rückgekoppelten Schieberegistern

6.1.1 Mustererzeugung

6.1.1.1 Zufallseigenschaften von Musterfolgen: Eine binäre Zufallsfolge a_1, a_2, ... kann als Eingabe für den Zufallstest einer Schaltung mit n Eingängen verwendet werden, indem das erste Muster gleich (a_1, ..., a_n) gesetzt wird, das zweite gleich (a_2, ..., a_{n+1}) und die folgenden Muster entsprechend verschoben werden. Eine binäre Folge muß jedoch bestimmten Restriktionen genügen, um als zufällig betrachtet zu werden. Bei Eingabe der Folge 0101010... ist beispielsweise die Wahrscheinlichkeit 0.5, daß der i-te Eingang auf 1 liegt, jedoch gilt nie (a_i, a_{i+1}) = 11, und die Folge wäre etwa zum Test eine AND-Gliedes mit den Eingängen a_i und a_{i+1} ungeeignet. Die einzuhaltenden Zufallseigenschaften lassen sich leicht am Beispiel des mehrmaligen Wurfs einer Münze charakterisieren:

1.   Kopf wird annähernd so oft wie Zahl geworfen.
2.   Es kommen häufig Teilfolgen von mehreren Malen Kopf oder Zahl unmittelbar hintereinander vor. Die Wahrscheinlichkeit für eine solche Folge ist umso geringer, je länger diese ist.
3.   Die Wahrscheinlichkeit, daß zu einem Zeitpunkt Kopf fällt, hängt nicht vom Ausgang der vorhergehenden Würfe ab.

Eine formale Beschreibung der Restriktionen, die eine Zufallsfolge an einem Schaltungseingang erfüllen muß, übernehmen wir von Golomb [Golo82]. Hierzu nehmen wir $a_i \in \{-1, 1\}$ an, so daß die logische "0" auf die reelle Zahl +1 und die logische "1" auf die -1 abgebildet werden. Die a_i bilden damit eine Folge reeller Zahlen, deren Autokorrelationsfunktion $C(\tau)$ durch

$$(6.1) \qquad C(\tau) := \lim_{N \to \infty} \frac{1}{N} \sum_{i=1}^{N} a_i \, a_{i+\tau}$$

definiert ist. Da im weiteren Testmusterfolgen betrachtet werden, die ein Schaltwerk im autonomen Betrieb erzeugt, hat die Folge a_i eine Periode p und Formel (6.1) reduziert sich auf

$$(6.2) \qquad C(\tau) := \frac{1}{p} \sum_{i=1}^{p} a_i \, a_{i+\tau}$$

Diese Autokorrelationsfunktion beschreibt, wie stark der Wert der Folge vom Wert abhängt, den sie τ Schritte zuvor annahm. Für $\tau = 0$ sind naturgemäß die Abhängigkeiten mit $C(\tau) = 1$ am größten. Ansonsten muß für Zufallsfolgen $C(\tau)$ betragsmäßig möglichst klein sein.

Ein Lauf der Länge k in der binären Folge ist das Erscheinen der +1 unmittelbar k-mal hintereinander oder der -1 unmittelbar hintereinander. Somit enthält ein Lauf der Länge k+1 zwei Läufe der Länge k. Hiermit lassen sich die Zufallseigenschaften einer Folge mit Periode p folgendermaßen charakterisieren:

R1:   Die +1 erscheint annähernd so häufig wie die -1, d. h. $|\sum_{i=1}^{p} a_i| \leq 1$.

R2:   Innerhalb einer Periode p hat die Hälfte aller Läufe die Länge 1, ein Viertel die Länge 2 und der 2^i-te Teil der Läufe die Länge i, solange $\frac{p}{2^i}$ > 1 ist. Für jede Länge existieren gleich viele +1 und -1-Läufe.

R3:   Die Autokorrelationsfunktion ist zweiwertig mit einem festen Parameter K und

$$C(\tau) = \begin{cases} 1 & \text{für } \tau = 0 \\ K & \text{für } 0 < \tau < p \ . \end{cases}$$

Mit rückgekoppelten Schieberegistern lassen sich Folgen erzeugen, die diesen Zufallspostulaten genügen. Bild 6.1 zeigt die allgemeine Form eines rückgekoppelten Schieberegisters. Hier stellt jedes t_i ein Speicherelement dar; sein Inhalt wird bei jedem Takt nach t_{i+1} geschoben. Für den neuen Wert von t_0 wird eine boolesche Funktion $f(t_0, .., t_{r-1})$ ausgewertet. Die r Speicherelemente nennen wir die Stufen und ihren Inhalt, ein binärer Vektor der Länge r, den Zustand des Schieberegisters. Bei jedem Takt erfolgt ein Übergang in einen neuen Zustand. Für ein Schieberegister der Länge r gibt es 2^r mögliche Zustände. Wenn es in einem beliebigen Zustand startet, dann durchläuft es periodisch eine Folge weiterer Zustände. Es gibt also eine Zahl p, so daß nach einer eventuell vorkommenden Einschwingfolge die Zustände zum Takt i und zum Takt i+p gleich und alle Zustände dazwischen untereinander verschieden sind. Dieser Sachverhalt trifft auf das autonome Verhalten, also das Verhalten bei einer konstanten Eingabe, aller endlichen Automaten zu.

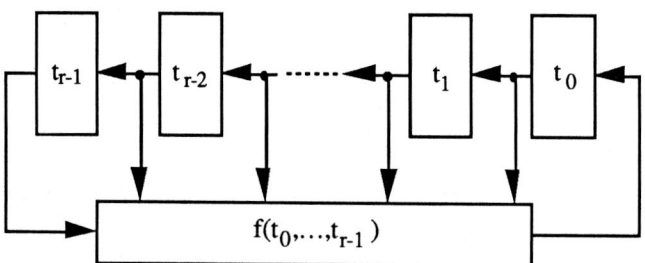

Bild 6.1: Rückgekoppeltes Schieberegister

Es bezeichne $\oplus$ die Addition modulo 2, so daß $a \oplus b = a\bar{b} \vee \bar{a}b$ gilt. Wenn die Rückkopplungsfunktion als $f(t_0, ..., t_{r-1}) = c_0 t_0 \oplus c_1 t_1 \oplus ... \oplus c_{r-1} t_{r-1}$ mit Konstanten $c_i \in \{0, 1\}$ ausgedrückt werden kann, dann heißt das Schieberegister linear rückgekoppelt. Da es insgesamt 2^{2^r} verschiedene Funktionen $f(t_0, ..., t_{r-1})$ gibt, aber nur 2^r verschiedene Möglichkeiten, die Koeffizienten c_i zu wählen, ist nur ein kleiner Teil aller möglichen Schieberegister auch linear rückgekoppelt. Kurz zusammengefaßt: Ein Schieberegister ist die Serienschaltung von r Speicherelementen. Es ist linear rückgekoppelt, wenn man eine Teilmenge dieser Speicherelemente auswählt, ihre Inhalte modulo 2 summiert und wieder in das erste der Speicherelemente einspeist. Bild 6.2

zeigt die technische Realisierung eines linear rückgekoppelten Schieberegisters (LRSR) der Länge 3 und seine 7 Zustände, falls es mit $(t_2, t_1, t_0) =$ (111) gestartet wird.

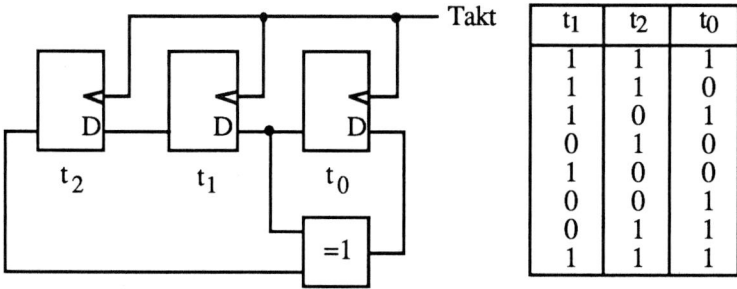

t₁	t₂	t₀
1	1	1
1	1	0
1	0	1
0	1	0
1	0	0
0	0	1
0	1	1
1	1	1

Bild 6.2: Linear rückgekoppeltes Schieberegister mit Zustandsfolge

Das Speicherelement t_0 nimmt nacheinander die Werte (1010011) an, und dieselbe Folge erscheint mit einer zeitlichen Verschiebung auch an t_1 und t_2. Leicht prüft man nach, daß bei Ersetzen der "1" durch -1 und der "0" durch 1 diese Folge die Zufallspostulate R1 bis R3 erfüllt.

Allerdings führt nicht jede lineare Rückkopplungsfunktion auf eine Folge gemäß diesen Postulaten. Um hinreichende Bedingungen für die Zufallseigenschaften von Schieberegisterfolgen herzuleiten, benötigt man noch einige algebraische Grundlagen.

6.1.1.2 Algebraische Grundlagen: In diesem Abschnitt stellen wir einige Sachverhalte aus der Algebra zumeist ohne Beweis zusammen, die im vorliegenden Kapitel und im achten Kapitel verwendet werden. Die Sachverhalte werden ausführlich in einführenden Lehrbüchern wie [FiSa78], [Waer66] oder [Lang65] behandelt. Ein Kompendium, das speziell die hier interessierenden Schieberegisterfolgen beschreibt, ist [Lüne79], eine anwendungsorientierte Darstellung findet man in [LiNi86].

Definition 6.1: Eine *Gruppe* (A, ·) ist eine Menge A mit einer zweistelligen Operation "·", so daß gelten:

1)   "·" ist assoziativ: $\forall a, b, c \in A \quad a \cdot (b \cdot c) = (a \cdot b) \cdot c$

2)   Es gibt ein neutrales Element $e \in A$: $\forall a \in A \quad a \cdot e = e \cdot a = a$

3)   Zu jedem $a \in A$ gibt es ein inverses Element $a^{-1} \in A$ mit
     $a \cdot a^{-1} = a^{-1} \cdot a = e$.

Definition 6.2: Die Gruppe $(A, \cdot)$ heißt *abelsch*, wenn die Operation "$\cdot$" kommutativ ist ($\forall a, b \in A \quad a \cdot b = b \cdot a$).

Im folgenden wird häufig das Operationszeichen "$\cdot$" weggelassen und einfach "ab" für "$a \cdot b$" geschrieben.

Wir verwenden die Addition ganzer Zahlen modulo n in der üblichen Weise: Es gilt $a \equiv b \mod n$, wenn es eine ganze Zahl k mit $a = b + k \cdot n$ gibt. Auf der Menge $\{0, 1, \ldots, n-1\}$ ist die zweistellige Operation $+_n$ definiert durch $a +_n b = c$, wobei c die kleinste positive Zahl mit $a + b \equiv c \mod n$ ist. Leicht zeigt man, daß $\mathbf{Z}_n := (\{0, \ldots, n-1\}, +_n)$ eine Gruppe ist.

Definition 6.3: Sei $(A, \cdot)$ eine Gruppe. Für ein Element $a \in A$ heißt $\langle a \rangle := \{a^n \mid n \in \mathbf{Z}\}$ die von a erzeugte Untergruppe von A. Die Ordnung von $a \in A$ ist $\text{ord}(a) := |\langle a \rangle|$.

Definition 6.4:   Die Gruppe $(A, \cdot)$ heißt *zyklisch*, wenn es ein Element $a \in A$ mit $\langle a \rangle = A$ gibt. a heißt *primitives Element* von A.

Die Zahl $|A|$ der Elemente einer Gruppe A heißt auch ihre Ordnung. Jede zyklische Gruppe $(A, \cdot)$ der Ordnung n mit primitivem Element a ist isomorph zu $\mathbf{Z}_n$ mit der Abbildung $\psi: A \to \mathbf{Z}$, $a^k \mapsto k$, $k \in \{0, \ldots, n-1\}$.

Satz 6.1: Sei $(A, \cdot)$ eine endliche zyklische Gruppe der Ordnung n. Dann gibt es zu jedem positiven Teiler t von n genau eine Untergruppe H von A der Ordnung t. Ist a primitives Element von A, so gilt $H = \langle a^m \rangle$ mit $m := \frac{n}{t}$.

Definition 6.5: Ein *Ring* $(R, +, \cdot)$ ist eine Menge R mit zwei zweistelligen Operationen + und $\cdot$, so daß gelten:
1) $(R, +)$ ist eine abelsche Gruppe.
2)   Die Operation $\cdot$ ist assoziativ: $\forall a, b, c \in R \quad a \cdot (b \cdot c) = (a \cdot b) \cdot c$.
3)   Es gelten die Distributivgesetze
$$\forall a, b, c \in R \quad a \cdot (b + c) = a \cdot b + b \cdot c \text{ und}$$
$$\forall a, b, c \in R \quad (b + c) \cdot a = b \cdot a + c \cdot a$$

Einen Ring bilden beispielsweise die ganzen Zahlen.

Definition 6.6: Ein Ring $(R, +, \cdot)$ heißt *Körper*, wenn $(R \setminus \{0\}, \cdot)$ eine abelsche Gruppe ist. 0 bezeichne das neutrale Element bezüglich +.

Bekannte Körper bilden die rationalen und die reellen Zahlen. Die Struktur $(\{0,1\}, +_2, \cdot)$ ist ebenfalls ein Körper und wird $\mathbb{F}_2$ genannt.

Satz 6.2: Die Zahl der Elemente eines endlichen Körpers ist eine Primzahlpotenz.

Satz 6.3: Zu jeder Primzahl p und jeder natürlichen Zahl n gibt es einen bis auf Isomorphie bestimmten Körper mit $q := p^n$ Elementen. Dieser Körper heißt $\mathbb{F}_q$.

Satz 6.4: Die multiplikative Gruppe eines endlichen Körpers ist zyklisch.

Beweise für die Sätze 6.1 bis 6.4 finden sich beispielsweise in [FiSa78].

Für die Anwendungen im vorliegenden Buch sind insbesondere die Körper von Interesse, deren Elementezahl eine Potenz von 2 ist. Ein Element läßt sich dann als binärer Vektor $a := (a_1, \ldots, a_n)$ der Länge n schreiben, und die Addition kann komponentenweise erklärt werden: $a +_{2n} b := (a_1 +_2 b_1, \ldots, a_n +_2 b_n)$. Im achten Kapitel wird gezeigt, wie eine hiermit verträgliche Multiplikation gefunden werden kann. Für n=2 ist $\{(0,0), (0,1), (1,0), (1,1)\}$ mit der komponentenweise Addition und der Multiplikation $(0,1)^0 = (1,1)$, $(0,1)^2 = (1,0)$ ein Körper.

Für einen Körper $(K, +, \cdot)$ wird ein Ausdruck der Form

$$f(x) := \sum_{i=0}^{n} a_i x^i = a_0 + a_1 x + \ldots + a_n x^n$$

Polynom genannt. Hierbei sind die $a_i \in K$, $0 \leq i \leq n$, und die Variable x ist ein neues Symbol. Zwei Polynome $f(x) := \sum_{i=0}^{n} a_i x^i$ und $g(x) := \sum_{i=0}^{n} b_i x^i$ sind gleich, wenn alle ihre Koeffizienten gleich sind, d. h. $a_i = b_i$, $0 \leq i \leq n$. Polynome lassen sich koeffizientenweise addieren, $f(x) + g(x) := \sum_{i=0}^{n} (a_i + b_i) x^i$, und sie lassen sich multiplizieren. Es sei $g(x) = \sum_{j=0}^{m} g_j x^j$, dann ist das Produkt definiert durch $f(x) \cdot g(x) := \sum_{k=0}^{n+m} c_k x^k$ mit $c_k := \sum_{\substack{i+j=k \\ 0 \leq i \leq n \\ 0 \leq j \leq m}} a_i g_j$.

Mit diesen beiden Operationen bildet die Menge der Polynome einen Ring, den wir mit $K[x]$ bezeichnen. Läßt man unendlich viele Koeffizienten zu, können in gleicher Weise wie in der Analysis Potenzreihen definiert werden:

Definition 6.7: Es sei $(K, +, \cdot)$ ein Körper, k: $\mathbb{N}_0 \to K$, $i \mapsto a_i \in K$ eine Folge von Körperelementen. Der Ausdruck $f(x) := \sum_{i=0}^{\infty} a_i\, x^i$ heißt *formale Potenzreihe*.

Im Unterschied zur reellen und komplexen Analysis können wir bei endlichen Körpern keine Konvergenzbetrachtungen anstellen. Der Ausdruck $\sum_{i=0}^{\infty} a_i\, x^i$ ist daher nur eine Schreibweise für eine Folge aus K, dies wird mit dem Attribut "formal" deutlich gemacht. Zugleich legt diese Schreibweise es nahe, die bereits bei dem Polynomring eingeführten Operationen Multiplikation $\cdot$ und Addition $+$ auch auf formale Potenzreihen anzuwenden. Damit bilden die formalen Potenzreihen ebenfalls einen Ring. Die Analogie zur Analysis läßt sich mit der folgenden Definition noch weiter treiben:

Definition 6.8: Es sei $(K, +, \cdot)$ ein Körper, h: $\mathbb{Z} \to K$, $i \mapsto a_i \in K$ eine Abbildung und es sei $n \in \mathbb{Z}$. Der Ausdruck $f(x) := \sum_{i=n}^{\infty} a_i\, x^i$ heißt *formale Laurentreihe*. L_K ist die Menge aller formalen Laurentreihen.

Auch auf der Menge der formalen Laurentreihen L können die bereits eingeführte Multiplikation und Addition verwendet werden. Hier gilt sogar:

Satz 6.5: Sei $(K, +, \cdot)$ ein Körper. Dann ist $(L_K, +, \cdot)$ ebenfalls ein Körper.

Beweis: Unmittelbar aus den Definitionen folgt, daß $(L_K, +, \cdot)$ ein kommutativer Ring ist. Es ist daher nur für jedes Element $f \in L_K$ mit $f \neq 0$ das Inverse zu konstruieren. Es sei $f(x) := \sum_{i=m}^{\infty} a_i\, x^i$ mit $a_m \neq 0$. Man definiere $g_i \in K$, $-m \leq i < \infty$, rekursiv durch

$$g_i := \begin{cases} 0, & \text{für } i < -m \\[2mm] a_m^{-1}, & \text{für } i = -m \\[2mm] -a_m^{-1} \sum_{k=-m}^{i-1} g_k\, a_{m+i-k}, & \text{für } i > -m \end{cases}$$

Damit ist eindeutig eine Laurentreihe $g(x) := \sum\limits_{i=-m}^{\infty} g_i\, x^i$ definiert. Wir setzen

$c(x) := \sum\limits_{j \in \mathbb{Z}} c_j\, x^j = g(x)\, f(x)$. Damit ist $c_j = \sum\limits_{i \in \mathbb{Z}} g_i\, a_{j-i} = \sum\limits_{i=-m}^{-m+j} g_i\, a_{j-i}$, und

hieraus folgt $c_j = \begin{cases} 0 & \text{für } j < 0 \\ 1 & \text{für } j = 0 \\ 0 & \text{für } j > 0 \end{cases}$.

Dies gilt, da für $j < 0$ die g_{-m+j} nach Definition verschwinden und da $c_0 = g_{-m}\, a_m = a_m^{-1}\, a_m = 1$ ist. Für $j > 0$ ist $c_1 = g_{-m}\, a_{1+m} + g_{-m+1}\, a_m = g_{-m}\, a_{1+m} - a_m^{-1}\, g_{-m}\, a_{1+m}\, a_m = 0$, und durch Induktion folgt für $j > 1$ nach elementaren Umformungen ebenfalls $c_j = 0$. $\qquad\Box$

6.1.1.3   Das   charakteristische   Polynom: Bild 6.3 zeigt die allgemeine Form eines linear rückgekoppelten Schieberegisters.

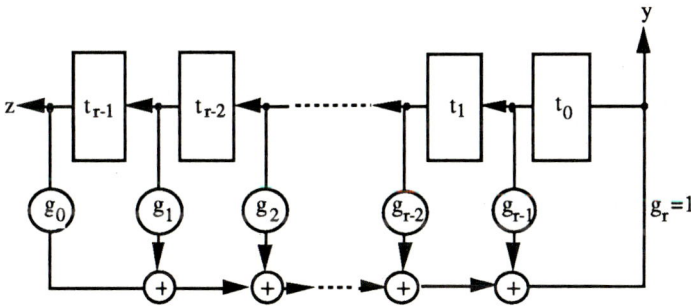

Bild 6.3: Standardform eines LRSR

Im allgemeinen Fall eines endlichen Körpers $\mathbb{F}_q$ enthält jede Stufe t_i des LRSR ein Element aus $\mathbb{F}_q$, und ein $g_i \in \mathbb{F}_q$ ist eine Konstante, mit welcher der Inhalt von t_{r-i-1} multipliziert wird. Es gilt daher die lineare Rückkopplungsfunktion

(6.3) $$y = \sum\limits_{i=0}^{r-1} g_i\, t_{r-i-1} \, .$$

Besonders häufig werden beim Schaltungstest Schieberegister über $\mathbb{F}_2$ verwendet. In diesem Fall enthält jedes t_{r-i-1} nur ein Bit, die Addition wird zur Addition modulo 2 und die Multiplikation mit g_i kann durch eine feste Schalterstellung realisiert werden, so daß nur für $g_i = 1$ der Inhalt von t_{r-i-1} als Summand eingeführt wird. Bild 6.4 zeigt hierfür ein Beispiel.

Am Ausgang y des LRSR erscheint eine Folge $a_0, a_1, \ldots$ von Elementen aus $\mathbb{F}_q$. Dieselbe Folge erscheint an z um r Zeitschritte versetzt. In diesem Abschnitt soll die Folge als geschlossene Formel ausgedrückt werden, die nur von den Rückkopplungskoeffizienten g_{r-i} und den Anfangsbelegungen a_{-i} der Stufen t_{i-1} abhängt. Diese geschlossene Formel bestimmen wir über den Umweg der formalen Laurentreihe

$$(6.4) \qquad G(x) := \sum_{n=0}^{\infty} a_n\, x^n ,$$

die in der Literatur auch häufig erzeugende Funktion der Folge $a_0, a_1, \ldots$ genannt wird.

Aus der Rückkopplungsfunktion (6.3) wissen wir, daß die an y erscheinende Folge die Rekurrenzgleichung (6.5) erfüllen muß:

$$(6.5) \qquad a_n := \sum_{i=0}^{r-1} g_i\, a_{i-r+n} .$$

Diese Gleichung setzen wir in die Formel (6.4) für die erzeugende Funktion ein und erhalten

$$G(x) = \sum_{n=0}^{\infty} a_n\, x^n = \sum_{n=0}^{\infty} \sum_{i=0}^{r-1} g_i\, a_{i-r+n}\, x^n = \sum_{i=0}^{r-1} g_i\, x^{r-i} \sum_{n=0}^{\infty} a_{i-r+n}\, x^{n-r+i}$$

$$= \sum_{i=0}^{r-1} g_i\, x^{r-i} \sum_{n=i-r}^{\infty} a_n\, x^n = \sum_{i=0}^{r-1} g_i\, x^{r-i} \left(\sum_{n=i-r}^{-1} a_n\, x^n + \sum_{n=0}^{\infty} a_n\, x^n \right)$$

$$= \sum_{i=0}^{r-1} g_i\, x^{r-i} \left(\sum_{n=i-r}^{-1} a_n\, x^n + G(x) \right)$$

Diese Gleichung kann nach G(x) aufgelöst werden, und man erhält

$$(6.6) \qquad G(x) = \frac{\displaystyle\sum_{i=0}^{r-1} \left(g_i\, x^{r-i} \sum_{n=i-r}^{-1} a_n\, x^n \right)}{1 - \displaystyle\sum_{i=0}^{r-1} g_i\, x^{r-i}} .$$

Diese Formel drückt die erzeugende Funktion vollständig in Abhängigkeit von den Anfangsbedingungen $a_{-1}, \ldots, a_{-r}$ und den Rückkopplungskoeffizienten g_i aus. Mit den Anfangsbedingungen $a_{-1} = \ldots = a_{1-r} = 0$ und $a_{-r} = 1$ wird die Gleichung zu

(6.7)
$$G(x) = \frac{g_0}{1 - \sum_{i=0}^{r-1} g_i \, x^{r-i}} \, .$$

Die Funktion $f(x) := 1 - \sum_{i=0}^{r-1} g_i \, x^{r-i}$ wird das *charakteristische Polynom* der Zufallsfolge $\{a_n\}$ und des zugehörigen Schieberegisters genannt. Ist das Schieberegister über $\mathbb{F}_2$ konstruiert, so gilt $-g_i = +g_i$ für die Addition, und das charakteristische Polynom kann auch $f(x) = 1 + \sum_{i=0}^{r-1} g_i \, x^{r-i}$ geschrieben werden.

Für das Polynom $x^4 + x + 1$ zeigt Bild 6.4 das zugehörige Schieberegister.

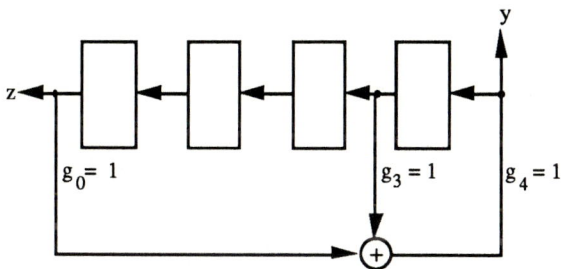

Bild 6.4: LRSR über $\mathbb{F}_2$

Das charakteristische Polynom bestimmt die Periodenlänge der Schieberegisterfolge. Diese Zusammenhänge werden im nächsten Abschnitt beschrieben.

6.1.1.4 Maximale Schieberegisterfolgen:

Wir suchen im folgenden charakteristische Polynome für Schieberegister, mit denen eine Folge mit möglichst langer Periode generiert werden kann. Als Periode bezeichnen wir die kleinste Zahl $p > 0$, für die $a_n = a_{n+p}$ für alle n gilt. Die längste Periode, die ein r-stufiges LRSR über $\mathbb{F}_q$ haben kann, ist $q^r - 1$, da es höchstens q^r Zustände annehmen kann, bevor es seine Ausgabe wiederholt. Darin darf der

0-Zustand nicht enthalten sein, da dieser wegen $\sum\limits_{i=0}^{r-1} g_i \, 0 = 0$ nie verlassen werden kann. Eine notwendige Bedingung für eine solche lange Periode geben folgende Sätze:

Satz 6.6: Die Schieberegisterfolge $a_0, a_1, \ldots$ eines r-stufigen Schieberegisters mit den Anfangsbedingungen $a_{-1} = \ldots = a_{1-r} = 0$ und $a_{-r} = 1$ hat als Periode die kleinste Zahl p, für die das charakteristische Polynom f(x) das Polynom $1-x^p$ teilt.

Beweis: Wir benutzen im folgenden die Identität $\sum\limits_{n=0}^{\infty} x^n = \dfrac{1}{1-x}$ und setzen $g_0 = 1$ voraus. Es gilt $G(x) = \dfrac{1}{f(x)} = \sum\limits_{n=0}^{\infty} a_n x^n$.

1) Wir nehmen an, $a_0, a_1, \ldots$ habe die Periode p. Dann ist

$$\frac{1}{f(x)} = a_0 + a_1 x + \ldots + a_{p-1} x^{p-1} + x^p (a_0 + a_1 x + \ldots + a_{p-1} x^{p-1}) +$$

$$x^{2p} (a_0 + a_1 x + \ldots + a_{p-1} x^{p-1}) + \ldots$$

$$= (a_0 + a_1 x + \ldots + a_{p-1} x^{p-1}) (1 + x^p + x^{2p} + \ldots)$$

$$= \frac{a_0 + a_1 x + \ldots + a_{p-1} x^{p-1}}{1 - x^p}$$

Folglich ist $f(x) (a_0 + a_1 x + \ldots + a_{p-1} x^{p-1}) = 1 - x^p$, und f(x) teilt $1 - x^p$.

2) Wir nehmen nun an, f(x) teile $1 - x^p$ und der Quotient sei $b_0 + b_1 x + \ldots + b_{p-1} x^{p-1}$. Dann gilt

$$\frac{1}{f(x)} = \frac{b_0 + b_1 x + \ldots + b_{p-1} x^{p-1}}{1 - x^p}$$

$$= (b_0 + b_1 x + \ldots + b_{p-1} x^{p-1}) (1 + x^p + x^{2p} + \ldots)$$

$$= (b_0 + b_1 x + \ldots + b_{p-1} x^{p-1}) + x^p (b_0 + b_1 x + \ldots + b_{p-1} x^{p-1}) + \ldots$$

$$= G(x) = \sum\limits_{n=0}^{\infty} a_n x^n$$

Durch Koeffizientenvergleich beider Potenzreihen erhalten wir $b_n = a_n$, somit wiederholt sich $a_0, a_1, \ldots$ nach p Schritten, und die Periode ist die kleinste Zahl, nach der sich die Folge wiederholt. □

Satz 6.7: Wenn ein r-stufiges Schieberegister eine Folge der Periode $q^r - 1$ besitzt, dann ist sein charakteristisches Polynom über $\mathbb{F}_q$ irreduzibel, d. h. es kann nicht faktorisiert werden.

Beweis: Da a_0, a_1, ... sich erst nach $q^r - 1$ Elementen wiederholt, muß jede Folge der Länge r in dieser Periode genau einmal vorkommen, nur die 0-Folge der Länge r fehlt. Es gibt darunter auch die Folge aus einer 1 und r-1 nachfolgenden Nullen. Ohne Beeinträchtigung der Allgemeinheit nehmen wir diese Folge als Anfangszustand an und setzen im folgenden Widerspruchsbeweis voraus, daß $f(x) = s(x) \cdot t(x)$ faktorisiert werden kann. Dann können entweder die s(x) oder t(x) so gewählt werden, daß sie teilerfremd sind, oder für ein n > 1 gilt $f(x) = s(x)^n$.

Im ersten Fall können Polynome w(x) und v(x) gefunden werden mit $w(x)\, s(x) + v(x)\, t(x) = 1$, und folglich existiert eine Teilbruchzerlegung $\frac{1}{f(x)} = \frac{v(x)}{s(x)} + \frac{w(x)}{t(x)}$. Es haben s(x) und t(x) den Grad $r_1 > 0$ bzw. $r_2 > 0$ mit $r_1 + r_2 = r$. Dann können die Koeffizienten der Laurentreihe $\frac{v(x)}{s(x)}$ höchstens die Periode $q^{r_1} - 1$ haben, und $q^{r_2} - 1$ ist die maximal mögliche Periode von $\frac{w(x)}{t(x)}$. Die Summe dieser beiden formalen Laurentreihen, $G(x) = \frac{1}{f(x)} = \frac{v(x)}{s(x)} + \frac{w(x)}{t(x)}$, kann nur eine Periode besitzen, die nicht größer als das kleinste gemeinsame Vielfache der beiden Teilperioden ist:

$$q^r - 1 \le (q^{r_1} - 1)\,(q^{r_2} - 1) = q^{r_1 + r_2} - q^{r_1} - q^{r_2} + 1 \le q^r - 3.$$

Dieser Widerspruch zeigt, daß in diesem Fall die Annahme falsch ist, daß f(x) faktorisiert werden kann. Für den Fall $f(x) = s(x)^n$ halten wir fest, daß s(x) den Grad $r_1 = \frac{r}{n}$ besitzt und $\frac{1}{s(x)}$ höchstens die Periode $q^{r_1} - 1$ hat. Dann kann $\left(\frac{1}{s(x)}\right)^n = \frac{1}{f(x)}$ höchstens $\left(q^{\frac{r}{n}} - 1\right)^n < q^r - 1$ als Periode haben, was ebenfalls zu einem Widerspruch führt. $\square$

Der Umkehrschluß dieses Satzes gilt nicht. Es gibt irreduzible Polynome, deren zugehörige Schieberegister keine maximale Periode haben. Man kann jedoch zeigen, daß es für jede natürliche Zahl r charakteristische Polynome gibt, deren zugehörige Schieberegister tatsächlich die Periode $2^r - 1$ besitzen.

Definition 6.9: Es sei p eine Primzahl, $n \in \mathbb{N} \setminus \{0\}$, $q := p^n$. Ein Polynom $f(x) \in \mathbb{F}_q[x]$ vom Grad r heißt *primitiv*, falls f(x) in $\mathbb{F}_q$ irreduzibel ist und falls jede Nullstelle von f in $\mathbb{F}_{q^r}$ ein primitives Element der multiplikativen Gruppe von $\mathbb{F}_{q^r}$ ist.

Satz 6.8: Die Folge eines r-stufigen Schieberegisters über $\mathbb{F}_q$ hat Periode $m := q^r - 1$, wenn das zugehörige Polynom primitiv ist.

Beweis: Nach Satz 6.6 ist zu zeigen, daß m die kleinste Zahl ist, so daß f(x) das Polynom $1 - x^m$ teilt. Da jede Nullstelle b_i von f(x) die Gruppe $\mathbb{F}_{q^r}\backslash\{0\}$ zyklisch erzeugt, gilt $b_i^m = 1$, und f(x) kann über $\mathbb{F}_{q^r}$ als f(x) = $c \prod_{i=1}^{r} (b_i - x)$ geschrieben werden. Da für jedes b_i sowohl $f(b_i) = 0$ als auch $1 - b_i^m = 0$ gelten, teilt f(x) auch $1 - x^m$. Falls f(x) auch $1 - x^j$, j < m, teilen würde, wären die Nullstellen von f nicht primitiv. Denn es würde $1 - b_i^j = 0$ gelten, und b_i könnte daher nicht alle m Elemente von $\mathbb{F}_{q^r}\backslash\{0\}$ erzeugen. □

Es läßt sich zeigen, daß es für jede Zahl r > 1 und jeden endlichen Körper $\mathbb{F}_q$ primitive Polynome vom Grad r gibt. Der Beweis hierfür erfordert jedoch einige Instrumente aus der Galoistheorie und übersteigt den Rahmen dieses Buches. In [LiNi86, p. 96] wird darüber hinausgehend ein Verfahren skizziert, primitive Polynome zu konstruieren. Für den Entwurf von linear rückgekoppelten Schieberegistern zur Erzeugung von Zufallstests sind auch in ausreichendem Maße primitive Polynome tabelliert ([PeWe72], [BMS87], [LiNi86]).

6.1.1.5 Zufallseigenschaften maximaler Schieberegisterfolgen:
Für den Zufallstest hochintegrierter Schaltungen sind nur linear rückgekoppelte Schieberegister über $\mathbb{F}_2$ gebräuchlich. Daher untersuchen wir in diesem Abschnitt lediglich Folgen von Elementen des binären Körpers. In einer solchen Folge $a_1, a_2, \ldots$ erscheint jedes a_i genau einmal in der letzten Stufe t_{r-1} des Schieberegisters nach Bild 6.3. Außerdem startet jeder Lauf $a_i, a_{i+1}, \ldots, a_{i+k-1}$ der Länge k einmal in t_{r-1}, so daß $t_{r-1}, \ldots, t_{r-k}$ diesen Lauf genau einmal enthält. Es genügt somit, während einer Periode p den Zustand des Registers zu beobachten, um die Zahl der Läufe zu bestimmen.

Wir zeigen nun, daß Schieberegisterfolgen $A_1 := \{a_1, a_2, \ldots\}$ mit maximaler Periode $p = 2^r - 1$ den Zufallseigenschaften R1 bis R3 genügen. Wir verwenden dazu gelegentlich die Folge $b_n := \begin{cases} -1, & \text{falls } a_n = 1 \\ 1, & \text{falls } a_n = 0 \end{cases}$.

R1:   Die +1 erscheint annähernd so häufig wie die -1, d. h. $|\sum_{i=1}^{p} b_i| \leq 1$

Während einer Periode durchläuft das Schieberegister $2^r - 1$ verschiedene Zustände. Werden diese Zustände als Dualzahl aufgefaßt, müssen alle Zahlen zwischen 1 und $2^r - 1$ vorkommen. Daher muß jedes Bit $\frac{2^r}{2}$

mal auf 1 und $\frac{2^r}{2}$ - 1 mal auf 0 gesetzt werden. Dies gilt insbesondere

auch für die Stufe t_{r-1} und es ist $\sum_{i=1}^{p} b_i = \frac{2^r}{2}(-1)+(\frac{2^r}{2}-1)\cdot 1 = -1$.

R2:   Innerhalb einer Periode p hat die Hälfte aller Läufe die Länge 1, ein
Viertel die Länge 2 und der 2^i-te Teil der Läufe die Länge i, solange $\frac{p}{2^i}$
> 1 ist. Für jede Länge existieren gleich viele +1 und -1–Läufe.

Es sind nur Läufe einer kleineren Länge als r zu betrachten, da $\frac{p}{2^r} < 1$
ist. Nach R1 enthält t_{r-1} genau 2^{r-1} mal die 1. Dies ist aber auch die Zahl
der 1-Läufe der Länge 1. Es gibt 2^{r-i} mal den Zustand, daß die Stufen
$t_{r-1}, \ldots, t_{r-i}$ sämtlich die 1 enthalten. Daher gibt es 2^{r-i} 1-Läufe der
Länge i. Die Gesamtzahl der 1-Läufe ist $\sum_{i=1}^{r-1} 2^{r-i} = 2^r - 2 \approx 2^r$, folglich ist

der Anteil der 1-Läufe der Länge i ungefähr $\frac{2^{r-i}}{2^r} = 2^{-i}$. Entsprechendes

zeigt man auch für die 0-Läufe.

R3:   Die Autokorrelationsfunktion ist zweiwertig mit einem festen Parameter
K und

$$C(\tau) := \frac{1}{p} \sum_{i=1}^{p} b_i\, b_{i+\tau} = \begin{cases} 1 & \text{für } \tau = 0 \\ K & \text{für } 0 < \tau < p \ . \end{cases}$$

Der Beweis dieser Beobachtung ist etwas aufwendiger. Wir definieren
mit $A_i := \{a_i, a_{i+1}, a_{i+2}, \ldots\}$, $i := 1, \ldots, 2^r-1$, und $A_0 := \{0, 0, 0, \ldots\}$
insgesamt 2^r verschiedene Folgen und beweisen damit den Satz:

Satz 6.9 ([Golo82]): Die Folgen $A_0, \ldots, A_p$ mit der elementweisen
Addition modulo 2 bilden eine Gruppe.

Beweis: Wegen $A_i + A_i = A_0$ und $A_i + A_0 = A_i$ ist A_0 das neutrale
Element. Für die Schieberegisterfolgen gilt die Rekurrenzgleichung
(6.5): $a_m := \sum_{i=0}^{r-1} g_i\, a_{i-r+m}$. Es sei $A' := A_n + A_j$ mit $j = n+k$. Dann ist
$a'_i = a_{n+i-1} + a_{j+i-1}$ für alle i. Die Folge $\{(a_n + a_j), \ldots, (a_{n+r-1} + a_{j+r-1})\}$
der Länge r muß zwangsläufig Anfangsstück einer Folge A_h sein, $0 \le h$
$\le 2^r-1$. Es ist $A' = A_h$, da insbesondere mit

$$a'_{r+1} := a_{n+r} + a_{j+r} = \sum_{i=0}^{r-1} g_i \, a_{i+n} + \sum_{i=0}^{r-1} g_i \, a_{i+j} = \sum_{i=0}^{r-1} g_i \, (a_{i+n} + a_{i+j})$$

$$= \sum_{i=0}^{r-1} g_i \, (a'_{i+1}) = \sum_{i=0}^{r-1} g_i \, (a'_{i-r+r+1})$$

auch die Rekurrenzgleichung gilt.   □

Neben diesem Satz beobachten wir noch, daß die Abbildung $(\{0, 1\}, +_2) \rightarrow (\{1, -1\}, \cdot)$ ein Isomorphismus zwischen zwei Gruppen ist. Genau wie in Satz 6.9 lassen sich auch Folgen B_i mit Elementen aus $\{1, -1\}$ definieren, und das Produkt $B_i \, B_j$ ist ebenfalls elementweise definiert. Es ist $B_i \, B_{i+\tau} =: B_h$ ebenfalls das Bild einer maximalen Schieberegisterfolge nach Satz 6.9. Diese Folge enthält $\frac{p-1}{2}$ mal die +1 und $\frac{p+1}{2}$ mal die -1. Daher ist

$$C(\tau) = \frac{1}{p} \sum_{n=1}^{p} b_n \, b_{n+\tau} = \begin{cases} 1 & \text{für } \tau = 0 \\ -\dfrac{1}{p} & \text{für } 0 < \tau < p \end{cases} .$$

Damit gilt R3 ebenfalls.

6.1.2 Signaturanalyse

6.1.2.1   Testdatenkompression: Beim Zufallstest wird eine große Zahl von Zufallsmustern erzeugt, und es müssen umfangreiche Testantworten ausgewertet werden. Falls man dabei die Testantworten stets mit abgespeicherten Sollantworten vergleichen würde, wären aufwendige Testautomaten notwendig und die meisten Vorteile des Zufallstests gingen wieder verloren. Statt dessen komprimiert man die Antworten während des Tests zu einem Wort und überprüft bei Testende, ob dieses Wort korrekt ist (Bild 6.5). Dieses Wort wird häufig auch Signatur genannt.

In der Literatur wurden zahlreiche Verfahren zur Testdatenkompression vorgeschlagen. Am weitesten ist die Signaturanalyse verbreitet, bei der die Testantworten des Prüflings in ein linear rückgekoppeltes Schieberegister über $\mathbb{F}_q$ eingespeist werden. Der Zustand des Registers nach dem Test bildet die Signatur (Bild 6.6). Dieses Vorgehen beim Test hochintegrierter Schaltungen wurde erstmals von Frohwerk vorgeschlagen [Froh77].

Bei der Testdatenkompression wird eine relativ lange Folge von Testantworten zu einer kurzen Signatur zusammengefaßt. Daher müssen unterschiedliche Folgen auf dieselbe Signatur abgebildet werden, und es kann auch die Eingabe einer fehlerhaften Folge zu einer korrekten Signatur führen.

Diesen Vorgang nennt man Fehlermaskierung, er wird ausführlich in den folgenden Abschnitten diskutiert.

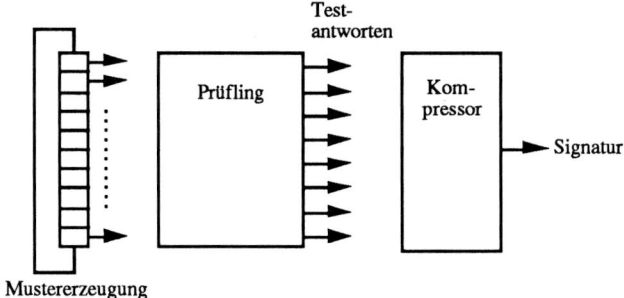

Bild 6.5: Kompression von Testantworten

Eine weitere Form der Datenkompression ist das "Einser-Zählen", hier wird in der Antwortfolge gezählt, wie oft ein Bit auf 1 war. Dieses Verfahren läßt sich realisieren, indem ähnlich wie in Bild 6.6 die Testantworten in einen Zähler geführt werden. Es wird jedoch seltener eingesetzt, da im allgemeinen Fehler häufiger maskiert werden als mit Signaturregistern. In [BARZ81] sind Erweiterungen beschrieben, um die Maskierungswahrscheinlichkeiten zu verringern.

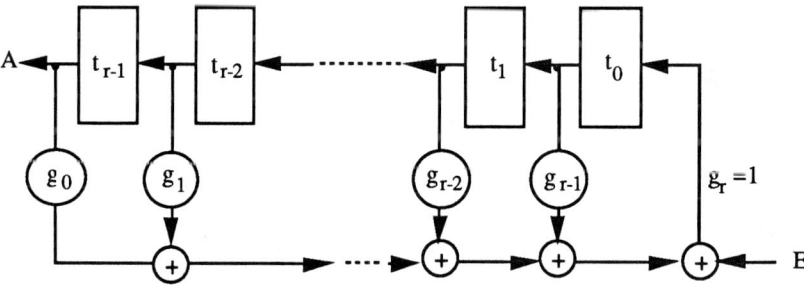

Bild 6.6: Prinzip der Signaturanalyse

Führt man das "Einser-Zählen" modulo 2 durch, erhält man ein Verfahren zur Paritätsprüfung nach Bild 6.7. Das Syndrom-Testen ist eine besondere Form des "Einser-Zählens", bei der sämtliche 2^n Eingangsbelegungen an eine Schaltung mit n Eingängen angelegt werden. Wenn K die Zahl der Minterme der Ausgangsfunktion ist, dann ist das Syndrom dieser Funktion als Quotient

$\frac{K}{2^n}$ definiert. Ein Schaltnetz mit einem Ausgang läßt sich so konstruieren, daß jeder Haftfehler zu einem fehlerhaften Syndrom führt [Savi80], [BARZ81]. Dies kostet jedoch zusätzliche Siliziumfläche.

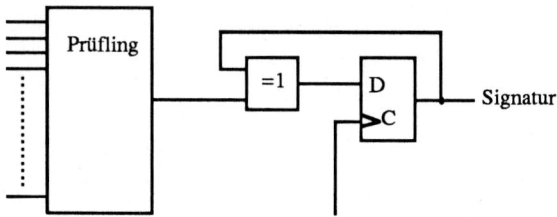

Bild 6.7: Paritätsprüfung

Beim Übergangszählen wird nicht die Zahl der Einsen, sondern die Zahl der 0-1 und 1-0 Übergänge im Datenstrom gezählt. In der Folge A := {a_1, a_2, ..., a_N} ist die Übergangszahl die Summe $C(R) := \sum_{i=1}^{N-1} a_i +_2 a_{i+1}$, hier beschreibt das Summenzeichen $\sum$ die übliche, reelle Addition. Auch das Übergangszählen hat schlechtere Maskierungseigenschaften als die Signaturanalyse. Eine Untersuchung der Maskierungseigenschaften des Übergangs- und Einser-Zählens findet sich in [BMS87].

6.1.2.2 Schaltungen zur Polynomdivision: Die Grundidee der Signaturanalyse nach Bild 6.6 ist es, die eingehenden Testdaten als Koeffizienten eines Polynoms aufzufassen und die Signatur als den Rest zu interpretieren, der bei der Division des Eingangspolynoms durch das charakteristische Polynom bleibt.

Zunächst definieren wir das Polynom

$$(6.8) \qquad g(x) := x^r f(\frac{1}{x}) = x^r + \sum_{i=0}^{r-1} g_i\, x^i\,.$$

Falls f(x) ein primitives Polynom ist, so ist auch g(x) eines, und mitunter wird es ebenfalls als das charakteristische Polynom des Schieberegisters bezeichnet. Damit gilt der folgende Satz:

Satz 6.10: In einem LRSR mit charakteristischem Polynom g(x) nach (6.8) werde beginnend im 0-Zustand die Folge E := <e_n, e_{n-1}, ..., e_0> eingespeist, die Ausgabe sei $A := (q_n, q_{n-1}, \ldots, q_0)$ und der Endzustand sei $(t_{r-1}, \ldots, t_0)$. Es seien $e(x) := \sum_{i=0}^{n} e_i x^i$ und $q(x) := \sum_{i=0}^{n} q_i x^i$. Dann gilt

$$(6.9) \qquad \frac{e(x)}{g(x)} = q(x) + \sum_{i=1}^{r} t_{r-i} x^{-i} + \frac{\sum_{k=1}^{r} \left(x^k \cdot \sum_{i=0}^{k-1} t_{k-i-1} g_i \right)}{g(x)} \cdot \frac{1}{x^{r+1}}.$$

Beweis: Der Beweis folgt durch Induktion über n. Da in $\mathbb{F}_2$ gerechnet wird, unterscheiden wir nicht zwischen "+" und "-". Da $q_0 = 0$, $t_0 = e_0$ und sonst $t_i = 0$ gelten, wird für $n = 0$ die rechte Seite von (6.9) zu

$$(6.10) \qquad e_0 x^{-r} + \frac{\sum_{k=1}^{r} x^k e_0 g_{k-1}}{g(x)} \cdot \frac{1}{x^{r+1}}.$$

Dieser Ausdruck ist gleich

$$\frac{e_0 x\, g(x)}{x^{r+1}\, g(x)} + \frac{\sum_{k=1}^{r} x^k e_0 g_{k-1}}{x^{r+1}\, g(x)} = \frac{e_0 x^{r+1} + \sum_{i=1}^{r} e_0 g_{i-1} x^i + \sum_{k=1}^{r} e_0 x^k g_{k-1}}{x^{r+1}\, g(x)}$$

$$= \frac{e_0}{g(x)}.$$

Für $n > 0$ sei $e(x) = e'(x)\, x + e_0$, und es gelte nach Induktionsvoraussetzung

$$\frac{e'(x)}{g(x)} = \sum_{i=0}^{n-1} q_{i+1} x^i + \sum_{i=1}^{r} t'_{r-i} x^{-i} + \frac{\sum_{k=1}^{r} x^k \sum_{i=0}^{k-1} t'_{k-i-1} g_i}{g(x)} \cdot \frac{1}{x^{r+1}}.$$

Der neue Zustand des LRSR ist nach (6.3)

$$t_0 := \sum_{i=0}^{r-1} g_i t'_{r-i-1} + e_0, \quad \text{und } t_i := t'_{i-1} \text{ für } i := 1, \ldots, r-1,$$

und es gilt $q_0 = t'_{r-1}$. Damit ist

$$\frac{e'(x)\, x}{g(x)} = \sum_{i=0}^{n} q_i\, x^i + \sum_{i=2}^{r} t'_{r-i}\, x^{-i+1} + x \cdot \frac{\sum_{k=1}^{r} x^k \sum_{i=0}^{k-1} t'_{r-i-1}\, g_i}{g(x)} \cdot \frac{1}{x^{r+1}} \quad \text{und}$$

$$\frac{e(x)}{g(x)} = \frac{e'(x)\, x + e_0}{g(x)} =$$

$$= \sum_{i=0}^{n} q_i\, x^i + \sum_{i=1}^{r-1} t_{r-i}\, x^{-i} + \frac{e_0\, x^{r+1} + \sum_{k=1}^{r} x^{k+1} \sum_{i=0}^{k-1} t'_{r-i-1}\, g_i}{g(x)} \cdot \frac{1}{x^{r+1}} .$$

Der Satz ist bewiesen, wenn

(6.11)
$$\frac{e_0\, x^{r+1} + \sum_{k=1}^{r} x^{k+1} \sum_{i=0}^{k-1} t'_{r-i-1}\, g_i}{x^{r+1}\, g(x)} =$$

$$= t_0\, x^{-r} + \frac{\sum_{k=1}^{r} x^k \sum_{i=0}^{k-1} t_{k-i-1}\, g_i}{g(x)} \cdot \frac{1}{x^{r+1}}$$

gezeigt ist. Es ist die linke Seite von (6.11) gleich

$$\frac{t_0\, x^{r+1} + \sum_{k=1}^{r-1} x^{k+1} \sum_{i=0}^{k-1} t'_{r-i-1}\, g_i}{x^{r+1}\, g(x)} =$$

$$= t_0\, x^{-r} + \frac{t_0\, x^{r+1} + t_0\, x\, g(x) + \sum_{k=1}^{r-1} x^{k+1} \sum_{i=0}^{k-1} t_{k-i}\, g_i}{x^{r+1}\, g(x)}$$

$$= t_0\, x^{-r} + \frac{t_0 \sum_{i=0}^{r-1} g_i\, x^{i+1} + \sum_{k=1}^{r-1} x^{k+1} \sum_{i=0}^{k-1} t_{k-i}\, g_i}{x^{r+1}\, g(x)}$$

$$= t_0\, x^{-r} + \frac{t_0\, g_0\, x + \sum_{k=2}^{r} x^k \sum_{i=0}^{k-1} t_{k-i-1}\, g_i}{x^{r+1}\, g(x)}$$

$$= t_0\, x^{-r} + \frac{\sum_{k=1}^{r} x^k \sum_{i=0}^{k-1} t_{k-i-1}\, g_i}{g(x)} \cdot \frac{1}{x^{r+1}} . \qquad \square$$

Nach diesem Satz führt ein LRSR eine Polynomdivision durch. Wird das Register im autonomen Betrieb mit $t_0 = 1$ und $t_i = 0$, $i \neq 0$, gestartet, entspricht die erzeugte Musterfolge dem Quotientenpolynom $\dfrac{x^n}{g(x)}$, und nach Abschluß der Mustererzeugung enthält t_0, ..., t_{r-1} nach (6.9) die ersten r Koeffizienten der Dualbruchzerlegung.

Die Schaltung nach Bild 6.8 führt ebenfalls eine Polynomdivision durch.

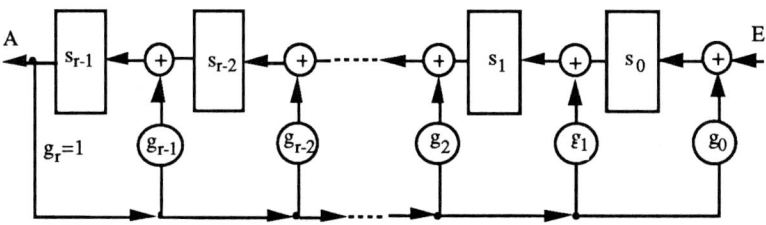

Bild 6.8: LRSR in modularer Form

Während bei einem LRSR nach Bild 6.3 die Rückkopplungsfunktion extern realisiert ist, wird bei obenstehender Schaltung die Rückkopplungsfunktion auf die einzelnen Stufen aufgeteilt. Wir nennen künftig ein LRSR nach Bild 6.3 ein *Standard-LRSR* und die Schaltung nach Bild 6.8 *modulares LRSR*. Auch für ein modulares LRSR wird die Funktion g(x) nach (6.8) charakteristisches Polynom genannt. Im autonomen Betrieb gilt für den Nachfolgezustand eines modularen LRSR

$$(6.12) \qquad s^+_{i+1} = s_i +_2 g_i\, s_{r-1} \quad \text{und} \quad s^+_0 = s_{r-1}\,.$$

Entsprechend Satz 6.10 folgt für diese Schaltung Satz 6.11:

Satz 6.11: In ein modulares LRSR mit charakteristischem Polynom g(x) werde beginnend im 0-Zustand die Folge $E := \langle e_n, e_{n-1}, ..., e_0\rangle$ eingespeist, die Ausgabe sei $A := (q_n, q_{n-1}, ..., q_0)$ und der Endzustand $(s_{r-1}, ..., s_0)$. Es seien $e(x) := \sum\limits_{i=0}^{n} e_i\, x^i$, $q(x) := \sum\limits_{i=0}^{n} q_i\, x^i$ und $s(x) := \sum\limits_{i=0}^{r-1} s_i\, x^i$.

Dann entspricht s(x) dem Rest der Polynomdivision, d.h. es gilt

$$(6.13) \qquad \frac{e(x)}{g(x)} = q(x) + \frac{s(x)}{g(x)}\,.$$

Beweis: Wieder erfolgt der Beweis durch Induktion über n, wobei der Induktionsanfang $n = 0$ durch Einsetzen von $e(x) = e_0$ in (6.13) trivial ist.

Es sei also $e(x) = e'(x)\, x + e_0$, und es gelte $\dfrac{e'(x)}{g(x)} = \sum\limits_{i=0}^{n-1} q_{i+1}\, x^i + \dfrac{\sum\limits_{i=0}^{r-1} s_i'\, x^i}{g(x)}$.

Der neue Zustand des LRSR ist $s_0 = g_0\, s_{r-1}' +_2 e_0$ und $s_{i+1} = s_i' +_2 g_{i+1}\, s_{r-1}'$.

Damit ist

(6.14) $\dfrac{e(x)}{g(x)} = \dfrac{e'(x)\, x + e_0}{g(x)} = \sum\limits_{i=1}^{n} q_i\, x^i + \dfrac{\sum\limits_{i=1}^{r} s_{i-1}'\, x^i + e_0}{g(x)}$.

Da $q_0 = s_{r-1}'$ gilt, treffen wir folgende Fallunterscheidung:

a) $s_{r-1}' = 0$

Dann wird (6.14) zu

$\dfrac{e(x)}{g(x)} = \sum\limits_{i=0}^{n} q_i\, x^i + \dfrac{\sum\limits_{i=1}^{r-1} s_{i-1}'\, x^i + e_0}{g(x)} = \sum\limits_{i=0}^{n} q_i\, x^i + \dfrac{\sum\limits_{i=0}^{r-1} s_i\, x^i}{g(x)}$,

und es folgt (6.13).

b) $s_{r-1}' = 1$

Dann ist das Polynom $\sum\limits_{i=1}^{r} s_{i-1}'\, x^i + e_0$ vom Grad r, und durch Division

folgt

$\dfrac{\sum\limits_{i=1}^{r} s_{i-1}'\, x^i + e_0}{g(x)} = 1 + \dfrac{\sum\limits_{i=1}^{r} (s_{i-1}' + g_i)\, x^i + e_0 + g_0}{g(x)} =$

$= 1 + \dfrac{\sum\limits_{i=0}^{r-1} s_i\, x^i}{g(x)}$. Also ist $\dfrac{e(x)}{g(x)} = \sum\limits_{i=0}^{n} q_i\, x^i + \dfrac{\sum\limits_{i=0}^{r-1} s_i\, x^i}{g(x)}$.   □

Ein modulares LRSR führt die Polynomdivision nach demselben Algorithmus durch, den auch ein Mensch anwenden würde. Bild 6.9 zeigt das zur Schaltung nach Bild 6.4 äquivalente modulare LRSR mit dem charakteristischen Polynom $g(x) = 1 + x^3 + x^4$.

Bei Eingabe des Polynoms $e(x) = x^8 + x^6 + x^4 + x^2 + 1$ kann man die Division entsprechend Tabelle 6.1 durchführen.

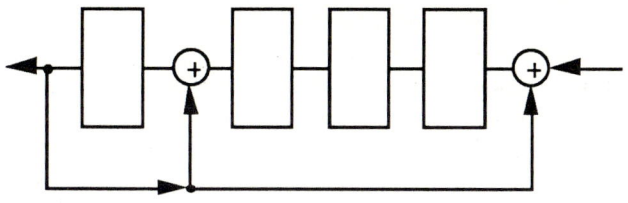

Bild 6.9: Modulares LRSR zu $g(x) = 1 + x^3 + x^4$

Tabelle 6.1: Manuelle Polynomdivision

$$(x^8+0x^7+ x^6+0x^5+ x^4+0x^3+ x^2+0x+1) : (x^4+x^3+0x^2+0x+1) = x^4 + x^3 + 0x^2 + 0x + 0$$

$$\underline{x^8+ x^7+ \qquad\quad + x^4}$$

$$x^7+ x^6+0x^5+0x^4 \qquad\qquad \text{Rest}$$

$$\underline{x^7+ x^6+ \qquad\quad x^3}$$

$$0x^6+0x^5+0x^4+ x^3 \qquad\qquad \text{Rest}$$

$$\underline{0x^6+0x^5+0x^4+0x^3+0x^2}$$

$$0x^5+0x^4+ x^3+ x^2 \qquad\qquad \text{Rest}$$

$$\underline{0x^5+0x^4+0x^3+0x^2+0x}$$

$$0x^4+ x^3+ x^2+0x \qquad\qquad \text{Rest}$$

$$\underline{0x^4+0x^3+0x^2+0x+0}$$

$$x^3+ x^2+0x+1 \qquad\qquad \text{Rest}$$

Man sieht sofort, daß der jeweilige Rest dem Registerzustand $s_{r-1}, \ldots, s_0$ in Tabelle 6.2 entspricht.

Tabelle 6.2: Registerstand bei der Polynomdivision

```
1 0 1 0 1 0 1 0 1 : 1 1 0 0 1 = 0 0 0 0 1 1 0 0 0
1 1 0 0 1
0 1 1 0 0                 s
  1 1 0 0 1
  0 0 0 0 1               s
    0 0 0 0 0
    0 0 0 1 1             s
      0 0 0 0 0
      0 0 1 1 0           s
        0 0 0 0 0
        1 1 0 1           s
```

Da nach Laden der 1 in s_0 ein modulares LRSR im autonomen Betrieb ebenfalls die Division $\dfrac{x^n}{g(x)}$ ausführt, sind Standard-LRSR und modulare

LRSR bezüglich ihrer Ausgabe äquivalent. Alle für ein Standard-LRSR im ersten Abschnitt hergeleiteten Aussagen über Perioden und charakteristische Polynome gelten auch für modulare LRSR, diese können daher in gleicher Weise für die Zufallsmustererzeugung eingesetzt werden. Modulare LRSR haben zudem Geschwindigkeitsvorteile, da während eines Taktes keine aufwendigen Rückkopplungsfunktionen, sondern nur einzelne XOR-Glieder zwischen den Stufen durchlaufen werden müssen.

6.1.2.3 Serielle Signaturanalyse: In diesem Abschnitt untersuchen wir die Komprimierung eines n Bit langen Datenstromes mit einem Signaturregister der Länge r. Ausführlich sind diese Sachverhalte in dem Buch [VoPl88] nachzulesen, einen Überblick geben die Aufsätze [Leis82, HeLe83, Davi80].

Da bei Eingabe eines beliebig langen Datenstroms ein modulares LRSR und ein Standard-LRSR dieselbe Ausgabe haben und beide $2^r - 1$ verschiedene Zustände besitzen, sind auch ihre Ausgaben bei einem fehlerhaften Datenstrom identisch. Daher gelten die in diesem Abschnitt untersuchten Sachverhalte für modulare und Standard-LRSR in gleicher Weise.

Es seien $E := (e_{n-i})_{0 \leq i \leq n}$ die eingeführten Daten. Die Signatur $(s_0, \ldots, s_{r-1})$ ist der Zustand des Registers nach der Dateneingabe, und nach Satz 6.11 entspricht sie dem Rest bei einer Polynomdivision (6.13). Es sei $E' := (e'_{n-i})_{0 \leq i \leq n}$ eine fehlerhafte Folge, und es sei $(s'_0, \ldots, s'_{r-1})$ die entsprechende Signatur. Der Fehler wird erkannt, falls ein i mit $s'_i \neq s_i$ existiert, ansonsten wird der Fehler maskiert. Wir untersuchen im folgenden, welche Fehler eines Bitstroms der Länge n ein Signaturregister der Länge r erkennen kann. Offensichtlich kann der Bitstrom $2^n - 1$ verschiedene Fehler haben, es gibt jedoch nur 2^r verschiedene Signaturen, so daß auch fehlerhafte Folgen auf die korrekte Signatur abgebildet werden können.

Die Fehlerindikationsfolge $\varepsilon := (\varepsilon_{n-i})_{0 \leq i \leq n}$ ist die Folge, die genau dann 1 wird, wenn der Datenstrom verfälscht ist: $\varepsilon_{n-i} := e_{n-i} +_2 e'_{n-i}$.

Mit $e(x) := \sum_{i=0}^{n} e_i x^i$, mit $e'(x) := \sum_{i=0}^{n} e'_i x^i$ und mit $\varepsilon(x) := \sum_{i=0}^{n} \varepsilon_i x^i$ gelten nach (6.13)

$$\frac{e'(x)}{g(x)} = q'(x) + \frac{\sum_{i=0}^{r-1} s'_i x^i}{g(x)} \quad \text{und} \quad \frac{\varepsilon(x)}{g(x)} = \tilde{q}(x) + \frac{\sum_{i=0}^{r-1} \tilde{s}_i x^i}{g(x)} ,$$

wobei q', $\tilde{q}$ und $\tilde{s}_i$ gemäß (6.13) gewählt sind, und es ist

$$\frac{e'(x)}{g(x)} = \frac{e(x)}{g(x)} + \frac{\varepsilon(x)}{g(x)} = q(x) + \tilde{q}(x) + \frac{\sum_{i=0}^{r-1} s_i\, x^i + \sum_{i=0}^{r-1} \tilde{s}_i\, x^i}{g(x)}\,.$$

Somit ist $s'_i = s_i +_2 \tilde{s}_i$, und der Fehler wird genau dann erkannt, wenn die $\tilde{s}_i$ nicht überall 0 sind und bei der Division $\frac{\varepsilon(x)}{g(x)}$ ein Rest bleibt. Falls nur ein einziges Bit in der Folge ε gesetzt ist, der Datenstrom also nur einmal an einer Stelle k verfälscht wird, ist $\varepsilon(x) = x^k$, und da g(x) sicher x^k nicht teilt, wird ein Einzelfehler stets erkannt.

Unter der *Güte* eines Signaturregisters verstehen wir den Anteil der Fehlerfolgen, die tatsächlich erkannt werden. Da es 2^n verschiedene Datenströme der Länge n gibt, aber nur 2^r unterschiedliche Signaturen, müssen auf jede Signatur 2^{n-r} Datenströme abgebildet werden. Damit gilt für die Güte G des Registers

$$G := \frac{\text{Zahl erkannter Fehlerfolgen}}{\text{Zahl aller Fehlerfolgen}} = \frac{2^n - 2^{n-r} + 1}{2^n - 1} = 1 - \frac{2^{n-r} - 2}{2^n - 1}.$$

Für große n folgt $G \approx 1 - \frac{1}{2^r}$. Folglich ist unter den genannten Voraussetzungen die Güte eines Schieberegisters nur von seiner Stellenzahl, aber nicht von seiner Rückkopplungsfunktion abhängig. Das Gegenteil der Güte ist die *Fehlerrate* F = 1 - G eines Signaturregisters.

In der Regel sind jedoch bei einem Fehler in der Schaltung nicht alle Fehlerindikationsfolge gleich wahrscheinlich, so daß zur Bestimmung von Fehlermaskierungswahrscheinlichkeiten etwas mehr Aufwand getrieben werden muß.

6.1.2.4 Fehlermaskierungswahrscheinlichkeiten: Die Funktion einer Schaltung nach Bild 6.6 läßt sich mit den Vektoren $T := \begin{pmatrix} t_0 \\ \vdots \\ \vdots \\ t_{r-1} \end{pmatrix}$, $D_j := \begin{pmatrix} e_j \\ 0 \\ \vdots \\ \vdots \\ 0 \end{pmatrix}$

und der Matrix $C := \begin{pmatrix} g_{r-1} & & \cdots & & g_0 \\ 1 & 0 & 0 & \dots & 0 & 0 \\ 0 & 1 & 0 & \dots & 0 & 0 \\ & & & \vdots & & \\ & & & \vdots & & \\ 0 & 0 & 0 & \dots & 1 & 0 \end{pmatrix}$ durch den Folgezustand

(6.15) $T^+ = C \cdot T + D_j$

beschreiben. Wir setzen im folgenden stets voraus, daß die Rückkopplung alle Stufen umfaßt und $g_0 = 1$ ist. Wir berücksichtigen wieder, daß wir in $\mathbb{F}_2$ arbeiten und die Addition daher modulo 2 auszuführen ist. Insbesondere gilt im autonomen Betrieb

$$\begin{pmatrix} t_{n+1} \\ \vdots \\ t_{n+r} \end{pmatrix} = C \cdot \begin{pmatrix} t_n \\ \vdots \\ t_{n+r-1} \end{pmatrix}.$$

Ist T_{-1} der Anfangszustand des Registers, so ist es zum Zeitpunkt i im Zustand $T_i = C^{i+1} T_{-1}$. Erhält das Register zur Zeit j noch die Eingabe D_j, gelangt es in den Zustand $T_i = C^{i+1} T_{-1} + \sum_{j=0}^{i} C^{i-j} D_j$.

Ähnlich wie im vorhergehenden Abschnitt betrachten wir die Folge von Fehlerindikationsvektoren $\varepsilon_j = \begin{pmatrix} \zeta_j \\ 0 \\ \vdots \\ 0 \end{pmatrix}$. Es ist $\zeta_j = 1$ genau dann, wenn das Eingabebit verfälscht ist, also $e_j \neq e_j'$ mit der fehlerhaften Eingabe e_j' und

$D_j' := \begin{pmatrix} e_j' \\ 0 \\ \vdots \\ 0 \end{pmatrix}$ gelten. Zur fehlerhaften Eingabe D' gehören die fehlerhaften Zustände T_i':

(6.16) $T_i' = C^{i+1} T_{-1} + \sum_{j=0}^{i} C^{i-j} D_j' =$

$$= C^{i+1} T_{-1} + \sum_{j=0}^{i} C^{i-j} (D_j + \varepsilon_j) = T_i + \sum_{j=0}^{i} C^{i-j} \varepsilon_j.$$

Wir setzen $E_i := \sum_{j=0}^{i} C^{i-j} \varepsilon_j$ und stellen fest, daß Fehlermaskierung genau dann auftritt, wenn $E_i = \begin{pmatrix} 0 \\ \vdots \\ 0 \end{pmatrix}$ ist. Insbesondere ist

$$(6.17) \qquad E_i = C^{i+1} \begin{pmatrix} 0 \\ \vdots \\ \vdots \\ 0 \end{pmatrix} + \sum_{j=0}^{i} C^{i-j} \, \varepsilon_j \, ,$$

und Fehlermaskierung tritt genau dann auf, wenn die Schaltung bei Eingabe der Fehlerindikationsfolge vom 0-Zustand in den 0-Zustand zurückkehrt.

Ein Schaltwerk kann durch ein Zustandsübergangsdiagramm beschrieben werden. Dies ist ein gerichteter Graph, dessen Knoten den Zuständen entsprechen, zwischen denen Kanten gezogen sind, wenn ein unmittelbarer Übergang von dem einen in den anderen Zustand möglich ist. Jede Kante wird mit der Eingabe markiert, die den entsprechenden Zustandsübergang bewirkt.

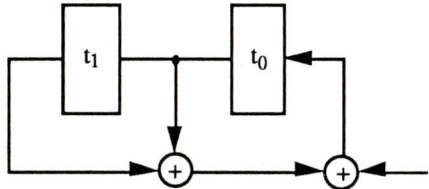

a) LRSR mit charakteristischem Polynom $g(x) = x^2 + x + 1$

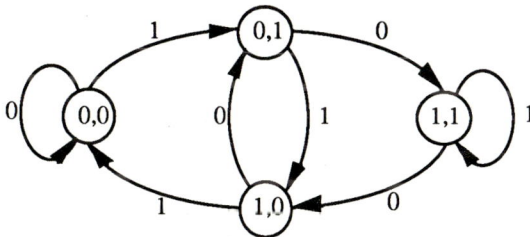

b) Übergangsdiagramm mit der Zustandskodierung (t_1, t_0)

Bild 6.10: Schaltung mit Zustandsübergangsdiagramm

Bild 6.10 beschreibt das Verhalten des gegebenen Schaltwerks LRSR bei einer deterministischen Eingabe. Ist die Eingabe zufällig, so werden die Zustände mit einer bestimmten Wahrscheinlichkeit angenommen und Übergänge vom Zustand i in den Zustand j treten mit einer gewissen Wahrscheinlichkeit $p_{i,j}$ auf. Ein derartiges stochastisches System kann als Markov-Prozeß beschrieben werden. Die theoretischen Grundlagen von Markov-Prozessen sind in einführenden Lehrbüchern (z. B. [Ross83]) nachzulesen. Für unsere Zwecke stellen wir im folgenden einige einfache Sachverhalte zusammen:

Bei einer Schaltung mit t Zuständen lassen sich die Wahrscheinlichkeiten als t × t - Matrix P = $(p_{i,j})$ beschreiben, wobei

$$(6.18) \qquad \sum_{j=1}^{t} p_{i,j} = 1$$

gelten muß, da die Schaltung von i sicher in irgendeinen Zustand j gehen muß. Eine Matrix, in der überall die Gleichung (6.18) erfüllt ist, heißt stochastisch. Gilt zusätzlich

$$(6.19) \qquad \sum_{i=1}^{t} p_{i,j} = 1$$

wird die Matrix doppelt stochastisch genannt. Für die Schaltung nach Bild 6.10 ergibt sich für die Zustandsreihenfolge (0,0), (0,1), (1,0) und (1,1) die folgende Übergangsmatrix P:

$$\begin{pmatrix} (1-p) & p & 0 & 0 \\ 0 & 0 & p & (1-p) \\ p & (1-p) & 0 & 0 \\ 0 & 0 & (1-p) & p \end{pmatrix}$$

Ein Markov-Prozeß wird *stationär* genannt, wenn die Übergangswahrscheinlichkeit $p_{i,j}$ unabhängig vom Zeitpunkt des Übergangs ist. Der Vektor $\sigma(0) := (\sigma_1(0), ..., \sigma_t(0))$ beschreibe die Wahrscheinlichkeit, mit der das System zu Beginn im Zustand i (i = 1, ..., t) ist. Dann ist nach einem Schritt $\sigma(1) := (\sigma_1(1), ..., \sigma_t(1)) = \sigma(0) \cdot P$ und nach n Schritten $\sigma(n) = \sigma(0) \cdot P^n$. Offensichtlich gilt stets $\sum_{j=1}^{t} \sigma_j(i) = 1$.

Ein Markov-Prozeß heißt *ergodisch*, wenn es möglich ist, von jedem Zustand mit einer Reihe von Schritten in jeden anderen Zustand zu gelangen. Da bei den hier behandelten Signaturregistern jede Signatur erreicht werden kann, bilden sie ein ergodisches System mit t := 2^r Zuständen. Da das System stationär und ergodisch ist, gelangt es in ein Gleichgewicht und es existiert ein eindeutig bestimmter Vektor σ mit $(\sigma_1, ..., \sigma_{2^r}) \cdot P = (\sigma_1, ..., \sigma_{2^r})$, für den $\sigma_i = \sigma_j$, i, j = 1, ..., 2^r, gelten muß (vgl. [Ross83], Theorem 4.3.3). Daraus erhalten wir folgenden Sachverhalt, wie er bereits in [Wu87], Seite 91, festgestellt wurde:

Satz 6.12: Bei Eingabe einer nicht konstanten Zufallsfolge kann jeder Zustand eines r-stufigen Signaturregisters mit einer Wahrscheinlichkeit erreicht werden, die mit wachsender Eingabenlänge gegen 2^{-r} geht.

In [WiDa89] wird dieser Satz dazu verwendet, die Wahrscheinlichkeit P_M zu berechnen, daß ein Fehler maskiert wird. Nach (6.17) tritt Maskierung genau dann ein, wenn die Fehlerindikationsfolge ε das Register von dem 0-Zustand in den 0-Zustand treibt. Die Maskierungswahrscheinlichkeit ergibt sich aus der Differenz zwischen der Wahrscheinlichkeit $P(0\rightarrow 0)$, mit der Fehlerindikationsfolge vom 0-Zustand in den 0-Zustand zu gelangen, und der Wahrscheinlichkeit $(1 - p)^n$, daß der 0-Zustand nie verlassen wird, da keines der n Fehlerbits gesetzt war:

Korollar 6.13: Unabhängig von der Wahrscheinlichkeit $0 < p < 1$, daß ein Fehlerbit gesetzt ist, geht die Maskierungswahrscheinlichkeit für große Folgenlängen n gegen $P_M \approx 2^{-r}$.

Dieses Korollar ist eine wichtige Verallgemeinerung der algebraischen Betrachtungen des vorhergehenden Abschnitts, wo wir voraussetzen mußten, daß jede Fehlerfolge mit derselben Wahrscheinlichkeit auftritt und insbesondere $p = \frac{1}{2}$ ist.

Es sei darauf hingewiesen, daß diese Untersuchungen in gleicher Weise auf modulare und Standard-Signaturregister zutreffen, da beide Typen dasselbe Ausgabeverhalten haben. Allerdings gelten die vorgestellten Schätzungen nur für große Musterfolgen mit n gegen unendlich. Es ist ebenso von Interesse, wie schnell die Fehlermaskierungswahrscheinlichkeit gegen den Wert 2^{-r} konvergiert. Zahlreiche Untersuchungen haben ergeben, daß in Schaltungen mit einem primitiven Rückkopplungspolynom dieser Wert schneller erreicht wird und diese daher günstigere Maskierungseigenschaften besitzen.

Mit Methoden der Markov-Theorie, wie wir sie auch in diesem Abschnitt verwendet haben, wurden solche Ergebnisse in [WILL86, 87a, b] erzielt. In [IvAg87, IvAg88, IvAg89] wurden Methoden der booleschen Algebra verwendet, und in [GuPr88, DAMI89, DAMI89a] konnten mit Hilfe der Kodierungstheorie exakte Maskierungswahrscheinlichkeiten bestimmt werden.

6.1.2.5 Parallele Signaturanalyse: Zumeist hat eine Schaltung mehrere Ausgänge, die gleichzeitig beobachtet werden müssen und die verfälscht sein können. Bei der seriellen Signaturanalyse nach Bild 6.6 bzw. 6.8 kann nur ein Datenstrom beobachtet und komprimiert werden. Bei mehreren Schaltungsausgängen bietet sich die parallele Signaturanalyse nach Bild 6.11 an.

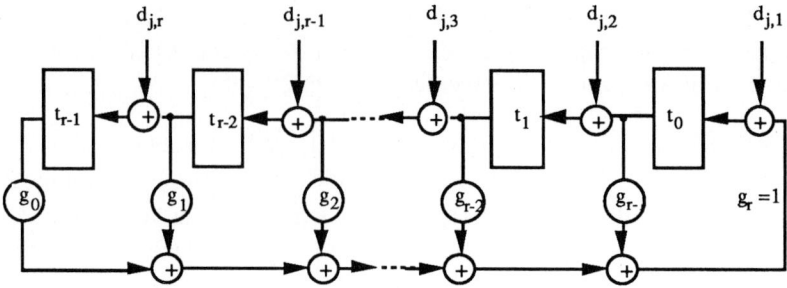

a) Standard-LRSR

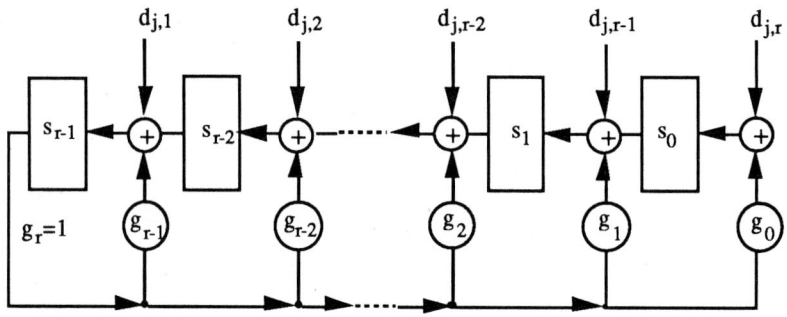

b) Modulares LRSR

Bild 6.11: Prinzip der parallelen Signaturanalyse

Solche Schaltungen werden häufig mit der Abkürzung MISR (Multiple Input Signature Register) belegt. Allerdings haben ein modulares LRSR und ein Standard-LRSR bei Eingabe der Folge von Vektoren $D_j = \begin{pmatrix} d_{j,1} \\ \vdots \\ d_{j,r} \end{pmatrix}$ nicht mehr dasselbe Ausgabe- und Maskierungsverhalten.

Dies ist bei der folgenden Untersuchung der Fehlermaskierungswahrscheinlichkeiten zu berücksichtigen, bei der wir uns an [WiDa89] anlehnen. Auch die Funktion einer Schaltung nach Bild 6.11 a) läßt sich wie in (6.15) durch $T^+ = C \cdot T + D_j$ beschreiben, wobei man die Vektoren $T := \begin{pmatrix} t_0 \\ \vdots \\ t_{r-1} \end{pmatrix}$ und $D_j = \begin{pmatrix} d_{j,1} \\ \vdots \\ d_{j,r} \end{pmatrix}$ und die Matrix

$$C := \begin{pmatrix} g_{r-1} & \cdots & g_0 \\ 1 & 0 & 0 & \ldots & 0 & 0 \\ 0 & 1 & 0 & \ldots & 0 & 0 \\ & & \vdots & & & \\ & & \vdots & & & \\ 0 & 0 & 0 & \ldots & 1 & 0 \end{pmatrix} \text{ benutzt.}$$

Die bereits hergeleiteten Aussagen über den autonomen Betrieb gelten unverändert. Jetzt wird allerdings eine Folge von Fehlerindikationsvektoren $\varepsilon_j = \begin{pmatrix} \varepsilon_{j,1} \\ \vdots \\ \varepsilon_{j,r} \end{pmatrix}$ eingegeben. $\varepsilon_{j,i} = 1$ gilt genau dann, wenn die Eingabe $d_{j,i} \neq d'_{j,i}$ verfälscht ist, wobei $D'_j = \begin{pmatrix} d'_{j,1} \\ \vdots \\ d'_{j,r} \end{pmatrix}$ die Eingabe im Fehlerfall und T'_i die zugehörigen fehlerhaften Zustände bezeichnen. Damit gelten auch weiterhin die Formeln (6.16) und (6.17).

Als Beispiel wurde die Schaltung nach Bild 6.10 a) in Bild 6.12 zur parallelen Signaturanalyse erweitert.

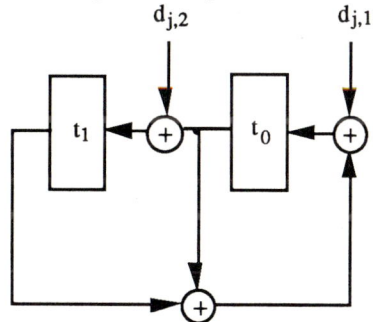

Bild 6.12: LRSR zur parallelen Signaturanalyse

Setzen wir voraus, daß in obenstehender Schaltung die Testdatenströme an $d_{j,1}$ und $d_{j,2}$ unabhängig voneinander mit der Wahrscheinlichkeit p verfälscht sind, folgt untenstehende Übergangsmatrix für die Markov-Modellierung:

$$\begin{pmatrix} (1\text{-}p)(1\text{-}p) & (1\text{-}p)p & p(1\text{-}p) & pp \\ pp & p(1\text{-}p) & (1\text{-}p)p & (1\text{-}p)(1\text{-}p) \\ (1\text{-}p)p & (1\text{-}p)(1\text{-}p) & pp & p(1\text{-}p) \\ p(1\text{-}p) & pp & (1\text{-}p)(1\text{-}p) & (1\text{-}p)p \end{pmatrix}.$$

Es seien T_i und T_j zwei Zustände des MISR, dann existiert stets genau ein Eingabevektor $D_{i,j}$, der das MISR von T_i nach T_j bringt. Mit (6.15) gilt hierfür $D_{i,j} = T_i + C \cdot T_j$. Dieses $D_{i,j}$ enthalte an n Stellen die 1 und an m Stellen die 0 mit n + m = r. Dann entspricht die Wahrscheinlichkeit, daß dieses $D_{i,j}$ zufällig eingegeben wird, der Übergangswahrscheinlichkeit $p_{i,j} = p^n (1 - p)^m$. Jede der Übergangswahrscheinlichkeiten ist somit eindeutig bestimmt, und es ist $\sum_{j=1}^{2^r} p_{i,j} = 1$. Dies gilt, da zwischen 1 und 2^r jeder Vektor aufgezählt wird, und damit ist

$$\sum_{j=1}^{2^r} p_{i,j} = \sum_{j=0}^{r} \binom{r}{j} p^{r-j} (1\text{-}p)^j = (p + (1\text{-}p))^r = 1.$$

Wenn die Eingabeströme unterschiedliche Fehlerwahrscheinlichkeiten aufweisen, z. B. p_h für Eingang h, gilt für die Übergangswahrscheinlichkeit

$$p_{i,j} = \prod_{h=1}^{r} \tilde{p}_h(i,j), \text{ mit}$$

$$\tilde{p}_h(i,j) := \begin{cases} p_h, & \text{falls } D_{i,j} \text{ an h gleich 1 ist} \\ 1\text{-}p_h, & \text{falls } D_{i,j} \text{ an h gleich 0 ist} \end{cases}.$$

Da wiederum alle Eingabevektoren D aufgezählt werden, prüft man leicht $\sum_{j=1}^{2^r} p_{i,j} = ((1\text{-}p_1) + p_1)((1\text{-}p_2) + p_2) \ldots ((1\text{-}p_r) + p_r) = 1$ nach. Somit ist die Übergangsmatrix stochastisch sowohl für den Fall, daß an jeder Eingabestelle dieselbe Fehlerwahrscheinlichkeit p herrscht, als auch für den Fall unterschiedlicher Fehlerwahrscheinlichkeiten p_h. Dies wurde daraus hergeleitet, daß von einem Zustand in einem Schritt jeder andere erreichbar ist.

Nun zeigen wir, daß in einem gegebenen Zustand T_j jeder beliebige Zustand T_i Vorgänger gewesen sein kann, und folgern daraus, daß die Übergangsmatrix doppelt stochastisch ist. Es ist $T_j = C\,T_i + D_{i,j}$ nach (6.15). Da wir $g_0 = 1$ bei dem Rückkopplungspolynom vorausgesetzt haben, zeigt man mit elementarer linearer Algebra, daß die Matrix C die Determinante 1 besitzt und damit invertierbar ist. Somit ist jeder Zustand $T_i = C^{-1} (T_j + D_{i,j})$ als Vorgänger möglich, und zu jeder der 2^r möglichen Eingaben D existiert genau ein Vorgängerzustand. Also folgt auch hier $\sum\limits_{i=1}^{2^r} p_{i,j} = ((1\text{-}p_1) + p_1)((1\text{-}p_2) +$

$p_2) \dots ((1\text{-}p_r) + p_r) = 1$, und die Übergangsmatrix ist doppelt stochastisch. Entsprechend zu Satz 6.12 haben wir hiermit

Satz 6.14: Jeder Zustand eines MISR kann bei Eingabe einer Musterfolge D_j, die an h-ter Stelle mit Wahrscheinlichkeit $0 < P(d_{j,h}=1) = p_h < 1$ auf 1 liegt (h = 1, ..., r), mit einer Wahrscheinlichkeit erreicht werden, die mit wachsender Eingabelänge gegen 2^{-r} konvergiert.

Hieraus folgt auch das entsprechende Korollar.

Korollar 6.15: Unabhängig von den Wahrscheinlichkeiten $0 < p_h < 1$, h = 1, ..., r, daß in der Eingabe an d_h ein Bit verfälscht wird, und unabhängig vom Anfangszustand geht die Maskierungswahrscheinlichkeit in einem r-stufigen MISR für große Testlängen gegen $P_M \approx 2^{-r}$.

Bislang haben wir nur die Signaturanalyse mit einem Standard-LRSR nach Bild 6.11 a) betrachtet. Auch die Signaturanalyse mit einem modularen LRSR nach Bild 6.11 b) kann als lineares System $T^+ = C \cdot T + D_j$ beschrieben werden. In diesem Fall ist die Matrix C gegeben durch

$$C := \begin{pmatrix} 0 & 0 & 0 & \dots & 0 & g_0 \\ 1 & 0 & 0 & \dots & 0 & g_1 \\ 0 & 1 & 0 & \dots & 0 & g_2 \\ & & \vdots & & & \\ & & \vdots & & & \\ 0 & 0 & 0 & \dots & 1 & g_{r-1} \end{pmatrix} .$$

Mit dieser Matrix gelten die für ein Standard-LRSR angestellten Überlegungen und untersuchten Sachverhalte in gleicher Weise auch für modulare LRSR. Es haben damit beide Typen von MISR dieselben Eigenschaften bezüglich der Maskierungswahrscheinlichkeit, sie können sich jedoch bezüglich der Maskierung bei einer konkreten Fehlerfolge unterscheiden. Selbst wenn beide MISR auf demselben charakteristischen Polynom aufbauen, können Folgen existieren, die von dem einen Typ erkannt werden, aber nicht vom anderen und umgekehrt. Die Bemerkungen über den Einfluß des charakteristischen Polynoms auf die Maskierung bei der seriellen Signaturanalyse gelten bei der parallelen in gleicher Weise.

6.2 Der Testaufbau

Der externe Test mit linear rückgekoppelten Schieberegistern setzt ein
"Scan Design" des Prüflings voraus. Für einen flankengesteuerten Prüfpfad
zeigt Bild 6.13 den grundsätzlichen Testaufbau, wie er ähnlich auch in
[BaMc82] oder [EiLi83a] vorgeschlagen wurde.

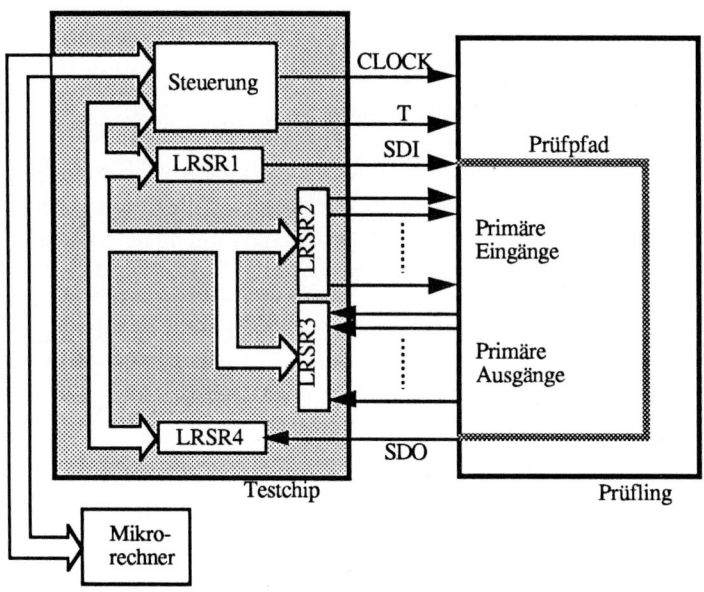

Bild 6.13: Testaufbau

Der Testchip besteht aus vier rückgekoppelten Schieberegistern. LRSR1
erzeugt seriell Zufallsmuster, um den Prüfpfad zu speisen, LRSR2 muß die
Primäreingänge parallel mit Mustern versorgen, LRSR3 führt für die Primärausgänge eine parallele Signaturanalyse durch, und LRSR4 wertet mit seriel-
ler Signaturanalyse den Ausgang des Prüfpfades aus.
Mit dem Testsignal T wird angezeigt, ob der Takt CLOCK genutzt wird,
um den Prüfpfad zu laden und zu lesen, oder ob die Flipflops im Systembetrieb arbeiten. Daher müssen LRSR2 und LRSR3 blockiert werden, wenn T
auf 1 liegt. Die Steuerung besteht im wesentlichen aus zwei Zählern und zwei
Registern, die über einen Bus von einem Mikrorechner geladen werden. Sie
enthalten die Gesamtzahl der zu erzeugenden Muster N und die Länge des
Prüfpfades k. Die Anlage und Auswertung eines Musters verlangt, daß k
Takte lang T = 1 anliegt und LRSR1 und LRSR4 Testmuster erzeugen und

auswerten. Anschließend ist ein Takt lang T = 0 zu setzen; jetzt sind LRSR1 und LRSR4 zu blockieren, LRSR2 versorgt die Primäreingänge, und LRSR3 wertet die Ausgänge aus. Der ganze Ablauf ist N mal zu wiederholen. Schließlich muß die Steuerung noch initialisierbar sein und die Signaturen an den Mikrorechner weitergeben können.

Der Testchip kann vereinfacht werden, wenn der Prüfling mit einem Boundary-Scan-Register und einem Testzugangsport ausgestattet ist (Bild 6.14).

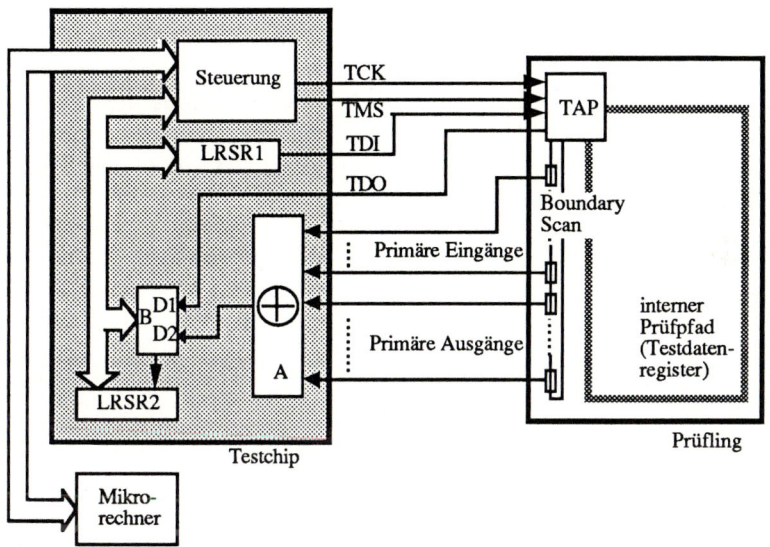

Bild 6.14: Testaufbau für einen Prüfling mit Boundary Scan

In diesem Fall genügt ein linear rückgekoppeltes Schieberegister LRSR1, um seriell Muster zu erzeugen. Diese Muster werden über den Testdateneingang TDI in das Testdatenregister des Prüflings und in den "Boundary Scan Path" eingegeben. Das Testdatenregister entspricht dem Prüfpfad. Nachdem der "Boundary Scan Path" geladen ist, müssen sowohl an den primären Eingängen als auch an den primären Ausgängen des Prüflings die eingeschobenen Werte erscheinen. Aufgrund der bidirektionalen Betriebsweise "externer Test" des Boundary-Scans genügt es für den Test der Primäranschlüsse, die Verbindung zwischen den Boundary Zellen und den Pins zu prüfen. Hierzu reicht ein Paritätstest durch den Addierer modulo 2 (Modul A in Bild 6.14) bei der Einzelfehlerannahme völlig aus, und auch Mehrfachfehler an den Primäranschlüssen werden nur mit einer exponentiell mit der Musterzahl sinkenden, vernachlässigbaren Wahrscheinlichkeit maskiert. Das Ergebnis wird in das Flipflop B geladen, welches in Serie mit dem Testdatenausgang TDO des Prüflings geschaltet ist. Nach einem durch das Signal TMS angestoßenen Systemtakt des Prüflings werden nacheinander der Inhalt von B, der Inhalt des Prüfpfades und der Inhalt des Boundary Scan Path in das serielle Signaturregister LRSR2 gegeben. Auf dem Testchip können daher die beiden parallelen LRSR eingespart und durch einen einfachen Addierer modulo 2 ersetzt werden.

Der Testaufbau nach Bild 6.13 kann in fast gleicher Weise auch für LSSD-Schaltungen verwendet werden. Hier wird der Schiebebetrieb nicht durch das Signal T gesteuert, sondern T muß durch die zwei Schiebetakte A und B ersetzt werden. Daneben sehen die allgemeinen LSSD-Regeln beispielsweise für Doppel-Latch- oder L1/L2*-Konfigurationen die Verwendung mehrerer Systemtakte CLOCK1, ..., CLOCKm vor. In diesem Fall muß das Testchip nicht nur die entsprechenden Taktanschlüsse besitzen, sondern es muß der Test für alle i := 1, ..., m Teilschaltnetze des Prüflings mit N_i Mustern unter Verwendung von Takt CLOCKi durchgeführt werden.

6.3   Testlängen

Im folgenden betrachten wir stets nur den Zufallstest von Schaltnetzen oder synchronen Schaltwerken mit vollständigem Prüfpfad. Erweiterungen auf Schaltwerke allgemeiner Art finden sich in Kapitel 9.

Es seien $I := \{i_k \mid 1 \leq k \leq n\}$ die primären Eingänge des Schaltnetzes S, und F sei eine Menge kombinatorischer Fehler von S. Den Eingängen ordnen wir das Tupel $X^l := (x_1^l, ..., x_n^l)$ boolescher Zufallsvariablen zu. Eine boolesche Zufallsvariable x_i^l nimmt mit einer bestimmten Wahrscheinlichkeit $x_i \in [0, 1]$ den Wert "1" an und mit Wahrscheinlichkeit $1 - x_i$ den Wert "0". Hierfür schreiben wir $P(x_i^l) = x_i$. Die booleschen Zufallsvariablen $\{x_1^l, ..., x_n^l\}$ sind insgesamt unabhängig, wenn

$$(6.20) \qquad \forall J \subset \{1, ..., n\} \ \ P(\prod_{j \in J} x_j^l) = \prod_{j \in J} x_j$$

gilt. Damit wird durch ein Tupel $X := \langle x_1, ..., x_n \rangle \in [0,1]^n$ reeller Zahlen eindeutig ein Tupel $X^l := \langle x_1^l, ..., x_n^l \rangle$ von insgesamt unabhängigen booleschen Zufallsvariablen festgelegt.

Für jeden Knoten $v \in V$ des Schaltnetzgraphen $G := (V, E)$ bestimmt X die Wahrscheinlichkeit, daß v auf 1 liegt. Mit Definition 3.14 ist v* die boolesche Funktion von v in Abhängigkeit von den Belegungen der Primäreingänge, und mit X^l wird $v*(X^l)$ zu einer booleschen Zufallsvariablen, die mit

Wahrscheinlichkeit $P(v*(X^l))$ zu "1" wird. Wir nennen $s_v(X) := P(v*(X^l))$ die *Signalwahrscheinlichkeit* von v.

Für jeden Fehler f ist nach Definition 3.18 T(f) die Menge der Testmuster. Das Tupel X^l von Zufallsvariablen bestimmt auch die Wahrscheinlichkeit $P(X^l \in T(f))$, daß zufällig ein Testmuster erzeugt wird. Diese Wahrscheinlichkeit nennen wir *Fehlererkennungswahrscheinlichkeit* und schreiben hierfür $p_f(X) := P(X^l \in T(f))$. Ist $X = (0.5, ..., 0.5)$, so ist die Zufallsmustermenge gleichverteilt und jedes Eingangsmuster erscheint mit Wahrscheinlichkeit 2^{-n}. Wir setzen $p_f := p_f(0.5, ..., 0.5)$ und beobachten $p_f = \frac{|T(f)|}{2^n}$.

Es sei eine positive Zahl $C < 1$ vorgegeben, sie bezeichne die Wahrscheinlichkeit, mit welcher der Fehler $f \in F$ während des Zufallstests mit einer gewissen Menge von Mustern wenigstens einmal erkannt werden soll, und werde im folgenden als Konfidenz des Zufallstests bezeichnet. Die Werte von C und p_f bestimmen offensichtlich die notwendige Testlänge N. Deren Berechnung reduziert sich auf ein bekanntes statistisches Urnenproblem: In einer Urne seien K Kugeln, davon seien $W \le K$ weiß und die anderen $S := K - W$ seien schwarz. Man ziehe jeweils eine Kugel, sehe sich die Farbe an und lege sie zurück. Bei diesem Urnenproblem mit Zurücklegen ist die Wahrscheinlichkeit $p_k^{(m)}$, daß bei m Ziehungen genau k weiße Kugeln gezogen wurden, durch die Binominalverteilung festgelegt [Fell68].

Mit $p := \frac{W}{K}$ gilt

(6.21) $$p_k^{(m)} = \binom{m}{k} p^k (1-p)^{m-k}, \quad k = 0, ..., m.$$

Wir interessieren uns im folgenden nicht für Kugeln, sondern für die $K = 2^n$ möglichen Eingaben an das Schaltnetz S, worunter $W = |T(f)|$ Testmuster für f seien. Mit $p_f = \frac{W}{2^n}$ beträgt die Wahrscheinlichkeit, daß unter N Eingaben k Testmuster sind

(6.22) $$p_k^{(N)} = \binom{N}{k} p_f^k (1-p_f)^{N-k}.$$

Die Wahrscheinlichkeit, daß keines der N Muster den Fehler f entdeckt, ist damit

(6.23) $$p_0^{(N)} = (1-p_f)^N.$$

Gesucht ist aber die Wahrscheinlichkeit für den gegenteiligen Sachverhalt, nämlich, daß mindestens eines der N Muster den Fehler entdeckt. Diese ist daher

(6.24) $$P(f, N) = 1 - (1-p_f)^N.$$

Falls die Konfidenz C des Tests gegeben ist, folgt hieraus als notwendige Testlänge

$$(6.25) \qquad N = \frac{\ln(1\text{-}C)}{\ln(1\text{-}p_f)} .$$

Bei der bisherigen Argumentation haben wir angenommen, daß die Ziehung verschiedener Muster voneinander unabhängige Ereignisse bildet, so daß ein erzeugtes Muster auch später wieder vorkommen kann. Im Urnenmodell wurde dies durch das Zurücklegen berücksichtigt. Falls jedoch die Zufallsmuster von einem linear rückgekoppelten Schieberegister erzeugt werden, sind sie nur pseudozufällig, können sich nicht wiederholen und müssen daher durch ein Urnenmodell ohne Zurücklegen modelliert werden [Fell68]. Dieses wird durch die hypergeometrische Verteilung beschrieben. Damit ist die Wahrscheinlichkeit, daß unter m gezogenen Kugeln k weiße sind, gleich

$$(6.26) \qquad P_k(K,W,m) = \frac{\binom{W}{k}\binom{K\text{-}W}{m\text{-}k}}{\binom{K}{m}} , \quad k = 0, 1, \ldots, m.$$

Übertragen auf das Testproblem interessiert uns wieder, ob für den Fehler mit Erkennungswahrscheinlichkeit $p_f = \frac{W}{K} = \frac{W}{2^n}$ unter $N = m$ Mustern kein Test vorkommt:

$$(6.27) \qquad P_0(2^n, p_f\, 2^n, N) = \frac{\binom{2^n - 2^n \cdot p_f}{N}}{\binom{2^n}{N}} = \frac{(2^n(1\text{-}p_f))!\ (2^n - N)!}{(2^n(1\text{-}p_f) - N)!\ 2^n!}$$

$$= \prod_{k=0}^{N-1} \frac{2^n(1\text{-}p_f) - k}{2^n - k} .$$

Somit muß in diesem Fall für die Konfidenz gelten

$$(6.28) \qquad C = 1 - \prod_{k=0}^{N-1} \frac{2^n(1\text{-}p_f) - k}{2^n - k} .$$

Diese Formel läßt sich weit schwerer als (6.24) nach N auflösen. In [Wagn87] sind Verfahren diskutiert, die Testlängen N aus der hypergeometrischen Verteilung gewinnen. Diese sind jedoch von geringerem praktischem Interesse, da sich für Schaltungen mit einer mittleren bis großen Zahl n von Primäreingängen die Werte für N, die nach (6.25) oder (6.28) gewonnen werden, kaum unterscheiden. Ist die Zahl der Primäreingänge n jedoch klein, so sollte man auf den Zufallstest verzichten und in einem vollständigen Test alle 2^n möglichen Eingabemuster anlegen. Dies läßt sich genauer mit folgendem Satz quantifizieren, dessen Beweis wir aus [Wu88], [Wu90a] übernehmen:

Satz 6.16: Es sei f ein kombinatorischer Funktionsfehler mit der Erkennungswahrscheinlichkeit $p < \frac{1}{4}$ in einem Schaltnetz mit $n > 4$ Primäreingängen. Es sei C die Konfidenz des Zufallstests, die sowohl mit N_Z Zufallsmustern als auch mit N_P Pseudozufallsmustern erreicht wird. Ist $2^{2^n} \geq N_P$, so gilt

$$(6.29) \qquad N_P \leq N_Z \leq N_P + 2 \,(1 - \ln(1-C)) \,.$$

Beweis: Aus der Potenzreihenentwicklung des Logarithmus folgt für kleine reelle Zahlen x mit $|x| < 1$ die im folgenden häufig verwendete Ungleichung

$$(6.30) \qquad \frac{x}{1-x} = \sum_{i=1}^{\infty} x^i \geq \sum_{i=1}^{\infty} \frac{x^i}{i} = -\ln(1-x) \geq x \,.$$

Die Zahl N_P der Pseudozufallsmuster, bei denen Wiederholungen ausgeschlossen sind, ist sicher nicht größer als N_Z, die notwendige Zahl der Zufallsmuster, so daß

$$(6.31) \qquad N_P \leq N_Z$$

offensichtlich erfüllt ist. Aus Formel (6.25) und (6.30) folgt

$$(6.32) \qquad -\ln(1-C) = -N_Z \ln(1-p) \geq N_Z \, p \,.$$

Für Pseudozufallsmuster gilt nach Formel (6.28)

$$(6.33) \qquad 1-C = \prod_{k=0}^{N_P-1} \frac{2^n \,(1-p) - k}{2^n - k} = \prod_{k=0}^{N_P-1} \left(1 - \frac{2^n}{2^n - k} p\right) \,.$$

Nach Voraussetzung gilt für die Laufvariable $k \leq 2^{2^n}$, und aus $p < \frac{1}{4}$ folgt damit auch $\frac{2^n}{2^n - k} p < 1$. Wir können daher die linke Seite der Ungleichung (6.30) benützen und erhalten

$$-\ln(1-C) = -\sum_{k=0}^{N_P-1} \ln\left(1 - \frac{2^n}{2^n - k} p\right)$$

$$\leq \sum_{k=0}^{N_P-1} \frac{\frac{2^n}{2^n-k}p}{1-\frac{2^n}{2^n-k}p} = \sum_{k=0}^{N_P-1} \frac{2^n p}{2^n(1-p)-k} \leq p\ N_P \frac{2^n}{2^n(1-p)-N_P}$$

$$= p\ (N_P + \frac{N_P^2 + 2^n p\ N_P}{2^n(1-p)-N_P})\ .$$

Wegen $N_P^2 \leq 2^n$ und $p\ N_P \leq -\ln(1-C)$ nach (6.29) und (6.30) folgt daraus

$$-\ln(1-C) \leq p\ (N_P + \frac{2^n(1+p\ N_P)}{2^n(1-p)-N_P}) \leq p\ \Big(N_P + \frac{1-\ln(1-C)}{1-p-2^{\frac{-n}{2}}}\Big)$$

$$\leq p\ (N_P + 2\ (1-\ln(1-C)))\ .$$

Damit gilt $N_P \leq N_Z \leq -\frac{\ln(1-C)}{p} \leq N_P + 2\ (1-\ln(1-C))$ und der Satz ist bewiesen.   □

Um diesen Satz mit einem Zahlenbeispiel zu illustrieren, nehmen wir eine relativ kleine Schaltung mit n = 24 Eingängen an, die einen Fehler mit der Erkennungswahrscheinlichkeit $p = 1.2 \cdot 10^{-3}$ enthalte. Um diesen Fehler mit einer Konfidenz von C = 0.99 zu entdecken, sind nach (6.25) $N_Z = 3836$ Zufallsmuster nötig. Da $2^{\frac{n}{2}} = 2^{12} > 3836$ ist, gilt nach obenstehendem Satz für die notwendige Zahl der Pseudo-Zufallsmuster $N_Z - 2\ (1 - \ln(1-C)) = 3824.79 \leq N_P \leq 3836 = N_Z$. Die aufwendige Schätzung nach Formel (6.28) würde daher zu einer Musterzahl führen, die höchstens 12 Muster geringer ausfällt. Auf diese zu vernachlässigende Einsparung verzichten wir, und berechnen nach Formel (6.24) die Wahrscheinlichkeit, einen Fehler f mit N Mustern zu entdecken, stets als $P(f, N) = 1 - (1-p_f)^N$.

Normalerweise beschränkt sich ein Test nicht auf einen einzelnen Fehler $f \in F$ in der Schaltung, sondern man will die gesamte Fehlermenge F erfassen. Hier sind beim Zufallstest drei Fragen von Interesse:

1)   Welche Fehlererfassung ist von N Mustern zu erwarten?
2)   Mit welcher Wahrscheinlichkeit P(F, N) werden alle Fehler aus F von N Mustern entdeckt?
3)   Welche Musterzahl N ist notwendig, um alle Fehler aus $A \subset F$ mit einer Konfidenz C = P(A, N) zu entdecken?

Zur Beantwortung der ersten Frage definieren wir für jeden Fehler $f \in F$ die Funktion $d_f : \{T \mid T \text{ eine Menge von Eingaben für } S\} \to \{0, 1\} \subset \mathbb{R}$, durch

$$d_f(T) := \begin{cases} 1, & \text{falls } T \text{ ein Testmuster für } f \text{ enthält} \\ 0, & \text{sonst} \end{cases}$$

Die Fehlererfassung einer Menge von Eingaben T ist damit $F(T) := \frac{1}{|F|} \cdot \sum_{f \in F} d_f(T)$. Gesucht ist der Erwartungswert $E(F(T) \mid |T| = N)$, für den bereits in [Brgl85] hergeleitet wurde

$$E(F(T) \mid |T|=N) = \frac{1}{|F|} \cdot E(\sum_{f \in F} d_f(T) \mid |T|=N) = \frac{1}{|F|} \cdot \sum_{f \in F} E(d_f(T) \mid |T|=N) .$$

Nach der Definition des Erwartungswerts ist

$$E(d_f(T) \mid |T| = N) = 0 \cdot P(d_f(T) = 0 \mid |T| = N) + 1 \cdot P(d_f(T) = 1 \mid |T| = N),$$

der letzte Term ist aber gleich $P(f, N)$, und man erhält als erwartete Fehlererfassung

$$(6.34) \quad E(F(T) \mid |T|=N) = \frac{1}{|F|} \cdot \sum_{f \in F} (1 - (1-p_f)^N) = 1 - \frac{1}{|F|} \cdot \sum_{f \in F} (1-p_f)^N .$$

Diese Formel besagt noch nicht, mit welcher Wahrscheinlichkeit diese erwartete Fehlererfassung tatsächlich erzielt wird. Wenn die Entdeckung von Fehlern aus F durch N Muster insgesamt unabhängige Ereignisse bildete, dann wäre die Wahrscheinlichkeit $P(F, N)$, alle Fehler zu entdecken, gleich dem Produkt $\prod_{f \in F} P(f, N)$. Die Annahme der Unabhängigkeit vernachlässigt jedoch die im zweiten Kapitel eingeführten Relationen der Fehlerdominanz und Fehleräquivalenz und kann daher nur zu einer Schätzung

$$(6.35) \quad J_N := \prod_{f \in F} (1 - (1-p_f)^N) = \prod_{f \in F} P(f, N)$$

führen. Um zu einem genauen Wert zu gelangen, wurden in [SaBa84] Mittel der Markov-Theorie eingesetzt. Dieses Verfahren ist jedoch sehr aufwendig, und größere Schaltungen sind damit nicht mehr zu behandeln. Allerdings sind derartig aufwendige Methoden in der Regel nicht nötig, da nach [Wu88, Wu90a] obenstehende Schätzung sehr genau ist:

Satz 6.17: Es sei $(f_i \mid 1 \leq i \leq \mu)$ eine Aufzählung von F mit $p_{f_i} \leq p_{f_j}$ für $i < j$. Dann gilt

$$J_N - (1-J_N) \sum_{j=2}^{\mu} (1-p_{f_j})^N \leq P(F, N) \leq J_N + \sum_{j=2}^{\mu} (1-p_{f_j})^N \prod_{k=1}^{j-1} (1-(1-p_{f_k})^N).$$

Beweis: Wir definieren für $m \leq \mu-1$ die Zahlen

$$\sigma_{m+1} := P(\{f_i \mid i \leq m+1\}, N) - \prod_{i=1}^{m+1} (1 - (1-p_{f_i})^N) .$$

Damit ist $P(F, N) = J_N + \sigma_\mu$, und nach der Formel von Bayes gilt

$$\sigma_{m+1} = P(\{f_i \mid i \leq m\}, N) - \prod_{i=1}^{m+1} (1 - (1-p_{f_i})^N)$$

$$- (1-p_{f_{m+1}})^N P(\{f_i \mid i \leq m\}, N \mid \text{keines der N Muster entdeckt } f_{m+1})$$

$$= P(\{f_i \mid i \leq m\}, N) - (1 - (1-p_{f_{m+1}})^N) \prod_{i=1}^{m} (1 - (1-p_{f_i})^N)$$

$$- (1-p_{f_{m+1}})^N P(\{f_i \mid i \leq m\}, N \mid \text{keines der N Muster entdeckt } f_{m+1})$$

$$= \sigma_m + (1-p_{f_{m+1}})^N \left(\prod_{i=1}^{m} (1 - (1-p_{f_i})^N) \right.$$

$$\left. - P(\{f_i \mid i \leq m\}, N \mid \text{keines der N Muster entdeckt } f_{m+1}) \right).$$

Folglich gilt $\sigma_{m+1} \leq \sigma_m + (1-p_{f_{m+1}})^N \prod_{i=1}^{m} (1 - (1-p_{f_i})^N)$, und wegen

$\sigma_1 = 0$ erhält man $\sigma_{m+1} \leq \sum_{j=2}^{m+1} (1-p_{f_j})^N \prod_{k=1}^{j-1} (1 - (1-p_{f_k})^N)$. Andererseits ist

$P(\{f_i \mid i \leq m\}, N \mid \text{keines der N Muster entdeckt } f_{m+1}) \leq 1$, und es gilt

$$\sigma_{m+1} \geq \sigma_m + (1-p_{f_{m+1}})^N \left(\prod_{i=1}^{m} (1 - (1-p_{f_i})^N) - 1 \right) \geq \sigma_m - (1-p_{f_{m+1}})^N (1-J_N)$$

$$\geq - (1-J_N) \sum_{j=2}^{m+1} (1-p_{f_j})^N.$$

Damit gilt $J_N - (1-J_N) \sum\limits_{j=2}^{\mu} (1-p_{f_j})^N \leq J_N + \sigma_\mu = P(F, N) \leq$

$$J_N + \sum_{j=2}^{\mu} (1-p_{f_j})^N \cdot \prod_{k=1}^{j-1} (1 - (1-p_{f_k})^N) \quad \square$$

Um mit einer gewissen Konfidenz $C \approx 1$ alle Fehler aus F zu entdecken, ist N so zu wählen, daß $J_N \geq C$ ist. Dann unterschätzt J_N die tatsächliche Wahrscheinlichkeit $P(F, N)$ höchstens in der Größenordnung $O(|\ln(J_N)|)$, und es überschätzt höchstens mit $O(|(1-J_N) \ln(J_N)|)$:

$$- \ln(J_N) = - \sum_{f \in F} \ln(1 - (1-p_f)^N) \geq \sum_{f \in F} (1-p_f)^N \geq \sum_{j=2}^{\mu} (1-p_{f_j})^N$$

$$\geq \sum_{j=2}^{\mu} (1-p_{f_j})^N \prod_{k=1}^{j-1} (1 - (1-p_{f_k})^N) \geq \sigma_\mu = P(f, N) - J_N$$

$$\geq - (1-J_N) \sum_{j=2}^{\mu} (1-p_{f_j})^N \geq - (1-J_N) \sum_{f \in F} (1-p_f)^N$$

$$\geq (1-J_N) \sum_{f \in F} \ln(1 - (1-p_f)^N) = (1-J_N) \ln(J_N) .$$

Bei dieser Reihe von Ungleichungen wurde wiederholt (6.30) angewendet. Um mit einem weiteren Zahlenbeispiel die Auswirkungen von Satz 6.17 zu untersuchen, mögen die drei Fehler f_1, f_2, und f_3 die Erkennungswahrscheinlichkeiten 10^{-7}, $5 \cdot 10^{-7}$ und 10^{-6} haben. Nach (6.35) sind $N = 69 \cdot 10^6$ Muster notwendig, um alle drei Fehler mit einer Konfidenz $C=0.999$ zu erfassen. Aus der oben aufgeführten Schätzung erhalten wir

$$0.999 - 10^{-18} \leq P(\{f_1, f_2, f_3\}, N) \leq 0.999 + 10^{-15}.$$

Mit Hilfe von Satz 6.16 und Satz 6.17 können wir beschreiben, wie die Testlänge N von den anderen Parametern des Zufallstests abhängt. Aus der Produktformel (6.34) wird deutlich, daß die Testlänge im wesentlichen nur von den am schwersten zu erkennenden Fehlern bestimmt wird. Dieser Sachverhalt wurde bereits in [BlDa76] und in [SaBa84] bemerkt. Besteht beispielsweise $F := \{f, g\}$ nur aus zwei Fehlern, für die $p_f \geq 10 \cdot p_g$ gilt, dann muß

$$(1 - (1-p_f)^N) (1 - (1-p_g)^N) \geq C$$

gelten und mit der Abschätzung (6.30) folgt

(6.36) $$\ln(C) \leq -e^{-p_f N} - e^{-p_g N} .$$

Also ist $-\ln(C) \geq e^{-p_f N} + e^{-p_g N}$ und insbesondere gelten $e^{-p_f N} \leq -\ln(C)$ und $e^{-p_g N} \leq -\ln(C)$. Dann ist $e^{-p_f N} \leq (e^{-p_g N})^{10} \leq -\ln(C)^{10} \approx 10^{-20}$ für $C = 0.99$, und der Fehler f trägt keinen numerisch relevanten Teil zu (6.36) bei.

Formel (6.35) dient auch zu einer Abschätzung des Aufwandes beim Zufallstest im schlechtesten Fall. Im Fall, daß alle |F| Fehler gleich schlecht mit der Wahrscheinlichkeit p erkennbar sind, wird (6.35) zu

$$C = (1 - (1-p)^N)^{|F|}.$$

Mit der Formel (6.30) folgen $\ln(C) = |F| \cdot \ln(1 - (1-p)^N) \approx -|F| (1-p)^N$ und $1-C \approx |F| (1-p)^N \approx |F| e^{-Np}$. Damit ist

(6.37) $$N \approx \frac{\ln(|F|) - \ln(1-C)}{p} .$$

Dies beschreibt die Abhängigkeit der Testlänge von der Schaltungsgröße, der Konfidenz und der minimalen Fehlererkennungswahrscheinlichkeit:

a) Die Testlänge wächst logarithmisch mit der Fehlerzahl.

b) Sie wächst logarithmisch mit $\frac{1}{1-C}$, dem Kehrwert der zulässigen Unsicherheit des Tests.

c) Sie wächst umgekehrt proportional zur minimalen Fehlererkennungswahrscheinlichkeit p.

Die ersten beiden Punkte unterscheiden den Zufallstest von anderen Teststrategien, bei denen die Schaltungsgröße direkt exponentiell in den Testaufwand eingeht. Jedoch kann der Kehrwert von p ebenfalls exponentiell mit der Zahl der Primäreingänge wachsen. In [Wu87a] finden sich Schaltungsbeispiele, die für einen konventionellen Zufallstest über 10^{11} Muster benötigen.

Zum Abschluß soll ein Verfahren vorgestellt werden, um mit Formel (6.35) die Testlänge N effizient zu bestimmen. Aus $J_N = \prod_{f \in F} (1-(1-p_f)^N)$ folgt $\ln(J_N)$ $= -\sum_{f \in F} (1-p_f)^N$ und aus $C \approx 1$ folgt $\ln(C) = \ln(1-(1-C)) \approx -(1-C)$. N muß daher so gewählt sein, daß

(6.38) $$\delta_N := \sum_{f \in F} (1-p_f)^N \leq 1-C$$

gilt. Um eine Lösung N von Formel (6.38) zu bestimmen, bietet sich eine Intervallschachtelung an. Statt δ_N exakt zu berechnen, kann man es durch die folgenden Formel (6.39) und (6.40) effizient abschätzen. ($f_i \mid 1 \leq i \leq \mu$) sei wieder die Aufzählung von F mit steigender Erkennungswahrscheinlichkeit. Für alle $z \leq \mu$ und alle $M \in \mathbb{N}$ gelten

$$(6.39) \qquad l_z(M) := \sum_{i < z} (1-p_{f_i})^M + (\mu - z + 1)(1-p_{f_z})^M \geq \sigma M$$

und

$$(6.40) \qquad u_z(M) := \sum_{i \leq z} (1-p_{f_i})^M \leq \sigma M .$$

Die folgende Prozedur ist deshalb sehr effizient, weil in der inneren Schleife stets nur die wenigen z Fehler mit geringster Erkennungswahrscheinlichkeit ausgewertet werden müssen.

```
Prozedur   TESTLÄNGE;
    N0:=0;
    N1 sei größer als die erwartete Lösung;
    Solange (N1 - N0 ≥ 1)
        N:=(N1 - N0)/2;
        N_zuklein:=FALSE;
        N_zugroß:=FALSE;
        z:=0;
        Solange nicht (N_zuklein OR N_zugroß)
            z:=z+1;
            N_zugroß:=(uz(N) > 1-C);
            N_zuklein:=(lz(N) < 1-C);
        Falls N_zugroß setze N1 := N;
        Falls N_zuklein setze N0 := N;
END.
```

Bild 6.15: Effiziente Bestimmung der Testlänge

6.4 Signalwahrscheinlichkeiten

In diesem Abschnitt untersuchen wir, wie bei einem gegebenen Tupel $X = (x_i \mid i \in I)$ von Eingangswahrscheinlichkeiten die Signalwahrscheinlichkeit $s_v(X)$ eines Knoten $v \in V$ des Schaltnetzgraphen $G := (V, E)$ bestimmt werden kann. Es sei Δ eine zweistellige, reelle Operation mit $x \Delta y := x+y-xy$. Leicht verifiziert man, daß $\mathcal{A} := (\{0, 1\} \subset \mathbb{R}, \cdot, \Delta)$ eine zweiwertige boolesche Algebra darstellt, die zu $\mathcal{B} := (\{"0", "1"\}, \wedge, \vee)$ isomorph ist. Künftig bezeichnen wir Zufallsvariable, die Werte aus $\mathcal{A}$ annehmen können, mit x^a und Variable mit Werten aus $\mathcal{B}$ mit x^l. Der Isomorphismus $\varphi: \mathcal{B} \mapsto \mathcal{A}$ ist eindeutig durch

$$"1" \mapsto 1$$
$$"0" \mapsto 0$$

bestimmt. Damit ist auch die Komplementbildung eindeutig durch

(6.41) $$\overline{x}^l \mapsto 1 - x^a$$

festgelegt. Mit dem oben beschriebenen Isomorphismus und der Abbildungs-vorschrift (6.41) können boolesche Formeln in arithmetische überführt werden. Es sei beispielsweise

(6.42) $$f^l(x^l, y^l) := x^l \oplus y^l = x^l \, \overline{y}^l \vee \overline{x}^l \, y^l$$

eine logische Funktion.

Mehrfache Anwendungen von (6.41) bildet $x^l \, \overline{y}^l \vee \overline{x}^l \, y^l = \overline{\overline{x^l \, \overline{y}^l} \wedge \overline{\overline{x}^l \, y^l}}$ in

(6.43) $$f^a(x^a, y^a) = 1 - (1 - x^a(1-y^a))(1 - (1-x^a)y^a)$$

$$= x^a + y^a - 3x^a y^a + x^{a2} y^a + x^a y^{a2} - x^{a2} y^{a2}$$

ab. Es ist genau dann $f^l(x^l, y^l) = "1"$, wenn $f^a(x^a, y^a) = 1$ ist.

Für den allgemeinen Fall seien $X^l := (x_i^l \mid i \in I)$ insgesamt unabhängige lo-gische Zufallsvariable entsprechend den Eingangswahrscheinlichkeiten $X = (x_i \mid i \in I)$ mit $P(x_i^l) = x_i$. Jede boolesche Funktion $g^l : \{"0","1"\}^I \to \{"0","1"\}$ läßt sich ausschließlich mit den Operatoren $\wedge$, $\vee$ und $\neg$ ausdrücken und durch den Isomorphismus φ in die arithmetische Funktion $g^a : \{0, 1\}^I \to \{0, 1\}$ mit reellen Variablen überführen. Wir erweitern den Definitionsbereich $\{0,1\}^I \subset \mathbb{R}^I$ der Funktion g^a auf das gesamte Intervall $[0, 1]^I \subset \mathbb{R}^I$ folgendermaßen:

Definition 6.10: Es sei $g^l : \{0, 1\}^I \to \{0, 1\}$ eine logische Funktion. Die reelle Funktion $g^a : [0, 1] \to [0, 1]$ heißt *arithmetische Einbettung* von g^l, wenn für jedes Tupel $X = (x_i \mid i \in I)$ von Eingangswahrscheinlichkeiten mit insgesamt unabhängigen booleschen Zufallsvariablen X^l

(6.44) $$g^a(X) = P(g^l(X^l)) \text{ gilt.}$$

Es seien $X^a = (x_i^a \mid i \in I)$ arithmetische Zufallsvariablen, die nur die beiden Werte $0, 1 \in \mathbb{R}$ annehmen können und für die $(x_i^a = 1 \Leftrightarrow x_i^l = "1")$ gilt. Dann gilt $(g^a(X^a) = 1 \Leftrightarrow g^l(X^l) = "1")$ nach Konstruktion und es ist

(6.45) $P(g^l(X^l)) = P(g^a(X^a) = 1) = 1 \cdot P(g^a(X^a) = 1) + 0 \cdot P(g^a(X^a) = 0)$
$$= E(g^a(X^a)) = g^a(X)$$

Damit reduziert sich das Problem, die Wahrscheinlichkeit für die Erfüllung eines logischen Ausdrucks zu berechnen, darauf, einen arithmetischen Erwartungswert zu bestimmen. Im folgenden bezeichnen wir mit T die Menge der Produktterme der booleschen Funktion g^l, und für ein $t \in T$ sei $\prod_{i,t} t_i = t$ das Produkt der in t vorkommenden Literale $t_i = x_i$ oder $t_i = \overline{x_i}$. Wir halten mit dieser Schreibweise einige Eigenschaften arithmetischer Einbettungen fest:

Satz 6.18: Es seien $X^l := (x_i^l \mid i \in I)$ insgesamt unabhängige logische, $X^a := (x_i^a \mid i \in I)$ arithmetische Zufallsvariable und $X := (x_i \mid i \in I)$ die entsprechenden Wahrscheinlichkeiten $x_i = P(x_i^l) = P(x_i^a = 1)$. Für die boolesche Funktion g^l mit der arithmetischen Einbettung g^a gelten:

(6.46) Aus $g^l(x_i^l) = \neg x_i^l$ folgt $g^a(x_i) = 1 - x_i$.

(6.47) Aus $g^l(x_1^l, x_2^l) = x_1^l \wedge x_2^l$ folgt $g^a(x_1, x_2) = x_1 x_2$.

(6.48) Aus $g^l(X^l) = \prod_{i \in J} (t_i^l)^{n_i}$ folgt $g^a(X^a) = \prod_{i \in J} t_i^a$,
mit $t_i^l = x_i^l$ oder $t_i^l = \neg x_i^l$, $J \subset I$, $n_i \in \mathbb{N}$.

(6.49) Aus $g^l(X^l) = h^l(X^l) \wedge f^l(X^l)$ und $h^l(X^l) \Rightarrow \neg f^l(X^l)$
folgt $g^a(X^a) = 0$.

(6.50) Aus $g^l(X^l) = h^l(X^l) \vee f^l(X^l)$ und $h^l(X^l) \Rightarrow \neg f^l(X^l)$
folgt $g^a(X) = h^a(X) + f^a(X)$.

Beweis:

(6.46) $g^a(x_i) = P(g^l(x_i^l)) = P(x_i^l = "0") = 1 - P(x_i^l) = 1 - x_i$.

(6.47) $g^a(x_1, x_2) = P(x_1^l \wedge x_2^l) = P(x_1^l) \cdot P(x_2^l) = x_1 \cdot x_2$.

(6.48) $g^a(X) = P(g^l(X^l)) = P(\prod_{i \in J} (t_i^l)^{n_i}) = \prod_{i \in J} P((t_i^l)^{n_i}) = \prod_{i \in J} P(t_i^l) = \prod_{i \in J} t_i^a$.

(6.49) $g^a(X) = P(g^l(x_i^l)) = P(h^l(X^l) \wedge f^l(X^l)) \leq P(\neg f^l(X^l) \wedge f^l(X^l)) = 0$.

$$(6.50) \qquad g^a(X) = P(\overline{h^l(X^l)} \wedge \overline{f^l(X^l)}) = 1 - P(\overline{h^l(X^l)} \wedge \overline{f^l(X^l)}$$

$$= 1 - E((1 - h^a(X^a))\,(1 - f^a(X^a)))$$

$$= 1 - E(1 - f^a(X^a) - h^a(X^a) + f^a(X^a)\,h^a(X^a))$$

$$= E(f^a(X^a)) + E(h^a(X^a)) - E(f^a(X^a)\,h^a(X^a))$$

$$= f^a(X) + h^a(X) - P(f^l(X^l)\,h^l(X^l)) = f^a(X) + h^a(X)$$

Bei dem Beweis von (6.50) wurde neben (6.49) der bekannte Sachverhalt benutzt, daß der Erwartungswert einer Summe gleich der Summe der Erwartungswerte ist. $\qquad\qquad\qquad\qquad\qquad\qquad\qquad\qquad\qquad\qquad\qquad$ $\Box$

Korrolar 6.19: Die arithmetische Einbettung einer booleschen Funktion ist die Summe der arithmetischen Einbettungen ihrer Minterme.

Der Beweis folgt unmittelbar aus (6.50). Ebenfalls mit Hilfe von Satz 6.18, (6.48) erkennt man, daß bei arithmetischen Einbettungen die Exponenten n_i der Terme t_i wegzulassen sind. Damit läßt sich das Beispiel (6.43) vervollständigen. Es sei $x = P(x^l)$, $y = P(y^l)$, dann gilt

$$E(f^a(x^a, y^a)) = E(x^a) + E(y^a) - 3\,E(x^a\,y^a) + E(x^a\,y^a) + E(x^a\,y^a) - E(x^a\,y^a)$$
$$= E(x^a) + E(y^a) - 2\,E(x^a\,y^a) = x + y - 2xy.$$

Wir verwenden im folgenden als abkürzende Schreibweise

$$g(X, c_i) := g(x_1, \ldots, x_{i-1}, c, x_{i+1}, \ldots, x_n).$$

Damit gilt folgender Satz:

Satz 6.20: Für eine arithmetische Einbettung mit insgesamt unabhängigen Eingangsvariablen X gilt $g^a(X) = x_i \cdot g(X, "1_i") + (1-x_i) \cdot g^a(X, "0_i")$.

Beweis: Für jede logische Funktion gilt $g^l(X^l) = x_i^l\,g^l(X^l, "1_i") \vee \overline{x}_i^l\,g^l(X^l, "0_i")$, daraus folgt die Behauptung mit (6.50).

6.4.1 Die Berechnung von Signalwahrscheinlichkeiten

Mit folgenden Schritten kann aus einer logischen Funktion $g^l(X^l)$ die arithmetische Einbettung $g^a(X)$ gewonnen werden:

```
Prozedur  EINBETTEN;
Drücke g^l(X^l) nur unter Verwendung der Operatoren ¬ und ∧ aus;
Forme g^l(X^l) unter Verwendung der Regel (6.41) in g^a(X^a) um;
Multipliziere g^a(X^a) aus, so daß es die Form einer Summe von
```

Produkten $\sum\limits_{t\in T} \prod\limits_{i,t} (t_i^a)^{n_i}$ besitzt;

Streiche in jedem Produktterm $\prod\limits_{i,t} (t_i^a)^{n_i}$ die Exponenten n_i und

setze $g^a(X) = \sum\limits_{t\in T} \prod\limits_{i,t} t_i$, wobei $t_i = x_i$ oder $t_i = 1-x_i$ gilt;

END.

Bild 6.16: Erzeugung der arithmetischen Einbettung einer booleschen Funktion

In den oben aufgeführten vier Schritten kann automatisch für jede Bauelementefunktion $f_v(X^l)$ die zugehörige arithmetische Einbettung $f_v^a(X)$ gewonnen werden. Allerdings ist $P(f_v(X^l)) = f_v^a(X)$ nur dann garantiert, wenn die X^l insgesamt unabhängig sind.

Satz 6.21: Sei $G := (V, E)$ ein Schaltnetzgraph, und seien $v_1, v_2 \in V$. Falls $(p(v_1) \cup \{v_1\}) \cap (p(v_2) \cup \{v_2\}) = \emptyset$ gilt, sind die booleschen Zufallsvariablen $v_1^*(X^l)$ und $v_2^*(X^l)$ unabhängig.

Beweis: Es seien $I_1 := (p(v_1) \cup \{v_1\}) \cap I$ und $I_2 := (p(v_2) \cup \{v_2\}) \cap I$. Die Funktionen $v_1^{*a}(X^a)$ und $v_2^{*a}(X^a)$ können mit $\sum\limits_{t\in T_1} \prod\limits_{i,t} t_i^a$ und $\sum\limits_{t\in T_2} \prod\limits_{k,s} s_k^a$ als Summe von Produkten mit disjunkten Literalen dargestellt werden, so daß gilt:

$$P(v_1^*(X^l) \cdot v_2^*(X^l)) = E(v_1^{*a}(X^a) \cdot v_2^{*a}(X^a)) = E\left(\sum\limits_{t\in T_1} \prod\limits_{i,t} t_i^a \cdot \sum\limits_{t\in T_2} \prod\limits_{k,s} s_k^a\right)$$

$$= E\left(\sum\limits_{t\in T_1} \sum\limits_{s\in T_2} \prod\limits_{i,t} t_i^a \prod\limits_{k,s} s_k^a\right) = \sum\limits_{t\in T_1} \sum\limits_{s\in T_2} E\left(\prod\limits_{i,t} t_i^a \prod\limits_{k,s} s_k^a\right).$$

Da die s und t disjunkt sind, ist $E\left(\prod\limits_{i,t} t_i^a \prod\limits_{k,s} s_k^a\right) = E\left(\prod\limits_{i,t} t_i^a\right) \cdot E\left(\prod\limits_{k,s} s_k^a\right)$ nach (6.47). Damit folgt

$$P(v_1^*(X^l) \cdot v_2^*(X^l)) = \left(\sum\limits_{t\in T_1} E\left(\prod\limits_{i,t} t_i^a\right)\right) \cdot \left(\sum\limits_{t\in T_2} E\left(\prod\limits_{k,s} s_k^a\right)\right) =$$

$$E(v_1^{*a}(X^a)) \cdot E(v_2^{*a}(X^a)) = P(v_1^*(X^l)) \cdot P(v_2^*(X^l)) . \qquad \square$$

Korollar 6.22: Es gelten die Voraussetzungen von Satz 6.21, und es sei $v \in V$. Für alle $w_1, w_2 \in pd(v)$, $w_1 \neq w_2$ sei $(p(w_1) \cup \{w_1\}) \cap$

$(p(w_2) \cup \{w_2\}) = \emptyset$. Dann ist das Tupel $(w*(X^l) \mid w \in pd(v))$ von boole-schen Zufallsvariablen insgesamt unabhängig.

Der Beweis von Korollar 6.22 erfolgt in gleicher Weise wie der Beweis von Satz 6.21.

Falls der Schaltnetzgraph $G := (V, E)$ ein Baum ist, also keine Verzweigungsstämme enthält, gelten an allen Knoten $v \in V$ die Voraussetzungen von Korollar 6.22. Sie gelten sogar bereits, wenn für jeden Ausgang $o \in O$ lediglich der Kegel von o nach Definition 4.9 ein Baum ist. In diesem Fall lassen sich die Signalwahrscheinlichkeiten $s_v(X)$ für alle $v^i \in V$, $i = 1, \ldots, |V|$, mit einer Verallgemeinerung der bereits in [AgAg76] vorgeschlagenen Methoden wie in Bild 6.17 berechnen:

```
Prozedur   SWS_BAUM;
a)   vⁱ ∈ I:
        Für einen Primäreingang j := vⁱ ∈ I ist die Signalwahrschein-
        lichkeit x_j = s_j(X) = s_vⁱ(X) gegeben;
b)   vⁱ ∉ I:
        Es sei {w^j1, …, w^jk} = pd(vⁱ). Es ist jₖ < i, und die s_w(X)
        sind für alle w ∈ pd(v) bereits berechnet. Da die
        (w*(Xᴵ)|w∈pd(v)) insgesamt unabhängig sind, gilt
        s_vⁱ(X) = f_vⁱ^a (s_w(X)|w∈pd(vⁱ));
END.
```

Bild 6.17: Berechnung von Signalwahrscheinlichkeiten in einem baumartigen Schaltungs-graphen

Dieses Vorgehen scheitert, wenn die Kegel der Schaltung keinen Baum bilden. Bild 6.18 zeigt ein entsprechendes Beispiel.

Mit den Eingangswahrscheinlichkeiten $X := (x_a, x_b) = (0.5, 0.5)$ ist nach dem Beispiel (6.42) die Signalwahrscheinlichkeit am Ausgang obenstehender XOR-Schaltung $s_z(X) = 0.5$. Weiter sind $s_d(X) = x_a + x_b - x_a x_b = 0.75$ und $s_c(X) = (1-x_a) + (1-x_b) - (1-x_a)(1-x_b) = 0.75$. Obwohl $z = d \wedge c$ ist, gilt $0.5 = s_z(X) \neq s_d(X) s_c(X) = (0.75)^2$.

Rekonvergieren nämlich an einem Knoten z mehrere Pfade, so sind im allgemeinen die $(w*(X^l) \mid w \in pd(v))$ nicht mehr insgesamt unabhängig, und die arithmetische Einbettung ist nicht mehr anwendbar. Der allgemeine Fall läßt sich mit dem Vorgehen nach Bild 6.19 behandeln, das eine Verallgemeinerung aus [PaMc75a,b] ist. Mit $i = 1, \ldots, |V|$ werden die Knoten wieder in Richtung des Signalflusses aufgezählt.

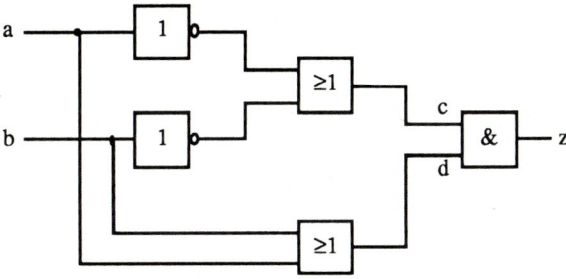

Bild 6.18: XOR-Schaltung

Mit diesem Algorithmus können die Signalwahrscheinlichkeiten berechnet werden, jedoch erfordert die Darstellung als Summe von Produkten im dritten Schritt in (6.50) im schlechtesten Fall exponentiellen Speicher- und Zeitaufwand in der Zahl der Primäreingänge. Das Verfahren kann daher für größere Schaltungen sehr unwirtschaftlich werden. Mit graphentheoretischen Methoden wird in [SETH85], [SETH86] und [ChHu86] versucht, Effizienz zu gewinnen. Solche Techniken sind unter dem Namen PREDICT (Probabilistic Estimation of Digital Circuit Testability) vorgestellt worden.

Prozedur SWS_ALLGEMEIN;
a) $v^i \in I$:
    Für einen Primäreingang $j := v^i \in I$ ist die Signalwahrscheinlichkeit $x_j = s_j(X) = s_{v^i}(X)$ gegeben;
b) $v^i \notin I$:
    b1) Falls für alle $w_1, w_2 \in pd(v^i)$ der Durchschnitt
        $(p(w_1) \cup \{w_1\}) \cap (p(w_2) \cup \{w_2\}) = \emptyset$ ist, sind die
        direkten Vorgänger von v^i insgesamt unabhängig,
        und wir setzen $s_{v^i}(X) = f_{v^i}^a(s_w(X) \mid w \in pd(v^i))$;
    b2) Sonst bilde die globale Funktion $v^{i*}(X^l)$ ausschließlich mit
        den Operatoren "$\wedge$" und "$\neg$". Bilde die arithmetische Einbettung $v^{i^a}(X)$ nach Bild 6.16. Berechne $s_{v^i}(X) = v^{i^a}(X)$;
END.

Bild 6.19: Allgemeine Prozedur zur Bestimmung von Signalwahrscheinlichkeiten

Definition 6.11: Es sei $G := (V, E)$ ein Schaltnetzgraph, und es sei $v \in V$. Der Knoten $v \in V$ ist bezüglich $x \in p(v)$ rekonvergent, wenn es zwei verschiedene Pfade $w_1(x,v)$ und $w_2(x,v)$ mit $w_1(x,v) \cap w_2(x,v) = \{x, v\}$ gibt. Die Pfade heißen in diesem Fall disjunkt.

Definition 6.12:   Es sein $G := (V, E)$ ein Schaltnetzgraph mit $v \in V$. Das *Supergate* $S(v)$ ist der kleinste Teilgraph $S(v) = (VS(v), VS(v)^2 \cap E)$ für den gilt

a) $(pd(v) \cup \{v\}) \subset VS(v)$

b) $v_1, v_2 \in VS(v), p(v_1) \cap VS(v) = \varnothing, p(v_2) \cap VS(v) = \varnothing \Rightarrow$
       $p(v_1) \cap p(v_2) = \varnothing$

c) $v_1 \in pd(v_2), v_1, v_2 \in VS(v) \Rightarrow pd(v_2) \subset VS(v)$

d) $v_1 \in VS(v) \Rightarrow s(v_1) \cap p(v) \subset VS(v)$

Bild 6.17 zeigt eine Beispielschaltung, in der zu jedem Knoten das entsprechende Supergate eingezeichnet wurde. Ein Supergate eines Knotens v ist somit eine Teilschaltung bestehend aus v und einigen seiner Vorgängern, so daß die Eingänge in diese Teilschaltung keine gemeinsamen Vorgänger mehr haben. Da für zwei Knoten $v_1, v_2 \in VS(v)$ mit $p(v_1) \cap VS(v) = \varnothing$ und $p(v_2) \cap VS(v) = \varnothing$ stets auch $p(v_1) \cap p(v_2) = \varnothing$ gilt, sind die Zufallsvariablen $v_1*(X^l)$ und $v_2*(X^l)$ unabhängig, falls X^l insgesamt unabhängig ist.

Jeder Knoten $v \in V$ ist eine Funktion der Eingänge $IS(v)$ seines Supergates, mit $IS(v) := \{i \in VS(v) \mid p(i) \cap VS(v) = \varnothing\}$. In Bild 6.20 ist $IS(z) = \{e, c, d\}$.

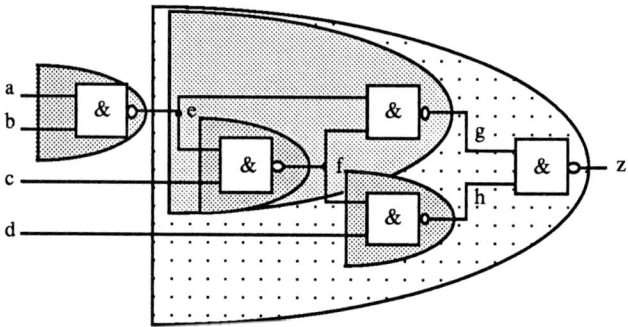

Bild 6.20: Schaltung mit Supergates

Wir bezeichnen mit v_{IS}^* die Funktion von v im nach Definition 4.2 geschnittenen Graphen $G_{IS(v)}$. Dann ist $v*(X^l) = v_{IS}^*(i*(X^l) \mid i \in IS(v))$. Da

$(i*(X^l) \mid i \in IS(v))$ insgesamt unabhängig ist, folgt: $P(v*(X^l)) = P(v_{IS}^*(i*(X^l)$ $\mid i \in IS(v))) = v_{IS}^{*a}(i*(X^l) \mid i \in IS(v)) = v_{IS}^{*a}(s_i(X) \mid i \in IS(v))$.

Da stets $|IS(v)| \leq |I|$ gilt, läßt sich v_{IS}^* oft leichter als $v*$ berechnen. Zuvor sind jedoch die Supergates $S(v)$ zu bestimmen. In [SETH86] ist ein Verfahren mit Aufwand $O(|V| \ln(|V|))$ angegeben, das allerdings recht aufwendig zu implementieren ist. Für die meisten praktischen Anwendungen ist untenstehendes Verfahren ausreichend. Es nutzt aus, daß für zwei Knoten die Entscheidung $p(v_1) \cap p(v_2) = \emptyset$ sehr einfach zu treffen ist. Denn mit $I(v_1) :=$ $p(v_1) \cap I, I(v_2) := p(v_2) \cap I$ gilt $p(v_1) \cap p(v_2) = \emptyset \Leftrightarrow I(v_1) \cap I(v_2) = \emptyset$.

```
Prozedur   SUPERGATE(v);
  𝒱₀ := ∅;
  𝒱₁ := {v} ∪ pd(v);
  i := 1
  Solange 𝒱ᵢ≠𝒱ᵢ₋₁
      Wenn es v₁,v₂ ∈ 𝒱ᵢ mit pd(v₁)∩𝒱ᵢ = pd(v₂)∩𝒱ᵢ = ∅ und
      p(v₁)∩p(v₂) ≠ ∅ gibt, setze 𝒱ᵢ₊₁ := pd(v₁)∪pd(v₂)∪𝒱ᵢ,
      sonst setze 𝒱ᵢ₊₁ :=𝒱ᵢ;
      Setze i := i+1;
  END.
```

Bild 6.21: Bestimmung des Supergates eines Knotens v

Diese Prozedur liefert das Supergate $S(v) = V_i$. Damit läßt sich das Verfahren zur Bestimmung der Signalwahrscheinlichkeiten an v^i, $(i = 1, ..., |V|)$ umformulieren:

```
Prozedur   SWS_SUPERGATE;
a)  vⁱ ∈ I:
    Für einen Primäreingang j := vⁱ ∈ I ist die Signalwahr-
    scheinlichkeit xⱼ = sⱼ(X) = s_{vⁱ}(X) gegeben;
b)  vⁱ ∉ I:
    Bilde das Supergate S(vⁱ) mit den Eingängen IS(vⁱ), die
    arithmetische Einbettung v_{IS}^{iᵃ}(sᵢ(X) | i ∈ IS(v)) und werte
    sie als s_{vⁱ}(x) := v_{IS}^{iᵃ}(sᵢ(X) | i ∈ IS(v)) aus;
END.
```

Bild 6.22: Bestimmung von Signalwahrscheinlichkeiten mittels Supergates

Auch wenn dieses Vorgehen in der Regel effizienter als die Prozedur SWS_ALLGEMEIN ist, kann dennoch ein praktisch nicht zu vertretender exponentieller Auswand anfallen, da im schlechtesten Fall IS = I gelten kann. Solche Fälle werden durch die in den nächsten Abschnitten vorgestellten Schätzverfahren ausgeschlossen.

6.4.2 Schätzung von Signalwahrscheinlichkeiten

Um mit geringem Aufwand Schätzwerte für Signalwahrscheinlichkeiten zu erhalten, sind in der Literatur statistische Verfahren, die Bestimmung von Intervallgrenzen und analytische Verfahren vorgestellt worden.

6.4.2.1 Statistische Verfahren: Das 1984 von Agrawal und Jain vorgestellte Programm STAFAN (Statistical Fault Analysis) untersucht als Stichprobe eine Mustermenge T und schätzt daraus die Signalwahrscheinlichkeit s_v des Knotens v. Für jedes Muster $t \in T$ wird durch Simulation festgestellt, ob $v^*(t) = "1"$ ist, und in diesem Fall wird eine zu v gehörende Zählvariable c_v um 1 erhöht. Auf diese Weise wird die Zahl $n(v, T) := |\{t \in T \mid v^*(t) = "1"\}|$ der Muster bestimmt, die v auf "1" setzen. Hiermit ist $\tilde{s}_v(T) := \frac{n(v, T)}{|T|}$ eine Schätzung für die Signalwahrscheinlichkeit von v.

Die Grenzen dieses Vorgehens liegen in der Unsicherheit bei kleinen Werten von $\tilde{s}_v(T)$. Ist $\tilde{s}_v(T) = 0$, so ist noch keine Aussage möglich, ob der Knoten v tatsächlich konstant auf "0" liegt. Bei n Primäreingängen kann $s_v = 0$ in der Größenordnung von 2^{-n} liegen. Die Wahrscheinlichkeit, daß eine Fehlschätzung $\tilde{s}_v(T) = 0$ erfolgt, obwohl v nicht konstant ist, beträgt $(1-2^{-n})^{|T|}$. Will man die Aussage $\tilde{s}_v(T) \neq 0$ mit der Wahrscheinlichkeit α treffen, so folgt $1-\alpha = (1-2^{-n})^{|T|}$ und $\ln(1-\alpha) = |T|\cdot\ln(1-2^{-n})$. Mit (6.30) ergibt sich $\frac{\alpha}{1-\alpha} \approx |T|\cdot 2^{-n}$ und daraus $|T| \approx \frac{\alpha}{1-\alpha} 2^n$.

Dieser hohe Aufwand ist in der Problemkomplexität begründet. Die Schätzung von Signalwahrscheinlichkeiten gehört zur Klasse der sogenannten #-vollständigen Probleme (vgl. [GaJo79]). Dies sind Zählprobleme, bei denen aus einer Gesamtmenge der Anteil von Elementen zu schätzen ist, für die ein bestimmtes Prädikat zutrifft. In unserem Fall ist die Gesamtheit die Menge aller Schaltungseingaben, und die Signalwahrscheinlichkeit s_v ist der Anteil davon, bei dem Knoten v zu "1" wird. Dabei sei s_v der exakte Wert und $\tilde{s}_v(T)$ der mittels der Stichprobe T geschätzte Wert. Die Wahrscheinlichkeit, daß der relative Schätzfehler $\dfrac{|s_V - \tilde{s}_V(T)|}{s_V}$ größer als ε wird, soll nicht größer als δ sein. Als Formel kann diese Anforderung auch durch

$$(6.51) \qquad P(\dfrac{|s_V - \tilde{s}_V(T)|}{s_V} \geq \varepsilon) \leq \delta$$

ausgedrückt werden. Damit (6.51) erfüllt ist, muß die Stichprobe T eine gewisse Mindestgröße haben. Die #-vollständigen Probleme zeichnen sich dadurch aus, daß der notwendige Umfang von T exponentiell mit den Kehrwerten von ε und δ wächst. Daher ist der Nutzen statistischer Verfahren zur Bestimmung von Signalwahrscheinlichkeiten sehr begrenzt.

6.4.2.2 Berechnung von Intervallen: 1983 wurde der "Cutting Algorithmus" publiziert [SAVI83, 84]. Dieses Verfahren berechnet für die Signalwahrscheinlichkeiten keine diskreten Werte sondern Schranken. Dabei wird der Sachverhalt ausgenützt, daß in einem Baum die exakte Berechnung der Signalwahrscheinlichkeiten mit linearem Aufwand durchgeführt werden kann. Der Algorithmus arbeitet in drei Schritten:

1. Für jeden Knoten der Schaltung, für den der Graph der Vorgängerknoten einen Baum bildet, werden die Signalwahrscheinlichkeiten beispielsweise mit der Prozedur SWS-BAUM berechnet. Bild 6.23 zeigt das Ergebnis dieses Schrittes.

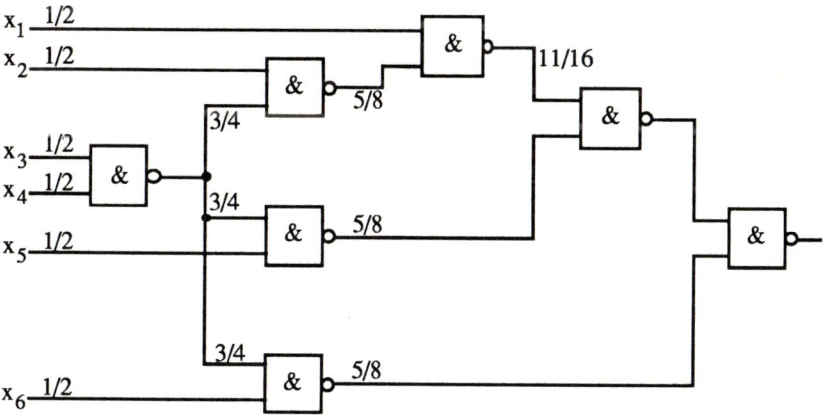

Bild 6.23: Berechnung der Signalwahrscheinlichkeiten in Teilschaltungen

2. Anschließend werden für jeden Verzweigungsstamm die Zweige getrennt behandelt. Jedem Zweig, bis auf einen willkürlich gewählten, wird als Signalwahrscheinlichkeit das Intervall [0, 1] zugeordnet. Der übrig gebliebene Zweig behält den ursprünglichen Wert. Anschließend werden mit den Rechenregeln aus Bild 6.24 auch für alle nachfolgenden Knoten Intervalle bestimmt.

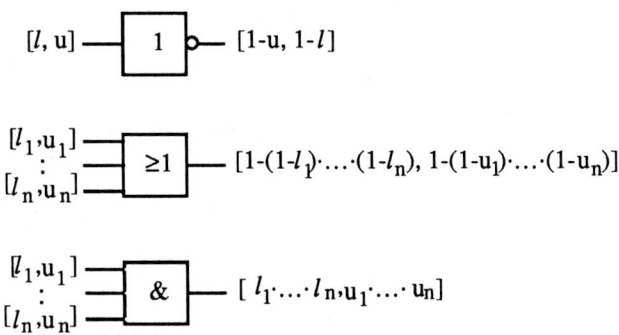

Bild 6.24: Rechenregeln

Bild 6.25 zeigt das Ergebnis des zweiten Schrittes. Induktiv läßt sich zeigen, daß die tatsächlichen Signalwahrscheinlichkeiten innerhalb der so bestimmten Intervalle liegen.

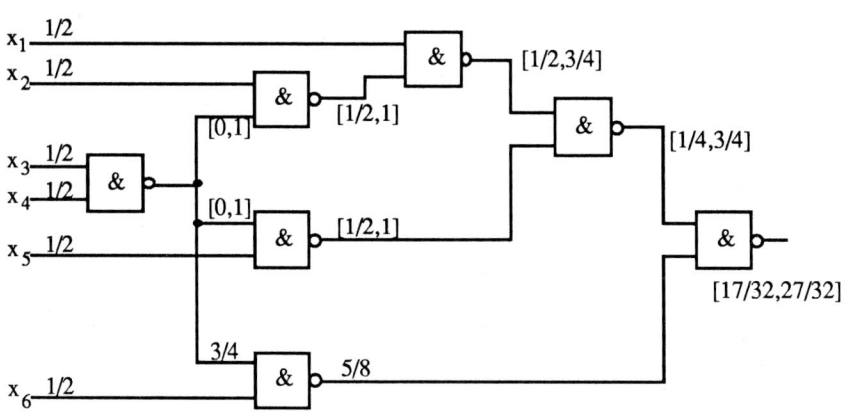

Bild 6.25: Zuordnung der Intervalle

3. Die Ergebnisse der Schritte 1 und 2 werden zusammengefaßt. Den Knoten, die während des ersten Schrittes behandelt wurden, wird der Wert der entsprechenden Signalwahrscheinlichkeit zugeordnet, den restlichen Knoten ein Intervall von Signalwahrscheinlichkeiten. Bild 6.27 zeigt das endgültige Ergebnis. Im Zusammenhang ergibt sich folgende Prozedur:

```
Prozedur   CUTTING-ALGORITHMUS;
1)   Allen primären Eingängen wird die Eingangswahr
     scheinlichkeit zugeordnet;
2)   Die Signalwahrscheinlichkeit derjenigen Knoten, die in
     Bäumen liegen, wird berechnet;
3)   Rekonvergierende Verzweigungsstämme werden aufgetrennt.
     Einem der Zweige wird die Signalwahrscheinlichkeit des
     Stammes zugeordnet, den anderen das Intervall [0,1];
4)   Für alle übrigen Knoten werden Intervalle berechnet;
5)   Für jeden Knoten wird der genauere Wert als endgültige
     Schätzung genommen;
END.
```

Bild 6.26: Der Cutting-Algorithmus

Bei dieser Methode können gelegentlich recht große Intervalle mit den extremen Werten 0 oder 1 berechnet werden, so daß man nur wenig Information über die tatsächliche Signalwahrscheinlichkeit gewinnt.

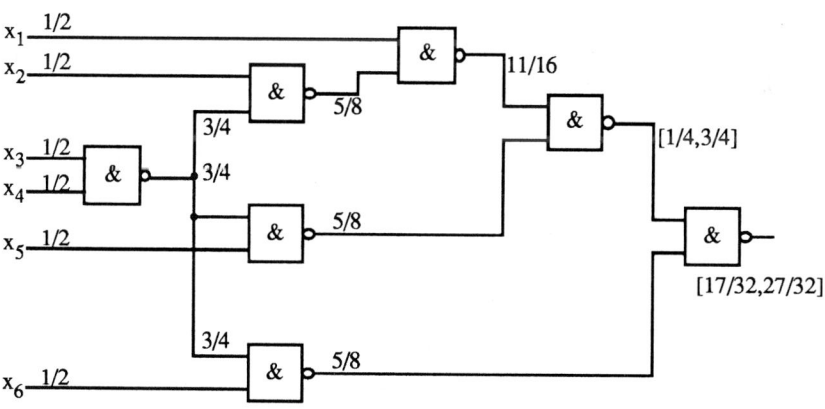

Bild 6.27: Ergebnis des Cutting Algorithmus

6.4.2.3 Analytische Verfahren: Analytische Verfahren gewinnen aus der Schaltungsstruktur einen Schätzwert mit heuristischen Methoden. In den letzten Jahren sind eine Reihe solcher Verfahren vorgestellt worden [KrTo86, Brgl85], wir diskutieren im folgenden die Algorithmen des Systems PROTEST (Probabilistische Testbarkeitsanalyse) [Wu85, 87] mit einigen Erweiterungen zur Verbesserung der Effizienz [Burr89].

Bei der exakten Berechnung der Signalwahrscheinlichkeiten rührt der hohe Berechnungsaufwand daher, daß die Zahl der Eingänge in ein Supergate nicht begrenzt ist und der auszuwertende Datenumfang exponentiell mit dieser Zahl wächst. Die Grundidee des im folgenden vorgestellten Schätzverfahrens ist es, in diesem Fall nicht das gesamte Supergate eines rekonvergenten Knotens v, sondern nur eine Teilmenge zur Auswertung heranzuziehen. Für nicht rekonvergente Knoten werfen die exakten Verfahren keine Probleme auf.

Es sei also $v \in V$ ein rekonvergenter Knoten, und es sei

$$W := \bigcup_{\substack{w_1, w_2 \in pd(v) \\ w_1 \neq w_2}} (p(w_1) \cup \{w_1\}) \cap (p(w_2) \cup \{w_2\})$$

die Menge der Knoten, die selber oder deren Nachfolger in v rekonvergieren (Bild 6.28). Es sei weiter $X^l := (x_i^l \mid i \in I)$ ein Tupel insgesamt unabhängiger boolescher Zufallsvariabler und es sei $I_W := I \cap W$. Es sei $S \subset I_W$ beliebig gewählt. Dann ist auch

$$X_{W,S}^l := (y_i^l \mid y_i = \begin{cases} 1 & \text{für } i \in S \\ 0 & \text{für } i \in W \backslash S \\ x_i^l & \text{für } i \notin W \end{cases})$$

ein Tupel insgesamt unabhängiger Zufallsvariablen, das jeden Knoten aus W und insbesondere jeden Eingang aus I_W auf einen festen Wert legt.

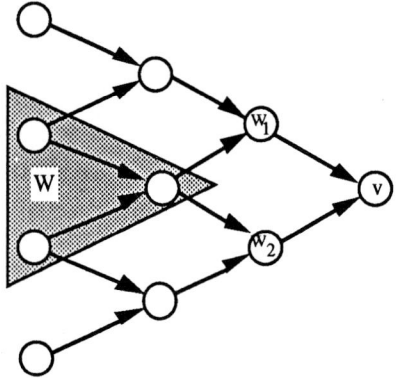

Bild 6.28: Gemeinsame Vorgängerknoten

Mit diesen Bezeichnungen gilt der folgender Satz:

Satz 6.23: Es seien $v \in V$ und $W, X_{W,S}^l$ wie oben konstruiert. Das Tupel $(w*(X_{W,S}^l) \mid w \in pd(v))$ ist insgesamt unabhängig.

Beweis: Es sei $J \subset pd(v)$ mit $|J| = 2$ und $J = \{w_1, w_2\}$, der allgemeine Fall für $|J| > 2$ folgt daraus durch Induktion. Es ist $P(w_1^*(X_{W,S}^l) \wedge w_2^*(X_{W,S}^l)) = P(w_1^*(X_{W,S}^l)) \cdot P(w_2^*(X_{W,S}^l))$ zu zeigen. Die Behauptung folgt unmittelbar aus Satz 6.21, da bei einer konstanten Belegung der gemeinsamen Vorgänger W von w_1 und w_2 die Funktion $w_1^*(X_{W,S}^l)$ und $w_2^*(X_{W,S}^l)$ von disjunkten Schaltnetzen erzeugt werden kann.

Sind alle Eingänge aus I_W fest belegt, so läßt sich $v*(X_{W,S}^l)$ leicht berechnen. Der Ausdruck

$$(6.52) \qquad A_{I_W,S} := \prod_{i \in S} x_i^l \prod_{j \in I_W \setminus S} \overline{x}_j^l$$

beschreibt eine solche Belegung, bei der die Eingänge aus $S \subset I_W$ auf "1" und die aus $I_W \setminus S$ auf "0" liegen. Dies legt aber die Werte für alle Knoten aus W fest, und (6.53) ist gleichbedeutend mit

$$(6.53) \qquad A_{W,S}(X^l) := \prod_{w \in S} w*(X^l) \prod_{w \in W \setminus S} \overline{w}*(X^l).$$

Es ist $P(A_{W,S}(X^l))$ die Wahrscheinlichkeit, daß bei Eingabe eines Musters alle Knoten aus W gemäß (6.53) belegt sind, und $P(v*(X^l) \mid A_{W,S}(X^l))$ ist die bedingte Wahrscheinlichkeit, daß dann v auf "1" liegt. Wegen Satz 6.23 gilt aber $P(v*(X^l) \mid A_{W,S}(X^l)) = f_v^a(P(w*(X^l) \mid A_{W,S}(X^l)) \mid w \in pd(v))$. Daraus folgt mit dem Satz von der totalen Wahrscheinlichkeit

$$(6.54) \quad P(v*(X^l)) = \sum_{S \subset W} P(A_{W,S}(X^l)) \, f_v^a(P(w*(X^l) \mid A_{W,S}(X^l)) \mid w \in pd(v)).$$

Da über alle Teilmengen von W summiert wird, verlangt die Auswertung von (6.54) exponentiellen Aufwand. Zur Schätzung von $P(v*(X^l))$ bietet es sich an, nur eine begrenzte Teilmenge $U(v) \subset W(v)$ zur Auswertung heranzuziehen:

(6.55) $\qquad\qquad P_{U(v)}(v^*(X^l)) :=$

$$\sum_{t \subset U(v)} P(A_{U(v),t}(X^l))\ f_v^a(P_{U(w)}(w^*(X^l)|A_{U(v),t}(X^l))\ |\ w \in pd(v)\ ).$$

Diese Schätzung verwendet mit $P_{U(v)}(A_{U(v),t}(X^l))$ und $P_{U(w)}(w^*(X^l)\ |\ A_{U(v),t}(X^l))$ selbst wieder Schätzungen. Im folgenden werden einige Kriterien untersucht, um die Teilmenge $U \subset W$ auszuwählen:

1) *Korrelation*: $P_\emptyset(v^*(X^l)) = f_v^a(P_\emptyset(w^*(X^l))\ |\ w \in pd(v)\ )$ entsteht aus (6.56), falls kein gemeinsamer Vorgänger berücksichtigt wird. Falls nur ein $w_1 \in W$ betrachtet wird, folgt:

$$P_{\{w_1\}}(v^*(X^l)) = P_\emptyset(w_1^*(X^l))\ f_v^a((P_{\{w_1\}}(w^*(X^l)|w_1^*(X^l))\ |\ w \in\ pd(v)) +$$
$$(1\text{-}P_\emptyset(w_1^*(X^l)))\ f_v^a(P_{\{w_1\}}(w^*(X^l)\ |\ \overline{w_1^*}(X^l))\ |\ w \in pd(v)) .$$

Damit wird der Ausdruck $|P_{\{w_1\}}(v^*(X^l)) - P_\emptyset(v^*(X^l))|$ zu einem Maß dafür, wie stark w_1 den Knoten beeinflußt. Gibt es mehrere gemeinsame Vorgängerknoten w_i, so ist eine sinnvolle Heuristik, in U diejenigen $w_i \in W$ aufzunehmen, die v am stärksten beeinflussen und zu großen $|P_{\{w_i\}}(v^*(X^l)) - P_\emptyset(v^*(X^l))|$ führen. Bei dieser Heuristik sind für zahlreiche Knoten $w \in p(v)$ mehrmals die arithmetischen Einbettungen f_w^a mit unterschiedlichen Parametern auszuwerten. Die beiden folgenden Kriterien berücksichtigen lediglich die Struktur des Schaltnetzgraphen.

2) *Beschränkung auf Verzweigungsstämme*: Es sei $U(v) := \{w \in W(v)$ | w rekonvergent in v$\}$. Dann gilt $P_{U(v)}(v^*(X^l)) = P(v^*(X^l))$, da $U(v)$ stets die Verzweigungsstämme des gesamten Supergates $S(v)$ enthält. Bei dieser Einschränkung allein erfolgt somit kein Schätzfehler.

3) *Der Abstand*:

Definition 6.13:   Sei $G := (V, E)$ ein Schaltnetzgraph und seien v, w $\in$ V. Der *Abstand* zwischen v und w ist

$$d(v, w) := \begin{cases} \min l(\omega(v,w)) & \text{, falls } v \in p(w) \\ \min l(\omega(w,v)) & \text{, falls } w \in p(v) \\ 0 & \text{, falls } v = w \\ \infty & \text{, sonst} \end{cases}.$$

Mit dieser Definition ist der Abstand zwischen zwei Knoten gleich der Länge des kürzesten Pfades zwischen ihnen. Es liegt nahe, in U(v) die Knoten mit geringstem Abstand zu v aufzunehmen.

Diese Heuristiken führen zu folgendem Schätzverfahren, dessen Genauigkeit durch zwei Zahlen n_1 und n_2 festgelegt wird. Hierbei bestimmt n_1 für jeden Knoten v den maximalen Umfang von U(v) und n_2 den maximal zulässigen Abstand zu v.
Zuerst definiert man für $i = 0, \ldots, n_2$ die Mengen

$$W(v, i) := \{w \in W(v) \mid d(w, v) \le i\}, \text{ wobei}$$

$$W(v) = \bigcup_{\substack{w_1, w_2 \in pd(v) \\ w_1 \ne w_2}} (p(w_1) \cup \{w_1\}) \cap (p(w_2) \cup \{w_2\}) \text{ ist.}$$

Dann setzt man $\widetilde{W}(v, i) := \{w \in W(v,i) \mid w \text{ rekonvergiert in } v\}$. Ist $|\widetilde{W}(v,i)|$ $\le n_1$, setzt man $U(v, i) := \widetilde{W}(v, i)$, und sonst enthält $U(v, i)$ die n_1 Elemente w aus $\widetilde{W}(v, i)$ mit der größten Differenz $|P_{\{w\}}(v^*(X^l)) - P_\emptyset(v^*(X^l))|$.
Es ist $U(v) = U(v, n_2)$ und man schätzt durch

$$(6.56) \quad P_{U(v)}(v^*(X^l)) := P_{U(v, n_2)}(v^*(X^l)) =$$

$$\sum_{S \subset U(v,n_2)} P_{U(v,n_2)}(A_{U(v,n_2),S}(X^l)) \cdot$$

$$f_v^a(P_{U(w,n_2-d(w,v))}(w^*(X^l)|A_{U(v,n_2),S}(X^l))|w \in pd(v)).$$

Mit der Beschränkung auf $U(w, n_2-d(w,v))$ sichern wir, daß zur Auswertung eines $w \in p(v)$ nur Knoten herangezogen werden, die zu v einen kleineren Abstand als n_2 haben. Schließlich weisen wir darauf hin, daß $P_\emptyset(w^*(X^l))$ durch den vorher bestimmten Schätzwert $\tilde{s}_w(X)$ ersetzt werden kann, um die Genauigkeit zu verbessern.
Die Formel (6.56) läßt sich noch beträchtlich einfacher auswerten; einige Implementierungsdetails werden im folgenden Abschnitt vorgestellt.

6.4.2.4 Effiziente Schätzverfahren: In einer orthogonalen Form nach Definition 3.20 können somit nie zwei verschiedene Produktterme zugleich wahr sein. Damit gilt der folgende Satz:

Satz 6.24: Sei $g(X^l) := \sum_{t \in T} \prod_{j,t} t_j(X^l)$ eine orthogonale Form mit den Produkttermen $t(X^l) := \prod_{j,t} t_j(X^l)$. Dann gilt für die arithmetische Einbettung

$$g^a(X) = \sum_{t \in T} t^a(X).$$

Beweis: Folgt unmittelbar aus (6.18).

Nach Satz 6.24 kann man in orthogonalen Formen die Disjunktion durch die Addition ersetzen, um zur arithmetischen Einbettung zu gelangen.

Definition 6.15: Es seien $g(X^l) := \sum_{g \in G} \prod_{i,g} g_i(X^l)$ und $f(Y^l) := \sum_{f \in F} \prod_{i,f} f_i(Y^l)$ zwei disjunktive boolesche Funktionen. Es sei $\tilde{f}(Y^l) := \sum_{\tilde{f} \in \tilde{F}} \prod_{\tilde{i},\tilde{f}} \tilde{f}_i(Y^l)$ eine disjunktive Form von $\bar{f}(Y^l)$. Es sei x_b^l eine Variable aus X^l. Die Teilmenge $G_1 \subset G$ enthalte x_b^l positiv, $G_0 \subset G$ negativ und $G_x \subset G$ enthalte x_b^l gar nicht. Die Substitution von x_b^l in $g(X^l)$ durch $f(Y^l)$ und $\tilde{f}(Y^l)$ ist die disjunktive Funktion

$$g(X^l;\ x_b^l / f(Y^l);\ \bar{x}_b^l / \tilde{f}(Y^l)) := \sum_{g \in G_x} \prod_{i,g} g_i(X^l)\ \vee$$

$$\sum_{g \in G_1} \sum_{f \in F} \prod_{\substack{i,g \\ g_i \neq x_b^l}} g_i(X^l) \prod_{j,f} f_j(Y^l) \vee \sum_{g \in G_0} \sum_{\tilde{f} \in \tilde{F}} \prod_{\substack{i,g \\ g_i \neq \bar{x}_b^l}} g_i(X^l) \prod_{j,\tilde{f}} \tilde{f}_j(Y^l).$$

Bei einer Substitution werden somit positive und negierte Variable durch entsprechende Funktionen ersetzt, und es wird ausmultipliziert. Es sei beispielsweise

(6.57) $g(x_1, x_2, x_3) = x_1 \vee \bar{x}_1 x_2 x_3 \vee \bar{x}_1 \bar{x}_2 x_3 \vee \bar{x}_1 x_2 \bar{x}_3,$

$f(y_1, y_2) = y_1 \vee y_2$ und $\tilde{f}(y_1, y_2) = \bar{y}_1 \bar{y}_2$.

Dann ist $g(x_1, x_2, x_3;\ x_2 / f(y_1, y_2);\ \bar{x}_2 / \tilde{f}(y_1, y_2)) = x_1 \vee \bar{x}_1 y_1 x_3 \vee \bar{x}_1 y_2 x_3 \vee \bar{x}_1 \bar{y}_1 \bar{y}_2 x_3 \vee \bar{x}_1 y_1 \bar{x}_3 \vee \bar{x}_1 y_2 \bar{x}_3$.

Satz 6.25: Es seien $g(X^l)$, $f(Y^l)$ und $\tilde{f}(Y^l)$ orthogonal. Dann ist $g(X^l;\ x_b^l / f(Y);\ \bar{x}_b^l / \tilde{f}(Y^l))$ orthogonal.

Beweis: Durch Induktion über die Zahl der Produktterme von $g(X^l)$.

Im Beispiel (6.57) sind $g(x_1, x_2, x_3)$ und $\tilde{f}(y_1, y_2)$ orthogonal dargestellt, nicht jedoch $f(y_1, y_2)$. Setzt man aber $f(x_1, x_2) = y_1 \vee \bar{y}_1 y_2$, so folgt die orthogonale Form $x_1 \vee \bar{x}_1 y_1 x_3 \vee \bar{x}_1 \bar{y}_1 y_2 x_3 \vee \bar{x}_1 \bar{y}_1 \bar{y}_2 x_3 \vee \bar{x}_1 y_1 \bar{x}_3 \vee \bar{x}_1 \bar{y}_1 y_2 \bar{x}_3$.

Damit läßt sich ein Verfahren angeben, um den Ausdruck (6.57) effizient auszuwerten. $P_{U(v)}(v^*(X^l))$ berechnen wir mit der Knotenmenge

$$U1 := U(v) \cup \bigcup_{w \in U(v)} s(w),$$

die für jeden Knoten aus $U(v)$ auch alle Nachfolger berücksichtigt. Da jedoch nur Vorgänger von v relevant sind, schneiden wir mit $p(v)$ und bilden

$$U2 := U1 \cap p(v).$$

Um mit $U2$ einen vollständigen Teilgraphen bilden zu können, nehmen wir alle Vorgänger eines Knotens hinzu, wenn $U1$ zumindest einen der Vorgänger bereits enthält:

$$U3 := U2 \cup \{w \mid \exists x_1, x_2 \in U2 \, (x_1 \in pd(x_2) \wedge w \in pd(x_2))\}.$$

Dann ist die gesamte auszunutzende Struktur

$$St(v) := U3 \cup \{v\} \cup pd(v).$$

Die Knoten $B(v) := \{w \in St(v) \mid pd(w) \cap St(v) = \emptyset\}$ sind die Eingänge in diesen Teilgraphen und entsprechen den Knoten $IS(v)$ des Supergates von v. Die Menge $St(v)$ ist jedoch beschränkt und wird im allgemeinen nicht das Supergate $S(v)$ sein.

Die Prozedur SWS-SUPERGATE kann derart modifiziert werden, daß statt $v^*_{IS(v)}$ die Funktion $v^*_{B(v)}$ ausgewertet wird. Einfacher noch ist das Schätzverfahren nach Bild 6.29, bei dem vorausgesetzt wird, daß jede Bauelementefunktion f_w in orthogonaler Form und in orthogonaler negierter Form $\tilde{f}_w$ vorliegt.

In dieser Prozedur wird jedes $s_v(X)$ als arithmetischer Ausdruck einer Summe von Produkten dargestellt. Soll die Prozedur SWS-Schätzung für zahlreiche unterschiedliche Eingangswahrscheinlichkeiten X aufgerufen werden, können die Methoden der compilierten Simulation auch hier angewendet werden. Dazu wird für jeden Knoten $v \in V$ der Ausdruck $s_v(X) = g^a(s_w(X) \mid w \in B(v))$ als Prozedur in den Variablen $B(v)$ dargestellt. Durch Ausklammern und das Bilden von Zwischenvariablen kann in dieser Prozedur die Zahl der arithmetischen Operationen minimiert werden.

Die gesamte Schaltung wird dann als Liste von Prozeduren beispielsweise in einer Assembler-Sprache beschrieben, die übersetzt und ausgeführt werden können und so für jeden Knoten $v \in V$ die Signalwahrscheinlichkeit $s_V(X)$ bestimmen [Burr89].

```
Prozedur  SWS-SCHÄTZUNG;
a)  v^i ∈ I:
      Für einen Primäreingang j := v^i ∈ I ist die Signalwahrschein-
      lichkeit x_j = s_j(X) = s_{v^i}(X) gegeben;
b)  v^i ∉ I:
      Setze v := v^i;
      Falls U(v) = ∅ ist, setze N(v):={v},
            sonst N(v):=St(v)\B(v);
      Setze VAR := {v};
      g := g(v) := v sei eine Funktion mit den Parametern VAR;
      Solange VAR ∩ N(v) ≠ ∅
            Setze w := v^j ∈ VAR ∩ N(v) mit maximalem j;

            Setze g' := g(w/f_w(z|z∈pd(w)); w̄/f̃(z|z∈pd(w)));
            VAR := (VAR\{w}) ∪ pd(w);
            g := g';        { g ist wieder eine orthogonale Funktion
                              mit Parametern aus VAR }
      {Jetzt ist  VAR = B(v) und g = v*_{B(v)} ist eine orthogonale
      Form, die nach Satz 6.22 unmittelbar in die arithmetische
      Form v_{B(v)}*^a(w*(X^j)|w∈B(v)) = g^a(s_w(X)|w∈B(v)) übersetzt
      werden kann.}
      Setze s_V(X) := g^a(s_w(X) | w ∈ B(v));
END.
```

Bild 6.29: Schätzverfahren für Signalwahrscheinlichkeiten

6.5   Fehlererkennungswahrscheinlichkeiten

Die Bestimmung von Fehlererkennungswahrscheinlichkeiten steht zu der Bestimmung von Signalwahrscheinlichkeiten in einer ähnlichen Beziehung wie die Fehlersimulation zur Logiksimulation. Es sei $B := (b_i \in \{"0", "1"\} \mid i \in I)$ ein Eingabemuster, und die Signalwahrscheinlichkeiten $X := (x_i \in [0, 1] \mid i \in I)$ seien durch die extremen Werte

$$x_i := \begin{cases} 0, & \text{falls } b_i = 0 \\ 1, & \text{falls } b_i = 1 \end{cases}$$

definiert. Somit sind den Eingängen konstante Werte zugeordnet.

Dann gilt $x_i^l \equiv$ "0" bzw. $x_i^l \equiv$ "1" für das zugehörige Tupel boolescher Zufallsvariabler $X^l := (x_i^l \mid i \in$ I). Damit ist $s_v(X) = 1$ genau dann, wenn $v^*(B)$ = "1" ist, und das Testmuster B entdeckt den Fehler f $\in$ F genau dann, wenn $p_f(X) = 1$ ist. Folglich läßt sich mit einem Verfahren zur Berechnung von Signalwahrscheinlichkeiten auch Logiksimulation und mit einem zur Bestimmung von Fehlererkennungswahrscheinlichkeiten auch Fehlersimulation durchführen.

Aufgrund der im vierten Kapitel angestellten Komplexitätsüberlegungen sind daher nur rechenzeitaufwendige Verfahren zur exakten Bestimmung der Fehlererkennungswahrscheinlichkeiten zu erwarten. Neben einem exakten Verfahren zur Berechnung der Fehlererkennungswahrscheinlichkeiten bietet es sich an, auch ein effizientes Schätzverfahren herzuleiten, das ähnliche Methoden wie die vorgestellten Verfahren zur Testsatzbewertung benützt.

6.5.1   Berechnung von Fehlererkennungswahrscheinlichkeiten

Die Bestimmung von Fehlererkennungswahrscheinlichkeiten kann mit folgendem Satz auf die Berechnung von Signalwahrscheinlichkeiten zurückgeführt werden.

Satz 6.26: Es sei G := (V, E) ein Schaltnetzgraph und f ein kombinatorischer Funktionsfehler. Es existiert ein Schaltnetzgraph G$^+$ mit weniger als 2|V| + |O| + 1 Knoten, derselben Zahl primärer Eingänge und einem ausgezeichneten Knoten k_f, so daß eine Belegung B genau dann ein Testmuster für f ist, wenn $k_f^*(B) =$ "1" gilt.

Beweis: Wir verzichten auf eine Formalisierung und machen den Sachverhalt wie folgt plausibel: Es sei S das zu G gehörende Schaltnetz und S_f sei eine Kopie, in welche der Fehler injiziert wurde. Die Eingänge von S und S_f seien paarweise miteinander verbunden, so daß der entsprechende Schaltnetzgraph genau 2·|V| Knoten besitzt.

Die einander entsprechenden Ausgänge von S und S_f werden antivalent verknüpft, und k_f ist die Disjunktion dieser Verknüpfung. G$^+$ sei der Schaltnetzgraph des so konstruierten Schaltnetzes; er hat 2 |V| + |O| + 1 Knoten, und k_f wird zu 1, wenn sich die Ausgaben des fehlerhaften und des fehlerfreien Schaltnetzes unterscheiden.

Offensichtlich gilt mit dieser Konstruktion $s_{k_f}(X) = p_f(X)$. Da für jeden Fehler stets 2 |V| + |O| + 1 Knoten zu untersuchen sind, ist dieses Verfahren für den praktischen Einsatz wenig geeignet. Wir diskutieren im weiteren einen etwas effizienteren Ansatz nach [ChHu86, ChHu89].

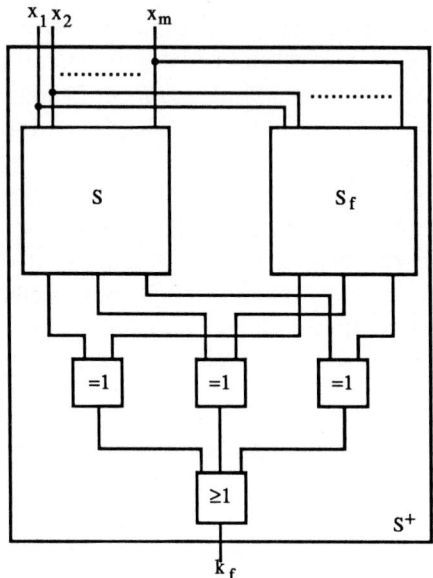

Bild 6.30: Fehlererkennung

Bereits bei der parallelen Fehlersimulation wurde deutlich, daß an jedem Knoten k wenigstens vier Fälle zu unterscheiden sind und ihm vier Werte zugewiesen werden können:

(6.58) 1) Der Wert (1,1), falls k im fehlerfreien und im fehlerhaften Fall gleich 1 ist.
2) Der Wert (0,0), falls k in beiden Fällen gleich 0 ist.
3) Der Wert (1,0), falls k im fehlerfreien Fall 1 und im fehlerhaften 0 ist.
4) Der Wert (0,1), falls k im fehlerfreien Fall 0 und sonst 1 ist.

Als Abkürzung hat Roth hierfür die D-Notation eingeführt [Roth66]. Dabei steht die 1 für die (1,1), die 0 für (0,0), D für (1,0) und $\overline{D}$ für (0,1). Mit den in Tabelle 6.3 definierten Operationen bildet $\mathcal{D} := (\{0, 1, D, \overline{D}\}, \wedge, \vee)$ eine boolesche Algebra.

Tabelle 6.3: Grundoperationen mit der D-Notation

$\wedge$	0	1	D	$\overline{D}$
0	0	0	0	0
1	0	1	D	$\overline{D}$
D	0	D	D	0
$\overline{D}$	0	$\overline{D}$	0	$\overline{D}$

$\vee$	0	1	D	$\overline{D}$
0	0	1	D	$\overline{D}$
1	1	1	1	1
D	D	1	D	1
$\overline{D}$	$\overline{D}$	1	1	$\overline{D}$

$\neg$	0	1	D	$\overline{D}$
	1	0	$\overline{D}$	D

Ein Muster erkennt den Fehler f, wenn an zumindest einem Primärausgang bei der Simulation D oder $\overline{D}$ anliegt. Die Zufallsvariablen $X^l := (x_i^l \mid i \in I)$ können jetzt vier Werte $(0, 1, D, \overline{D})$ annehmen, und jedem Knoten v wird ein Vektor

$$(6.59) \qquad E_v(X) = \begin{pmatrix} e_0^v \\ e_1^v \\ e_{\overline{D}}^v \\ e_D^v \end{pmatrix} = \begin{pmatrix} P(v*(X^l) = 0) \\ P(v*(X^l) = 1) \\ P(v*(X^l) = \overline{D}) \\ P(v*(X^l) = D) \end{pmatrix}$$

zugeordnet. Die D-Notation nach Tabelle 6.3 kann auch für arithmetische Variablen eingesetzt werden.

Tabelle 6.4: D-Notation für arithmetische Variable

$\cdot$	0	1	D	$\overline{D}$
0	0	0	0	0
1	0	1	D	$\overline{D}$
D	0	D	D	0
$\overline{D}$	0	$\overline{D}$	0	$\overline{D}$

$+$	0	1	D	$\overline{D}$
0	0	1	D	$\overline{D}$
1	1	1	1	1
D	D	1	D	1
$\overline{D}$	$\overline{D}$	1	1	$\overline{D}$

$1-x$	0	1	D	$\overline{D}$
	1	0	$\overline{D}$	D

Damit läßt sich jede arithmetische Einbettung $g^a(X^a)$ eindeutig in eine Funktion $g^d(X^d)$ mit $X^d := (x_i^d \in \{0, 1, \overline{D}, D\} \mid i \in I)$ abbilden.

Für $w \in pd(v)$ seien die Vektoren $E_w(X)$ bereits bestimmt, und die zugehörigen Zufallsvariablen seien insgesamt unabhängig.

$$(6.60) \qquad E^0 := \{E \in \{0, 1, \overline{D}, D\}^{pd(v)} \mid f_v^d(E) = 0\}$$

sei die Menge aller Belegungen der unmittelbaren Vorgänger, die $v = 0$ setzen. Entsprechend seien

$$(6.61) \qquad E^1 := \{E \in \{0, 1, \overline{D}, D\}^{pd(v)} \mid f_v^d(E) = 1\}$$

$$(6.62) \qquad E^{\overline{D}} := \{E \in \{0, 1, \overline{D}, D\}^{pd(v)} \mid f_v^d(E) = \overline{D}\}$$

$$(6.63) \qquad E^D := \{E \in \{0, 1, \overline{D}, D\}^{pd(v)} \mid f_v^d(E) = D\}$$

definiert. Für eine Belegung $E := (e_w \mid w \in pd(v) \in \{0,1,\overline{D},D\}^{pd(v)})$ sei $W(E) := \prod_{w \in pd(v)} P(v*(X^l)=e_w)$ die Wahrscheinlichkeit nach (6.59), daß E zufällig erzeugt wird. Damit ist

$$E_v(X) = \begin{pmatrix} \sum_{E \in E^0} W(E) \\ \sum_{E \in E^1} W(E) \\ \sum_{E \in E^{\overline{D}}} W(E) \\ \sum_{E \in E^D} W(E) \end{pmatrix}.$$

Sind jedoch die $w \in pd(v)$ nicht unabhängig, so muß entsprechend der Prozedur SWS-SUPERGATE die Funktion $v_{IS(v)}^{*d}$ gebildet und statt f_v^d in (6.60) bis (6.63) ausgewertet werden.

Nach diesem Vorgehen ist $\max_{o \in O} \{e_{\overline{D}}^o + e_D^o\}$ eine untere Schranke für die Erkennungswahrscheinlichkeit des Fehlers f. Bei dieser Berechnungsweise wird zwar nicht, wie anfangs gezeigt, das Schaltnetz verdoppelt, dennoch verlangt die Behandlung für jeden einzelnen Fehler einen gesonderten Durchgang durch den Schaltnetzgraphen.

6.5.2 Schätzung von Fehlererkennungswahrscheinlichkeiten

In diesem Abschnitt sollen die in 4.5 für Testmuster entwickelten approximativen Verfahren zur Testsatzbewertung erweitert werden, um die Wahrscheinlichkeit von Beobachtbarkeiten zu schätzen.

Absteigend im Rang der Knoten $k \in V$ werden für k und für Kanten (k, h) $\in E$ boolesche Zufallsvariablen $\tilde{O}_k(X^l)$ bzw. $\tilde{O}_{(k,h)}(X^l)$ definiert, welche die Beobachtbarkeit modellieren:

(6.64)   a) $k \in O$: $\tilde{O}_k(X^l) := \text{"1"}$.

b)   Für Kanten (k, h) und Knoten $k \in pd(h)$, die keine Verzweigungsstämme sind, setze

$$\tilde{O}_{(k,h)}(X^l) = \tilde{O}_k(X^l) = \frac{df_k^l(w*(X^l) \mid w \in pd(h))}{dk} \tilde{O}_h(X^l).$$

c)   Für Verzweigungsstämme k mit den Zweigen $k_1, ..., k_m$
setze $\tilde{O}_k(X^l) := \tilde{O}_{k_1}(X^l) \vee ... \vee \tilde{O}_{k_m}(X^l)$.

Für einen Fehler $f \in F$ am Knoten v definieren wir die Funktion

$g_f(X^l) := (v_f^*(X^l) \neq v*(X^l)) \wedge \tilde{O}_v(X^l)$, hierbei bezeichne v_f^* die fehlerhafte Funktion.

Damit erhält man als Schätzung für die Erkennungswahrscheinlichkeit $p_f(X) = P(g_f(X^l)) = g_f^a(X)$, und es ist lediglich eine arithmetische Einbettung $g_f^a(X)$ auszuwerten. Diese Schätzung unterscheidet nicht zwischen Einzel-pfad-Sensibilisierung und der Sensibilisierung mehrerer Pfade. Etwas pessi-mistischere Werte ergibt das folgende Verfahren, bei dem ebenfalls abstei-gend im Rang für Knoten $k \in V$ und für Kanten $(k, h) \in E$ die Zufallsva-riablen $n_k(X^l)$ bzw. $n_{(k,h)}(X^l)$ und $se_k(X^l)$ bzw. $se_{(k,h)}(X^l)$ bestimmt werden. Wie bei dem bereits vorgestellten Approximationsverfahren TEVA beschreibt die Variable n, daß kein Pfad sensibilisiert ist, und se beschreibt, daß genau ein Pfad sensibilisiert ist.

(6.65)   a) $k \in O$: $se_k(X^l) := \text{"1"}$ und $n_k(X^l) := \text{"0"}$

b)   Für Kanten (k, h) und Knoten $k \in pd(h)$, die keine Verzweigungsstämme sind, setze

$$se_k(X^l) := se_{(k,h)}(X^l) := se_h(X^l) \wedge \frac{df_h^l(w*(X^l) \mid w \in pd(h))}{dk}$$

$$n_k(X^l) := n_{(k,h)}(X^l) := n_h(X^l) \vee \neg(\frac{df_h^l(w*(X^l) \mid w \in pd(h))}{dk}).$$

c)   Für Verzweigungsstämme k mit den Zweigen $k_1, ..., k_m$ setze

$$se_k(X^l) := \sum_{i=1}^{m} se_{k_i}(X^l) \prod_{\substack{j=1 \\ j\neq i}}^{m} n_{k_j}(X^l) \text{ und } n_k(X^l) := \prod_{i=1}^{m} n_{k_i}(X^l).$$

Hier definiert man die Erkennungsfunktion $g_f(X^l) := (v_f^*(X^l) \neq v^*(X^l)) \wedge$
$se_v(X^l)$ und erhält wieder $p_f(X) = g_f^a(X)$.

Sowohl das Verfahren nach (6.64) als auch das nach (6.65) verlangen die Auswertung arithmetischer Einbettungen. Ungenauer, aber effizienter lassen sich Fehlererkennungswahrscheinlichkeiten schätzen, wenn man auf die Erzeugung arithmetischer Einbettungen verzichtet und ausschließlich vorab bestimmte Signalwahrscheinlichkeiten verwendet. Dann bildet man zuerst die arithmetische Einbettung der booleschen Differenz $\dfrac{df_h}{dk}$ und setzt darin die Signalwahrscheinlichkeiten ein:

(6.66) a) $k \in O$: $\tilde{O}_k^a(X) := 1$

   b)   Für Kanten (k, h) oder Knoten $k \in pd(h)$, die keine Verzweigungsstämme sind, setze

$$\tilde{O}_k^a(X) := \tilde{O}_{(k,h)}^a(X) = \left(\frac{df_h^l(w \mid w \in pd(h))}{dk}\right)^a (s_w(X) \mid w \in pd(h)).$$

   c)   Für Verzweigungsstämme k mit den Zweigen $k_1, \dots, k_m$ setze

$$\tilde{O}_k^a(X) := 1 - \prod_{i=1}^{m} (1 - \tilde{O}_{k_i}^a(X)).$$

Bei diesem Vorgehen sind lediglich die arithmetischen Einbettungen $\left(\dfrac{df_h}{dk}\right)^a$ der booleschen Differenz der Bauelementfunktionen auszuwerten. Diese können bereits vorab erzeugt und in einer Bibliothek abgespeichert sein. Verfahren (6.65) läßt sich entsprechend modifizieren:

(6.67) a) $k \in O$: $se_k^a(X) := 1$ und $n_k^a(X) := 0$

   b)   Für Kanten (k, h) und Knoten $k \in pd(h)$, die keine Verzweigungsstämme sind, setze $se_k^a(X) := se_{(k,h)}^a(X)$

$$:= se_h^a(X) \wedge \left(\frac{df_h(w \mid w \in pd(h))}{dk}\right)^a (s_w(X) \mid w \in pd(h));$$

$n_k^a(X) := n_{(k,h)}^a(X)$

$$:= n_h^a(X) \vee \left(1 - \left(\frac{df_h(w \mid w \in pd(h))}{dk}\right)^a (s_w(X) \mid w \in pd(h))\right).$$

   c)   Für Verzweigungsstämme k mit den Zweigen $k_1, \dots, k_m$ setze

$$se_k^a(X) := \sum_{i=1}^{m} se_{k_i}^a(X) \prod_{\substack{j=1 \\ i \neq j}}^{m} n_{k_i}^a(X) \quad \text{und} \quad n_k^a(X) := \prod_{i=1}^{m} n_{k_i}^a(X) .$$

Mit der Fehlerfunktion $g_f(X^l) := (v_f^*(X^l) \neq v^*(X^l))$ des Fehlers f am Knoten v wird die Erkennungswahrscheinlichkeit nach (6.67) zu $p_f(X) := g_f^a(X) \cdot \tilde{O}_v^a(X)$ und nach (6.68) zu $p_f(X) := g_f^a(X) \cdot se_v(X)$.

Alle vier Methoden (6.64) bis (6.67) ordnen einem Fehler einen arithmetischen Ausdruck zu, der als Programmprozedur erzeugt und ausgewertet werden kann. Wie die Signalwahrscheinlichkeiten lassen sich daher auch die Fehlererkennungswahrscheinlichkeiten mit einem compilierten Verfahren berechnen.

6.6 Ungleichverteilte Zufallsmuster

Bereits in Abschnitt 6.4 wurde erwähnt, daß die Länge eines Zufallstests im schlechtesten Fall exponentiell mit der Zahl der Primäreingänge wachsen kann. Bei dem AND-Glied mit 32 Eingängen aus Bild 6.31 werde jeder Eingang mit Wahrscheinlichkeit x auf 1 gesetzt.

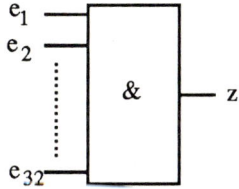

Bild 6.31: AND-Glied

Bei diesen Eingangswahrscheinlichkeiten $X := (x_i = x \mid i \in I)$ werden die Haftfehler an "0" mit der Erkennungswahrscheinlichkeit x^{32} entdeckt. Jeder Eingangshaftfehler an "1" hat die Erkennungswahrscheinlichkeit $(1-x)x^{31}$. Mit x = 0.5 und mit einer Konfidenz C = 0.999, um alle 33 verschiedenen Fehleräquivalenzklassen der Schaltung zu erfassen, ergibt die Formel (6.34) $0.999 = (1-(1-2^{-32})^N)^{33}$ und $N \approx 4.48 \cdot 10^{10}$ notwendige Muster. Somit ist in diesem Fall der Zufallstest länger als ein erschöpfender Test der Schaltung. Bei ungleichverteilten Mustern $x \neq 0.5$ kann die Testlänge jedoch reduziert werden. Setzt man $x := \sqrt[32]{0.5}$, verlangt Formel (6.34) nur noch $n \approx 600$ Muster. In den nächsten beiden Abschnitten stellen wir für den allgemeinen Fall eine Methode vor, günstige Eingangswahrscheinlichkeiten aus der Schaltungsstruktur zu bestimmen. Anschließend diskutieren wir die zugehörige Mustererzeugung während der Testdurchführung.

6.6.1   Bestimmung optimierter Eingangswahrscheinlichkeiten

In (6.34) wurde mit $J_N(X) := \prod\limits_{f \in F} (1-(1-p_f(X))^N)$ eine Formel hergeleitet, um die Wahrscheinlichkeit zu schätzen, daß alle Fehler aus F mit N Zufallsmustern gemäß den Eingangswahrscheinlichkeiten X erfaßt werden. Günstig und daher gesucht sind Eingangswahrscheinlichkeiten $X \in [0, 1]^I$, bei denen $J_N(X)$ maximal wird. Leider sind diese Wahrscheinlichkeiten in der Regel nicht eindeutig bestimmt, so daß für eine Schaltung eine Vielzahl lokal optimaler Tupel von Eingangswahrscheinlichkeiten existieren kann. Die Schaltung in Bild 6.32 untersucht die 2-Bit Worte $A = (a_1, a_0)$, $B = (b_1, b_0)$ auf Gleichheit.

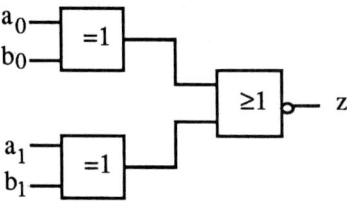

Bild 6.32: Vergleicher

Das Fehlermodell $F := \{s0\text{-}a_0, s1\text{-}a_0\}$ enthalte der Einfachheit halber die beiden Haftfehler am Primäreingang a_0. Mit $X := (x_{a_0}, x_{b_0}, x_{a_1}, x_{b_1}) \in [0, 1]^I$ erhält man mit Hilfe arithmetischer Einbettungen

$$p_{s0\text{-}a_0}(X) = P(((a_1(X^l) = b_1(X^l)) \wedge a_0(X^l)) = x_{a_0}(1 - x_{a_1} - x_{b_1} + 2x_{a_1}x_{b_1})$$

und

$$p_{s1\text{-}a_0}(X) = P((a_1(X^l)=b_1(X^l)) \wedge \overline{a}_0(X^l)) = (1-x_{a_0})(1 - x_{a_1} - x_{b_1} + 2x_{a_1}x_{b_1}) .$$

Beide Erkennungswahrscheinlichkeiten werden maximal sowohl bei $x_{a_1} = 0$ und $x_{b_1} = 0$ als auch bei $x_{a_1} = 1$ und $x_{b_1} = 1$. Dann ist

$$J_N(X) = (1-(1-p_{s0\text{-}a_0}(X))^N) (1-(1-p_{s1\text{-}a_0}(X))^N) = (1-(1-x_{a_0})^N) (1-x_{a_0}^N).$$

Durch Ableiten findet man hierfür ein Maximum bei $x_{a_0} = 0.5$. Somit ist die Menge

$$\{(x_{a_0}, x_{b_0}, x_{a_1}, x_{b_1}) \mid x_{a_0} = 0.5 \wedge x_{b_0} \in [0, 1] \wedge ((x_{a_1} = 0 \wedge x_{b_1} = 0) \vee$$
$$(x_{a_1} = 1 \wedge x_{b_1} = 1))\}$$

der optimalen Eingangswahrscheinlichkeiten für das Beispiel unendlich und in $[0, 1]^I$ nicht einmal zusammenhängend.

Die Optimierung der Gütefunktion $J_N(X)$ gehört daher in den Bereich der glatten Probleme mit mehreren Extrema ("smooth multi-extremal problems"), für deren Lösung im Durchschnitt exponentieller Aufwand bezüglich der Zahl der Variablen und der geforderten Genauigkeit des Ergebnisses erwartet werden muß [NeYu83]. Daher müssen wir auf die Suche nach einem globalen Optimum verzichten und uns auf Verfahren beschränken, ein lokales Optimum zu approximieren. Im folgenden stellen wir das Verfahren aus [Wu87, Wu87b] vor.

Für effiziente und genaue numerische Verfahren ist die Produktform von $J_N(X)$ nach (6.35) wenig geeignet. In (6.37) wurde bereits die Funktion

$$(6.68) \qquad \delta_N^F(X) := \sum_{f \in F} e^{-p_f(X) N} \approx - \ln (J_N(X))$$

hergeleitet. Da der Logarithmus eine monoton wachsende Funktion ist, erhält $J_N(X)$ dann sein Maximum, wenn $\delta_N^F(X)$ minimal wird. In diesem Fall bezeichnen wir das Tupel $X \in [0, 1]^I$ von Eingangswahrscheinlichkeiten als optimal. Bei der Suche nach einem lokalen Optimum wird die Darstellung der Fehlererkennungswahrscheinlichkeiten nach Satz 6.18 verwendet:

$$(6.69) \qquad p_f(X) = x_i\, p_f(X, 1_i) + (1-x_i)\, p_f(X, 0_i) =$$

$$p_f(X, 0_i) + x_i\, (p_f(X, 1_i) - p_f(X, 0_i))$$

Daraus folgt sofort, daß die erste partielle Ableitung von $p_f(X)$ nach x_i explizit berechnet werden kann, falls die bedingten Fehlererkennungswahrscheinlichkeiten $p_f(X, 1_i)$, und $p_f(X, 0_i)$ bekannt sind:

$$(6.70) \qquad \frac{dp_f(X)}{dx_i} = p_f(X, 1_i) - p_f(X, 0_i)\,.$$

Dies kann ebenfalls genutzt werden, um die Ableitungen der Gütefunktion $\delta_N^F(X)$ zu bestimmen. Deren erste partielle Ableitung ist

$$(6.71) \qquad \frac{d\delta_N^F(X)}{dx_i} = - \sum_{f \in F} N(p_f(X, 1_i) - p_f(X, 0_i))\, e^{-p_f(X) N}\,.$$

Der Gradient der Funktion $\delta_N^F(X)$ ist der Vektor

$$(6.72) \qquad \text{grad}(\delta_N^F)(X) := \left(\frac{d\delta_N^F(X)}{dx_i}\right)_{1 \leq i \leq n}\,.$$

In der Analysis zeigt man folgenden Sachverhalt:

Satz 6.27: Es sei $U \subset \mathbb{R}$ konvex und h: $U \to \mathbb{R}$ eine differenzierbare Funktion. Für jedes $X_0 \in U$ weist der Vektor -grad(h)(X_0) in Richtung des steilsten Abstiegs. Ist h(X) eine lineare Funktion, so liegt das Minimum auf der Linie X_0 - α grad(h)(X_0) mit $\alpha \geq 0$.

Beweis: Elementare Analysis, vgl. [CoWe71].

Dieser Satz ist Grundlage für das Gradientenverfahren, bei dem eine Folge von Eingangswahrscheinlichkeiten X^i mit Anfangswert X^0 bestimmt wird durch

(6.73) $$X^{i+1} := X^i - \alpha_i \, grad(\delta_N^F)(X^i) .$$

Die $\alpha_i \geq 0$ werden so gewählt, daß $\delta_N^F(X^i - \alpha_i \, grad(\delta_N^F)(X^i))$ minimal wird. Wir definieren daher die neue Funktion

(6.74) $$\zeta_N^F(X,\alpha) := \delta_N^F(X - \alpha \, grad(\delta_N^F)(X)),$$

und erhalten mit der Formel

(6.75) $$D(F, N, X, 0) := - \frac{d\zeta_N^F(X,0)}{d\alpha}$$

ein Maß dafür, wie steil die Gütefunktion in die günstigste Richtung abfällt. Eine Lösung α für

(6.76) $$D(F, N, X, \alpha) := - \frac{d\zeta_N^F(X,\alpha)}{d\alpha} = 0$$

ergibt mit $X - \alpha \, grad(\delta_N^F)(X)$ den Minimalpunkt in dieser Richtung. Die explizite Ableitung ergibt

(6.77) $$D(F, N, X, \alpha) = grad(\delta_N^F)(X)^T \cdot grad(\delta_N^F)(X - \alpha \, grad(\delta_N^F)(X)) .$$

Um zu gewährleisten, daß an jeder Komponente gültige Werte aus [0,1] sind, muß α begrenzt werden. Es sei $(g_i(X))_{1\leq i\leq n} := grad(\delta_N^F)(X)$. Der größtmögliche für α erlaubte Wert ist

(6.78) $$\alpha_{max}(X) := \min\{\beta \geq 0 \mid \exists 1 \leq i \leq n \ (x_i - \beta g_i(X)) \geq 1 \lor (x_i - \beta g_i(X)) \leq 0\},$$

und es muß $\alpha \in [0, \alpha_{max}]$ gelten. Da eine numerische Lösung von (6.76) sehr aufwendig ist, kann mit einer vorgegebenen Schrittweite Δ die Funktion

$\zeta_N^F(X,\alpha)$ auch direkt minimiert werden. Damit ergibt sich folgendes Verfahren:

```
Prozedur   GRADIENTENOPTIMIERUNG(X⁰,F);

1) Für jeden Eingang i und jeden Fehler f ∈ F mit ausreichend
   kleiner Erkennungswahrscheinlichkeit p_f(X⁰) bestimme p_f(X⁰,0_i)
   und p_f(X⁰,1_i);
2) Berechne

   grad(δ_N^F)(X⁰):= - ( ∑     N(p_f(X⁰,1_i)-p_f(X⁰,0_i))e^{-p_f(X⁰)N} )_{1≤i≤n};
                       f∈F

   (a) Es ist ausreichend, nur schwer erkennbare Fehler zu
       berücksichtigen (vgl Abschnitt 6.3);
   (b) Danach kann stets ohne direkte Berechnung der Fehler-
       erkennungswahrscheinlichkeiten aus der Schaltungs
       struktur p_f(X⁰,y_i) = p_f(X⁰,0_i)+y_i(p_f(X⁰,1_i-p_f(X⁰,0_i))
       ausgewertet werden;
3) Berechne α_max(X⁰) nach (6.79);
4) Setze α := 0;
5) Solange J_N^F(X⁰,α+Δ) ≤ J_N^F(X⁰,α) und α+Δ ≤ α_max(X⁰)

   setze α := α + Δ;
6) Gradientenoptimierung  := X⁰ - α grad(δ_N^F)(X⁰);
END.
```

Bild 6.33: Bestimmung optimierter Eingangswahrscheinlichkeiten

Die Funktion kann iterativ mit $X^{i+1} := \text{GRADIENTENOPTIMIERUNG}(X^i,F)$ aufgerufen werden. Allerdings ist die Bestimmung des gesamten Gradienten rechenzeitaufwendig, so daß dieses Verfahren nur dann geeignet erscheint, wenn der Gradient bereits bekannt ist. Eine derartige Situation wird in Abschnitt 6.62 behandelt. Bei unbekanntem Gradienten bietet sich ein Relaxationsverfahren an, das ausnutzt, daß auch die zweite Ableitung der Gütefunktion explizit dargestellt werden kann:

$$(6.79) \qquad \frac{d^2\delta_N^F(X)}{dx_i^2} = \sum_{f \in F} N^2(p_f(X,1_i) - p_f(X,0_i))^2 \, e^{-p_f(X)\,N}.$$

Die Fehlermenge F enthalte für den Eingang i die beiden Haftfehler s0-i und s1-i. Mit $p_{s0\text{-}i}(X,0_i) = 0$, $p_{s1\text{-}i}(X,0_i) \neq 0$, $p_{s0\text{-}i}(X,1_i) \neq 0$, $p_{s1\text{-}i}(X,1_i) = 0$ ist $\frac{d^2\delta_N^F(X)}{dx_i^2} > 0$ und die Gütefunktion $\delta_N^F(X)$ sogar streng konvex in der Variablen x_i. Dann existiert ein $y \in [0, 1]$ mit minimalem $\delta_N^F(X, y_i)$, und es gilt:

$$\frac{d\delta_N^F(X,y_i)}{dy} = -\left(\sum_{f\in F} N(p_f(X, 1_i) - p_f(X, 0_i))\, e^{-p_f(X,y_i)\, N}\right) = 0 \ .$$

Dieses y kann beispielsweise mit einer Bisektionsmethode nach Bild 6.34 gefunden werden. Dabei wird die Ableitung der Gütefunktion nach Formel (6.71) effizient bestimmt. In der Regel sind die beiden möglichen Haftfehler am Eingang i erkennbar, so daß $y_i \neq 0$ und $y_i \neq 1$ gelten wird. Aus diesem Grund sind konstante Werte an den Eingängen als Ergebnis der folgenden Prozedur nicht berücksichtigt:

```
Prozedur   BISEKTION(y,i);
                dδ_N^F(X,y_i)
1)   Falls    ─────────────  < 0 setze y_min := 0 und y_max := 1
                   dy
             sonst y_max := 0 und y_min := 1.
2)   Solange |y_max - y_min| > Δ:
                          y_max - y_min
             setze y :=  ──────────────;
                               2
                     dδ_N^F(X,y_i)
             falls   ─────────────  > 0 setze y_max := y sonst y_min := y;
                          dy
END.
```

Bild 6.34: Nullstellensuche mit dem Bisektionsverfahren

Dieses Verfahren wird iterativ auf die Eingänge i = 1, …,n angewandt:

```
Funktion   ZYKLENOPTIMIERUNG(X,N,F);
{F enthalte nur Fehler mit hinreichend kleiner Erkennungswahr-
scheinlichkeit}
1)   Setze X := X^0;
2)   Berechne p_f(X) für alle f ∈ F;
3)   Für i := 1 bis n
     Falls x_i > 0.5 berechne p_f(X,0_i) und setze

                 p_f(X) - (1-x_i) p_f(X,0_i)
     p_f(X,1_i) := ───────────────────────────; sonst berechne p_f(X,1_i)
                            x_i

                         p_f(X) - x_i p_f(X,1_i)
     und setze p_f(X,0_i) := ──────────────────────;
                                  1-x_i

4)       Bisektion(y,i);
5)       Falls y ≠ x_i
         Setze x_i := y;
         Testlänge(N);
         {Aus numerischen Gründen sollte die Zahl N den verbes-
          serten Eingangswahrscheinlichkeiten X angepaßt werden}
6)   Setze Zyklenoptimierung := X;
END.
```

Bild 6.35: Zyklische Optimierung von Eingangswahrscheinlichkeiten

Auch diese Funktion kann iterativ mit einem Parameter N_{min} aufgerufen werden:

```
Prozedur   OPTIMALE_EWS;

Setze N_0 := 2·N;
Setze N_1 := N;
Solange N_0-N_1 > N_min
    Setze N_0 := N_1;
    Setze X := Zyklenoptimierung(X,N_1);
Testlänge(N_1);
END.
```

Bild 6.36: Optimierungsprozedur

Beide vorgestellten Optimierungsverfahren haben vorausgesetzt, daß die Fehlererkennungswahrscheinlichkeiten $p_f(X)$ bestimmbar sind. Aus Effizienzgründen sind die $p_f(X)$ jedoch Schätzungen, die mit den im vorhergehenden Abschnitt vorgestellten Methoden erzielt werden können. Aus diesem Grund gelten die Formeln (6.70) bis (6.79) nur annäherungsweise, und bei jeder Iteration mit neuen Eingangswahrscheinlichkeiten X^+ ist zu überprüfen, ob $\delta_N^F(X^+)$ gegenüber $\delta_N^F(X)$ tatsächlich eine Verbesserung ist.

Die in der Literatur untersuchten Schaltungen zeigen, daß trotz dieser Ungenauigkeiten in den Schätzungen die Testlängen für ungleichverteilte Muster drastisch reduziert werden können. Das hier geschilderte Verfahren wurde erstmals in [Wu84, 85] konzipiert und ausführlich in [Wu87] dargestellt. Rein heuristische Verfahren zur Verbesserung der Fehlererfassung von Zufallsmustermengen finden sich in [AgAg76], [Agra81] und [SCHN75]. Ein Verfahren, das die Gradienten der Fehlererkennungswahrscheinlichkeiten schätzt, wurde in [LBGG86, LBGG87] vorgeschlagen.

6.6.2 Zufallstests mit mehreren Verteilungen

In vielen Fällen kann die Testlänge durch die Verwendung eines optimalen Tupels von Eingangswahrscheinlichkeiten reduziert werden. Allerdings gibt es auch Schaltungen, die gegen eine Optimierung resistent sind, falls nur ein Tupel $X \in [0,1]^I$ verwendet wird. Für die unten abgebildete Beispielschaltung, die aus einem AND- und einem OR-Glied besteht und deren jeweils 32 Eingänge miteinander verbindet, existiert kein besser geeignetes Tupel als $X := (x_i = 0.5 \mid i \in I)$.

Die schlechte Zufallstestbarkeit liegt daran, daß Verteilungen, die zur Erkennung der Fehler im AND32-Teil der Schaltung geeignet sind, die Fehler im OR32-Teil besonders schlecht erkennen und umgekehrt. Es bietet sich daher an, die Fehlermenge zu partitionieren und für jede Teilmenge der Fehler eigene Eingangswahrscheinlichkeiten zu berechnen. Denn erzeugt man zuerst 600 Muster mit den Eingangswahrscheinlichkeiten $x := \sqrt[32]{0.5}$ und anschließend 600 Muster nach $x := 1 - \sqrt[32]{0.5}$, so erreicht man mit einer Konfidenz von $C = 0.999$ eine vollständige Fehlererfassung.

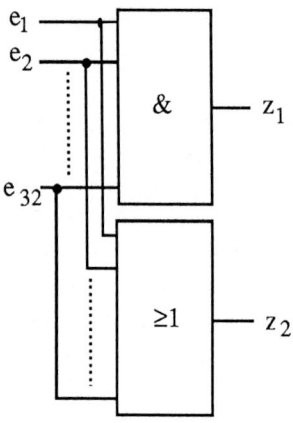

Bild 6.37: Nicht zufallstestbare Schaltung

Im allgemeinen Fall ist daher folgendes Problem zu lösen:

<u>Problem A:</u> Es sei C die Konfidenz des Zufallstests, F die Menge der Fehler im Schaltnetz S. Gesucht sind k Eingangswahrscheinlichkeiten $X^1, ..., X^k$ und k natürliche Zahlen $N_1, ..., N_k$, so daß

$$C \leq \prod_{f \in F} (1 - \prod_{i=1}^{k} (1 - p_f(X^i))^{N_i}) \text{ gilt und } N := \sum_{i=1}^{k} N_i \text{ minimal ist.}$$

Problem A ist gelöst, wenn k gleich der minimalen Zahl von deterministischen Testmustern gesetzt wird und jede Verteilung X^i konstant ist, das heißt einem Muster entspricht. Dann ist $N_i = 1$ und $N = k$. Aber das Finden einer minimalen Testmenge gehört zur Klasse der NP-vollständigen Probleme [AkKr84], für die nur Algorithmen mit einer exponentiellen Komplexität bekannt sind (vgl. Kapitel 7). Es besteht daher kaum die Hoffnung, das Problem A mit einem effizienten Algorithmus lösen zu können, und wir schwächen es daher ab:

Problem B: Es sei C die Konfidenz des Zufallstests, F die Fehlermenge, und es sei die natürliche Zahl $k \in \mathbb{N}$ gegeben. Gesucht sind eine disjunkte Zerlegung $<F_1, ..., F_k>$ von $F := F_1 \cup ... \cup F_k$, Verteilungen $X^1, ..., X^k$ und Zahlen $N_1, ..., N_k$, so daß

$$(6.80) \qquad C \leq \prod_{i=1}^{k} \prod_{f \in F_i} (1 - (1 - p_f(X^i))^{N_i})$$

gilt und $N := \sum_{i=1}^{k} N_i$ ausreichendklein ist.

Für $k = 1$ ist Problem B die im vorhergehenden Abschnitt behandelte Optimierungsaufgabe. Für $k > 1$ stellt sich zuerst die Aufgabe, F in F_i, $i = 1, ...,$ k, zu zerlegen. Die Berechnung optimaler Eingangswahrscheinlichkeiten X^i für F_i erfolgt dann mit den bekannten Verfahren.

Aus Effizienzgründen beschränken wir uns darauf, F in zwei Mengen F_1 und F_2 aufzuteilen. Diese Zerlegung kann dann auf eine der Teilmengen angewendet und iteriert werden. Für die Zerlegung in zwei Teilmengen werden im folgenden ein Optimaltitätskriterium und ein implizites Aufzählungsverfahren angegeben. Es ist nach (6.68) und (6.80)

$$(6.81) \qquad \ln(C) \leq \sum_{i=1}^{k} \sum_{f \in F_i} -e^{-p_f(X^i) N_i} = \sum_{i=1}^{k} -\delta_{N_i}^{F_i}(X^i),$$

und für $k = 2$ sind demnach zwei Tupel X^1, X^2 und eine Zerlegung $F_1 \cup F_2 = F$ gesucht, so daß die entsprechenden Gütefunktionen minimal werden:

$$(6.82) \qquad \delta_N^{F_1}(X^i) + \delta_N^{F_2}(X^i) = \sum_{f \in F_1} e^{-p_f(X^1) N} + \sum_{f \in F_2} e^{-p_f(X^2) N} <$$
$$< \sum_{f \in F} -e^{-p_f(X) N} = \delta_N^{F}(X).$$

Hierbei ist $X \in [0, 1]^I$ bereits optimal für $\delta_N^F(X) \approx -\ln(C)$ gewählt. An der Stelle X ist nach (6.72) der Ausdruck $D(F_1, N, X, 0)$ ein Maß dafür, wie stark $\delta_N^{F_1}$ in entgegengesetzter Richtung zum Gradienten abnimmt. Man sucht daher eine Zerlegung F_1, F_2 der Fehlermenge, so daß

$$(6.83) \qquad \sqrt{D(F_1, N, X, 0)} + \sqrt{D(F_2, N, X, 0)}$$

maximal wird. Die Wurzel dient zur Normierung.

Aus Effizienzgründen wird darauf verzichtet, ein globales Optimum für die gesamte Fehlermenge zu suchen. Stattdessen wird eine Heuristik in drei Schritten angewandt. Zuerst wird für eine beschränkte Zahl von Fehlern mit geringster Erkennungswahrscheinlichkeit und daher größtem Einfluß auf die Testlänge eine optimale Aufteilung mit Hilfe eines "Branch-and Bound"-Verfahrens berechnet. Anschließend werden die restlichen Fehler einer der beiden Mengen schrittweise so zugeordnet, daß (6.83) den jeweils größeren Wert liefert. Schließlich kann noch lokal optimiert werden, indem zwischen F_1 und F_2 Fehler ausgetauscht werden, um (6.83) zu maximieren.

Für jeden Fehler $f \in F$ wird die euklidische Norm des Gradienten von $e^{-p_f(X)\,N}$ gebildet. Sie quantifiziert, wie steil der Beitrag, den der Fehlers f zur Gütefunktion leistet, an der Stelle X in Richtung des Gradienten abfällt:

$$(6.84) \qquad d_f(X) := \sqrt{\sum_{i=1}^{n} \left(\frac{d e^{-p_f(X)\,N}}{dx_i}\right)^2} = \|\mathrm{grad}(e^{-p_f(X)\,N})\| .$$

Es ist nach (6.77)

$$(6.85)\sqrt{D(F_1,N,X,0)} = \sqrt{\mathrm{grad}(\delta_N^F)(X)^T\ \mathrm{grad}(\delta_N^F)(X)} = \|\mathrm{grad}(\delta_N^F)(X)\|$$

$$= \| \sum_{f \in F_1} \mathrm{grad}(e^{-p_f(X)\,N})\| \le \sum_{f \in F_1} d_f(X) .$$

Es sei $f_1, f_2, \ldots$ eine Aufzählung von f mit absteigender Norm, so daß aus $i < j$ folgt $d_{f_i}(X) \ge d_{f_j}(X)$. Wir wählen eine Konstante $c \in \mathbb{N}^+$ und betrachten zunächst nur die Teilmenge der wichtigsten Fehler $F(c) := \{f_i \mid i \le c\}$. Aus $F(c)$ wird eine Anfangszerlegung $F_a \cup F_b = F(c)$ gebildet.

```
Prozedur   ANFANGSZERLEGUNG;
1)   Setze F_a := F_b := ∅;
2)   Für i := 1 bis c
            _____
      Falls √D(F_a ∪ {f_i}, N, X, 0) + √D(F_b, N, X, 0) >
            _____
            √D(F_a, N, X, 0) + √D(F_b ∪ {f_i}, N, X, 0)
      setze F_a := F_a ∪ {f_i}, sonst F_b := F_b ∪ {f_i};
END.
```

Bild 6.38: Suche nach einer Anfangszerlegung

Diese Anfangszerlegung entspricht dem Wert $v := \sqrt{D(F_a, N, X, 0)} + \sqrt{D(F_b, N, X, 0)}$. Nun wird ein binärer Suchbaum konstruiert, bei dem jeder Knoten zwei disjunkten Teilmengen von F(c) entspricht. Der Knoten A ist ein Sohn von Knoten B, wenn eine der zu A gehörenden Teilmengen gleich einer zu B gehörenden ist, und wenn die andere Teilmenge in A genau einen Fehler mehr als die zweite Teilmenge von B besitzt. Damit entsprechen die Knoten der Tiefe k den möglichen Partitionierungen der ersten k Fehler von F(c) nach Bild 6.39:

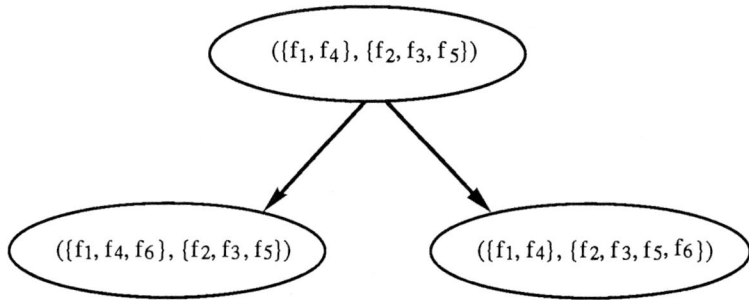

Bild 6.39: Knoten der Tiefe 5 mit seinen beiden Söhnen

Es sei $A := \{F_v, F_w\}$ eine Partitionierung der ersten k Fehler. Aufgrund der Dreiecksungleichung (vgl. 6.85) gilt

$$\sqrt{D(F_1,N,X,0)} + \sqrt{D(F_2,N,X,0)} \leq$$
$$\sqrt{D(F_v,N,X,0)} + \sqrt{D(F_w,N,X,0)} + (c\text{-}k)\,d_{f_k}(X)$$

für jede Partitionierung F_1, F_2 aller c Fehler mit $F_v \subset F_1$ und $F_w \subset F_2$. Daher kann die Tiefensuche in dem Baum an Knoten A beendet werden, wenn

$$v \geq \sqrt{D(F_v,N,X,0)} + \sqrt{D(F_w,N,X,0)} + (c\text{-}k)\,d_{f_k}(X)$$

gilt, da kein Blatt unterhalb von A zu einer besseren Lösung führt. Dann werden verbleibende, andere Zweige untersucht. Ist jedoch ein Blatt erreicht worden mit

$$v < \sqrt{D(F_v,N,X,0)} + \sqrt{D(F_w,N,X,0)},$$

so setzt man $F_a := F_v$, $F_b := F_w$ und $v := \sqrt{D(F_a,N,X,0)} + \sqrt{D(F_b,N,X,0)}$. Die durchschnittliche Komplexität dieses Suchens ist deutlich geringer als 2^c, da die meisten Zweige bereits sehr früh von der weiteren Berechnung ausgeschlossen werden.

Es sind noch die Fehler aus F \ F(c) durch die Prozedur ZERLEGUNG zuzuordnen:

```
Prozedur   ZERLEGUNG;
  Für i := c+1 bis |F|:
```

Falls

$$\frac{\sqrt{D(F_a \cup \{f_i\}, N, X, 0)} + \sqrt{D(F_b, N, X, 0)}}{\sqrt{D(F_a, N, X, 0)} + \sqrt{D(F_b \cup \{f_i\}, N, X, 0)}} >$$

```
    setze F_a := F_a ∪ {f_i}, sonst F_b := F_b ∪ {f_i};
END.
```

Bild 6.40: Zerlegung einer Fehlermenge

Die so entstandene Partitionierung kann noch verbessert werden, indem man für jeden Fehler untersucht, ob durch Ändern der Mitgliedschaft dieses Fehlers in einer der Mengen der Wert von v zunimmt. Schließlich ist $F_1 := F_a$ und $F_2 := F_b$ die gesamte Partitionierung.

Es sind noch die Eingangswahrscheinlichkeiten X^1, X^2 zu bestimmen, um $\delta_N^{F_1}(X^1)$ und $\delta_N^{F_2}(X^2)$ zu minimieren. Nach der Partitionierung liegen an X die Gradienten $\mathrm{grad}(\delta_N^{F_1})(X)$ und $\mathrm{grad}(\delta_N^{F_2})(X)$ bereits vor. Wir setzen daher

$X^1 :=$ Gradientenoptimierung (X, F_1) und

$X^2 :=$ Gradientenoptimierung (X, F_2).

Dies ergibt die Startwerte, um mit der zyklischen Optimierung die endgültige Lösung zu bestimmen:

$X^1 :=$ Zyklenoptimierung (X^1, N_1, F_1);

$X^2 :=$ Zyklenoptimierung (X^2, N_2, F_2).

Die soeben beschriebene Zerlegung in zwei Fehlermengen und die Bestimmung der beiden Eingangswahrscheinlichkeiten kann iterativ für $k > 2$ erweitert werden:

```
Prozedur   MEHRFACH-OPTIMIERUNG;
             (k, {F_i | 1≤i≤k}, {N_i | 1≤i≤k}, {X^i | 1≤i≤k}, F, X)
Setze F_1 := F;
X^1 := Zyklenoptimierung(X,N_1,F_1);
Für i := 1 bis k-1:
    Suche das j ≤ i mit maximalem N_j;
    Partitioniere F_j in F_a und F_b erzeuge X^a, X^b, N_a, N_b;
    Setze F_j := F_a; F_{i+1} := F_b;
    Setze X^j := X^a; X^{i+1} := X^b;
    Setze N_j := N_a; N_{i+1} := N_b;
END.
```

Bild 6.41: Bestimmung mehrerer optimierter Verteilungen

Diese Prozedur erzeugt k Verteilungen X^1, ..., X^k und ebenso viele disjunkte Fehlermengen F_1, ..., F_k. Da ein Muster, das nach X^i erzeugt wird, auch Fehler aus F_j, $i \neq j$, erkennen kann, ist Formel (6.80) für die tatsächliche Testdurchführung abzuändern in:

$$(6.86) \qquad C \leq \prod_{f \in F} (1 - \prod_{i=1}^{k} (1-p_f(X^i))^{N_i}) \ .$$

Mehrmalige Anwendung der Ungleichung (6.30) ergibt

$$(6.87) \qquad -\ln(C) \approx \sum_{f \in F} e^{-\sum_{i=1}^{k} p_f(X^i)\,N_i} \ ,$$

woraus sich die k Zahlen N_i bestimmen lassen. Im nächsten Abschnitt wird gezeigt, daß sich die Testdurchführung vereinfacht, wenn nach jeder Verteilung X^i dieselbe Zahl N^* von Mustern erzeugt wird. Damit wird (6.87) zu

$$(6.88) \qquad -\ln(C) \approx \sum_{f \in F} e^{-N^* \cdot \sum_{i=1}^{k} p_f(X^i)} \ ,$$

und N^* läßt sich ebenfalls mit der Prozedur TESTLÄNGE aus Abschnitt 6.3 bestimmen. Die Länge des Gesamttests ist dann $N := k\,N^*$.

Mit mehreren Verteilungen ist es möglich, für alle Schaltnetze Zufallstests mit einer ausreichenden Fehlererfassung an den irredundanten Schaltungsteilen zu erzeugen. Jedoch wird die Testdurchführung mit zunehmender Zahl von Verteilungen aufwendiger. Ein entsprechender Testaufbau wird im folgenden Abschnitt skizziert. Das hier vorgestellte Verfahren wurde in [Wu88, Wu90] publiziert; ein Ansatz, mehrere Verteilungen mit Fehlersimulation zu bestimmen, ist in [WAIC88,89] vorgeschlagen worden. Eine Teststrategie mit mehrfach verteilten Zufallsmustern wird bei IBM bereits in der Serienfertigung von bipolaren Schaltungen verwendet (vgl. [BASS90]).

6.6.3 Testdurchführung mit ungleich verteilten Zufallsmustern

Durch Verknüpfung mehrerer unabhängiger Zufallsfolgen mit Wahrscheinlichkeit 0.5 kann eine Zufallsfolge mit einer abweichenden Wahrscheinlichkeit $p \neq 0.5$ erzeugt werden. Bild 6.42 zeigt die Erzeugung einer Folge a_0, a_1, ... mit $p(a) = \frac{1}{8}$.

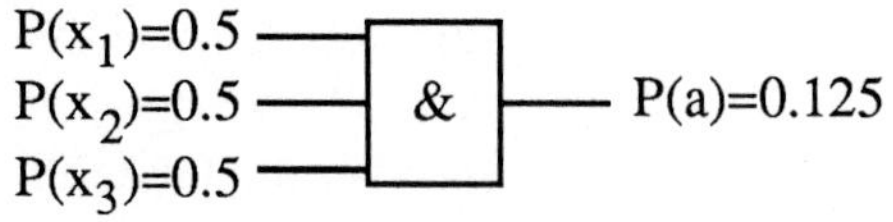

$P(x_1)=0.5$ ──────┐
$P(x_2)=0.5$ ──────┤ & ├── $P(a)=0.125$
$P(x_3)=0.5$ ──────┘

Bild 6.42: Erzeugung ungleich verteilter Zufallsmuster

Wegen $p_f(X) = p_f(X,0_i) + x_i \cdot (p_f(X,1_i) - p_f(X,0_i))$ hat die Eingangswahrscheinlichkeit x_i linearen Einfluß auf die Fehlererkennungswahrscheinlichkeit und damit auch auf die Testlänge. Insbesondere haben Rundungsfehler an x_i nur relativ geringe Auswirkungen, und es ist daher zulässig, die optimalen Eingangswahrscheinlichkeiten mit einem begrenzten Wertevorrat zu realisieren. In der Praxis hat sich $x_i \in \{\frac{1}{8}, \frac{2}{8}, ..., \frac{7}{8}\}$ als ausreichend erwiesen. Jede dieser Wahrscheinlichkeiten kann durch eine boolesche Verknüpfung dreier unabhängiger Folgen mit Wahrscheinlichkeiten von je 0.5 nach Tabelle 6.5 erzeugt werden.

Tabelle 6.5: Funktionen zur Erzeugung ungleichverteilter Zufallsmuster

Wahrscheinlichkeit	Funktion	F_i
0.125	$x_1\ x_2\ x_3$	F_1
0.25	$x_1\ x_3$	F_2
0.375	$x_1\ \overline{x_2}\ x_3$	F_3
0.5	x_2	F_4
0.625	$\overline{x_1\ x_2}\ x_3$	F_5
0.75	$\overline{x_1\ x_3}$	F_6
0.875	$\overline{x_1\ x_2\ x_3}$	F_7

Auch die ungleich verteilten Zufallsfolgen sollten die Zufallseigenschaften R1 bis R3 besitzen. Dies ist jedoch nicht der Fall, wenn sie in naiver Weise von einem maximalen Standard-LRSR nach Bild 6.43 erzeugt werden.

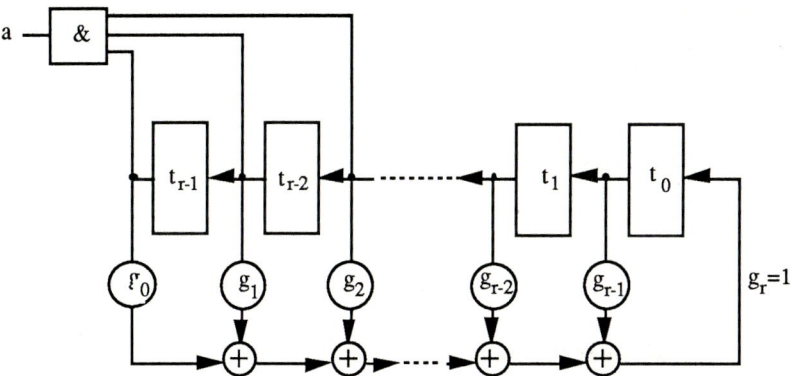

Bild 6.43 Unzulässige Erzeugung gewichteter Zufallsmuster

Der Ausgang a liefert hier eine Zufallsfolge der Wahrscheinlichkeit $P(a) = \frac{1}{8}$, die Autokorrelationsfunktion $C(\tau)$ ist jedoch nicht zweiwertig. Es sind $a_i = t_{r-1}(i)\, t_{r-2}(i)\, t_{r-3}(i)$ und $a_{i+1} = t_{r-1}(i+1)\, t_{r-2}(i+1)\, t_{r-3}(i+1) = t_{r-2}(i)\, t_{r-3}(i)\, t_{r-4}(i)$. Daraus folgt

$$P(a_i\, a_{i+1}) = P(t_{r-1}(i)\, t_{r-2}(i)\, t_{r-3}(i)\, t_{r-4}(i)) = \frac{1}{16} \neq \frac{1}{64} = P(a_i)\, P(a_{i+1}),$$

und leicht zeigt man, daß die in (6.2) definierte Autokorrelationsfunktion nicht zweiwertig sein kann. Besonders ungünstig ist in diesem Fall, daß gerade die aufeinanderfolgenden Bits so stark korrelieren.

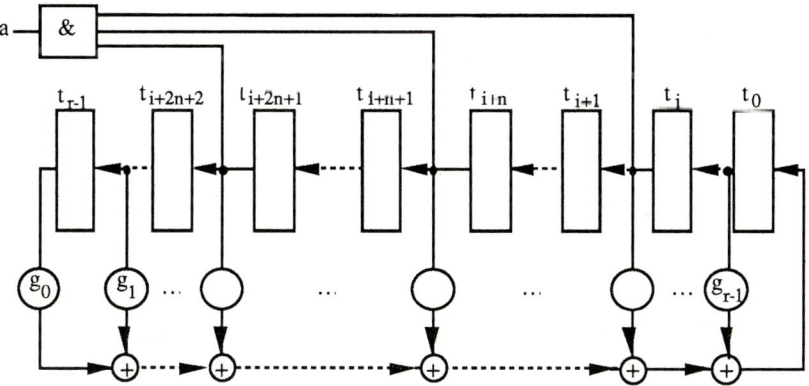

Bild 6.44: Geeignete Abgriffspunkte

Die Korrelation läßt sich verringern, wenn die Abgriffspunkte an geeignete Stufen t_i, t_{i+n}, t_{i+2n+1}, $i \le n$, gelegt werden (Bild 6.44). Hierbei muß n sorgfältig mit $r \ge 3 \cdot (n+1)$ ausgewählt werden. Leicht prüft man nach, daß für $\tau < n$ die Autokorrelationsfunktion tatsächlich zweiwertig ist und für $\tau = r - 2n + 1$ Abweichungen auftreten, die geringer als in Bild 6.43 sind.

Derartige Abhängigkeiten werden in [BMS87] strukturelle Abhängigkeiten genannt, sie können bei Verwendung modularer LRSRs weiter reduziert werden.

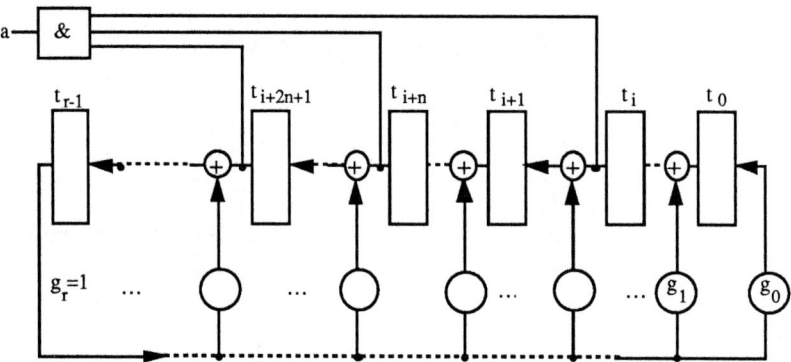

Bild 6.45: Abgriffspunkte bei einem modularen LRSR

Wenn darauf geachtet wird, daß zwischen den Abgriffspunkten an unterschiedlich vielen Stellen mit $g_j = 1$ die Rückkopplungsfunktion eingeführt wird, ist hier die Autokorrelationsfunktion auch für $\tau = n$, $n+1$ und $r - 2n + 1$ ausgeschaltet.

Es werden daher zur Mustererzeugung maximale, modulare LRSR mit geeigneten Abgriffspunkten verwendet. Da jedoch Muster mit einer beliebigen Wahrscheinlichkeit $p \in \{\frac{1}{8}, \frac{2}{8}, ..., \frac{7}{8}\}$ der einzelnen Bits erzeugt werden müssen, ist eine komplexe Schaltung SELECTOR zur Verknüpfung der Folgen erforderlich (Bild 6.46).

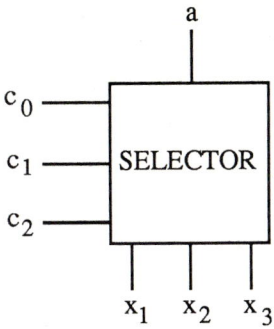

Bild 6.46: Erzeugung von Mustern mit unterschiedlichen Wahrscheinlichkeiten von einzelnen Bits

Die Schaltung SELECTOR wählt in Abhängigkeit von den Steuereingängen c_0, c_1 und c_2 die Funktion F_i mit $i = c_2\, c_1\, c_0$ in Dualdarstellung aus. Ein vollständiges externes Testchip für ungleichverteilte Muster zeigt Bild 6.47.

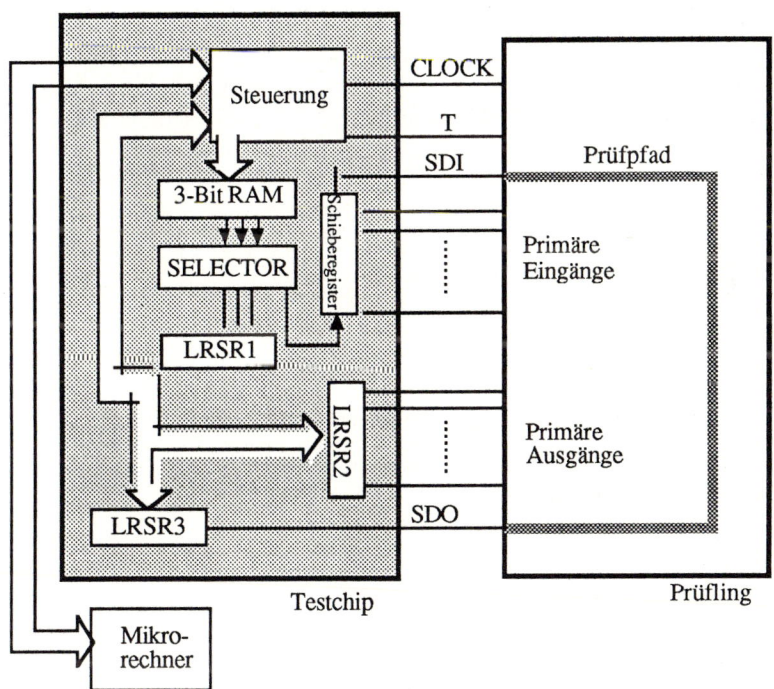

Bild 6.47: Testchip

Es sei n die Zahl der Schaltungseingänge, k die Zahl der Prüfpfadelemente und m die Zahl der Verteilungen. Dann müssen in dem 3-Bit RAM m·(n+k) Worte abgespeichert werden, die je einer Wahrscheinlichkeit $\{\frac{i}{8}\}$ bzw. einer entsprechenden Funktion F_i zugeordnet sind. Für jeden Primäreingang und für jedes Prüfpfadelement ist pro Verteilung ein Wort in W abgespeichert, das durch die Steuerung abgerufen und an SELECTOR gebracht wird, um das Bit des Testmusters mit der entsprechenden Wahrscheinlichkeit zu erzeugen.

Über den Mikrorechner wird die Steuerung mit der Zahl der Primäreingänge, der Prüfpfadelemente, der Verteilungen und der zu generierenden Muster programmiert. Die Testauswertung verläuft wie in Abschnitt 6.2 für gleichverteilte Muster beschrieben. Die dort erläuterten Erweiterungen für LSSD-Konfigurationen und für den Boundary Scan sind auch auf den Aufbau für ungleichverteilte Muster anwendbar.

Die Vorteile des Zufallstests liegen in der einfachen Testdurchführung und seiner Eignung für den Selbsttest. Mit den hier vorgestellten Verfahren ist es möglich, ungleichverteilte Zufallsmuster zu erzeugen, die zu einer beliebig hohen Erfassung aller erkennbaren Fehler führen. Im Vergleich zu einem deterministischen Test besteht auch eine größere Wahrscheinlichkeit, nicht modellierte Fehler zu erfassen, da Zufallstestmengen umfangreicher sind und mit höherer Geschwindigkeit angelegt werden können. Für Kurzschluß- und Verzögerungsfehler wurde dies empirisch in [WaLi88] bestätigt, eine theoretische Untersuchung der Zufallstestbarkeit von Pfadverzögerungsfehlern findet man in [SaMc88].

7 Deterministische Testerzeugung für Schaltnetze

Dieses Kapitel behandelt konstruktive Verfahren, um für eine gegebene Schaltung und eine gegebene Menge von Fehlern Muster zu erzeugen, bei denen sich die Antworten der fehlerhaften und der fehlerfreien Schaltung unterscheiden. Die Erzeugung von Testmustern ist für Schaltwerke weit schwieriger als für Schaltnetze und in vielen Fällen praktisch nicht durchführbar. Aus diesem Grund achtet man beim prüfgerechten Entwurf eines Schaltwerkes häufig darauf, daß die Speicherelemente durch einen Prüfpfad direkt zugänglich sind und nur für das verbleibende Schaltnetz Tests erzeugt werden müssen. Die Testerzeugung für Schaltnetze hat daher größere Bedeutung als die Behandlung allgemeiner Schaltwerke und wird hier schwerpunktmäßig behandelt. Andere Verfahren des prüfgerechten Entwurfs und der Testerzeugung für Schaltwerke werden im neunten Kapitel vorgestellt.

In diesem Kapitel werden zunächst einige der klassischen algebraischen und pfadsensibilisierenden Verfahren der Testerzeugung für Schaltnetze diskutiert. Sie sind nicht in der Lage, für beliebige Schaltungen mit mehreren Tausenden von Gattern die Testerzeugung in praktikabler Rechenzeit zu garantieren. Daher wurden auf ihnen aufbauend innovative Algorithmen entwickelt, die mit einer Vielzahl von Heuristiken die Zahl der behandelbaren Schaltungen zu vergrößern suchen. Jedoch lassen sich auch für diese Algorithmen bereits relativ kleine Schaltungen konstruieren, die Rechenzeiten von Tagen und Monaten erfordern.

Der Grund für die geringe Effizienz liegt darin, daß die Testerzeugung zu einer Klasse von Problemen gehört, für die nur Algorithmen bekannt sind, die im schlechtesten Fall mit exponentiellem Aufwand arbeiten. Es handelt sich um die Klasse der NP-vollständigen Probleme. Ein entsprechender Komplexitätsbeweis wird geführt, und im letzten Abschnitt wird der Aufbau eines vollständigen Testerzeugungssystems vorgestellt.

7.1 Klassische Verfahren

7.1.1 Algebraische Verfahren

Wir betrachten der Einfachheit halber einen Schaltnetzgraphen $G := (V, E)$ mit nur einem Ausgang $o \in V$, welcher die boolesche Funktion $o^*(X)$ des Tupels boolescher Variablen $X := (x_1, \ldots, x_n)$ realisiert. Es sei $\tilde{o}^*(X)$ die Funktion des fehlerhaften Schaltnetzes. Eine Eingabe ist genau dann ein Testmuster, wenn sie die Funktion

$$(7.1) \qquad o^*(X) \oplus \tilde{o}^*(X)$$

erfüllt. Solche Eingaben können mit dem im vierten Kapitel eingeführten Kalkül der booleschen Differenzen gefunden werden. Es sei $k \in V$ ein Knoten, und es sei für einen Haftfehler an k, beispielsweise s0-k, ein Testmuster zu konstruieren. Dann wird (7.1) zu

$$(7.2) \qquad o^*(X) \oplus o_k^*(X, 0_k),$$

oder ausführlicher

$$(7.3) \qquad o_k^*(X, k^*(X)) \oplus o_k^*(X, 0_k) \, .$$

Hierbei ist $o_k^*(X, y_k)$ die Funktion des Ausgangs o im geschnittenen Graphen $G_{\{k\}}$ mit dem zusätzlichen Primäreingang k.

Für eine boolesche Funktion $F(x_1, \ldots, x_n)$ der zweiwertigen booleschen Algebra gilt der im sechsten Kapitel verwendete Entwicklungssatz

$$(7.4) \qquad F(X) = x_i \, F(X, 1_i) \oplus \overline{x}_i \, F(X, 0_i) \, .$$

Angewendet auf (7.3) folgt, daß der Fehler s0-k genau dann erkannt wird, wenn

$$(7.5) \quad o_k^*(X, k^*(X)) \oplus o_k^*(X, 0_k)$$

$$= k^*(X) \, o_k^*(X, 1_k) \oplus \overline{k^*(X)} \, o_k^*(X, 0_k) \oplus o_k^*(X, 0_k)$$

$$= k^*(X) \, o_k^*(X, 1_k) \oplus \overline{k^*(X)} \, o_k^*(X, 0_k) \oplus (\overline{k^*(X)} \oplus k^*(X)) \, o_k^*(X, 0_k)$$

$$= k^*(X) \, o_k^*(X, 1_k) \oplus 0 \oplus k^*(X) \, o_k^*(X, 0_k)$$

$$= k^*(X) \, (o_k^*(X, 1_k) \oplus o_k^*(X, 0_k))$$

$$= k^*(X) \cdot \frac{do_k^*(X, k)}{dk}$$

erfüllt ist. Entsprechend wird der Fehler s1-k erkannt bei:

$$(7.6) \qquad \overline{k^*(X)} \cdot \frac{do_k^*(X, k)}{dk}$$

Es seien $T := \{t_1(X), ..., t_m(X)\}$ orthogonale Produktterme mit $o^*(X) = \sum_{i=1}^{m} t_i(X)$. Dann ist $o^*(X) = t_1(X) \oplus ... \oplus t_m(X)$ und nach der Linearitätsregel 4.3 d) gilt

$$(7.7) \qquad \frac{do^*(X)}{dx_i} = \frac{dt_1(X)}{dx_i} \oplus ... \oplus \frac{dt_m(X)}{dx_i} .$$

Wir setzen

$T_{x_i} := \{t \in T \mid x_i$ kommt in t nicht vor$\}$,

$T_{0_i} := \{t \in T \mid x_i$ kommt in t negiert vor$\}$ und

$T_{1_i} := \{t \in T \mid x_i$ kommt in t positiv vor$\}$.

Es gilt $T = T_{x_i} \cup T_{0_i} \cup T_{1_i}$, und für jedes $t \in T_{x_i}$ ist $\frac{dt(X)}{dx_i} = 0$. Die Terme $t_a, t_b \in T_{0_i}$ mögen beide x_i negiert enthalten und orthogonal sein. Dann sind auch $\frac{dt_a(X)}{dx_i}$ und $\frac{dt_b(X)}{dx_i}$ orthogonal, denn es ist $\frac{dt_a(X)}{dx_i} \wedge \frac{dt_b(X)}{dx_i} = t_a(X, 0_i) \wedge t_b(X, 0_i) = 0$ für alle X. Entsprechendes gilt für T_{1_i}. Damit wird aber (7.7) zu

$$(7.8) \qquad \frac{do^*(X)}{dx_i} = \Big(\sum_{t \in T_{0_i}} \frac{dt(X)}{dx_i} \Big) \oplus \Big(\sum_{t \in T_{1_i}} \frac{dt(X)}{dx_i} \Big) .$$

Durch Anwendung der deMorganschen Gesetze und durch Ausmultiplizieren kann die Funktion nach (7.8) in eine disjunktive Form umgewandelt werden.

Falls, wie im vorhergehenden Kapitel bereits eingeführt, für jeden Knoten $v \in V$ die Bauelementefunktion $f_v(w \mid w \in pd(v))$ und ihr Komplement $\tilde{f}_v$ in orthogonaler Form vorliegen, kann die nach (7.6) auszuwertende Funktion $\overline{k^*(X)} \cdot \frac{do_k^*(X,k)}{dk}$ automatisch in eine disjunktive Form umgewandelt werden. Folgende Prozedur berechnet die Testfunktion T(x) für den Fehler s1-k (bzw. s0-k):

```
Prozedur   BOOLESCHE DIFFERENZ(s1-k,G);
Setze VAR := pd(o); Z := (w|w∈pd(o)); F(Z) := f_o(w|w∈pd(o));

Solange VAR \ (({I} ∪ {k}) ≠ ∅:
     Wähle ein w ∈ VAR mit maximalem Rang in G_{k};
     {hier ist rg(k) = 0}
     Setze VAR' := (VAR \ {w}) ∪ pd(w);
     Sei Z' ein Tupel mit Variablen aus VAR';
     Substituiere

             F'(Z') := F(Z; w/f_w(v|v∈pd(w)); w̄/f̃_w(v|v∈pd(w)));
             Setze VAR := VAR'; F := F'; Z := Z';
                                                       m
{Jetzt ist F(Z) eine orthogonale Form von o*_k(X,k)= ∑ t_i(X,k) }
                                                      i=1

Setze VAR1 := {k}; Z := k; F1(Z) := k̄;
{ Falls s0-k gefunden werden soll: F1(Z) := k }

Solange VAR1 \ I ≠ ∅:
     Wähle ein w ∈ VAR1 mit maximalem Rang;
     Setze VAR1' := (VAR1 \ {w}) ∪ pd(w);
     Sei Z' eine Tupel mit Variablen aus VAR';
     Substituiere

             F'(Z') := F(Z; w/f_w(v|v∈pd(w)); w̄/f̃_w(v|v∈pd(w)));

Setze VAR1 := VAR1'; F1 := F1'; Z := Z';

{Jetzt ist F1(Z) eine orthogonale Form von k̄*(X) oder k*(X) }

Bilde nach (7.8)
     do*(X,k)         dt(X,k)          dt(X,k)
     ────────  = (  ∑ ──────── ) ⊕ ( ∑ ──────── );
        dk       t∈T_{0_i}  dk       t∈T_{1_i}  dk


        do*(X,k)
Forme ──────────  mit den deMorganschen Gesetzen durch
           dk
Ausmultiplizieren in eine disjunktive Form H(X) um;

Multipliziere T(X) := k̄*(X)*H(X) (bzw. k*(X)*H(X)) aus;
END.
```

Bild 7.1: Prozedur BOOLESCHE DIFFERENZ

Nach dieser Prozedur ist $T(X) := \sum_{i=1}^{\tilde{m}} \tilde{t}_i(X)$ das Produkt zweier disjunktiver Funktionen und ebenfalls eine disjunktive Form. $T(X)$ ist genau dann wahr, wenn die Eingabe X ein Testmuster bildet. Jeder Produktterm $\tilde{t}_i(X)$ definiert an jedem Eingang eine 1, eine 0 oder den unbestimmten Wert und beschreibt damit eines oder mehrere Testmuster.

Wir betrachten die Beispielschaltung aus Bild 7.2 mit dem Knoten k und dem Fehler s1-k.

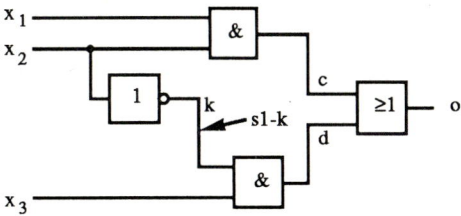

Bild 7.2: Beispielschaltung

Die orthogonalen Formen des Ausgangsgatters sind $f_0(c, d) = \bar{c}\, d \vee c$ und $\tilde{f}_0(c, d) = \bar{c}\, \bar{d}$. Wir beginnen daher mit VAR := {c, d} und $F(Z) := \bar{c}\, d \vee c$. Maximalen Rang haben d und c. Wir wählen c, und mit VAR' = {x_1, x_2, d}, $f_c(x_1, x_2) = x_1\, x_2$ und $\tilde{f}_c(x_1, x_2) = \bar{x}_1 \vee x_1\, \bar{x}_2$ erhält man

$$F'(Z') = \bar{x}_1\, d \vee x_1\, \bar{x}_2\, d \vee x_1\, x_2.$$

Man setzt jetzt F := F' und VAR := VAR'. Nun hat d maximalen Rang in VAR. Es ist $f_d(k, x_3) = k\, x_3$ und $\tilde{f}_d(k, x_3) = \bar{x}_3 \vee x_3\, \bar{k}$. Also erhält man VAR' = {x_1, x_2, x_3, k} und

$$F'(Z') = \bar{x}_1\, k\, x_3 \vee x_1\, \bar{x}_2\, k\, x_3 \vee x_1\, x_2.$$

Dies ist die orthogonale Form von $o_k^*(X, k)$. Es ist $k^*(X) = \bar{x}_2$ und somit $F1(X) = x_2$. Weiter gilt

$$H(X) = \frac{do_k^*(X,k)}{dk} = \frac{d\bar{x}_1 k x_3}{dk} \oplus \frac{dx_1\bar{x}_2 k x_3}{dk} \oplus \frac{dx_1 x_2}{dk} = \bar{x}_1\, x_3 \oplus x_1\, \bar{x}_2\, x_3$$

$$= \bar{x}_1\, x_3 \vee \bar{x}_1\, x_3\, x_2 \vee x_1\, \bar{x}_2\, x_3 = \bar{x}_1\, x_3 \vee x_1\, \bar{x}_2\, x_3.$$

Die Testmuster für s1-k erfüllen somit die Funktion

$$T(X) := H(X) \wedge F1(X) = \bar{x}_1\, x_2\, x_2 \vee x_1\, \bar{x}_2\, x_3\, x_2 = \bar{x}_1\, x_2\, x_3\ .$$

Der hier skizzierte Ansatz, mit booleschen Differenzen Testmuster zu erzeugen, wurde ähnlich von Sellers et. al. 1968 vorgestellt [SELL68]. Andere algebraische Ansätze wurden von Poage 1963 [Poag63] und Armstrong 1966 [Arms66] vorgeschlagen. Ihnen ist gemeinsam, daß sie die Tests durch Formelmanipulationen zu erzeugen versuchen. Für Schaltungen mit Hunderten von Variablen führt dies zu einer sehr großen Zahl algebraischer Operationen, so daß sich diese Verfahren für komplexe Schaltungen nicht durchsetzen konnten. Hinzu kommt, daß sie für die Testerzeugung eigentlich ein weit schwierigeres Problem lösen, als tatsächlich nötig wäre, da sie für einen Fehler stets die gesamte Menge aller Testmuster erzeugen, obwohl nur ein einziges Muster gesucht ist. Die Verfahren werden allerdings heute noch für die sogenannte modulare oder hierarchische Testerzeugung eingesetzt, bei der für kleine Schaltungsmoduln vollständige Testmengen abgespeichert werden.

7.1.2   Pfadsensibilisierende Verfahren

Der hohe Aufwand algebraischer Verfahren soll bei den strukturorientierten, pfadsensibilisierenden Methoden dadurch vermieden werden, daß statt vollständiger Testmengen nur einzelne Muster generiert werden. Wir erweitern zunächst den in Abschnitt 3.4.2 eingeführten Würfelkalkül und zeigen, wie damit eine Belegung der Primäreingänge gesucht werden kann, die einen Einzelpfad nach Definition 4.6 vom Fehlerort zu einem Primärausgang sensibilisiert. Da nicht in jedem Fall ein erkennbarer Fehler nur durch Einzelpfad-Sensibilisierung gefunden werden kann, erweitern wir anschließend das Verfahren zur gleichzeitigen Sensibilisierung mehrerer Pfade.

7.1.2.1   Der Würfelkalkül: Es seien $A := (a_1, \ldots, a_m)$ und $B := (b_1, \ldots, b_m)$ zwei Würfel. Der Durchschnitt $C := A \cap B$ wird komponentenweise nach folgender Tabelle konstruiert:

Tabelle 7.1: Durchschnittsbildung von Würfelkomponenten

«	0	1	-
0	0	$\emptyset$	0
1	$\emptyset$	1	1
-	0	1	-

Der Würfel $C = A \cap B$ ist leer, $C = \emptyset$, falls an einer Komponente $c_i = a_i \cap b_i = \emptyset$ gilt. Ansonsten ist $C := (c_1, \ldots, c_m) = (a_1 \cap b_1, \ldots, a_m \cap b_m)$ wohldefiniert und beschreibt die Konjunktion der zugehörigen Produktterme. Der Durchschnitt eines Würfels A mit einer Überdeckung $\mathcal{C} := \{C_1, \ldots, C_n\}$ ist $\mathcal{C} \cap A = \{C_1 \cap A, \ldots, C_n \cap A\}$ und beschreibt die Konjunktion des Produktterms von A mit der Funktion von $\mathcal{C}$. Der Durchschnitt zweier Überdeckungen ist $\mathcal{C} \cap \mathcal{E} = \{C \cap E \mid C \in \mathcal{C}, E \in \mathcal{E}\}$ und beschreibt die Konjunktion beider Funktionen.

Es sei $G := (V, E)$ ein Schaltnetzgraph mit $|V| = m$. Ein Würfel $(c_1, ..., c_m)$ beschreibt eine (partielle) Belegung der Knoten des Schaltnetzes. Für jeden Knoten $v \in V$ mit $\deg^-(v) = n$ ist die Bauelementefunktion f_v durch die Überdeckungen $\mathcal{C}_f$ und $\tilde{\mathcal{C}}_f$ der Dimension $n+1$ in einer Bibliothek abgelegt. Hieraus wird eine Überdeckung $\mathcal{C}_v$ der Dimension m erzeugt, indem für jeden Würfel $C \in \mathcal{C}_f \cup \tilde{\mathcal{C}}_f$ ein Würfel $C_v := (c_1, ..., c_m)$ konstruiert wird durch

$$c_i := \begin{cases} -, \text{ falls } v_i \neq v \text{ und } v_i \notin pd(v) \\ c_i, \text{ falls } v_i \in \{v\} \cup pd(v) \end{cases} .$$

Der Würfel $C_v \in \mathcal{C}_v$ erhält also an den Komponenten, die Anschlußknoten des Bauelements f_v entsprechen, die Werte von $C \in \mathcal{C}_f \cup \tilde{\mathcal{C}}_f$ und an den anderen Komponenten sogenannte "don't cares". Im folgenden nennen wir eine so konstruierte Überdeckung $\mathcal{C}_v$ eine Erweiterung der Überdeckung $\mathcal{C}_f \cup \tilde{\mathcal{C}}_f$, und der Würfel C_v ist eine Erweiterung des Würfels C.

In der Schaltung aus Bild 7.2 hat jeder Würfel die Dimension 7:

x_1	x_2	x_3	k	c	d	o
c_1	c_2	c_3	c_4	c_5	c_6	c_7

Die Bauelementefunktion f_d von d ist ein AND, und in der Bibliothek ist daher $\mathcal{C}_{f_d} \cup \tilde{\mathcal{C}}_{f_d}$ beispielsweise als

x_3	k	d
1	1	1
1	0	0
0	-	0

abgespeichert. Dies ergibt als Erweiterung die Überdeckung $\mathcal{C}_d$:

x_1	x_2	x_3	k	c	d	o
-	-	1	1	-	1	-
-	-	1	0	-	0	-
-	-	0	-	-	0	-

Auf diese Weise impliziert die Bauelementefunktion f_v für jeden Knoten $v \in V$ eine erweiterte Überdeckung $\mathcal{C}_v$ der Dimension $|V|$.

Definition 7.1: Sei $G := (V, E)$ ein Schaltnetzgraph mit $|V| = m$ und sei $C = (c_1, ..., c_m)$ ein Würfel der Dimension m. C heißt *konsistent*, wenn für alle $v \in V \setminus I$ gilt $\mathcal{C}_v \cap C \neq \emptyset$.

Ein konsistenter Würfel entspricht damit einer Belegung der Knoten, die der gegebenen Implementierung durch die Bauelementefunktionen nicht unmittelbar widerspricht. Für die Schaltung aus Bild 7.2 ist

x_1	x_2	x_3	k	c	d	o
0	-	1	1	0	-	1

ein konsistenter Würfel, während

0	-	1	1	0	0	1

inkonsistent ist.

Definition 7.2: Sei $G := (V, E)$ ein Schaltnetzgraph mit $|V| = m$ und sei $C = (c_1, ..., c_m)$ ein konsistenter Würfel. C *impliziert* den Würfel D, wenn es ein $v \in V$ mit $D = C \cap \mathcal{C}_v$ gibt.

Ein Würfel impliziert damit einen weiteren, wenn die entsprechende Belegung eindeutig die entsprechende neue Belegung erzwingt. Beispielsweise impliziert der Würfel

x_1	x_2	x_3	k	c	d	o
0	-	1	1	0	-	1

den Würfel

0	-	1	1	0	1	1 |.

Wir nennen einen Würfel *vollständig*, wenn er nur sich selbst impliziert.

Definition 7.3: Sei $G := (V, E)$ ein Schaltnetzgraph mit $|V| = m$ und sei $C = (c_1, ..., c_m)$ ein konsistenter Würfel. Eine Komponente $c_i \in \{0, 1\}$ heißt *begründet*, wenn $C' := (c_1, ..., c_{i-1}, -)$ den Würfel $C'' = (c_1, ..., c_{i-1}, c_i)$ impliziert. Ein Würfel heißt *begründet*, wenn alle seine Komponenten mit $c_i \neq$ "-" begründet sind.

Ein vollständiger, begründeter Würfel ordnet daher jedem Knoten v das Signal zu, das dieser auch bei der Logiksimulation mit der dreiwertigen Logik {0, 1, U} annimmt.

7.1.2.2 Testerzeugung durch Einzelpfad-Sensibilisierung:

In Definition 4.6 wurde erläutert, daß eine Belegung $B \in \{0, 1\}^I$ der Primäreingänge einen Einzelpfad $\omega(v,o) := (v = v_0, v_1, ..., v_k = o)$ von einem Knoten $v \in V$ zu einem Ausgang $o \in O$ sensibilisiert, wenn für $i := 1, ..., k$ alle Bauelementefunktionen f_{v_i} das Signal von v_{i-1} weiterschalten. Dies ist damit gleichbedeutend, daß die booleschen Differenzen

$$(7.9) \qquad \frac{df_{v_i}(w \mid w \in pd(v_i))}{dv_{i-1}}$$

wahr sind. Es sei $V(\omega) := \bigcup_{i=1}^{k} pd(v_i) \setminus \omega(v,o)$ die Menge von Knoten, die belegt sein müssen, um den Pfad $\omega(v,o)$ zu sensibilisieren. Wir setzen im folgenden voraus, daß $v \in I$ ein Primäreingang ist, andernfalls muß der geschnittene Schaltnetzgraph $G_{\{v\}}$ betrachtet werden.

Im Beispiel nach Bild 7.3 ist $\omega(x_1, o) = (x_1, a, d, o)$ ein Pfad mit $V(\omega) = \{x_3, x_2, e, f, g\}$. Damit der Pfad ω sensibilisiert wird, müssen alle Knoten auf ω den undefinierten Wert U erhalten und die Knoten aus $V(\omega)$ müssen so belegt sein, daß alle booleschen Differenzen nach (7.9) wahr sind. Dies kann durch einen Würfel $C = (c_1, ..., c_m)$ beschrieben werden, der im folgenden sensibilisierender Würfel für ω genannt wird. Für das oben aufgeführte Beispiel ist

x_1	x_2	x_3	x_4	a	b	c	d	e	f	g	o
-	1	1	-	-	-	-	-	1	1	1	-

so ein Würfel.

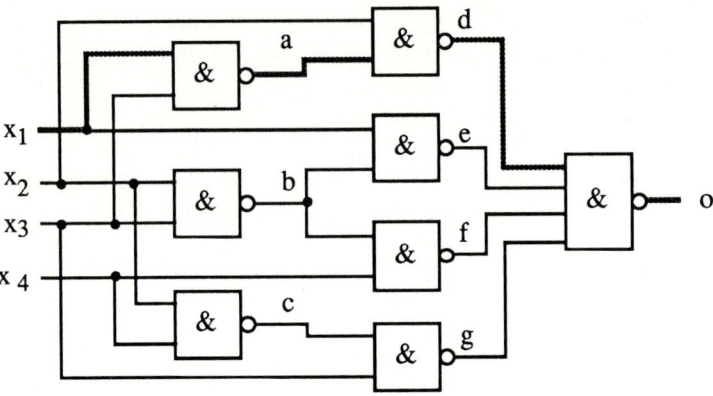

Bild 7.3: Beispielschaltung nach [Schn67]

Bei der Testerzeugung durch Einzelpfad-Sensibilisierung wird ein vollständiger, begründeter und zugleich sensibilisierender Würfel gesucht. Er definiert Werte an den Primäreingängen, die Testmustern entsprechen. Ein Algorithmus zur Konstruktion eines Würfels besteht aus folgenden Schritten:

1) Auswahl eines Primärausgangs

2) Auswahl eines Pfades $\omega(v,o)$ vom Fehlerort zum Primärausgang o

3) Bestimmung eines sensibilisierenden Würfels C für ω

4) Bestimmung eines vollständigen begründeten, sensibilisierenden Würfels $C' \subset C$

Als vollständiges Suchverfahren kann der Algorithmus nach Bild 7.4 implementiert werden. Die verwendeten Teilprozeduren sollen etwas genauer
beschrieben werden. Die Prozedur AUSGANGSWAHL zählt lediglich die
Primärausgänge auf. Die Prozedur PFADWAHL benutzt die Numerierung
gemäß dem Signalfluß v^i nach Definition 3.11, um auf der Menge der Pfade
von v nach o eine lineare Ordnung zu definieren: Es sei $\omega_1(v,o) < \omega_2(v,o)$
wenn gelten

a) $\omega_1 = (v = v_0, v_1, \ldots, v_r = o)$

b) $\omega_2 = (v = w_0, w_1, \ldots, w_p = o)$

c) Es gibt ein $h \leq \min \{r, p\}$ mit $v_j = w_j$ für $j < h$ und $v_h \neq w_h$. D.h. die
   Pfade verzweigen sich nach v_{h-1}.

d) Es ist $v_h = v^a$, $w_h = v^b$ bezüglich der Aufzählung gemäß dem Signalfluß, und es gilt $a < b$. D.h. der erste Knoten nach der Verzweigung
   hat die kleinere Nummer.

Es sei dem Leser als Übung überlassen, die Linearität der Ordnung zu zeigen und ein Verfahren anzugeben, das die Pfade in dieser Reihenfolge produziert.

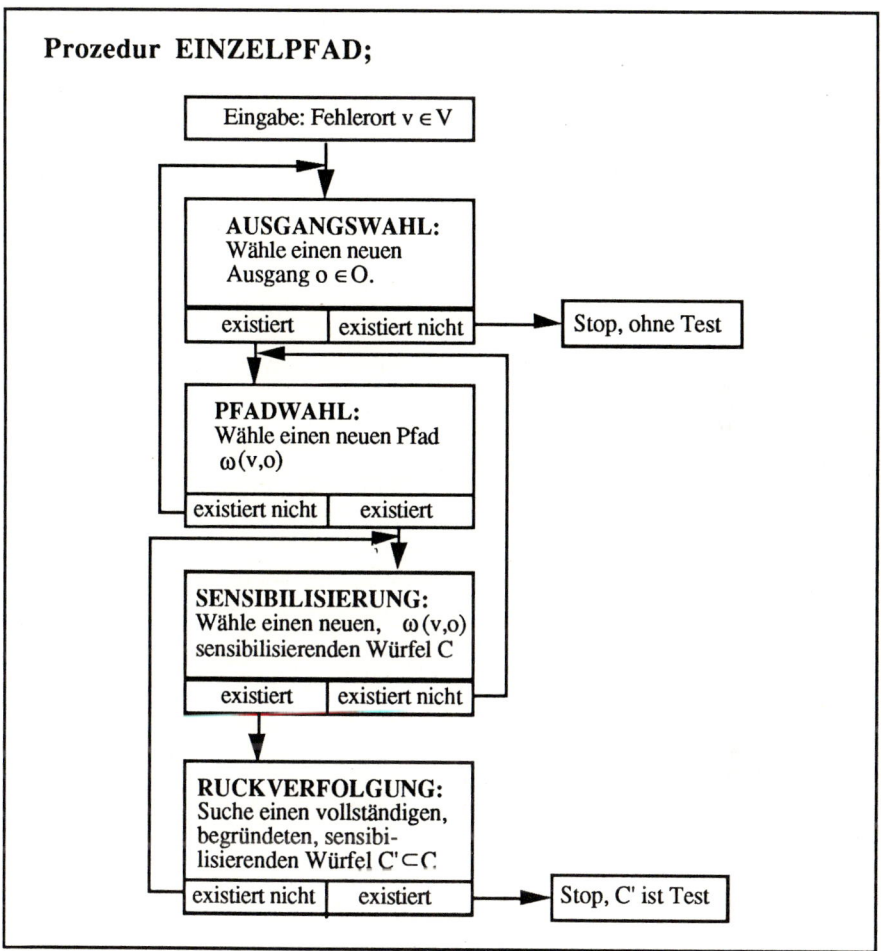

Prozedur EINZELPFAD;

Eingabe: Fehlerort v ∈ V

AUSGANGSWAHL:
Wähle einen neuen
Ausgang o ∈ O.

existiert | existiert nicht → Stop, ohne Test

PFADWAHL:
Wähle einen neuen Pfad
ω(v,o)

existiert nicht | existiert

SENSIBILISIERUNG:
Wähle einen neuen,   ω(v,o)
sensibilisierenden Würfel C

existiert | existiert nicht

RUCKVERFOLGUNG:
Suche einen vollständigen,
begründeten, sensibi-
lisierenden Würfel C'⊂C

existiert nicht | existiert → Stop, C' ist Test

Bild 7.4: Testerzeugung durch Einzelpfad-Sensibilisierung

Die Prozedur SENSIBILISIERUNG zählt alle möglichen Belegungen von V(ω), die (7.9) erfüllen, auf, und generiert den entsprechenden Würfel. Aufwendiger ist die Prozedur RÜCKVERFOLGUNG als Suchverfahren zu implementieren. Ein sogenanntes "Backtracking"-Verfahren ist notwendig: Repräsentiert man den Suchprozeß mit Hilfe eines Baumes, müssen an jedem Knoten des Baumes Entscheidungen über den weiteren Weg getroffen werden. Jede Entscheidung führt auf einen neuen Knoten, der entweder eine Lösung repräsentiert, eine Lösung ausschließt oder an dem neue Entscheidungen zu treffen sind. Ist eine Lösung ausgeschlossen, kann von dem Knoten auf dem Pfad in Richtung Wurzel bis zu einem Knoten zurückgegangen werden, an dem eine weitere Alternative vorhanden ist. Diesen Rücksprung nennt man "Backtracking". Existiert ein solcher Knoten nicht, so gibt es auch keine Lösung des Suchproblems.

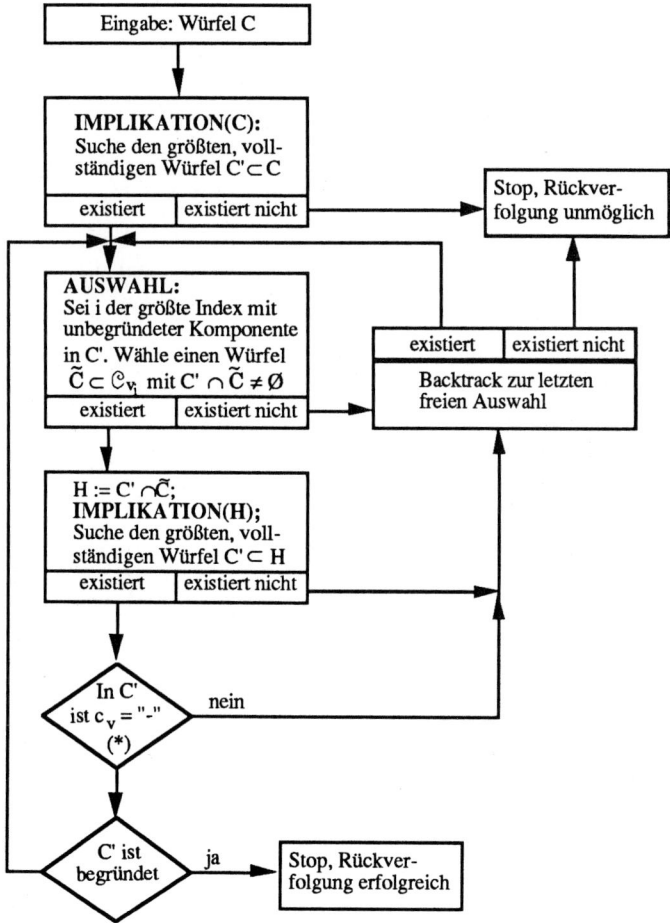

Bild 7.5: Prozedur RÜCKVERFOLGUNG

Die Entscheidungen, die beim Rückverfolgen zu treffen sind, bestehen in der Auswahl des geeigneten Würfels $\tilde{C} \in \mathcal{C}_{v_i}$, um die Komponente c_i aus C durch die Durchschnittsbildung $\tilde{C} \cap C$ zu begründen. Bild 7.5 zeigt die Implementierung der Rückverfolgungs-Prozedur als "Backtracking"-Verfahren. Da die Rückverfolgung einen Pfad von v aus sensibilisieren soll, muß im Eingabewürfel C die Komponente $c_v =$ "-" unbestimmt sein.

Die Abfrage (*) in Bild 7.5 gewährleistet, daß nur sensibilisierende Würfel erzeugt werden. Ist bei anderen Anwendungen die Sensibilisierung nicht erforderlich, kann diese Abfrage entfallen.

Die Prozedur IMPLIKATION(H) setzt zunächst C' := H. Anschließend wird für jedes $w \in V$ mit $C' \cap \mathcal{C}_w = D$ der Würfel auf C' := D gesetzt, wobei D ein einziger Würfel sein muß. Die Prozedur endet, falls für alle $w \in V$ aus $C' \cap \mathcal{C}_w = D$ auch C' = D folgt.

Wir demonstrieren die gesamte Testerzeugung durch Einzelpfad-Sensibilisierung am Beispiel der Schaltung aus Bild 7.3 mit $v := x_1$.

		x_1	x_2	x_3	x_4	a	b	c	d	e	f	g	o
1.	Fehlerort: $v := x_1$;												
2.	Ausgangswahl: o;												
3.	Pfadwahl: $\omega(v, o)$ $= (x_1, a, d, o);$												
4.	Sensibilisierung	C	-	1	1	-	-	-	-	-	1	1	1	-
5.	Rückverfolgung													
	5.1.Implikation (b)	C'	-	1	1	-	-	0	-	-	1	1	1	-
	5.2 Implikation (g)	C'	-	1	1	-	-	0	0	-	1	1	1	-
	5.3.Implikation (c)	C'	-	1	1	1	-	0	0	-	1	1	1	-
6.	Test gefunden:	$s0\text{-}x_1$	1	1	1	1	0	0	0	1	1	1	1	0
		$s1\text{-}x_1$	0	1	1	1	1	0	0	0	1	1	1	1

Die Testerzeugung durch Einzelpfad-Sensibilisierung hat den Vorteil, daß sämtliche Fehler, die den Wert von Knoten auf dem sensibilisierten Pfad verfälschen, durch ein Testmuster erkannt werden. Falls stets möglichst lange Pfade von einem Primäreingang zu einem Primärausgang sensibilisiert werden, führt dies zu sehr kurzen Testlängen.

Ist $v \in V \setminus I$ kein Primäreingang, so muß diese Prozedur im geschnittenen Graphen $G_{\{v\}}$ durchgeführt werden, wobei in diesem Fall explizit der neue Primäreingang i_v eingeführt wird. Dies ist notwendig, da zusätzlich v = "1" bei der Testerzeugung für s0-v und v = "0" bei der Testerzeugung für s1-v gefordert werden muß. Für einen Pfad $\omega(i_v, o) := (i_v = v_0, v_1, ..., v_k = o)$ muß daher $V(\omega) := (\bigcup_{i=1}^{k} pd(v_i) \setminus \omega(i_v, o)) \cup \{v\}$ gesetzt werden, und jeder sensibilisierende Würfel muß allen Knoten aus $V(\omega)$, auch v einen definierten Wert zuweisen.

Die Testerzeugung durch Einzelpfad-Sensibilisierung hat den gewichtigen Nachteil, daß nicht für alle Fehler Tests gefunden werden können. Bereits im vierten Kapitel wurde erwähnt, daß manche Fehler nur durch die gleichzeitige Sensibilisierung mehrerer Pfade erkannt werden können. Der Fehler s1-b aus der Schaltung nach Bild 7.3 ist ein Beispiel hierfür, wie folgender Ablauf der Prozedur zeigt:

1. Fehlerort: $v := i_b$;
2. Ausgangswahl: o;
3. Pfadwahl: $\omega(v, o)$
   $= (v, e, o)$;

	x_1	x_2	x_3	x_4	a	b	i_b	c	d	e	f	g	o
4. Sensibilisierung — C	1	-	-	-	-	0	-	-	1	-	1	1	-
5. Rückverfolgung													
5.1.Implikation — C'	1	1	1	1	0	0	0	0	1	1	1	1	0

Sensibilisiert keinen Einzelpfad.

6. Pfadwahl: $\omega(v, o)$
   $= (v, f, o)$;

	x_1	x_2	x_3	x_4	a	b	i_b	c	d	e	f	g	o
7. Sensibilisierung — C	-	-	-	1	-	0	-	-	1	1	-	1	-
8. Rückverfolgung													
8.1.Implikation — C'	1	1	1	1	0	0	0	0	1	1	1	1	0

Sensibilisiert keinen Einzelpfad.

Stop ohne Test.

Die Prozedur findet keinen Test durch Einzelpfad-Sensibilisierung, weil es keinen solchen gibt. Jede Sensibilisierung von $\omega = (b, e, o)$, die $b = 0$ setzt, verlangt $d = e = g = x_1 = x_2 = x_3 = 1$. Aus $g = 1$ folgen $c = 0$ und daher $x_4 = 1$. Damit sind sowohl der Pfad (b, e) als auch der Pfad (b, f) sensibilisiert, und eine Einzelpfad-Sensibilisierung ist unmöglich. Aus Symmetriegründen gilt gleiches auch für den Pfad $\omega := (b, f, o)$. Dennoch ist das Muster $(x_1, x_2, x_3, x_4) = (1, 1, 1, 1)$ ein Test, da aus $b = (0/1)$ sowohl $f = (0/1)$ als auch $e = (0/1)$ und damit $g = (0/1)$ folgen und b an o beobachtbar ist. Zur Herleitung dieses Tests ist die gleichzeitige Sensibilisierung mehrerer Pfade, in diesem Fall (b, e, o) und (b, f, o), erforderlich.

7.1.2.3 D-Würfel: In Abschnitt 6.6 wurde die Wahrscheinlichkeit für die Fehlererkennung durch die Sensibilisierung mehrerer Pfade mit Hilfe der booleschen Algebra $\mathcal{D} := (\{0, 1, D, \overline{D}\}, \vee, \wedge)$ bestimmt. Ein Knoten erhält den Wert D zugewiesen, wenn er im fehlerfreien Fall die "1" und fehlerhaft die "0" trägt. Der Wert $\overline{D}$ bezeichnet den fehlerfreien Wert "0" und den fehlerhaften "1".

Bei Verwendung dieser Algebra reicht die eingeführte Funktionsbeschreibung $\mathcal{C}_f \cup \tilde{\mathcal{C}}_f$ für eine Bauelementefunktion nicht mehr aus, da auch die Werte D und $\overline{D}$ weitergeleitet oder erzeugt werden müssen. Die Überdeckung $\mathcal{C}_f \cup \tilde{\mathcal{C}}_f$ beschreibt lediglich den fehlerfreien Fall. Sie wird im folgenden singuläre Überdeckung und ihre Würfel werden singuläre Würfel genannt. Für den allgemeinen Fall werden Würfel benötigt, die an ihren Komponenten auch D und $\overline{D}$ enthalten können. Dies führt auf drei unterschiedliche Würfelarten: die erwähnten singulären Würfel beschreiben den fehlerfreien Fall, zur Fehlerinjektion führt man sogenannte primitive D-Würfel ein, und zur Fehlerfortpflanzung verwendet man D-Fortpflanzungswürfel.

a)   *Fehlerinjektion*: Wir diskutieren zunächst die Injektion von Haftfehlern. Es sei f eine Bauelementefunktion, und es sei $\hat{f} \equiv$ "0" die fehlerhafte Funktion. Dann muß das Signal D erzeugt werden, wenn f = "1" gilt. Somit werden die primitiven D-Würfel in $\mathcal{D}_{\hat{f}}$ konstruiert, indem für jeden Würfel $C := (c_1, ..., c_m) \in \mathcal{C}_f$, in dem nach Definition $c_m =$ "1" gilt, ein $\hat{C} := (c_1, ..., c_{m-1}, D) \in \mathcal{D}_{\hat{f}}$ aufgenommen wird. Ist ein Haftfehler an "1" zu modellieren, so ist $\hat{f} \equiv$ "1", und es muß für jeden Würfel $C := (c_1, ..., c_m) \in \tilde{\mathcal{C}}_f$ ein $\hat{C} := (c_1, ..., c_{m-1}, \overline{D}) \in \tilde{\mathcal{D}}_{\hat{f}}$ aufgenommen werden. Dies sei am Beispiel des AND-Gatters mit drei Eingängen nach Bild 7.6 erläutert.

AND3:

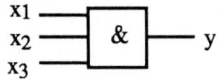

Singuläre Überdeckung des AND3:

x1	x2	x3	y
1	1	1	1 } $\mathcal{C}_f$
0	-	-	0
-	0	-	0 } $\tilde{\mathcal{C}}_f$
-	-	0	0

Primitive D-Würfel für s1-y, d.h. $\hat{f} \equiv 1$:

$\tilde{\mathcal{D}}_f$:

x1	x2	x3	y
0	-	-	$\overline{D}$
-	0	-	$\overline{D}$
-	-	0	$\overline{D}$

Primitive D-Würfel für s0-y, d.h. $\hat{f} \equiv 0$:

$\mathcal{D}_{\hat{f}}$:

x1	x2	x3	y
1	1	1	D

Bild 7.6: D-Würfel für Haftfehler

Für die Haftfehler wird untersucht, ob sich bei der durch einen Würfel definierten Eingabe die Ausgabe der fehlerfreien Funktion f und der fehlerhaften Funktion $\hat{f}$ unterscheiden. In diesem Fall wird die Ausgabekomponente c_m entweder D oder $\overline{D}$ gesetzt, und der Würfel wird als primitiver D-Würfel aufgenommen. Bild 7.7 zeigt die Erzeugung des D-Signals für andere elementare Gatter.

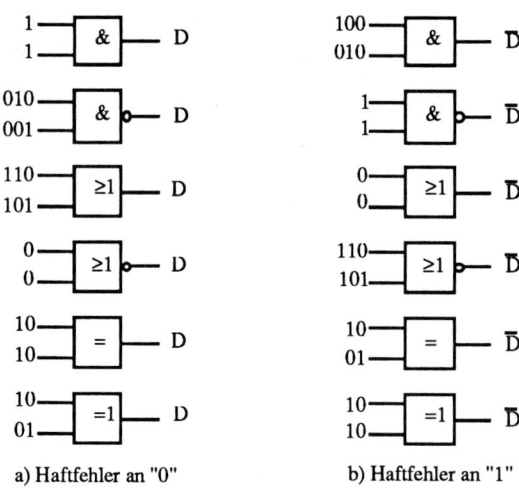

a) Haftfehler an "0"   b) Haftfehler an "1"

Bild 7.7: Erzeugung des Fehlersignals

Die Erzeugung des Fehlersignals für komplexe Funktionsfehler $\hat{f}$ ist etwas aufwendiger. Es sei $\mathcal{C}_{\hat{f}} \cup \tilde{\mathcal{C}}_{\hat{f}}$ die singuläre Überdeckung dieser fehlerhaften Funktion. Das Fehlersignal D wird durch einen Würfel $(c_1, \ldots, c_{m-1}, D)$ erzeugt, wenn es einen Würfel $A \in \mathcal{C}_f$ der fehlerfreien Funktion und einen Würfel $B \in \tilde{\mathcal{C}}_{\hat{f}}$ der fehlerhaften Funktion mit $a_i \cap b_i = c_i \neq \emptyset$ für $i = 1, \ldots,$ m-1 gibt. $\mathcal{D}_{\hat{f}}$ besteht aus den so konstruierten Würfeln C.

$\overline{D}$ wird durch $C := (c_1, \ldots, c_{m-1}, \overline{D})$ mit Würfeln $A \in \tilde{\mathcal{C}}_f$ und $B \in \mathcal{C}_{\hat{f}}$ mit $a_i \cap b_i = c_i \neq \emptyset$ für $i = 1, \ldots,$ m-1, erzeugt, und $\tilde{\mathcal{D}}_{\hat{f}}$ besteht aus diesen Würfeln. $\mathcal{D}_{\hat{f}} \cup \tilde{\mathcal{D}}_{\hat{f}}$ bildet die Menge der primitiven D-Würfel. In Bild 7.8 wurde die Funktion $f := x_1 \vee x_2$ in $\hat{f} = x_1 \oplus x_2$ verfälscht.

Fehlerfreie Funktion:

Singuläre Überdeckung:

x_1	x_2	y	
1	-	1	$\Big\}\, \mathcal{C}_f$
-	1	1	
0	0	0	$\}\, \tilde{\mathcal{C}}_f$

Fehlerhafte Funktion:

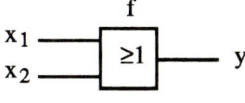

Singuläre Überdeckung:

x_1	x_2	y	
1	0	1	$\Big\}\, \mathcal{C}_{\hat{f}}$
0	1	1	
1	1	0	$\Big\}\, \tilde{\mathcal{C}}_{\hat{f}}$
0	0	0	

Erzeugung des Fehlersignals					Primitive D-Würfel
$\mathcal{C}_f$		$\tilde{\mathcal{C}}_{\hat{f}}$			$\mathcal{D}_{\hat{f}}$
(1,-)	$\cap$	(1,1)	=	(1,1)	(1,1,D)
(1,-)	$\cap$	(0,0)	=	$\emptyset$	$\emptyset$
(-,1)	$\cap$	(1,1)	=	(1,1)	(1,1,D)
(-,1)	$\cap$	(0,0)	=	$\emptyset$	$\emptyset$
$\tilde{\mathcal{C}}_f$		$\mathcal{C}_{\hat{f}}$			$\tilde{\mathcal{D}}_{\hat{f}}$
(0,0)	$\cap$	(1,0)	=	$\emptyset$	$\emptyset$
(0,0)	$\cap$	(0,1)	=	$\emptyset$	$\emptyset$

Bild 7.8: Erzeugung primitiver D-Würfel für komplexe Funktionsfehler

b) *Fehlerfortpflanzung:* Schließlich ist noch von Interesse, unter welchen Belegungen ein fehlerfreies Funktionselement f das Signal D oder $\overline{D}$ weitergibt. Dazu kann f als eine Funktion auf der Struktur $\mathscr{D}_U := (\{0, 1, D, \overline{D}, U\}, \vee, \wedge, \neg)$ definiert werden. Wir bezeichnen im folgenden das unbestimmte Signal mit U und repräsentieren dies in einem Würfel mit "-". Diese Würfeldarstellung lehnt sich an andere Beschreibungen in der Literatur an. Die drei Grundoperationen der Struktur $\mathscr{D}_U$ sind in folgenden Tabellen definiert:

Tabelle 7.2: Die Grundoperationen in der fünfwertigen Logik

$\wedge$	0	1	D	$\overline{D}$	U
0	0	0	0	0	0
1	0	1	D	$\overline{D}$	U
D	0	D	D	0	U
$\overline{D}$	0	$\overline{D}$	0	$\overline{D}$	U
U	0	U	U	U	U

$\vee$	0	1	D	$\overline{D}$	U
0	0	1	D	$\overline{D}$	U
1	1	1	1	1	1
D	D	1	D	1	U
$\overline{D}$	$\overline{D}$	1	1	$\overline{D}$	U
U	U	1	U	U	U

$\neg$	0	1	D	$\overline{D}$	U
	1	0	$\overline{D}$	D	U

Offensichtlich kann $\mathscr{D}_U$ keine boolesche Algebra sein. Es gelten in ihr auch schwächere Gesetzmäßigkeiten als in der dreiwertigen Logik $\mathscr{B}_U := (\{0, 1, U\}, \vee, \wedge, \neg)$, da weder "$\vee$" noch "$\wedge$" in $\mathscr{D}_U$ assoziativ sind:

$$(D \vee \overline{D}) \vee U = 1 \vee U = 1 \neq U = D \vee U = D \vee (\overline{D} \vee U),$$

$$(D \wedge \overline{D}) \wedge U = 0 \wedge U = 0 \neq U = D \wedge U = D \wedge (\overline{D} \wedge U).$$

Daher ist es nicht ausreichend, die Grundoperationen anzugeben und daraus komplexe Funktionen herzuleiten, sondern es sind auch die komplexeren Funktionen mit Hilfe von Würfeln explizit zu spezifizieren. Die zusätzlichen Würfel, die zur Ausgabe von D oder $\overline{D}$ führen, heißen D-Fortpflanzungswürfel. Bild 7.9 zeigt sie am Beispiel eines AND-Gliedes mit zwei Eingängen.

x_1	x_2	y
D	D	D
1	D	D
D	1	D

Bild 7.9: D-Fortpflanzungswürfel (gelten für $\overline{D}$ entsprechend)

Ein D-Fortpflanzungswürfel spezifiziert somit Eingangsbelegungen, die zur Weiterleitung des Fehlersignals D oder $\overline{D}$ führen. Er kann aus den singulären Würfeln gewonnen werden, indem man folgende zweistellige Operation $\otimes$ auf Würfelkomponenten spezifiziert :

Tabelle 7.3: $\otimes$-Operation

#	0	1	-
0	1	$\overline{D}$	0
1	D	1	1
-	0	1	-

Die Operation $\otimes$ ist wegen $1 \otimes 0 = D \neq \overline{D} = 0 \otimes 1$ nicht kommutativ.

Für jedes Würfelpaar $A := (a_1, ..., a_m) \in \mathcal{C}_f$, $B := (b_1, ..., b_m) \in \tilde{\mathcal{C}}_f$ aus der singulären Überdeckung können durch $A \otimes B := (a_1 \otimes b_1, ..., a_m \otimes b_m)$ und $B \otimes A := (b_1 \otimes a_1, ..., b_m \otimes a_m)$ zwei D-Fortpflanzungswürfel gewonnen werden. Bild 7.10 erläutert den Vorgang an einem OR-Glied.

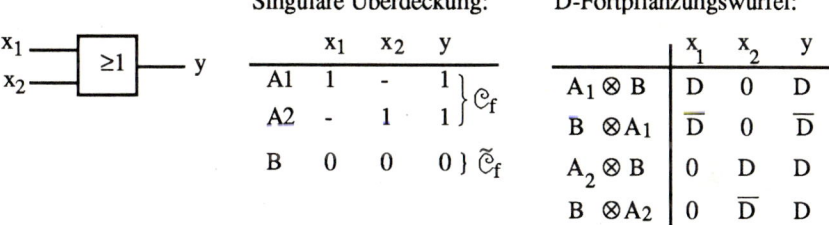

Bild 7.10: D-Fortpflanzungswürfel

Das Fehlersignal kann auch an mehreren Eingängen eines Gatters gleichzeitig anliegen. Um dann die Fortpflanzung des Fehlersignals zu beschreiben, müssen die unbestimmten Signale an den entsprechenden Komponenten von A und B geeignet gesetzt werden.

Beispielsweise folgen aus $A_1 = (1, -, 1)$ die Würfel $A_1' = (1, 1, 1)$ und $A_1' \otimes B = (D, D, D)$ sowie $A_1'' = (1, 0, 1)$ und $A_1'' \otimes B = (D, 0, D)$. Enthalten $\mathcal{C}_f$ und $\tilde{\mathcal{C}}_f$ nur Minterme, so werden auf diese Weise sämtliche D-Fortpflanzungswürfel erzeugt.

Schließlich ist noch die Durchschnittsbildung von D-Würfeln zu definieren. Sie geschieht wie bisher komponentenweise nach folgender Tabelle:

Tabelle 7.4: Durchschnittsbildung mit D-Würfeln

«	0	1	D	$\overline{D}$	-
0	0	Ø	~	~	0
1	Ø	1	~	~	1
D	~	~	D	~	D
$\overline{D}$	~	~	~	$\overline{D}$	$\overline{D}$
-	0	1	D	$\overline{D}$	-

Die mit "~" markierten Kombinationen können bei Anwendung des im nächsten Abschnitt beschriebenen Testerzeugungsverfahrens nie vorkommen und werden deshalb hier nicht definiert. Damit gelten beispielsweise

$$(0,1,D,-,-,D) \cap (-,1,-,\overline{D},1,D) = (0,1,D,\overline{D},1,D) \quad \text{und}$$
$$(0,D,D,-,1,0) \cap (-,-,D,D,D,1) = \emptyset.$$

Mit dieser Schreibweise läßt sich auch die Bedingung für die Pfadsensibilisierung in der Schaltung nach Bild 7.11 herleiten.

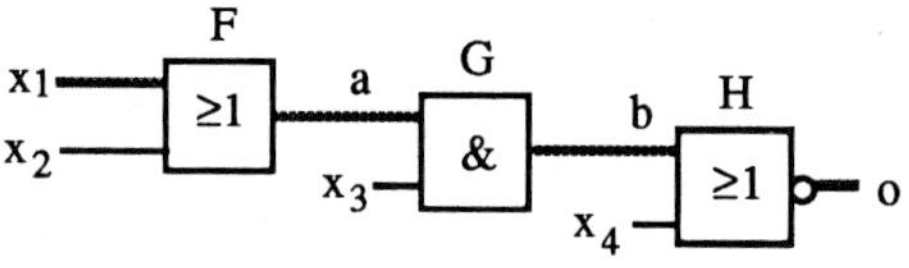

	x_1	x_2	x_3	x_4	a	b	o	
	D	0	-	-	D	-	-	D-Fortpflanzungswürfel von F
∩	-	-	1	-	D	D	-	D-Fortpflanzungswürfel von G
∩	-	-	-	0	-	D	$\overline{D}$	D-Fortpflanzungswürfel von H
=	D	0	1	0	D	D	$\overline{D}$	

Bild 7.11: Sensibilisierung des Pfades (x_1, a, b, o)

7.1.2.4 Der D-Algorithmus: Es sei $G := (V, E)$ ein Schaltnetzgraph, und $\hat{f}$ sei ein Fehler. Der D-Algorithmus versucht, einen konsistenten, vollständigen Würfel $C := (c_v \mid v \in V)$ zu finden, der für $\hat{f}$ ein Fehlersignal D

oder $\overline{D}$ erzeugt und einem Primärausgang ebenfalls D oder $\overline{D}$ zuweist [Roth66]. Hierzu werden die bei der Einzelpfadsensibilisierung bereits einge-führten Operationen Rückverfolgen und Implikation verwendet. Da das Feh-lersignal stets in die Richtung der Primärausgänge getrieben wird, aber nicht rückverfolgt werden muß, arbeitet die Rückverfolgungsprozedur mit der drei-wertigen Logik $\mathcal{B}_U$ und kann in der bereits eingeführten Form verwendet werden. Die Implikationsprozedur muß auf naheliegende Weise auf die fünf-wertige Logik ausgedehnt werden, wozu in den eingeführten Definitionen le-diglich $\mathcal{B}_U$ durch $\mathcal{D}_U$ auszutauschen ist. Bild 7.12 zeigt den D-Algorithmus im einzelnen.

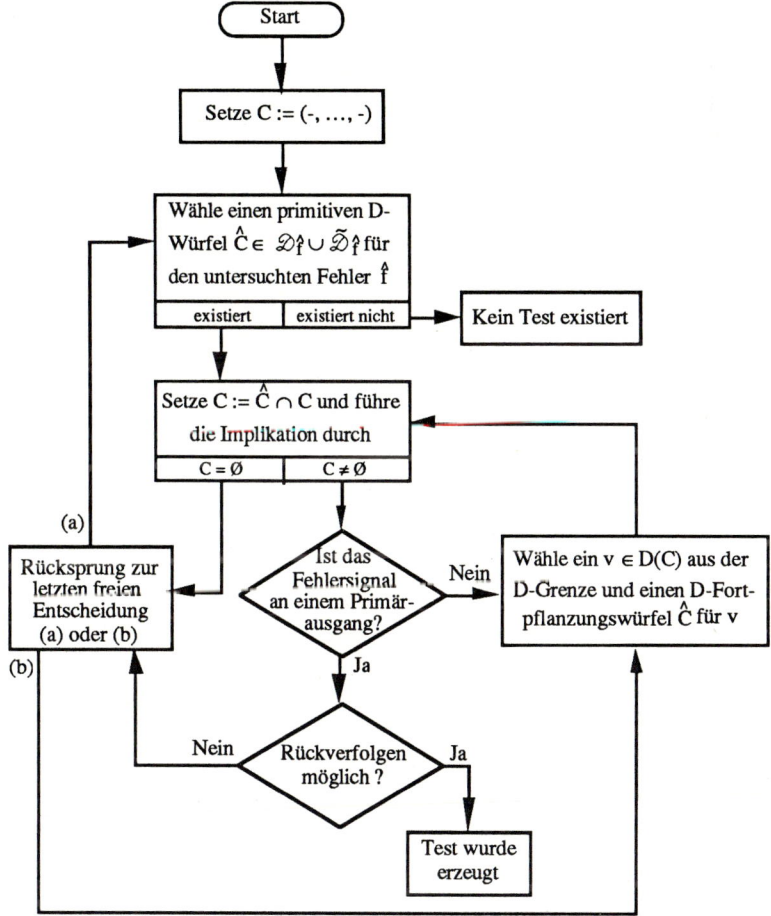

Bild 7.12: Erzeugung eines Tests für den Fehler $\hat{f}$ mit dem D-Algorithmus

Die Konstruktion des gesuchten Würfels C erfolgt schrittweise mit konsistenten, vollständigen Würfeln C^i, i = 1, 2, …, die stets mit $C^i \cap (\mathcal{D}_{\hat{f}} \cup \tilde{\mathcal{D}}_{\hat{f}})$ $\neq \emptyset$ auch das Fehlersignal erzeugen. Die D-Grenze $D(C^i)$ eines solchen Würfels ist die Menge der Knoten, die zwar selbst noch unbestimmt sind, aber einen unmittelbaren Vorgänger besitzen, der das Fehlersignal trägt:

$$D(C^i) := \{v \in V \mid c_v^i = \text{"-"} \wedge \exists w \in pd(v)\ (c_w^i = D \vee c_w^i = \overline{D})\}.$$

Das Fehlersignal soll zu einem Primärausgang fortgeschaltet werden, daher unterscheiden sich die Würfel C^i und C^{i+1} unter anderem darin, daß für ein $v \in D(C^i)$ durch $c_v^{i+1} = D$ oder $c_v^{i+1} = \overline{D}$ die D-Grenze verändert wird.

```
Prozedur  D-Algorithmus;
1)   Initialisiere den Testwürfel C := (-,…,-);

2)   Wähle einen primitiven D-Würfel Ĉ ∈ 𝒟f̂ ∪ 𝒟̃f̂  des
     betrachteten Fehlers;

3)   Setze C := C ∩ Ĉ;
4)   Führe mit C die Implikation durch;
     Ist danach C = Ø, so gehe zu 5), sonst zu 6);
5)   Gehe zurück zur letzten Stelle, an der eine weitere, andere
     Auswahl möglich war (2 oder 8);
     Existiert keine weitere Auswahl, so ist kein Test möglich:
     STOP;

6)   Ist D oder D̄ an einem Primärausgang, gehe zu 7),sonst zu 8);
7)   Führe mit C die Rückverfolgung durch;
     Ist sie nicht möglich, so gehe zu 5), sonst wurde mit C ein
     Test erzeugt: STOP;
8)   Wähle einen Knoten v der D-Grenze D(C) von C und einen
     zugehörigen Fortpflanzungswürfel Ĉ;
     Gehe zu 3);
END.
```

Bild 7.13: D-Algorithmus

Tabelle 7.5 zeigt, wie dieser Algorithmus das Schneidersche Gegenbeispiel (Bild 7.3) bearbeitet und für den Fehler $\hat{f}$ = s1-b einen Test erzeugt. Im Gegensatz zur Einzelpfad-Sensibilisierung findet der D-Algorithmus auch für das Schneidersche Gegenbeispiel Tests. Offensichtlich existiert für einen Fehler $\hat{f}$ genau dann ein Testmuster, wenn es einen konsistenten, vollständig begründeten Würfel gibt, der $\hat{f}$ initialisiert und einem Primärausgang das Fehlersignal zuweist. Der beschriebene Algorithmus zählt implizit alle Würfel auf, bis ein solcher gefunden wurde, da er bei den möglichen Entscheidungen sämtliche Alternativen untersucht. Aus diesem Grund findet der D-Algorithmus auch stets ein Testmuster, falls eines existiert, oder er stellt Redundanz fest. Der Beweis dieser Aussage findet sich in [Roth66]. Zahlreiche Variationen wurden untersucht, die sich in Details unterscheiden und an Effizienz zu gewinnen suchen. Roth selbst hat 1981 eine Modifikation vorgeschlagen, bei der nach jedem Weiterschalten der D-Grenze (Schritt 8) diese Zuweisung durch Rückverfolgen (Schritt 7) stets begründet wird [Roth80]. Hierdurch soll unnötiges Rechnen mit inkonsistenten Würfeln vermieden werden. Im nächsten Abschnitt stellen wir eine Variante des D-Algorithmus vor, die möglichst kompakte Testmengen sucht.

Tabelle 7.5: Bearbeitung des Schneiderschen Gegenbeispiels mit dem D-Algorithmus

	Schritt	x_1	x_2	x_3	x_4	a	b	c	d	e	f	g	o
1.	(1)	C^	-	-	-	-	-	—	-	-	-	-	-	-
2.	(2)	C		1	1			$\overline{D}$						
3.	(3)	C	-	1	1	-	-	$\overline{D}$	-	-	-	-	-	-
4.	(4)	C^	-	1	1	-	-	$\overline{D}$	-	-	-	-	-	-
5.	(6,8)	C	1					$\overline{D}$			D			
6.	(3)	C	1	1	1	-	-	$\overline{D}$	-	-	D	-	-	-
7.	(4)	C^	1	1	1	-	0	$\overline{D}$	-	1	D	-	-	-
8.	(6,8)	C								1	D	1	1	$\overline{D}$
9.	(3,4)	C	1	1	1	-	0	$\overline{D}$	-	1	D	1	1	D
10.	(6,7)	Rückverfolgung nicht möglich, zurück zu 8.												
		C^	1	1	1	-	0	$\overline{D}$	-	1	D	-	-	-
11.	(6,8)	C			1			$\overline{D}$			D			
12.	(3)	C	1	1	1	1	0	$\overline{D}$	-	1	D	D	-	-
13.	(4)	C	1	1	1	1	0	$\overline{D}$	0	1	D	D	1	$\overline{D}$

7.1.3 Der indizierte D-Algorithmus

Der indizierte D-Algorithmus von Behnmerez und McDonald [BeMc83], auch A-Algorithmus genannt, ist eine Erweiterung des D-Algorithmus, die verhindern soll, daß bei der Behandlung der unterschiedlichen Fehler desselben Gatters jedesmal erneut die zugehörigen Fortpflanzungspfade berechnet und sensibilisiert werden müssen.

In der Schaltung nach Bild 7.14 seien für die Fehler s1-a, s1-b und s0-c des Gatters G Tests gesucht.

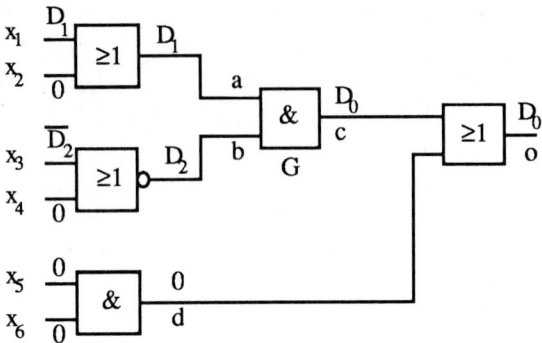

Bild 7.14: Beispielschaltung für den indizierten D-Algorithmus

Für alle drei Fehler muß das Signal an Knoten c am Primärausgang o beobachtbar sein. Dazu wird ein Würfel gesucht, der das Signal D_0, das dem Gatterausgang c zugewiesen wird, zu o durchschaltet. Der Würfel soll jedoch möglichst nicht die m = 2 Eingänge des Gatters festlegen, denen die Symbole D_i , i = 1, …, m , zugeordnet werden. Diese werden bis zu den Primäreingängen rückverfolgt, danach sind manche Primäreingänge mit festen Werten "0", "1" und andere mit den Symbolen D_i und $\overline{D}_i$ belegt. Es wurde somit ein Würfel konstruiert, der zugleich den Gatterausgang beobachtbar und die Gattereingänge steuerbar macht. Vorteil dieses Vorgehens ist, daß für mehrere Eingangsbelegungen des betrachteten Gatters nur einmal die Bedingungen für die Beobachtbarkeit bestimmt werden müssen.

Wir beschreiben das Verfahren nur für Schaltungen, die ausschließlich AND, OR und Inverter als Schaltelemente enthalten. Dies ist keine wesentliche Einschränkung, da sich alle anderen Bauelemente daraus aufbauen lassen. Es wird ebenfalls der Würfelkalkül verwendet, wobei den Würfelkomponenten jedoch mehrere, durch Index unterschiedene D-Werte zugewiesen werden können.

Zunächst wird mit der Prozedur zur Fehlerfortpflanzung ein Würfel C konstruiert, der das Gatterausgangssignal D_0 an einem Primärausgang sichtbar macht. Dies unterscheidet sich nicht vom konventionellen D-Algorithmus. In dem Würfel C werden anschließend an jedem der m Gattereingänge die Symbole D_i, i = 1,…,m gesetzt. Die Symbole werden folgendermaßen rückverfolgt:

a)   Einem Inverterausgang sei D_i ($\overline{D}_i$) zugeordnet. Dann wird dem Invertereingang $\overline{D}_i$ (D_i) zugewiesen.

b) Einem Ausgang eines OR-Gliedes sei D_i ($\overline{D}_i$) zugeordnet. Dann wird den noch nicht festgelegten Eingängen D_i ($\overline{D}_i$) zugewiesen.

c) Einem Ausgang eines AND-Gliedes sei D_i ($\overline{D}_i$) zugeordnet. Dann wird den noch nicht festgelegten Eingängen D_i ($\overline{D}_i$) zugewiesen.

Diese Rückverfolgung wird jedoch nur in Schaltungen ohne rekonvergente Verzweigungen immer möglich sein. Im allgemeinen Fall treten Konflikte auf. Sie können in zwei Fälle unterschieden werden:

i) Einem Knoten soll sowohl D_i als auch $\overline{D}_i$ zugewiesen werden:

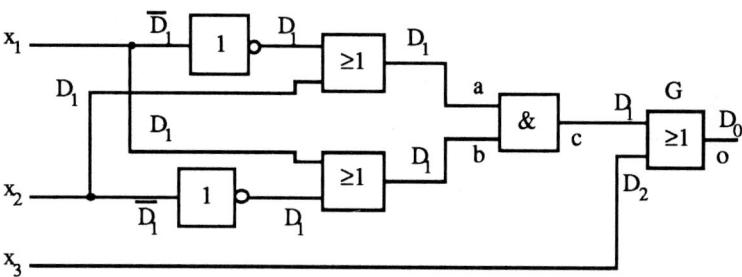

Bild 7.15: Konflikte an x_1 und x_2

ii) Einem Knoten werden Signale mit unterschiedlichem Index zugeordnet:

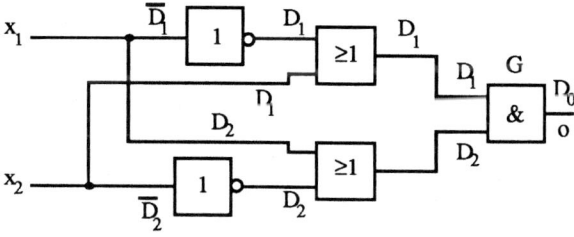

Bild 7.16: Sowohl an x_1 als auch an x_2 erscheinen Signale mit unterschiedlichem Index

Beide Arten von Konflikten werden aufgelöst, indem den entsprechenden Knoten statt der symbolischen Werte D_i die festen Werte "0" oder "1" zuwiesen werden. Hierzu verwendet man zwei Prozeduren, die DROPIT(v,B) und DRBACK(w) genannt werden.

Wenn v ein Knoten ist, an dem ein Konflikt auftritt, so setzt DRO-PIT(v,B) den Knoten auf B ∈ {"0","1"} und führt damit die Implikation durch. Die Prozedur arbeitet somit vom Knoten v in die Richtung des Fehlerorts. Bild 7.16 zeigt das Ergebnis dieser Prozedur am Beispiel von Bild 7.15 für DROPIT(x_1,"1").

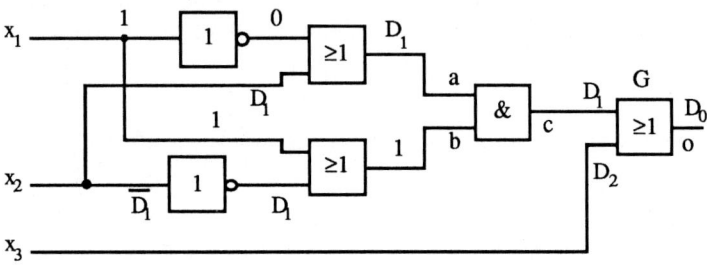

Bild 7.17: Wirkung von DROPIT(x_1,"1")

Die Implikation wird nur mit festen Werten "0" und "1" durchgeführt, und es wird nicht versucht, die Symbole D_i, i = 1,...,m , fortzuschalten.

Etwas formaler beschreibt Bild 7.18, welche Veränderungen diese Prozedur an einem Würfel C := (c_v | v ∈ V) vornimmt:

```
Prozedur   DROPIT(w,B);
Setze C´ := (cᵥ´ | v ∈ V) mit

              ⎧ cᵥ,      falls v ≠ w und cᵥ ≠ Dᵢ,D̄ᵢ, i = 1,...,m
      cᵥ´ :=  ⎨ -,       falls v ≠ w und cᵥ = Dᵢ,D̄ᵢ, i = 1,...,m    ;
              ⎩ B,       falls v = w

Führe mit C´ die Implikation durch;

Setze C̃ = (c̃ᵥ | v ∈ V) mit

      c̃ᵥ := ⎧ cᵥ´,     falls cᵥ´ ∈ {"0","1", D₀}
            ⎨                                        ;
            ⎩ cᵥ,      sonst

Setze C := C̃;
END.
```

Bild 7.18: Prozedur DROPIT

Im Bild 7.17 ist dem Knoten b der feste Wert "1" zugewiesen, aber einer seiner Vorgänger besitzt noch D_1. Diese Symbol kann jedoch auf keinen Fall über b zu G weitergeführt werden und muß daher durch den unbestimmten Wert U oder "-" im Würfel ersetzt werden. Dies geschieht mit der Prozedur DRBACK(w), die schrittweise von w ausgehend in Richtung der Primäreingänge jeden Knoten, dessen Nachfolger keinen Wert D_i besitzt, auf den unbestimmten Wert setzt. Bild 7.19 zeigt das Ergebnis von DRBACK(b), und Bild 7.20 schlägt eine Implementierung dieser Prozedur vor.

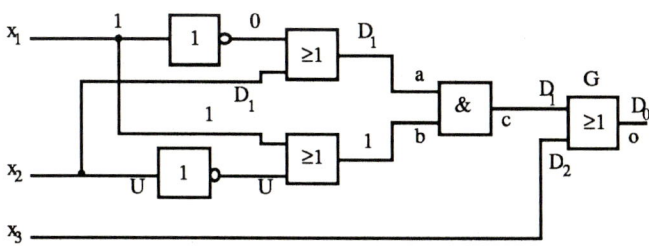

Bild 7.19: Wirkung von DRBACK(b)

Durch den Aufruf von DRBACK(b) wurde in diesem Beispiel automatisch ein zu erwartender Konflikt an x_2 verhindert. Von Knoten b erhält x_2 den unbestimmten Wert und von a das Symbol D_1. Man erhält also $(x_1,x_2,x_3) = (1,D_1,D_2)$ und kann damit sämtliche Belegungen am Zielort einstellen.

```
Prozedur   DRBACK(w);
Setze W := pd(w);
Solange W <> Ø:
    Wähle v ∈ W;
    Setze W := W \ {v};
    Falls es ein i ∈ {1,...,m} mit c_v = D_i,D̄_i,
    aber kein k ∈ sd(v) mit c_k = D_i,D̄_i gibt, dann
         setze c_v = "-" und W := W ∪ pd(v);
END.
```

Bild 7.20: Prozedur DRBACK

Die Prozeduren DROPIT und DRBACK arbeiten nicht unabhängig voneinander. Da DROPIT(v,B) eine Implikation durchführt, werden häufig nicht nur der Knoten v, sondern wie in dem Beispiel zu sehen, auch andere Knoten auf feste Werte gesetzt. Für alle diese Knoten muß DRBACK aufgerufen werden. Das Verfahren von Bild 7.21 verdeutlicht dies. Als Eingabe für diese Prozeduren nehmen wir an, daß Tests für das Gatter mit dem Ausgangsknoten w erzeugt werden sollen. Als Anfangsbelegung wird daher der Würfel $\tilde{C}$ = ($\tilde{c}_v$ | v ∈ V) benutzt, für den $\tilde{c}_w$ = D_0 gelten muß.

```
Prozedur A-Alg  (Eingabe: C̃, Ausgabe:  C);


1)   Suche mit dem D-Algorithmus einen vollständigen, begründeten
     Würfel C ⊂ C̃, der einem Primärausgang D₀ (D̄₀) zuweist;


2)   Weise jedem direkten Vorgänger v ∈ pd(w) mit cᵥ = "-" die
     symbolische Variable Dᵥ zu;


3)   Solange Knoten x ∈ p(w) existieren, die eine symbolische
     Variable Dₑ (D̄ₑ) und noch nicht mit "0","1" oder Dₑ (D̄ₑ)
     belegte Vorgänger besitzen:


     3.1)   Es sei x = vⁱ derjenige dieser Knoten mit maximalem i;
     3.2)   Belege alle cᵧ ∉ {"0","1"}, y ∈ pd(x) mit Dₑ (D̄ₑ);
     3.3)   Solange es y ∈ pd(x) mit Konflikten aus 3.2 gibt:
                a)   Wähle ein y ∈ pd(x) mit Konflikt und
                     ein B ∈ {"0","1"};
                b)   DROPIT(y,B);
                c)   Für alle z ∈ V, die in b) einen festen
                     Wert erhielten: DRBACK(z);


4)   Falls es keinen Knoten x ∈ p(w) gibt, der eine symbolische
     Variable Dₑ (D̄ₑ) und noch nicht mit "0","1" oder Dₑ (D̄ₑ)
     belegte Vorgänger besitzt:
                Rückverfolgung von C;  Falls das nicht möglich ist,
                gehe zur letzten freien Entscheidung (1 oder 3.3);
                Existiert keine Entscheidungsmöglichkeit mehr,
                so ist kein Test vorhanden: Stop;
                sonst wurde Würfel C ⊂ C̃ als Test gefunden: Stop;
END.
```

Bild 7.21: A-Algorithmus

Wenn obenstehender Algorithmus erfolgreich beendet wird, so ist ein Würfel C gefunden , der an wenigstens einem Primärausgang eine symbolische Variable D_0 enthält. Es ist jedoch nicht gewährleistet, daß auch alle Belegungen an den Gattereingängen von w erzeugt werden können, sondern häufig wird hierzu der Algorithmus mehrfach mit unterschiedlichen Anfangswürfeln aufgerufen werden müssen. Falls der Startwürfel $\tilde{C}$ ein primitiver D-Würfel ist oder falls der erzeugte Würfel keinem Primäreingang eine symbolische Variable zuordnet, so entartet der indizierte D-Algorithmus zum gewöhnlichen. Wir erläutern den Ablauf des Verfahrens am Beispiel von Bild 7.22 und an seinen Testmengen für das Gatter G.

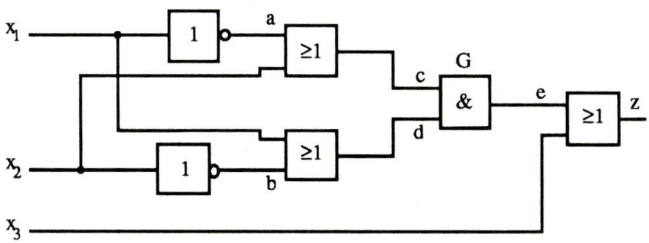

Bild 7.22: Behandlung des Gatters G mit dem indizierten D-Algorithmus

Tabelle 7.6: Ablauf des indizierten D-Algorithmus

	Schritt		x_1	x_2	x_3	a	b	c	d	e	z
1.	Eingabe	C	-	-	-	-	-	-	-	D_0	-
2.	(1)	C	-	-	0	-	-	-	-	D_0	D_0
3.	(2)	C	-	-	0	-	-	D_c	D_d	D_0	D_0
4.	(3)				{c,d} ist zu behandeln.						
5.	(3.1)			x := d							
6.	(3.2)	C	D_d	-	0	-	D_d	D_c	D_d	D_0	D_0
7.	(3.1)			x := c							
8.	(3.2)	C	D_d	D_c	0	D_c	D_d	D_c	D_d	D_0	D_0
9.	(3)			$a = D_c$, $x_1 \in pd(a)$, $x_1 = D_d$: a ist zu behandeln.							
				$b = D_d$, $x_2 \in pd(b)$, $x_2 = D_c$: b ist zu behandeln.							
				{a,b} ist zu behandeln.							
10.	(3.1)			x := b							
11.	(3.2)	C	D_d	$\overline{D_d}$	0	D_c	D_d	D_c	D_d	D_0	D_0

Schritt		x_1	x_2	x_3	a	b	c	d	e	z
			(x_2) Konflikt							
12. (3.3a,b)				DROPIT$(x_2,0)$						
	C	D_d	0	0	D_c	1	D_c	1	D_0	D_0
13. (3.3c)	C		Für $\{x_2,b,d\}$: DRBACK							
DRBACK(x_2)	C	D_d	0	0	D_c	1	D_c	1	D_0	D_0
DRBACK(b)	C	D_d	0	0	D_c	1	D_c	1	D_0	D_0
DRBACK(d)	C	-	0	0	D_c	1	D_c	1	D_0	D_0
14. (3.1)	$\overline{}$			$x := a$						
15. (3.2)	C	$\overline{D}_c$	0	0	D_c	1	D_c	1	D_0	D_0
16.		Rückverfolgung : Test erzeugt.								

An obenstehendem Ablauf sieht man, daß keine Belegung gefunden wird, welche die beiden Knoten c und d zugleich steuerbar macht, sondern d liegt fest auf "1". Um die fehlenden Belegungen zu finden, kann der Algorithmus mit einem Anfangswürfel $\tilde{C}$ erneut gestartet werden, bei dem $\tilde{c}_d = 0$ ist. Der Würfel C entspricht den beiden Testmustern $(x_1,x_2,x_3) = (1,0,0)$, $(0,0,0)$.

Der Geschwindigkeitsvorteil des Verfahrens rührt daher, daß in der Regel mehrere Tests mit annähernd demselben Aufwand erzeugt werden, den der gewöhnliche D-Algorithmus für ein einziges Muster benötigt.

7.2 Die Komplexität deterministischer Testerzeugung für Schaltnetze

Für Schaltnetze wächst der Rechenaufwand der geschilderten Verfahren im Durchschnitt quadratisch bis kubisch [Goel80] und schlimmstenfalls exponentiell mit der Schaltungsgröße. Der tiefere Grund für die geringe Effizienz liegt darin, daß die Testerzeugung zu einer Klasse von Problemen gehört, für die nur Algorithmen mit exponentiellem Aufwand bekannt sind. Es handelt sich um die Klasse der NP-vollständigen Probleme. Ein Problem liegt in der Problemklasse P, wenn es eine deterministische Turingmaschine (DTM) gibt, die das Problem mit polynominalen Aufwand bezüglich der Problemgröße löst. Ein Problem liegt in der Problemklasse NP, wenn es eine nicht-deterministische Turingmaschine (NDTM) gibt, die das Problem mit polynominalen Aufwand löst. Eine sehr verständliche Einführung in diese Fragestellungen findet sich in [GaJo79]. Hier sei das Prinzip einer NDTM nur informell erläutert:

Eine NDTM ist in der Lage, immer wieder Teillösungen zu "raten". Polynomialer Aufwand bedeutet für eine NDTM, daß sie in polynomialer Zeit verifizieren kann, ob die geratene Lösung richtig ist. Ein Beispiel: Gegeben sei eine boolesche Formel in den Variablen $v_1, ..., v_n$, und die Frage sei, ob diese Formel erfüllbar ist. Dazu muß eine entsprechende Belegung der Variablen v_i gefunden werden. Alle 2^n Belegungen durchzuprobieren wäre exponentiell, aber eine NDTM rät eine Belegung. Das Einsetzen einer Belegung in die boolesche Formel und die Berechnung ihres Wertes sind dann nur polynomial.

NP-vollständige Probleme sind die am schwersten zu lösenden Probleme in NP. Ein Problem PROB ist NP-vollständig, wenn folgendes gezeigt werden kann: Falls es einen (deterministisch) polynomialen Algorithmus für PROB gibt, dann gibt es für alle Probleme aus NP einen polynomialen Algorithmus. Bislang sind für NP-vollständige Probleme nur Algorithmen mit exponentiellem Aufwand bekannt. Würde für irgendein NP-vollständiges Problem ein polynomialer Algorithmus gefunden, dann würde es für alle einen solchen Algorithmus geben und P = NP gelten.

Beim Entwurf und beim Test integrierter Schaltungen tauchen immer wieder Probleme auf, für deren exakte vollständige Lösung nur sehr aufwendige Algorithmen bekannt sind. Hier ist es sinnvoll, auch suboptimale, nicht vollständige Lösungen oder Heuristiken zu suchen. Dies gilt auch für das Problem der Fehlererkennung.

Das erste Problem, dessen NP-Vollständigkeit gezeigt wurde, war das Problem SAT (Cook 1971):

SAT: Gegeben sei eine boolesche Formel B in konjunktiver Form in den Variablen $v_1, ..., v_n$.

Problem: Gibt es eine Belegung, so daß B wahr wird?

Ist für ein Problem, z. B. für SAT die NP-Vollständigkeit gezeigt worden, dann fällt der Beweis für weitere Probleme PROB deutlich leichter. Es müssen nur noch folgende beiden Aussagen gezeigt werden:

1)   PROB ist in NP.
2)   Wenn ein polynomialer Algorithmus für PROB existiert , dann auch für SAT.

Probleme, für die 2) gezeigt wird, werden *NP-hart* genannt.

Wenn man zeigen kann, daß aus der Existenz eines polynomialen Algorithmus für ein Problem P_1 auch die Existenz eines polynomialen Algorithmus für P_2 folgt, so nennt man P_2 polynomial auf P_1 reduzierbar und schreibt dafür kurz $P_2 \propto P_1$.

Zahlreiche NP-vollständige Probleme wie SAT beschreiben Aussagen über boolesche Formeln. Eine spezielle Version von SAT ist folgendes Problem:

3-SAT: Gegeben sei eine boolesche Formel B in konjunktiver Form, wobei jeder Term aus genau 3 Literalen bestehe.

Problem: Ist B erfüllbar?

Satz 7.1: 3-SAT ist NP-vollständig.

Beweis: Es genügt zu zeigen:

a) $3\text{-SAT} \in \text{NP}$
b) $\text{SAT} \propto 3\text{-SAT}$

Die Aussage a) folgt unmittelbar aus der Tatsache, daß jedes Problem aus 3-SAT auch ein Problem aus SAT ist, $3\text{-SAT} \subset \text{SAT}$. Daher läßt sich für beide Problemklassen dieselbe NDTM benutzen.

Zum Beweis der Aussage b) sei B eine konjunktive boolesche Formel in den Variablen $v_1, \ldots, v_n$. B ist also ein Problem aus SAT. Wir konstruieren eine konjunktive boolesche Formel C, deren Terme aus 3 Literalen bestehen, und zeigen, daß B genau dann erfüllbar ist, wenn auch C erfüllbar ist.

Es seien $l_1, \ldots, l_n$ Literale der Variablen v_i. Eine Belegung der v_i, $1 \le i \le n$, erfüllt genau dann den Term $T := l_1 \vee \ldots \vee l_n$, wenn für eine neue Variable w der Term

$$T := (l_1 \vee \ldots \vee l_i \vee w) \wedge (l_{i+1} \vee \ldots \vee l_n \vee \overline{w}), \quad 1 \le i \le n$$

erfüllbar ist.

Durch wiederholte Anwendung dieser Regel lassen sich solange Literale abspalten, bis jeder Term nur noch aus drei Literalen besteht. Um einen Term mit n Variablen zu zerlegen, müssen höchstens n neue Variablen w eingeführt werden. Auf diese Weise kann jeder Produktterm T_i in die äquivalente Konjunktion von Produkttermen $\widetilde{T}_i^1 \wedge \ldots \wedge \widetilde{T}_i^{n_i}$ überführt werden, wobei jeder Term $\widetilde{T}_i^j$ aus drei Literalen besteht. Die Formel $B := T_1 \wedge \ldots \wedge T_k$ wird überführt in die äquivalente Formel

$$C := \widetilde{T}_1^1 \wedge \ldots \wedge \widetilde{T}_1^{n_1} \wedge \ldots \wedge \widetilde{T}_k^1 \wedge \ldots \wedge \widetilde{T}_k^{n_k}.$$

Die Länge des Teilausdrucks $\widetilde{T}_i^1 \wedge \ldots \wedge \widetilde{T}_i^{n_i}$ hängt linear von der Länge von T_i ab, und C hängt daher linear von der Länge von B ab. Schließlich ist B genau dann erfüllbar, wenn auch C erfüllbar ist.   □

Eine Formel in konjunktiver Normalform wird *klausel-monoton* genannt, wenn jeder Term entweder nur positive oder nur negierte Variablen enthält. Auch das Problem der Erfüllbarkeit klausel-monotoner Formeln (kurz: KM-SAT) ist NP-vollständig.

Satz 7.2: KM-SAT ist NP-vollständig.

Beweis:

a) KM-SAT $\in$ NP: Dies ist trivial, da KM-SAT $\subset$ SAT gilt.

b) 3-SAT $\propto$ KM-SAT: Es sei durch die Formel F $:= T_1 \wedge ... \wedge T_k$ ein Problem aus 3-SAT gegeben, d. h. jedes T_j, $1 \le j \le k$, enhalte genau drei Literale. Wir konstruieren einen klausel-monotonen Ausdruck F', der genau dann erfüllbar ist, wenn auch F erfüllbar ist, und dessen Länge linear in der Länge von F beschränkt ist. Dazu wird jeder Term T aus F durch einen klausel-monotonen Term T' oder durch das Produkt zweier klausel-monotoner Terme T' $\wedge$ T'' ersetzt:

Fall 1: $T_j = a \vee b \vee c$: $T_j' := T_j$;

Fall 2: $T_j = \bar{a} \vee \bar{b} \vee \bar{c}$: $T_j' := T_j$;

Fall 3: $T_j = a \vee b \vee \bar{c}$: $T_j' \wedge T_j'' := (a \vee b \vee w_j) \wedge (\bar{w}_j \vee \bar{c})$;

Fall 4: $T_j = \bar{a} \vee \bar{b} \vee c$: $T_j' \wedge T_j'' := (\bar{a} \vee \bar{b} \vee \bar{w}_j) \wedge (w_j \vee c)$.

Diese Transformationen können in polynomialer Zeit durchgeführt werden, und wie bei der Reduktion von Satz 7.1 läßt sich leicht zeigen, daß F genau dann erfüllbar ist, wenn auch F' erfüllbar ist. $\square$

Nun können wir auf einfache Weise das Fehlererkennungsproblem (FD) behandeln und greifen auf die Beweisidee von Fujiwara und Toida von 1982 [FuTo82] zurück. Der erste, kompliziertere Beweis der NP-Vollständigkeit von FD stammt von Ibarra und Sahni 1975 [IbSa75].

FD: Es seien ein Schaltnetz mit n Knoten und ein Haftfehler gegeben.
Problem: Ist der Haftfehler erkennbar?

Satz 5.3: FD ist NP-vollständig.

Beweis:

a) FD $\in$ NP: Einfach läßt sich eine nichtdeterministische Turingmaschine konstruieren, die für einen Haftfehler eine Kopie C der Schaltung anfertigt, die eben den Fehler enthält (Aufwand O(n)). Dann rät die Turingmaschine für den Haftfehler ein Testmuster und verifiziert, ob das Muster tatsächlich ein Test ist, indem sie die logischen Werte an den primären Ausgängen der ursprünglichen Schaltung und an der Kopie C bestimmt (Aufwand $O(n)$). Sie stellt fest, ob sich Ausgabe des ursprünglichen Netzes von derjenigen Kopie unterscheidet (Aufwand $O(n)$). Die Verifikation eines Musters hat den Aufwand $O(n)$. Also ist FD in NP.

b) KM-SAT $\propto$ FD: Es sei eine klausel-monotone Formel E in den Variablen $x_1, ..., x_p$ und mit den Termen $T_1, ..., T_q$ gegeben. Bild 7.23 zeigt eine Schaltung Q mit $p + q + 2$ Knoten, die einen Haftfehler α enthält, der genau dann erkennbar ist, wenn E erfüllbar ist .

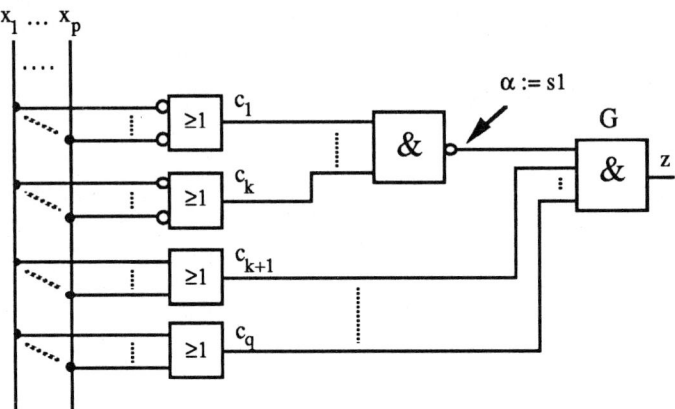

Bild 7.23: Beispielschaltung Q

Zur Konstruktion der Schaltung nehmen wir ohne Einschränkung der Allgemeinheit an, daß die Terme $T_1, ..., T_k$ negierte Variablen und $T_{k+1}, ..., T_q$ positive Variablen enthalten. Es werden k ODER-Glieder $c_1, ..., c_k$ mit negierten Eingängen, welche den Termen $T_1, ..., T_k$ entsprechen, und $(q-k)$ ODER-Glieder mit bejahten Eingängen konstruiert. Letztere entsprechen den Termen $T_{k+1}, ..., T_q$.

Mit den p Eingangsknoten sind dies $q+p$ Knoten. Die Ausgänge der c_1, ..., c_k werden mit einem NAND-Gatter verknüpft. Dies ergibt einen weiteren Knoten, der genau dann "0" wird, wenn die Terme $T_1, ..., T_k$ wahr sind. Daher kann nur in diesem Fall dort ein s1-Fehler erkannt werden. Dieser Knoten wird mit den Ausgängen der Gatter $c_{k+1}, ..., c_q$ durch das UND-Glied G konjunktiv verknüpft und auf den Ausgang z gelegt. Der Pfad durch das UND-Glied G ist also genau dann sensibilisiert, wenn auch die Terme $T_{k+1}, ..., T_q$ wahr sind. Folglich wird der Fehler α genau dann erkannt, wenn die Formel E wahr ist. □

Der eben bewiesene Satz besagt, daß die Erkennung von Redundanz ein NP-vollständiges Problem ist. Redundanz liegt aber genau dann vor, wenn kein Testmuster für den entsprechenden Haftfehler existiert, und daher ist für die Testerzeugung exponentieller Aufwand im schlechtesten Fall zu erwarten. Als eine weitere Konsequenz ist auch die Bestimmung von Fehlererkennungswahrscheinlichkeiten NP-hart. Denn die Erkennungswahrscheinlichkeit eines Fehlers ist genau dann gleich Null, wenn er nicht erkennbar ist.

Diese Sachverhalte haben für das Testen hochintegrierter Schaltungen zu mehreren Konsequenzen geführt:

— Die Testerzeugung wird auf einer möglichst hohen Ebene der Schaltungsbeschreibung angesiedelt, um durch Ausnutzen von Hierarchien die Komplexität zu reduzieren (vgl. z. B. [BMH89]).

— Es werden Heuristiken benutzt, um die deterministische Testmustererzeugung zu beschleunigen.

— Es werden Entwurfsregeln aufgestellt, deren Einhaltung die Testerzeugung erleichtert.

— Es wird auf die deterministische Testerzeugung ganz verzichtet und eine andere Teststrategie, wie der geschilderte Zufallstest, angewandt.

In den nächsten Abschnitten diskutieren wir einige Heuristiken zur Beschleunigung der Testerzeugung.

7.3 Testbarkeitsmaße für den deterministischen Test

Beim deterministischen Test werden für einen Zielfehler Belegungen algorithmisch erzeugt, die den entsprechenden Knoten der Schaltung auf einen bestimmten Wert setzen und diesen Wert an einem primären Ausgang sichtbar machen. Sogenannte Testbarkeitsmaße versuchen vorherzusagen, wie leicht dies für einen Knoten zu bewerkstelligen sein wird. Mit Zahlenwerten wird als *Steuerbarkeit* (Controllability) eines Knotens quantifiziert, wie leicht er auf "0" und auf "1" gesetzt werden kann. Ein Wert für die *Beobachtbarkeit* (Observability) eines Knotens quantifiziert, wie leicht Pfade in der Schaltung sensibilisiert werden können, um den logischen Wert des Knotens an einem primären Ausgang der Schaltung beobachten zu können.

Ursprünglich wurden diese Werkzeuge entwickelt, um aufgrund ihrer Vorhersagen Entwürfe zu ändern und zusätzliche Testausstattungen einzubauen. Es hat sich jedoch gezeigt, daß sie für diesen Zweck mit dem tatsächlichen späteren Testaufwand nicht gut genug korrelieren [AgMe82]. Ihre Aussagen sind zu ungenau, als daß sie zusätzliche Kosten für die Integration weiterer Testhilfen rechtfertigen. Ein anderer Einsatzbereich dieser Verfahren ist jedoch die Unterstützung der Testerzeugung selbst. Als heuristische Funktionen zur Steuerung von Suchalgorithmen haben sie neue Bedeutung gewonnen.

Auf naheliegende Weise lassen sich die genannten Maße mit Hilfe eines Schätzverfahrens für Fehlererkennungs- und Signalwahrscheinlichkeiten definieren. Die Steuerbarkeit $C(k)$ eines Knotens k ist nach obenstehender Begriffsbildung

(7.10) $C(k) := s_k(0.5,\ldots, 0.5)\,(1\text{-}s_k(0.5,\ldots, 0.5))$

und die Beobachtbarkeit

(7.11) $O(k) := p_{s0\text{-}k}(0.5,\ldots, 0.5) + p_{s1\text{-}k}(0.5,\ldots, 0.5)$.

Hierbei werden die Signalwahrscheinlichkeiten s_k und die Fehlererkennungswahrscheinlichkeiten $p_{s0\text{-}k}$, $p_{s1\text{-}k}$ unter der Voraussetzung berechnet, daß alle Primäreingänge mit Wahrscheinlichkeit 0.5 auf "1" liegen. $C(k)$ nimmt sein Maximum für $s_k = 0.5$ an und wird bei nicht steuerbaren Knoten mit $s_k = 1$ oder $s_k = 0$ zu Null. $O(k)$ nach (7.11) ist die Wahrscheinlichkeit, daß k beobachtbar ist. Bild 7.24 zeigt die Berechnung dieser Werte für eine Beispielschaltung.

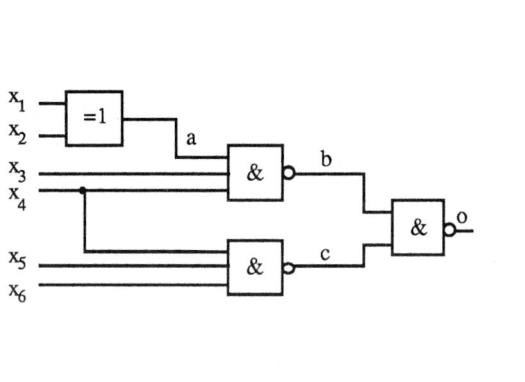

	s_k	$C(k)$	$O(k)$
x_1	$\frac{1}{2}$	$\frac{1}{4}$	$\frac{1}{8}$
x_2	$\frac{1}{2}$	$\frac{1}{4}$	$\frac{1}{8}$
x_3	$\frac{1}{2}$	$\frac{1}{4}$	$\frac{1}{8}$
x_4	$\frac{1}{2}$	$\frac{1}{4}$	$\frac{7}{16}$
x_5	$\frac{1}{2}$	$\frac{1}{4}$	$\frac{1}{8}$
x_6	$\frac{1}{2}$	$\frac{1}{4}$	$\frac{1}{8}$
a	$\frac{1}{2}$	$\frac{1}{4}$	$\frac{1}{8}$
b	$\frac{7}{8}$	$\frac{7}{64}$	$\frac{7}{8}$
c	$\frac{7}{8}$	$\frac{7}{64}$	$\frac{7}{8}$
o	$\frac{7}{32}$	$\frac{175}{1024}$	1

Bild 7.24: Berechnung von Beobachtbarkeits- und Steuerbarkeitswerten mit Hilfe der Signalwahrscheinlichkeiten

Eines der ersten publizierten Programme zur Testbarkeitsanalyse war das Programm SCOAP (Sandia Controllability Observability Analysis Program, [GoTh80]). Es modelliert die Beobachtbarkeit und Steuerbarkeit auf etwas andere Weise und unterscheidet zwischen kombinatorischen und sequentiellen Steuerbarkeits- und Beobachtbarkeitswerten. Für jeden Knoten k der Schaltung werden sechs nichtnegative, ganze Zahlen bestimmt:

$CC^0(k)$ "kombinatorische 0-Steuerbarkeit"
$CC^1(k)$ "kombinatorische 1-Steuerbarkeit"
$CO(k)$ "kombinatorische Beobachtbarkeit"
$SC^0(k)$ "sequentielle 0-Steuerbarkeit"
$SC^1(k)$ "sequentielle 1-Steuerbarkeit"
$SO(k)$ "sequentielle Beobachtbarkeit"

In [GoTh80] werden sogenannte kombinatorische Knoten als primäre Eingänge der Schaltung oder als Ausgänge kombinatorischer Grundbausteine definiert. Die kombinatorische 0 (bzw. 1)-Steuerbarkeit des Knotens k ist eine Schätzung der minimalen Zahl der kombinatorischen Knoten, die belegt werden müssen, um k auf "0" (bzw. "1") zu setzen. Die kombinatorische Beobachtbarkeit des Knotens k ist eine Schätzung der minimalen Zahl von kombinatorischen Knoten, die belegt werden müssen, um einen Pfad von k zu einem primären Ausgang zu sensibilisieren. Somit haben, im Unterschied zu dem auf Signalwahrscheinlichkeiten beruhenden Testbarkeitsmaß, diejenigen Knoten eine besonders gute Steuerbarkeit und Beobachtbarkeit, deren entsprechende Maßzahlen klein sind.

Ein sequentieller Knoten wird als Ausgang eines sequentiellen Grundbausteins definiert, die Definitionen der sequentiellen Steuerbarkeit und Beobachtbarkeit erfolgen in entsprechender Weise, wir beschränken uns im folgenden daher auf Schaltnetze.

Um die Steuerbarkeit eines Ausgangs eines Grundbausteins zu berechnen, müssen alle möglichen Eingangsbelegungen des Gatters untersucht werden, die den Ausgang auf den gewünschten Wert legen. Es seien $x_1,...,x_n$ die Gattereingänge, für die bereits Steuerbarkeitswerte $CC^0(x_i)$, $CC^1(x_i)$ berechnet wurden. Es sei $b \in \{0,1,U\}^n$ eine Belegung der Gattereingänge, und es sei

$$CC^{b_i} := \begin{cases} 0, & \text{für } b_i = U, \\ CC^0(x_i), & \text{für } b_i = 0, \\ CC^1(x_i), & \text{für } b_i = 1. \end{cases}$$

Dann ist die Zahl

(7.12) $$S_b := \sum_{i=1}^{n} CC^{b_i}$$

ein Maß dafür, wie schwer diese Belegung zu erzeugen ist. Für einen Gatterausgang y ist die 0-Steuerbarkeit als $CC^0(y) := [\min\{S_b \mid b \text{ setzt } y \text{ auf "0"}\} +$

"Zelltiefe"] und die 1-Steuerbarkeit als $CC^1(y) := [\min \{S_b \mid b \text{ setzt } y \text{ auf } "1"\}$ + "Zelltiefe"] definiert .

Die Zelltiefe kann der Benutzer von SCOAP selbst definieren, standard-mäßig liegt für eine kombinatorische Zelle die kombinatorische Tiefe auf 1 und die sequentielle auf 0.

Die Beobachtbarkeit eines Primärausgangs der Schaltung ist stets gegeben und wird darum mit Null bewertet. Die Beobachtbarkeit des Gattereingangs x_i der Bauelementefunktion $f_y(x_1,...,x_n)$, also die Beobachtbarkeit der Kante (x_i,y) im Schaltnetzgraphen, wird mittels boolescher Differenzen bestimmt:

$$(7.13) \quad CO(x_i,y) := \min \left\{ \sum_{\substack{j=1 \\ j \neq i}}^{n} CC^{bj} \mid b \text{ setzt } \frac{df_y(x_1,...,x_n)}{dx_i} = "1" \right\} +$$
$$+ CO(y) + "Zelltiefe".$$

Die Beobachtbarkeit eines beliebigen Schaltungsknotens ist die beste Be-obachtbarkeit seiner Kanten: $CO(x) := \min \{ CO(x,y) \mid (x,y) \in E \}$.

Tabelle 7.7 enthält die nach dem Verfahren von SCOAP bestimmten Be-obachtbarkeits- und Steuerbarkeitswerte für die Schaltung aus Bild 7.24. Für sämtliche Gatter wurde dabei Zelltiefe := 1 gesetzt.

Tabelle 7.7: Beobachtbarkeits- und Steuerbarkeitswerte für die Schaltung nach Bild 7.24

	CC^0	CC^1	CO
x_1	1	1	7
x_2	1	1	7
x_3	1	1	8
x_4	1	1	6
(x_4,b)	1	1	8
(x_4,c)	1	1	6
x_5	1	1	6
x_6	1	1	6
a	3	3	6
b	6	2	3
c	4	2	3
o	5	5	0

7.4 Innovative Testerzeugungsverfahren

7.4.1 Testerzeugung als Suchverfahren

Bei vielen Problemen aus dem Gebiet der künstlichen Intelligenz müssen Suchverfahren angewandt werden. Sie können als Suchbaum dargestellt werden, wobei jeder Knoten des Baumes einen Zustand repräsentiert. Es werden drei Arten von Knoten unterschieden:

1. *Anfangsknoten:* Startzustand des Suchverfahrens.
2. *Nachfolgerknoten:* Die Nachfolgerknoten von k sind diejenigen Knoten, die von k in einem einzigen Suchschritt erreicht werden können.
3. *Zielknoten:* Diejenigen Knoten, welche die gesuchte Eigenschaft besitzen.

Ein Suchverfahren, das die Elemente in einem Raum nach einer bestimmten Strategie solange aufzählt, bis der Raum erschöpft oder bis ein gesuchtes Element gefunden wurde, heißt impliziter Aufzählungsalgorithmus. Bei der Testerzeugung für Schaltnetze ist der Suchraum die Menge aller Eingangsbelegungen. Eine einfache Möglichkeit zur Testerzeugung wäre es, die Belegungen aufzuzählen und jedesmal zu simulieren, ob die entsprechende Belegung ein Test ist. Sinnvoller ist es jedoch, die Belegungen in einer Reihenfolge aufzuzählen, die eine möglichst frühzeitige Fehlererkennung verspricht. Diese Reihenfolge wird durch eine *heuristische Funktion* festgelegt. Als heuristische Funktion bieten sich hier die bereits vorgestellten Testbarkeitsmaße an.

Auch die Verfahren zur Pfadsensibilisierung sind solche Suchverfahren. Sie haben jedoch als Suchraum alle Belegungen der Schaltungsknoten und damit einen Aufwand der Größenordnung $|V| \cdot 2^{|V|}$. Die im folgenden vorgestellten Verfahren zeichnen sich dadurch aus, daß nur Belegungen der Primäreingänge $I \subset V$ betrachtet werden und damit der Aufwand auf $|V| \cdot 2^{|I|}$ reduziert wird. Bild 7.25 zeigt einen entsprechenden Suchbaum.

In einem binären Baum nach Bild 7.25 bilden die Nachfolger eines jeden Knotens wieder eine binären Teilbaum. Es ist besonders zu beachten, daß die Aufzählung $i_1, ..., i_n$ der Primäreingänge nicht fest ist, sondern in einzelnen Teilbäumen unterschiedlich sein kann. Die Verfahren erzeugen an einem inneren Knoten i_k, der einer partiellen Eingangsbelegung entspricht, dynamisch den nächsten Eingang i_{k+1}, für den die beiden Alternativen $i_{k+1} = 0$ und $i_{k+1} = 1$ untersucht werden. Daher können auf unterschiedlichen Pfaden von der Wurzel zu den Blättern die Eingänge in unterschiedlicher Reihenfolge erscheinen.

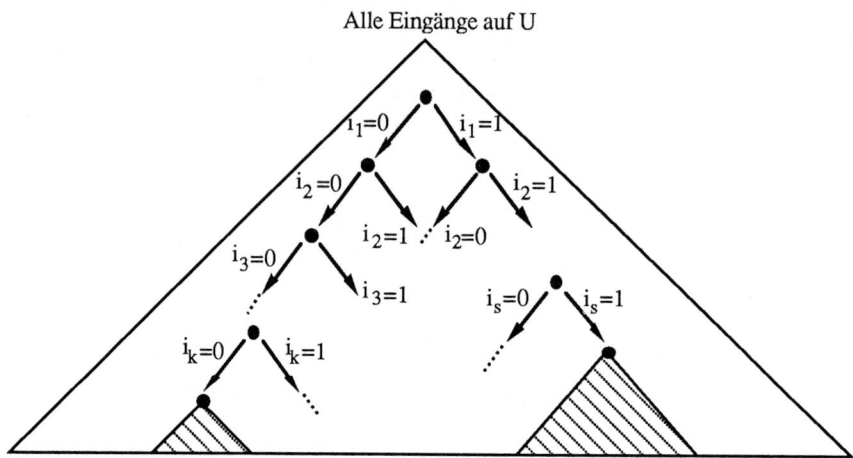

Bild 7.25: Suchbaum

Jedes Blatt des Suchbaums entspricht einem Eingabemuster der Schaltung. Erkennt das Muster den Zielfehler, so ist das Blatt ein Element des Lösungsraumes. Ein innerer Knoten der Tiefe $r<n$ entspricht einer partiellen Belegung der Primäreingänge, hier der Eingänge $i_1,\dots,i_r$, und wird als Element des Lösungsraumes bezeichnet, wenn unter seinen Nachfolgern mindestens ein Blatt im Lösungsraum liegt. Gelangt das Suchverfahren an einen solchen Knoten, so kann durch weiteres Vorausschreiten im Suchbaum die partielle Belegung zu einem vollständigen Testmuster ergänzt werden.

Ist ein Knoten jedoch nicht Element des Lösungsraums, so ist es auch keiner seiner Nachfolger. Daher korrespondieren diese Knoten zu Teilbäumen, die in Bild 7.25 schraffiert gekennzeichnet sind.

Ein Suchverfahren sollte möglichst früh erkennen, daß es den Lösungsraum verlassen hat. In diesem Fall sollte es weder den betreffenden Knoten, noch einen seiner Nachfolger in einem späteren Schritt untersuchen. Es wird also ein Teil des Suchraumes abgetrennt und von der weiteren Behandlung ausgeschlossen (englisch: "split and prune").

Ist erkannt worden, daß der Lösungsraum verlassen wurde, so wird im Suchbaum der eindeutig bestimmte Pfad in Richtung der Wurzel zurückgegangen. Jeder Knoten, dessen beide Nachfolger nicht im Lösungsraum liegen, kann selbst auch nicht im Lösungsraum sein. Man geht daher so weit zurück, bis man einen Knoten erreicht, der noch einen möglichen Nachfolger im Lösungsraum besitzt, und behandelt diese Alternative. Ein solcher Rücksprung wird auch als Backtracking bezeichnet.

Die Häufigkeit, mit der man den Lösungsraum verläßt und damit Backtracking nötig wird, und die Zeit, die bis zum Erkennen dieses Sachverhalts verstreicht, bestimmen die Rechenzeit und die Qualität eines Testerzeugungs-verfahrens. Daher bedient man sich heuristischer Funktionen, um den Lö-sungsraum möglichst nicht zu verlassen, und eines umfangreichen Regel-werks, um möglichst frühzeitig das Verlassen feststellen und den Suchraum einschränken zu können.

In der Regel wird für hochintegrierte Schaltungen der abzusuchende Raum so umfangreich, daß er nicht mehr in akzeptabler Rechenzeit vollständig auf-gezählt werden kann. Neben der heuristischen Funktion benutzen deshalb die modernen Testmustergeneratoren auch Abbruchkriterien, die bestimmen, ab wann nicht mehr weiter nach einem Test für einen Zielfehler gesucht wird. Als Abbruchkriterium kann der Benutzer häufig angeben, wie oft bei einem Fehler im Suchbaum zurückgesprungen werden darf. Damit kann es für einen Fehler drei verschiedene mögliche Ausgänge des Verfahrens geben:

a)   *Fehlererkennung:* Ein Testmuster wurde gefunden.

b)   *Redundanzerkennung:* Es wurde verifiziert, daß der Lösungsraum leer ist.

c)   *Abbruch:* Für den Zielfehler konnte keine Aussage getroffen werden (englisch: "aborted fault").

7.4.2   Heuristische Pfadwahl

Das Programm PODEM (Path oriented decision making) ist ein Testmu-stergenerator, der für hochintegrierte Schaltungen mit Prüfpfad entwickelt wurde. Die Eingangsbelegungen für ein Schaltnetz mit den Primäreingängen $I = \{i_1, ..., i_n\}$ werden dabei gemäß der Prozedur aus Bild 7.26 aufgezählt.

Die in Schritt 2) benötigte heuristische Funktion wird mittels eines Test-barkeitsmaßes konstruiert, das auswertet, wie leicht ein Knoten auf "0" oder auf "1" gesetzt werden kann.

Für den Zielfehler versucht PODEM ähnlich wie beim D-Algorithmus, die D-Grenze an einen primären Ausgang der Schaltung zu treiben. Dazu werden sukzessive die primären Eingänge so belegt, daß D oder $\overline{D}$ weitergeschaltet werden kann. Die Auswahl der Pfade, entlang derer D oder $\overline{D}$ weitergeschal-tet werden, erfolgt nach dem Kriterium der "einfachsten und der schwersten Lösung".

```
Prozedur   PODEM;

1)  Setze  alle  Primäreingänge  I  auf  unbestimmt;
2)  Wähle  mit  einer  heuristischen  Funktion  einen  noch  unbestimm-
    ten  Primäreingang  i ∈ I  und  eine  Belegung  b ∈ {0,1};
3)  Setze  i := b;
4)  Simuliere  die  bisher  erzielte  partielle  Belegung;
5)  Falls  der  Fehler  überall  maskiert  wird:

    5.1)   Setze  i := b̄;
    5.2)   Simuliere  die  bisher  erzielte  partielle  Belegung;
    5.3)   Falls  der  Fehler  überall  maskiert  wird:
                Rücksprung  zu  einem  früheren  Schritt  2),  falls
                er  existiert;
                sonst  STOP  ohne  Test;
6)  Falls  der  Fehler  erkannt  wird:   STOP  mit  Test;
7)  Gehe  zu  2);
END.
```

Bild 7.26: PODEM

Die Pfadauswahl sei an einem Beispiel erläutert: In der Schaltung sei ein NAND Gatter mit 4 Eingängen, an dessen Ausgang eine "1" erzeugt werden soll. Dann muß mindestens einer der 4 Eingänge auf "0" gesetzt werden. PODEM versucht zunächst, denjenigen der 4 Knoten auf "0" zu setzen, der die beste 0-Steuerbarkeit hat und somit am "einfachsten" zu setzen ist. Soll am Ausgang des NANDs jedoch eine "0" sein, dann müssen alle 4 Knoten auf "1" sein. PODEM versucht, denjenigen auf "1" zu setzen, der die schlechteste 1-Steuerbarkeit hat und somit am "schwersten" zu setzen ist. Denn wenn sich dieser Knoten nicht setzen läßt, dann braucht man die anderen Alternativen nicht zu durchlaufen. Auf diese Weise werden schrittweise von einem Gatterausgang zu einem Gattereingang solange zu setzende Knoten gewählt, bis ein primärer Eingang erreicht ist. Bild 7.27 zeigt für einige elementare Gatter, welche Belegungen an den Gattereingängen eingestellt werden müssen, um am Gatterausgang das vermerkte Signal zu erzeugen.

Die heuristische Funktion besteht demnach aus einer Prozedur, die dem fehlerhaften Knoten D oder $\overline{D}$ zuordnet und das Signal weiterschaltet, indem sie nach den Kriterien "einfachste/ schwerste Lösung" einen Pfad zu einem Primäreingang i ∈ I zurückverfolgt und diesen entsprechend belegt. Die so bestimmte heuristische Funktion wurde von Goel "Backtrace" genannt [Goel81], ihr Flußdiagramm zeigt Bild 7.28.

Der dort verwendete Ausdruck "Ziel" bezeichnet ein Paar (b,k) mit einem logischen Wert b ∈ {"0","1"} und einem Knoten k ∈ V. Die heuristische Funktion wird aufgerufen, um als Ziel k := b zu setzen. Ein solches Ziel kann gesetzt werden, um das Fehlersignal weiterzutreiben oder zu erzeugen.

Auszuwählender Gattereingang: Einzustellendes Signal
am Gatterausgang:

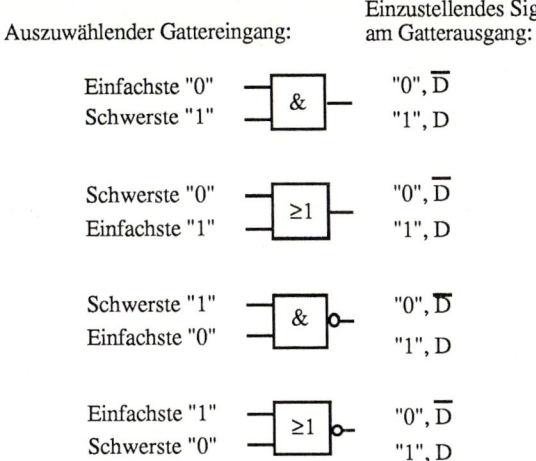

Einfachste "0" "0", $\overline{D}$
Schwerste "1" "1", D

Schwerste "0" "0", $\overline{D}$
Einfachste "1" "1", D

Schwerste "1" "0", $\overline{D}$
Einfachste "0" "1", D

Einfachste "1" "0", $\overline{D}$
Schwerste "0" "1", D

Bild 7.27: Einfachste / schwerste Lösung

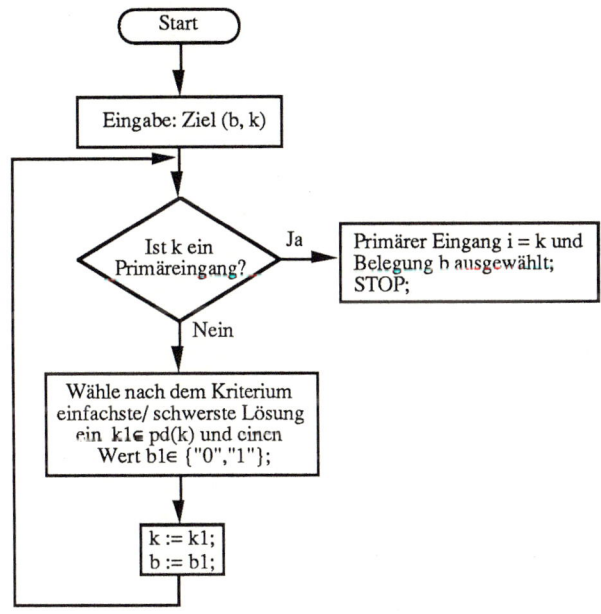

Bild 7.28: Heuristische Funktion "Backtrace" nach [Goel81]

Als Anfangsziel muß zunächst an k ein Fehlersignal erzeugt und b ∈ {D, $\overline{D}$} gewählt werden. Anschließend wird jedoch das Fehlersignal nur dann weitergetrieben, wenn die D-Grenze nicht leer ist und es wenigstens einen Pfad von der D-Grenze zu einem Primärausgang gibt, dessen Knoten noch sämtlich unbestimmt sind. Existiert kein solcher Pfad, so sind bereits unter der bislang bestimmten partiellen Belegung der Primäreingänge alle Pfade blockiert, ein Test somit nicht möglich, und es muß im Suchbaum zurückgesprungen werden. Diese Überprüfung nennt Goel "X-path check".

Bild 7.29 zeigt wieder das Schneidersche Beispiel. In Tabelle 7.8 sind in der für die Knoten k die bereits vorgestellten Steuerbarkeitswerte C(k) := s(k)(1-s(k)) eingetragen.

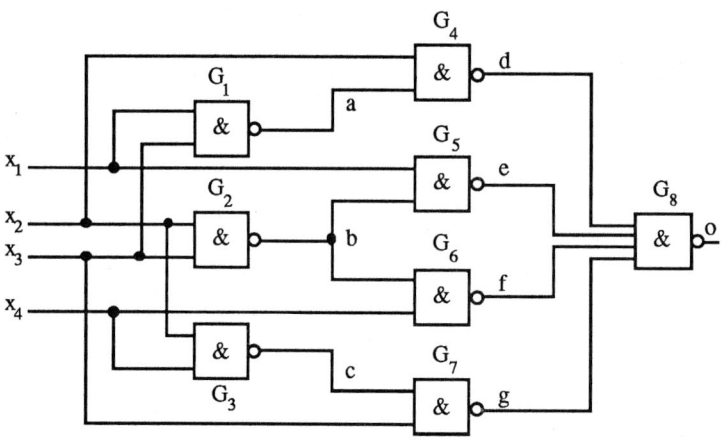

Bild 7.29: Schneidersches Beispiel

Tabelle 7.8: Signalwahrscheinlichkeiten und Steuerbarkeitswerte der Knoten im Schneiderschen Beispiel

	x_1	x_2	x_3	x_4	a	b	c	d	e	f	g	o
s(k)	$\frac{1}{2}$	$\frac{1}{2}$	$\frac{1}{2}$	$\frac{1}{2}$	$\frac{3}{4}$	$\frac{3}{4}$	$\frac{3}{4}$	$\frac{5}{8}$	$\frac{5}{8}$	$\frac{5}{8}$	$\frac{5}{8}$	$\frac{1}{8}$
C(k)	$\frac{1}{4}$	$\frac{1}{4}$	$\frac{1}{4}$	$\frac{1}{4}$	$\frac{3}{16}$	$\frac{3}{16}$	$\frac{3}{16}$	$\frac{15}{64}$	$\frac{15}{64}$	$\frac{15}{64}$	$\frac{15}{64}$	$\frac{7}{64}$

Tabelle 7.9 gibt den Ablauf des PODEM-Algorithmus mit der heuristischen Funktion BACKTRACE wieder, wenn ein Test für den Fehler s1-b erzeugt werden soll.

Tabelle 7.9: Bearbeitung des Schneiderschen Beispiels mit PODEM

Schritt	x_1	x_2	x_3	x_4	a	b	c	d	e	f	g	o
1. (1)	-	-	-	-	-	-	-	-	-	-	-	-
2. (2)	BACKTRACE; Ziel: ($\overline{D}$,b); Schwerste Lösung (1,x_2);											
	Ziel: (1,x_2); $x_2 \in$ I: STOP;											
3. (3)	-	1	-	-	-	-	-	-	-	-	-	-
4. (4)	-	1	-	-	-	-	-	-	-	-	-	-
5. (2)	BACKTRACE; Ziel: ($\overline{D}$,b); Schwerste Lösung (1,x_3);											
	Ziel: (1,x_3); $x_3 \in$ I: STOP;											
6. (3)	-	1	1	-	-	-	-	-	-	-	-	-
7. (4)	-	1	1	-	-	$\overline{D}$	-	-	-	-	-	-
8. (5)	X-Check; Pfade sind (b, e, o) und (b, f, o);											
9. (2)	BACKTRACE; Ziel: (1,x_1); $x_1 \in$ I: STOP;											
10. (3)(4)	1	1	1	-	0	$\overline{D}$	-	1	D	-	-	-
11. (5)	X-Check;											
12. (2)	BACKTRACE; Ziel: (1,f); Einfachste Lösung (0,x_4);											
	Ziel: (0,x_4); $x_4 \in$ I: STOP;											
13. (3)(4)	1	1	1	0	0	$\overline{D}$	1	1	D	1	0	1
14. (5)	X-Check; o = "1", alle Pfade sind blockiert;											
(5.1)	Setze $x_4 := 1$											
(5.2)	1	1	1	1	0	$\overline{D}$	0	1	D	D	1	$\overline{D}$
15. (6)	Test erzeugt;											

7.4.3 Beschränkung des Suchraums

In Bild 7.25 ist der Suchraum in den Lösungsraum und in Knoten außerhalb des Lösungsraumes aufgeteilt worden. Dies läßt sich nach Bild 7.30 weiter unterteilen. Sämtliche schraffierten Gebiete liegen hier außerhalb des Lösungsraumes, aber der eingesetzte Algorithmus erkennt dies erst an Knoten des eng schraffierten Teils. Ein Testerzeugungsverfahren ist umso effizienter, je seltener es den Lösungsraum verläßt und je früher es ein etwaiges Verlassen erkennt.

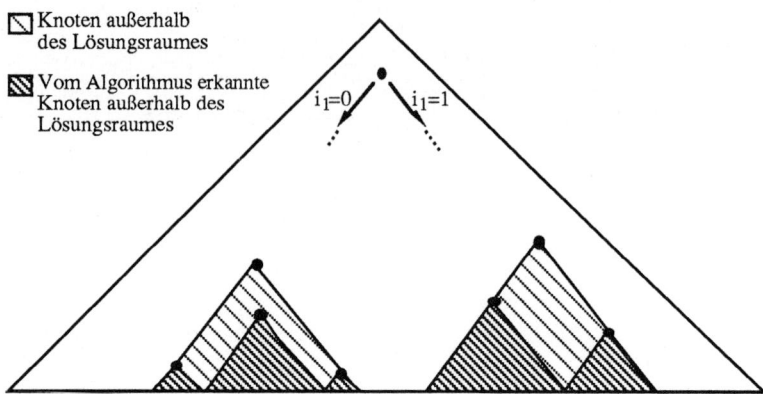

Bild 7.30: Einteilung des Lösungsraums nach [Schu88]

Im PODEM-Verfahren ist es Aufgabe der heuristischen Funktion BACK-TRACE, dafür zu sorgen, daß der Lösungsraum nur selten verlassen wird, die Prozedur X-Path Check soll frühzeitig die Fehlermaskierung erkennen. Für dieselben Zwecke wurden eine Reihe weiterer Prozeduren und Regeln vorgeschlagen und in den Programmen FAN (Fanout-oriented Test Generation [FuSh83]) und SOCRATES [SST88, Schu88, ScAu88] implementiert. Wir führen im folgenden einige wichtige Regeln auf.

Regel 1: Bestimme bei jedem Schritt möglichst viele eindeutig festgelegte Signalwerte an den inneren Knoten der Schaltung.

Nach dieser Regel ist jedesmal, wenn das Ziel (b,k) vorgegeben wird, um k := b zu setzen, die Implikationsprozedur aufzurufen, um auch alle Konsequenzen dieser Wertzuweisung zu bestimmen. Dadurch kann frühzeitig erkannt werden, ob durch diese Zuweisung der Fehler maskiert wird und die D-Grenze verschwindet. Dann darf mit BACKTRACE dieses Ziel gar nicht verfolgt werden.

Es ist somit sinnvoll, die Implikationsprozedur möglichst leistungsfähig zu machen. Zu diesem Zweck wurde sie in [Schu88] um eine sogenannte globale Implikation ergänzt. Bild 7.31 zeigt eine übliche Situation, bei der die Zuweisung a := 1 die Belegung f = 1 impliziert.

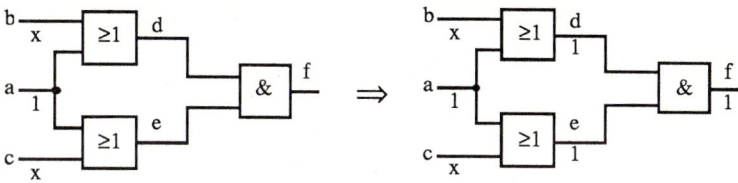

Bild 7.31: Lokale Implikation

Wurde jedoch die Zuweisung f := 0 festgelegt, so scheitert die lokale Implikation, da daraus nur (d = 0 ∨ e = 0), aber keine eindeutig bestimmte Wertzuweisung folgt. Dennoch folgt aus f = 0 zwangsläufig a = 0, und die in Bild 7.32 dargestellte globale Implikation ist richtig.

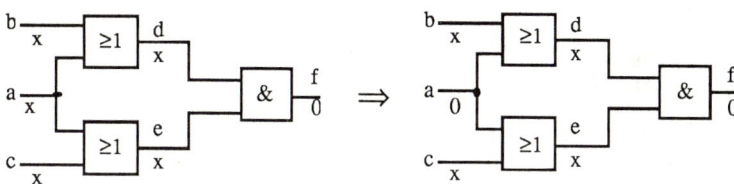

Bild 7.32: Globale Implikation

Die Korrektheit der globalen Implikation folgt aus dem aussagenlogischen Gesetz der Kontraposition für zwei Variablen a, b:

(7.14) $(a \Rightarrow b) \Leftrightarrow (\neg b \Rightarrow \neg a)$.

Existieren daher in der Gleichung zwei Knoten a, b mit a ⇒ b, so kann in einem Vorverarbeitungsschritt die Implikation $\overline{b} \Rightarrow \overline{a}$ gelernt und abgespeichert werden. Es ist jedoch nicht notwendig, jede dieser Implikationen zu lernen und zu speichern. In der Schaltung nach Bild 7.33 wird die gezeigte Implikation auch durch das lokale Verfahren erkannt. Somit erhalten wir folgende Regel zur Verbesserung der Implikation:

Regel 2.1: Lerne in einem Vorverarbeitungsschritt globale Implikationen, die lokal nicht erkannt werden.

Regel 2.2: Führe die erweiterte, globale Implikation durch.

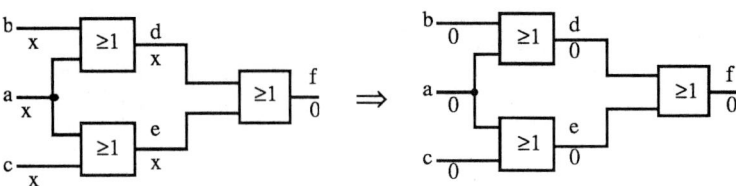

Bild 7.33: Nicht lernenswerte globale Implikation

Andere Regeln betreffen die Struktur und die Reihenfolge der untersuchten Pfade:

Regel 3: Verfolge Signal stets soweit wie möglich über eindeutig bestimmte Pfade zurück.

Wir erläutern den Sinn dieser Regel an der Beispielschaltung von Bild 7.34. Um den Fehler s1-d zu finden, muß $d := \overline{D}$ gesetzt werden. Der primitive D-Würfel des entsprechenden NAND-Gliedes verlangt daher $b = c = x_4$ = "1". Diese Belegung erzeugt der D-Algorithmus mittels der Prozedur RÜCKVERFOLGEN, implizite Aufzählungsverfahren erzeugen sie mit einer BACKTRACE-Prozedur. BACKTRACE stehen folgende Pfade zum Rückverfolgen zur Verfügung: (c, x_2), (c, x_3), (b, a, x_1), (b, a, x_2). Hiervon sind nur die letzten beiden eindeutig festgelegt, denn um $c := $ "1" zu setzen, müssen x_2 *oder* x_3 gleich "0" sein, aber $b = $ "1" gilt nur bei $a = $ "0", und dieses gilt nur, wenn *sowohl* x_1 *als auch* x_2 auf "1" liegen.

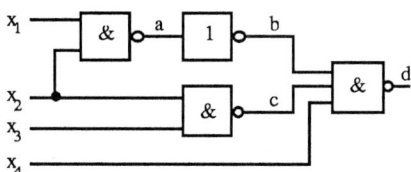

Bild 7.34: Beispielschaltung zu Regel 3

Zusammengefaßt gibt es mehrere Möglichkeiten, um $c = $ "1" zu erzwingen, aber nur eine für $b = $ "1". Regel 3 besagt, daß zuerst die Zuweisungen getroffen werden sollen, die zwingend notwendig sind und für die es keine Alternative gibt. Dadurch wird der Suchraum eingeschränkt und einige Nicht-Lösungsgebiete werden systematisch vermieden, wie der exemplarische Ablauf der BACKTRACE-Prozedur zeigt:

Tabelle 7.10: Konflikt bei Verletzung der Regel 3

Schritt		x_1	x_2	x_3	x_4	a	b	c	d
		primitiver D-Würfel							
		-	-	-	1	-	1	1	$\overline{D}$
		Regelgemäßes BACKTRACE:							
1.	(1)	Ziel(1,b); Schwerste Lösung (0,a);							
		Ziel(0,a); Schwerste Lösung (1,x_1);							
		Ziel(1,x_1); x_1 ist Primäreingang;							
2.	(2)	1	-	-	1	-	1	1	$\overline{D}$
3.	(3)	Ziel(1,b); Schwerste Lösung (0,a);							
		Ziel(0,a); Schwerste Lösung (1,x_2);							
		Ziel(1,x_2); x_2 ist Primäreingang;							
4.	(4)	1	1	-	1	0	1	1	$\overline{D}$
5.	(5)	Ziel(1,c); Einfachste Lösung (0,x_3);							
		Ziel(0,x_3); x_3 ist Primäreingang;							
6.	(6)	1	1	0	1	0	1	1	$\overline{D}$
		Regelwidriges BACKTRACE:							
1.	(1)	Ziel(1,c); Einfachste Lösung (0,x_2);							
		Ziel(0,x_2); x_2 ist Primäreingang;							
2.	(2)	-	0	-	1	1	0	1	$\overline{D}$
		Konflikt: Rücksprung;							
		Weiter wie regelgemäßes BACKTRACE.							

Regel 4: Falls ein Pfadverlauf eindeutig bestimmt ist, sensibilisiere ihn zuerst.

Auch diese Regel erläutern wir mit Hilfe eines Beispiels:

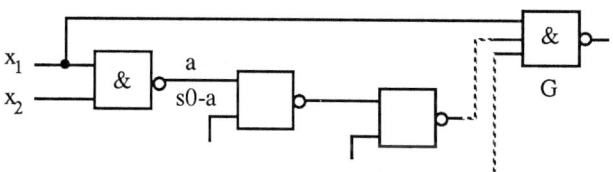

Bild 7.35: Beispiel zu Regel 4

In obenstehender Schaltung kann der Fehler s0-a nur erkannt werden, wenn er durch das Gatter G weitergeschaltet wird, da es keinen anderen Pfad zu einem Primärausgang gibt. Die Sensibilisierung durch G verlangt aber zwingend $x_1 = $ "1", so daß diese Zuweisung als erstes getroffen wird. Dagegen besitzt der Fehler s0-a zwei primitive D-Würfel $(0,-,D)$, $(-,0,D)$. Wählte man hier bereits den falschen Würfel $(x_1,x_2,a) = (0,-,0)$, wäre Sensibilisierung durch G nicht möglich und ein Rücksprung erforderlich.

Regel 3 und Regel 4 lassen sich folgendermaßen zusammenfassen:

Regel 5: Untersuche in jedem Schritt, welche Zuweisungen eindeutig bestimmt und zur Fehlererkennung zwingend notwendig sind. Treffe zuerst diese Zuweisungen, bevor zufällig oder heuristisch aus Alternativen gewählt wird.

Während die bisher aufgeführten Regeln die Behandlung eines Fehlers beschleunigen, soll Regel 6 verhindern, daß für unterschiedliche Fehler dasselbe Teilproblem mehrfach behandelt wird. Ein Knoten, der zugleich Dominator aller seiner Vorgänger (Definition 4.5) und Verzweigungsstamm (Definition 4.4) ist, sei ein Kopfpunkt (Knoten a in Bild 7.36).

In einem Vorverarbeitungsschritt können folgende partielle Belegungen der Primäreingänge erzeugt werden.

a)   Eine Belegung $S := (s_1,\ldots,s_p)$ der Eingänge $x_1,\ldots,x_p$, die den Knoten a an irgendeinem Primärausgang o_i beobachtbar macht.

b)   Eine Belegung $E := (e_1,\ldots,e_n)$ der Eingänge $y_1,\ldots,y_n$, die a auf "1" setzt.

c)   Eine Belegung $Z := (z_1,\ldots,z_n)$ der Eingänge $y_1,\ldots,y_n$, die a auf "0" setzt.

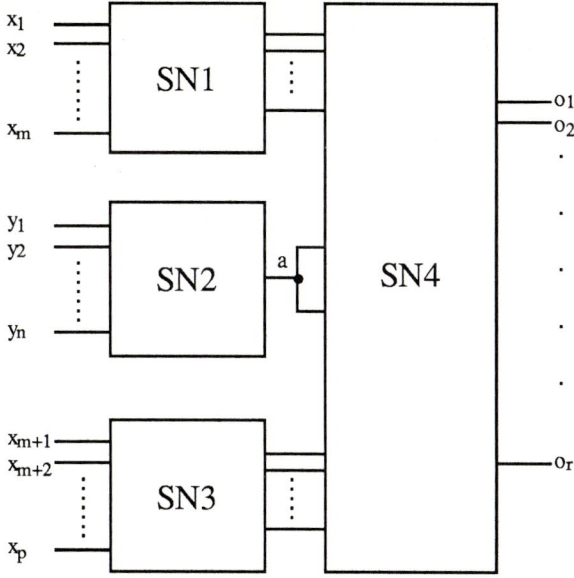

Bild 7.36: Kopfpunkt a

Damit gilt:

a.1) Für jeden Fehler aus Schaltnetz SN2 kann die Testerzeugung auf SN2 beschränkt werden. Macht ein Testmuster $(t_1,...,t_n)$ den Fehler an a sichtbar, so ist $(s_1,...,s_m,t_1, ...,t_n,s_{m+1},...,s_p)$ ein Test für die Gesamtschaltung.

b.1) Für jeden Fehler aus SN1 ∪ SN3 ∪ SN4 braucht die RÜCKVERFOLGUNG oder das BACKTRACE nur bis zum Knoten a getrieben werden. Ist $(x_1,...,x_m,1_a, x_{m+1},...,x_p)$ ein Test für die Teilschaltung SN1 ∪ SN3 ∪ SN4, so ist $(x_1,...,x_m,e_1,...,e_n, x_{m+1},...,x_p)$ ein Test für die Gesamtschaltung.

c.1) Entsprechend folgt aus $(x_1,...,x_m,0_a, x_{m+1},...,x_p)$ der Test $(x_1,...,x_m,z_1,...,z_n, x_{m+1},...,x_p)$.

Regel 6: Behandle Kopfpunkte in einer Vorverarbeitung nach a) bis c). Für die Testerzeugung berücksichtige a.1) bis c.1).

In der beschriebenen Form sind die Regeln statisch, d.h. unabhängig von einer bereits vorhandenen partiellen Eingangsbelegung. Eine solche partielle Belegung kann jedoch Pfade blockieren, so daß sogenannte dynamische Dominatoren entstehen können. In Bild 7.37 ist b ursprünglich kein Dominator, da auch über a ein Pfad zu einem Primärausgang führt.

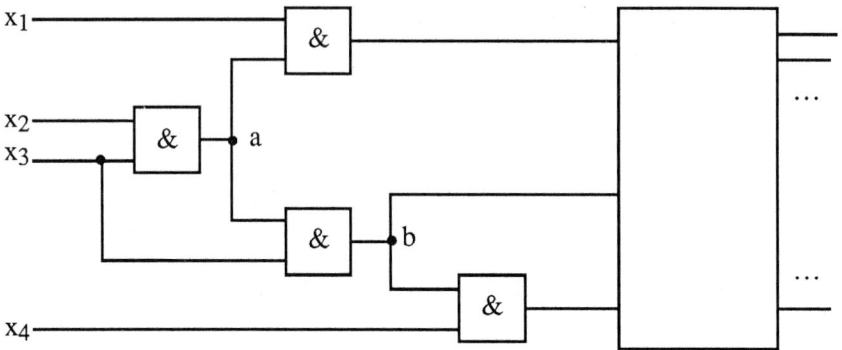

Bild 7.37: Knoten b wird zum Dominator bei x_1 = "0"

Wird jedoch die partielle Belegung $(x_1,x_2,x_3,x_4) = (0,-,-,-)$ angelegt, dann ist der Pfad über a blockiert und b dynamischer Dominator und sogar Kopfpunkt geworden. Die aufgeführten Regeln können auch für diese dynamischen Strukturen erweitert werden [Schu88, ScAu88].

7.5   Vollständige Testerzeugungsprogramme

7.5.1   Testerzeugung und Fehlersimulation

Zur Erzeugung einer möglichst vollständigen Testmenge benutzen moderne Programmpakete sowohl die Fehlersimulation mit zufällig generierten Mustern als auch deterministische Testerzeugungsverfahren. Bild 7.38 zeigt, wie Testerzeugung und Fehlersimulation zusammenspielen.

Anfangs, solange die Fehlererfassung noch gering ist, kann die Fehlersimulation mit Zufallsmustern sehr ökonomisch Testmuster finden, da die meisten Fehler eine recht hohe Fehlererkennungswahrscheinlichkeit haben. Sind jedoch für die Fehler mit hoher Erkennungswahrscheinlichkeit bereits Testmuster gefunden worden, so ist die deterministische Testerzeugung günstiger.

Die bislang angestellten Komplexitätsbetrachtungen haben ergeben, daß die Simulation eines Musters für alle Fehler im schlechtesten Fall bei den bekannten Verfahren quadratischen Aufwand erfordert. Die Erzeugung eines Musters für nur einen Fehler kann jedoch exponentielle Zeit benötigen. Dies spricht für das Vorgehen nach Bild 7.38. Von Interesse ist der Zeitpunkt, an

dem von der Fehlersimulation mit zufälligen Mustern zu einem deterministischen Verfahren umgeschaltet wird. Seine konkrete Bestimmung hängt jedoch von der durchschnittlichen Effizienz des eingesetzten Simulators und
Testmustergenerators ab und ist in der Literatur umstritten [Daeh89, Abra89].

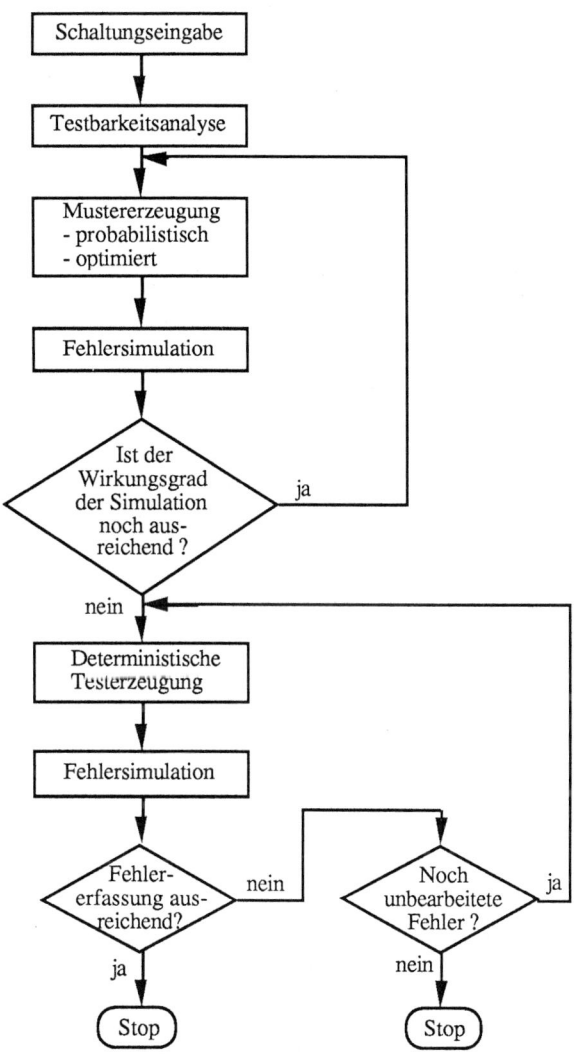

Bild 7.38: Testerzeugungsprogramm

7.5.2 Testsatzkompaktierung

In manchen Fällen wird Wert darauf gelegt, daß die erzeugte Testmenge möglichst klein ist, um die Testdurchführungszeit zu verkürzen. Dies kann auch notwendig werden, wenn nur ein Testgerät mit sehr begrenztem Speicher zur Verfügung steht. Die Minimierung eines Testsatzes hat allerdings auch Nachteile, da die Wahrscheinlichkeit sinkt, Fehler außerhalb des Fehlermodells zu entdecken.

Falls eine Minimierung erforderlich sein sollte, stehen Verfahren der *statischen* und der *dynamischen Kompaktierung* zur Verfügung. Beides sind Heuristiken, die effizient suboptimale Lösungen finden sollen. Die Suche nach einer optimalen Lösung ist im allgemeinen zu aufwendig, da neben der Testerzeugung auch das Problem, aus einer gegebenen Testmenge eine minimale Teilmenge mit derselben Fehlererfassung zu finden, NP-vollständig ist [AkKr84].

Bei der dynamischen Kompaktierung wird berücksichtigt, daß die Testerzeugungsverfahren in der Regel nur partielle Belegungen generieren und einige Primäreingänge unbestimmt lassen. Der so erzeugte, teilweise bestimmte Würfel kann wiederum als Startwürfel verwendet werden, um Tests für einen Fehler aus dem noch nicht bearbeiteten Teil der Schaltung zu finden.

Bei der statischen Kompaktierung sind für alle Fehler Tests bereits erzeugt. Auch hier entsprechen die Testmuster Würfeln für die Primäreingänge, die stellenweise noch unbestimmt sind. Zwei Testmuster t_1 und t_2 können zu einem Testmuster t zusammengefaßt werden, wenn für die entsprechenden Würfel $C := C_1 \cap C_2 \neq \emptyset$ gilt. Die Suche nach einer optimalen Zusammenfassung ist so aufwendig, daß man sich in der Regel auf die suboptimale Prozedur nach Bild 7.39 beschränkt. Hier repräsentiert die Überdeckung $\mathcal{C}$ eine Menge teilbestimmter Testmuster.

```
Prozedur   MERGE(𝒞 = (C₁,…,Cₙ));
𝒞ₙₑᵤ := ∅;
Für i := 1 bis n-1:
    Falls ein j ∈ { i+1,…,n } existiert mit Cᵢ ∩ Cⱼ ≠ ∅
        setze Cⱼ := Cᵢ ∩ Cⱼ;
        sonst setze 𝒞ₙₑᵤ := 𝒞ₙₑᵤ ∪ {Cᵢ};
END.
```

Bild 7.39: Prozedur MERGE

Mittels der Fehlersimulation läßt sich die Kompaktierung noch weiter treiben. Es sei $T := \{ t_1,\ldots,t_n \}$ die Testmustermenge, F sei die Menge der erkannten Fehler und für ein Muster $t \in T$ sei $F(t) := \{ f \in F \mid t \text{ erkennt } F \}$ die Menge der von t erkannten Fehler. Wenn T mit einem Verfahren nach Bild 7.38 erzeugt wurde, gilt für $i = 1,\ldots,n$, $F_0 := F$, $T_0 := \varnothing$ folgendes:

$$T_{i-1} := \{ t_1,\ldots,t_{i-1} \},$$

$$F_{i-1} := F \setminus (\bigcup_{t \in T_{i-1}} F(t)),$$

$$F(t_i) \cap F_{i-1} \neq \varnothing.$$

F_j ist somit die Menge der von T_j noch nicht erkannten Fehler, und für $i>j$ gilt stets $F_i \subsetneq F_j$. Wenn die Muster in aufsteigender Reihenfolge simuliert werden, erkennt jedes mindestens einen neuen Fehler. Dies muß aber nicht für jede Reihenfolge gelten. Simuliert man absteigend für $i = n,\ldots,1$, kann man $F_{n+1} := F$, $T_{n+1} := \varnothing$ setzen und erhält

$$T_i := \begin{cases} T_{i+1} \cup \{t_i\}, \text{ falls } F(t_i) \cap F_{i-1} \neq \varnothing \\ T_{i+1}, \text{ sonst} \end{cases},$$

$$F_i := F \setminus (\bigcup_{t \in T_i} F(t)).$$

Dann ist $T_1 \subset T$ in der Regel eine echte Teilmenge von T und besitzt dieselbe Fehlererfassung. Will man die Minimierung noch weitertreiben, kann mit einer Permutation von T_1 derselbe Prozeß wiederholt werden.

8 Der pseudo-erschöpfende Test

8.1 Das Prinzip des pseudo-erschöpfenden Tests

Der erschöpfende Test, bei dem alle möglichen Eingangsbelegungen aufgezählt werden, garantiert eine vollständige Erfassung aller kombinatorischen
Funktionsfehler der Schaltung. Jedoch wächst hier die Testlänge exponentiell
mit der Zahl der primären Eingänge. Dieses Problem kann in vielen Fällen
durch den pseudo-erschöpfenden Test [McBo81] gelöst werden, bei dem für
jeden Ausgang o der zugehörige Kegel $K(o)$ durch vollständige Aufzählung
aller Musterkombinationen erschöpfend getestet wird.

Die Schaltung von Bild 8.1 besteht aus den beiden Kegeln $K(o_1)$ und
$K(o_2)$. Ein pseudo-erschöpfender Test zählt für $K(o_1)$ alle möglichen Belegungen von $(x_1, ..., x_4)$ und für $K(o_2)$ alle Belegungen von $(x_4, ..., x_7)$ auf.

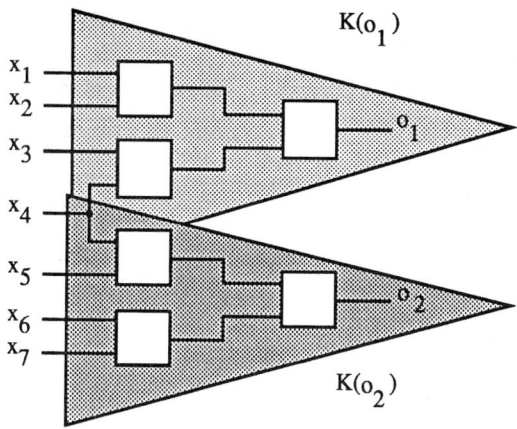

Bild 8.1: Abhängigkeitskegel

Wie beim erschöpfenden Test entfällt beim pseudo-erschöpfenden Test der Aufwand zur Testmusterbestimmung, die Zahl t der benötigten Testmuster ist ferner zumeist erheblich reduziert. Sie kann durch die Ungleichung $2^w \leq t \leq m \cdot 2^w$ abgeschätzt werden, wobei w die maximale Anzahl von Eingängen der einzelnen Kegel und m die Anzahl der primären Ausgänge bezeichnet. Dabei hängt t nicht nur von der Zahl der primären Ausgänge, sondern auch von der Wahl geeigneter Kompaktierungstechniken ab [McCl84, Aker85].

In Bild 8.1 verlangt beispielsweise ein nicht kompaktierter, sukzessiver Test der beiden Kegel $2^4 + 2^4 = 32$ Muster. Die beiden Kegel können aber auch gleichzeitig getestet werden, indem man für $K(o_1)$ eine erschöpfende Testmenge mit 2^4 Mustern erzeugt. In dieser Menge sind die Eingänge x_5, x_6, x_7 noch unbestimmt. Setzt man $x_5 := x_1$, $x_6 := x_2$, $x_7 := x_3$, so erhält man auch einen pseudo-erschöpfenden Test für $K(o_2)$ und eine Gesamttestlänge von 16 Testmustern.

Der pseudo-erschöpfende Test garantiert eine hohe Fehlererfassung. Innerhalb der einzelnen Kegel werden alle kombinatorischen Fehlfunktionen erfaßt. Eine besondere Behandlung erfordern jedoch Fehler, die sequentielles Verhalten hervorrufen können, wie zum Beispiel unterbrochene Leitungen in CMOS-Schaltungen.

Der pseudo-erschöpfende Test eines Schaltnetzes ist sinnvoll, wenn die Anzahl der Eingänge der einzelnen Kegel ein gewisses Limit (z. B. 24) nicht überschreitet. Ein Beispiel für eine pseudo-erschöpfend testbare Schaltung ist der Paritätsgenerator TI SN54/74LS630 mit 23 Eingängen und 12 Ausgängen (Bild 8.2, [TI74]). Jeder Ausgang hängt von 10 Eingängen ab, je zwei Abhängigkeitskegel haben dieselben primären Eingänge und können somit gleichzeitig getestet werden. Ein pseudo-erschöpfender Test kann mit $6 \cdot 2^{10}$ = 6144 Mustern durchgeführt werden, während für einen erschöpfenden Test $2^{23} \approx 8.39 \cdot 10^6$ Muster benötigt würden. Bei Einsatz der erwähnten Kompaktierungstechniken kann die Musterzahl für den pseudo-erschöpfenden Test auf 1024 reduziert werden [McCl84].

Bei beliebigen Schaltnetzen ist nicht gewährleistet, daß die Ausgänge von einer hinreichend kleinen Teilmenge der Eingänge abhängen. Die Vorteile des pseudo-erschöpfenden Tests können jedoch für beliebige Schaltungen genutzt werden, wenn diese zu Testzwecken segmentiert werden [McBo81]. Dabei werden im Testbetrieb weitere Knoten innerhalb der Schaltung als pseudo-primäre Ein- und Ausgänge zugänglich gemacht. Dies sei am Beispiel der kleinen Schaltung aus Bild 8.3 erläutert. Ohne die eingezeichneten pseudo-primären Anschlüsse besitzt Ausgang o einen Abhängigkeitskegel mit 6 Eingängen. Durch die Steuerungs- und Beobachtungspunkte werden die Knoten 7 und 12 zu primären Ausgängen und k_1 und k_2 zu neuen Eingängen. Der Kegel von Knoten 7 besitzt die Eingänge $\{x_1, x_2, x_3\}$, Knoten 12 besitzt $\{k_1, x_4, x_5, x_6\}$ als Eingänge und Ausgang o hängt von $\{k_1, x_3, x_4, k_2\}$ ab.

Zur Illustration diskutieren wir häufig Beispiele mit einer geringen Zahl von Eingängen der Kegel. In der Praxis sind Eingangszahlen von 10 bis 24 pro Kegel möglich.

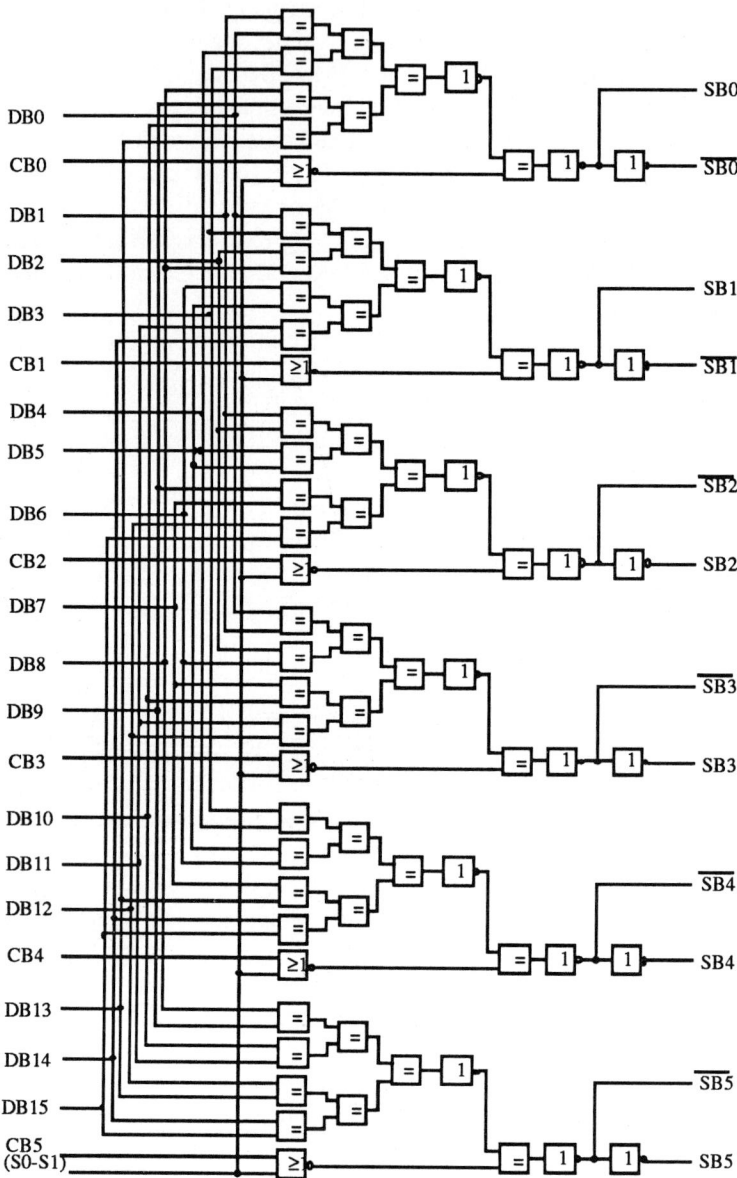

Bild 8.2: TI SN54/74LS630

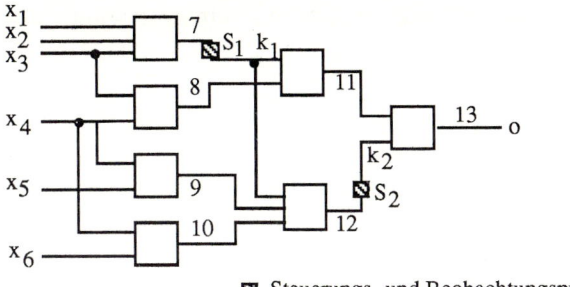

 Steuerungs- und Beobachtungspunkt

Bild 8.3: Schaltnetz mit Steuerungs- und Beobachtungspunkten

Im nächsten Abschnitt werden Verfahren vorgestellt, um mit möglichst wenig Steuerungs- und Beobachtungspunkten die Schaltung so zu segmentieren, daß sie pseudo-erschöpfend testbar wird. Anschließend werden Entwurfstechniken diskutiert, um Schaltungsknoten unmittelbar zugänglich zu machen. Abschnitt 8.3 behandelt die Erzeugung und Kompaktierung pseudo-erschöpfender Testmengen.

8.2   Schaltungssegmentierung

Wie bereits erwähnt, muß eine Schaltung segmentiert werden, wenn sie Kegel mit zu vielen Primäreingängen enthält. Dies kann im wesentlichen mit zwei Techniken geschehen. Pfadsensibilisierende Verfahren suchen eine partielle Belegung der Primäreingänge, so daß Pfade zu den Steuerungspunkten und Pfade von den Beobachtungspunkten zu Primärausgängen sensibilisiert werden. Damit bilden die Steuerungspunkte die Eingänge und die Beobachtungspunkte die Ausgänge eines Segments, das erschöpfend getestet werden kann. Die sogenannte Hardware-Segmentierung macht durch eine Zusatzausstattung der Schaltung in einer speziellen Testbetriebsweise einige Knoten unmittelbar zugänglich.

Beiden Verfahren ist gemeinsam, daß geeignete Testpunkte in der Schaltung bestimmt werden müssen.

8.2.1   Segmentierungsalgorithmen

Jeder Testpunkt kostet bei der Hardware-Segmentierung Siliziumfläche und bei der Segmentierung durch Pfadsensibilisierung Rechenzeit. Es sollen daher möglichst wenige Testpunkte verwendet werden, um die Schaltung pseudo-erschöpfend testbar zu machen. Die Einrichtung eines Testpunktes in

der Schaltung entspricht dem in Definition 4.2 eingeführten Schneiden des
Schaltnetzgraphen.

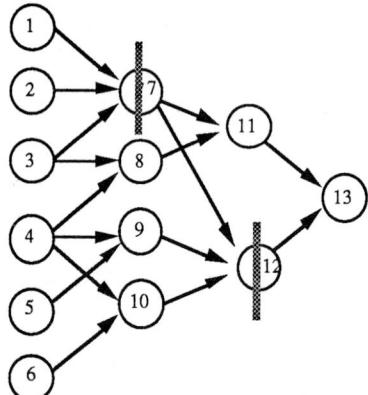

Bild 8.4: Geschnittener Graph zu Bild 8.3

Entscheidend für die Durchführbarkeit des pseudo-erschöpfenden Tests ist
die Zahl der Primäreingänge, die Vorgänger eines Knotens sind.

Definition 8.1: Es sei G := (V,E) ein Schaltnetzgraph mit den Primäreingängen I ⊂ V. Der Abhängigkeitswert eines Knotens v ∈ V ist die natürliche
Zahl a(v) := | p(v) ∩ I |.

Damit kann das Segmentierungsproblem folgendermaßen ausgedrückt
werden:

Definition 8.2 (Problem OSS, Optimale Schaltnetzsegmentierung): Gegeben sei ein Schaltnetzgraph G := (V,E) und eine Zahl $\ell \in \mathbb{N}$. Gesucht ist
eine Teilmenge W ⊂ V von minimaler Mächtigkeit, so daß im geschnittenen
Graphen G_W für alle v ∈ V_W der Abhängigkeitswert nicht größer als ℓ ist,
a(v) ≤ ℓ.

Bild 8.4 zeigt, daß die in Bild 8.2 eingesetzten Testpunkte W = { k_1, k_2 }
zu einem Schaltungsgraph G_W führen, in dem für jeden Knoten a(v) ≤ 4 gilt.
Eine Transformation von G zu G_W wird durch die Angabe der Menge der
zu schneidenden Knoten vollständig beschrieben, und OSS läßt sich durch
vollständige Aufzählung aller $2^{|V|}$ möglichen Transformationen von G exakt
lösen. Dies würde zu exponentiellem Aufwand führen, der jedoch wegen
Satz 8.1 im schlechtesten Fall nicht zu vermeiden ist:

Satz 8.1: OSS ist NP-vollständig für $\ell > 2$.

Einen komplizierten Beweis dieses Satzes findet man in [Bhat86]. Eine weit kürzere Reduktion ist mit dem Problem HIT möglich, dessen NP-Vollständigkeit in [Karp72] und [GaJo79] gezeigt wird.

Definition 8.3: (Problem HIT): Es sei S eine endliche Menge, und $\mathcal{C} :=$ { $c_1, \ldots, c_m$ } $\subset \mathcal{P}(S)$ sei eine Teilmenge der Potenzmenge von S mit $\mid c_i \mid =$ 2. Gibt es eine Teilmenge $W \subset S$ der Mächtigkeit $k \leq \mid S \mid$, die aus jedem c_i ein Element enthält, $\forall c_i : W \cap c_i \neq \varnothing$?

Beweis von Satz 8.1: OSS liegt sicher in NP, da in jedem geschnittenen Graphen G_W die Abhängigkeitswerte aller Knoten mit quadratischem Aufwand bestimmt werden können. Zum Beweis der Vollständigkeit zeigen wir HIT $\propto$ OSS:

Für jedes c_i, $i := 1, \ldots, m$, definiert man ein neues Element s_i. Für jedes $s \in S$ definiert man eine neue Menge $D(s) := \{ d_1, \ldots, d_{\ell-1} \}$. Man setzt

$$V := S \cup \{ s_1, \ldots, s_m \} \cup \bigcup_{s \in S} D(s) \quad \text{und}$$

$$E := \bigcup_{i=1}^{m} \{ (x, s_i) \mid x \in c_i \} \cup \bigcup_{s \in S} \{ (d, s) \mid d \in D(s) \}.$$

Im Graphen $G := (V, E)$ ist $\bigcup_{s \in S} D(s)$ die Menge der Primäreingänge, und jeder Knoten s_i hängt von $2 \cdot (\ell-1)$ Primäreingängen ab. Diese Zahl wird auf ℓ reduziert, indem ein Knoten aus c_i geschnitten wird. Also ist eine Lösung W der Mächtigkeit k von OSS auch eine Lösung von HIT und umgekehrt. $\square$

Zur Veranschaulichung des Beweises sei $S := \{1, 2, 3\}$, $c_1 := \{1, 2\}$, $c_2 := \{2, 3\}$. Der daraus folgende Graph ist in Bild 8.5 dargestellt. Dieses Segmentierungsproblem wird durch einen Schnitt am Knoten 2 gelöst. $W = \{2\}$ ist aber auch die Lösung von HIT.

Um exponentiellen Aufwand zu vermeiden, haben Roberts und Lala ein heuristisches Vorgehen vorgeschlagen [RoLa84]. Ihre Heuristik garantiert aber nicht, daß die Abhängigkeitswerte sämtlicher Knoten aus V_W unter der Konstanten ℓ liegen, sondern es soll nur der größte Abhängigkeitswert $a^* := \max\{a(v) \mid v \in V_W\}$ für einen Knoten in G_W möglichst wenig von ℓ abweichen.

Patashnik modifiziert das Problem OSS leicht, indem er anstelle einer minimalen Zahl von Schnitten eine minimale Zahl von Testmustern für den pseudo-erschöpfenden Test der resultierenden Schaltung fordert (OSS'). In [Pata83] zeigt er, daß OSS' NP-vollständig ist. Daher wurden für seine Behandlung verschiedene Heuristiken wie "Iterative Improvement" [Arch85] und "Simulated Annealing" [McSh87] vorgeschlagen. Unser Ziel ist die Entwicklung effizienter Heuristiken zur Bestimmung guter, suboptimaler Lösungen für OSS.

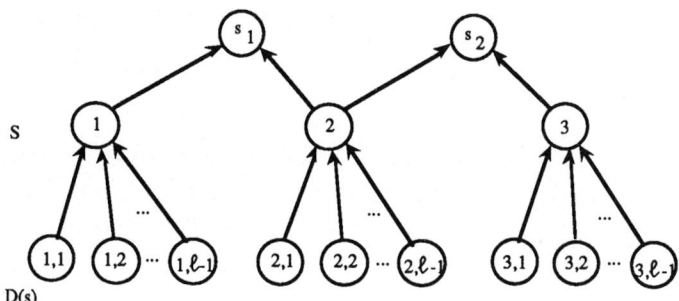

Bild 8.5: Beispielgraph

Das Problem OSS läßt sich als ein kombinatorisches Optimierungsproblem folgender Art auffassen:

Kombinatorische Optimierung: Gegeben sei eine Menge $\mathcal{Z}$ von Zuständen, eine Teilmenge $\mathcal{Z}^* \subset \mathcal{Z}$ zulässiger Zustände und eine Kostenfunktion k: $\mathcal{Z} \to \mathbb{R}$. Gesucht ist ein zulässiger Zustand $Z \in \mathcal{Z}^*$ mit minimalen Kosten, das heißt $k(Z) = \min\{k(X) \mid X \in \mathcal{Z}^*\}$.

Bei derartigen Optimierungsproblemen haben sich sogenannte "Hill-Climbing"-Verfahren bewährt [Rich83]. Hierbei wird ein Suchbaum konstruiert, dessen Knoten den Zuständen Z entsprechen. Die Wurzel ist ein Anfangszustand $Z_0 \in \mathcal{Z}$, und für jeden Knoten werden alle unmittelbaren Nachfolger gemäß einer Erzeugungsregel als Folgezustände erzeugt. Mit einer heuristischen Funktion h: $\mathcal{Z} \to \mathbb{R}$ wird entschieden, zu welchem der unmittelbaren Nachfolger weiterverzweigt wird. Das Verfahren wird fortgesetzt, bis ein zulässiger Zustand erzeugt worden ist.

Um das Problem OSS entsprechend behandeln zu können, sind die Menge der Zustände $\mathcal{Z}$, der zulässigen Zustände $\mathcal{Z}^*$, die Kostenfunktion k, die Heuristik h, die Erzeugungsregel und damit auch der Suchbaum festzulegen.

Menge der Zustände $\mathscr{Z}$ und $\mathscr{Z}^*$: Die Potenzmenge $\mathscr{P}(V)$ der Knotenmenge V beschreibt alle möglichen Schnitte und wird deshalb als Zustandsmenge $\mathscr{Z}$ gewählt. Zulässig sind solche Teilmengen $W \subset V$, denen eine Transformation in einen Graphen G_W entspricht, so daß $a(v) \leq \ell$ für alle $v \in V_W$ gilt, d. h. $\mathscr{Z}^* := \{W \subset V \mid \forall v \in V_W: a(v) \leq \ell \text{ in } G_W\}$.

Kostenfunktion k: $\mathscr{Z} \rightarrow \boldsymbol{R}$: Die Kostenfunktion für OSS spiegelt direkt den Testaufwand wider, für jede Teilmenge $W \subset V$ ist $k(W) := |W|$ die Zahl der einzubauenden Testpunkte.

Mit diesen Bezeichnungen kann eine Prozedur beschrieben werden, die ein globales Optimum für den Schaltnetzgraphen $G := (V,E)$ findet. Die Knoten V seien mit v^i wieder gemäß dem Signalfluß aufgezählt. Der Zustand $Z := (v^{i_1}, \dots, v^{i_k})$, $0 < i_j < i_{j+1} \leq |V|$, besitze die Folgezustände $nd(Z) := \{ (v^{i_1}, \dots, v^{i_k}, v^{i_{k+1}}) \mid i_k < i_{k+1} \leq |V| \}$.

Ein globales Optimum entspricht einem zulässigen Zustand mit kürzestem Abstand zur Wurzel. Natürlich ist V selbst ein zulässiger Zustand, jeder Schaltungsknoten wird zu einem Testpunkt. Man setzt die Variable current := |V| und sucht erschöpfend den Suchbaum ab, wobei man jedoch nie weiter als current-1 geht, da dann sicher ist, daß die bereits gefundene Lösung nicht verbessert wird. Sobald ein neuer zulässiger Zustand Z erreicht wird, setzt man current := |Z|, springt im Suchbaum zurück und fährt an einem anderen Zweig mit der Suche fort. Zur Implementierung des Verfahrens verwendet man für jeden Zustand Z die boolesche Variable Z.BESUCHT, die wahr ist, wenn der Zustand bereits behandelt wurde. Für zwei Zustände $A := (v^{i_1}, \dots, v^{i_r})$, $B := (v^{j_1}, \dots, v^{j_s})$ gelte die Relation A<B, wenn es ein $t \leq \min\{r,s\}$ mit $i_k = j_k$ für $1 \leq k < t$ und $i_t < j_t$ gibt. Damit läuft die Segmentierung wie in Bild 8.6 ab.

```
Prozedur   GLOB_OSS(G,W);
W := V;
current := |V|;
Tiefe := 0;
Z := ∅;
Solange Tiefe ≥ 0:
    Falls Z zulässige Lösung ist,
            setze W := Z;
            current := Tiefe;
            Z.BESUCHT := TRUE;
            Z := unmittelbarer Vorgänger von Z;
            Tiefe = Tiefe - 1;
    Sonst
            Falls es ein A ∈ nd(Z) mit A.BESUCHT = FALSE gibt:
```

```
                  Wähle das kleinste A;
                  Falls Tiefe+1 < current,
                          setze Tiefe := Tiefe + 1;
                          Z := A;
                  Sonst A.BESUCHT = TRUE;
        Sonst
                  setze Z.BESUCHT := TRUE;
                  Z := unmittelbarer Vorgänger von Z;
                  Tiefe := Tiefe - 1;
  Optimale Lösung := W
  END.
```

Bild 8.6: Suche nach einer optimalen Segmentierung

Die Prozedur GLOB_OSS findet stets eine optimale Lösung des Segmentierungsproblems OSS, besitzt aber im schlechtesten Fall exponentiellen Aufwand bezüglich der Schaltungsgröße. Der Aufwand kann reduziert werden, indem man den Suchbaum einschränkt und für einen Knoten weniger Nachfolger erzeugt. Zugleich werden nicht mehr alle erzeugten Nachfolger untersucht, sondern sie werden mit einer heuristischen Funktion bewertet, und nur diejenigen Zustände werden weiter verfolgt, für welche die heuristische Funktion günstige Ergebnisse vorhersagt.

Erzeugungsregel und Suchbaum: Es sei $W \subset V$ eine Menge von Knoten, d. h. $W \in \mathcal{Z}$. Die unmittelbaren Nachfolger von W werden wie folgt bestimmt: Sei v_{min} der Knoten mit der kleinsten Nummer in G_W, dessen Abhängigkeitswert das Limit ℓ überschreitet. Die Menge $U \subset V$ ist Folgezustand von W, wenn es ein $v \in p(v_{min}) \setminus (W \cup I)$ mit $U = W \cup \{v\}$ gibt.

Diese Regel berücksichtigt, daß mindestens ein Vorgänger von v_{min} geschnitten werden muß, um den Wert $a(v_{min})$ zu vermindern. Damit haben also nur unzulässige Zustände einen Nachfolger im Suchbaum. Weiter schränkt diese Erzeugungsregel die Zahl der unmittelbaren Nachfolger sehr stark ein, dennoch können mit dieser Erzeugungsregel und { } als Anfangszustand im Suchbaum alle kostenminimalen Zustände erzeugt werden. Bild 8.7 zeigt das Beispiel eines Schaltungsgraphen mit zugehörigem Suchbaum.

Heuristische Funktion h: $\mathcal{Z} = \mathcal{P}(V) \rightarrow \mathbb{R}$: Zur Bewertung der Zustände kann beispielsweise folgende heuristische Funktion h gewählt werden:

$$h : \mathscr{P}(V) \to \mathbb{R}$$

$$W \to \sum_{\substack{v \in V_W \\ a(v) > \ell}} \ln(a(v))$$

Gilt $a(v) \leq \ell$ für alle $v \in V_W$, so ist W ein zulässiger Zustand und h wird Null gesetzt. Diese Funktion kann als eine Bewertung der Zahl der Knoten interpretiert werden, die zusätzlich zu W noch geschnitten werden müssen, um einen zulässigen Zustand zu erreichen.

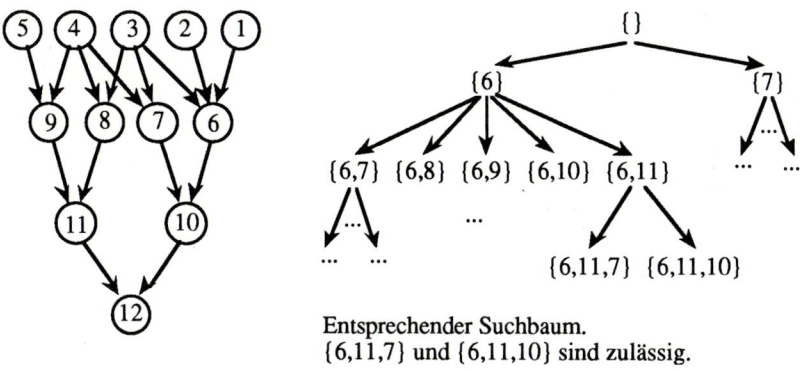

Entsprechender Suchbaum.
{6,11,7} und {6,11,10} sind zulässig.

Bild 8.7: Schaltungsgraph und zugehöriger Segmentierungssuchbaum für $\ell = 3$

Zur Überwindung lokaler Minima der heuristischen Funktion wird der "Hill-Climbing" Algorithmus um die Möglichkeit von Rücksprüngen erweitert. Falls nach einer bestimmten Anzahl von Zustandsübergängen keine Verbesserung der heuristischen Funktion erzielt werden kann, wird im Suchbaum um einige Schritte zurückgegangen, und falls sich der Wert der heuristischen Funktion auch dadurch nicht verbessern läßt, wird eine zweite Erzeugungsregel (Hilfsregel) angewandt.

Hilfsregel: Sei $W \subset V$ eine Menge von Knoten, $v_{min} \in V_W$ der Knoten mit der kleinsten Nummer in G_W, dessen Abhängigkeitswert das Limit ℓ überschreitet. A_{max} bezeichne die Menge der Vorgängerknoten von v_{min} mit maximalem Abhängigkeitswert. $U \subset V$ ist Nachfolger von W genau dann, wenn $U = W \cup \{v\}$, $v \in A_{max}$ gilt.

Der Aufwand des Verfahrens ist im schlimmsten Fall $O(|V|^2)$. Für eine sinnvolle Schaltung beschränkt die gewählte Erzeugungsregel die Zahl der

Folgezustände für jeden Knoten des Suchbaums auf höchstens $(2^{\ell}-1)\ell$. Dies gilt, da jeder unmittelbare Vorgänger von v_{min} selbst höchstens ℓ Primärein-gänge haben kann und sich jede Funktion in ℓ Variablen mit weniger als 2^{ℓ} Knoten implementieren läßt. Für jeden Folgezustand kann die heuristische Funktion mit einem Aufwand von $O(|V|)$ berechnet werden und nach höch-stens $|V|$ Schritten ist eine zulässige Lösung erreicht. Bild 8.8 gibt das Ver-fahren unter dem Namen HEURISTIK_OSS wieder; ein Hilfslimit bestimmt dort, wann zur Hilfsregel umgeschaltet wird.

```
Prozedur   HEURISTIK_OSS(G,W);
Setze W := ∅;
current := h(∅);
Solange ein i ≤ |V| mit a(v^i) > ℓ in G_W existiert:
     Wähle das kleinste solche i;
     Wähle v ∈ p(v^i)\(W∪I) mit kleinstem h(W∪{v});
     Falls h(W∪{v}) < current
              setze W := W ∪ {v};
              current := h(W);
              k := 0;
     Sonst
              Falls k ≤ Hilfslimit
                       setze W := W ∪ {v};
                       k := k + 1;
              Sonst
                       Entferne die k zuletzt zugefügten Knoten aus W;
                       Wähle ein v ∈ pd(v^i) mit maximalem a(v);
                       Setze k := 0;
                       Setze W := W ∪ {v};
     END.
```

Bild 8.8: Heuristik zur Schaltungssegmentierung

Ergebnisse, die mit diesem Verfahren erreicht wurden, finden sich in [WuHe88a]. In dem Algorithmus wird in einem Schritt stets ein weiterer Knoten geschnitten. Allerdings muß dieser Schnitt nicht zu einer Verbesse-rung der Funktion $h(Z)$ führen, und selbst wenn $h(Z)$ reduziert wird, kann der Knoten ungünstig gewählt sein.

Diesen Nachteil umgeht die im folgenden vorgestellte Modifikation auf der Grundlage des sogenannten "Teile-und-Herrsche"-Prinzips (englisch: divide and conquer). Hierbei wird stets für einen Teil der Schaltung das Segmentie-rungsproblem exakt, optimal gelöst.

Die Teilschaltung ist der Kegel $K(v_{min})$ des ersten Knotens mit $a(v_{min}) >$ ℓ. Die Erzeugungsregel des Suchbaums muß daher abgewandelt werden.

Erzeugungsregel für das "Teile und Herrsche" - Verfahren: Es sei $Z_1 \in \mathcal{Z} =$ $\mathcal{P}(V)$ ein Zustand. Z_2 ist Nachfolger von Z_1, wenn gilt:

a) $v_{min} \in V \setminus Z_1$ ist der erste Knoten in G_{Z_1} mit $a(v_{min}) > \ell$.

b) $W \subset p(v_{min})$ ist eine optimale Lösung von OSS für den Teilgraphen $K(v_{min})$.

c) $Z_2 = Z_1 \cup W$.

Z_2 ist somit Nachfolger von Z_1, wenn Z_2 die kleinstmögliche Obermenge von Z_1 ist, so daß im Kegel $K(v_{min})$ das Segmentierungsproblem gelöst ist. Der Suchbaum kann weiter reduziert werden, wenn man nicht alle optimalen Lösungen in $K(v_{min})$ betrachtet.

Lemma 8.1: Es seien $G := (V,E)$ ein Schaltnetzgraph, $\ell \in \mathbb{N}$, $v_{min} \in V$ der erste Knoten mit $a(v_{min}) > \ell$ und $v \in p(v_{min})$. Es sei $Y := \{\ y \in p(v_{min})\ |$ $(a(y) > \ell - |pd(v_{min})| +1) \land (|pd(y)| > 1)\ \}$. Dann gibt es einen eindeutig bestimmten Pfad $(v = v_0, \ldots, v_k = \tilde{v})$ kleinster Länge, so daß $\tilde{v}$ ein Verzweigungsstamm oder $\tilde{v} \in pd(v_{min}) \cup \bigcup_{y \in Y} pd(y)$ ist.

Dieses Lemma folgt sofort aus der Tatsache, daß die v_i, $i < k$, keine Verzweigungsstämme sind. Mit der Operation $\tilde{v}$ aus diesem Lemma folgt der Satz:

Satz 8.3: Sei v_{min} der erste Knoten mit $a(v_{min}) > \ell$, und sei $W :=$ $\{w_1,\ldots,w_m\} \subset p(v_{min})$ eine Lösung von OSS in $K(v_{min})$. Dann ist auch $\tilde{W} := \{\tilde{w}_1,\ldots,\tilde{w}_m\}$ eine Lösung.

Beweis: Der Schnitt an w_i bewirkt, daß w_i Eingang wird und seine Vorgänger nicht zum Abhängigkeitswert eines Nachfolgers beitragen. Dasselbe bewirkt der Schnitt an $\tilde{w}_i$. Es ist somit nur zu zeigen, daß auch für alle Knoten auf dem Pfad von w_i nach $\tilde{w}_i$ die Abhängigkeitswerte unter ℓ bleiben. Dies gilt, da im Pfad nur Knoten x mit $a(x) \leq \ell - |pd(v_{min})| + 1$ sein können, da $m \leq |pd(v_{min})|$ ist und da deshalb auch nach dem Schneiden $a(x) \leq$ $\ell - |pd(v_{min})| + 1 + m - 1 \leq \ell$ ist.   □

Auf Grund von Satz 8.3 läßt sich der Suchbaum mit der Erzeugungsregel $\tilde{c}$ weiter einschränken:

$\tilde{c}$) $Z_2 = Z_1 \cup \tilde{W}$.

Es wird in der Regel mehrere optimale Lösungen W bzw. $\tilde{W}$ für den Teilgraphen $(K(v_{min}), K^2(v_{min}) \cap E)$ geben. Die Prozedur GLOB_OSS(G,W)
erzeugt jedoch nur eine. Falls im Bild 8.5 die Suche nicht bei (Tiefe+1 <
current), sondern erst bei (Tiefe < current) abgebrochen, jede Lösung W mit
der zugehörigen Tiefe abgespeichert und die Menge $\mathcal{W}$ der Lösungen mit geringster Tiefe am Ende ausgegeben wird, so werden sämtliche optimalen Lösungen $\mathcal{W}$ erzeugt. Diese abgewandelte Prozedur nennen wir
GLOB´_OSS(G,$\mathcal{W}$). Mit ihrer Hilfe läßt sich die Segmentierung nach dem
"Teile und Herrsche" Prinzip implementieren, und das Verfahren nach Bild
8.9 führt eine entsprechende Suche durch:

```
Prozedur  DC_OSS(G,W);
Setze W := ∅;
Solange ein i ≤ |V| mit a(v¹) > ℓ in G_W existiert:
    Wähle das kleinste solche i;
    GLOB´_OSS(K(v¹),𝒲);
    Wähle ein Z∈𝒲 mit minimalem h(W∪Z);
    Setze W := W ∪ Z;
END.
```

Bild 8.9: Segmentierung nach dem "Teile und Herrsche"- Prinzip

Obenstehende Prozedur kann auf die Hilfsregel verzichten, da in jedem
Schritt garantiert ist, daß sinnvolle Schnitte gemacht werden. Allerdings ist
der Aufwand deutlich größer als bei der Prozedur HEURISTIK_OSS, da bei
jedem Schritt für v^i etwa $O(2^{|p(v^i)|} \cdot |V|)$ und insgesamt $O(2^{|p(v^i)|} \cdot |V|^2)$ Opera-
tionen nötig sind. Obwohl HEURISTIK_OSS mit $O(|p(v^i)| \cdot |V|^2)$ Operatio-
nen auskommt, liefert es ebenfalls recht gute Ergebnisse. Sind sowohl HEU-
RISTIK_OSS als auch DC_OSS verfügbar, kann mit HEURISTIK_OSS effizient eine Lösung gefunden werden, und nur im Falle, daß die Lösung zu
ungünstig ausfällt, sollte mit dem aufwendigeren DC_OSS nach besseren Ergebnissen gesucht werden.

8.2.2 Segmentierung durch Pfadsensibilisierung

Bild 8.10 zeigt ein Schaltungsbeispiel mit eingezeichneten Testpunkten
und einen zugehörigen Kegel.
Der eingezeichnete Kegel besitzt den Ausgang e und die Eingänge a, b, c
und x_7. Gesucht sind Belegungen der Primäreingänge x_i, die e an o beob-

achtbar machen und zugleich alle möglichen Kombinationen an a, b, c und x_7 einstellen. Mit den symbolischen Werten D_a, D_b und D_c, die auch im indizierten D-Algorithmus verwendet werden (Abschnitt 7.1.3), kann dies durch folgende Würfel beschrieben werden:

	x_1	x_2	x_3	x_4	x_5	x_6	x_7	x_8	a	b	c	e	f	o
C_0	$\overline{D}_a$	1	D_b	1	1	D_c	0	1	D_a	D_b	D_c	D_0	1	D_0
C_1	$\overline{D}_a$	1	D_b	1	1	D_c	1	0	D_a	D_b	D_c	D_0	1	D_0

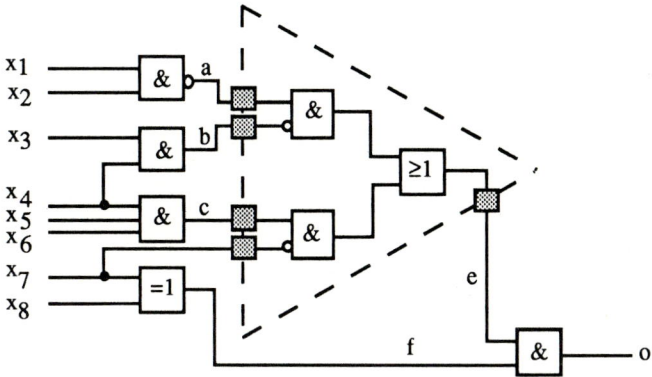

Bild 8.10: Beispiel mit Testpunkten

Beide Würfel zusammen zählen alle Eingangsbelegungen des Segments S auf. Sie können mit Hilfe des indizierten D-Algorithmus erzeugt werden, der, leicht modifiziert, nicht mehr die Eingänge eines Gatters, sondern die Eingänge eines Segments behandeln muß. Zuvor muß jedoch auf Überdeckungen und Würfeln eine weitere Operation definiert werden:

Definition 8.4: Es sei $A := (a_1, \ldots, a_n)$ ein Würfel. Die Überdeckung $1\#A := \{C^1, \ldots, C^n\}$ ist definiert durch $C^i := \varnothing$ für $a_i = -$ und $C^i := (c_1, \ldots, c_n)$ mit $c_j := -$ für $j \neq i$, $c_i := 1$ für $a_i = 0$ und $c_i := 0$ für $a_i = 1$. Es sei $\mathscr{A} := \{A^1, \ldots, A^m\}$ eine Überdeckung. Es ist $1\#\mathscr{A} := (1\#A^1) \cap \ldots \cap (1\#A^m)$. Für einen Würfel B ist $B\#A := B \cap (1\#A)$ bzw. $B\#\mathscr{A} := B \cap (1\#\mathscr{A})$, und für eine Überdeckung $\mathscr{B}$ ist $\mathscr{B}\#A := \mathscr{B} \cap (1\#A)$ bzw. $\mathscr{B}\#\mathscr{A} := \mathscr{B} \cap (1\#\mathscr{A})$.

Nach dieser Definition ist $1\#\mathscr{A}$ die Überdeckung der komplementierten Funktion von $\mathscr{A}$, und $\mathscr{B}\#\mathscr{A}$ beschreibt die Minterme, die in $\mathscr{B}$ und nicht in $\mathscr{A}$ sind.

Es seien I_S die Eingänge des Segments S, damit besteht I_S aus Testpunkten und Primäreingängen, e sei der Ausgang des Segments. Es sei eine Überdeckung aus Würfeln $\mathcal{C} = (C_i \mid i \in I_S)$ gegeben, welche die im Verlauf des Algorithmus bereits erzeugten Belegungen von I_S beschreibt. Damit ist zu Anfang $\mathcal{C} = \emptyset$. Die Überdeckung $\tilde{\mathcal{C}}$ enthalte die noch zu erzeugenden Belegungen, so daß zu Anfang $\tilde{\mathcal{C}} = \{\ (-,\ldots,-)\ \}$ der gesamte Raum ist. Schließlich ist $\hat{\mathcal{C}}$ die Menge der Belegungen, die gar nicht erzeugbar sind. Zu Beginn ist $\hat{\mathcal{C}} = \emptyset$, und stets ist $\hat{\mathcal{C}} \cup \tilde{\mathcal{C}} \cup \mathcal{C}$ die disjunkte Vereinigung des gesamten Raumes. Innerhalb des Segments S müssen keine Untersuchungen durchgeführt werden. Die beschriebenen Überdeckungen werden zu $\hat{\mathcal{C}}_e$, $\tilde{\mathcal{C}}_e$ und $\mathcal{C}_e$ mit Variablen aus $(V \setminus S) \cup I_S \cup \{e\}$ erweitert.

Die Prozedur PFAD_PET nach Bild 8.11 erzeugt eine Überdeckung $\mathcal{C}_e$, die sämtliche beobachtbaren Eingangsbelegungen des Segments beschreibt. Nach Eingabe aller Minterme aus $\mathcal{C}_e$ ist das Segment pseudo-erschöpfend getestet.

```
Prozedur  PFAD_PET(𝒞•) ;
Setze 𝒞e := ∅;
Setze 𝒞 := ∅;
Setze 𝒞̃ := { (-,…,-) };
Setze 𝒞̂ := ∅;
Solange 𝒞̃ ≠ ∅:
      Wähle einen maximalen Würfel c̃ ∈ 𝒞̃;
      Erweitere c̃ auf ganz (V\S) ∪ IS ∪ {e} zu c̃e;
      AAlg(c̃e,Ce);
      Falls Ce = ∅
            Setze 𝒞̂ := 𝒞̂ ∪ c̃;
            Setze 𝒞̃ := 𝒞̃ # c̃;
      Sonst
            Setze 𝒞e := 𝒞e ∪ Ce;
            Reduziere Ce auf IS zu C;
            Setze 𝒞̃ := 𝒞̃ # C;
END.
```

Bild 8.11: Pseudo-erschöpfender Test durch Pfadsensibilisierung

Allerdings gehen bei diesem Vorgehen wichtige Vorteile des pseudo-erschöpfenden Tests verloren. Im Grunde wird nur eine deterministische Testmenge mit einer besonders hohen Fehlererfassung, relativ unabhängig von einem Fehlermodell erzeugt. Der Rechenaufwand hierfür ist nicht geringer als der Aufwand der konventionellen deterministischen Testerzeugung. Die Testmenge selbst muß extern mit Hochleistungsautomaten eingebracht werden. Die Fehlererfassung kann durch Mehrfachfehler im getesteten Segment und im sensibilisierten Pfad beeinträchtigt werden. Diese Nachteile versucht die Hardware-Segmentierung zu umgehen.

8.2.3 Hardware-Segmentierung

Um die Vorteile des pseudo-erschöpfenden Tests zu erhalten, müssen an eine Zusatzschaltung zur Segmentierung folgende Anforderungen gestellt werden:

1)   Sämtliche Fehler in der zusätzlichen Testausstattung müssen während des pseudo-erschöpfenden Tests erkannt werden.
2)   Der zusätzliche Flächenbedarf für die Segmentierungszellen soll möglichst gering sein.
3)   Das Systemverhalten sollte durch die Segmentierungszellen möglichst wenig beeinträchtigt werden.

8.2.3.1 Multiplexer-Partitionierung: Als Segmentierungshardware wurden Multiplexer nach Bild 8.12 vorgeschlagen [McBo81]. Der Einfachheit wegen beschränkt sich dieses Beispiel auf die vollständige Partitionierung in zwei Teile. Im Systembetrieb schalten sämtliche Multiplexer den 1-Eingang durch und die Teilschaltnetze G1 und G2 sind verbunden. Soll G2 getestet werden, schalten M1 und M3 den 0-Eingang und M2 und M4 den 1-Eingang durch. Entsprechend kann der Test für G1 durchgeführt werden. Offensichtlich benötigt jeder der vier Multiplexer M1 bis M4 eine eigene Steuerleitung. Diese Leitungen sind in Bild 8.12 der besseren Übersichtlichkeit wegen weggelassen worden.

Dieser Vorschlag hat jedoch auch gewichtige Nachteile:

1)   Es wird ein sehr hoher zusätzlicher Verdrahtungsaufwand erforderlich, da zu einem Multiplexer eine Signalleitung von einem Schaltnetzeingang hingeführt und eine andere zu einem Schaltnetzausgang weggeführt werden muß.

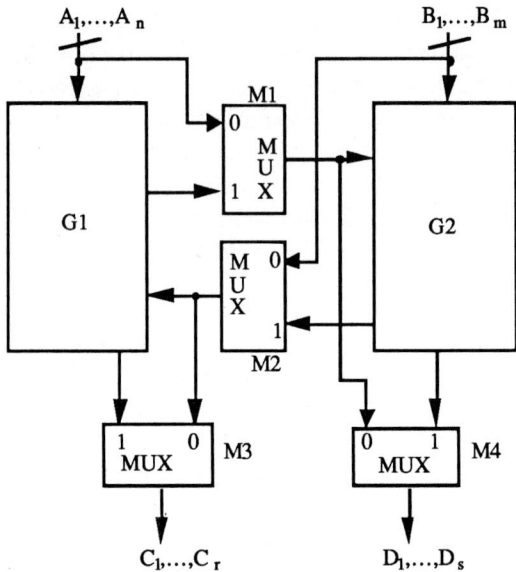

Bild 8.12: Struktur einer Multiplexer-Segmentierung

2)   An jedem aufzutrennenden Schaltungsknoten sind zwei Multiplexer
      nötig, je einer zum Setzen und zum Beobachten. Beide liegen hin-
      tereinander im Datenpfad und beeinträchtigen das Schaltungsverhalten.
3)   Es ist eine umfangreiche Steuerung für die Multiplexer erforderlich, die
      nicht pseudo-erschöpfend getestet werden kann. In der Regel muß die
      Schaltung in mehr als zwei Teile zerlegt werden, die nur in
      Ausnahmefällen parallel getestet werden können. Für die meisten
      Multiplexer sind unterschiedliche Steuersignale S_i erforderlich.
4)   Ob die korrekte Systemfunktion der Multiplexer M1 und M2 getestet
      werden kann, ist layoutabhängig. Beispielsweise wird der in Bild 8.13
      eingezeichnete Datenpfad während des Tests nicht durchlaufen.

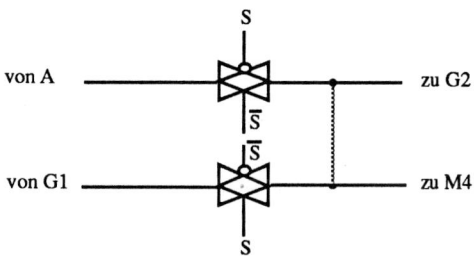

Bild 8.13: Multiplexer M1, markierte Leiterbahn wird nicht getestet

5)   In Kapitel 5 wurde beschrieben, daß ein LSSD-gerechter Entwurf in
        der Einzel-Latch- oder L1/L2*-Konfiguration eine bestimmte Parti-
        tionierung des Schaltnetzes und der Latches verlangt. Leider ist eine
        solche Partitionierung nicht immer möglich. In diesem Fall müssen
        zusätzliche Latches eingeführt werden, wobei manche L1- oder L2*-
        Latches durch Doppel-Latches ersetzt werden. Dies vergrößert jedoch
        den Flächenbedarf der Schaltung und kann zu Leistungseinbußen
        führen. Aus diesem Grunde sollte eine Schaltungssegmentierung zur
        Unterstützung des pseudo-erschöpfenden Tests keine zusätzlichen
        Abhängigkeiten zwischen den Zustandsvariablen einführen. Die
        Eingänge A, B und die Ausgänge C, D in Bild 8.12 sind im all-
        gemeinen Latches, zwischen denen durch die Multiplexer neue Abhän-
        gigkeiten eingeführt werden, wodurch deren LSSD-gemäße Aufteilung
        gestört wird.

8.2.3.2 Segmentierungszellen: Bereits die traditionelle LSSD-Technik verfolgt das Ziel, Knoten in der Schaltung direkt zugänglich zu machen.
Anstatt mit der Multiplexer-Technik dasselbe Ziel mit einem völlig neuen Verfahren anzustreben, versuchen wir, die LSSD-Technik so zu erweitern, daß
auch Knoten im Schaltnetz direkt zugänglich sind. In [Bhat86] wurde vorgeschlagen, in das Schaltnetz an den Testpunkten Latches einzusetzen, die in
den Prüfpfad aufgenommen werden (Bild 8.14).

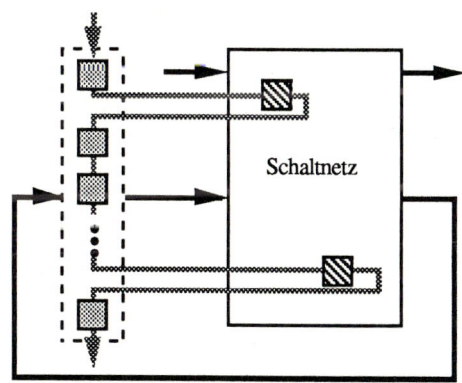

Bild 8.14: Integration von Segmentierung und Scan-Design

    Dieses Vorgehen verändert jedoch das gesamte Zeitverhalten der Schal-
tung, da die Ausgabe des ursprünglichen Schaltnetzes erst einige Takte später
anfällt. Zusätzlich muß der Segmentierungsalgorithmus berücksichtigen, daß

in jedem Pfad von einem Primäreingang zu einem Primärausgang des Schaltnetzes dieselbe Anzahl von Latches eingefügt wird, andernfalls würde sich
die Schaltung nicht nur verlangsamen, sondern die gesamte Systemfunktion
würde verändert. Die daraus resultierende große Zahl zusätzlicher Latches
führt zu einem beträchtlichen Mehraufwand an Hardware.

Günstiger ist es, Zellen zu verwenden, die nur in einer speziellen Testbe-
triebsart als Latches arbeiten, aber während des normalen Systemmodus
transparent durchschalten. Bild 8.15 zeigt eine solche Zelle. Sie entspricht im
wesentlichen einem L1-Latch, und jeweils zwei ergeben zusammen ein
L1/L2*-Latch. Es wird in entsprechender Weise in den Prüfpfad geschaltet.

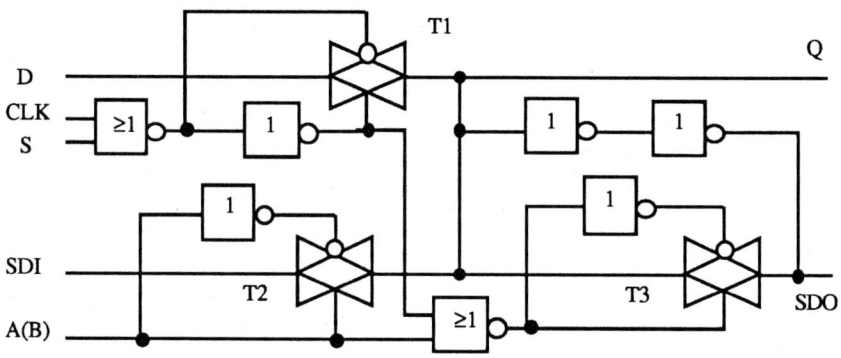

Bild 8.15: Segmentierungszelle

Das Eingangssignal S legt fest, ob die Zelle im Systembetrieb den Dateneingang D direkt nach Q durchschaltet (S=1), oder ob sie als Latch arbeitend
an Q den vorhergehenden Wert speichert (S=0). Für S=1 bleibt auch bei eingebauten Segmentierungszellen die Funktion des Schaltnetzes unverändert.
Ist jedoch S=0, so konfiguriert sich die Zelle als normales Prüfpfad-Latch,
dessen Inhalt genau wie der aller anderen Speicherelemente direkt zugänglich
ist.

Die Zelle erfüllt also die geforderte Segmentierungsfunktion wie die klassische Multiplexer-Lösung. Die geschilderten Nachteile treten jedoch nicht
auf:

1) *Verdrahtung:* Die Segmentierungszellen werden Teil des Prüfpfads, in
    dem die Zellen in beliebiger Reihenfolge angeordnet sein können. Es
    bestehen daher bei der Verdrahtung weit größere Freiheitsgrade als bei
    der Verschaltung der Datenleitungen nach Bild 8.12.

2) *Verzögerung:* Die Segmentierungszelle fügt nur das Transfergatter T1
    zusätzlich in den Datenpfad ein, während beim klassischen Verfahren
    zwei Multiplexer benötigt werden.

3) *Steuerung:* Nur das Signal S wird zu Segmentierung auf 0 gesetzt. Im
    Gegensatz zur Multiplexer-Lösung werden alle Zellen mit demselben
    Signal gesteuert.

4) *Fehlererfassung:* Jeder Teil des Datenpfades von D nach Q im System-
    betrieb wird auch im Testmodus durchlaufen. Ein erschöpfender Test
    der Gesamtschaltung testet auch die Segmentierungszelle erschöpfend.
    Der Haftfehler an "0" des Signals S kann durch einige zusätzliche Mu-
    ster leicht gefunden werden, da sich die Zelle bezüglich der Signale und
    S symmetrisch verhält und daher lediglich deren Ansteuerung zu ver-
    tauschen ist.

5) *Eignung für LSSD:* Wie aus Bild 8.12 deutlich wird, führt die Multi-
    plexer-Lösung zahlreiche neue Abhängigkeiten zwischen den vorhande-
    nen Zustandsvariablen ein und kann so eine Partitionierung der Latches
    entsprechend der LSSD-Regeln ungültig machen. Dagegen treten beim
    Einbau der Segmentierungszellen keine neuen Abhängigkeiten zwi-
    schen den vorhandenen Latches auf, sondern nur zwischen den Seg-
    mentierungszellen selbst. Bestehende Partitionierungen bleiben somit
    gültig. Allerdings muß berücksichtigt werden, daß im Testbetrieb die
    Segmentierungszellen zu Latches werden und daher auch entsprechend
    partitioniert und von unterschiedlichen Takten angesteuert werden müs-
    sen. Daher kann es erforderlich sein, nur zur Einhaltung einer LSSD-
    gerechten Partitionierung an einigen Stellen zusätzlich Segmentierungs-
    zellen einzufügen.

8.3 Pseudo-erschöpfende Testmengen

In diesem Abschnitt untersuchen wir Verfahren zur Konstruktion möglichst kleiner pseudo-erschöpfender Testmengen. In Bild 8.16 ist ein einfaches Beispiel eines Schaltnetzes mit zugehörigem Graphen dargestellt.

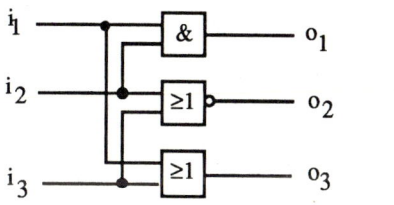 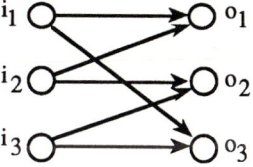

Bild 8.16: Beispielschaltung mit Graph

Für den pseudo-erschöpfenden Test sind jedoch nur die den einzelnen Kegeln zugeordneten Eingangsmengen $\{i_1, i_2\}$, $\{i_2, i_3\}$, $\{i_1, i_3\}$ von Interesse. Sie bilden eine Überdeckung der Primäreingänge der Gesamtschaltung. Für jeden Knoten $v \in V$ des Schaltungsgraphen $G := (V,E)$ bezeichne $I(v) := p(v) \cap I$ die Menge der Primäreingänge des Kegels $K(v)$. Damit definiert man

Definition 8.5: Es sei $G := (V,E)$ ein Schaltnetzgraph mit Primäreingängen I und Primärausgängen O. Die Überdeckung $\mathfrak{I} := \{ I(o) \mid o \in O \}$ ist die charakteristische Überdeckung von I.

In Bild 8.16 ist somit $\mathfrak{I} = \{ \{i_1, i_2\}, \{i_2, i_3\}, \{i_1, i_3\} \}$, und eine pseudo-erschöpfende Testmenge muß für ein $I(o) \in \mathfrak{I}$ alle Belegungen enthalten. Tabelle 8.1 zeigt eine pseudo-erschöpfende Testmenge, die noch unbestimmte Werte enthält:

Tabelle 8.1: Pseudo-erschöpfende Testmenge für die Schaltung aus Bild 8.16

i_1	i_2	i_3
0	0	-
0	1	-
1	0	-
1	1	-
-	0	0
-	0	1
-	1	0
-	1	1
0	-	0
0	-	1
1	-	0
1	-	1

Belegt man die unbestimmten Werte mit "0" und mit "1", so erhält man eine Testmatrix:

Definition 8.6: Eine Testmatrix $T := (t_{i,j})$ eines Schaltungsgraphen $G := (V, E)$ mit Primäreingängen I ist eine binäre $(r \times |I|)$-Matrix, deren Eintrag $t_{i,j}$ gleich "1" ist, wenn das i-te Muster den j-ten Eingang auf "1" setzt.

Für jeden Kegel sollte die Testmatrix einen erschöpfenden Test enthalten:

Definition 8.7: Es sei $\mathcal{I} := \{\ I(o)\ |\ o \in O\ \}$ eine charakteristische Überdeckung. Eine Testmatrix $T := (t_{i,j})_{i=1,\dots,m,\ j \in I}$ heißt pseudo-erschöpfender Test von $\mathcal{I}$, wenn für jeden Ausgang $o \in O$ die Zeilen der Matrizen $T(o) := (t_{i,j})_{i=1,\dots,m,\ j \in I(o)}$ einen $|I(o)|$ - dimensionalen Vektorraum bilden.

Mit anderen Worten sagt Definition 8.7, daß alle Eingangsbelegungen von $I(o)$ aufgezählt werden müssen. Für die Schaltung nach Bild 8.16 zeigt Tabelle 8.2 einen kürzestmöglichen pseudo-erschöpfenden Test:

Tabelle 8.2: Kompakter pseudo-erschöpfender Test
für die Schaltung aus Bild 8.16

i_1	i_2	i_3
0	0	0
0	1	1
1	0	1
1	1	0

8.3.1 Musterkompaktierung

Die Testmenge nach Tabelle 8.2 besitzt die kleinstmögliche Mächtigkeit, da der erschöpfende Test eines der Kegel stets ebenfalls vier Muster verlangt. Ist $\mathcal{I} := \{\ I(o)\ |\ o \in O\}$ eine charakteristische Überdeckung und gilt für die Mächtigkeit jeder Teilmenge $|I(o)| \le w$, so läßt sich ein pseudo-erschöpfender Test der Länge m konstruieren mit

$$(8.1) \qquad\qquad 2^w \le m \le \frac{|O|}{2} \cdot 2^w.$$

Dies gilt, da stets zwei Kegel mit $w' := \max\{\ |I(o_1)|, |I(o_2)|\ \}$ durch einen Test der Länge $2^{w'}$ gemeinsam getestet werden können. Allgemein läßt sich das Kompaktierungsproblem folgendermaßen formulieren:

Definition 8.8 (Problem PET): Es sei $\mathcal{I} := \{\ I(o)\ |\ o \in O\ \}$ eine charakteristische Überdeckung und es sei $m \in \mathbb{N}$. Gibt es einen pseudo-erschöpfenden Test von $\mathcal{I}$ der Länge m ?

In [Hell90, SeBs88] wurde gezeigt, daß die Lösung dieses Problems sehr rechenaufwendig ist:

Satz 8.4: PET ist NP-vollständig.

Beweis: Mit Aufwand m·|I|·|O| läßt sich überprüfen, ob eine Testmatrix ein pseudo-erschöpfender Test ist. Folglich ist PET∈ NP. Der Beweis der Vollständigkeit folgt aus [SeBs88]. Hier wurde als Spezialfall gezeigt, daß mit der Einschränkung |I(o)| = w für o∈ O und m := 2^w das Problem PET bereits NP-vollständig ist.   ☐

Für den Fall w := |I| - 1 gibt es stets einen pseudo-erschöpfenden Test der Länge 2^w, falls in der charakteristischen Überdeckung |I(o)| ≤ w für alle o∈ O gilt [McCl84]. Es sei T´ := $(t_{i,j})_{i=1,...,2^w, j = 1,...,w}$ eine vollständige Testmenge für |I| - 1. Man setzt $t_{i,w+1} := t_{i,1} \oplus ... \oplus t_{i,w}$, dann ist T := $(t_{i,j})_{i=1,...,2^w}$, $_{j=1,...,w+1}$ ein pseudo-erschöpfender Test für $\Im$:= { I(o) | o∈ O }, wie der Leser leicht nachprüft.

Im allgemeinen Fall muß bei der Kompaktierung auf eine optimale Lösung verzichtet und auf Heuristiken zurückgegriffen werden. Zunächst wird daher versucht, die Problemgröße zu reduzieren, indem mehrere Eingänge zusammengefaßt und mit demselben Signal belegt werden.

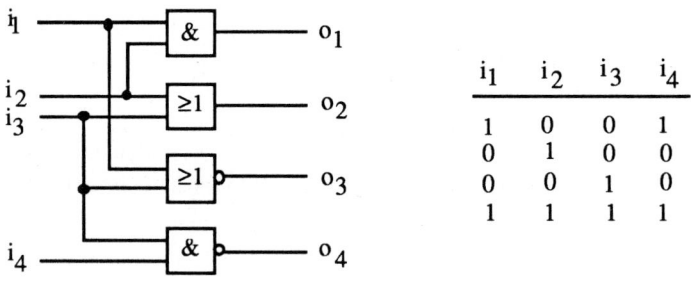

i_1	i_2	i_3	i_4
1	0	0	1
0	1	0	0
0	0	1	0
1	1	1	1

Bild 8.17: Beispielschaltung mit pseudo-erschöpfendem Test

Bei dem pseudo-erschöpfenden Test nach Bild 8.17 sind die Spalten i_1 und i_4 identisch und können daher zusammengefaßt werden. Allgemein kann man die Primäreingänge des Schaltnetzes zu Gruppen, die mit der charakteristischen Überdeckung verträglich sind, gemäß folgender Definition zusammenfassen:

Definition 8.9: Es sei $\Im$:= { I(o) | o∈ O } eine charakteristische Überdeckung von I. Eine Teilmenge Z ⊂ I heißt verträglich mit $\Im$, wenn für alle o ∈ O und für alle i,j ∈ Z, i≠j, nicht {i,j} ⊆ I(o) gilt.

Definition 8.10: Es sei $\mathfrak{Z} := \{Z_1, \ldots, Z_r\}$ eine Partition von I, d.h. $Z_i \cap Z_j = \emptyset$ für $i \neq j$ und $Z_1 \cup Z_2 \cup \ldots \cup Z_r = I$. Das Teilmengensystem $\mathfrak{I}_\mathfrak{Z}$:= $\{ \{j \mid Z_j \cap I(o) \neq \emptyset \} \mid o \in O\}$ ist eine Überdeckung von $\{1, \ldots, r\}$ und heißt die vermöge $\mathfrak{Z}$ reduzierte Überdeckung [Hell90].

Satz 8.5: Sei $\mathfrak{I} := \{ I(o) \mid o \in O \}$ eine charakteristische Überdeckung, und sei $\mathfrak{Z} := \{Z_1, \ldots, Z_r\}$ eine Partition von I in verträgliche Teilmengen Z_i. Es sei $T_\mathfrak{Z} := (t'_{i,j})_{i=1,\ldots,m, \ j=1,\ldots,r}$ ein pseudo-erschöpfender Test für $\mathfrak{I}_\mathfrak{Z}$:= $\{ \{ i \in \{1,\ldots,r\} \mid Z_i \cap I(o) \neq \emptyset \} \mid o \in O \}$. Dann ist $T := (t_{i,j})_{i=1,\ldots,m, \ j \in I}$, mit $t_{i,j} := t'_{i,h}$ für $j \in Z_h$ ein pseudo-erschöpfender Test für $\mathfrak{I}$.

Beweis: Es ist zu zeigen, daß für jeden Primärausgang $o \in O$ jede Belegung seiner Primäreingänge I(o) als Teil einer Zeile in T vorkommt. Es sei $E := (e_i)_{i \in I(o)}$ eine solche Belegung. In $T_\mathfrak{Z}$ gibt es eine Zeile h mit $t'_{h,j} = e_i$ für alle $i \in I(o)$ und für alle j mit $i \in Z_j$, da $T_\mathfrak{Z}$ ein pseudo-erschöpfender Test für die Überdeckung$\{ \{j \mid I(o) \cap Z_j \neq \emptyset \} \mid o \in O \}$ ist. Aus der Verträglichkeit folgt, daß es für jedes $i \in I(o)$ genau ein j mit $i \in Z_j$ gibt. Also ist $t_{h,i} = e_i$ für $i \in I(o)$. $\square$

Um einen pseudo-erschöpfenden Test für $\mathfrak{I} := \{ I(o) \mid o \in O \}$ zu konstruieren, kann also eine mit $\mathfrak{I}$ verträgliche Partitionierung $\mathfrak{Z} := \{Z_1, \ldots, Z_r\}$ mit möglichst kleinem r gesucht und ein Test $T_\mathfrak{Z}$ für das in der Regel kleinere Problem $\mathfrak{I}_\mathfrak{Z}$ verwendet werden. Alle Eingänge aus Z_i werden dabei stets auf dasselbe in $T_\mathfrak{Z}$ definierte Signal gelegt.

Ein Verfahren zur Bestimmung einer geeigneten Partitionierung haben Hirose und Singh in [HiSi82] vorgestellt, sie reduzieren dabei das Partitionierungsproblem auf ein Graphenfärbungs- oder Markierungsproblem.

Definition 8.11: Der zu einer charakteristischen Überdeckung $\mathfrak{I} := \{ I(o) \mid o \in O \}$ gehörige Markierungsgraph $M(\mathfrak{I}) := (I,B)$ ist ein ungerichteter Graph, dessen Knoten die Primäreingänge der Schaltung bilden. Zwei Knoten $\{i_1, i_2\} \subset I$ bilden eine Kante $\{i_1, i_2\} \in B$, falls es einen Kegel und damit eine Teilmenge I(o), $o \in O$, gibt, die beide Eingänge $i_1, i_2 \in I(o)$ enthält.

Definition 8.12: Eine Markierung Γ eines Graphen $M := (I,B)$ ist eine surjektive Abbildung $\Gamma: I \rightarrow \{1, \ldots, \mu\} \subset \mathbb{N}$. Für einen Knoten $i \in I$ heißt $\Gamma(i)$ die Marke von i.

Sofort sieht man, daß die Suche nach einer mit $\mathcal{J}$ verträglichen Partitionierung $\mathcal{Z} := \{Z_1, \ldots, Z_r\}$ mit minimalem r äquivalent ist mit dem folgenden Markierungsproblem:

Definition 8.13: (Problem MARK) Es sei ein Markierungsgraph $M :=$ (I,B) gegeben. Es ist eine Markierung $\Gamma : I \rightarrow \{1, \ldots, \mu\}$ gesucht, für die gilt:

a)   Aus $\{a,b\} \in B$ folgt $\Gamma(a) \neq \Gamma(b)$.

b)   Die Anzahl μ der Marken ist minimal.

Das Problem MARK ist NP-vollständig (vgl. [HiSi82]), aus diesem Grund stellen wir im folgenden lediglich eine Heuristik vor, die in leicht abgewandelter Form von Hirose und Singh entwickelt wurde.

Schrittweise werden Markierungen $\Gamma_j : I \rightarrow \{1,\ldots,\mu^j)$ konstruiert, wobei stets versucht wird, μ^j zu reduzieren. Die Anfangsmarkierung wird gemäß Bild 8.18 gewählt. Sie beginnt mit dem ungünstigen Wert $\mu_0 = |I|$, da jeder Knoten eine eigene Marke zugewiesen bekommt. Die Anfangsmarkierung definiert somit eine Aufzählung $i_1, \ldots, i_n$ von I, die auch in späteren Schritten verwendet wird. Schrittweise wird diese Markierung $\Gamma_0 := \Gamma$ zu Markierungen $\Gamma_j, j=1,\ldots$ verbessert. Hierzu wird für jedes $i \in I$ die Menge Eltern(i) := $\{ h \in I \mid \{h,i\} \in B \wedge \Gamma(h) < \Gamma(i) \}$ definiert, welche die Knoten enthält, die mit i im Markierungsgraphen direkt verbunden sind und eine kleinere Nummer als i besitzen.

```
Prozedur   ANFANGSMARKIERUNG(Γ) ;
Setze X := I; Y := ∅; R := ∅; k := 0;
Solange X ≠ ∅:
    Wähle ein o∈O mit maximalem |X ∩ I(o)|;
    Setze W := X ∩ I(o); X := I \ I(o); Y := Y ∪ I(o);
    Setze fortlaufend, aber sonst beliebig Marken für
        W := {w₁,…,wₛ}: Γ₀(w₁) := k+1, …, Γ₀(wₛ) := k+s;
    Setze k := k+s;
    Solange X ∩ {w | {v,w}∈B ∧ v∈Y } ≠ ∅:
        Wähle w∈X mit ∃v∈Y {v,w}∈B;
        Setze Γ(w) := k+1; k := k+1; X := X \ {w};
        Y := Y ∪ {w};
    Setze μ := k;
END.
```

Bild 8.18: Suche nach einer Anfangsmarkierung

Die Prozedur REMARKIEREN(Γ_j, Γ, s) versucht, die von Γ_j vergebenen Marken an allen Knoten i_t mit t > s weiter zu reduzieren und so eine neue Markierung Γ zu erzeugen. Sie setzt soweit wie möglich an allen Knoten die Marken zurück und erzeugt ein neues μ und eine neue Funktion Γ: I $\rightarrow$ $\{1, ..., \mu\}$.

```
Prozedur    REMARKIEREN(Γⱼ,Γ,s);
Falls s=1 setze Γ(i₁) := 1;
    sonst für k := 1 bis s setze Γ(iₖ) = Γⱼ(iₖ);
Setze k := s+1; μ´:= 0; μ := 0;
Solange ( (k≤|I|) und (μ<μⱼ) ):
    Setze Γ(iₖ) := min{s∈{1,…,μⱼ} | ∀i∈Eltern(iₖ), Γ(i)≠s};
    Setze μ´:= Γ(iₖ); μ := max(μ,μ´); k := k+1;
END.
```

Bild 8.19: Reduktion vorgegebener Marken

Mit der nun zu beschreibenden Prozedur ERHÖHEN werden an einzelnen Knoten die Marken erhöht, ohne die maximal vergebene Marke μ zu verschlechtern. Dadurch soll eine neue Markierung gefunden werden, mit der wiederum REMARKIEREN gestartet werden kann. Die Prozedur gibt die Nummer s des Knotens zurück, dessen Markierung erhöht wurde. Wurde ein solcher Knoten nicht gefunden, so ist s=0.

```
Prozedur    ERHÖHEN(Γⱼ,s,Γ);
Setze s := 0; k := min{i | Γⱼ(i) = μⱼ}; A := {iᵣ∈I | r<k};
Solange ( s = 0 und A ≠ ∅ ):
    Wähle das iᵣ∈A mit maximalem r;
    Setze A := A \ {iᵣ};
    Setze R := {t | μⱼ>t>Γⱼ(iᵣ) ∧ ∀i (iᵣ∈Eltern(i) ⇒ Γⱼ(i)≠t) };
    Falls R ≠ ∅
            Setze s := iᵣ; Γ(iᵣ) := min R;
    Sonst Γ(iᵣ) := Γⱼ(iᵣ);
    END.
```

Bild 8.20: Erhöhen von Marken

Der Gesamtalgorithmus zur Behandlung des Markierungsproblems verwendet abwechselnd diese beiden Prozeduren zum Erhöhen und Verringern von Marken. Als Konstante benutzt er $w := \max_{v \in I} |\{u \mid \{v,u\} \in B\}|$. Offensichtlich gilt $w = \max_{o \in O} |I(o)|$.

Bild 8.21 beschreibt eine mögliche Erzeugung der Markierung Γ mit zugehöriger Markenzahl μ. Die gesuchte Partitionierung von I in verträgliche Mengen ist $\mathcal{Z} := \{Z_1, ..., Z_\mu\}$ mit $Z_j := \{ i \in I \mid \Gamma(i) = j \}$ für $j := 1, ..., \mu$. Die vermöge $\mathcal{Z}$ reduzierte Überdeckung ist $\mathcal{I}_Z = \{ \{j \mid \exists i \in I(o)\ \Gamma(i)=j \} \mid o \in O \}$, für die eine pseudo-erschöpfende Testmenge gesucht wird.

```
Prozedur   MARKIEREN(Γ) ;
ANFANGSMARKIERUNG(Γ₀);
Setze j := 1; s := 1;
REMARKIEREN(Γ₀,Γⱼ,s);
Solange ( μⱼ>w und s≠0 ):
     ERHÖHEN(Γⱼ,s,Γⱼ₊₁);
     Falls s≠0
          Setze j := j+1;
          REMARKIEREN(Γⱼ,Γⱼ₊₁,s);
          Setze j := j+1;
Γ := Γⱼ;
END.
```

Bild 8.21: Behandlung des Markierungsgraphen M := (I,B)

Wir erläutern das beschriebene Verfahren anhand des Schaltnetzgraphen von Bild 8.22.

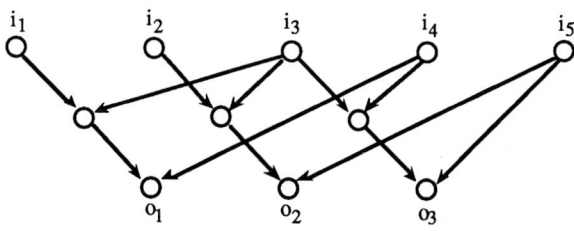

Bild 8.22: Schaltnetzgraph

Die charakteristische Überdeckung $\mathcal{I} = \{ I(o_1), I(o_2), I(o_3) \}$ enthält $I(o_1) = \{ i_1, i_3, i_4\}$, $I(o_2) = \{ i_2, i_3, i_5\}$ und $I(o_3) = \{ i_3, i_4, i_5\}$. Daraus folgt ein Markierungsgraph nach Bild 8.23.

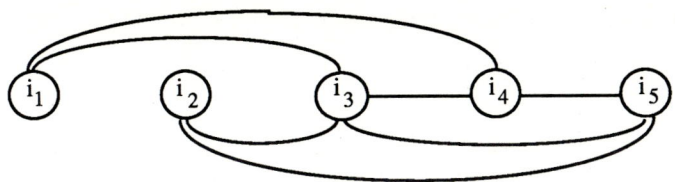

Bild 8.23: Markierungsgraph zum Schaltnetz aus Bild 8.26

Die Prozedur ANFANGSMARKE setzt $W := I \cap I(o_1) = \{ i_1, i_2, i_4 \}$ und vergibt zunächst

	i_1	i_2	i_3	i_4	i_5
Γ_0	1	2	-	3	-

Danach wird $Y := \{ i_1, i_2, i_4 \}$ und $X := \{ i_3, i_5 \}$ gesetzt.Es ist $X \cap \{ w \mid \{v,w\} \in B \wedge v \in Y \} = X \cap \{ i_3, i_4, i_5, i_1 \} = \{ i_3, i_5 \}$, und es wird vollständig numeriert:

	i_1	i_2	i_3	i_4	i_5	μ_0
Γ_0	1	2	4	3	5	5

Die durch Γ_0 gegebene Numerierung stimmt mit der ursprünglichen nicht überein. Um Verwechslungen zu vermeiden, ändern wir die Bezeichnungen:

	i'_1	i'_2	i'_3	i'_4	i'_5	μ_0
	i_1	i_2	i_4	i_3	i_5	
Γ_0	1	2	3	4	5	5

Damit sind auch die Mengen Eltern(i') definiert:

Eltern(i'_1)	$= \emptyset$
Eltern (i'_2)	$= \emptyset$
Eltern (i'_3)	$= \{i'_1\}$
Eltern (i'_4)	$= \{i'_1, i'_2, i'_3\}$
Eltern (i'_5)	$= \{i'_2, i'_3, i'_4\}$.

Die Prozedur MARKIEREN schreitet wie folgt fort:

REMARKIEREN ($\Gamma_0, \Gamma_1, 1$):

	i'_1	i'_2	i'_3	i'_4	i'_5	μ_j
Γ_1	1	1	2	3	4	4

ERHÖHEN(Γ_1, s, Γ_2):

$A := \{i_1', i_2', i_3', i_4'\}_{,;}i_r = i_4';$

$R := \{t \mid 4 > t > 3\} = \emptyset;$

$A := \{i_1', i_2', i_3'\}; \; i_r = i_3';$

$R := \{t \mid 4 > t > 2 \wedge \Gamma_1(i_4) \neq t \wedge \Gamma_1(i_5) \neq t\} = \emptyset;$

$A := \{i_1', i_2'\}; \; i_r = i_2';$

$R := \{t \mid 4 > t > 1 \wedge \Gamma_1(i_4) \neq t \wedge \Gamma_1(i_5) \neq t\} = \{2\};$

$s := 2;$

REMARKIEREN(Γ_2, Γ_3, 2)

Γ_2	1	2	2	3	4	4
Γ_3	1	2	2	3	1	3

STOP, da $\mu_3 = w = 3$.

Damit erhält man die Zerlegung $\mathscr{Z} := \{Z_1, Z_2, Z_3\}$ mit $Z_1 := \{i_1', i_5'\} = \{i_1, i_5\}$, $Z_2 := \{i_2', i_3'\} = \{i_2, i_4\}$ und $Z_3 := \{i_4'\} = \{i_3\}$. Eine pseudo-erschöpfende Testmenge zeigt demnach Tabelle 8.3:

Tabelle 8.3: Pseudo-erschöpfender Test für die Schaltung nach Bild 8.2

Z_1		Z_2		Z_3
i_1	i_5	i_2	i_4	i_3
0	0	0	0	0
0	0	0	0	1
0	0	1	1	0
0	0	1	1	1
1	1	0	0	0
1	1	0	0	1
1	1	1	1	0
1	1	1	1	1

In diesem Beispiel hat das Verfahren zu einem kürzestmöglichen pseudo-erschöpfenden Test geführt. Im allgemeinen Fall muß dies nicht gelten, da die Prozedur MARKIEREN nur eine Heuristik ist, die ein globales Optimum nicht garantiert. Außerdem kann mitunter die Eingangsmenge I nur in |I| verträgliche Teilmengen partitioniert werden, und somit unterscheidet sich dann die reduzierte Überdeckung nicht von der urspünglichen . Dennoch ist das Gesamtverfahren als Vorverarbeitung sinnvoll, so daß wir es zum Abschluß noch einmal im Zusammenhang darstellen:

```
Prozedur REDUZIEREN(𝔍, 𝔛, 𝔍𝔛);
1)   Erzeuge den Markierungsgraph M(𝔍) = (I,B);
2)   Behandle M(𝔍) mit MARKIERE(Γ);
3)   Setze Z_j := {i ∈ I | Γ(i) = j} für j := 1, …, μ;
4)   Setze 𝔛 := {Z_1, …, Z_μ} ≠ ∅;
5)   𝔍𝔛 := { {j | Z_j ∩ I(o)} | o ∈ O};
```

Bild 8.24: Erzeugen der reduzierten Überdeckung $\mathfrak{J}_\mathfrak{X}$

Bislang haben wir beschrieben, wie wir aus einer charakteristischen Überdeckung $\mathfrak{J} := \{I(o) \mid o \in O\}$ eine verträgliche Partitionierung $\mathfrak{X} := \{Z_1, …, Z_\mu\}$ und daraus die reduzierte Überdeckung $\mathfrak{J}_\mathfrak{X} := \{\{j \mid Z_j \cap I(o)\} \neq \emptyset \mid o \in O\}$ gewinnen. Aus einem pseudo-erschöpfenden Test für $\mathfrak{J}_\mathfrak{X}$ wird einer für $\mathfrak{J}$ konstruiert, indem alle $i \in Z_j$ mit dem Signal, das im Test für $\mathfrak{J}_\mathfrak{X}$ dem Element j zugewiesen wurde, belegt werden.

Auch der umgekehrte Weg ist von Interesse: Für die Primäreingänge I sei eine Partitionierung $\mathfrak{X} := \{Z_1, …, Z_\mu\}$ gegeben. Gesucht ist die maximale Überdeckung $\mathfrak{J} \subset \mathcal{P}(I)$, die mit einem pseudo-erschöpfenden Test für $\mathfrak{J}_\mathfrak{X}$ ebenfalls pseudo-erschöpfend getestet wird:

Definition 8.14: Es sei $\mathfrak{X} := \{Z_1, …, Z_\mu\}$ eine Partitionierung von I, und es sei $\mathfrak{J}_\mathfrak{X} \subset \mathcal{P}(\{1, …, \mu\})$ eine Überdeckung von $\{1, …, \mu\}$. Die Expansion von $\mathfrak{J}_\mathfrak{X}$ mittels $\mathfrak{X}$ ist das Teilmengensystem $EXP(\mathfrak{J}_\mathfrak{X}) := \{A \subset I \mid \exists B \in \mathfrak{J}_\mathfrak{X} \; \forall i \in A \; \exists j \in B \; Z_j \cap A = \{i\}\}$.

Satz 8.6: Es sei $\mathfrak{J} := \{I(o) \mid o \in O\}$ eine charakteristische Überdeckung, $\mathfrak{X} := \{Z_1, …, Z_\mu\}$ eine verträgliche Partitionierung. Dann gelten:

a) $\mathfrak{J} \subset EXP(\mathfrak{J}_\mathfrak{X})$

b)   Ein mittels $\mathfrak{J}_\mathfrak{X}$ nach Satz 8.5 konstruierter pseudo-erschöpfender Test für $\mathfrak{J}$ ist auch einer für $EXP(\mathfrak{J}_\mathfrak{X})$.

Beweis: Teil a) folgt unmittelbar aus den Definitionen. Teil b) folgt nach Satz 8.5, da $\mathfrak{X}$ auch für $EXP(\mathfrak{J}_\mathfrak{X})$ eine verträgliche Partitionierung ist. □

In der Regel gilt allerdings nicht $\mathfrak{J} = EXP(\mathfrak{J}_\mathfrak{X})$. Wir verdeutlichen dies an dem Beispiel nach Bild 8.25:

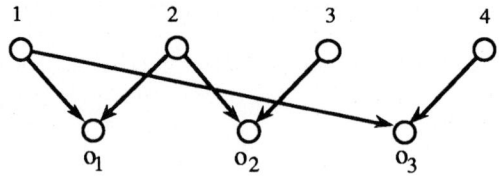

Bild 8.25: Schaltnetzgraph

Für den Schaltnetzgraphen nach Bild 8.25 gilt $I = \{1, 2, 3, 4\}$ und mit $I_1 = \{1, 2\}, I_2 = \{2, 3\}$ und $I_3 = \{1, 4\}$ ist $\mathfrak{I} := \{I_1, I_2, I_3\}$ die charakteristische Überdeckung. Eine verträgliche Partitionierung ist $\mathfrak{Z} = \{Z_1, Z_2\}$ mit $Z_1 = \{1, 3\}$ und $Z_2 = \{2, 4\}$. Dann ist $\mathfrak{I}_{\mathfrak{Z}} = \{\{1, 2\}\}$ ein einelementiges System, und es gilt $\mathrm{EXP}(\mathfrak{I}_{\mathfrak{Z}}) = \{\{1, 2\}, \{2, 3\}, \{1, 4\}, \{3, 4\}\} \supset \mathfrak{I}$. Als pseudo-erschöpfender Test folgt:

Tabelle 8.4: Pseudo-erschöpfender Test für ein Schaltnetz nach Bild 8.25

Z_1		Z_2	
4	2	3	1
0	0	0	0
0	0	1	1
1	1	0	0
1	1	1	1

Man sieht sofort, daß alle vier Mengen aus $\mathrm{EXP}(\mathfrak{I}_{\mathfrak{Z}})$ pseudo-erschöpfend getestet werden.

8.3.2 Mustererzeugung

Im folgenden beschreiben wir ein pragmatisches Verfahren, pseudo-erschöpfende Testmengen für den externen Test zu erzeugen. In der Literatur finden sich auch Vorschläge mit Hilfe linearer und zyklischer Codes Testmengen zu generieren. Diese Verfahren lassen sich mit linear rückgekoppelten Schieberegistern implementieren und sind insoweit für den Selbsttest geeignet. Allerdings führen sie häufig auf Testmengen, deren großer Umfang eine praktische Anwendung nahezu ausschließt [Hell90].

Definition 8.15: Ein Teilmengensystem $\mathfrak{I} := \{I_1, \ldots, I_r\}$, $I_j \subset I$ für $j := 1, \ldots, r$ heißt parallel w-aufzählbar, $w \in \mathbb{N}$, wenn es eine Abbildung $\phi : I \to \{1, \ldots, w\}$ mit $|\phi''I_j| = |I_j|$ für $j := 1, \ldots, r$ gibt.

Die charakteristische Überdeckung $\{\{i_1, i_3, i_4\}, \{i_2, i_3, i_5\}, \{i_3, i_4, i_5\}\}$ der Schaltung nach Bild 8.23 ist mit $\phi := \Gamma$ folglich parallel 3-aufzählbar. Ein parallel w-aufzählbares Mengensystem kann mit 2^w Mustern pseudo-erschöpfend getestet werden, indem eine $(2^w \times w)$ - Matrix T' erzeugt wird, die alle Muster der Breite w aufzählt, und die Testmatrix $T = (t_{i,j})_{1 \le j \le |I|}$ durch $t_{i,j} :=$ $t'_{i,h}$ mit $\phi(j) = h$ gebildet wird.

Es sei $w := \max_{o \in O} |I(o)|$, dann führt eine Partitionierung in verträgliche Mengen nicht in jedem Fall zu einer parallel w-aufzählbaren reduzierten Überdeckung. Hier bietet es sich an, eine parallel w-aufzählbare Teilüberdeckung zu wählen, für diese eine Testmatrix zu erstellen, und anschließend die restliche Überdeckung iterativ in gleicher Weise zu behandeln.

Wir befassen uns zunächst mit dem Problem, möglichst große, parallel w-aufzählbare Teilüberdeckungen zu finden. Wie bereits eingangs erwähnt wurde, ist ein zweielementiges Teilmengensystem stets parallel w-aufzählbar. Für den allgemeinen Fall hilft das folgende Lemma:

Lemma 8.2: Es sei $\mathcal{I} := \{I_1, ..., I_r\}$ ein parallel w-aufzählbares Teilmengensystem von I, und es sei $I_{r+1} \subset I$ mit $|I_{r+1}| \le w$. Gibt es ein $I' \in \mathcal{I}$ mit

$$(I_{r+1} \cap \bigcup_{s=1}^{r} I_s) \subset I', \text{ so ist auch } \{I_1, ..., I_{r+1}\} \text{ parallel w-aufzählbar.}$$

Beweis: Sei $\phi : I \to \{1, ..., w\}$ die Abbildung nach Definition 8.15, für die $|\phi''I_s| = |I_s|$ für $s = 1, ..., r$ gilt. Definiere wie folgt die Abbildung $\hat{\phi} : I \to \{1, ..., w\}$:

a)   Für $i \in \bigcup_{s=1}^{r} I_s \cup (I \setminus I_{r+1})$ setze $\hat{\phi}(i) := \phi(i)$;

b)   Für $i \in I_{r+1} \setminus (\bigcup_{s=1}^{r} I_s)$ stellen wir zunächst $I_{r+1} \setminus \bigcup_{s=1}^{r} I_s - I_{r+1} \setminus I' = I_{r+1} \setminus$ $(I' \cap I_{r+1})$ fest. Nach Voraussetzung gelten $|\phi''(I' \cap I_{r+1})| = |I' \cap I_{r+1}|$ und $|I_{r+1} \setminus (I' \cap I_{r+1})| \le w - |I' \cap I_{r+1}|$. Daher kann man für jedes $i \in I_{r+1} \setminus I'$ ein neues $\hat{\phi}(i) \in \{1, ..., w\} \setminus \phi''(I' \cap I_{r+1})$ finden. Offensichtlich erfüllt $\hat{\phi} : I \to \{1, ..., w\}$ die Definition 8.15 für das Teilmengensystem $\{I_1, ..., I_{r+1}\}$. $\square$

Mit Hilfe des Lemmas 8.2 kann aus einer Überdeckung $\mathcal{I} := \{I_1, ..., I_\mu\}$ eine parallel w-aufzählbare Teilüberdeckung $\mathcal{I}' := \{I_{\mu_1}, ..., I_{\mu_s}\}$, $s \le \mu$, ausgewählt werden:

```
Prozedur  TEILÜBERDECKUNG(𝔍,𝔍') ;
1)   Wähle ein I ∈ 𝔍;
     Setze 𝔍' := {I}; 𝔍 := 𝔍 \ {I}.
2)   Solange es I∈ 𝔍 und I'∈ 𝔍' mit I ∩ (∪ 𝔍') ⊂ I' gibt:
          Wähle ein I ∈ 𝔍, so daß |I ∪ ∪ 𝔍'| minimal ist.
          Setze 𝔍  := 𝔍 \ {I}; 𝔍' := 𝔍' ∪ {I}
END.
```

Bild 8.26: Erzeugung großer, parallel w-aufzählbarer Teilüberdeckungen

In Schritt 2 dieser Prozedur versucht man, $I \cup \cup \; 𝔍'$ zu minimieren, um sich auch in späteren Schritten möglichst viele Freiheitsgrade zu erhalten. Hiermit läßt sich das folgende, einfache Verfahren zur Erzeugung einer pseudo-erschöpfenden Testmenge T angeben:

```
Prozedur  PET(𝔍,T) ;
1)   Setze die Testmatrix T := ∅.
2)   Solange 𝔍 ≠ ∅:
          TEILÜBERDECKUNG(𝔍, 𝔍') ;
          Erzeuge eine Testmatrix T' für 𝔍' des Umfangs w;
          Setze  T := T ∪ T'; 𝔍 := 𝔍 \ 𝔍';
END.
```

Bild 8.27: Einfaches Erzeugen einer pseudo-erschöpfenden Testmenge T

Die einfache Erzeugung nach Bild 8.27 nutzt die im vorhergehenden Abschnitt eingeführte Vorverarbeitung nicht aus. Es bietet sich an, PET stets für eine reduzierte Überdeckung durchzuführen und anschließend mittels der Expansion alle behandelten Teilmengen zu entfernen. Auf diese Weise führ das Verfahren PET_Kompakt nach Bild 8.28 auf hinreichend kleine Testmengen. In der Literatur finden sich zahlreiche Vorschläge, solche Mengen mittels zyklischer oder linearer Codes zu erzeugen, z. B. [Aker85, VaMa85, BCR83, WaMc86a, WaMc86b]. Es läßt sich jedoch zeigen, daß die derart erzeugten Testmengen in der Regel länger sind als die Summe der Testlänge für alle Kegel [Hell90]. Aus diesem Grund sind diese Methoden für den externen Test wenig geeignet. In Kapitel 10 wird skizziert, wie mittels geeigneter Codes ein Selbsttest implementiert werden kann.

```
Prozedur    PET_Kompakt(ℐ,T);
1)    Setze T := ∅
2)    Solange ℐ ≠ ∅:
      2.1)    REDUZIERE (ℐ, 𝔃, ℐ𝔃);
      2.2)    TEILÜBERDECKUNG (ℐ𝔃, ℐ'𝔃);
      2.3)    Sei T'𝔃 die Testmatrix für ℐ𝔃.
              Erzeuge die Testmatrix T' für Exp(ℐ'𝔃);
      2.4)    Setze T := T ∪ T'; ℐ := ℐ \ Exp(ℐ'𝔃);
END.
```

Bild 8.28: Erzeugung pseudo-erschöpfender Testmengen

8.3.3   Testdurchführung

Ähnlich wie der Zufallstest läßt sich auch der pseudo-erschöpfende Test
ohne teure Testautomaten mit einer Spezialschaltung durchführen. Bild 8.29
zeigt die entsprechende Konfiguration nach [WuHH90]:

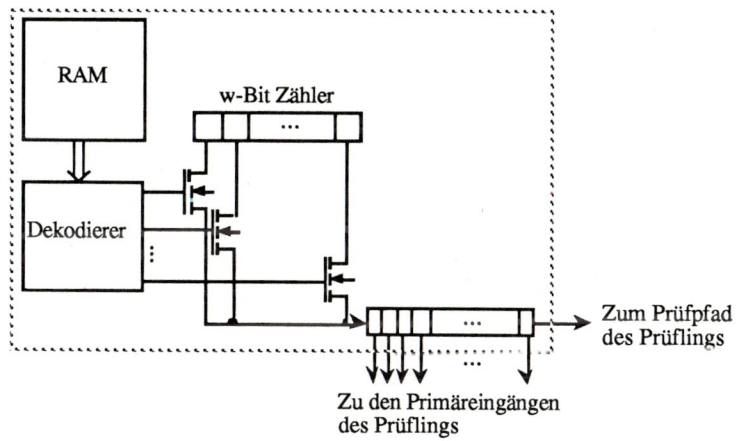

Bild 8.29: Externe Schaltung zur Anwendung pseudo-erschöpfender Testmuster

Um die Übersichtlichkeit zu erhalten, wurde in obenstehender Schaltung
auf die Darstellung der Steuerung verzichtet. Die Schaltung dient dazu, eine
oder mehrere parallel w-aufzählbare Überdeckungen zu behandeln. Wir nehmen an, daß $ℐ_1, ..., ℐ_k$ die durch PET_Kompakt erzeugten, parallel w-aufzählbaren Teilüberdeckungen sind. Für jedes i = 1, ..., k gibt es nach Defi-

nition 8.15 eine Abbildung $\phi_i : I \rightarrow \{1, \ldots, w\}$; I enthält hier den Prüfpfad und die Primäreingänge. Diese Abbildungen können in Matrixform als

$$T := (t_{i,j})_{1 \leq i \leq k, \, j \in I} \text{ mit } t_{i,j} := \phi_i(j)$$

in dem RAM von Bild 8.29 abgespeichert werden. Für jeden Zählerstand schaltet der Dekodierer das $\phi_i(j)$-te Bit des Zählers durch und schiebt den Wert dieser Zählerposition in das Schieberegister. Die Schaltung führt damit einen Algorithmus nach Bild 8.30 durch.

In ähnlicher Weise wie der externe Zufallstest kann auch der externe Test mit pseudo-erschöpfenden Mustern für Schaltungen mit integriertem Boundary-Scan erweitert werden.

```
Für i := 1, …, k {Für jede parallel w-aufzählbare Überdeckung}:
Für c := 0, …, 2^w -1 {Für jeden Zählerstand}:
        Für j ∈ I:
            Lade den Eingang j {Primäreingang oder Prüfpfad}
            mit dem φ_i(j)-ten Bit des Zählers;
            Führe einen Systemtakt des Prüflings durch;
            Schalte den Zähler weiter;
END.
```

Bild 8.30: Prinzip der externen Testdurchführung

8.4 Pseudo-erschöpfender Test für Übergangs- und Verzögerungsfehler

Im pseudo-erschöpfenden Test werden alle kombinatorischen Fehlfunktionen innerhalb eines Kegels erkannt, lediglich Kurzschlüsse zwischen mehreren Kegeln können in ungünstigen Fällen übersehen werden [ArMc84]. Jedoch wurde bereits im dritten Kapitel darauf hingewiesen, daß nMOS-Pass-Transistor- und statische CMOS-Schaltungen Defekte besitzen können, die zu sequentiellem Fehlverhalten führen. Derartige Verzögerungs- und Übergangsfehler verlangen die Eingabe einer Testfolge. Um auch alle Fehler zu finden, die einen zusätzlichen Zustand in die Schaltung einführen, müssen die Musterpaare

$$(t_1, t_2) \in (\{0, 1\}^n \times \{0, 1\}^n) \setminus \{(t, t) \mid t \in \{0, 1\}^n\}$$

angelegt werden. Dies kann sukzessive für jeden Kegel durchgeführt werden, im folgenden untersuchen wir ein allgemeineres Vorgehen nach [WuHe88].

Die Menge $T \times T$ aller Folgen der Länge zwei enthält natürlich auch für jeden Kegel alle Musterpaare und erkennt somit alle einfachen stuck-open Fehler in CMOS-Schaltungen. Sie erkennt sogar sicher Mehrfachfehler, vorausgesetzt, daß zumindest ein Kegel nur einen Einfachfehler enthält. Im allgemeinen Fall verlangen beliebige Mehrfachfehler, daß die Länge λ der Folgen nicht beschränkt ist.

Bild 8.31 zeigt eine Musterfolge der Länge L, die alle Folgen von T der Länge $\lambda = 2$ umfaßt. Wir sind an einer solchen globalen Folge von möglichst kleiner Länge L interessiert.

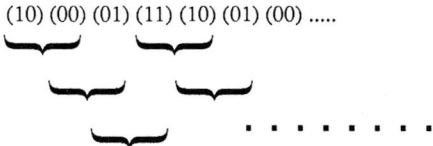

(10) (00) (01) (11) (10) (01) (00) .....

Bild 8.31:   Globale Folge, die alle Folgen der Länge zwei enthält

Lemma 8.3:   Es sei T eine Testmenge. Eine globalen Folge, die alle Folgen der Länge λ enthält, besitzt eine Länge $L \geq \lambda + |T|^\lambda - 1$.

Beweis: In der globalen Folge müssen alle $|T|^\lambda$ verschiedene Folgen der Länge λ enthalten sein. Die ersten λ Muster bilden die erste Teilfolge. Jedes weitere Muster kann höchstens eine neue Teilfolge erzeugen. Daher sind noch mindestens $(|T|^\lambda - 1)$ Muster hinzuzufügen, und für die Gesamtlänge gilt $L \geq \lambda + |T|^\lambda - 1$.

Im folgenden stellen wir ein Verfahren vor, um möglichst kurze globale Folgen zu erzeugen. Ist die Mächtigkeit $|T|$ die Potenz einer Primzahl, so liefert das Verfahren sogar minimale Folgen. Es sei daher $p^r \geq |T|$ die Potenz einer Primzahl. Aus praktischen Gründen, die später erläutert werden, genügt es, sich auf zwei Fälle zu beschränken:

a) $p = 2$, und r ist die kleinste natürliche Zahl mit $p^r \geq |T|$;
b) $r = 1$, und p ist die kleinste Primzahl $p \geq |T|$.

Wir setzen $q := p^r$. Bereits im fünften Kapitel wurde erwähnt, daß es stets einen endlichen Körper $\mathbb{F}_q$ der Mächtigkeit q und damit auch eine injektive Funktion $f : T \to \mathbb{F}_q$ gibt. Wir erzeugen eine Folge von Elementen aus $\mathbb{F}_q$, die alle λ-Teilfolgen enthält. Außerdem hat diese Folge die Länge $\lambda + q^\lambda - 1$;

ist $|T| = |\mathbb{F}_q|$, so liefert die Umkehrfunktion f^{-1} eine gleichlange Folge aus T. Ist $|T| < |\mathbb{F}_q|$, so ist die Umkehrfunktion nur partiell definiert und es wird eine kürzere Folge mit Mustern aus T erzeugt, die jedoch nicht notwendigerweise minimal ist.

Die Folge aus $\mathbb{F}_q$ kann mit linear rückgekoppelten Schieberegistern erzeugt werden. Es sei $h(x) := 1 - \sum_{i=0}^{\lambda-1} h_i \, x^{\lambda-i}$ ein primitives Polynom aus $\mathbb{F}_q[x]$. Ein solches Polynom kann in Tabellen nachgeschlagen oder konstruiert werden (siehe [LiNi86]). Im sechsten Kapitel wurde gezeigt, daß dann eine Folge a_0, a_1, ... mit der Periode $q^\lambda - 1$ durch die Rekurrenzgleichung $a_n := \sum_{i=0}^{\lambda-1} g_i \, a_{i-\lambda+n}$ definiert werden kann. Wir setzen daher

a) $a_j := 0 \in \mathbb{F}_q$ für $j := 0, \ldots, \lambda-1$

b) $a_\lambda \neq 0 \in \mathbb{F}_q$

c) $a_{j+\lambda} := \sum_{i=0}^{\lambda-1} g_i \, a_{i+j}$ für $j := 1, \ldots, q^\lambda - 2$.

Dann erzeugt die Folge $a_0, \ldots, a_{\lambda+q^\lambda-2}$ alle Teilfolgen der Länge λ und ist somit eine minimale Folge mit dieser Eigenschaft. Die Folge $f^{-1}(a_0)$, $f^{-1}(a_1)$, ..., $f^{-1}(a_{\lambda+q^\lambda-2})$ ist die zugehörige Testfolge, für einen Test auf Übergangsfehler kann in ihr jedes Paar gleicher Muster zu einem einzigen Muster zusammengefaßt werden. Dies ergibt die folgende Prozedur:

```
Prozedur   PET_Übergang;
1)  Bestimme eine pseudo-erschöpfende Testmenge T;
2)  Wähle einen Körper IFq mit q ≥ |T|;
3)  Wähle eine injektive Abbildung f:T → IFq;
4)  Wähle ein primitives Polynom h(x) ∈ IFq[x] vom Grad λ;
5)  Konstruiere das zu h(x) gehörende Schieberegister;
6)  Setze aj := O für j := O, …, λ-1; wähle ein aλ ≠ O und erzeuge
    die Schieberegisterfolge a1, …, aλ+qλ-2;
7)  Dekodiere diese Folge durch f⁻¹(ai) in Testmuster;
```

Bild 8.32: Erzeugung eines pseudo-erschöpfenden Tests für Übergangsfehler

In obenstehender Prozedur wird das Schieberegister lediglich modelliert und simuliert. Es kann jedoch auch als Schaltung tatsächlich konstruiert und für den Selbsttest oder den externen Test genutzt werden. Um dies deutlich zu machen, beschränken wir uns im folgenden auf den für Übergangsfehler wichtigen Fall $\lambda = 2$. Bild 8.33 zeigt das zugehörige LRSR mit zwei zu testenden Teilschaltnetzen CUT1 und CUT 2.

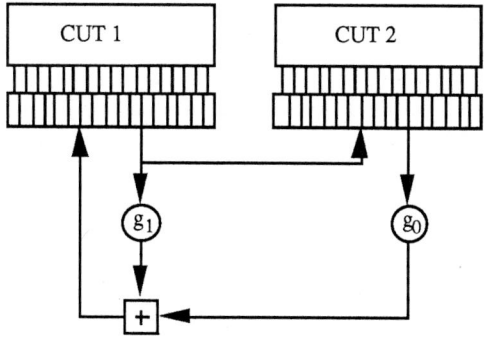

Bild 8.33: LRSR der Länge zwei über $\mathbb{F}_q$

Die beiden Register enthalten je ein Element aus $\mathbb{F}_q$. Es bleibt zu erläutern, wie die Multiplikation mit den beiden Konstanten g_1 und g_0 und wie die Addition zu implementieren sind. Hierzu unterscheidet man die erwähnten beiden Fälle:

a) $q = 2^r$: In diesem Fall kann $\mathbb{F}_q$ als ein r-dimensionaler Vektorraum über $\mathbb{F}_2$ aufgefaßt werden, er besteht aus r-Tupeln, die komponentenweise addiert werden können. Dies geschieht mit Antivalenzgliedern, so daß die Operation "+" in Bild 8.33 durch r solche Schaltelemente zu realisieren ist.

Zur Erläuterung der Multiplikation benötigt man einige weitere theoretische Sachverhalte: Nach Satz 6.4 ist die multiplikative Gruppe eines Körpers zyklisch und hat im vorliegenden Fall die Mächtigkeit 2^r-1. Es sei nun $\Phi(x) :=$ $1- \sum_{i=0}^{r-1} \gamma_i \, x^{r-i}$ ein primitives Polynom über $\mathbb{F}_2$ des Grades r. Das zugehörige Schieberegister führt im autonomen Betrieb die folgende Abbildung aus:

$$S : (\mathbb{F}_2)^r \to (\mathbb{F}_2)^r;$$

$$S(\alpha_{n-r}, \ldots, \alpha_{n-1}) = (\alpha_{n-r-1}, \ldots, \alpha_{n-1}, \sum_{i=0}^{r-1} \gamma_i \, \alpha_{i-r-n}).$$

Es sei $c \in \mathbb{F}_q$ ein primitives Element der multiplikativen Gruppe. Wir definieren auf $(\mathbb{F}_2)^r \setminus \{0\}$ die Operation $*_c$ durch:

$$x *_c y = z :\Leftrightarrow \exists k \le 2^r-1 \ (x = c^k \wedge z = S^k(x)).$$

Damit gilt

Satz 8.7: Seien c und $*_c$ wie oben definiert, und sei + die komponentenweise Addition in $(\mathbb{F}_2)^r$. Dann ist $((\mathbb{F}_2)^r, +, *_c) \cong \mathbb{F}_{2^r}$ ein Körper.

Beweis: Übungsaufgabe.

Mit Satz 8.7 kann die Multiplikation als einfaches Schieben des LRSR S ausgedrückt werden. Denn da c in $\mathbb{F}_q$ primitiv ist, gibt es Konstante k_1 und k_2, so daß $g_1 = c^{k_1}$ und $g_0 = c^{k_0}$ in Bild 8.33 gelten. Für einen Vektor $y \in (\mathbb{F}_2)^r$ sind dann $g_1 *_c y = S^{k_1}(y)$ und $g_0 *_c y = S^{k_0}(y)$, d. h. die Multiplikation mit g_1 erfolgt durch k_1-faches Schieben und entsprechendes gilt für g_0.

Es sei beispielsweise $r := 6$ und $g_1 := g_0^2$, g_0 sei primitiv. Das Polynom $x^6 + x + 1$ ist in $\mathbb{F}_2[x]$ primitiv, und es gilt $S(x_0, \ldots, x_5) = (x_1, \ldots, x_5, x_0 + x_1)$. Da g_0 als primitiv angenommen wurde, kann man $c := g_0$ setzen. Die Implementierung von $y = g_0 *_c x := S(x)$ kann wie in Bild 8.34 erfolgen.

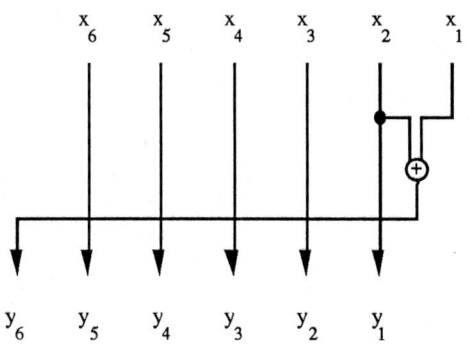

Bild 8.34: Realisierung der Multiplikation $y = g_0 *_c x$

Es ist $g_1 *_c (x_0,\ldots,x_5) = g_0 *_c g_0 *_c (x_0,\ldots,x_5) = S^2(x_0,\ldots,x_5) = (x_2,\ldots,x_5, x_0 + x_1, x_1 + x_2)$. Die gesamte Rückkopplungsfunktion von Bild 8.31 ist $g_0 *_c (x_0,\ldots,x_5) + g_1 *_c (x_6,\ldots,x_{11}) = g_0 *_c ((x_0,\ldots,x_5) + g_0 *_c (x_6,\ldots,x_{11}))$, sie kann wie in Bild 8.35 realisiert werden.

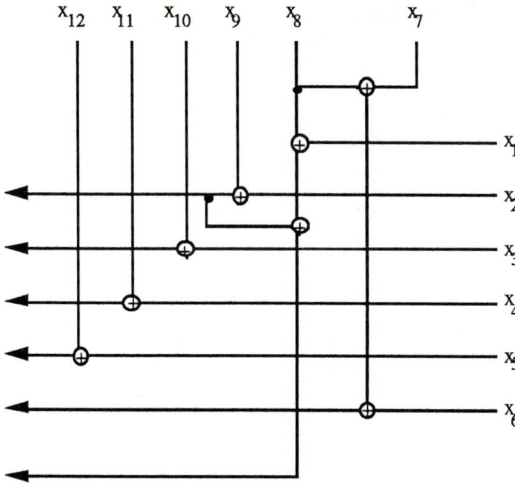

Bild 8.35: Realisierung von $g_0 *_c (x_0, ..., x_5) + g_1 *_c (x_6, ..., x_{11})$

Zusammenfassend benötigt man r Antivalenzglieder zur Realisierung der komponentenweisen Addition und einige wenige zur Multiplikation. Der Aufwand ist mit dem eines konventionellen linear rückgekoppelten Schieberegisters über $\mathbb{F}_2$ vergleichbar.

a) q = p ist eine Primzahl. Dieser Fall ist einfacher zu untersuchen, da dann $\mathbb{F}_q$ zu dem Körper der ganzen Zahlen modulo p isomorph ist und sowohl Addition als auch Multiplikation modulo p ausgeführt werden. Allerdings ist die Implementierung aufwendiger als in Fall a), so daß die Anwendung hier hauptsächlich die externe Mustererzeugung ist.

Insgesamt kann eine Schaltung zur Mustererzeugung folgendermaßen konstruiert werden:

1)   Wähle eine pseudo-erschöpfende Testmenge T.
2)   Wähle ein r mit $q := 2^r \geq |T|$ oder eine Primzahl p mit $q := p \geq |T|$.
3)   Wähle eine injektive Funktion $f : T \rightarrow \mathbb{F}_q$.
4)   Finde ein primitives Polynom über $\mathbb{F}_q$ von Grad 2.
5)   i)   Für $q = 2^r$ implementiere die Multiplikation und Addition nach Satz 8.7.
     ii) Für $q = p$ implementiere die Multiplikation und Addition modulo p.
6)   Konstruiere das zugehörige LRSR über $\mathbb{F}_q$ der Länge 2.
7)   Dekodiere den Registerinhalt mit f^{-1} wieder in Testmuster.

Als Beispiel für dieses Vorgehen behandeln wir eine Schaltung mit der charakteristischen Überdeckung $\mathfrak{I} := \{I(o) \mid o \in O\}$ und

$$I(o_1) := \{x_2, ..., x_8\}$$
$$I(o_2) := \{x_1, x_3, ..., x_8\}$$
$$I(o_3) := \{x_1, x_2, x_4, ..., x_8\}$$
$$I(o_4) := \{x_1, x_3, x_5, ..., x_8\}$$
$$I(o_5) := \{x_{10}, ..., x_{16}\}$$
$$I(o_6) := \{x_9, x_{11}, ..., x_{16}\}$$
$$I(o_7) := \{x_9, x_{10}, x_{12}, ..., x_{16}\}$$
$$I(o_8) := \{x_9, ..., x_{11}, x_{13}, ..., x_{16}\}.$$

Jeder Kegel hängt somit von sieben Primäreingängen ab. Zählt man alle Belegungen von $(x_1, ..., x_7)$ auf und setzt man $x_9 := x_1 + x_2 + x_3 + x_4$ so erhält man für $\{I(o_1), I(o_2), I(o_3), I(o_4)\}$ eine pseudo-erschöpfende Testmenge

$$T := \{ (x_1, ..., x_8) \mid (x_1, ..., x_7) \in (\mathbb{F}_2)^7 \wedge x_8 = x_1 + x_2 + x_3 + x_4 \}.$$

Dieselben Muster testen aus Symmetriegründen auch $\{I(o_5), I(o_6), I(o_7), I(o_8)\}$. Die injektive Funktion aus Schritt 3 ist $f : T \rightarrow (\mathbb{F}_2)^7$, $f(x_1, ..., x_8) = (x_1, ..., x_7)$.

Mit den Methoden aus [LiNi86] erhält man als primitives Polynom über $\mathbb{F}_{2^7}$ den Ausdruck $x^2 + g_1 x + g_0$, wobei $g_1 = g_0^2$ gilt. Da $2^7 - 1$ eine Primzahl ist, sind übrigens sowohl g_1 als auch g_0 primitive Elemente der multiplikativen Gruppe von $\mathbb{F}_{2^7}$.

In Schritt 5) wird die Multiplikation mit g_0 mit Hilfe eines primitiven Polynoms vom Grade 7 über $\mathbb{F}_2$ realisiert, zum Beispiel $x^7 + x + 1$. Dann wird die Multiplikation zu

$$g_0 * (x_1, ..., x_7) = (x_2, ..., x_7, x_1 + x_2).$$

Die dekodierende Funktion ist $f^{-1}(x_1, ..., x_7) = (x_1, ..., x_7, x_1 + x_2 + x_3 + x_4)$, und die vollständige Rückkopplungsfunktion zeigt Bild 8.36.

Da die letzten vier Kegel in derselben Weise behandelt werden, wurde hiermit für eine Schaltung mit 16 Eingängen ein Testmustergenerator konstruiert, der alle Übergangsfehler mit 2^{14} Takten pseudo-erschöpfend testet.

In gleicher Weise läßt sich das anfangs zitierte, kommerzielle Beispiel des Paritätsgenerators TI SN54 / 74LS630 aus Bild 8.2 behandeln. Die Schaltung hat zwar 23 Primäreingänge, es existiert jedoch ein pseudo-erschöpfender Test mit nur 2^{10} Mustern [McCl84]. Es läßt sich ein Mustergenerator konstruieren, der gleichzeitig zwei solcher Schaltungen mit insgesamt 46 Eingängen erschöpfend für Übergangsfehler mit nur 2^{20} Mustern testet. Die Konstruktion sei dem Leser als Übung überlassen.

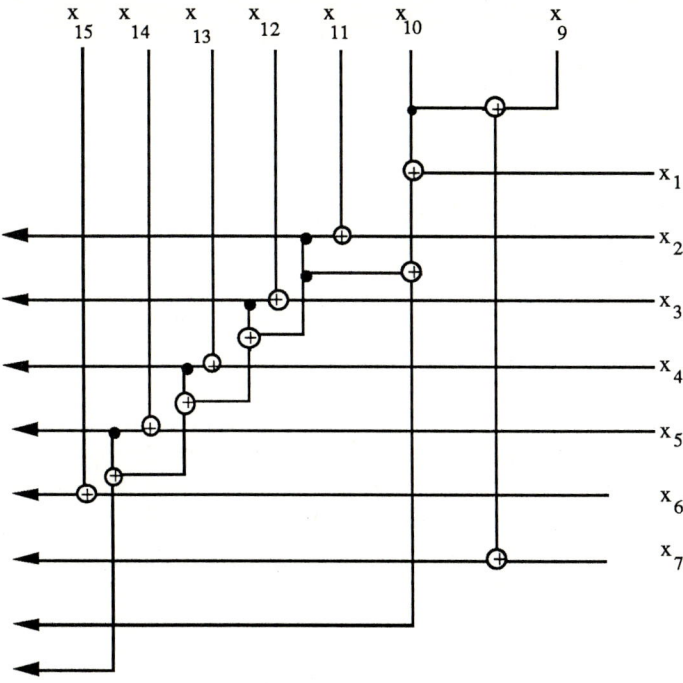

Bild 8.36: Rückkopplungsfunktion

9 Teststrategien für Schaltwerke

Die Testerzeugung für allgemeine sequentielle Schaltungen sind so komplex, daß es hierfür nur wenige Verfahren mit praktischer Bedeutung gibt. In den ersten beiden Abschnitten dieses Kapitels werden einige Komplexitätsbetrachtungen angestellt und entsprechende Verfahren diskutiert.

Im allgemeinen sind zusätzliche Modifikationen der Schaltung erforderlich. Im fünften Kapitel wurde zu diesem Zweck der Prüfpfad vorgestellt. Er macht im Testbetrieb sämtliche Speicherelemente unmittelbar zugänglich, so daß Testmuster nur für ein Schaltnetz erzeugt werden müssen. Er kann jedoch die Schaltung beträchtlich vergrößern. In der Literatur finden sich daher zahlreiche Vorschläge, diesen Hardware-Mehraufwand dadurch zu reduzieren, daß nur ein Teil der Speicherelemente in einem unvollständigen Prüfpfad zusammengefaßt wird.

In den folgenden Abschnitten wird gezeigt, daß es für einen effizienten Test ausreichend ist, nur soviele Speicherelemente in den Prüfpfad aufzunehmen, daß der Datenfluß des restlichen Schaltwerks azyklisch wird. Für das verbleibende Schaltwerk lassen sich in bekannter Weise Testmusterfolgen erzeugen. Es läßt sich aber auch mit gleichverteilten oder ungleich verteilten Zufallsmustern testen, die im Selbsttest angelegt und ausgewertet werden können. Falls die Schaltung geringfügig weiter modifiziert wird, läßt sich als völlig neue Teststrategie der pseudo-erschöpfende Test von Schaltwerken durchführen. Es ist somit möglich, die für Schaltnetze weit verbreiteten Teststrategien des deterministischen Tests, des Zufallstests und des pseudoerschöpfenden Tests auch bei Schaltwerken anzuwenden. Jede dieser drei Teststrategien kann dann mit geringerem Zusatzaufwand realisiert werden, als es ein vollständiger Prüfpfad erfordern würde.

9.1 Zur Komplexität des Schaltwerkstests

Zum Test von Schaltwerken sind Musterfolgen nötig, deren Länge exponentiell mit der Schaltungsgröße wachsen kann. Die Schaltung aus Bild 9.1

gibt bei Initialisierung des Zähler mit 00...0 genau dann eine "1" aus, wenn $2^{64}-1$ mal an ihrem Takteingang eine "1" erscheint.

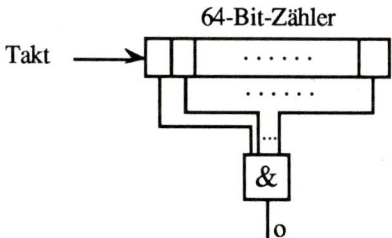

Bild 9.1: Beispielschaltung mit 64 Flipflops

Die Schaltung besteht nur aus einem großen Gatter und 64 Flipflops, dennoch verlangt sie eine unrealistisch große Testlänge. Ursache ist die große *sequentielle Tiefe* der Schaltung. Die sequentielle Tiefe ist die maximal notwendige Pfadlänge im Zustandsübergangsdiagramm, um von einem beliebigen Zustand zu einem anderen zu gelangen. So besteht im Übergangsdiagramm der Schaltung in Bild 9.1 zwischen den Zuständen $(0, ..., 0)$ und $(1, ..., 1)$ nur ein Pfad der Länge $2^{64}-1$. Eine andere, nicht gleichwertige Definition der sequentiellen Tiefe ist die maximale Zahl von Flipflops, die in einem Pfad oder Zyklus des S-Graphen zu finden sind.

Im siebten Kapitel wurde gezeigt, daß die Testerzeugung für Schaltnetze NP-vollständig ist. Im schlechtesten Fall kann die Bestimmung eines Testmusters exponentielle Rechenzeit erfordern, die Zahl der Muster ist jedoch durch die Zahl der betrachteten Fehler begrenzt und kann beispielsweise beim Haftfehlermodell höchstens linear mit der Schaltungsgröße wachsen. Durch schrittweise Verbesserung der eingesetzten Heuristiken und Algorithmen läßt sich die Klasse der Schaltnetze, die effizient zu behandeln sind, stets weiter vergrößern.

Im Gegensatz dazu lassen sich Schaltwerke finden, die in jedem Fall exponentiell viele Testdaten verlangen und bei denen ein Testerzeugungsalgorithmus bereits an der Ausgabe der Daten scheitern muß. Dieses Problem kann auch durch den Test mit Zufallsmustern nicht gelöst werden.

Bild 9.2 zeigt einen n-Bit-Zähler mit Taktanschluß c. Die Schaltung zählt die unmittelbar aufeinanderfolgenden Einsen am d-Eingang und wird zurückgesetzt, falls einmal die Null erscheint. Nach einer Folge von 2^n-1 Einsen geht auch der Ausgang y auf "1", und dies ist die einzige Möglichkeit, dort einen Haftfehler an "0" zu testen. Die Wahrscheinlichkeit, daß bei gleichverteilten Mustern eine solche Folge zufällig auftritt, ist $2^{-(2^n-1)}$. Das einfache

Schaltwerk mit nur einem Primäreingang verlangt daher dieselbe Testlänge wie ein AND-Glied mit 2^n Eingängen.

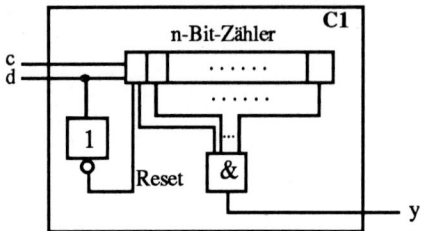

Bild 9.2: Schlecht zufallstestbares Schaltwerk C1

Im sechsten Kapitel wurde untersucht, wie mit gewichteten Zufallsmustern die Testlängen deutlich reduziert werden können. Dies ist für die Schaltung aus Bild 9.3 keine Lösung, da hier die Teilschaltungen C1 und C2 widersprüchliche Anforderungen haben und es keine bessere gemeinsame Eingangswahrscheinlichkeit als 0.5 gibt.

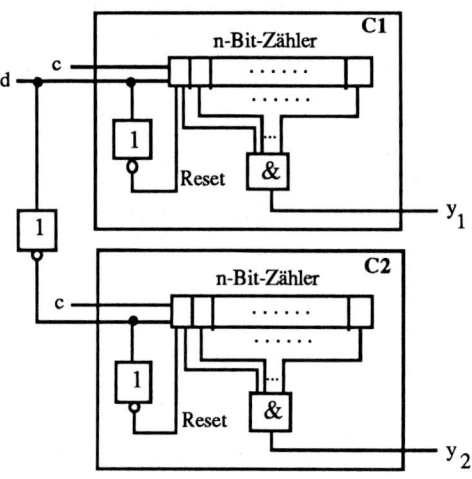

Bild 9.3: Schaltung zur Überprüfung von "0"- und "1"-Folgen

Für Schaltnetze können in diesem Fall mehrere Verteilungen erzeugt werden. Es gibt jedoch Schaltwerke, bei denen die erforderliche Zahl von Verteilungen exponentiell mit der Zahl der Flipflops wächst. Ein Beispiel hierfür zeigt Bild 9.4.

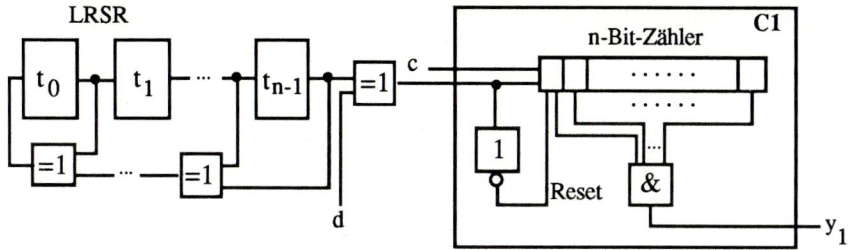

Bild 9.4: Schaltung zum Vergleich einer Folge mit einer Schieberegisterfolge

Wenn das Schieberegister in Bild 9.4 ein primitives Polynom repräsentiert, dann hat der Fehler $s0$-y_1 bei gleichverteilten Eingangsmustern an d die Erkennungswahrscheinlichkeit $2^{-(2^n-1)}$. Bereits ein kleines LRSR mit $n = 6$ Flipflops würde über 10^{20} Zufallsmuster erfordern. Da in jedem Takt der an d verlangte Wert durch die Pseudozufallsfolge des LRSR bestimmt wird, wären $O(2^n)$ unterschiedliche Gewichte nötig, um die Testlänge signifikant zu reduzieren. Diese einfachen Beispiele zeigen, daß für allgemeine Schaltwerke kein effizientes Verfahren des Zufallstests zu erwarten ist.

Noch weniger kann man eine allgemeine pseudo-erschöpfende Teststrategie erwarten. Der erschöpfende Test für beliebige endliche Automaten ist nur möglich, wenn die maximale Zustandszahl bekannt ist. In diesem Fall wächst die Testlänge exponentiell mit der Zahl der Zustände, die Zustände können wiederum exponentiell mit der Zahl der Flipflops zunehmen. Daher sind solche Testverfahren nur für sehr kleine Automaten anwendbar und entsprechend in der Literatur vorgeschlagen worden.

Insgesamt ist der Test von Schaltwerken aus Komplexitätsgründen nur sehr eingeschränkt möglich [Micz83]. Wir stellen im folgenden Abschnitt ein Testerzeugungsverfahren vor, das für Schaltungen geringer sequentieller Tiefe geeignet ist. Anschließend beschreiben wir Schaltungsmodifikationen, die auch im allgemeinen Fall die Testbarkeit sicherstellen.

Im vorliegenden Kapitel werden wir uns lediglich auf synchrone Schaltungen beschränken, aus den bereits im fünften Kapitel dargelegten Gründen nur D-Flipflops zulassen und zudem einen einzigen Systemtakt im flankengesteuerten Betrieb oder zwei nicht überlappende Takte im level-sensitiven, pegelgesteuerten Betrieb voraussetzen.

9.2 Deterministische Testerzeugung für Schaltwerke

Wir beschreiben im folgenden ein Testerzeugungsverfahren für Schaltwerke mit geringer sequentieller Tiefe, das sich auf Testerzeugung für Schaltnetze reduziert. Sämtliche Flipflops einer Schaltung können im allgemeinen Modell einer synchronen Schaltung nach Bild 9.5 separiert werden.

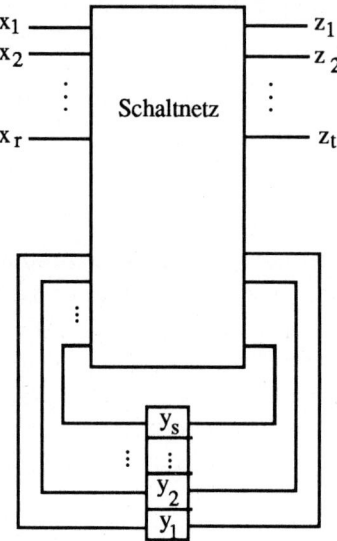

Bild 9.5: Allgemeines Modell einer synchronen Schaltung

Die Ausgabe wird durch den gegenwärtigen Zustand der Flipflops und durch die Eingabe an den Primäreingängen bestimmt. Bild 9.6 zeigt n Kopien desselben Schaltwerkes, die so verbunden sind, daß der Zustand des ersten der bestimmende Zustand für das zweite ist, der Zustand des zweiten das Verhalten des dritten bestimmt usw. Es seien

$X := (x_1, ..., x_r)$ die Primäreingänge,
$Y := (y_1, ..., y_s)$ die Flipflops und
$Z := (z_1, ..., z_t)$ die Primärausgänge des Schaltwerks.

Dann sind in Bild 9.6 X(i), Y(i) und Z(i) jeweils der i-ten Kopie der Schaltung zugeordnet und korrespondieren zur Eingabe, zum Zustand und zur Ausgabe des ursprünglichen Schaltwerkes zum Zeitpunkt i.

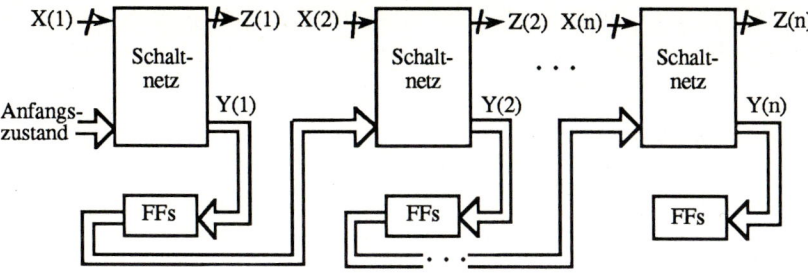

Bild 9.6: Iterierte Schaltnetze

Die oben eingezeichneten Flipflops speichern jedoch nicht, sondern erfüllen als Pseudo-Flipflops die booleschen Funktionen nach Bild 9.7. Es entspricht y dem positiven und $\bar{y}$ dem negierten Ausgang des Flipflops.

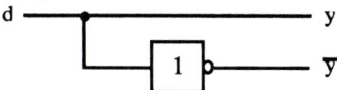

Bild 9.7: Pseudo-Flipflops

Die resultierende Schaltung des Bildes 9.6 ist ein Schaltnetz mit den Primäreingängen $x_1(1), \ldots, x_r(1), x_1(2), \ldots, x_r(n)$ und den Primärausgängen $z_1(1), \ldots, z_t(1), z_1(2), \ldots, z_t(n)$.

Enthält das ursprüngliche Schaltwerk einen Fehler, so erscheint er in jeder Kopie der iterierten Schaltnetze. Ein Einfach-Haftfehler des Schaltwerkes kann gefunden werden, indem für den korrespondierenden n-fachen Haftfehler des Schaltnetzes ein Test gesucht wird. Das resultierende Testmuster entspricht einer Eingabefolge der Länge n für das ursprüngliche Schaltwerk. Diese iterative Behandlung erfordert n = m + 1 Kopien der ursprünglichen Schaltung, m ist die sequentielle Tiefe nach der ersten Definition. Jedoch muß man beachten, daß Fehler die sequentielle Tiefe der Schaltung verändern können.

9.2.2 Der D-Algorithmus für Schaltwerke

Die Abbildung von Schaltwerken auf iterierte Schaltnetze verlangt, daß der Testerzeugungsalgorithmus Mehrfachfehler im Schaltnetz behandeln kann und das Initialisierungsproblem nach Bild 9.8 löst. Bei geeigneter Implementierung läßt sich der im achten Kapitel beschriebene D-Algorithmus auch für Mehrfachfehler verwenden. Er scheitert jedoch am Initialisierungsproblem.

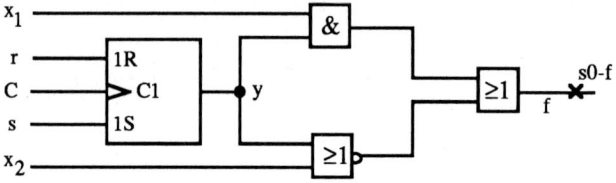

Bild 9.8: Das Initialisierungsproblem

Der D-Algorithmus findet für den eingezeichneten Haftfehler s0-f kein Testmuster, falls das Flipflop nicht initialisierbar und daher sein Ausgang $y = U$ ist. Denn setzt er $x_1 := $ "1", so schaltet er den unbestimmten Wert U nach f durch, und für $x_1 := $ "0" liegt an f die "0" oder auch U an. Aber offensichtlich ist $x_1 = $ "1", $x_2 = $ "0" wegen $f = y \vee \bar{y} = $ "1" ein Test.

Selbst wenn die Schaltung im fehlerfreien Fall initialisierbar ist, kann der D-Algorithmus scheitern. Ein entsprechendes Beispiel zeigt Bild 9.9.

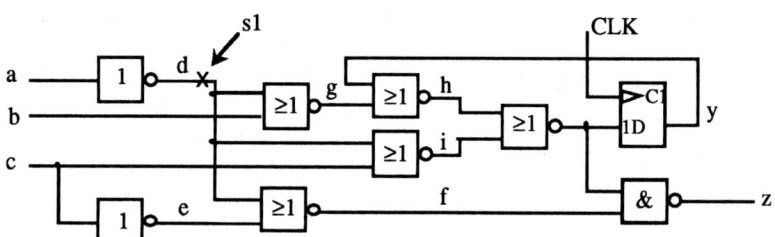

Bild 9.9: Schaltwerk mit einem einfachen Haftfehler

Das zugehörige iterierte Schaltnetz ist in Bild 9.10 wiedergegeben:
Die Schaltung ist anfangs nicht initialisiert, das heißt $y(1) = U$, und jeder Versuch scheitert, den Haftfehler s1-d(1) an z(1) oder an k(1) sichtbar zu machen, da der unbestimmte Wert das Fehlersignal dort überlagern kann. Folglich wird der D-Algorithmus versuchen, den Fehler s1-d(2) nach z(2) zu treiben. Dies ist wiederum nur mit $k(1) = 1$ möglich. Diese Belegung kann aber nicht garantiert werden, da wegen s1-d(1) an k(1) nur 0 oder U anliegt. Deshalb scheitert der D-Algorithmus hier bei der Testerzeugung, obwohl der Fehler mit $a(1) = 1$, $b(1) = 0$, $c(1) = 1$, $a(2) = b(2) = c(2) = 1$ erkannt wird.

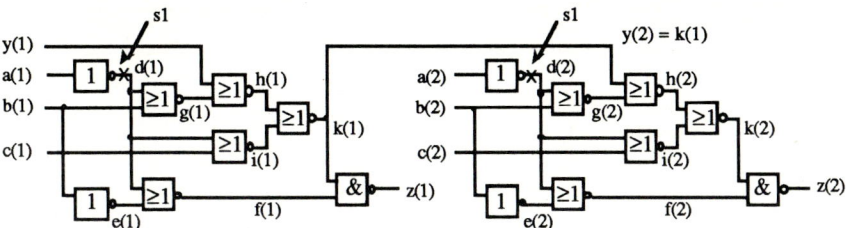

Bild 9.10: Mehrfachfehler im iterierten Schaltnetz

Die Ursache des Scheiterns liegt in der *Überbestimmung*, die $k(1) = 1$ verlangt, obwohl das nur im fehlerfreien Fall nötig ist. Tritt der Fehler nämlich tatsächlich auf, so darf $k(1)$ sehr wohl unbestimmt bleiben, da unabhängig von seinem Wert dann auf jeden Fall an $z(2)$ das Fehlersignal $\bar{D}$ erscheint. Diese Überbestimmung hat 1976 Muth mit einem neunwertigen Algorithmus vermieden.

Jeder der neun Werte $n_i := (a_i, b_i)$, $i = 1, \ldots, 9$ ist ein Paar, dessen erster Wert $a_i \in \{0,1,U\}$ den Knoten im fehlerfreien Fall beschreibt und dessen zweiter Wert $b_i \in \{0,1, U\}$ den fehlerhaften Fall wiedergibt. Folglich entsprechen $(0,0)$, $(1,1)$, (U,U), $(1,0)$ und $(0,1)$ den aus der fünfwertigen Logik bekannten Werten 0, 1, U, D und $\bar{D}$. Die Werte $(0,U)$, $(1,U)$, $(U,1)$ und $(U,0)$ sind neu. Wie mit dem fünfwertigen Algorithmus läßt sich auch mit der neunwertigen Logik ein Würfelkalkül definieren. Tabelle 9.1 gibt die Verknüpfungen für UND- und ODER-Glieder wieder.

Tabelle 9.1: Neunwertige Logik

AND	0	(0,U)	$\bar{D}$	(U,0)	U	(U,1)	D	(1,U)	1
0	0	0	0	0	0	0	0	0	0
(0,U)	0	(0,U)	(0,U)	0	(0,U)	(0,U)	0	(0,U)	0/U
$\bar{D}$	0	(U,0)	$\bar{D}$	0	(0,U)	$\bar{D}$	0	(0,U)	$\bar{D}$
(U,0)	0	0	0	(U,0)	(U,0)	(U,0)	(U,0)	(U,0)	(U,0)
U	0	(0,U)	(0,U)	(U,0)	U	U	(U,0)	U	U
(U,1)	0	(0,U)	$\bar{D}$	(U,0)	U	(U,1)	(U,0)	U	(U,1)
D	0	0	0	(U,0)	(U,0)	(U,0)	D	D	D
(1,U)	0	(0,U)	(0,U)	(U,0)	U	U	D	(1,U)	(1,U)
1	0	(0,U)	$\bar{D}$	(U,0)	U	(U,1)	D	(1,U)	1

OR	0	(0,U)	$\overline{D}$	(U,0)	U	(U,1)	D	(1,U)	1
0	0	(0,U)	$\overline{D}$	(U,0)	U	(U,1)	D	(1,U)	1
(0,U)	(0,U)	(0,U)	$\overline{D}$	U	U	(U,1)	(1,U)	(1,U)	1
$\overline{D}$	$\overline{D}$	$\overline{D}$	$\overline{D}$	(U,1)	(U,1)	(U,1)	1	1	1
(U,0)	(U,0)	U	(U,1)	(U,0)	U	(U,1)	D	(1,U)	1
U	U	U	(U,1)	U	U	(U,1)	(1,U)	(1,U)	1
(U,1)	(U,1)	(U,1)	(U,1)	(U,1)	(U,1)	(U,1)	1	1	1
D	D	(1,U)	1	D	(1,U)	1	D	(1,U)	1
(1,U)	(1,U)	(1,U)	1	(1,U)	(1,U)	1	(1,U)	(1,U)	1
1	1	1	1	1	1	1	1	1	1
NOT	1	(1,U)	D	(U,1)	U	(U,0)	$\overline{D}$	(0,U)	0

Für ein UND-Glied mit den drei Eingängen a, b, c und dem Ausgang d zeigt Tabelle 9.2 die Würfel, die zur Fehlerinjektion verwendet werden können:

Tabelle 9.2: Fehlerinjektion für ein UND-Glied mit drei Eingängen

	a	b	c	d
s0-d:	(1,X)	(1,X)	(1,X)	D
s1-a:	(0,X)	(X,1)	(X,1)	$\overline{D}$
s1-d:	(0,X)	X	X	$\overline{D}$
	X	(0,X)	X	$\overline{D}$
	X	X	(0,X)	$\overline{D}$

Das X in dieser Tabelle entspricht den drei möglichen Werten $X \in \{0, 1, U\}$. Die Fehlerfortpflanzung für dasselbe UND-Glied beschreibt Tabelle 9.3:

Tabelle 9.3: Fehlerfortpflanzung

a	b	c	d
D	(1,X)	(1,X)	D
(1,X)	D	(1,X)	D
(1,X)	(1,X)	D	D
$\overline{D}$	(X,1)	(X,1)	$\overline{D}$
(X,1)	$\overline{D}$	(X,1)	$\overline{D}$
(X,1)	(X,1)	$\overline{D}$	$\overline{D}$

Mit dieser Logik läßt sich in einer dem D-Algorithmus entsprechenden Weise die Testbelegung nach Tabelle 9.4 für den Mehrfachfehler aus Bild 9.10 finden.

Tabelle 9.4: Testbelegung für den Mehrfachfehler s1-d(1), s1-d(2) aus Bild 9.10

	(1)	(2)
a	(1,U)	(1,U)
b	(0,U)	(1,U)
c	(1,U)	(1,U)
y	U	(1,U)
d	$\bar{D}$	$\bar{D}$
e	(1,U)	(0,U)
f	0	D
g	D	0
h	(0,X)	(0,U)
i	0	0
k	(1,X)	(1,U)
z	0	$\bar{D}$

Die Testerzeugung für Schaltwerke kann nicht sichergestellt werden, falls die Schaltung im fehlerfreien oder auch nur im fehlerhaften Fall nicht initialisierbar ist und ein nichtdeterministisches Verhalten folgen kann. Existiert jedoch eine eindeutig bestimmte Testfolge, so wird sie auch von dem neunwertigen Algorithmus gefunden.

Die Verfahren mit mehr als fünf logischen Werten können als Aufzählungsalgorithmus in ähnlicher Weise wie PODEM, FAN oder SOCRATES implementiert werden. Entsprechende Vorschläge finden sich beispielweise in [ScAu89, Kunz89]. Allerdings können die Algorithmen in praktikabler Rechenzeit nur die Testerzeugung für Schaltwerke mit beschränkter sequentieller Tiefe sicherstellen, die aus einem prüfgerechten Entwurf resultieren. Entsprechende Maßnahmen werden in den nächsten Abschnitten vorgestellt.

9.3 Azyklische Schaltwerksgraphen

9.3.1 Vereinfachungen des Testproblems

Die beiden wesentlichen Schwierigkeiten beim Schaltwerkstest sind das Initialisierungsproblem und die exponentiell wachsende Zahl von Iterationen des Schaltnetzes. Beide Probleme treten in Schaltwerken, deren S-Graphen keine Zyklen enthalten, nicht auf. Bereits in [Hart62] wurde gezeigt, daß in diesem Fall jeder mögliche Zustand der Schaltung in einer Zahl von Schritten, die der maximalen Zahl von Speicherelementen eines Pfades durch den Graphen entspricht, erreicht werden kann. Folglich benötigt man im iterierten Schaltnetz auch nur diese Zahl von Kopien. Das Initialisierungsproblem führt dazu, daß im fehlerhaften Fall ein Flipflop konstant den unbestimmten Wert U ausgeben kann. Dies wird durch die Verwendung einer mehr als fünfwertigen Logik berücksichtigt, wie sie im vorhergehenden Abschnitt vorgestellt wurde.

Für azyklische S-Graphen läßt sich die Erzeugung des iterierten Schaltnetzes deutlich verbessern. Wir konstruieren im folgenden ein Schaltnetz, das mit einer minimalen Zahl von Kopien auskommt. Außerdem benötigen die Testerzeugungsalgorithmen zu einem bestimmten Zeitpunkt meistens nur einen kleinen Teil der Schaltnetzkopie, so daß das Schaltnetz nur partiell iteriert zu werden braucht. Ein derartig minimiertes iteriertes Schaltnetz nennen wir kombinatorische Repräsentation. Bild 9.11 zeigt ein Beispielschaltwerk mit azyklischem S-Graphen.

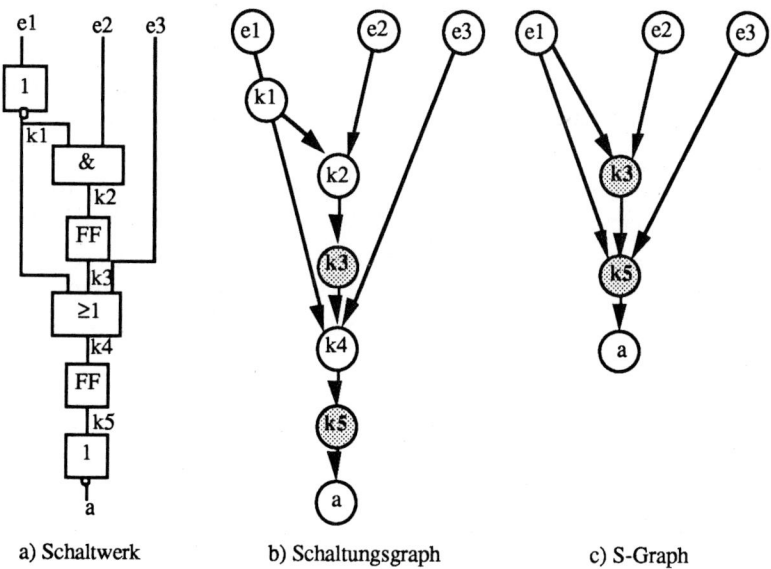

a) Schaltwerk　　　b) Schaltungsgraph　　　c) S-Graph

Bild 9.11: Beispielschaltwerk mit Graphen

Es sei G := (V,E) ein Schaltungsgraph wie in Bild 9.11 mit $V = V_c \cup V_s \cup I$. In unserem Beispiel sind die Eingänge $I = \{e_1, e_2, e_3\}$, die kombinatorischen Knoten $V_c = \{k_1, k_2, k_4, a\}$, die sequentiellen $V_s = \{k_3, k_5\}$ und der Ausgang ist $O = \{a\}$. Der S-Graph $G^S := (V^S, E^S)$ nach Definition 5.2 besitzt $V^S = O \cup V_s \cup I = \{e_1, e_2, e_3, k_3, k_5, a\}$.

Wir definieren im folgenden eine Abbildung $t : V^S \to \mathbb{N}_0$, welche die sequentielle Tiefe einer Schaltung wiedergeben soll.

Definition 9.1: Es sei $G := (V,E)$ ein Schaltungsgraph mit dem azyklischen S-Graphen $G^S := (V^S, E^S)$. Die Tiefe $t(v)$ eines Knotens $v \in V^S$ wird durch folgende Abbildung definiert:

$$t : V^S \to \mathbb{N}_0,$$

$$t(v) = \begin{cases} 0 \text{ für } v \in I, \\ \max\{t(w) \mid w \in pd(v)\} + 1 \text{ für } v \in V_s, \\ \max\{t(w) \mid w \in pd(v)\} \text{ für } v \in O \backslash V_s. \end{cases}$$

Mit dieser Definition entspricht die Tiefe eines Knoten der maximalen Zahl von Flipflops, die auf einem Pfad zu den Primäreingängen liegen. In unserem Beispiel haben wir $0 = t(e_1) = t(e_2) = t(e_3)$, $1 = t(k_3)$, $2 = t(k_4) = t(a)$.

Die Tiefe $T(G^S) = \max\{t(v) \mid v \in V^S\}$ eines S-Graphen ist die größtmögliche Zahl von Flipflops, die auf einem Pfad in der Schaltung liegen, und ebenso ist die Tiefe $T(G) = T(G^S)$ des zugehörigen Schaltungsgraphen definiert.

Definition 9.2: Es sei $G := (V^S, E^S)$ ein azyklischer S-Graph mit $V^S = I \cup O \cup V_s$. Seine Rückverfolgungsfunktion $P : \mathcal{P}(V^S \cup I) \to \mathcal{P}(V^S \cup I)$ ist

definiert durch $P(W) := \bigcup_{w \in W} \{v \in p(w) \mid$ Es gibt einen Pfad $\omega(v,w)$ mit

$(\omega(v,w) \cap (I \cup V_s)) \subset \{v,w\}\}$.

Die Rückverfolgungsfunktion bestimmt die Menge von Primäreingängen und Flipflops, die W über einen Pfad aus rein kombinatorischen Elementen erreichen. Solche Pfade entsprechen daher einem Schaltnetz.

Ein Flipflop $w \in V_s$ nimmt zum Zeitpunkt $t > 0$ einen definierten Wert an, wenn sämtliche Knoten aus $P(\{w\})$ zum Zeitpunkt $t - 1$ definiert sind. Ist $w \in O \backslash V_s$ ein Ausgang eines kombinatorischen Elements, der zugleich Primärausgang der Schaltung ist, so wird sein Wert zur Zeit $t \geq 0$ durch die Werte der Knoten $P(\{w\})$ zur selben Zeit t bestimmt.

Satz 9.1: Es sei $G^S := (V^S, E^S)$ ein azyklischer S-Graph mit $T(G^S) = r$. Dann gilt für die r-fache Hintereinanderausführung von P die Beziehung $P^r(V_s \cup I) \subset I$.

Beweis: Für jede Teilmenge $A \subset V_s \cup I$ ist $\max\{t(a) \mid a \in A\} = 0$ oder es gilt $\max\{t(a) \mid a \in P(A)\} < \max\{t(a) \mid a \in A\}$. Da nach Voraussetzung $\max\{t(a) \mid a \in V_s \cup I\} = r$ ist, folgt $\max\{t(a) \mid a \in P^r(V_s \cup I)\} = 0$. Für ein $a \in V_s \cup I$ folgt aus $t(a) = 0$ aber $a \in I$. $\square$

Satz 9.1 besagt, daß die Belegung von Knoten aus V zum Zeitpunkt q+r höchstens bis zur Zeit q zurückverfolgt werden kann und daß sie völlig unabhängig von früheren Belegungen q' < q ist. Im Umkehrschluß folgern wir Korollar 9.1:

Korollar 9.1: Es sei $G^S := (V^S, E^S)$ ein azyklischer Schaltwerksgraph mit $T(G^S) = r$. Im zugehörigen Schaltwerk ist jeder zulässige Zustand von einem beliebigen Anfangszustand aus in r Schritten erreichbar.

Nach diesem Korollar ist für derartige Schaltwerke die sequentielle Tiefe linear begrenzt, und damit sind auch die Kopien im zugehörigen iterierten Schaltnetz beschränkt. Mit diesen Beobachtungen läßt sich die erwähnte kombinatorische Repräsentation folgendermaßen konstruieren:

Definition 9.3: $G := (V, E)$ sei ein azyklischer Schaltungsgraph mit $T(G) = r$. Setze $\tilde{O} := O \backslash V_s$, $W^r := \{\{x \in V \mid \exists o \in \tilde{O} \; \exists \omega(x,o) \; \omega(x,o) \cap V_s \subset \{x,o\}\}$ $\cup O$, und für $o \leq q < r$ setze
$$W^q := \{x \in V \mid \exists v \in W^{q+1} \; \exists w \in P(W^{q+1}) \; \exists \omega(w,o) \; x \in \omega(w,v) \backslash \{v\}\}.$$

Die *kombinatorische Repräsentation* von G ist der Graph $\tilde{G} := (\tilde{V}, \tilde{E})$, bestehend aus den Knoten

$$\tilde{V} := \bigcup_{o \leq q \leq r} (W^q \times \{t\}) \quad \text{und den Kanten}$$

$$\tilde{E} := \bigcup_{o \leq q \leq r} (\; \{((x,q), (y,q)) \mid (x,y) \in (W^q \times W^q \cap E)\} \cup$$

$$\{((x,q), (y,q+1)) \mid x \in W^q \wedge y \in (W^{q+1} \cap V_s) \wedge (x,y) \in E\})$$

$$\text{mit } \tilde{V}_c := \bigcup_{o \leq q \leq r} \{(x,q) \in \tilde{V} \mid x \in V_c \cup V_s\},$$

$$\tilde{I} := \bigcup_{o \leq q \leq r} \{(i,q) \in \tilde{V} \mid i \in I\} \quad \text{und}$$

$$\tilde{O} := \{(o,r) \mid o \in O\}.$$

Mit dieser Definition werden jedem Knoten des Schaltwerks ein oder mehrere Zeitpunkte zugeordnet, zu denen er gültige Werte besitzen muß. Die kombinatorische Repräsentation besteht somit aus Paaren von Knoten und Zeiten, dabei sind Knoten nur zu solchen Zeiten aufgenommen worden, an denen sie tatsächlich benötigt werden. Es genügt, die Ausgänge nur zum letzten Zeitpunkt r zu betrachten. Findet bei einer Testfolge die Fehlererkennung einige Takte früher statt, so können einige nutzlose Muster vorgeschaltet werden, so daß die so entstandene, neue Folge den Fehler zur Zeit r aufdeckt. In W^q sind nur solche Knoten aufgenommen worden, die zur Bestimmung der Werte der Flipflops aus W^{q+1} nötig sind. Es ist zu beachten, daß die Speicherelemente auf Pseudo-Flipflops abgebildet werden.

Für die Beispielschaltung aus Bild 9.11 erhalten wir r = 2, $W^2 = \{a, k_5\}$, $W^1 = \{k_4, k_3, k_1, e_3, e_1\}$ und $W^0 = \{k_2, k_1, e_1, e_2\}$. Den resultierenden Graph zeigt Bild 9.12.

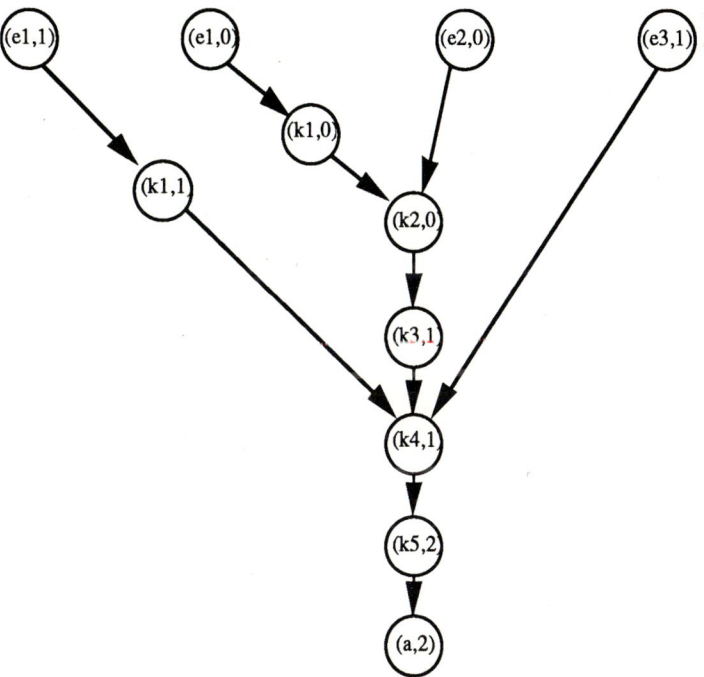

Bild 9.12: Kombinatorische Repräsentation

Die obenstehende kombinatorische Repräsentation entspricht einem reinen Schaltnetz nach Bild 9.13:

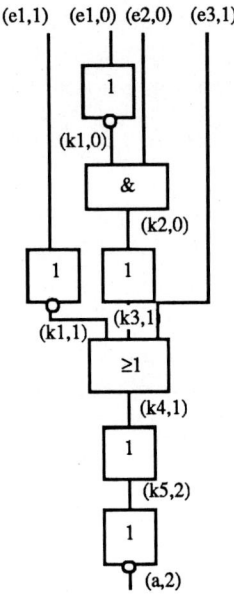

(e1,1) (e1,0) (e2,0) (e3,1)

Bild 9.13: Minimiertes iteriertes Schaltnetz

Die Beziehung zwischen den Eingaben für das ursprüngliche Schaltwerk und den Mustern der kombinatorischen Repräsentation kann durch die folgende Definition ausgedrückt werden:

Definition 9.4: Es sei $G := (V,E)$ ein azyklischer Schaltungsgraph der Tiefe r, die Testmatrix $T := (t_{j,i})_{0 \leq j \leq r, \ i \in I}$ beschreibe eine Musterfolge der Länge r+1 für G. Der *äquivalente Schaltnetztest* ist das Muster $k(T) := (t_{j,i} \mid (i,j) \in \tilde{I})$, wobei $\tilde{I}$ die Primäreingänge der kombinatorischen Repräsentation $\tilde{G} := (\tilde{V}, \tilde{E})$ von G darstellt.

Nach obenstehender Definition ist $k : (\{0,1\}^I)^{r+1} \rightarrow \{0,1\}^{\tilde{I}}$ eine Abbildung, die jeder Musterfolge der Länge r+1 für das Schaltwerk genau ein Muster für das äquivalente Schaltnetz zuordnet. Daß die kombinatorische Repräsentation tatsächlich zu dem ursprünglichen Schaltwerk äquivalent ist, folgt aus der Tatsache, daß ein $(v,j) \in \tilde{V}$ bei Eingabe von $k(T)$ stets den Wert annimmt, den $v \in V$ bei Eingabe von T zur Zeit j besitzt. Es sei beispielsweise

$$T := \begin{pmatrix} t_{0,1} & t_{0,2} & t_{0,3} \\ t_{1,1} & t_{1,2} & t_{1,3} \\ t_{2,1} & t_{2,2} & t_{2,3} \end{pmatrix}$$

eine Testfolge für das Schaltwerk aus Bild 9.11. Der äquivalente Schaltnetz-test ist $(t_{0,1}, t_{1,1}, t_{0,2}, t_{1,3})$, so daß tatsächlich für die Primäreingänge oben-stehende Aussage gilt. Leicht weist man auch für andere Knoten $(v,j) \in \tilde{V}$ nach, daß ihre Werte dem Wert von v zur Zeit j entsprechen. Allgemein for-mulieren wir diesen Sachverhalt in folgendem Satz:

Satz 9.2: Es sei $G := (V,E)$ ein azyklischer Schaltungsgraph mit gegebe-ner Implementierung, mit der Tiefe r und der kombinatorischen Repräsenta-tion $\tilde{G} := (\tilde{V}, \tilde{E})$. $T := (t_{j,i})_{0 \leq j \leq r, \, i \in I}$ sei eine zugehörige Testmatrix. Für jeden Knoten $\tilde{v} := (v,j) \in \tilde{V}$ ist $\tilde{v}^*(k(T))$ der Wert, den v in G bei Eingabe von T zur Zeit j annimmt.

Beweis: Der Satz kann leicht durch Induktion über die Struktur bewiesen werden. Es gelte die Aussage für alle Vorgänger von $\tilde{v}$. Dann sind beim Beweis für $\tilde{v}$ drei Fälle zu unterscheiden:

a) $\tilde{v} = (i,j) \in \tilde{I}$ ist Primäreingang der kombinatorischen Repräsentation.: Dann ist $\tilde{v}^*(k(T)) = k(T)_{(i,j)} = t_{j,i}$, und $t_{j,i}$ ist eben die Eingabe am Ein-gang $i \in I$ zur Zeit j.

b) $\tilde{v} = (v,j) \in \tilde{V}$ und $v \in V_C$: Somit ist v Ausgang eines Gatters und nicht Ausgang eines Flipflops. Aus der Definition von $\tilde{E}$ folgt $pd(\tilde{v}) \subset pd(v) \times \{j\}$, da $v \notin V_S$ gilt. Als Gatterausgang hängt der Wert von v zur Zeit j nur vom Wert seiner direkten Vorgänger zur Zeit j ab. Diese ent-sprechen aber als $pd(v) \times \{j\}$ den direkten Vorgängern von $\tilde{v}$, so daß nach Induktionsvoraussetzung $\tilde{v}$ und v zur Zeit j denselben Wert haben.

c) $\tilde{v} = (v,j) \in \tilde{V}$ und $v \in V_S$: Dann folgt $pd(\tilde{v}) \subset pd(v) \times \{j-1\}$, der Wert des Flipflopausgangs v zur Zeit j hängt nur vom Wert seines direkten Vorgängers zur Zeit $j-1$ ab und entspricht somit $\tilde{v}$. $\square$

Satz 9.2 besagt, daß im fehlerfreien Fall die Funktionen des Schaltwerkes und seiner kombinatorischen Repräsentation äquivalent sind. Im Fehlerfall ist etwas mehr Aufwand nötig, da Einfachfehler im Schaltwerk auf Mehrfach-fehler abgebildet werden. Wird nämlich eine Komponente des Schaltwerks zu j verschiedenen Zeitpunkten benötigt und enthält sie einen Fehler, so taucht dieser Fehler in jeder der j Kopien in der kombinatorischen Repräsentation auf. Der Haftfehler s0-e1 im Schaltwerk aus Bild 9.11 wird beispielsweise auf die beiden Haftfehler {s0-(e1,0), s0-(e1,1)} im äquivalenten Schaltnetz nach Bild 9.13 abgebildet.

Definition 9.5: Es seien $G := (V,E)$ ein azyklischer Schaltungsgraph, $\tilde{G} := (\tilde{V},\tilde{E})$ seine kombinatorische Repräsentation und $\tilde{v} := (v,j) \in \tilde{V}$. Die Menge der zu $\tilde{v}$ äquivalenten Knoten ist $\ddot{A}(\tilde{v}) = \ddot{A}((v,j)) = \{ (v,h) \mid (v,h) \in \tilde{V} \}$.

Nach dieser Definition sind Knoten äquivalent, wenn sie dieselbe physikalische Komponente repräsentieren. Ein Fehler an dieser Komponente wird zu jedem Zeitpunkt und daher in der kombinatorischen Repräsentation auch an allen äquivalenten Komponenten als Mehrfachfehler auftauchen.

Definition 9.6: Es seien $G := (V,E)$ ein azyklischer Schaltungsgraph, $v \in V$ und $\tilde{G} := (\tilde{V},\tilde{E})$ die entsprechende kombinatorische Repräsentation. Der zu s0-v äquivalente Mehrfachfehler ist $\ddot{A}(s0\text{-}v) := \{ s0\text{-}(v,h) \mid (v,h) \in \tilde{V} \}$, $\ddot{A}(s1\text{-}v)$ ist entsprechend definiert.

Um die Schreibweise zu vereinfachen, bezeichnen wir mit $\tilde{G}(s0\text{-}v)$ und $\tilde{G}(s1\text{-}v)$ die kombinatorischen Repräsentationen, welche die Mehrfachfehler $\ddot{A}(s0\text{-}v)$ oder $\ddot{A}(s1\text{-}v)$ enthalten. Damit gilt

Satz 9.3: Es sei $G := (V,E)$ ein azyklischer Schaltungsgraph mit gegebener Implementierung, der Tiefe r und der kombinatorischen Repräsentation $\tilde{G} := (\tilde{V},\tilde{E})$. $T := (t_{j,i})_{0 \leq j \leq r, \, i \in I}$ sei eine zugehörige Testmatrix, und es sei $v \in V$. Der Fehler s0-v (bzw. s1-v) wird zum Zeitpunkt r bei der Eingabe von T erkannt genau dann, wenn k(T) den Mehrfachfehler $\ddot{A}(s0\text{-}v)$ (bzw. $\ddot{A}(s1\text{-}v)$) in $\tilde{G}$ erkennt.

Beweis: Es sei k(T) ein Testmuster für $\tilde{G}$, d. h. es ist $\tilde{G}^*(k(T)) \neq \tilde{G}(s0\text{-}v)^*(k(T))$. $\tilde{G}^*$ entspricht der Ausgabe des Schaltwerks im fehlerfreien Fall zur Zeit r nach Satz 9.2, $O(G; \tilde{\ })(s0\text{-}v)^*$ entspricht dem Mehrfachfehler. Da somit das fehlerhafte und das fehlerfreie Schaltwerk eine unterschiedliche Ausgabe haben, ist T eine Testfolge. Der Umkehrschluß gilt mit Satz 9.2 ebenfalls. □

Satz 9.3 ist Grundlage für eine ganze Reihe von Teststrategien für Schaltwerke. Insbesondere wird die deterministische Testerzeugung auf den äquivalenten Test von Schaltnetzen mit Mehrfachfehlern zurückgeführt.

9.3.2   Äquidistanz

Wir stellen im folgenden eine weitere azyklische Schaltwerksstruktur vor, für die sich besonders einfach Testmuster erzeugen lassen.

Definition 9.7: Es sei $G := (V,E)$ ein azyklischer S-Graph. G wird äquidistant genannt, wenn für jedes Knotenpaar $u, v \in V$ alle Pfade $\omega(u,v)$ von u nach v dieselbe Zahl sequentieller Knoten enthalten:

$$\forall i,j: \ | \ \omega_i(u,v) \cap V_s \ | = | \ \omega_j(u,v) \cap V_s \ |.$$

Äquidistante S-Graphen sind eine Verallgemeinerung sogenannter Pipeline-Strukturen. In Bild 9.14 sind Beispiele derartiger Graphen dargestellt, wobei angenommen wird, daß alle Knoten aus V_s sind.

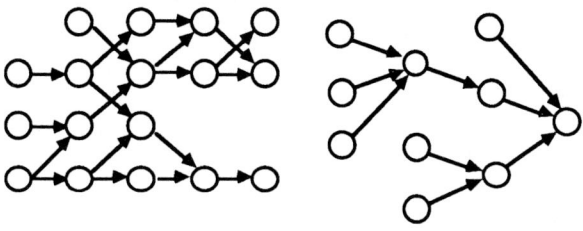

Bild 9.14: Äquidistante S-Graphen

Solche äquidistante S-Graphen führen auf eine besonders einfache kombinatorische Repräsentation:

Satz 9.4: Es sei $G := (V,E)$ ein äquidistanter, azyklischer S-Graph mit nur einem Ausgang $O - \{o\}$ und mit der Tiefe r. Für jeden Primäreingang $i \in I$ gibt es genau einen Zeitpunkt $j \in \{0, \dots, r\}$, so daß $(i,j) \in \tilde{I}$ ein Primäreingang der kombinatorischen Repräsentation ist.

Beweis: Auf allen Pfaden von einem $v \in V$ zu o liegt dieselbe Zahl von Speicherelementen. Daher existiert in Definition 9.2 genau ein j, $0 \leq j \leq r$, mit $v \in W^j$. Auch für ein $i \in I$ existiert nur ein solches j, und es ist $(i,j) \in \tilde{I}$. $\square$

Für Schaltungen mit nur einem Ausgang hat nach diesem Satz die kombinatorische Repräsentation dieselbe Größe wie das ursprüngliche Schaltwerk. Komplikationen können bei mehreren Ausgängen auftreten, da diese nicht notwendigerweise stets zum selben Zeitpunkt eine gültige Ausgabe haben. In diesem Fall hilft folgende neue Struktur weiter:

Definition 9.8: Es sei G := (V,E) ein Schaltungsgraph mit einem azyklischen, äquidistanten S-Graphen. Die *kombinatorische Reduktion* von G ist der Graph $G^r := (V^r, E^r)$, $V^r := I \cup V_c \cup V^r_s$, wobei V^r_s die Pseudo-Flipflops enthält, d. h. boolesche Ersatzfunktionen für die Speicherelemente V_s. E^r ist in der kanonischen Weise definiert.

In der kombinatorischen Reduktion werden somit die D-Flipflops einfach durch Leitungen beziehungsweise Treiber ersetzt. Mit dieser Begriffsbildung lassen sich auch äquidistante S-Graphen mit mehreren Ausgängen behandeln. Zu diesem Zweck definiert man für jeden Ausgang $o \in O$ eine Teilmenge $I_0 :=$ $\{ (i,j) \in \tilde{I} \mid (i,j) \in p((o,r)) \text{ in } \tilde{G} \}$ der Primäreingänge in die kombinatorische Repräsentation. Nach Satz 9.4 gibt es für einen Eingang $i \in I$ höchstens ein j mit $(i,j) \in I_0$. Damit gilt:

Satz 9.5: Es sei G := (V,E) ein äquidistanter, azyklischer Schaltungsgraph mit dem Primärausgang $o \in O$, der Tiefe r, der kombinatorischen Repräsentation $\tilde{G} := (\tilde{V}, \tilde{E})$ und der kombinatorischen Reduktion $G^r := (V^r, E^r)$. Der Ausgang o werde in $\tilde{G}$ auf $\tilde{o} := (o,r) \in \tilde{V}$ und in G^r auf $o^r \in V^r$ abgebildet. Es sei $B := (b_i \mid i \in I) \in \{0,1\}^I$ eine Eingabe in das Schaltwerk beziehungsweise in die boolesche Reduktion, und es sei $\tilde{B} := (\tilde{b}_{(i,j)} \mid (i,j) \in \tilde{I})$ definiert durch

$$\tilde{b}_{(i,j)} := \begin{cases} b_i \text{ für } (i,j) \in I(\tilde{o}) \\ \text{unbestimmt sonst.} \end{cases}$$

Dann gilt $\tilde{o}^*(\tilde{B}) = o^{r*}(B)$.

Beweisidee: Es gibt wegen der Äquidistanz nur ein j, so daß $(i,j) \in I(\tilde{o})$ sein kann. Durch Induktion über die Struktur kann für jeden Knoten $\tilde{v} \in p(\tilde{o})$ die Gleichheit $\tilde{v}^*(\tilde{B}) = v^{r*}(B)$ gezeigt werden. □

Somit geben sowohl die kombinatorische Repräsentation als auch die kombinatorische Reduktion äquivalent das Verhalten des Schaltnetzes wieder. Dies kann auch auf die Testerzeugung angewendet werden:

Satz 9.6: Es gelten die Voraussetzungen von Satz 9.5. Es sei f_v ein kombinatorischer Funktionsfehler am Knoten $v \in V$, es sei $\tilde{f}_v$ der entspre-

chende Fehler in der kombinatorischen Repräsentation und f_v^r in der kombina-
torischen Reduktion. Das Muster $\widetilde{B}$ erkennt $\widetilde{f}_v$ genau dann am Ausgang $\widetilde{o}$,
wenn B den Fehler f_v^r an o^r aufdeckt.

Beweis: Man wende Satz 9.5 auf die Schaltungsgraphen mit injiziertem
Fehler f_v an. $\qquad\qquad\qquad\qquad\qquad\qquad\qquad\qquad\qquad\qquad$ $\square$

Hieraus folgt unmittelbar:

Korollar 9.2: Es gelten die Voraussetzungen von Satz 9.5. Die Muster-
folge $T := (t_{j,i})_{0 \leq j \leq r,\ i \in I}$ erkennt einen Fehler f_v durch Verfälschung des
Ausgangs o zur Zeit r genau dann, wenn das Muster $(t_i' \mid i \in I)$ mit

$$t_i' := \begin{cases} t_{j,i} & \text{für } (i,j) \in I_0, \\ \text{unbestimmt} & \text{sonst} \end{cases}$$

den Fehler f_v^r an o^r erkennt.

Folglich wird bei äquidistanten S-Graphen die Testerzeugung für einen
Einfach-Fehler wieder auf einen Einfach-Fehler in der kombinatorischen Reduktion abgebildet. Es lassen sich somit sämtliche im vorhergehenden Abschnitt vorgestellten Algorithmen zur Testerzeugung für Schaltnetze verwenden.

9.3.3 Schaltungsmodifikationen

In den vorhergehenden Abschnitten wurde deutlich, daß die Testerzeugung besonders einfach ist, wenn den Schaltungen azyklische oder gar äquidistante Graphen entsprechen. Solche Graphen treten beispielsweise in sogenannten Pipeline-Strukturen oder in manchen systolischen Feldern auf. Im
allgemeinen wird aber ein Schaltwerk mit den vorgestellten Verfahren nicht
testbar sein, und es sind zusätzliche Entwurfsmodifikationen erforderlich.

9.3.3.1 Erzeugung azyklischer S-Graphen: Offensichtlich besitzt
das Schaltwerk aus Bild 9.15 keinen azyklischen Schaltungsgraphen.
Den zugehörigen Graph zeigt Bild 9.16. Er kann azyklisch gemacht werden, indem man einige Knoten entfernt. Dies führt zu einem geschnittenen
Graphen, der zusätzliche Ein- und Ausgänge enthält. Es müssen somit zusätzliche Knoten der Schaltung direkt zugänglich gemacht werden. Dies läßt
sich mit Flipflops besonders einfach realisieren, indem man sie in einen partiellen Prüfpfad aufnimmt und im Testbetrieb seriell lädt und liest.

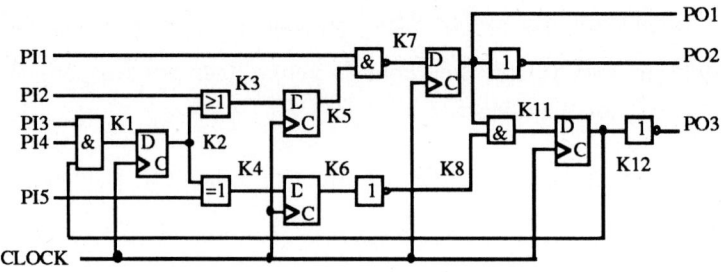

Bild 9.15: Beispielschaltwerk

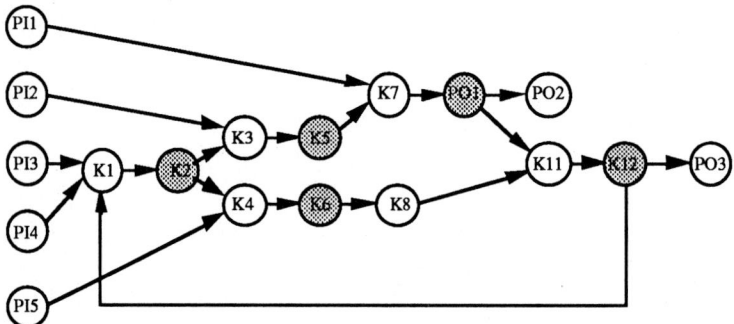

Bild 9.16: Schaltungsgraph

Es sind daher aus dem Graphen nur Speicherelemente zu entnehmen, und man kann sich auf die Behandlung des S-Graphen beschränken. Bild 9.17 zeigt den S-Graphen der Beispielschaltung, in dem ein zu schneidender Knoten markiert ist.

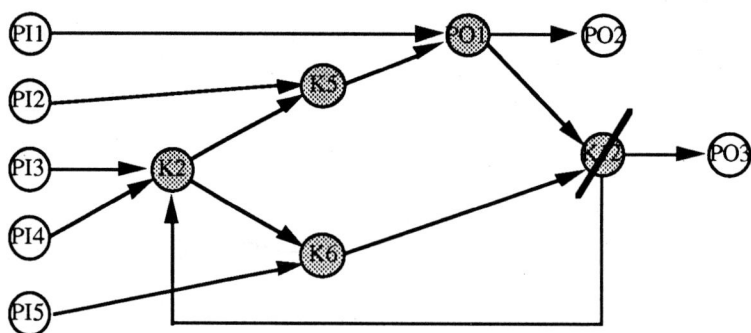

Bild 9.17: S-Graph

Wird der obenstehende S-Graph am Knoten K12 geschnitten, so sind er selbst und der zugehörige Schaltungsgraph $G_{\{K12\}}$ azyklisch (Bild 9.18).

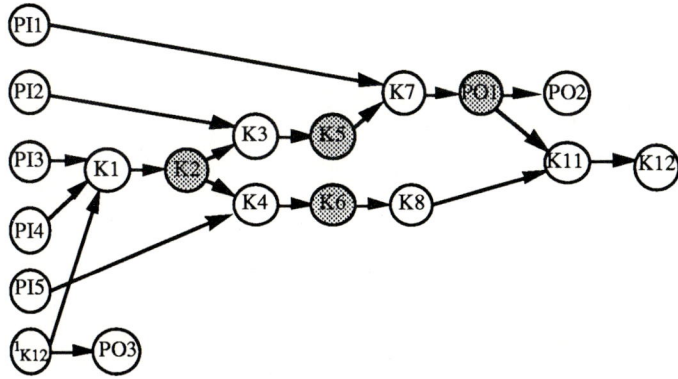

Bild 9.18: Azyklischer geschnittener Graph $G_{\{K12\}}$

Die notwendige Entwurfsmodifikation ist hier also, das Flipflop K12 aus Bild 9.15 in einen partiellen Prüfpfad aufzunehmen und so direkt zugänglich zu machen. Im allgemeinen Fall ist das folgende Problem zu lösen:

Definition 9.9 (Problem FBN): Sei G := (V,E) ein gerichteter Graph. Gesucht ist eine Teilmenge $W \subset V$ von minimaler Mächtigkeit, so daß der geschnittene Graph G_W azyklisch wird.

Das Problem FBN tritt ebenfalls bei der Programmverifikation und der automatischen Parallelisierung von Programmen aus [MaEs67], bereits sehr früh wurden auch Testprobleme darauf zurückgeführt [SnWa75] Ihm liegt das Entscheidungsproblem zugrunde, ob es für eine Zahl $k \in \mathbb{N}$ eine entsprechende Menge mit |W| = k gibt. Unter dem Namen "Feedback Node Problem" war es eines der ersten Probleme, deren NP-Vollständigkeit gezeigt wurde [Karp72]. Aus diesem Grund verzichten wir auf einen Algorithmus zur optimalen Lösung von FBN, sondern suchen lediglich heuristisch eine Teilmenge $W \subset V$ von kleiner Mächtigkeit.

Ein elementarer Zyklus $z := (v_0, \ldots, v_n)$ ist ein Pfad in G mit $v_0 = v_n$ und $v_i \neq v_j$ für $i,j \in \{1, \ldots, n\}$, $i \neq j$. Um Verwechslungen auszuschließen, bezeichnen wir mit $n(z) := \{v_0, \ldots, v_{n-1}\}$ explizit die Knoten aus z.

Ein Graph wird genau dann azyklisch, wenn aus jedem elementaren Zyklus ein Knoten entfernt wird. Eine optimale Lösung von FBN kann daher in folgenden zwei Schritten gefunden werden:

1)   Erzeuge die Menge Z_G aller elementaren Zyklen des Graphen G :=
      (V,E).

2)   Setze H := $\bigcup_{z \in Z_G} n(z)$. Suche eine Teilmenge W $\subset$ H minimaler Mäch-

      tigkeit mit $\forall z \in Z_G$ W $\cap$ n(z) $\neq \emptyset$.

Beide Teilprobleme sind Standardprobleme der Graphentheorie, die in der
Literatur extensiv behandelt werden (beispielsweise [Even79, Jung87,
ChKo75). Wir verzichten daher auf eine detaillierte Darstellung und präsen-
tieren nur zwei äußerst einfache Lösungen, die jedoch bereits in vielen Fällen
ausreichend gute Lösungen liefern.

In der Literatur finden sich zahlreiche Vorschläge, eine Prozedur
ZYKLUS(G,Z_G) zu implementieren, welche die Menge aller elementaren
Zyklen eines Graphen ausgibt ([Tier70], [John75]). Im schlechtesten Falle
kann aber die Zahl der Zyklen exponentiell mit der Knotenzahl wachsen. Aus
diesem Grund muß man sich auf die Implementierung einer Prozedur TEIL-
ZYKLEN(G, Z_G, c) beschränken, die eine Menge Z_G von Zyklen mit der
Mächtigkeit $|Z_G| \leq c$ erzeugt. Bevor wir eine entsprechende Prozedur vorstel-
len, versuchen wir, durch einige äquivalente Umformungen die Problemgröße etwas zu reduzieren.

Offensichtlich kann im Graphen G := (V, E) ein Knoten v $\in$ V nicht in einem Zyklus liegen, wenn er keine Vorgänger hat. Solche Knoten können iterativ aus dem Graphen entfernt werden, ohne die bestehenden Zyklen zu beeinträchtigen :

```
Prozedur  VORG(G,G´);
Setze W:= {v∈V | pd(v) = ∅}; G´:= G;
Solange W ≠ ∅
    Setze V´:= V´\W; E´:= E ∩ (V´× V´); G´:= (V´, E´);
    Setze W := {v∈V | pd(v) = ∅ in G´};
END.
```

Bild 9.19: Entfernung überflüssiger Vorgänger

Auch ein Knoten, der keine unmittelbaren Nachfolger besitzt, kann nicht
in einem Zyklus liegen:

```
Prozedur   NACHF(G,G´);
Setze W:= {v∈V | sd(v) = Ø}; G´:= G;
Solange W ≠ Ø
     Setze V´:= V´\W; E´:= E ∩ (V´× V´); G´:= (V´, E´);
     Setze W := {v∈V|sd(v) = Ø in G´};
END.
```

Bild 9.20: Entfernung überflüssiger Nachfolger

Schließlich können auch noch diejenigen Knoten entfernt werden, die nur einen Nachfolger besitzen, d.h. keine Verzweigungsstämme sind, da in diesem Fall der Schnitt des Knoten selbst und der Schnitt des Nachfolgers zu demselben Ergebnis führen. Bild 9.21 verdeutlicht diese Vereinfachung.

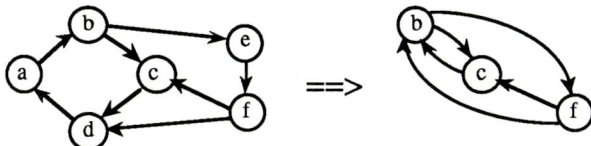

Bild 9.21: Entfernung von Knoten mit nur einem Nachfolger

In Bild 9.22 wird eine Implementierung dieser Vereinfachung vorgeschlagen. Die Knoten $V := \{v_0, \ldots, v_n\}$ seien eindeutig numeriert.

```
Prozedur   VERZW(G,G´);
Setze V´:= V; E´:= E;
Für i := 1 bis |V|:
     Falls deg⁺(vᵢ) = 1:
             Setze V´:= V´\ {vᵢ};
             Sei s der Nachfolger {s} = sd(vᵢ);
             Setze E´:= (E´\ {(a,b)∈ E´|a = vᵢ ∨ b = vᵢ})   ∪
                       {(a,s) | (a,vᵢ)∈ E´};
     END.
```

Bild 9.22: Entfernung von Knoten mit nur einem Nachfolger

Wir nehmen an, daß der Graph $G := (V, E)$ durch die Prozeduren VORG, NACHF und VERZW bereits reduziert wurde. Ein Zyklus mit nur einem Knoten, eine sogenannte Schleife, kann nur dann aufgelöst werden, wenn dieser eine Knoten geschnitten wird. W′ enthält daher alle Knoten, die in einer Schleife liegen, und aus Z_G werden alle Schleifen entfernt.

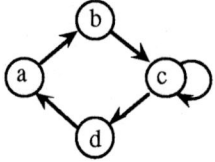

Bild 9.23a: Graph mit Schleife

In Bild 9.23a muß der Zyklus (c,c) auf jeden Fall aufgetrennt und somit Knoten c geschnitten werden. Dieser Schnitt löst auch den Zyklus (a, b, c, d, a) auf. Schleifen werden mit folgender Prozedur gefunden:

```
Prozedur   SCHLEIFEN(G,W);
W:= Ø;
Für alle v ∈ V:
    Falls (v,v) ∈ E setze W := W ∪ {v};
END.
```

Bild 9.23b: Finden von Knoten mit Schleifen

Wir nehmen nun an, daß mit dieser Prozedur alle Schleifen gefunden und die entsprechenden Knoten W geschnitten wurden. G enthalte also keine Schleifen mehr. Nacheinander werden nun für v_i, i = 1, ..., n, alle elementaren Zyklen gesucht, die zwar v_i, aber kein v_j, j < i, enthalten. Dies geschieht, indem ein möglichst langer Pfad ω mit Anfangsknoten v_i aus Knoten v_j mit j > i aufgebaut wird. Erreicht man auf diesem Pfad wieder v_i, so ist ein Zyklus gefunden.

Bei der Ergänzung des Pfades $\omega(v_i, v_j) = (v_i, v_{i_1}, ..., v_j)$ zu $\omega(v_i, v_h) = (v_i, v_{i_1}, ..., v_j, v_h)$ müssen für v_h einschränkende Bedingungen erfüllt sein, um mehrmaliges Durchlaufen zu verhindern. Dazu wird ein Prädikat **zulässig** definiert, das anfangs an alle Knoten v_h, h ≥ i, vergeben wird. Die Bedingungen an v_h sind:

1) $v_h \notin \omega$.
2) h > i.
3) v_h ist **zulässig**.

Falls es kein h gibt, so daß $(v_j, v_h) \in E$ und 1) bis 3) gelten, so muß v_j aus ω entfernt und als unzulässig markiert werden. Alle Knoten v_h mit $(v_j, v_h) \in E$ werden aber für eine eventuelle spätere Behandlung wieder zulässig. Dies ergibt die folgende Prozedur:

```
Prozedur  TEILZYKLEN(G,Z_G,c);
VORG(G, G´);
NACHF(G´, G̃);
VERZW(G̃, G);
Erzeuge eine Aufzählung {v_1, ...,v_n} = V für den reduzierten
Graphen G := (V, E);
Setze Z_G := Ø; Setze k := 0;
Für i:= 1 bis n :
    Setze ω := (v_i); Setze v := v_i;
    Markiere alle Knoten aus V als ZULÄSSIG;
    Solange ω ≠ Ø :
    Falls {v_h |(v,v_h) ∈ E ∧ v_h ∉ ω ∧ h > i ∧ v_h ist ZULÄSSIG} ≠ Ø:
        Wähle das v_h mit kleinstem h;
        Setze ω := ω + v_h;
        Falls (v_h,v_i) ∈ E :  (Zyklus)
                Setze Z_G := Z_G ∪ {ω}; k := k + 1;
                Falls k = c : STOP;
        Setze v := v_h;
    Sonst :
        Markiere v als nicht ZULÄSSIG;
        Markiere jeden Knoten w mit (v,w) ∈ E
        wieder als zulässig;
        Verkürze ω um v;
END.
```

Bild 9.24: Bestimmung einer Menge von Zyklen

In einer so bestimmten Menge von Zyklen können einige redundant sein. Sie werden durch die Prozedur MINIMIERE(Z,Z̃) entfernt. Falls Z zwei Zyklen z_1 und z_2 mit $n(z_1) \subset n(z_2)$ enthält, so führt jeder Schnitt durch z_1 auch zu einer Auflösung von z_2. Der Zyklus z_2 ist somit redundant und kann aus Z_G entfernt werden. In Bild 9.25 führt jede Auflösung des Zyklus (a, b, c, d, a) auch zur Auflösung von Zyklus (a, b, e, f, c, d, a).

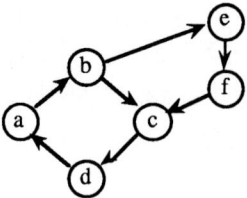

Bild 9.25: Elementarer Teilzyklus

Dies kann folgendermaßen implementiert werden:

```
Prozedur  MINIMIERE(Z,Z̃) ;
Setze Z̃ := Ø;
Solange Z ≠ Ø :
    Wähle ein z ∈ Z;
    Setze Z := Z \ {z};
    Falls es kein z´∈ Z mit n(z´) ⊂ n(z) gibt: Setze Z̃ := Z̃ ∪ {z}
END.
```

Bild 9.26: Minimierung des Überdeckungsproblems

Das zweite anfangs erwähnte Teilproblem ist eine Umformulierung des sogenannten Auswahlproblems (HITTING SET) [Karp72] : Gegeben sei ein Teilmengensystem $\mathscr{H} := \{H_1, ..., H_n\} \subset \mathscr{P}(H)$. Entschieden werden muß, ob es eine Teilmenge $W \subset H$ der Mächtigkeit $|W| \leq k$ gibt, so daß $\forall\ H_i \in \mathscr{H}$ $W \cap H_i \neq \emptyset$ gilt.

Das Auswahlproblem ist NP-vollständig, und es ist nur eine andere Formulierung des Überdeckungsproblems: Gegeben xeien ein Teilmengensystem $\mathscr{C} := \{C_1, ..., C_n\}$ mit $C_1 \cup ... \cup C_n = C$ und eine natürliche Zahl k. Gibt es $\mathscr{C}´ := \{C_{i_1}, ..., C_{i_m}\} \subset \mathscr{C}$ mit $m \leq k$, so daß ebenfalls $C_{i_1} \cup ... \cup C_{i_m} = C$ gilt?

Dieses Überdeckungsproblem (COVER SET) ist natürlich ebenfalls NP-vollständig, es tritt in zahlreichen Anwendungen auf. Beispielsweise ist bei der logischen Minimierung eine kleinstmögliche Menge von Implikanten gesucht, so daß alle Minterme einer gegebenen booleschen Funktion überdeckt werden. Zur Behandlung des Überdeckungsproblems sind in der Literatur zahlreiche exakte und heuristische Verfahren vorgeschlagen worden [ChKo75].

Das Auswahlproblem wird folgendermaßen auf das Überdeckungsproblem zurückgeführt: Man setzt $C := \{1, ..., n\}$. Für jedes $h \in H$ setzt man $C_h := \{i \mid h \in H_i\}$. Es wird vorausgesetzt, daß aus $h_1 \neq h_2 \in H$ stets $C_{h_1} \neq C_{h_2}$ folgt. Andernfalls kann das Problem vorab vereinfacht werden, indem man h_2 aus H entfernt. Dann führt eine Lösung $\mathcal{C}'$ des Überdeckungsproblems für $\mathcal{C} := \{C_h \mid h \in H\}$ auf das gesuchte $W := \{h \in H \mid C_h \in \mathcal{C}'\}$.

Übertragen auf das Teilproblem 2) definiert man für jeden Knoten $k \in \bigcup_{z \in Z_G} n(z)$, der in einem elementaren Zyklus liegt, die Menge $Z(k) := \{z \in Z_G \mid k \in n(z)\}$ aller Zyklen, die k enthalten.

Gelöst werden muß das Überdeckungsproblem für $\mathcal{Z} := \{Z(k) \mid k \in \bigcup_{z \in Z_G} n(z)\}$ durch eine Prozedur COVER($\mathcal{Z}, \mathcal{Z}'$). Man erhält eine minimale Überdeckung $\mathcal{Z}' \subset \mathcal{Z}$, und zu schneiden sind die Knoten aus $W := \{k \mid Z(k) \in \mathcal{Z}'\}$. Hierbei wurde wieder vorausgesetzt, daß für zwei Knoten $k_1 \neq k_2$ die Zyklen $z(k_1)$ und $z(k_2)$ verschieden sind. Ansonsten kann o. B. d. A. der Knoten k_2 entfernt werden.

Ausgefeilte Algorithmen für COVER($\mathcal{Z}, \mathcal{Z}'$) findet man in der Literatur [ChKo75], eine einfache Heuristik zeigt Bild 9.27.

```
Prozedur COVER(𝒵,𝒵');
Setze Z := ∪ 𝒵; 𝒵':= ∅;
Solange Z ≠ ∅ :
     Wähle ein W ∈ 𝒵 mit maximalem |Z ∩ W|;
     Setze 𝒵' := 𝒵' ∪ {W}; Z := Z \ W;
Setze Z := ∪ 𝒵;
Für jedes W ∈ 𝒵' :
     Falls ∀ v ∈ Z  ∃ A ∈ 𝒵' (A≠W ∧ v∈A) } :
          Setze 𝒵' := 𝒵' \ {W};
END.
```

Bild 9.27: Einfache Heuristik zur Lösung des Überdeckungsproblems

Hiermit wurden sämtliche Prozeduren erläutert, die zur Bestimmung eines unvollständigen Prüfpfades notwendig sind. Die Auswahl kann folgendermaßen getroffen werden:

```
Prozedur   SCANSELECT(G,W,c);
SCHLEIFEN(G,W);
TEILZYKLEN(G_W,Z,c);
Solange Z ≠ Ø :

    MINIMIERE(Z,Z̃);

    Setze 𝒵 := {Z(k) | k∈ ⋃ n(z)};
                         z∈Z̃
    COVER (𝒵,𝒵');

    Setze W := W ∪ {k| Z(k) ∈ 𝒵'};

    TEILZYKLEN(G_W,Z,c);
END.
```

Bild 9.28: Bestimmung einer Menge zu schneidender Knoten

Das gesamte bislang dargestellte Verfahren führt auf einen azyklischen S-Graphen; im nächsten Abschnitt beschreiben wir Entwurfsmodifikationen zur Erzeugung äquidistanter S-Graphen.

9.3.3.2 *Erzeugung äquidistanter S-Graphen:* Äquidistante S-Graphen können in sehr ähnlicher Weise wie azyklische gewonnen werden. Zunächst setzen wir voraus, daß der S-Graph $G := (V,E)$ bereits azyklisch ist. Als potentielle Schnittknoten führen wir folgende Mengen ein: 　　．

Definition 9.10: Es sei $G := (V,E)$ ein azyklischer S-Graph mit $u,v \in V$. Eine Menge $r \subset V$ ist eine *asymmetrische Rekonvergenzmenge* für u und v, wenn gelten :

a)　　$u \in p(v)$ ist ein Rekonvergenzpunkt von v (vgl. Definition 4.4);

b)　　Es gibt Pfade $\omega_1(u,v)$, $\omega_2(u,v)$ mit:

　　— $\omega_1(u,v) \cap \omega_2(u,v) = \{u,v\}$;

　　— $r = (\omega_1(u,v) \cup \omega_2(u,v)) \setminus \{u,v\}$;

　　— $|\omega_1(u,v) \cap V_s| \neq |\omega_2(u,v) \cap V_s|$.

Wir erläutern diese Definition anhand des S-Graphen in Bild 9.29. Der Knoten u ist Rekonvergenzpunkt von v, und es gibt die drei Pfade $\omega_1(u,v) = (u, a_1, a_2, v)$, $\omega_2(u,v) = (u, b_1, b_2, v)$ und $\omega_3(u,v) = (u, c_1, c_2, c_3, v)$. Es ist $|\omega_1(u,v) \cap V_s| = |\omega_2(u,v) \cap V_s| = 4$ und $|\omega_3(u,v) \cap V_s| = 5$. Wir erhalten daher $r_1 := (\omega_1(u,v) \cup \omega_3(u,v)) \setminus \{u,v\} = \{a_1, a_2, c_1, c_2, c_3\}$ und $r_2 := \{b_1, b_2, c_1, c_2, c_3\}$, dagegen ist $(\omega_1(u,v) \cup \omega_2(u,v)) \setminus \{u,v\} = \{a_1, a_2, b_1, b_2\}$ keine asymmetrische Rekonvergenzmenge. Der Graph aus Bild 9.29 wird äquidistant, wenn die asymmetrischen Rekonvergenzen entfernt werden. Dazu ist aus jeder der Rekonvergenzmengen mindestens ein Knoten zu entnehmen. Dies geschieht, indem entweder sowohl aus ω_1 als auch aus ω_2 je ein Knoten geschnitten wird oder ein Knoten aus ω_3 entfernt wird. Ein Schnitt durch c_2 beispielsweise macht den Graphen äquidistant.

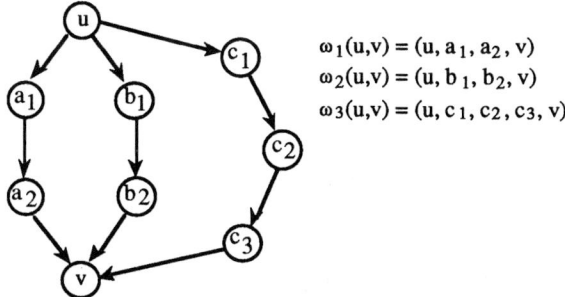

$$\omega_1(u,v) = (u, a_1, a_2, v)$$
$$\omega_2(u,v) = (u, b_1, b_2, v)$$
$$\omega_3(u,v) = (u, c_1, c_2, c_3, v)$$

Bild 9.29: S-Graph mit asymmetrischen Rekonvergenzmengen

Die Auflösung der Rekonvergenzmengen kann in gleicher Weise wie die Auflösung der Zyklen geschehen:

1) Erzeuge die Menge R_G aller asymmetrische Rekonvergenzmengen des S-Graphen $G := (V, E)$.

2) Setze $H := \bigcup_{r \in R_G} r$. Suche eine Teilmenge $W \subset H$ minimaler Mächtigkeit mit $\forall\, r \in R_G$: $W \cap r \neq \emptyset$.

Da die Zahl der Rekonvergenzmengen in R_G exponentiell mit der Schaltungsgröße wachsen kann, muß man sich wieder mit Heuristiken zufriedengeben. Zur Übung möge der Leser zeigen, daß die optimale Auflösung NP-vollständig ist.

Die Prozedur TEILREKONV (G, R_G, c) erzeugt eine Menge R_G von höchstens c asymmetrischen Rekonvergenzmengen:

```
Prozedur   TEILREKONV(G,R_G,c) ;
Setze k :=0; R_G := Ø;
Für v ∈ V :
     Für u ∈ p(v) :
          Falls u Rekonvergenzpunkt von v ist:
               Für ω_1(u,v), ω_2(u,v) :
```

```
                    Falls (ω₁(u,v) ∩ ω₂(u,v)) = {u,v} ∧
                    |ω₁(u,v) ∩Vₛ| ≠ |ω₂(u,v) ∩Vₛ| :
                        Setze r := (ω₁(u,v) ∪ω₂(u,v))\{u,v};
                        Setze R_G := R_G ∪ {r}; k := k + 1;
                        Falls k = c : STOP;
          END.
```

Bild 9.30: Erzeugung asymmetrischer Rekonvergenzmengen

Das zweite Teilproblem lösen wir wieder mit der Prozedur COVER($\mathcal{R}$, $\mathcal{R}'$). Dabei ist für jeden Knoten k $\in \bigcup_{r \in R_G}$ r die Menge r (k) := {r $\in$ R_G | k $\in$ r} als die Menge all der Rekonvergenzmengen definiert, die k enthalten. Für die Überdeckung $\mathcal{R}$:= {r(k) | k $\in \bigcup_{r \in R_G}$ r} wird eine minimale Teilüberdeckung $\mathcal{R}' \subset \mathcal{R}$ gesucht mit $\bigcup\mathcal{R}'$ = R_G. Die Menge W := {k | r(k) $\in \mathcal{R}'$} enthält die zu schneidenden Knoten. Wieder sind zuvor Knoten k_2 zu entfernen, für die bereits ein k_1 mit $r(k_1) = r(k_2)$ existiert.

```
    Prozedur  ÄQUIDISTANT(G,W,c);
    Setze W := Ø;
    TEILREKONV(G,R_G,c);
    Solange R_G ≠ Ø :
        Setze 𝓡 := {r(k) | k ∈ ∪ r};
                                r∈R_G
        COVER (𝓡, 𝓡');
        W := W ∪ {k | r(k) ∈ 𝓡'};
        TEILREKONV(G_W,R_G,c);
    END.
```

Bild 9.31: Auswahl der Prüfpfadelemente zur Erzeugung äquidistanter S-Graphen

Obenstehendes Verfahren kann nicht nur auf azyklische Graphen angewendet werden. Es ist möglich, gleichzeitig Rekonvergenzmengen R_G und Zyklen Z zu erzeugen und das Auswahlproblem für R_G $\cup$ Z_G durch ein minimales W mit $\forall$s $\in$ R_G $\cup$ Z_G: W $\cap$ s ≠ Ø zu lösen. Die entsprechenden Erweiterungen seien dem Leser überlassen. Es ist jedoch zu beachten, daß bereits in den vorgestellten Versionen R_G und Z_G aus Aufwandsgründen durch c beschränkt werden. Auch bei der noch größeren Menge R_G $\cup$ Z_G, die erst recht exponentiell mit der Graphengröße wachsen kann, ist eine Beschränkung durch eine Konstante c häufig erforderlich. Aus diesem Grund führt die gleichzeitige Behandlung von $R_G \cup Z_G$ nicht unbedingt zu besseren Ergebnissen.

Die hier vorgestellten Methoden zur Konfiguration eines unvollständigen Prüfpfades sind Abwandlungen der Vorschläge aus [Kunz89, Wu89, WuKu90]. Sie sind das erste analytische Verfahren zur Wahl der Prüfpfadelemente. Ähnliche Ansätze sind später in [GGB89] und [AgCh89] publiziert worden. In [AGRA87] wurde versucht, die Prüfpfadauswahl mit der Testerzeugung zu verbinden. Einer der ersten Vorschläge zur Konfiguration unvollständiger Prüfpfade stammt von E. Trischler und verwendet Testbarkeitsmaße ähnlich dem bereits erläuterten SCOAP, um die Flipflops zu bestimmen, die unmittelbar zugänglich sein müssen [Tris83].

9.4 Erzeugung und Anwendung deterministischer Testmuster bei azyklischem S-Graph

Enthält das Schaltwerk einen partiellen Prüfpfad, so daß der S-Graph azyklisch ist, dann kann die kombinatorische Repräsentation erzeugt und als Eingabe für einen der bekannten Testerzeugungsalgorithmen für Schaltnetze verwendet werden. Auch die Fehlersimulation kann beschleunigt werden, da auf die kombinatorische Repräsentation auch die schnellen PPSFP-Verfahren mit paralleler Musterbehandlung anwendbar sind, die sich im allgemeinen nicht für Schaltwerke eignen.

Das prinzipielle Vorgehen bei der deterministischen Testerzeugung liegt hier auf der Hand, jedoch kann durch die Berücksichtigung einiger Besonderheiten der kombinatorischen Repräsentation Effizienz gewonnen und der Umfang der Testmengen reduziert werden.

Es sei $G := (V, E)$ ein azyklischer S-Graph der Tiefe r mit der zugehörigen kombinatorischen Repräsentation $\widetilde{G} := (\widetilde{V}, \widetilde{E})$. $\widetilde{T}_1$ und $\widetilde{T}_2$ seien zwei Testmuster $(t^1_{j,i} \mid (i,j) \in \widetilde{I})$ und $(t^2_{j,i} \mid (i,j) \in \widetilde{I})$ für $\widetilde{G}$. Nach Definition entsprechen ihnen für das Schaltwerk die Testmatrizen $T_1 := (t^1_{j,i})_{0 \leq j \leq r}$, $i \in I$ und $T_2 := (t^2_{j,i})_{0 \leq j \leq r}$, $i \in I$.

Werden beide Folgen unmittelbar hintereinander angelegt, entstehen r Verbindungsfolgen, wie man sich leicht an Tabelle 9.5 klarmachen kann: Jeder der r Verbindungsfolgen B^h, $1 \leq h \leq r$, entspricht der äquivalente Schaltnetztest $k(B^h) = (b^h_{j,i} \mid (i,j) \in \widetilde{I})$ mit

Tabelle 9.5: Verbindungsfolgen

$$b_{j,i}^{h} := \begin{cases} t_{j+h,i}^{1} & \text{für } j + h \le r \\ t_{j+h-r-1,i}^{2} & \text{für } j + h > r \end{cases}.$$

$$T_1 \left\{ \begin{matrix} t_{0,1}^{1} & \cdots & t_{0,n}^{1} \\ t_{1,1}^{1} & \cdots & t_{1,n}^{1} \\ \vdots & & \vdots \\ \vdots & & \vdots \\ t_{r-1,1}^{1} & \cdots & t_{r-1,n}^{1} \\ t_{r,1}^{1} & \cdots & t_{r,n}^{1} \end{matrix} \right. \\ T_2 \left\{ \begin{matrix} t_{0,1}^{2} & \cdots & t_{0,n}^{2} \\ t_{1,1}^{2} & \cdots & t_{1,n}^{2} \\ \vdots & & \vdots \\ \vdots & & \vdots \\ t_{r-1,1}^{2} & \cdots & t_{r-1,n}^{2} \\ t_{r,1}^{2} & \cdots & t_{r,n}^{2} \end{matrix} \right.$$

(Matrixbeschriftung: B^1, B^2, $\ddots$, B^r)

Da im allgemeinen nicht jeder Eingang $i \in I$ zu jedem Zeitpunkt j in der kombinatorischen Repräsentation benötigt wird, sind einige der $t_{j,i}^{1}$, $t_{j,i}^{2}$ der Testmatrizen T_1 und T_2 undefiniert. Diese Stellen können geeignet aufgefüllt werden. Es sei nun T_1 die zuletzt erzeugte Musterfolge und F die Menge aller danach noch zu behandelnder Fehler. Zur Erzeugung der Musterfolge T_2 bietet sich das folgende Verfahren an:

```
Prozedur   FOLGEMUSTER(T₁,T₂,F);
1)   Wähle einen Fehler f ∈ F und erzeuge einen äquivalenten
     Schaltnetztest T := (t j,i | (i,j) ∈ Ĩ).
2)   Führe mit T eine Fehlersimulation mit Fehleraufgabe durch.
3)   Für h := 1 bis r:

     3.1)   Setze bʰⱼ,ᵢ :=  ⎧ t¹ⱼ₊ₕ,ᵢ  für j + h ≤ r
                           ⎨
                           ⎩ tⱼ₊ₕ₋ᵣ₋₁,ᵢ  für j + h > r

     3.2)   Fülle im Vektor Bʰ := (bʰⱼ,ᵢ | (i,j) ∈ Ĩ) die
            undefinierten Komponenten auf:
            a)      zufällig, oder
```

```
           b)     erneuter Aufruf des deterministischen
                  Testgenerators mit Eingabe der partiellen
                  Belegung B^h.
                          h
   3.3)   Setze t_{j+h-r-1,i} := b_{j,i} für j + h > r
   3.4)   Führe mit B^h eine Fehlersimulation mit Fehler-
          aufgabe durch.
4)  Setze T_2 := (t_{j,i}) 0≤j≤r, i∈I
   END.
```

Bild 9.32: Erzeugung einer deterministischen Testmenge für ein Schaltwerk mit azyklischem S-Graph

Obenstehendes Vorgehen führt auf eine kurze, kompakte Testfolge. Sie kann auf keinen Fall schneller als $(r + 1) \cdot |F|$ wachsen und besitzt in der Praxis eine Länge, die mit der des entsprechenden Schaltnetztests vergleichbar ist und deutlich unter $|F|$ liegt.

Noch günstiger schneidet der Test für azyklische Strukturen mit partiellem Prüfpfad hinsichtlich der Testdurchführungszeit ab. In einer Schaltung mit vollständigem Prüfpfad sind zur Eingabe eines Musters $|V_s|$ Schiebetakte erforderlich. Bei einem partiellen Prüfpfad sind weit weniger Flipflops seriell zu laden, insgesamt $|\{v \in V_s \mid \exists j \, (v, j) \in \tilde{I}\}|$, so daß die Eingabe eines Musters deutlich schneller erfolgt und insgesamt der Test in weniger Takten abläuft.

Das Verfahren in Bild 9.32 ist natürlich auch für Schaltwerke mit äquidistanten S-Graphen geeignet. Hier gibt es noch weitere Kompaktierungsmöglichkeiten. In einer solchen Schaltung ist der Kegel bezüglich eines Ausgangs $o \in O$ eine reine Pipeline-Struktur. Es kann daher zu jedem Zeitpunkt ein neues Muster eingegeben werden. Die Testmuster sind deterministisch konstruiert, so daß sie einen bestimmten Fehler $f \in F$ an einem bestimmten Ausgang $o \in O$ sichtbar machen. Daher sind in einem solchen Muster nur die Eingänge aus $I(o)$ definiert und die restlichen unbestimmt. Das Muster benutzt einen Eingang aus $I(o)$ nur zu einem einzigen Zeitpunkt, daher kann in jedem Takt ein neues Muster angelegt werden. Werden die Testmuster ensprechend nach Ausgängen gruppiert, so kann für jede Gruppe eine sogenannte "start-up"-Zeit von r erforderlich sein und der Test stets mit $|O| \cdot r + |F|$ Mustern ausgeführt werden. Entsprechend der Prozedur FOLGEMUSTER können die jeweils nicht benötigten Eingänge geeignet belegt und die Testlängen weiter verkürzt werden.

Obwohl in der Regel der partielle Prüfpfad zur Erzeugung äquidistanter Strukturen mehr Flipflops einschließen muß als zur Erzeugung azyklischer Strukturen und er daher mehr Takte zum seriellen Laden benötigt, kann die Testzeit wegen der möglichen Fließbandverarbeitung nochmals beträchtlich sinken.

Die geeignete Konfiguration partieller Prüfpfade führt somit nicht nur zur Reduktion der Mehrkosten und Zusatzfläche für den prüfgerechten Entwurf, im Vergleich mit dem vollständigen Prüfpfad erleichtert sie auch die Test-durchführung und verkürzt die Testzeiten. Der Ansatz findet jedoch seine Grenzen bei besonders stark vermaschten Schaltwerksstrukturen, bei denen annähernd jedes Flipflop in einer Schleife liegt und in den Prüfpfad aufge-nommen werden muß. Derartige Strukturen treten besonders häufig bei Steu-erwerken auf, die jedoch zumeist den kleineren Teil des Chips bilden. Im Gegensatz dazu sind die größeren Operationswerke einer Schaltung häufig so ausgelegt, daß sie eine Fließbandverarbeitung unterstützen und nur wenige Schnitte erforderlich sind. Zusätzlich bietet es sich hier an, die Schaltungsmo-difikationen nicht auf Gatter-, sondern auf Registertransfer-Ebene durchzu-führen. Hier sind die Flipflops bereits zu Registern gruppiert. Diese Hierar-chie kann ausgenutzt werden und mit größerer Effizienz zu günstigeren Lö-sungen führen, ohne daß die vorgestellten Algorithmen zur Graphenmanipu-lation wesentlich zu ändern wären.

9.5   Zufallstestbare Schaltwerke

Im sechsten Kapitel wurde ausführlich auf den Zufallstest für Schaltnetze eingegangen. Dieses Verfahren kann auf Schaltwerke mit azyklischen oder äquidistanten S-Graphen erweitert werden. Zunächst untersuchen wir die Testbarkeit mit gleichverteilten Mustern, anschließend die Möglichkeiten, op-timale Gewichte auch für Schaltwerke zu bestimmen.

9.5.1   Gleichverteilte Zufallsmuster

Wie für Schaltnetze müssen auch für Schaltwerke Signalwahrscheinlich-keiten, Fehlererkennungswahrscheinlichkeiten und daraus die Testlängen be-stimmt werden. Ist der S-Graph äquidistant, so können alle für Schaltnetze hergeleiteten Ergebnisse auch auf die kombinatorische Reduktion angewendet werden. Jedes Testmuster für die kombinatorische Reduktion korrespondiert zu einer Folge für das Schaltwerk.

Der entsprechende S-Graph habe die Tiefe r. Wird an eine Folge der Län-ge r + 1 ein weiteres Muster angefügt, so entsteht eine Folge der Länge r + 2, deren letzte r + 1 Muster einem neuen Muster für die kombinatorische Reduk-ion entsprechen. Somit erzeugt nach einer Anfangsfolge der Länge r jedes neue Muster für das Schaltwerk ein neues Muster für die kombinatorische Reduktion. Im sechsten Kapitel wurde für eine vorgegebene Konfidenz c und für eine Fehlererkennungswahrscheinlichkeit p_f die notwendige Testlänge N_{KR} mittels der Ungleichung $c \leq \prod_{f \in \tilde{F}} (1 - (1 - p_f)^{N_{KR}})$ bestimmt.

Die Fehlererkennungswahrscheinlichkeiten können mit den bekannten Verfahren geschätzt werden, da in der kombinatorischen Reduktion nur Einfach-Fehler betrachtet werden müssen. Für das Schaltwerk ist eine Initialisierungssequenz von höchstens r zusätzlichen Mustern erforderlich, so daß für die Testlänge N_{SW} des Schaltwerks $N_{KR} \leq N_{SW} \leq N_{KR}+r+1$ folgt.

Ist der S-Graph lediglich azyklisch, ändert sich bei gleichverteilten Mustern an den Überlegungen zur Testlänge nichts. Für das Beispiel aus Bild 9.11 zeigt untenstehende Tabelle, wie sich eine Musterfolge und die Belegungen an den Primäreingängen der kombinatorischen Repräsentation entsprechen.

Tabelle 9.6: Folge am Schaltwerk und an der kombinatorischen Repräsentation

a) Musterfolge am Schaltwerk:

Zeit	e1	e2	e3
0	0	0	0
1	1	0	0
2	0	1	0
3	1	1	0
4	0	0	1
5	1	0	1
6	0	1	1
7	1	1	1

b) Musterfolge an der kombinatorischen Repräsentation:

(c1, 0)	(e2, 0)	(e1, 1)	(e3, 1)
0	0	1	0
1	0	0	0
0	1	1	0
1	1	0	1
0	0	1	1
1	0	0	1
0	1	1	1

Wir können daher wieder die Testlänge für die kombinatorischen Repräsentation mit der Ungleichung $c \leq \prod_{f \in \tilde{F}} (1 - (1 - p_f)^{N_{KR}})$ gewinnen und daraus die Testlänge für das Schaltwerk durch $N_{KR} \leq N_{SW} \leq N_{KR}+r+1$ schätzen.

Im Unterschied zu den äquidistanten Graphen kann $\tilde{F}$ hier jedoch Mehrfachfehler enthalten, deren Erkennungswahrscheinlichkeit erst nach Modifikation der erläuterten Schätzverfahren bestimmt werden kann. Bereits im dritten Kapitel wurde auf Untersuchungen hingewiesen, nach denen ein Testmuster für einen Einfach-Fehler mit hoher Wahrscheinlichkeit auch einen Mehrfachfehler aufdeckt, der diesen enthält. Aus diesem Grund ist es hinreichend genau, für alle Einfach-Fehler der kombinatorischen Repräsentation die Erkennungswahrscheinlichkeit zu bestimmen und für Mehrfachfehler das Maximum der Wahrscheinlichkeiten anzunehmen, mit denen die entsprechenden Einfach-Fehler erkannt werden.

Diese geringfügigen Modifikationen ausgenommen unterscheidet sich der Zufallstest mit gleichverteilten Mustern für Schaltnetze und für azyklische Schaltwerke nicht. Aufwendiger ist die Behandlung ungleichverteilter Muster.

9.5.2 Ungleichverteilte Zufallsmuster

Es liegt nahe, optimale Eingangswahrscheinlichkeiten für die kombinatorische Repräsentation zu berechnen und deren Auswirkungen auf das Schaltwerk zu bestimmen. Dies führt auf die folgende Definition:

Definition 9.11: Es sei I die Menge der Primäreingänge eines Schaltwerks. Eine Menge von Tripeln $W \subset [0, 1] \times I \times \{0, ..., r\}$ ist eine *zeitabhängige Menge* von Gewichten der Länge r + 1, wenn gelten

a)   Für alle $(i, k) \in I \times \{0, ..., r\}$ gibt es höchstens ein $x \in [0, 1]$ mit $(x, i, k) \in W$.

b)   Für jeden Eingang $i \in I$ gibt es mindestens ein $k \in \{0, ..., r\}$ und ein $x \in [0, 1]$ mit $(x, i, k) \in W$.

$(x, i, k) \in W$ bedeutet, daß der Eingang i zur Zeit k mit der Wahrscheinlichkeit x auf "1" liegt. Es kann aber Eingänge $i \in I$ geben, für die zu manchen Zeitpunkten kein Gewicht definiert wird. Dies soll, wie später erläutert wird, zur Kompaktierung genutzt werden.

In Satz 9.3 wurde die Beziehung beschrieben, die zwischen der Fehlererkennung im Schaltwerk und in der kombinatorischen Repräsentation besteht.

Satz 9.7 zieht die entsprechenden Folgerungen für Fehlererkennungswahrscheinlichkeiten.

Satz 9.7: Es sei $G := (V, E)$ ein azyklischer Schaltungsgraph mit der kombinatorischen Repräsentation $\tilde{G} := (\tilde{V}, \tilde{E})$. Es sei $\tilde{X} := (x_{(i,j)} \mid (i, j) \in \tilde{I})$ eine Menge von Gewichten für $\tilde{I}$, und es seien f ein Fehler in G und $\tilde{f}$ der entsprechende Mehrfachfehler in $\tilde{G}$. Die Wahrscheinlichkeit, daß $\tilde{f}$ von einer Zufallsfolge gemäß den zeitabhängigen Gewichten $X := ((x, i, j) \mid (i, j) \in \tilde{I} \wedge x = x_{(i,j)})$ im letzten Zeitschritt r erkannt wird, ist gleich der Fehlererkennungswahrscheinlichkeit $p_{\tilde{f}}(\tilde{X})$ in der kombinatorischen Repräsentation mit der Menge von Gewichten $\tilde{X}$.

Beweis: Folgt unmittelbar aus Satz 9.3.

Man kann daher die kombinatorische Repräsentation verwenden, um Fehlererkennungswahrscheinlichkeiten zu schätzen und um mit den im sechsten Kapitel vorgestellten Optimierungsverfahren günstige zeitabhängige Gewichte X zu bestimmen.

Insoweit unterscheidet sich die Behandlung ungleichverteilter Muster bei der Bestimmung der Gewichte und der Erkennungswahrscheinlichkeiten nicht von der Behandlung gleichverteilter. Unterschiede gibt es jedoch bei der Bestimmung der Testlänge.

Es sei $\tilde{X} := (x_{(i,j)} \mid (i, j) \in \tilde{I})$ eine Menge von Gewichten für eine kombinatorische Repräsentation und $X := ((x_{(i,j)}, i, j) \mid (i, j) \in \tilde{I})$ sei die entsprechende zeitabhängige Menge von Gewichten der Länge r. Die beiden Musterfolgen $(t_0^1, ..., t_r^1)$, $(t_0^2, ..., t_r^2)$ seien gemäß X erzeugt und werden unmittelbar hintereinander angelegt. Dadurch werden implizit die r Folgen $(t_1^1, ..., t_r^1, t_0^2)$, ..., $(t_r^1, t_0^2, ..., t_{r-1}^2)$ ebenfalls angelegt. Im allgemeinen wird keine dieser Folgen den Gewichten aus $\tilde{X}$ entsprechen, stattdessen folgen sie sogenannten Verbindungsgewichten L_j, $j = 1, ..., r$. Die Verbindungsgewichte L_j werden konstruiert, indem zuerst die zeitabhängige Menge von Gewichten X so ergänzt wird, daß jedem Schaltungseingang zu jedem Zeitpunkt $h \in \{0, ..., r\}$ ein Gewicht zugewiesen wird. Dann wird X zyklisch um j Schritte geschoben. Dies führt auf eine vollständige, zeitabhängige Menge von Gewichten. Hieraus werden in L_j nur die Tripel (x, i, h) aufgenommen, für die durch (i, h) $\in \tilde{I}$ tatsächlich Werte in der kombinatorischen Repräsentation benötigt werden. In formaler Weise läßt sich das Vorgehen wie folgt beschreiben:

```
Prozedur  VERBINDUNG(X,L₁,...,Lᵣ);
Für j := 1, ..., r:

    1)      Setze Lⱼ := ((u₍ᵢ,ₕ₎, i, h) | (i, h) ∈ Ĩ) mit

              ⎧  x₍ᵢ,ₕ₊ⱼ₎ falls h + j ≤ r und x₍ᵢ,ₕ₊ⱼ₎ definiert
              ⎪
    u₍ᵢ,ₕ₎ := ⎨  x₍ᵢ,ₕ₊ⱼ₋ᵣ₋₁₎ falls h + j > r und x₍ᵢ,ₕ₊ⱼ₋ᵣ₋₁₎ definiert
              ⎪
              ⎩  optimierter Wert sonst

    2)      Für alle (i, h) ∈ Ĩ:
                Für alle h ≤ r - j:
                    Setze x₍ᵢ,ₕ₊ⱼ₎ := u₍ᵢ,ₕ₎;
                Für alle h > r - j:
                    Setze x₍ᵢ,ₕ₊ⱼ₋ᵣ₋₁₎ :=u₍ᵢ,ₕ₎;
    END.
```

Bild 9.33: Erzeugung von Verbindungsgewichten

Obenstehende Prozedur füllt die zeitabhängige Menge von Gewichten auf, so daß anschließend in $X := \{(x_{(i,j)}, i, j) \mid i \in I, 0 \le j \le r\}$ zu jedem Zeitpunkt j für jeden Eingang i ein Gewicht definiert ist. Dieses Auffüllen für undefinierte Tripel in Schritt 1) geschieht mit dem im sechsten Kapitel vorgestellten Optimierverfahren für die kombinatorische Repräsentation, wobei jedoch nach Schritt 2) die in vorhergehenden Zeitschritten bestimmten Werte beibehalten werden. Als Ausgabe erhält man zusätzlich die so implizit festgelegten Verbindungsgewichte Lj.

Wenn insgesamt N_{SW} + 1 Folgen gemäß dem Gewicht X angelegt werden, dann werden für jedes der r Verbindungsgewichte Lj jeweils N_{SW} Folgen erzeugt. In der kombinatorischen Repräsentation hängt die Erkennungswahrscheinlichkeit $p_f(X)$ oder $p_f(L_j)$ für jeden Fehler von den äquivalenten Gewichten ab. Daher gilt für die Konfidenz des Zufalltests

$$c \le \prod_{f \in \tilde{F}} (1 - (1 - p_f(X))^{N_{SW}+1}) \cdot \prod_{j=1}^{r} (1 - p_f(L_j))^{N_{SW}}.$$

Für kleine Erkennungswahrscheinlichkeiten kann obenstehende Formel umgeformt werden zu

$$c \le \prod_{f \in \tilde{F}} (1 - (1 - (p_f(X) + \sum_{j=1}^{r} p_f(L_j)))^{N_{SW}}).$$

Es sind also nur für jedes Verbindungsgewicht Lj die Erkennungswahrscheinlichkeiten anhand der kombinatorischen Repräsentation zu bestimmen, zu addieren, um anschließend in bekannter Weise die Testlänge N_{SW} zu berechnen.

Genau wie in Schaltwerken kann es auch in einer kombinatorischen Repräsentation Fehler geben, die nicht durch eine einzige Menge von Gewichten getestet werden können. In diesem Fall sind in der bereits vorgestellten Weise mehrere zeitabhängige Mengen von Gewichten zu bestimmen. Der im sechsten Kapitel vorgestellte Partitionierungsalgorithmus für Fehlerlisten kann für kombinatorischen Repräsentationen ohne Änderung übernommen werden.

9.5.3 Zeitunabhängige Gewichte

Die im sechsten Kapitel vorgestellten Schaltungen zur externen Erzeugung von gewichteten Zufallsmustern werden bei der Berücksichtigung von mehreren Zeitschritten mitunter zu aufwendig. Für die Steuerung selbst sind nur geringfügige, offensichtliche Änderungen erforderlich, das Speicherfeld erreicht jedoch eine Größe von $|V_s| \cdot r \cdot m \cdot 3$ bit, m ist hier die notwendige Zahl unterschiedlicher Verteilungen.

Es bietet sich an, die Auswirkungen zeitunabhängiger Gewichte auch für Schaltwerke zu untersuchen. Dies ist insbesondere für den Entwurf selbsttestbarer Schaltungen im folgenden Kapitel wichtig. Eine zeitabhängige Menge von Gewichten der Länge s = 1 unterscheidet sich nicht von einer zeitunabhängigen Menge. Wir bemühen uns daher zunächst, die Länge s zu reduzieren.

Definition 9.12: Es sei X := $\{(x_{(i,j)}, i, j) \mid (i, j) \in \tilde{I}\}$ eine zeitabhängige Menge von Gewichten der Länge s. Eine *Kompaktierung von X* ist eine zeitabhängige Menge von Gewichten X´ $\subset [0, 1] \times I \times \{0, ...,s´\}$ mit:

a)   X´ hat die Länge s´ + 1;

b) $\forall (x, i, j) \in W (x, i, (j \bmod s´ + 1)) \in W´$;

c)   Es gibt keine kürzere Menge W´ mit a) und b);

Wenn eine Musterfolge gemäß einer zeitabhängigen, kompaktierten Menge von Gewichten erzeugt wurde, dann entspricht sie auch der ursprünglichen Menge von Gewichten. Wenn für einen äquidistanten Graphen die zeitabhängige Menge von Gewichten X := $\{(x_{(i,j)}, i, j) \mid (i, j) \in \tilde{I}\}$ mit Hilfe der kombinatorischen Reduktion erzeugt wurde, so ist jedem Eingang i nur ein Gewicht zugeordnet und man erhält $x_{(i,j_1)} = x_{(i,j_2)}$ für $(i, j_1), (i, j_2) \in \tilde{I}$. Somit ist $X' := \{(x_{(i,j)}, i, 0 \mid (i, j) \in \tilde{I}\}$ die Kompaktierung. Sie hat die Länge 1 und ist damit zeitunabhängig.

Zusammengefaßt gilt, daß für Schaltwerke mit äquidistanten S-Graphen zeitunabhängige Gewichte in bekannter Weise vermittels der kombinatorischen Reduktion erzeugt werden. Äquidistante S-Graphen erfordern jedoch zumeist, daß mehr Flipflops in den partiellen Prüfpfad aufgenommen werden müssen, als es für die Zyklenfreiheit notwendig ist. Für allgemeine zyklenfreie S-Graphen kann die Zeitunabhängigkeit der Gewichte durch Durchschnittsbildung erreicht werden.

Es sei $X := \{(x_{(i,j)}, i, j) \mid (i, j) \in \tilde{I}\}$ eine zeitabhängige Menge von Gewichten. Man bestimme für jeden Primäreingang $i \in I$ mit $n(i) := |\{k \mid (i, k) \in \tilde{I}\}|$ und mit $y(i) := \sum_{(i,k) \in \tilde{I}} x_{(i,k)}$ das durchschnittliche Gewicht $d(i) := \frac{y(i)}{n(i)}$.

$D := \{d(i) \mid i \in I\}$ ist eine zeitunabhängige Menge von Gewichten für das Schaltwerk. Für eine Testfolge der Länge r gemäß D sind im allgemeinen geringere Fehlererkennungswahrscheinlichkeiten $p_f(D)$ zu erwarten als bei einer Folge gemäß X.

Jedoch impliziert eine zeitabhängige Menge auch Verbindungsgewichte L_j, die wiederum deutlich ungünstiger als D sein können, so daß in der Praxis die erforderlichen Testlängen nach zeitabhängigen und nach durchschnittlichen Gewichten häufig dieselbe Größenordnung haben. Auf diese Weise können auch für allgemeine, azyklische Schaltwerke Zufallsfolgen mit den effizienten Methoden des externen Tests oder des Selbsttests erzeugt werden.

9.6 Der pseudo-erschöpfende Test für Schaltwerke

Die Grundidee des pseudo-erschöpfenden Tests für Schaltwerke ist es wieder, dieses für Schaltnetze bekannte Verfahren auf kombinatorische Repräsentationen anzuwenden. Ist die kombinatorische Repräsentation pseudoerschöpfend testbar, so können für sie mit den im vorhergehenden Kapitel beschriebenen Methoden entsprechende Testmengen erzeugt werden. Genau wie deterministische Testmuster sind diese auf pseudo-erschöpfende Testfolgen abzubilden.

Auch die externe Musteranwendung durch einen Spezialchip nach Bild 8.40 kann eingesetzt werden, es muß lediglich das RAM vergrößert und die Steuerung etwas erweitert werden. Eine Zeile des RAMs enthält jetzt sämtliche Einträge für alle Zeitschritte, das heißt $(r + 1) \cdot |I|$, und die Steuerung muß nach jeweils $|I|$ Takten einen Systemtakt an den Prüfling ausgeben.

Allerdings wird in vielen Fällen die kombinatorische Repräsentation nicht pseudo-erschöpfend testbar sein, sondern es werden einige Ausgänge von einer zu großen Zahl ℓ primärer Eingänge abhängen. In diesem Fall muß die Schaltung segmentiert und der Segmentierungsalgorithmus an Schaltwerke angepaßt werden. Zu diesem Zweck können die beschriebenen Segmentierungszellen verwendet werden. Der Schnitt eines Knotens der kombinatorischen Repräsentation entspricht wiederum dem Einbau einer solchen Zelle. Diese Zelle ist aber in jedem Zeitschritt vorhanden, so daß mit dem Schnitt eines Knotens $v \in V$ automatisch auch alle Knoten $w \in \ddot{A}(v)$ geschnitten werden. Falls der Segmentierungsalgorithmus dies ausnutzt, können beträchtliche Hardware-Einsparungen erzielt werden.

Es ergibt sich also ein Aufbau nach Bild 9.34, der sich von dem Ansatz im vorhergehenden Kapitel nur dadurch unterscheidet, daß die Zellen nicht in ein Schaltnetz, sondern in ein azyklisches Schaltwerk integriert sind.

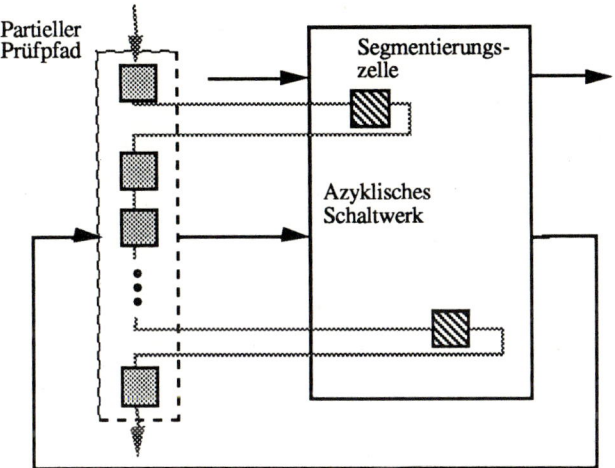

Bild 9.34: Integration von Schaltungssegmentierung und partiellem Scan Design

Wir suchen eine möglichst kleine Zahl von Knoten des ursprünglichen Schaltwerks, die zu schneiden ausreicht, um alle Kegel der kombinatorischen Repräsentation ausreichend klein zu halten. Da die Integration eines bereits vorhandenen Flipflops in einen Prüfpfad weniger aufwendig als das Hinzufügen einer völlig neuen Segmentierungszelle ist, schneiden wir vorzugsweise Knoten, denen Flipflops entsprechen. Formal führt dies auf folgendes Problem:

Definition 9.13 (Problem OSKR): Es sei $G := (V,E)$ ein azyklischer Schaltungsgraph mit der kombinatorischen Repräsentation $\tilde{G} := (\tilde{V}, \tilde{E})$, es seien k, $\ell \in \mathbb{N}$. Gibt es eine Menge $W \subset V$ der Mächtigkeit $|W| = k$, so daß

alle Knoten $v \in \tilde{V} \cup_{w \in W} \ddot{A}(w)$ des geschnittenen Graphen $\tilde{G} \cup_{w \in W} \ddot{A}(w) :=$
$(\tilde{V} \cup_{w \in W} \ddot{A}(w), \tilde{E} \cup_{w \in W} \ddot{A}(w))$ einen Abhängigkeitswert $a(v) \leq \ell$ besitzen?

Diese Definition berücksichtigt, daß mit dem Schnitt von w alle Knoten aus $\ddot{A}(w)$ ebenfalls geschnitten werden. Offensichtlich ist das Problem der optimalen Segmentierung kombinatorischer Repräsentationen (OSKR) eine Verallgemeinerung des Problems OSS aus Definition 8.4 und somit NP-vollständig. Es müssen daher ebenfalls Heuristiken angewendet werden, und es bieten sich hierfür folgende Modifikationen der Prozeduren an:

1)   Anstelle eines Vorgängers $w \in p(v_{min})$ der ersten Verletzung v_{min} schneidet man stets ganz $\ddot{A}(w)$.

2)   Führt der Schnitt an $w_1 \in V_s$ und an $w_2 \in V_c$ zum selben Wert der heuristischen Funktion h, so wird der einem Flipflop entsprechende Knoten w_1 gewählt.

Mit diesen Änderungen erzeugen die Prozeduren pseudo-erschöpfend testbare Schaltwerke, für die ein Hardware-Mehraufwand anfällt, der zumeist unter dem des vollständigen Prüfpfades liegt. Nach diesen Schnitten in der kombinatorischen Repräsentation erhält man allerdings keine kombinatorischen Repräsentation im Sinne der Definition zurück, da durch einen Schnitt an $(v, s) \in \tilde{V}$ Ausgänge auch zu Zeitschritten $s < t$ anfallen. Es können daher Kegel entstehen, die denselben Schaltungsteilen nur zu unterschiedlichen Zeiten entsprechen und daher redundant sind. Aus diesem Grund ist nach der Bestimmung von W erst der geschnittene Graph G_W zu erzeugen, und aus diesem wird dann die pseudo-erschöpfende kombinatorische Repräsentation $\tilde{G}_W$ generiert.

Zur Verdeutlichung dieses Ansatzes zeigt Bild 9.35 nochmal das bereits eingeführte Schaltungsbeispiel, bei dem insgesamt drei Flipflops in den partiellen Prüfpfad aufgenommen wurden.

Ein Flipflop ist notwendig, um aus dem Schaltungsgraph sämtliche Zyklen zu entfernen. In Bildteil a) ist Knoten 14 der erste Knoten, dessen Abhängigkeitswert das gesetzte Limit von 3 überschreitet. Wirt als Vorgänger Knoten 12 geschnitten, so betrifft dies wegen der Äquivalenz auch automatisch Knoten 13. Nach diesem Schnitt verletzt Knoten 22 das Limit, und Knoten 20 wird geschnitten. Zwei Flipflops sind somit zur Segmentierung erforderlich, um in der kombinatorischen Repräsentation die Abhängigkeitswerte der Knoten mit $\ell = 3$ zu beschränken. Die Aufnahme dieser beiden Flipflops führt dazu, daß in der kombinatorischen Repräsentation drei Knoten geschnitten werden. In diesem Beispiel ist somit zur Segmentierung keine spezielle Segmentierungszelle erforderlich, der partielle Prüfpfad wird lediglich etwas umfangreicher.

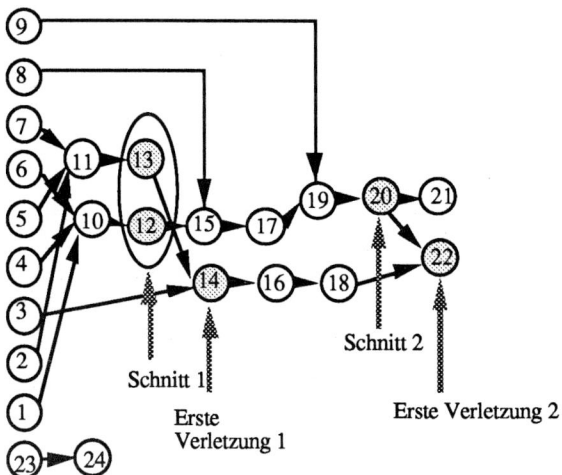

a) Geschnittene Knoten in der kombinatorischen Repräsentation

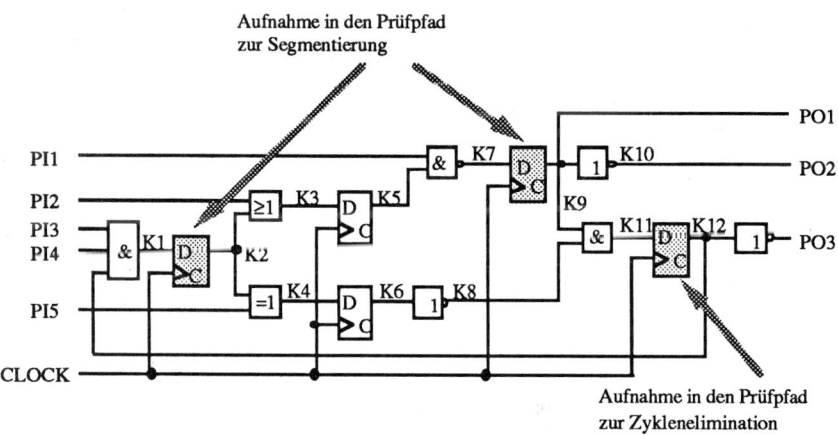

b) Prüfpfadelemente im Schaltwerk

Bild 9.35: Schaltungsbeispiel mit kombinatorischer Repräsentation

Häufig lassen sich weitere Verbesserungen erzielen, wenn bereits bei der Entfernung der Zyklen darauf geachtet wird, daß die Abhängigkeitswerte der

Knoten möglichst klein sind und daher der spätere Segmentierungsaufwand reduziert wird. Um dies zu formalisieren, ist die Definition des Abhängigkeitswertes auch auf Schaltwerke mit Zyklen zu erweitern.

Es sei $G := (V, E)$ ein Schaltungsgraph, eventuell mit Zyklen. Die Menge $AZ \subset V$ sei die kleinste Teilmenge von V für die gilt:

a) $I \subset AZ$

b)   Es ist $v \in AZ$ genau dann, wenn auch alle unmittelbaren Vorgänger $w \in pd(v)$ in AZ sind.

Die Menge AZ kann aufsteigend von den Primäreingängen I konstruiert werden, indem ein Knoten zu AZ hinzugefügt wird, sobald alle seine Vorgänger in AZ sind. Diese Konstruktion hat einen Aufwand von $O(|E|)$. Anschließend enthält AZ all die Knoten, die von den Primäreingängen über einen beliebigen Pfad erreicht werden können, ohne daß dabei ein Zyklus erreicht wird (somit sind weder ein Knoten $v \in AZ$, noch irgendeiner seiner Vorgänger Element eines Zyklus). Daher ist $G^{AZ} := (AZ, AZ^2 \cap E)$ ein azyklischer Schaltungsgraph und $\tilde{G}^{AZ} := (\tilde{AZ}, \tilde{E}_{AZ})$ sei seine kombinatorische Repräsentation. Für jeden Knoten $(v, j) \in \tilde{AZ}$ setzen wir $\hat{a}(v) :=$ $\max\limits_{w \in \ddot{A}(v,j)} a(w)$.

Damit wird jedem Knoten v des azyklischen Teilgraphs der maximale Abhängigkeitswert eines seiner Bilder in der kombinatorischen Repräsentation zugeordnet. Für einen Knoten $v \in V \setminus AZ$ des restlichen Graphen definiert man $\hat{a}(v) := |p(v) \cap (V_s \cup I)|$, da hier noch Zyklen aufgelöst und Knoten aus V_s ebenfalls als Eingänge genutzt werden müssen.

Es sei nun $W \subset V$ eine Menge geschnittener Knoten. Dann enthält $V_{\acute{W}} := \{v \in V_W | \hat{a}(v) > \ell$ in $G_W\}$ die Menge von Knoten, für die noch weitere Segmentierungschritte erforderlich sind. Die heuristische Funktion $\hat{h}(W) := \sum\limits_{v \in V_{\acute{W}}} \ln(\hat{a}(v))$ bewertet, wie gut die Schnittmenge W die Schaltung segmentiert. Diese Heuristik kann bereits bei der Zyklenelimination berücksichtigt werden, so daß in der Prozedur SCANSELECT aus Bild 9.28 die Routine COVER($\mathscr{X}, \mathscr{X}'$) durch SEGMENTCOVER($\mathscr{X}, \mathscr{X}'$,W) ersetzt werden muß.

```
Prozedur  SEGMENTCOVER(𝔛,𝔛´,W);

Setze Z := ⋃ 𝔛; 𝔛´:= Ø; z´:= Ø;

Solange Z ≠ Ø

    Setze 𝒜 := {A ∈ 𝔛 ||Z ∩ A| ist maximal};

    Wähle ein z(k) ∈ 𝒜 mit minimalem ĥ(W ⋃ Z´ ⋃ {k});

    Setze Z´:= Z´ ⋃ {k}; 𝔛´:= 𝔛´ ⋃ {z(k)}; Z := Z \ z(k);

Setze Z := ⋃ 𝔛;

Für jedes B ∈ 𝔛´:

    Falls ∀ v∈ Z ∃ A ∈ 𝔛´ (A ≠ B ∧ v ∈ A)

            Setze 𝔛´:= 𝔛´\{B};

END.
```

Bild 9.36: Berücksichtigung der Segmentierung bei der Zyklenelimination

Der Unterschied zur Prozedur COVER besteht lediglich darin, daß schrittweise bei mehreren gleich guten Lösungen diejenige vorgezogen wird, die zu
einer besseren Vorhersage durch die Heuristik $\hat{h}$ führt.

Somit lassen sich sämtliche Vorteile des pseudo-erschöpfenden Tests, wie
die relative Unabhängigkeit von einem Fehlermodell, die einfache Testmusterbestimmung und Testdurchführung sowie die hohe Fehlererfassung, auch
für viele Schaltwerke erzielen, ohne daß im Vergleich zum konventionellen
Scan Design mit vollständigem Prüfpfad ein größerer Flächenaufwand anfällt. Häufig ergeben sich mit den vorgestellten Verfahren sogar Einsparungen.

10 Selbsttestbare Schaltungen

Selbsttestbare Schaltungen sind in der Lage, intern Prüfmuster zu erzeugen und auszuwerten. Im günstigsten Fall reduzieren sich die Anforderungen an externe Testgeräte darauf, den Chip zu initialisieren, ihn für den autonomen Betrieb mit den notwendigen Taktsignalen zu versorgen und schließlich vom Chip eine Signatur oder ein Statussignal aufzunehmen, welches die Funktionsfähigkeit der Schaltung anzeigt. Dieses Vorgehen hat eine Reihe von Vorteilen: Für die Erfassung mancher technologieabhängiger Fehler muß die Schaltung mit sehr hoher Geschwindigkeit betrieben werden, was durch externe Testautomaten nur zu sehr hohen Kosten oder mitunter gar nicht realisiert werden kann. Ein Selbsttest kann zumeist in der üblichen Betriebsgeschwindigkeit der Schaltung durchgeführt werden. Bei einem externen Test sind die Muster seriell in einen Prüfpfad einzugeben, dadurch werden sehr lange Testdurchführungszeiten verursacht. Diese Zeiten werden verkürzt, wenn die serielle Eingabe entfällt und die Muster auf der Schaltung erzeugt werden. Schließlich wird der Chip häufig in ein größeres System integriert, das gewartet, getestet und repariert werden muß. Auch für den Systemtest im Betrieb oder während der Wartung stehen die Selbsttesteinrichtungen einer Schaltung zur Verfügung.

Für den Selbsttest einer Schaltung benötigt man im allgemeinen *Testmustergeneratoren (TMG)* zur Erzeugung deterministischer oder pseudo-zufälliger Testmuster oder pseudo-erschöpfender Testmengen, *Testdatenauswerter (TDA)*, um die Testantworten zu komprimieren, und eine *Teststeuereinheit (TSE)*, die den Testlauf überwacht (Bild 10.1).

Die Testantworten werden zumeist durch Signaturanalyse mittels linear rückgekoppelter Schieberegister ausgewertet. Dieses Verfahren hat sich anderen Ansätzen hinsichtlich der Fehlermaskierung und des Flächenbedarfs überlegen gezeigt. Wichtige Unterschiede gibt es jedoch bei der Mustererzeugung. Die Testmuster können entweder vorher bestimmt und in einem Speicherfeld in der Schaltung abgelegt sein, oder die Schaltung kann sie mit Hilfe multifunktionaler Testregister "on-line" erzeugen.

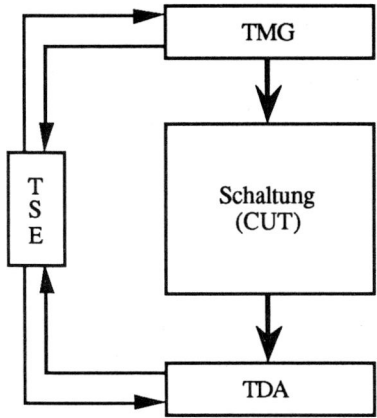

Bild 10.1: Selbsttestbare Schaltung

10.1   Gespeicherter Selbsttest

10.1.1   Testprogramme

Ein elementarer Ansatz des Selbsttests besteht darin, eine Testmustermenge T in einem ROM auf dem IC zu integrieren. Mikroprozessoren und Mikrocomputer, die ohnehin Speicherstrukturen enthalten, sind hierfür besonders geeignet [Gärt85, Hung87]. Für anwendungsspezifische VLSI-Schaltungen (ASICs) ist dieses Vorgehen wegen des beträchtlichen Mehraufwands an Hardware weniger günstig. Ist eine Schaltung jedoch, wie in Bild 10.2 gezeigt, aus einem Steuerwerk, Operationswerk und Speichern aufgebaut, so kann ein Teil des Speichers auch zur Ablage eines Testprogramms genutzt werden.

Das Testprogramm enthält, wie jedes andere Programm auch, eine Reihe von Befehlen und zugehörige Daten. Es ist so entworfen, daß bei seiner Abarbeitung sowohl das Operationswerk als auch das Steuerwerk weitgehend getestet werden. Um entsprechende Datensätze zu finden, können deterministische Testmustergeneratoren verwendet werden. Über den Bus überwacht das LRSR die Ausgabe der vom Speicher versorgten Moduln.

Dieser Ansatz wurde beispielsweise bei dem 8-Bit Ein-Chip-Rechner MC6804P2 von Motorola realisiert [BrDa85]. Bild 10.3 zeigt das Blockdiagramm dieser Maschine.

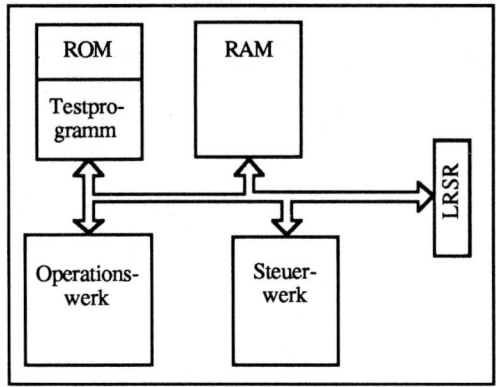

Bild 10.2: Gespeichertes Testprogramm

Die Ein- und Ausgänge sind als Ports organisiert, dem Benutzer stehen 32 Bytes Daten-RAM, 64 Bytes Daten-ROM und 1024 Byte Programm-ROM zur Verfügung. Die Selbsttestmuster belegen 288 Bytes des Programm-ROMs und 16 Bytes des Daten-ROMs. Die Maschine arbeitet intern seriell und besteht aus einer 1-Bit arithmetisch-logischen Einheit (ALE), einem 12-Bit Programmzähler und einem Kellerspeicher für Unterprogrammaufrufe. Zum Lesen von Adressen und Daten dient der 1 bit breite X-Bus und zum Schreiben der Y-Bus .

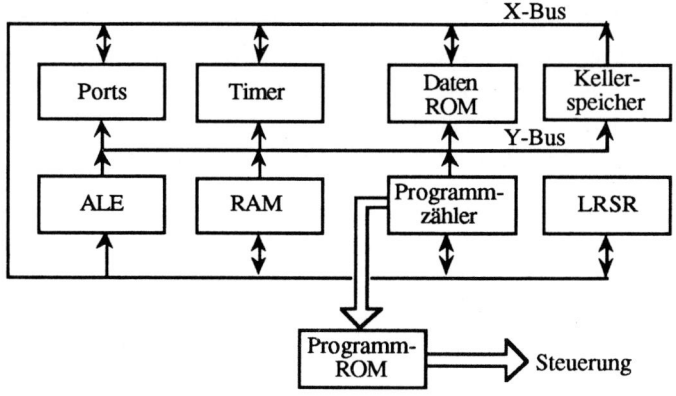

Bild 10.3: Blockdiagramm des MC6804P2

Das Signaturregister LRSR ist an den X-Bus angeschlossen. Es realisiert das Polynom $x^{16} + x^{12} + x^5 + 1$, das gewählt wurde, da es in zahlreichen an-

deren technischen Anwendungen weit verbreitet ist (beispielsweise in Proto-
kollen zur sicheren Datenübertragung, wie X.25, HDLC)

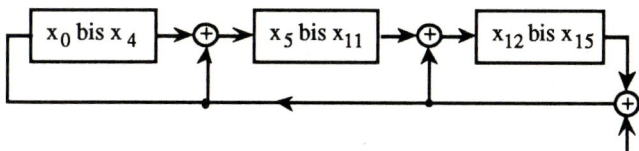

Bild 10.4: Signaturregister für den MC6804P2

Im MC6804P2 wird ein vom Anwender bereits vorgegebenes Programm
mit zugehörigen Daten in einem Programm-ROM und einem Daten-ROM fest
gespeichert, beides wird von Motorola mit einer besonderen Maske gefertigt.
Um zu verhindern, daß von Anwender zu Anwender unterschiedliche Signaturen entstehen, wird im Programm auch ein Startwert für das Signaturregister abgelegt, der dazu führt, daß sich für alle Anwender im fehlerfreien Fall
am Ende des Selbsttest die gleiche Signatur ergibt. Ein allgemeines Verfahren, solche Startwerte zu bestimmen, findet man beispielsweise in [McSa88].
Bild 10.5 veranschaulicht die Anwendung des LRSR für den Test des benut-
zerdefinierten Teils im Daten- und Programm-ROM. Die 16 bit breite Signatur wird in zwei Teilen zu je 8 bit seriell über die beiden Leitungen CRCH
und CRCL ausgegeben und außerhalb der Schaltung mit dem korrekten Wert
verglichen. Der Vergleich wurde extern realisiert, da dies Fläche spart und da
ansonsten ein einfaches "Go/NoGo"-Signal ebenfalls defekt sein könnte und
getestet werden muß.

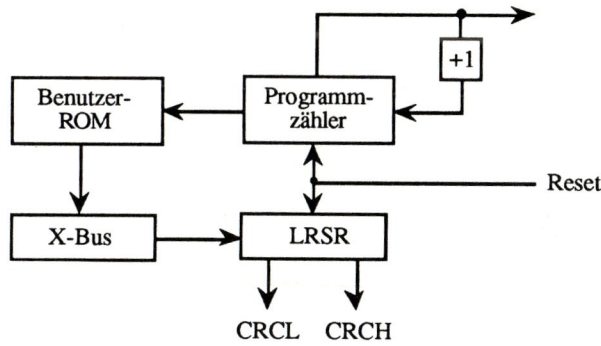

Bild 10.5: ROM-Test

Der Kellerspeicher wird durch besonders verschachtelte Unterprogramme getestet, die dafür sorgen, daß auf jede Speicherstufe Daten und deren Komplement geschrieben werden.

Während des Selbsttests müssen die Anschlüsse des Chips nach einem bestimmten Plan verdrahtet sein. Das Testprogramm konfiguriert jeweils einen Port als Ausgang und die andern als Eingang. Das Muster, das an den Ausgangsport gebracht wird muß bei korrektem Betrieb an den Eingangsports erscheinen.

Der Test des Schreib-/Lesespeichers erfolgt mit dem Verfahren GALPAT, das im elften Kapitel vorgestellt wird. Das gesamte Testprogramm läuft damit wie in Bild 10.6 ab.

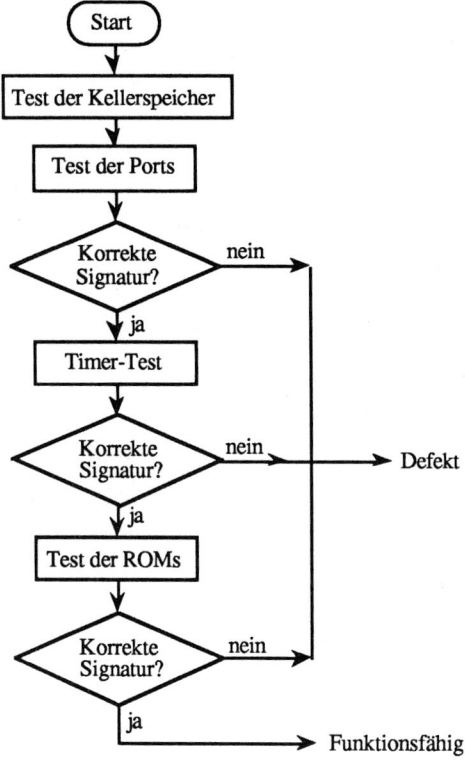

Bild 10.6: Selbsttest-Programm

Vorteile dieses Vorgehens sind, daß für unterschiedliche Moduln lediglich ein LRSR zur Testdatenauswertung benötigt wird, daß das ROM die Testprogramme für alle Moduln enthält und daß deterministisch erzeugte Muster zur

Erfassung beliebig vorgegebener Fehler angewendet werden können. Von Nachteil ist, daß für eine ausreichende Fehlererfassung das ROM und die dafür benötigte Fläche sehr groß werden können.

10.1.2 Kompaktierung der Testprogramme

Ein von Agarwal und Cerny vorgestelltes Verfahren reduziert den benötigten Speicher, indem in einem ROM nicht mehr die gesamte Mustermenge gespeichert wird, sondern nur soviel Information, wie zur Konstruktion einer hinreichend kleinen Obermenge der Testmuster benötigt wird [AgCe81]. Hierfür sind zwei Methoden vorgeschlagen worden, die wir im folgenden kurz skizzieren.

Es sei T die geforderte Testmenge. Bei der ersten Methode werden eine Menge T', eine injektive Abbildung $s: T \rightarrow T'$ und eine Zerlegung $T' = T_1 \cup$ ... $\cup T_m$ gesucht, so daß gelten:

1)   Jedes Muster aus T_j ist in den ersten k Bits gleich.
2)   Alle Belegungen der letzten n - k Bits werden in T_j aufgezählt.

Die Umkehrfunktion s^{-1} kann durch ein Dekodierschaltnetz erzeugt werden. Im ROM sind jetzt nur noch m Muster abzuspeichern, um $m \cdot 2^{n-k}$ Muster zu erzeugen. Die Konfiguration für dieses Testverfahren zeigt Bild 10.7.

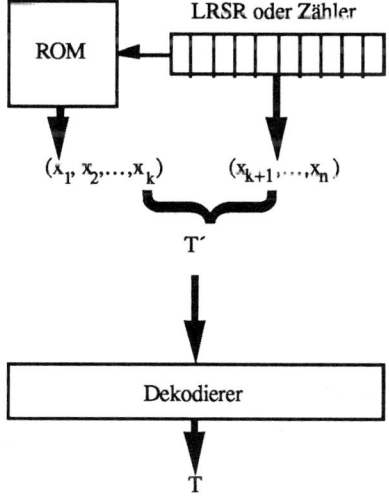

Bild 10.7: Struktur der kompaktierten Mustererzeugung

Es ist sehr rechenaufwendig, eine optimale Funktion s und Zerlegung T_1, ..., T_m zu finden, die zu dem geringsten Hardwareaufwand für das ROM und zu einer kleinen Testzeit führen. Ist s die Identität und ist k = 0, so wird kein ROM benötigt und das Verfahren entartet zu einem erschöpfenden Test. Ist k = n, so muß das ROM alle Muster enthalten und es findet gar keine Kompaktierung statt.

Falls k Werte zwischen 1 und n-1 annimmt, können mit folgendem einfachen Verfahren eine injektive Funktion s und eine entsprechende Zerlegung gefunden werden, die allerdings nicht notwendigerweise optimal sind:

```
Prozedur   STORE_AND_GEN(T);
1)  Setze T̃ := T; i := 0;
2)  Setze i := i + 1;
3)  Suche ein Muster Xⁱ := (x₁ⁱ, ..., x_kⁱ) ∈ {"0","1"}ᵏ mit
    a)    Xⁱ ≠ Xʲ für 0 < j < i;
    b)    es gibt k Indizes i₁, ..., i_k ∈ {1, ..., n},
          so daß T̃ᵢ := {t ∈ T̃ |∀j ∈ {1, ..., k} t_{i_j} = x_j}
          maximal ist.
4)  Sei m₁, ..., m_{n-k} eine Aufzählung der verbliebenen Indizes
    {1, ..., n} \ {i₁, ..., i_k}.
5)  Definiere die Funktion sᵢ: T̃ᵢ → T´ durch

    sᵢ(t) = t´= (t₁´, ..., t_n´) mit    t_j´ := { t_{i_j}´,    falls j ≤ k
                                                { t_{m_{j-k}}´,  falls j > k ;

6)  Setze T̃ := T̃\T̃ᵢ;
7)  Falls T̃ ≠ Ø gehe zu 2);
8)  Setze m := i; s := ⋃     s_j.
                      1≤j≤m
END.
```

Bild 10.8: Bestimmung einer injektiven Abbildung s

Nach dieser Konstruktion ist jedes s_i einfach eine Permutation der Komponenten aus $\tilde{T}_i$ und damit natürlich injektiv auf $\tilde{T}_i$. Mit $T_i := \{t \in \{"0", "1"\}^n \mid \forall j \leq k\ t_j = x_j^i\}$ erhält man die Zerlegung $T´ = T_1 \cup ... \cup T_m$, die nach Schritt 3a) disjunkt ist. Es gilt $s_i\colon \tilde{T}_i \to T_i$, und damit ist auch s: T → T´ injektiv. In dem ROM sind jetzt die m Vektoren X^i zu speichern, und das Dekodierschaltnetz ist eine einfache Schaltmatrix, bei der X^i bestimmt, welche Permutation gerade zwischen T und T´ geschaltet wird.

Die anfangs erwähnte zweite Möglichkeit der Musterkompaktierung besteht darin, in dem ROM unterschiedliche Initialisierungsvektoren für ein linear rückgekoppeltes Schieberegister zu speichern.

Die Initialisierungsmuster selbst sind Testmuster. Beim Einschieben eines n bit breiten Musters entstehen n-1 Verbindungsmuster, die ebenfalls Fehler erkennen können, schließlich kann das Register nach einer Initialisierung noch eine gewisse Zeit autonom laufen und so weitere Muster erzeugen. Es muß daher nur eine kleine Menge von Mustern gespeichert werden, die nach Bild 10.9 bestimmt werden kann:

```
Prozedur   STORE_AND_LRSR(F,T,c);
Setze t₀ := (0, ..., 0); i := 0; t̃ᵢ := (0, ..., 0);
Führe eine Fehlersimulation mit Fehleraufgabe mit t₀ durch;
Solange F ≠ ∅
        Wähle f ∈ F und erzeuge ein Testmuster t;
        Falls t nicht existiert, setze F := F \ {f};
        sonst
               Initialisiere das LRSR mit t̃ᵢ;
               Für j := 1 bis n:
                       Schiebe das j-te Bit von t in das LRSR;
                       Simuliere das entstandene Muster mit
                       Fehleraufgabe;
                   Setze i := i + 1; tᵢ:= t;
        Für j := 1 bis c:
                Simuliere einen Takt des LRSRs im autonomen Betrieb;
                Simuliere das entstandene Muster mit Fehleraufgabe;
        Setze t̃ᵢ gleich dem letzten Muster im LRSR;
Setze m := i; T := {tᵢ| 1 ≤ i ≤m};
END.
```

Bild 10.9: Erzeugung von Initialisierungsvektoren

Diese Routine erzeugt als abzuspeichernde Mustermenge $T := (t_1, ..., t_m)$; die Konstante c bestimmt, ob und wie lange das LRSR im autonomen Betrieb arbeitet. Auf diese Weise wird in dem LRSR eine Obermenge von T erzeugt, die direkt oder über einen Bus an die zu testende Einheit gebracht werden kann. Schließlich kann die Testmenge auch in einen zusätzlich auf dem Chip zu realisierenden Prüfpfad geschoben werden.

10.2   Multifunktionale Testregister

Bild 10.10 zeigt eine auf dem Scan-Design beruhende Selbsttest-Konfiguration.

Die Register R1 und R2 sind hier in Serie als Prüfpfad geschaltet. Der serielle Eingang des Prüfpfades wird durch ein Modul zur Mustererzeugung mit Testmustern versorgt. Ein solcher Modul kann ein ROM, eine Schaltung mit kompaktierten Testmengen oder ein LRSR zur Erzeugung von Zufallsmustern sein.

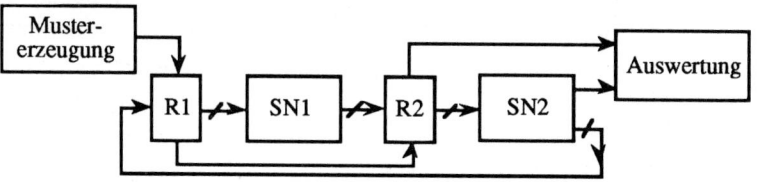

Bild 10.10: Prüfpfad-basierter Selbsttest

Dieser Ansatz kann erweitert werden, so daß R1 und R2 im Testbetrieb nicht nur als Prüfpfad arbeiten, sondern selbst Muster erzeugen und auswerten können. Sind R1 und R2 solche multifunktionalen Testregister, so muß der Test einer Schaltung nach Bild 10.11 in mehreren Schritten ablaufen.

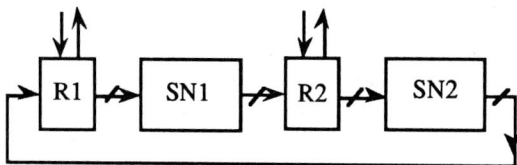

Bild 10.11: Schaltung mit multifunktionalen Testregistern

Zuerst erzeugt R1 Testmuster für den Modul SN1, und R2 wertet durch Signaturanalyse die Antworten von SN1 aus. Danach wird die Signatur aus R2 herausgeschoben. Anschließend erzeugt R2 Muster für SN2, R1 wertet aus, und schließlich wird aus R1 die Signatur herausgeschoben. Folglich müssen die Testregister so angesteuert werden, daß sie mindestens folgende vier Funktionen ausüben:

1)   Normales Register im Systembetrieb;
2)   Schieberegister;
3)   Signaturregister;
4)   Mustergenerator.

Unterschiede zwischen den multifunktionalen Testregistern bestehen hauptsächlich im letzten Punkt. Es gibt Register zur Erzeugung von Zufallsmustern, von ungleichverteilten Zufallsmustern, von deterministisch bestimmten Testmustern und von pseudo-erschöpfenden Testmengen. Obwohl

sich Mikroprozessoren gut für den gespeicherten Selbsttest eignen, werden
multifunktionale Testregister häufig auch hier verwendet, um insbesondere
den Test des Steuerwerks zu vereinfachen, Fallbeispiele hierfür sind der MC
68020 und der 80386 [KuSa84, Gels86] Wir stellen im folgenden unterschiedliche Testregister vor. Dabei beschränken wir uns auf Ansätze, die auf
rückgekoppelte Schieberegister basieren. In jüngster Zeit wird auch der Einsatz sogenannter zellularer Automaten für die Mustererzeugung eingehender
untersucht, in [HORT89] findet man empirische Aussagen über die Zufallseigenschaften so erzeugter Musterfolgen.

10.2.1 Testregister zur Erzeugung gleichverteilter Zufalls-muster

10.2.1.1 Built-in Logic Block Observer (BILBO): Im sechsten
Kapitel wurde erläutert, daß gleichverteilte Zufallsmuster von einem
Standard-LRSR mit einem primitiven charakteristischen Polynom erzeugt
werden können. Dies wurde von Könemann, Mucha und Zwiehoff ausgenutzt, als sie 1979 den ersten Vorschlag eines multifunktionalen Testregisters machten [KMZ79]. Bild 10.12 zeigt einen sechs bit breiten Built-in Logic Block Observer (BILBO, [Tolk37]).

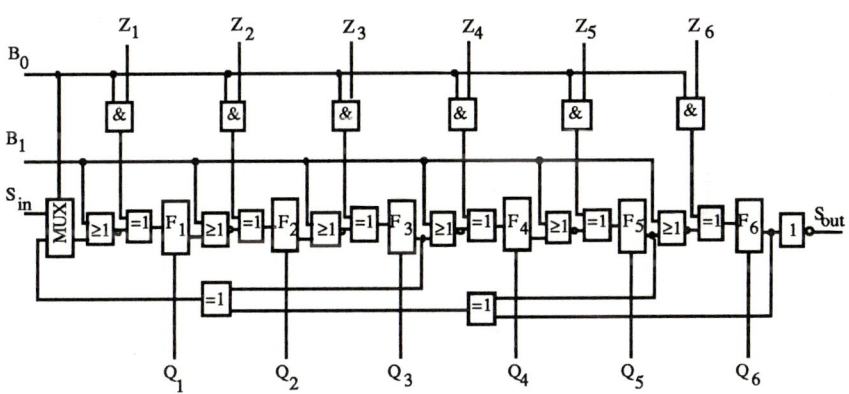

Bild 10.12: BILBO-Register

Die Blöcke F_i, i = 1, ..., 6, sind die Systemflipflops. B_0 und B_1 sind die
Steuereingänge für die verschiedenen Funktionen eines BILBO. S_{in} ist der
Schiebeeingang in das Register und S_{out} der Schiebeausgang. Q_i, i = 1, ...,
6, sind die Ausgänge der Flipflops. Z_i, i = 1, ..., 6, sind die Eingänge in den
BILBO, die von dem zu testenden Modul gespeist werden. Mit den beiden

Steuereingängen B_0 und B_1 kann der BILBO in vier Betriebsarten geschaltet werden. Ist $(B_0, B_1) = (1, 1)$, so bleibt lediglich der in Bild 10.13 gezeigte Teil der Schaltung aktiv, der ein normales Register darstellt und im Systembetrieb benötigt wird.

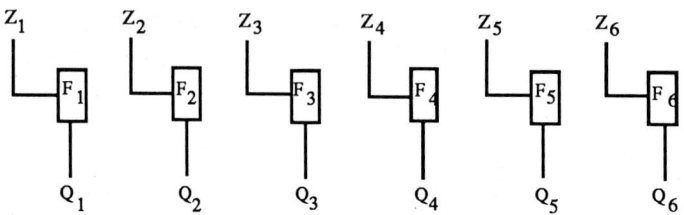

Bild 10.13: Systembetrieb bei $(B_0, B_1) = (1, 1)$

Als Schieberegister konfiguriert sich der BILBO bei der Steuerbelegung $(B_0, B_1) = (0, 0)$.

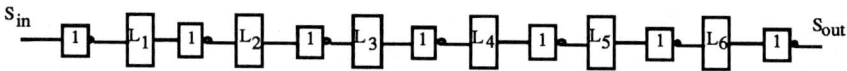

Bild 10.14: Schiebebetrieb bei $(B_0, B_1) = (0, 0)$

Mit den Steuersignalen $(B_0, B_1) = (1, 0)$ konfiguriert sich die Schaltung als leicht modifiziertes, linear rückgekoppeltes Schieberegister vom Standardtyp nach Bild 10.15. Im Unterschied zu der normalerweise verwendeten Version übernehmen die Stufen jeweils die negierten Werte ihrer Vorgänger. Dieses LRSR kann sowohl zur Signaturanalyse als auch zur Erzeugung von Zufallsmustern bei einer konstanten Belegung der Z_i verwendet werden.

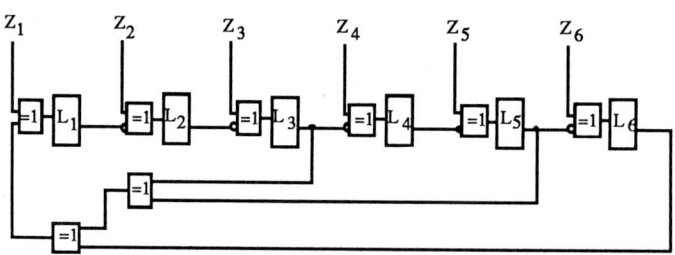

Bild 10.15: LRSR-Betrieb bei $(B_0, B_1) = (1, 0)$

Schließlich möge der Leser selbst verifizieren, daß bei $(B_0, B_1) = (0, 1)$ das gesamte Register parallel zurückgesetzt wird.

10.2.1.2 Testregister auf der Basis modularer linear rückge-koppelter Schieberegister:

Wird der BILBO zur Mustererzeugung verwendet, ist es sinnvoll, die Eingänge Z_i auf einem konstanten Wert zu belassen, um eine maximale Periode zu garantieren. Werden diese Eingänge nicht blockiert, so sind die im sechsten Kapitel angestellten Überlegungen über die Zufallseigenschaften maximaler Schieberegisterfolgen nicht mehr gültig. Um die Zufallseigenschaften der generierten Folge stets sicherzustellen, ist es günstiger, die Mustererzeugung und die Signaturanalyse mit unterschiedlichen Steuersignalen zu versehen.

Weiterhin wurde bereits im sechsten Kapitel erwähnt, daß modulare LRSR, bei denen die Rückkopplungsfunktion auf die einzelnen Stufen des Registers verteilt wird, günstigere Eigenschaften haben als Standard-LRSR mit globaler Rückkopplungsfunktion. Bei einem Standard-LRSR unterscheiden sich zwei aufeinanderfolgende Muster nur dadurch, daß sie um eine Position verschoben sind und ein einziges Bit neu berechnet wird, dagegen werden bei modularen LRSR mehrere Bits verändert. Außerdem benötigen die Standard-LRSR wegen der komplexen globalen Rückkopplung häufig längere Laufzeiten, und schließlich kann die Verdrahtung der globalen Rückkopplung mehr Platz in Anspruch nehmen.

In [Wu87, Wu87a] wurde daher ein Testregister vorgestellt, das auf modularen LRSR aufbaut und für Mustererzeugung und Signaturanalyse unterschiedliche Betriebsweisen besitzt. Es besitzt ebenfalls zwei Steuereingänge B_0 und B_1, wobei hier B_0 = "1" anzeigt, daß das Register im Testbetrieb ist, und B_1 entscheidet, ob Muster erzeugt oder ausgewertet werden. Bild 10.16 zeigt die verwendeten Grundmoduln für diese Schaltung.

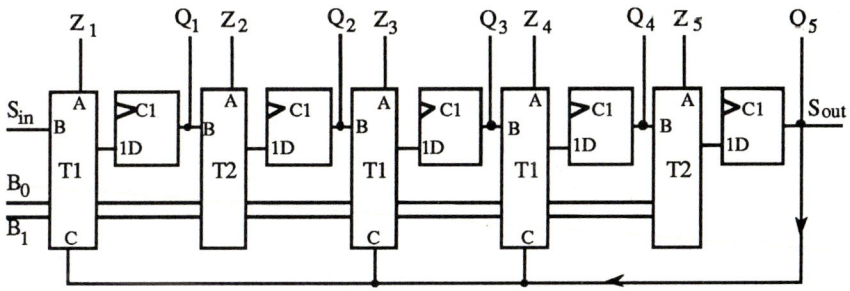

Bild 10.16: Testregister auf der Basis eines modularen LRSR

Die Basiselemente T1 und T2 sind kleine Schaltnetze, welche entsprechend der Belegung von B_0 und B_1 die Flipflops ansteuern. Das Element T1 wird verwendet, wenn an dieser Position eine Rückkopplung zu realisieren ist. Tabelle 10.1 gibt die zugehörigen Funktionen wieder.

Tabelle 10.1: Funktion der Basiselemente

B0	B1	Ausgabe von T1	Ausgabe von T2	Modus
0	0	B	B	Schieben
0	1	A	A	Systembetrieb
1	0	$B \oplus C$	B	Mustererzeugung
1	1	$B \oplus C \oplus A$	$A \oplus B$	Signaturanalyse

Es hängt von der gewählten Technologie ab, ob die Basiselemente als Komplexgatter, als mehrstufiges Schaltnetz oder gemischt am günstigsten zu realisieren sind. In Bild 10.17 wird eine Implementierung vorgeschlagen.

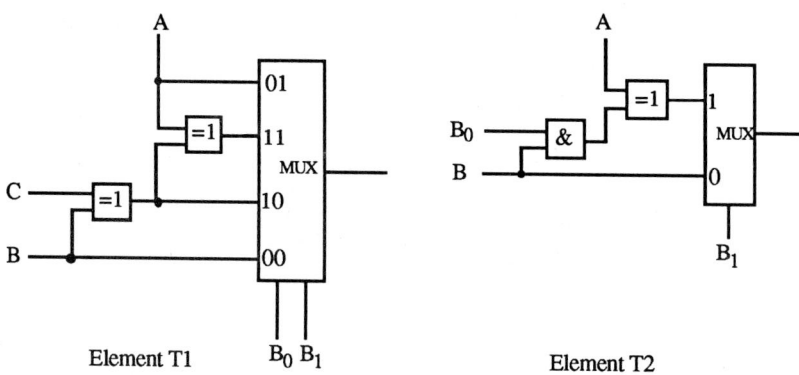

Bild 10.17 : Implementierung der Basiselemente

Man erkennt, daß die Realisierung der Elemente T2 nicht mehr Aufwand benötigt als die Gatter, die in einem BILBO jeweils einem Flipflop vorgeschaltet werden müssen. Lediglich die Zelle T1 ist etwas aufwendiger, da in ihr nicht nur die Ansteuerung, sondern auch die Rückkopplungsfunktion implementiert ist. Bei einem BILBO fällt diese Funktion zusätzlich an. Aus diesem Grund ist der Gesamtaufwand für ein Testregister auf der Basis modularer LRSR nicht größer als der eines BILBOs. Dieses Ergebnis wird auch bei praktischen Beispielen bestätigt [WuKe89a,b]. Damit können die Vorteile modularer LRSR für Testregister genutzt werden, ohne daß Nachteile bezüglich des Flächenbedarfs auftreten.

Von Nachteil bei der Implementierung von T1 nach Bild 10.17 ist, daß der im Systembetrieb aktivierte Datenpfad während des Tests nicht geprüft wird. Es kann daher nicht erkannt werden, ob der Multiplexer des Moduls T1 bei der Steuerbelegung $(B_0, B_1) = (0, 1)$ korrekt schaltet. Die Implementierung nach Bild 10.18 besitzt diesen Nachteil nicht, der Datenweg von A zum Flipflop ist im Test- und im Systembetrieb gleich.

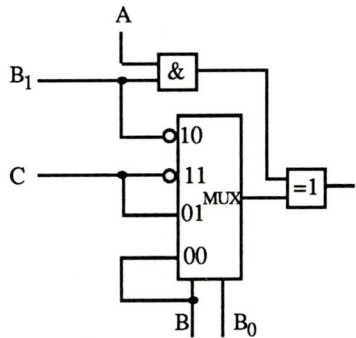

Bild 10.18: Testbare Implementierung des Basiselements T1

Oben abgebildete Schaltung erfüllt die Grundanforderung, daß auch die Zusatzausstattungen für den prüffreundlichen Entwurf testbar sein müssen. Allerdings liegen im Datenpfad jetzt mehr Schaltglieder, so daß die Schaltung im Systembetrieb langsamer werden kann. Der Entwerfer muß in diesem Fall abwägen, ob für ihn die höhere Fehlererfassung oder die höhere Geschwindigkeit der Schaltung von größerem Vorteil ist.

10.2.2 Testregister zur Erzeugung ungleichverteilter Zufallsmuster

10.2.2.1 Aufbau der Testregister:
Im sechsten Kapitel wurde eine Schaltung vorgestellt, die auf einem modularen LRSR aufbaut und zur externen Erzeugung ungleichverteilter Muster dient. In entsprechender Weise kann das oben beschriebene Testregister modifiziert werden. Nur der übersichtlichen Darstellung wegen fassen wir die Elemente T1 beziehungsweise T2 mit den darauffolgenden Flipflops zu den Grundmodulen G1 beziehungsweise G2 nach Bild 10.19 zusammen.

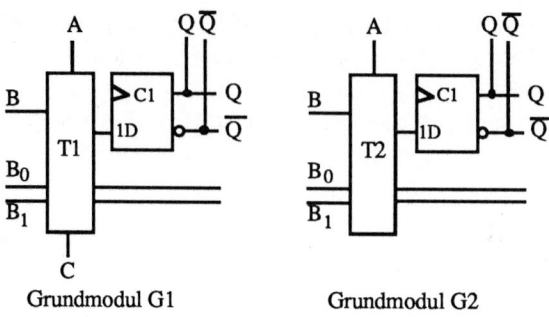

Grundmodul G1   Grundmodul G2

Bild 10.19: Grundmoduln G1 und G2

Aus diesen Grundmoduln läßt sich ein Testregister nach Bild 10.20 zusammensetzen. Zusätzlich werden in der dort gezeigten Schaltung LR von einigen Flipflops Signale abgegriffen und durch die boolesche Funktion F ve-
knüpft.

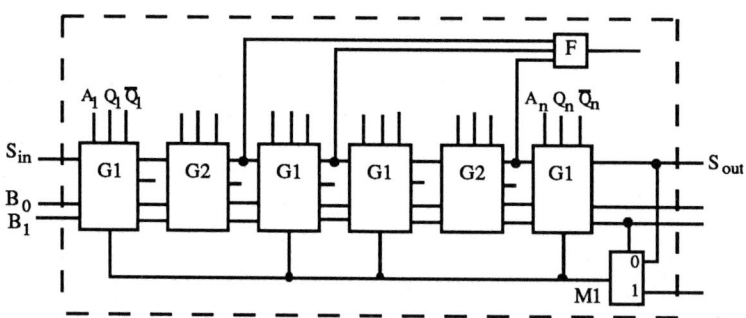

Bild 10.20: Teilschaltung LR

Die Aufgabe des Multiplexers M1 wird später erläutert. Zunächst nehmen
wir an, daß er den 0-Eingang durchschaltet und LR mit $(B_0, B_1) = (1, 0)$ als
modulares LRSR arbeitet. Wird zudem in S_{in} eine Zufallsfolge eingegeben,
so nimmt LR jeden der 2^n Zustände, n ist hier 6, mit der Wahrscheinlichkeit
2^{-n} an. Dies wurde bereits als Satz 6.12 bewiesen. Somit besitzen auch alle
Musterkombinationen an den Eingängen von F dieselbe Wahrscheinlichkeit
und es ist $P(F) = F^a(0.5, 0.5, 0.5)$ die Signalwahrscheinlichkeit am Ausgang
von F. Ist F beispielsweise ein UND-Glied, so ist sein Ausgang mit der
Wahrscheinlichkeit $F^a(0.5, 0.5, 0.5) = 0.5^3 = 0.125$ auf "1".

Jeder der sieben Werte $p \in \{\frac{1}{8}, ..., \frac{7}{8}\}$ läßt sich als Signalwahrscheinlichkeit am Ausgang einer booleschen Funktion nach Tabelle 6.6 realisieren.

Die an F ausgegebene Folge wird in ein Schieberegister eingeführt. Jedes Flipflop enthält mit Wahrscheinlichkeit p die "1", oder es übernimmt den negierten Ausgang des vorgeschalteten Flipflops und wird mit Wahrscheinlichkeit 1 - p zu "1". Ein solches Schieberegister kann aus den Grundmodulen G2 nach Bild 10.21 aufgebaut werden.

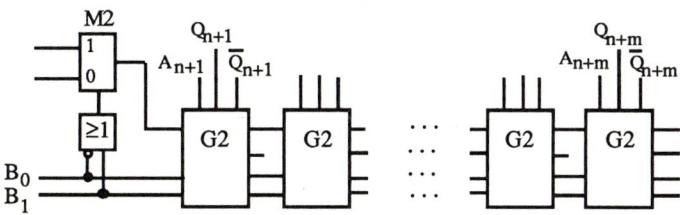

Bild 10.21: Teilschaltung SR

Setzt man die Teilschaltungen SR und LR zusammen, so erhält man ein Testregister nach Bild 10.22. Dieses Register wurde unter dem Namen GURT (Generator of Unequiprobable Random Tests) in [Wu87a, Wu87b] vorgeschlagen. Eine etwas aufwendigere Lösung zur Erzeugung gewichteter Muster auf der Basis zellularer Automaten findet man in [BGK89].

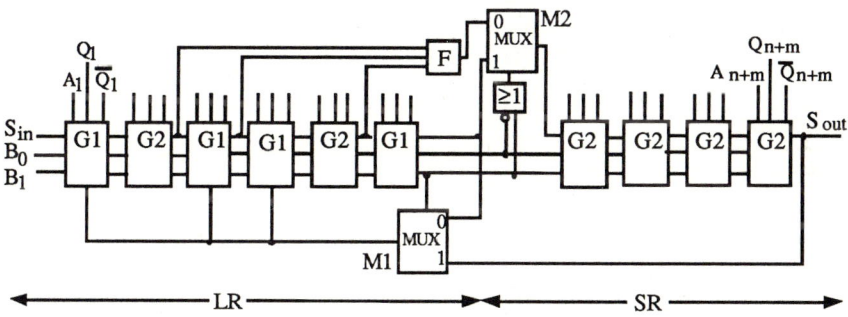

Bild 10.22: Testregister GURT

Bei der Steuerungsbelegung $(B_0, B_1) = (0, 0)$ konfigurieren sich, wie bereits im vorhergehenden Abschnitt erwähnt, sowohl der LR-Teil als auch der SR-Teil als Schieberegister. Der Multiplexer M2 schaltet den 1-Eingang durch, so daß der Schiebeausgang von LR mit dem Schiebeeingang von SR verbunden ist. Somit arbeitet der GURT insgesamt als Schieberegister.

Bei $(B_0, B_1) = (0, 1)$ arbeitet jede Zelle G1 und G2 als ein Flipflop mit dem Dateneingang A und den Ausgängen Q und $\bar{Q}$, wie es der Systembetrieb erfordert. Ist $(B_0, B_1) = (1, 0)$, so arbeitet der LR-Teil als modulares LRSR, und der SR-Teil arbeitet als Schieberegister, in das der Multiplexer M2 die gewichtete Bitfolge von F hineingibt. Somit konfiguriert sich hier der GURT in derselben Weise wie das Register zur externen Mustererzeugung in Bild 6.44.

Während der Signaturanalyse mit $(B_0, B_1) = (1, 1)$ schaltet der Multiplexer M1 nicht mehr den Schiebeausgang des LR-Teils, sondern den Schiebeausgang S_{out} des SR-Teils durch. Der gesamte GURT wird daher zu einem großen modularen LRSR. Dies hat den Vorteil geringerer Maskierungswahrscheinlichkeiten während der Musterauswertung, da nach Satz 6.15 diese Wahrscheinlichkeiten exponentiell mit der Registerlänge sinken.

In einem GURT-Register gibt es Flipflops, die mit Wahrscheinlichkeit 0.5 eine "1" enthalten, Flipflops mit $F^a(0.5, 0.5, 0.5)$ und Flipflops mit $1 - F^a(0.5, 0.5, 0.5)$. Werden mehr als diese drei Wahrscheinlichkeiten benötigt, sind nach Bild 10.23 mehrere GURT-Register hintereinander zu schalten.

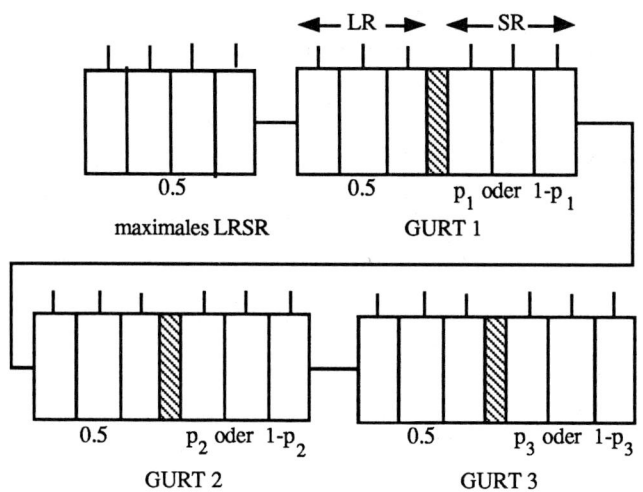

Bild 10.23: GURT-Konfiguration

Mit drei GURT-Registern ist es möglich, jede der sieben Wahrscheinlichkeiten $\frac{1}{8}$, ..., $\frac{7}{8}$ zu generieren. Allerdings besteht in der Wahl dieser Werte keine völlige Freiheit, da die Zufälligkeit der generierten Musterfolge gewährleistet werden muß. Wenn N die geforderte Testlänge ist, so muß die

Länge des maximalen LR mindestens ld(N) sein, so daß die entsprechenden Flipflops mit Wahrscheinlichkeit 0.5 die "1" enthalten. Um die Zufallseigenschaften der erzeugten Folge zu sichern, müssen in den GURT-Registern bestimmte Einschränkungen bezüglich der LR-Teile und der Abgriffpunkte für die boolesche Funktion F eingehalten werden.

10.2.2.2 Zufallseigenschaften: Es wurde bereits darauf hingewiesen, daß bei Eingabe einer Zufallsfolge in den GURT der LR-Teil jeden Zustand mit derselben Wahrscheinlichkeit annimmt und am Ausgang von F daher die "1" mit der Wahrscheinlichkeit $F^a(0.5, 0.5, 0.5)$ erscheint. Wir untersuchen im folgenden noch die Autokorrelation der dort ausgegebenen Bitfolge. Sie ist hinreichend gering, wenn die Abgriffspunkte entsprechend Bild 6.44 gewählt werden. Für eine genauere Analyse sei nun $Z(t) := \begin{pmatrix} z_1(t) \\ \cdot \\ \cdot \\ \cdot \\ z_n(t) \end{pmatrix}$ der Zustand des Registers zur Zeit $t \geq 0$. Die Abgriffpunkte seien a, b und c, so daß $f(t) := F(z_a(t), z_b(t), z_c(t))$ die Ausgabe von F zur Zeit t ist. Der Anfangszustand Z(0) ist zufällig gewählt; dann bleibt zu zeigen, daß die Zufallsvariablen f(0) und f(t), t > 0, wenig korreliert sind und der Betrag des Korrelationskoeffizienten $k(t) := \dfrac{|P(f(0) \wedge f(t)) - P(f(0)) \cdot P(f(t))|}{\sqrt{P(f(0)) \cdot P(f(t)) \cdot (1 - P(f(0))) \cdot (1 - P(f(t)))}}$ klein ist.

Bereits im sechsten Kapitel wurde gezeigt, daß f(t) bei Eingabe einer gleichverteilten Zufallsfolge E am Schiebeeingang für $t \geq n$ unabhängig von f(0) ist, da dann alle Übergangswahrscheinlichkeiten $P(Z(0) \to Z(t))$ gleich sind und Z(t) ein beliebiger Zustand sein kann. Daher sind lediglich Autokorrelationen mit f(t) für $0 < t < n$ zu untersuchen. $E := \begin{pmatrix} e_1 \\ \cdot \\ \cdot \\ \cdot \\ e_n \end{pmatrix}$ sei die an S_{in} eingespeiste Zufallsfolge, und

$$C := \begin{pmatrix} 0\ 0\ 0 & \cdots & 0 & g_0 \\ 1\ 0\ 0 & \cdots & 0 & g_1 \\ 0\ 1\ 0 & \cdots & 0 & g_2 \\ & \cdot & & \\ & \cdot & & \\ & \cdot & & \\ 0\ 0\ 0 & \cdots & 1 & g_{n-1} \end{pmatrix}$$

sei die Übergangsmatrix für das zugrundeliegende linear rückgekoppelte Schieberegister. Für den Zustand zur Zeit t gilt dann $Z(t) =$

$$\sum_{i=1}^{t} C^{t-i} E^i + C^t Z(0), \quad \text{mit } E^i := \begin{pmatrix} e_i \\ 0 \\ \cdot \\ \cdot \\ \cdot \\ 0 \end{pmatrix}.$$

Damit sind $z_a(t)$, $z_b(t)$ und $z_c(t)$ geschlossene Formeln, die nur von E und Z(0) abhängen, deren Zufallseigenschaften bekannt sind. Mit Hilfe dieser geschlossenen Formeln kann exakt die Signalwahrscheinlichkeit $P(F(z_a(t), z_b(t), z_c(t)) \wedge F(z_a(0), z_b(0), z_c(0)))$ berechnet und damit der Korrelationskoeffizient bestimmt werden. Für jedes Tripel a, b, c von Abgriffpunkten erhält man eine Autokorrelation $k_{a,b,c}(t)$ und als Summe $Aut(a,b,c) := \sum_{t=1}^{n-1} k_{a,b,c}(t)$.

Abgriffpunkte, die zur Minimierung von Aut(a,b,c) führen, können für kleine LR-Teile manuell oder automatisch bestimmt werden. Es hat sich gezeigt, daß bei einer LR-Länge von n = 6 solche Punkte für eine beliebige Funktion F stets gefunden werden können [Wu87]. Die im sechsten Kapitel eingeführten Zufallspostulate R1 und R3 können somit durch einen GURT hinreichend gut eingehalten werden, und für praktische Anwendungen wird auch R2 in der Regel ausreichend gut erfüllt. R2 verlangt, daß ein Lauf der Länge ℓ mit Wahrscheinlichkeit p^ℓ auftritt. Auch dies kann in geschlossener Form durch

$$RUN_{a,b,c}(\ell) := |P(\prod_{t=0}^{\ell-1} F(z_a(t), z_b(t), z_c(t))) - F^a(0.5, 0.5, 0.5)^\ell|$$

überprüft werden. Zusätzlich kann dann verlangt werden, daß die Abgriffpunkte die Summe $\sum_{\ell=2}^{n} RUN_{a,b,c}(\ell)$ minimieren.

10.2.2.3 Rundung der Eingangswahrscheinlichkeiten: Die vorgestellte Konfiguration kann lediglich Eingangswahrscheinlichkeiten aus der diskreten Menge $\{\frac{1}{8}, ..., \frac{7}{8}\}$ erzeugen, so daß die generierten Werte deutlich von den errechneten, optimalen Eingangswahrscheinlichkeiten abweichen können.

Es seien $P_1 := \{\frac{1}{8}, 1 - \frac{1}{8}\}$, $P_2 := \{\frac{2}{8}, 1 - \frac{2}{8}\}$ und $P_3 := \{\frac{3}{8}, 1 - \frac{3}{8}\}$. Für jede dieser drei Klassen ist eine eigene boolesche Funktion F_j und damit ein eigener LR-Teil notwendig, der mindestens sechs Stufen enthalten sollte. Dies ergibt eine Mindestzahl von $m \geq m_1 + 6\alpha$ Flipflops, die in der gesamten Konfiguration mit Wahrscheinlichkeit 0.5 die "1" erzeugen müssen. Hierbei ist $m_1 := \lceil \mathrm{ld}(N) \rceil$ als Länge eines maximalen LRSRs durch die geforderte Musterzahl N festgelegt, und $\alpha \in \{0, 1, 2, 3\}$ ist die Zahl der Klassen P_i, aus denen Wahrscheinlichkeiten zu generieren sind. Aufgrund dieser Einschränkungen sind zumeist noch weit stärkere Rundungen als im Raster von einem Achtel notwendig.

Da die Testlänge $N(X)$ nicht linear von den Eingangswahrscheinlichkeiten X und der Fehlererkennungswahrscheinlichkeit $p_f(X)$ abhängt, ist es auch nicht sinnvoll, durch einfaches Runden Werte $\tilde{x}_i \in \{\frac{1}{8}, ..., \frac{7}{8}\}$ zu finden, die $|x_i - \tilde{x}_i|$ minimieren. Es sei $\tilde{X} := (x_1, ..., x_{i-1}, x_i + \Delta, x_{i+1}, ..., x_n)$ ein Vektor mit einem Rundungsfehler an der Komponente x_i. Nach (6.70) erhält man für einen Fehler $f \in F$

$$p_f(\tilde{X}) - p_f(X) = \Delta(p_f(X,1_i) - p_f(X,0_i)).$$

Wenn C die geforderte Konfidenz ist, um den Fehler f zu entdecken, so gelten nach (6.25)

$$N(X) = -\frac{\ln(1 - C)}{p_f(X)} \quad \text{und} \quad N(\tilde{X}) = -\frac{\ln(1 - C)}{p_f(\tilde{X})}.$$

Hieraus folgt $N(X) = (1 + \Delta \frac{p_f(X,1_i) - p_f(X,0_i)}{p_f(X)}) N(\tilde{X})$, so daß die Rundungsabweichung Δ, wenn nur ein Fehler f betrachtet wird, linear mit dem kleinen Koeffizienten $\frac{p_f(X,1_i) - p_f(X,0_i)}{p_f(X)}$ in die neue Testlänge $N(\tilde{X})$ eingeht. Diese relativ geringen Auswirkungen der Rundungsfehler erlauben es, sich auf das ziemlich grobe Raster von einem Achtel zu beschränken.

Die geeignete Rundung für eine GURT-Konfiguration läßt sich wie folgt als Optimierungsproblem beschreiben: Gegeben seien einige $P_j := \{\frac{i}{8}, 1 - \frac{i}{8}\}$, $j \in A \subset \{1, 2, 3\}$, und optimale Eingangswahrscheinlichkeiten $X := (x_i \mid i \in I) \in [0, 1]^I$. Gesucht sind Eingangswahrscheinlichkeiten $\tilde{X} := (\tilde{x}_i \mid i \in I)$ mit $\tilde{x}_i \in \bigcup_{j \in A} P_j$, so daß $|\{i \in I \mid \tilde{x}_i = 0.5\}| \geq \lceil \mathrm{ld}(N(\tilde{X})) \rceil + 6 \cdot |A|$ gilt und die Testlänge $N(\tilde{X})$ hierfür minimal ist.

Die entsprechenden Eingangswahrscheinlichkeiten $\tilde{X}$ können dann tatsächlich mit einer GURT-Konfiguration erzeugt werden. Sie werden mit folgender Prozedur berechnet:

```
Prozedur   ZUORDNEN(X,X̃,A);
Setze D :=    ⋃ Pⱼ; X̃ := X;
             j∈A
Für alle i ∈ I:
    Wähle ein d ∈ D, für das die Zuweisung x̃ᵢ := d
    zur geringsten Testlänge N(X̃) führt {Schätzverfahren}.
    Setze x̃ᵢ := d; m₁ := ⌈ld(N(X̃))⌉;
Setze H := {i ∈ I | x̃ᵢ = 0.5}; α := |{j| ∃ i ∈ I x̃ᵢ ∈ Pⱼ}|;
Solange |H| < m₁ + 6α:
    Wähle einen Eingang i ∈ I\H, für den die Zuweisung
    x̃ᵢ := 0.5 zur geringsten Testlänge führt;
    Setze x̃ᵢ := 0.5; H := H ⋃ {i}; α := |{j| ∃ i ∈ I x̃ᵢ ∈ Pⱼ}|;
END.
```

Bild 10.24: Erzeugung von Eingangswahrscheinlichkeiten X̃ für eine GURT-Konfiguration

Als Eingabe verwendet die Prozedur ZUORDNEN neben den optimalen Eingangswahrscheinlichkeiten X auch die Menge A, welche die zulässigen booleschen Funktionen F_j, $j \in A$, beschreibt. Da es nur acht solcher Mengen $A \subset \{1, 2, 3\}$ gibt, kann durch achtmaliges Aufrufen von ZUORDNEN diejenige Konfiguration gefunden werden, die zur geringsten Testlänge $N(\tilde{X})$ führt.

10.2.2.4 Verdrahtungsproblem:

Im vorhergehenden Abschnitt wurde beschrieben, wie den einzelnen Eingängen der zu testenden Schaltung gerundete Wahrscheinlichkeiten zugeordnet werden. Für jede Klasse $P_j := \{\frac{i}{8},$ $1 - \frac{i}{8}\}$ von Wahrscheinlichkeiten ist ein GURT erforderlich, leider liegen die Primäreingänge, die einer Klasse zugeordnet sind, in der Regel nicht nebeneinander. Bei einer naiven Realisierung des gesamten Testregisters würde daher ein Verdrahtungsproblem entstehen, wie es in Bild 10.25 angedeutet ist.

Da die Eingänge im Testregister in einer anderen Reihenfolge anfallen als in der Schaltung, werden zahlreiche Verdrahtungskanäle benötigt, ihre maximale Zahl kann linear mit der Zahl der Eingänge wachsen. Abhilfe wird geschaffen, indem innerhalb des Testregisters die Flipflops der einzelnen LR- und SR-Teile in beliebiger Reihenfolge zugelassen werden. Dann ist die Zahl der realisierten Wahrscheinlichkeitsklassen eine obere Schranke für die notwendige Zahl an Verdrahtungskanälen und kann vier nicht überschreiten, wie aus Bild 10.26 deutlich wird.

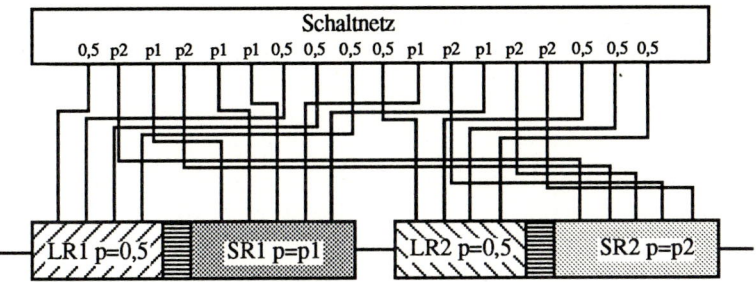

Bild 10.25: Verdrahtungsproblem

Läßt man zu, daß sich die Flipflops für unterschiedliche Gewichte in der dargestellten Weise mischen, kann man zusätzlich die Maskierungswahrscheinlichkeit senken, indem man im Signaturanalyse-Modus sämtliche GURT-Register mit dem Multiplexer MUX zu einem einzigen großen Signaturregister schaltet.

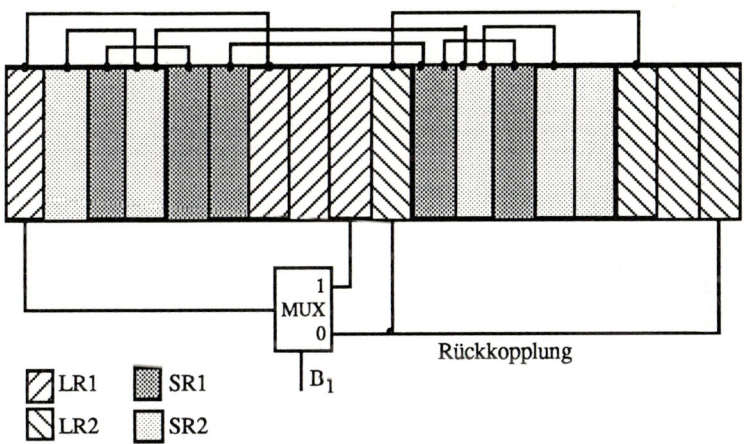

Bild 10.26: Beliebige Anordnung der LR- und SR-Flipflops

Steht ein Prozeß mit ausreichend vielen Verdrahtungsebenen zur Verfügung, können die oberhalb des Registers gezeichneten Leitungen auf dem Register gezogen werden, so daß für die Verdrahtung keine zusätzliche Fläche benötigt wird. In diesem Fall nimmt die GURT-Konfiguration nicht mehr Siliziumfläche in Anspruch als ein Testregister zur Erzeugung gleichverteilter Zufallsmuster.

10.2.3 Register zur Erzeugung deterministisch bestimmter Muster

Mit nichtlinear rückgekoppelten Schieberegistern versucht Daehn, den Aufwand für das ROM beim gespeicherten Selbsttest ganz zu vermeiden [Daeh83]. Ausgangspunkt ist eine deterministisch erzeugte Testmenge T. Daraus werden ein Schieberegister und eine Rückkopplungsfunktion konstruiert, so daß die Zustandsfolge im autonomen Verhalten die Testmenge umfaßt. Die so erzeugte Schaltung wird in gleicher Weise wie der BILBO angesteuert, lediglich die Rückkopplungsfunktion unterscheidet sich von der des BILBOs. Sie ist eine beliebige, komplexe boolesche Funktion anstelle einer linearen, durch einige Antivalenzglieder realisierbaren.

Zuerst wird die Testmenge $T := (t_0, ..., t_m)$ so sortiert, daß t_{i+1} aus t_i durch Schieben um ein Bit hervorgeht, wobei ein neues Bit zu Anfang hinzukommen darf.

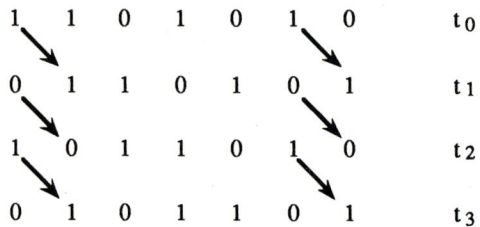

Bild 10.27: Sortieren der Testmenge

Es ist natürlich nicht garantiert, daß die Testmenge sich so lückenlos sortieren läßt. Ist dies nicht möglich, müssen Verbindungsvektoren eingeführt werden (Bild 10.28).

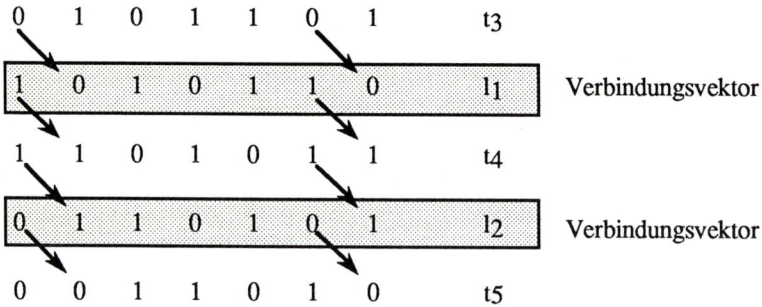

Bild 10.28: Einführung von Verbindungsvektoren

Auf diese Weise erhält man im allgemeinen eine längere Folge von Mustern $(s_1, ..., s_k)$. Zusätzlich kann es durch das Einfügen der Verbindungsvektoren geschehen, daß in der Folge manche Muster mehrfach vorkommen, $s_i = s_j$ für $j \neq i$ aber $s_{i+1} \neq s_{j+1}$. In diesem Fall kann die Folge nicht durch ein Schieberegister erzeugt werden, da s_i und s_j als gleiche Zustände auch dieselben Nachfolgezustände haben müssen.

Ein Beispiel hierfür ist die Folge aus Bild 10.27 und Bild 10.28 zusammen, da $l_2 = t_1$ gilt. Abhilfe ist möglich, indem zusätzliche Bits eingeführt werden, so daß sich alle Muster unterscheiden:

Tabelle 10.2: Zusätzliches Bit zur Musterunterscheidung

0	1	1	0	1	0	1	0	t_0
1	0	1	1	0	1	0	1	t_1
0	1	0	1	1	0	1	0	t_2
1	0	1	0	1	1	0	1	t_3
1	1	0	1	0	1	1	0	l_1
0	1	1	0	1	0	1	1	t_4
0	0	1	1	0	1	0	1	l_2
0	0	0	1	1	0	1	0	t_5

Jetzt ist für jedes Muster das Nachfolgebit eindeutig bestimmt. Wir bezeichnen mit $s_{i,j}$ das j-te Bit des Musters i. Dann muß für die Rückkopplungsfunktion F: $\{"0", "1"\}^n \rightarrow \{"0", "1"\}$ die Beziehung $F(s_i) = s_{i+1,1}$ gelten. Aus der Matrix von Tabelle 10.2 läßt sich daher unmittelbar eine disjunktive Form von F gewinnen, indem Produktterme $\tilde{s}_i(X) := \prod_{j=1}^{n} \tilde{s}_{i,j}(X)$ mit $\tilde{s}_{i,j}(X) = x_i$ für $s_{i,j} = 1$ und $\tilde{s}_{i,j}(X) = \bar{x}_i$ für $s_{i,j} = 0$ definiert werden und $F(X) := \sum_{i \in \{h | s_{h+1,1}=1\}} \tilde{s}_i(X)$ gesetzt wird.

Allerdings führt dies mitunter zu einer sehr umfangreichen zweistufigen Form. Günstiger ist es, die zahlreichen unbestimmten Terme für boolesche Minimierungsverfahren zu nutzen. Hierfür definiert man für $i := 1$ bis k die Würfel $C_i := (c_1^i, ..., c_{n+1}^i)$ mit

$$c_j^i := \begin{cases} s_{i,j} & \text{für } j \leq n \\ s_{i+1,1} & \text{für } j = n+1 \end{cases} \cdot$$

Dann ist die Überdeckung $\mathcal{C} := \{C_1, ..., C_k\}$ Eingabe in ein boolesches Minimierverfahren [BRAY84], um für die so definierte Funktion an der Komponente n + 1 eine effiziente zwei- oder mehrstufige Realisierung zu finden.

Eine zweistufige Funktion für Tabelle 10.2 ist $F(X) := \tilde{s}_1(X) \vee \tilde{s}_3(X) \vee \tilde{s}_4(X)$ mit $\tilde{s}_1(X) := \bar{x}_1 x_2 x_3 \bar{x}_4 x_5 \bar{x}_6 x_7 \bar{x}_8$, $\tilde{s}_3(X) := \bar{x}_1 x_2 \bar{x}_3 x_4 x_5 \bar{x}_6 x_7 \bar{x}_8$ und $\tilde{s}_4(X) := x_1 \bar{x}_2 x_3 \bar{x}_4 x_5 x_6 \bar{x}_7 x_8$. Diese Funktion ließe sich bei Ausnutzung aller irrelevanten Produktterme (sogenannter "don´t cares") weiter minimieren. Ein einfaches Beispiel eines nichtlinear rückgekoppelten Schieberegisters zur Erzeugung der Musterfolge $T := \begin{pmatrix} 1 & 1 & 0 \\ 0 & 1 & 1 \\ 1 & 0 & 1 \end{pmatrix}$ zeigt Bild 10.29.

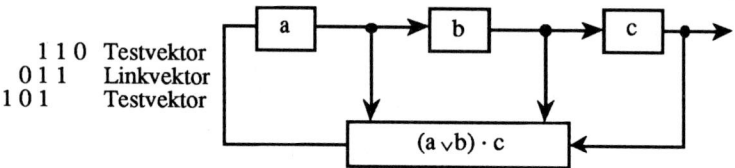

1 1 0	Testvektor
0 1 1	Linkvektor
1 0 1	Testvektor

Bild 10.29: Nichtlinear rückgekoppeltes Schieberegister

10.2.4 Register zur Erzeugung pseudo-erschöpfender Testmengen

Das im achten Kapitel vorgestellte Verfahren des pseudo-erschöpfenden Tests läßt sich ebenfalls zu einer Selbsttesttechnik erweitern. Es seien O die Primärausgänge des Schaltnetzes, und $\mathcal{I} := \{I(o) | o \in O\}$ sei die charakteristische Überdeckung der Primäreingänge I. Falls $\mathcal{I}$ parallel w-aufzählbar ist, genügt ein Zähler oder ein w-stufiges, maximales LRSR, das um den Nullvektor ergänzt werden muß, für die Testerzeugung.

Es sei $\Phi : I \to \{1, ..., w\}$ die nach Definition existierende Abbildung mit $|\Phi''I(o)| = |I(o)|$ für $o \in O$. Die Stufen des LRSR oder des Zählers seien mit $s_1, ..., s_w$ durchnumeriert. Im Testbetrieb wird jeder Eingang $i \in I$ von der Stufe $s_{\Phi(i)}$ versorgt, so daß dadurch alle Belegungen von I(o) aufgezählt werden. Hierzu ist es lediglich notwendig, daß ein Teil der Flipflops als LRSR konfiguriert sind, zusätzliche Multiplexer Verbindungen im Testbetrieb schalten und für die Signaturanalyse alle Flipflops in das LRSR einbezogen werden. Bild 10.30 verdeutlicht dies an einem Beispiel.

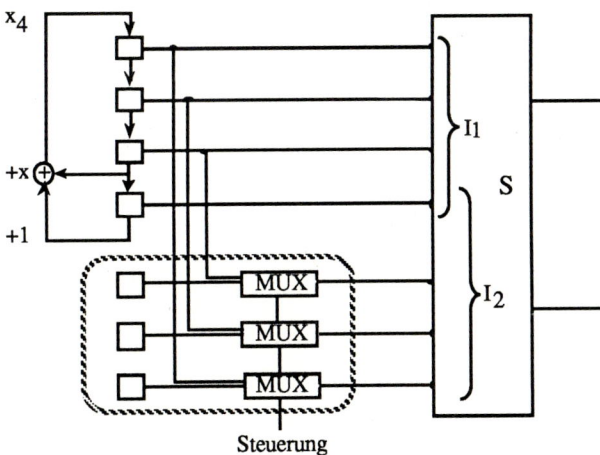

Bild 10.30: Selbsttestarchitektur für den pseudo-erschöpfenden Test einer parallel w-aufzählbaren Überdeckung

Allerdings ist nicht jede pseudo-erschöpfend testbare Überdeckung auch parallel w-aufzählbar. In diesem Fall kann die Überdeckung in parallel w-aufzählbare Teilüberdeckungen zerlegt werden. Untersuchte Beispielschaltungen zeigen, daß bereits sehr wenige Teilüberdeckungen ausreichend sind [WuHH90].

Dieser Ansatz läßt sich mit Testregistern implementieren, indem durch weitere Multiplexer für jede Teilüberdeckung unterschiedliche Verbindungen zwischen dem LRSR und dem Schaltnetz gelegt werden. Die Steuerung der Multiplexer kann durch ein LRSR geschehen, das beispielsweise aus den sonst für die Mustererzeugung nicht genutzten Flipflops gebildet wird [Udel88].

Im untenstehenden Bild kommt im Vergleich zu Bild 10.30 ein weiterer Multiplexer hinzu, um in einem zusätzlichen Durchlauf des LRSRs auch die Teilüberdeckung ϑ_2 zu behandeln. Dieser Aufbau hat aber den Nachteil, daß die Multiplexer hintereinander im Datenpfad liegen, die Schaltung verlangsamen und ihre Systemfunktion während des Tests nicht geprüft wird. Letzteres hebt die Vorteile eines pseudo-erschöpfenden Tests teilweise wieder auf.

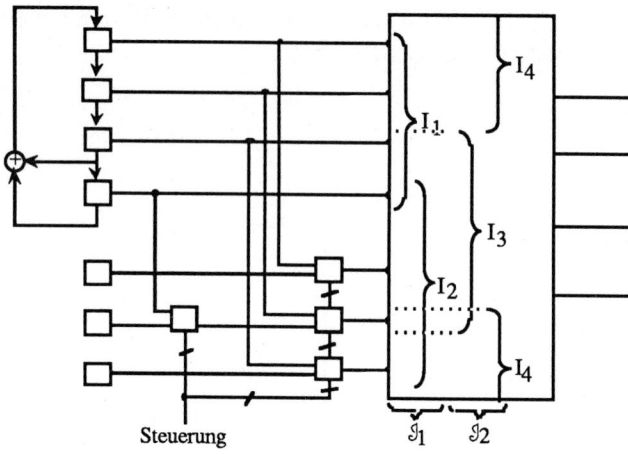

Bild 10.31: Selbsttestkonfiguration für zwei parallel w-aufzählbare Teilüberdeckungen

Günstiger ist es, die pseudo-erschöpfende Testmenge ohne Multiplexer, allein durch eine geeignete Rückkopplungsfunktion direkt im Register zu erzeugen. Leider existiert bislang kein allgemeiner Ansatz, geeignete Rückkopplungsfunktionen zu synthetisieren. Eine naheliegende Methode ist es, eine pseudo-erschöpfende Testmenge zu erzeugen und daraus, wie im vorhergehenden Abschnitt geschildert, eine nichtlineare Rückkopplung zu konstruieren. Dies beinhaltet aber die erwähnten Nachteile, wie die Gefahr einer sehr aufwendigen Rückkopplungsfunktion. Elegantere Verfahren nutzen Ergebnisse der Codierungstheorie.

Definition 10.1: Ein *linearer (n,k)-Code* $\mathcal{K}$ über $\mathbb{F}_2$ ist ein k-dimensionaler Unterraum des Vektorraums $(\mathbb{F}_2)^n$. $\mathcal{K}$ heißt *zyklisch,* wenn mit $(x_1, ..., x_{n-1}, x_n) \in \mathcal{K}$ auch $(x_n, x_1, ..., x_{n-1}) \in \mathcal{K}$ gilt.

Es gibt zahlreiche Vorschläge, einen pseudo-erschöpfenden Test durch einen linearen Schaltkreis als (n,k)-Code zu erzeugen [Aker85, VaMa85, HIKY88]. Die meisten dieser Schaltkreise sind komplexer als ein rückgekoppeltes Schieberegister und besitzen dieselben Nachteile wie die anfangs vorgestellte Multiplexerlösung zur Behandlung parallel w-aufzählbarer Teilüberdeckungen, insbesondere sind auch bei ihnen das Register und das zu testende Schaltnetz nicht direkt verbunden. Lediglich der in [BCR83] vorgestellte Ansatz erzeugt pseudo-erschöpfende Tests als lineare Codes mit einem einfachen LRSR. Grundlage ist folgender, dort bewiesener Satz:

Satz 10.1: Es sei $\{j_1, ..., j_s\} \subset \{1, ..., n\}$, Φ sei ein LRSR der Länge $k > s$ mit dem primitiven Rückkopplungspolynom $r(x) \in \mathbb{F}_2[x]$. $(a_\tau)_{\tau \geq 0}$ sei eine nicht verschwindende, von Φ erzeugte Schieberegisterfolge. Die Musterfolge $(a_0, ..., a_{n-1})$, $(a_1, ..., a_n)$, ..., $(a_{2^k-2}, ..., a_{2^k-3+n})$ zählt genau dann alle möglichen Belegungen an den Bits $\{j_1, ..., j_s\}$ auf, wenn die Polynomrestklassen $x^{j_1} \bmod r(x)$, ..., $x^{j_s} \bmod r(x)$ über $\mathbb{F}_2$ linear unabhängig sind.

Ist beispielsweise $I(o) = \{i_{j_1}, ..., i_{j_s}\} \subset \{i_1, ..., i_n\}$ die Menge der Primäreingänge eines Kegels, so wird dieser erschöpfend getestet, wenn das Rückkopplungspolynom obenstehende Bedingung erfüllt. Die Bestimmung der Polynomrestklassen und der linearen Unabhängigkeit erfolgt mit elementarer linearer Algebra.

Für jeden Ausgang $o \in O$ sei $I(o) = \{i_{j_1^o}, ..., i_{j_{s(o)}^o}\} \subset I$. Folgende Prozedur prüft, ob ein Rückkopplungspolynom $r(x)$ die charakteristische Überdeckung $\mathcal{I} := \{I(o) | o \in O\}$ pseudo-erschöpfend testet:

```
Funktion   PET_TEST(r(x),𝕵);
Für jedes o ∈ O:
    Für h := 1 bis s(o):
           h            k-1      h   k-2     h
        Sei q (x) = q       x     + q     x    + q    mit
                     k-1            k-2           0
                o
         h     j
        q (x) = x  h mod r(x);
                   h
    Setze Q := (q )            ;
                 m  1≤h≤s(o), 0≤m≤k-1
    Falls der Rang von Q kleiner als s(o):
           PET_TEST := FALSCH;
           STOP;
PET_TEST := WAHR;
END.
```

Bild 10.32: Prüfung, ob die Rückkopplung $r(x)$ zu einem pseudo-erschöpfenden Test für $\mathcal{I}$ führt

In dem Schieberegister Φ fallen die Muster durch bitweises Schieben an. Aus diesem Grunde gilt, daß für jedes m mit $j_s + m \leq n$ die Eingänge $\{i_{j_1+m}, ..., i_{j_s+m}\}$ erschöpfend getestet werden, falls dies für $\{i_{j_1}, ..., i_{j_s}\}$ gilt. Wir können somit für jeden Ausgang $o \in O$ das erste Bit bei $j_1^o = 1$ beginnen lassen und die anderen entsprechend verschieben. Dann wird die Länge k des Registers meist kleiner als die Zahl der Primäreingänge n sein. Dies bedeutet, daß die Rückkopplung nicht alle Stufen des gesamten Registers umfaßt und die Gesamtschaltung wie in Bild 10.33 aussieht.

Diese Schaltung kann als multifunktionales Testregister realisiert werden, wobei darauf zu achten ist, daß wie beim GURT im Signaturbetrieb eine globale Rückkopplung geschaltet wird, die alle Stufen mit einschließt.

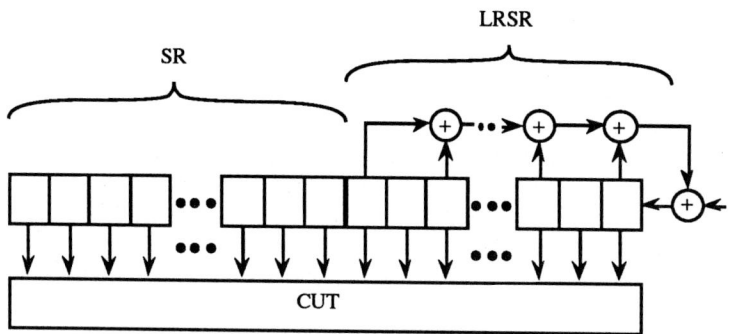

Bild 10.33: Schieberegisteraufbau zur Erzeugung pseudo-erschöpfender Testmengen

Bislang haben wir nur gezeigt, wie man überprüft, ob ein Rückkopplungspolynom r(x) zu einem pseudo-erschöpfenden Test führt. In [BCR83] wurde gezeigt, daß es stets ein solches Rückkopplungspolynom vom Grad k gibt, wenn k mindestens so groß gewählt wird, daß

$$\varphi(2^k - 1) > n \cdot \sum_{o \in O}(2^{|I(o)|} - 1)$$

gilt. Hier bezeichnet φ die Eulersche Phi-Funktion, die für hinreichend kleine k (k $\leq$ 40) tabelliert ist und $\varphi(2^k - 1) \geq 2^{k-2}$ erfüllt (vgl. [Hell90]). Da $2^k - 1$ die Periode des entsprechenden LRSR und damit auch die Länge des pseudo-erschöpfenden Tests ist, kann k > 40 aus praktischen Gründen unberücksichtigt bleiben.

Daraus folgt, daß man stets ein primitives Rückkopplungspolynom r(x) vom Grad k mit

$$(10.1) \qquad 2^{k-2} > n \cdot \sum_{o \in O}(2^{|I(o)|} - 1)$$

finden kann, das zu einer pseudo-erschöpfenden Testmenge für $\{I(o)| o \in O\}$ führt. Dieses Polynom kann gefunden werden, indem man beginnend beim Grad w := $\max_{o \in O}$ |I(o)| alle primitiven Polynome bis zum Grad k erzeugt und mit der Prozedur PET_TEST überprüft, ob sie geeignet sind:

```
Prozedur    PET_CREATE(r(x),𝔍) ;

Setze w :=   max  |I(o)|; k := ⌈ld(n · ∑(2|I(o)| - 1)⌉ + 2; j := w;
             o∈O                        o∈O
Solange j ≤ k:
    Für alle primitiven Polynome r(x) vom Grade j:
         Falls PET_TEST(r(x),𝔍): STOP;
    Setze j := j + 1;
    END:
```

Bild 10.34: Erzeugung eines primitiven Polynoms r(x) für den pseudo-erschöpfenden Test

PET_CREATE verlangt die Aufzählung aller primitiven Polynome vom Grad j, $w \le j \le k$. Dies kann mit Verfahren der Computer-Algebra, wie in [LiNi86] beschrieben, erfolgen. Da $2^k - 1$ die Testlänge und k selbst daher sehr beschränkt ist, erscheint es aber sinnvoller, die Polynome in einer Tabelle zu speichern und den Rechenaufwand ihrer Bestimmung zu sparen. Dies erfordert immer noch einen äußerst hohen Rechen- und Speicheraufwand, da die Zahl der primitiven Polynome exponentiell mit k wächst. Aus Formel (10.1) folgt, daß

$$8 \cdot n \cdot \sum_{o \in O}(2^{|I(o)|} - 1)$$

eine obere Schranke für die Musterzahl ist und der Selbsttest eines Schaltnetzes nach dieser Methode höchstens achtmal solange dauert wie der sukzessive Test der einzelnen Kegel über einen Prüfpfad.

Andere auf lineare und zyklische Codes basierte Ansätze setzen sich das Ziel, nicht eine spezielle charakteristische Überdeckung, sondern die universelle Überdeckung $\mathfrak{J}(n,w) := \{J \subset I \mid |J| = w\}$ pseudo-erschöpfend zu testen. Es soll somit für jede Gruppe von w Eingängen ein erschöpfender Test enthalten sein. Entsprechende lineare Schaltkreise sind beispielsweise in [WaMc86, 86a, 87, TaCh84a, b, Chen88] vorgestellt worden. In [Hell90] wurde allerdings gezeigt, daß sie zu deutlich längeren Testfolgen führen und nur in Spezialfällen verwendet werden können. Wir gehen daher auf diese Ansätze nicht näher ein, sondern verweisen auf die Literatur.

10.3 Plazierung multifunktionaler Testregister

In diesem Abschnitt behandeln wir das Problem, diejenigen Register auszuwählen, die zu einem Testregister ergänzt werden. Die Ergänzung zu Testregistern mit der erforderlichen Steuerlogik sollte automatisch geschehen, um die Korrektheit des Entwurfs per Konstruktion zu gewährleisten. Ein entsprechendes regelbasiertes System wurde in [KTH88] vorgestellt, wir schilden im folgenden einen algorithmischen Ansatz.

10.3.1 Reduktion auf Schaltnetze

Wenn jedes Speicherelement der Schaltung in ein Testregister eingebunden wird, zerfällt die Schaltung nach Bild 10.11 in mehrere Schaltnetze. Für Register an den Primäreingängen einer Schaltung ist ein Signaturbetrieb nicht erforderlich, sie müssen lediglich Muster erzeugen und können vereinfacht werden. Entsprechend brauchen Register an den Primärausgängen keine Muster zu erzeugen und sind daher ebenfalls einfacher zu realisieren.

Lediglich die Register innerhalb der Schaltung werden in beiden Betriebsarten benötigt, um das vorhergehende Schaltnetz beobachten und das nachfolgende stimulieren zu können. Leider zerfällt eine Schaltung nicht immer so günstig; enthält der S-Graph Schleifen, so müßte das Testregister gleichzeitig beobachten und stimulieren (Bild 10.35).

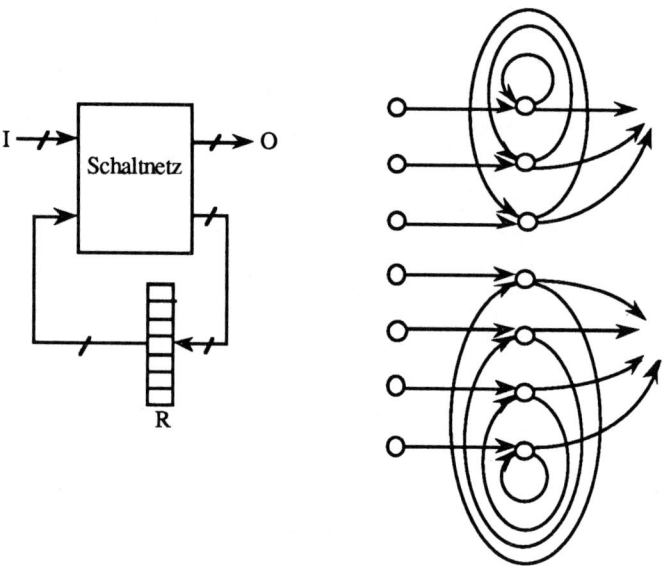

Bild 10.35: Schaltwerk mit Schleifen im S-Graph

Zur Lösung diese Problems sind im wesentlichen zwei Ansätze vorgeschlagen worden. Der erste Vorschlag besteht darin, tatsächlich das Register R gleichzeitig Muster erzeugen und Antworten auswerten zu lassen. Es konfiguriert sich als sogenanntes "Multiple Input Signature Register" (MISR) und besitzt für den Test nur eine Betriebsweise; ein Beispiel hierfür ist der anfangs vorgestellte BILBO. Man kann dieses Vorgehen noch erweitern, indem unabhängig von der sonstigen Struktur der Schaltung stets alle oder einige Flipflops zyklisch als MISR zusammengeschlossen werden. Auf die Rückkopplungsfunktion verzichtet man, da implizit das Polynom $x^m + 1$ realisiert wird, m ist dabei die Zahl der Flipflops. In Bild 10.36 wurden auch die Flipflops der Schaltungsperipherie in den zirkulären Prüfpfad aufgenommen, um einen vollständigen Selbsttest zu implementieren.

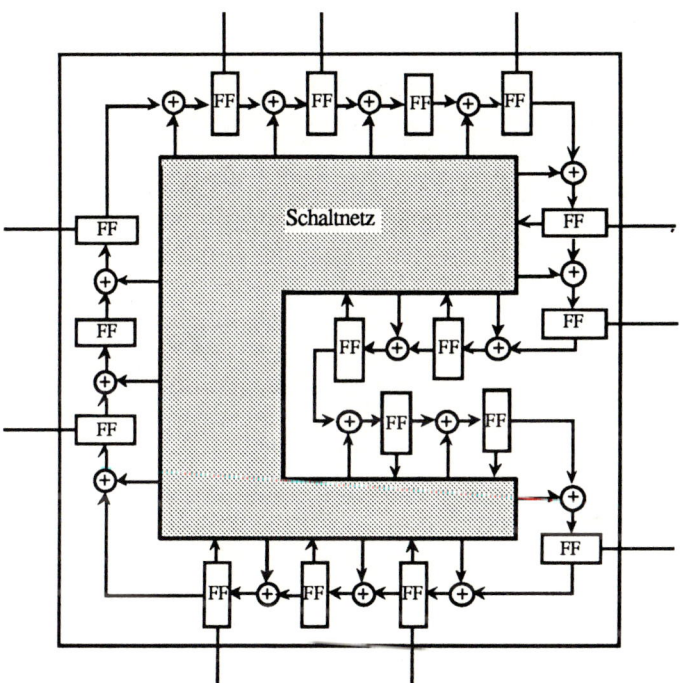

Bild 10.36: Zirkulärer Prüfpfad nach [KrPi89]

Wird ein LRSR allerdings zur Signaturanalyse benutzt, so produziert es offensichtlich eine andere Musterfolge als im autonomen Betrieb. Damit sind die im sechsten Kapitel vorgestellten Herleitungen über die Zufallseigenschaften maximaler Schieberegister nicht gültig, insbesondere ist nicht gesichert, daß die Gesamtschaltung im Testbetrieb eine hinreichend große Periode besitzt. Auch die Schätzungen der Fehlermaskierungswahrscheinlichkeiten gelten nicht mehr, da die eingehende Folge nicht mehr unabhängig vom Zustand des LRSRs ist.

Es gibt bisher noch keine umfassende Analyse über die Periodenlänge und die Fehlermaskierung in derartigen Testaufbauten. Es liegen lediglich empirische Untersuchungen anhand einiger Fallbeispiele [KHT88, Stro88] oder Analysen mit sehr einschränkenden Voraussetzungen an die zu testende Schaltung [KrPi89] vor. Diese Arbeiten weisen darauf hin, daß die Verwendung eines MISR zur gleichzeitigen Erzeugung und Auswertung eines zirkulären Prüfpfades häufig zu einer zufriedenstellenden Fehlererfassung führt. Will man die Fehlererfassung garantieren, ist eine ausgiebige Fehlersimulation erforderlich. Diese ist äußerst rechenaufwendig, da keine Fehleraufgabe möglich ist, sondern für jeden Fehler die resultierende Signatur nach Ablauf des gesamten Tests festgestellt werden muß.

Führt dies nicht zu einer ausreichenden Fehlererfassung oder ist diese aufwendige Fehlersimulation nicht durchführbar, so sind zusätzliche Schaltungsmodifikationen erforderlich. Bei diesem zweiten Ansatz zur Behandlung von Schleifen wird das Systemregister nicht nur zu einem Testregister ergänzt, sondern es wird ein weiteres Testregister hinzugefügt, das im Systembetrieb transparent geschaltet wird (Bild 10.37).

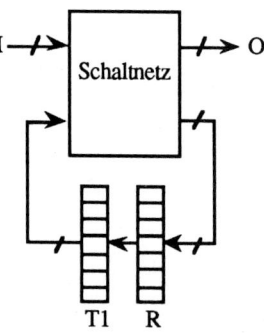

Bild 10.37: Zusätzliches Testregister zur Auflösung von Schleifen

Register T1 ist im Systembetrieb transparent, dennoch müssen sowohl einmal T1 als erzeugendes und R als auswertendes Register als auch T1 als auswertendes und R als erzeugendes Register geschaltet werden. Nur so kann getestet werden, ob T1 tatsächlich im Systembetrieb durchschaltet. Hierfür muß T1 ähnlich wie die im achten Kapitel vorgestellten Segmentierungszellen entworfen werden, damit beide Testbetriebsweisen gemeinsam auch den im Systembetrieb benötigten Datenpfad aktivieren.

Offensichtlich steigt bei diesem zweiten Ansatz der Hardwareaufwand, so daß der Entwerfer zwischen den Vorteilen der höheren Fehlererfassung und dem Vorteil der geringeren Fläche abwägen muß.

10.3.2 Reduktion auf Schaltwerke mit azyklischem S-Graphen

Wird ein Register als multifunktionales Testregister ausgestattet, kann sich seine Fläche etwa verdoppeln [WuKe89a]. Um diese Kosten zu reduzieren, versucht man, mit möglichst wenig Testregistern auszukommen. In [KrAl85, KrAl85a] wurde gezeigt, daß es hinreichend ist, die Testregister so zu plazieren, daß die verbleibende Schaltung eine Fließbandstruktur nach Bild 10.38 aufweist.

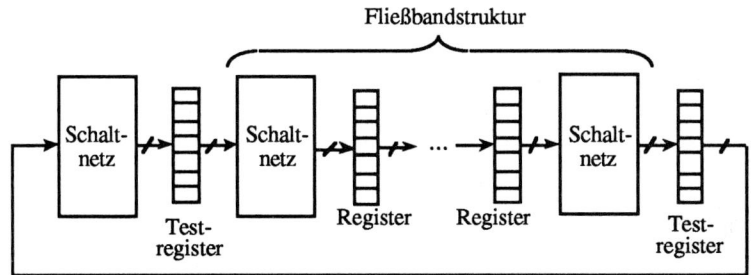

Bild 10.38: Selbsttest einer Schaltung mit Fließbandstruktur

Eine solche Struktur ist ein Spezialfall der im vorhergehenden Kapitel eingeführten äquidistanten S-Graphen, und offensichtlich können Schaltungen mit äquidistanten S-Graphen, mit Fließbandstruktur und Schaltnetze in gleicher Weise behandelt werden. Es ist sogar ausreichend, die Testregister so zu legen, daß die restliche Struktur azyklisch wird. Da aber zusätzlich verlangt wird, daß kein Testregister gleichzeitig erzeugen und auswerten muß, sind die Algorithmen zur Erzeugung azyklischer S-Graphen leicht zu modifizieren. Die Modifikationen werden im nächsten Abschnitt beschrieben; anschließend wird erläutert, wie die Testregister an die Erzeugung der nun erforderlichen Musterfolgen anzupassen sind.

10.3.2.1 *Erzeugung azyklischer Selbsttest-Graphen:* Wir ergänzen unsere Definition des S-Graphen um die Beschreibung der Selbsttestausstattung. Hierbei wird angenommen, daß die Integration eines Flipflops in ein Testregister den entsprechenden Knoten in einen Ausgang und Primäreingang schneidet und Ausgänge und Eingänge ebenfalls als Testregister organisiert sind.

Definition 10.2: Ein *Selbsttest-Graph* ST := (G, TR, f) ist ein Tripel, bestehend aus einem S-Graph G := (V, E) mit Primäreingängen I und Ausgängen O, einer endlichen Menge TR und einer Funktion f: I ∪ O → TR.

Hier kann die Menge TR als die Menge der Flipflops in den Testregistern aufgefaßt werden, und f ordnet jedem Terminal des Graphen das zugehörige Flipflop zu.

Definition 10.3:   Es sei ST := (G, TR, f) ein Selbsttest-Graph. Ein *Selbsttestzyklus* ω := $(v_0, ..., v_n)$ ist ein Pfad in G, für den $v_0 = V_n$ oder $f(v_0) = f(v_n)$ gilt.

Nach dieser Definition könnte der Selbsttestzyklus ω nur dann getestet werden, wenn das Flipflop v_0 ein Terminal und $f(v_0)$ Element eines Testregisters ist, das zugleich auswertet und erzeugt. Ziel der Plazierung der Testregister muß es sein, aus dem Graph alle Selbsttestzyklen zu entfernen.

Dies geschieht in ähnlicher Weise wie die Entfernung allgemeiner Zyklen im vorangegangenen Kapitel, lediglich folgende einfache Modifikationen fallen an:

1)   Für einen Testzyklus tz := $(v_0, ..., v_n)$ ist n(tz) = $\{v_0, ..., v_{n-1}\}$, falls $v_0 = v_n$ und tz somit ein echter Zyklus ist, und für $v_0 \neq v_n$ ist n(tz) = $\{v_1, ..., v_{n-1}\}$, da ja v_0 in diesem Fall Primäreingang und bereits geschnitten ist.

2)   Die Prozedur MINIMIERE nach Bild 9.29 entfernt die Schleifen nicht durch Schneiden der Knoten, sondern es werden zunächst diese Knoten dupliziert und anschließend beide Knoten geschnitten. Damit wird modelliert, daß an Schleifen ein zusätzliches, im Systembetrieb transparentes Flipflop eingefügt wird.

3)   Die Prozedur VERZW darf nicht mehr alle Knoten entfernen, die nur einen Nachfolger besitzen. In einem Zyklus mit mindestens zwei Knoten ist es offensichtlich günstiger, Flipflops zu Testregistern zu ergänzen, anstatt zusätzliche, transparent zu schaltende Register einzufügen. Darum sind lediglich solche Knoten v zu entfernen, für die gelten:

a) $deg^+(v) = 1$,

b) $pd(v) \cap sd(v) = \emptyset$,

b) $\forall w \in pd\ (v)\ deg^+(w) = 1$.

Die Einhaltung dieser Bedingungen verhindert, daß durch die Elimination von Knoten Schleifen entstehen, deren Auflösung zusätzliche Testregister benötigte.

4)   Die Prozedur TEILZYKLEN muß abgeändert werden, indem ein Zyklus nicht nur für $(v_n, v_i) \in E$ sondern auch bei $f(v_n) = f(v_i)$ ausgegeben wird.

5) Schließlich muß bei jedem Schnitt des Graphen, der ja zu neuen Primäreingängen und Primärausgängen führt, auch die Funktion f: I ∪ O → TR ergänzt werden. Um die Schreibweise zu vereinfachen, führen wir für die Testregister TR keinen neuen Bildbereich ein, sondern setzen TR ⊂ I ∪ O voraus.

Wir diskutieren die benötigten Prozeduren im einzelnen. Die Entfernung überflüssiger Vorgänger und Nachfolger kann weiterhin mit den Prozeduren VORG und NACHF erfolgen, dagegen muß die Prozedur VERZW folgendermaßen ersetzt werden:

```
Prozedur   TESTVERZW(G,G´);
Setze      V´:= V; E´:= E;
Für i := 1 bis |V|:
      Falls (deg⁺(vᵢ) = 1 und pd(vᵢ) ∩ sd(vᵢ) = Ø und
      ∀w ∈ pd(vᵢ) deg⁺(w) = 1)
            Setze V´:= V´\{vᵢ};
            Sei {s} = sd(vᵢ);
            Setze E´:= (E´ \ {(a,b) ∈ E´| a = vᵢ ∨ b = vᵢ}
                              ∪ {(a,s)|(a,vᵢ) ∈ E´}
                              ∪ {(s,a)|(vᵢ,a) ∈ E´};
END.
```

Bild 10.39: Entfernung überflüssiger Knoten

Die Plazierung der Selbsttestregister beginnt mit einem unmodifizierten Selbsttestgraphen ST := (G, TR, f), bei dessen primären Anschlüssen wir für f: I ∪ O → I ∪ O die Identität f(v) = v annehmen können. Zuerst sind aus G = (V, E) sämtliche Schleifen zu entfernen:

```
Prozedur   TESTSCHLEIFEN(ST,S̃T);
Setze S̃T := ST;
Für alle a ∈ Ṽ:
      Falls (a,a) ∈ Ẽ:
            Erzeuge einen neuen Knoten b;
            Setze Ṽ := Ṽ ∪ {b};
            Setze Ẽ := (Ẽ \ {(a,v)|(a,v) ∈ Ẽ} ∪ {(b,v)|(a,v) ∈ Ẽ})
```

```
                                               ∪ {(a,b)};
       Setze G̃ := G̃{a,b};  T̃R := T̃R ∪ {ia, ib};
       Setze f(a) := f(ia) := ia; f(b) := f(ib) := ib;
END.
```

Bild 10.40: Ersetzen einer Schleife durch zwei Testregister

Mit diesen Prozeduren ist es möglich, die Routine TEILZYKLEN aus Bild 9.24 zu modifizieren, um Testzyklen zu finden, und die Prozedur SCAN-SELECT zu ändern, um Testregister zu plazieren:

```
Prozedur   TEILTESTZYKLEN(ST,Z,c);
TESTVERZW(G,G´);
Sei V´:= {v1, ..., vn};
Setze Z := ∅; k := 0;
Für i := 1 bis n:
       Setze ω := (vi); v := vi;
       Markiere alle Knoten aus v als ZULÄSSIG;
       Solange ω ≠ ∅:
              Falls {vh | (v,vh) ∈ E´ ∧ vh ∉ ω ∧ h > i
                                   ∧ vh ist ZULÄSSIG} ≠ ∅:
                     Wähle vh mit kleinstem h;
                     Setze ω := ω + vh;
                     Falls ((vh,vi) ∈ E´ ∨ f(vh) = f(vi)):
                            Setze Z := Z ∪ {ω}; k := k + 1;
                            Falls k = c: STOP;
                     Setze v := vh;
              Sonst:
                     Markiere v als nicht ZULÄSSIG;
                     Markiere jeden Knoten w mit (v,w) ∈ E´ wieder
                     als ZULÄSSIG;
                     Verkürze ω um vi;
END.
```

Bild 10.41: Bestimmung einer Menge von Selbsttestzyklen

Es fällt auf, daß die Prozeduren VORG und NACHF in obenstehender Routine nicht aufgenommen wurden. Dies liegt daran, daß in Zwischenschritten, wenn bereits einige Selbsttestregister gewählt wurden, auch Knoten aus $I \cup O$ in Selbsttestzyklen liegen können. Beide Prozeduren dürfen daher nur zu Beginn aufgerufen werden:

```
Prozedur   TESTSELECT(ST,S̃T,c);
VORG(G,Ĝ);
NACHF(Ĝ,G´);
Setze ST´:= (G´,TR´,f´,) mit TR´:= TR ∩ V´ und f´:= f|_TR´;
TESTSCHLEIFEN(ST´,S̃T);
Setze W := ∅;
TEILTESTZYKLEN(S̃T,Z,c);
Solange Z ≠ ∅:

    MINIMIERE(Z,Z̃);

    Setze 𝒵 := {tz(k)|k ∈ ∪_{j∈Z̃} n(z)};

    COVER(𝒵;𝒵´);

    Setze W´:= {k|tz(k) ∈ 𝒵´}; W := W ∪ W´; G̃ := G_W;

    Setze f´: W´∪{i_k|k ∈ W´} → W´, f´(w) := { w, falls w ∈ W´
                                                k, falls w = i_k    ;

    Setze f̃ := f´ ∪ f̃; T̃R := T̃R ∪ W´; S̃T := (G̃, T̃R, f̃);

    TEILTESTZYKLEN(S̃T,Z,c);
    END.
```

Bild 10.42: Auswahl von Flipflops für Testregister

Nach dieser Prozedur erhält man mit dem Selbsttestgraphen S̃T die Information, welche Flipflops in Testregister zu integrieren sind. Die Funktion f̃: Ĩ ∪ Õ → T̃R sagt aber noch nichts darüber aus, welche Flipflops jeweils in ein gemeinsames Register zusammengefaßt werden können.

10.3.2.2 Gruppierung der Flipflops:

Häufig liegt eine Schaltung als Registertransfer-Beschreibung vor, in der die Flipflops bereits zu Registern zusammengefaßt sind. Dann kann auch auf Registertransfer-Ebene ein S-Graph $G := (V, E)$ definiert werden, der sich von einem Graphen auf Gatterebene nur dadurch unterscheidet, daß die Knoten in V_S keine einzelnen Flipflops, sondern ganze Register sind. Dies ergibt auch einen Selbsttestgraphen $ST := (G, TR, f)$, auf den die Prozedur TESTSELECT(ST,S̃T) ohne jede Änderung angewendet werden kann. Jetzt entsprechen den Knoten aus Ĩ ∪ Õ Register, die auch als Testregister beibehalten werden. Dies hat den Vorteil, daß die vom Entwerfer oder vom Entwurfssystem vorgesehene Gruppierung der Flipflops, die zumeist zu einem besonders günstigen Layout führt, mit der Gruppierung im Testbetrieb übereinstimmt.

Liegt die Beschreibung nur auf Gatterebene vor, müssen die Flipflops aus $\widetilde{TR}$ nachträglich zu Testregistern TR_1, ..., TR_k zusammengefaßt werden. Eine solche Zusammenfassung ist unzulässig, wenn es ein $o \in \widetilde{O}$, ein $i \in \widetilde{I}$ und ein $j \in \{1, ..., k\}$ gibt, so daß $i \in p(o)$ und sowohl $\widetilde{f}(o) \in TR_j$ als auch $\widetilde{f}(i) \in TR_j$ gelten. Bild 10.43 verdeutlicht, daß in diesem Fall ein Flipflop aus TR_j zur Mustererzeugung und zugleich ein anderes zur Auswertung genutzt werden müßte.

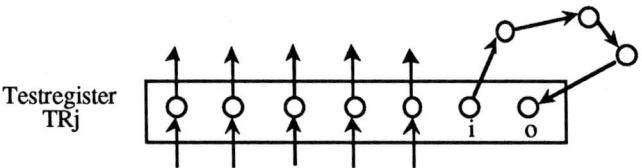

Testregister
TRj

Bild 10.43: Unzulässige Zusammenfassung zu einem Testregister

Das Problem, eine zulässige Gruppierung in möglichst wenige Testregister zu finden, läßt sich als Graphenmarkierungsproblem auffassen. Der Graph $M := (\widetilde{TR}, B)$ besitzt als Knotenmenge die zu gruppierenden Flipflops, und die Kantenmenge B ist wie folgt definiert:

$$\{a,b\} \in B :\Leftrightarrow \exists i \in \widetilde{I} \; \exists o \in \widetilde{O} \; (\widetilde{f}(i) = a \wedge \widetilde{f}(o) = b \wedge i \in p(o)).$$

Damit bilden zwei Flipflops genau dann eine Kante, wenn sie nicht in ein gemeinsames Register aufgenommen werden dürfen. Die Prozedur MARKIEREN(Γ) nach Bild 8.21 findet eine Markierung $\Gamma: \widetilde{TR} \rightarrow \{1, ..., \mu\}$, so daß gelten:

a)   Aus $\{a,b\} \in B$ folgt $\Gamma(a) \neq \Gamma(b)$.

b)   Die Anzahl μ der Marken ist klein.

Wir definieren für $j := 1, ..., \mu$ die Teilmengen $TR_j := \{r \in \widetilde{TR} \mid \Gamma(r) = j\}$ und erhalten damit eine zulässige Zusammenfassung zu Testregistern.

Es ist natürlich nicht zwingend, alle Flipflops aus einem TR_j zu einem großen Register zusammenzufassen. Wenn aus Gründen der Verdrahtung und Plazierung eine Aufteilung in mehrere Register vorzuziehen ist, steht dem nichts im Wege, solange die Länge der einzelnen Register eine hinreichend große Periode der erzeugten Muster und eine ausreichend kleine Fehlermaskierungswahrscheinlichkeit sicherstellt. Ist dies nicht der Fall, kann es sogar erforderlich werden, Flipflops ohne Systemfunktion hinzuzufügen.

10.3.2.3 Anpassung der Testregister an Schaltwerke: Plaziert

man die Testregister so, daß azyklische oder äquidistante S-Graphen entstehen, dann müssen nicht mehr Testmustermengen, sondern Testmusterfolgen generiert werden. Es gibt bislang keinen Vorschlag, wie entsprechende nichtlinear rückgekoppelte Schieberegister zur Erzeugung deterministischer Testfolgen zu entwerfen sind. Hier bietet es sich lediglich an, die Testregister so zu plazieren, daß Fließbandstrukturen entstehen. In diesem Fall sind nur Testmuster zu erzeugen, und die geschilderten Testregister können ohne Änderungen übernommen werden.

Gleichverteilte Zufallsmuster können ebenfalls ohne Änderungen der Testregister auf der Basis von modularen oder Standard-LRSRs für beliebige zyklenfreie Selbsttestgraphen erzeugt werden. Für ungleichverteilte Zufallsmuster muß man sich jedoch im Selbsttest auf zeitunabhängige Gewichte beschränken. Dazu können entweder die GURT-Register so in der Schaltung plaziert werden, daß ein äquidistanter S-Graph entsteht, oder es können aufgrund der kombinatorischen Repräsentation für einen beliebigen azyklischen Graphen die zeitunabhängigen Gewichte mittels Durchschnittsbildung bestimmt werden.

Schließlich können die LRSRs zur Erzeugung pseudo-erschöpfender Testmengen auch für den Test azyklischer S-Graphen verwendet werden. Hierzu sind lediglich alle Eingänge eines Kegels der kombinatorischen Repräsentation geeigneten Flipflops zuzuordnen. Es sei $\tilde{I}(o)$ eine Menge solcher Eingänge, und es sei $\{j \mid (i,j) \in I(o)\} = \{j_1, ..., j_k\}$ eine Menge der Zeitpunkte $j_1 <$ ... $< j_k$, zu denen der Eingang i in $\tilde{I}(o)$ gebraucht wird. Der Eingang i sei an die s-te Stufe des Testregisters angeschlossen. Dann müssen für diesen Eingang die Stufen $s - j_h$, h = 1, ..., k, reserviert werden, da der Wert in der Stufe $s - j_h$ genau j_h Zeitschritte später in Stufe s sein wird. Aus diesem Grund dürfen den Stufen $s - j_h$ auch keine anderen Eingänge aus $\tilde{I}(o)$ zugeordnet sein.

Es sei beispielsweise $\tilde{I}(o) := \{(a,0), (a,2), (b,1), (b,3), (c,0), (c,1)\}$, a sei an der Stufe s_a, b an s_b und c an s_c angeschlossen. Es seien $s(a) := \{s_a, s_a - 2\}$, $s(b) := \{s_b - 1, s_b - 3\}$, $s(c) := \{s_c, s_c - 1\}$. Dann muß $s(a) \cap s(b) = s(a) \cap s(c) = s(b) \cap s(c) = \emptyset$ gelten. Falls dies nicht erfüllt ist, sind die Flipflops von a, b oder c im Register zu verschieben. Führt dies zu Konflikten mit anderen Kegeln und Eingangsmengen $\tilde{I}(o')$, so müssen zusätzliche Flipflops eingefügt werden.

Sind die Teilmengen s(a), s(b), s(c) aber disjunkt, bildet man $I(o) := s(a) \cup s(b) \cup s(c) = \{s_a, s_a - 2, s_b - 1, s_b - 3, s_c, s_c - 1\}$. Sofort sieht man, daß ein vollständiger Test für I(o) auch eine vollständige Testfolge nach $\tilde{I}(o)$ ergibt.

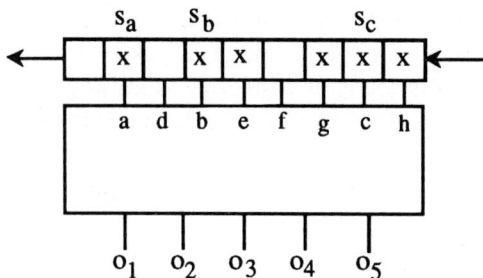

Bild 10.44: Ein erschöpfender Test der angekreuzten Stufen ergibt eine erschöpfende Testfolge nach $\tilde{I}(o_1) := \{(a,0), (a,2), (b,1), (b,3), (c,0), (c,1)\}$

Die Menge I(o) dient als Eingabe für das Verfahren PET_TEST, das eine
geeignete Rückkopplungsfunktion findet. Es bietet sich daher im allgemeinen
folgendes Vorgehen an, um für den pseudo-erschöpfenden Selbsttest von
Schaltwerken die Rückkopplungsfunktion der Testregister zu bestimmen:

```
Prozedur  SEQ_PET((Ĩ(o)|o  ∈   O),r(x));
1)  Für jeden Ausgang o und jeden Eingang i:
         Bestimme die Mengen s(i,o) := {-j | (i,j) ∈ Ĩ(o)};
2)  Bestimme für jeden Eingang i ∈ I die Registerposition sᵢ,
    so daß für jeden Ausgang o aus a ∈ I, b ∈ I, a ≠ b folgt:
         {sₐ + j | j ∈ s(a,o)} ∩ {s_b + j | j ∈ s(b,o)} = ∅;
    Falls solche Positionen nicht existieren, sind geeignete
    Flipflops neu einzuführen;
3)  Setze I(o) := {sᵢ - j | (i,j) ∈ Ĩ(o)};
4)  Setze ℐ := {I(o) | o ∈ O} und erzeuge das
    Rückkopplungspolynom r(x) durch PET_CREATE(r(x),ℐ);
END.
```

Bild 10.45: Erzeugung eines Rückkopplungspolynoms für den pseudo-erschöpfenden
Selbsttest von Schaltwerken

Abschließend sei nochmals ausdrücklich darauf hingewiesen, daß die so
erzeugten Selbsttestregister sowohl die Systemflipflops als auch die zu Flipflops ergänzten Latches der Segmentierungszellen umfassen können.

10.4   Testablaufplanung

Es sei ST := (G, TR, f) ein zyklenfreier Selbsttestgraph, und die Flipflops aus TR seien zu den Selbsttestregistern TR_1, ..., $TR_k \subset TR$ zusammengefaßt. Jedes Selbsttestregister TR_j definiert einen Einzeltest $E_j \subset \{1, ..., k\}$, der die Indizes all derjenigen Testregister enthält, die Muster erzeugen müssen, während TR_j auswertet. Es gilt somit

$$h \in E_j \Leftrightarrow \exists\, o \in O\, \exists\, i \in I\, (f(o) \in TR_j \wedge f(i) \in TR_h \wedge i \in p(o)).$$

Die bereits geschilderte Zusammenfassung der Flipflops zu Testregistern garantiert stets $j \notin E_j$. Eine günstige Testablaufplanung sollte für den gesamten Test nur eine kurze Zeit beanspruchen und daher viele Einzeltests parallel ablaufen lassen. Hierzu müssen die Testregister geeignet angesteuert werden, und die Testablaufplanung sollte auch den für die Steuerung erforderlichen Aufwand minimieren. Entsprechende Testplanungsverfahren finden sich beispielsweise in [KiSa82, AbBr85, KaAB86, BeAl87, CrKS88].

Leider stehen die Zielvorgaben der minimalen Testlänge und des minimalen Steuerungsaufwandes häufig untereinander in Konflikt. Im folgenden wird zunächst ein Verfahren beschrieben, das besonderes Gewicht auf eine einfach zu realisierende Teststeuerung legt.

Mehrere Einzeltests E_{j_1}, ..., E_{j_m} können parallel ausgeführt werden, wenn kein Register, das Antworten auswertet, gleichzeitig Muster erzeugen soll: $j_i \notin E_{j_h}$, i, h = 1, ..., m. In diesem Fall kann man sie zu einer Testsitzung S := $\{j_1, ..., j_m\}$ zusammenfassen. Jedem Einzeltest E_j ist die Zahl α_j der Muster zugeordnet, die in diesem Test zu erzeugen sind. Eine Testsitzung muß solange dauern, bis ihr längster Einzeltest abgeschlossen ist, und besitzt die Länge $\beta(S) := \max_{j \in S} \alpha_j$. Das Ergebnis einer einfachen Testplanung ist daher eine Sequenz von Testsitzungen mit unterschiedlicher Länge nach Bild 10.46. Die Testzeit wird erhöht, aber die Steuerung vereinfacht, wenn jede Sitzung dieselbe Länge $\beta := \max_{j=1,...,k} \alpha_j$ besitzt.

In [CrKS88] wurde die Zusammenfassung der Einzeltests zu Testsitzungen auf das Cliquenproblem der Graphentheorie zurückgeführt. Wir führen es auf ein Graphenfärbungsproblem zurück, um wieder die Prozedur MARKIEREN(Γ) verwenden zu können. Der Markierungsgraph sei M := ($\mathscr{E}$, B), wobei $\mathscr{E}$:= $\{E_1, ..., E_k\}$ die Menge der Einzeltests ist. Zwischen zwei Einzeltests E_i, E_j ist eine Kante gezogen, $\{E_i, E_j\} \in B$, wenn $i \in E_j$ oder $j \in E_i$ gilt. Damit dürfen zwei Einzeltests nur dann parallel ablaufen, wenn $\{E_i, E_j\} \notin B$ ist.

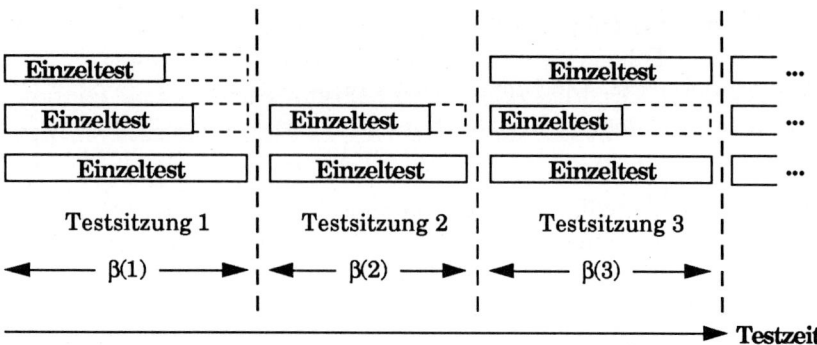

Bild 10.46: Ergebnis einfacher Testplanung

Es sei ein $\Gamma: \mathcal{E} \to \{1, ..., \mu\}$ mit der Prozedur MARKIEREN gefunden, so daß μ möglichst klein ist und aus $\{a,b\} \in B$ stets $\Gamma(a) \neq \Gamma(b)$ folgt. Dann erhält man für $i = 1, ..., \mu$ die Testsitzungen $S_i := \{j \mid \Gamma(E_j) = i\}$.

Wir setzen beliebige multifunktionale Testregister nach Bild 10.47 voraus, wobei lediglich die Codierung der Betriebsartenauswahl für das Testregister nach Tabelle 10.1 festgelegt ist. Für die Art der erzeugten Muster, zufällige, deterministische oder pseudo-erschöpfende, müssen keine Einschränkungen getroffen werden.

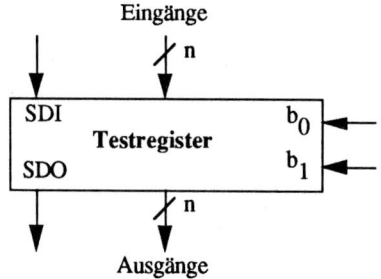

Bild 10.47: Allgemeines Testregister

Das Signal b_0 kann für alle Testregister gleich gesetzt werden, da sämtliche Register stets gemeinsam im Systembetrieb, als Prüfpfad oder im Selbsttestmodus betrieben werden. Lediglich das Signal b_1 muß für die einzelnen Testregister unterschiedlich sein. Für die k Testregister TR_i, $i = 1, ..., k$, sind also höchstens $k + 1$ unterschiedliche Steuerleitungen erforderlich. Zwei Testregister TR_i, TR_j können mit demselben Signal b_1 angesteuert werden, wenn es keine Testsitzung S gibt, so daß i ∈ S und für ein h ∈ S zugleich j ∈ E_h gilt. In diesem Falle müßten nämlich die Register TR_i und TR_h auswerten, und Register TR_j müßte für TR_h die Muster erzeugen. Wird dies in einer Sitzung verlangt, so können TR_i und TR_j nicht in gleicher Weise angesteuert werden.

Eine möglichst kleine Zahl von Steuerleitungen b_1^i, i = 1, ..., μ, findet man mit dem Markierungsalgorithmus. Der Markierungsgraph ist jetzt M := (T, B) mit T := $\{TR_1, ..., TR_k\}$. Es ist $\{TR_i, TR_j\}$ ∈ B :⇔ ∃S ∃h∈ S (i∈ s ∧ ∈ E_h ∨ ∈ s ∧ ∈ E_h). Wir erhalten eine Kante zwischen zwei Testregistern, wenn sie nicht mit demselben b_1-Signal gesteuert werden dürfen. Eine günstige Markierung Γ: T → {1, ..., μ} führt auf Mengen $\{TR_j \mid \Gamma(TR_j) = i\}$ von Registern, die dasselbe Signal b_1^i erhalten können.

Das geschilderte Verfahren hat den Vorteil, daß wenige Testsitzungen und Steuerleitungen benötigt werden und die Steuerung auch dadurch einfach zu realisieren ist, daß alle Sitzungen dieselbe Länge haben.

Läßt man es jedoch zu, daß die Sitzungen unterschiedlich lang und Einzeltests auch länger als eine Testsitzung sein können, so erreicht man eine dichtere Packung der Einzeltests und somit eine kürzere Gesamttestzeit. Es können dann auch über mehrere Testsitzungen Einzeltests durchgeführt werden, solange zwischen den Einzeltests keine Konflikte bezüglich der Ressourcen auftreten. Bild 10.48 zeigt ein Beispiel für das Ergebnis einer solchen Testplanung.

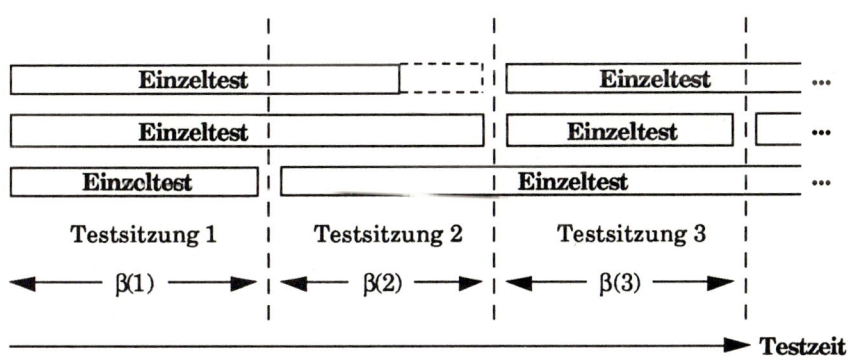

Bild 10.48: Ergebnis komplexer Testplanung

In Anlehnung an [CrKS88] kann eine Folge von Testsitzungen $S_1, S_2, ...$ mit zugehörigen Testlängen $β_1, β_2, ...$ mit nachstehender Prozedur bestimmt werden:

```
Prozedur   TESTPLANUNG;
Setze S := Ø; i := 0; W := {1, ..., k};
Solange W ≠ Ø:
     Setze i := i + 1;
(*) Finde eine Testsitzung Sᵢ := {j₁, ..., jₘ} mit S ⊂ Sᵢ
     und maximalem m;
     Setze βᵢ := min αⱼ; W := W \ {j ∈ Sᵢ| αⱼ = βᵢ};
              j∈Sᵢ
     S := Sᵢ \ {j ∈ Sᵢ| αⱼ = βᵢ};
     Für j ∈ S setze αⱼ := αⱼ - βᵢ;
END.
```

Bild 10.49: Testplanungsverfahren

In dieser Prozedur ist der Schritt (*) noch näher zu erläutern. Der Graph $Q := (\mathcal{F}, B')$ enthalte eine Kante $\{E_h, E_j\} \in B'$ genau dann, wenn beide Einzeltests parallel ausgeführt werden können. Die Menge S_i aus (*) entspricht daher einer maximale Menge aus $\mathcal{F}$, deren Knoten alle untereinander durch eine Kante verbunden sind. Eine solche Teilmenge heißt *Clique*. Das Cliquenproblem besteht darin zu entscheiden, ob eine solche Menge mit einer bestimmten Mächtigkeit existiert, und ist ebenfalls NP-vollständig [GaJo79]. Folgende Heuristik ergänzt eine Teilclique S zu einer größeren Clique S':

```
Prozedur   CLIQUE(Q,S,S')
Setze A := {D ∈ 𝓕 \ S| ∀F ∈ S {D,F} ∈ B'}; S' := S;
Solange A ≠ Ø:
     Wähle E ∈ A mit maximalem |{F ∈ A | {E,F} ∈ B'}|;
     Setze S':= S' ∪ {E}; A := {D ∈ 𝓕 \ S'| ∀F ∈ S' {D,F} ∈ B'};
     END.
```

Bild 10.50: Heuristik für das Cliquenproblem

Auch für das komplexere Testplanungsverfahren kann die Zahl der Steuerleitungen in der beschriebenen Weise minimiert werden.

Wir erläutern das gesamte Vorgehen anhand des Beispiels aus Bild 10.51. Es gibt die Registertransfer-Beschreibung eines Matrizenmultiplizierers nach [Gutb88] wieder. Testregister 6 und 7 bilden die Terminale der Schaltung und können beispielsweise in Form von "Boundary Scan"-Registern realisiert werden. Zusätzlich müssen k = 6 Register zu multifunktionalen Testregistern

$TR_1, ..., TR_6$ erweitert werden. Damit sind folgende sechs Einzeltests durchzuführen:

$E_1 := \{3,7\};$
$E_2 := \{4,5\};$
$E_3 := \{1\};$
$E_4 := \{1,2\};$
$E_5 := \{2\};$
$E_6 := \{2\};$

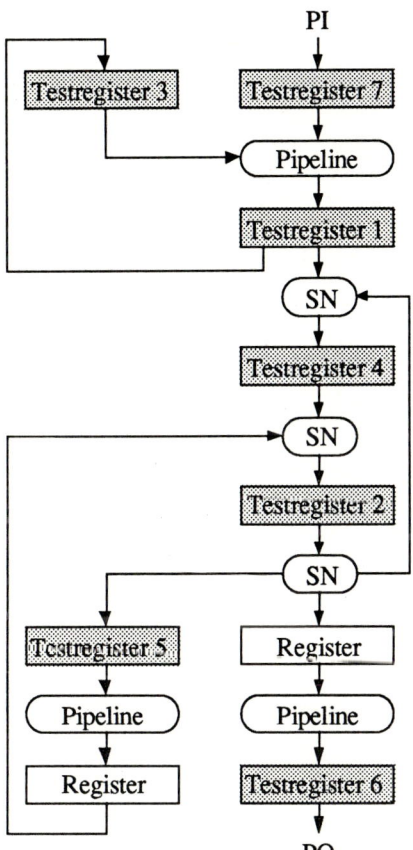

Bild 10.51: Beispielschaltung auf Registertransfer-Ebene

Der Markierungsgraph der Einzeltests sieht damit wie in Bild 10.52 aus.

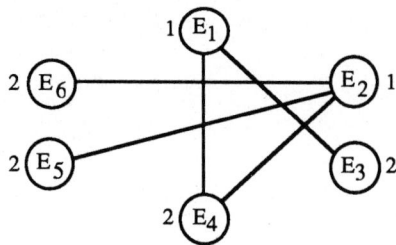

Bild 10.52: Markierungsgraph der Einzeltests

Eine zulässige Markierung $\Gamma: \mathscr{E} \rightarrow \{1, 2\}$ ist durch $\Gamma(E_1) = \Gamma(E_2) = 1$ und $\Gamma(E_3) = \Gamma(E_4) = \Gamma(E_5) = \Gamma(E_6) = 2$ gegeben. Man erhält somit zwei Testsitzungen $\{1, 2\}$ und $\{3, 4, 5, 6\}$.

Der Markierungsgraph (T, B) der Testregister ist in Bild 10.53 wiedergegeben. Seine Markierung bestimmt, daß nur zwei b_1-Signalleitungen benötigt werden.

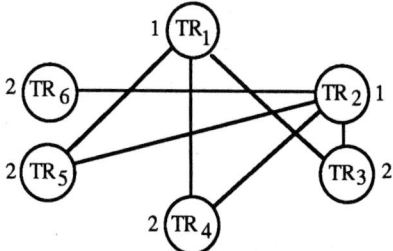

Bild 10.53: Markierungsgraph der Testregister

Mit $\Gamma(TR_1) = \Gamma(TR_2) = 1$ und $\Gamma(TR_3) = \Gamma(TR_4) = \Gamma(TR_5) = \Gamma(TR_6) = 2$ erhält man eine zulässige Markierung, so daß Register TR_1, TR_2 an eine Steuerleitung b_1 und TR_3, ..., TR_6 ebenfalls an eine gemeinsame Leitung angeschlossen werden können. Das Testregister TR_7 wird für die Dauer des gesamten Selbsttests ausschließlich für die Mustererzeugung benötigt.

Bild 10.54 zeigt die daraus folgende Verdrahtung der Testregister. Das Signal TEST steuert alle b_0-Eingänge, und das Signalbündel $\vec{S}$ enthält die b_1-Steuereingänge, die auf die Testregister verteilt werden. Bei dieser Ansteuerung wurde das einfache Testplanungsverfahren zugrunde gelegt.

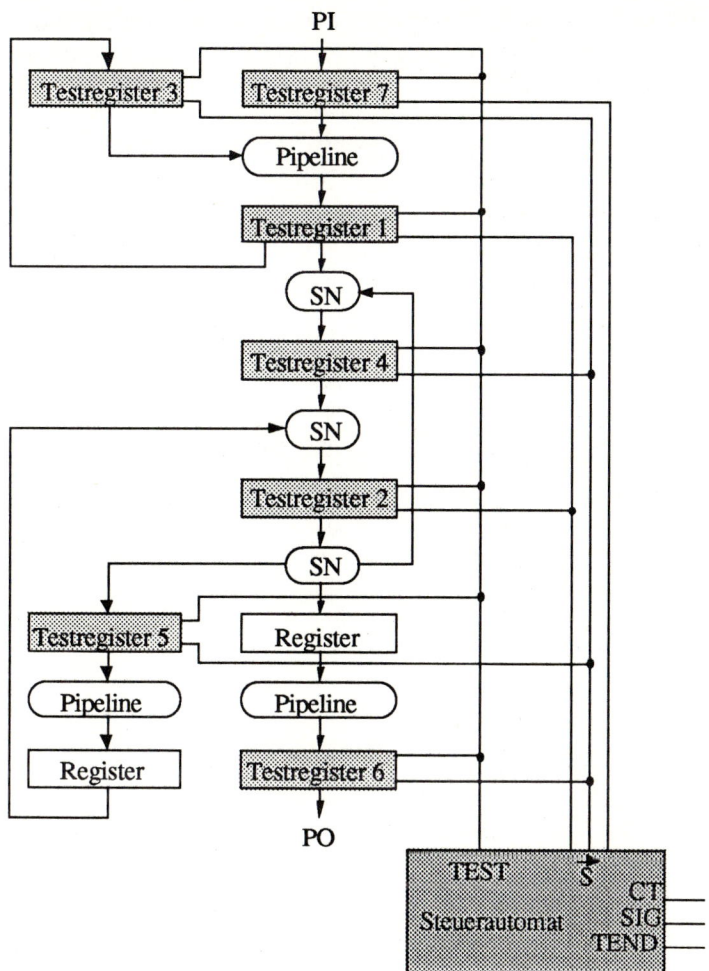

Bild 10.54: Ansteuerung der Testregister

10.5   Synthese der Selbstteststeuerung

Die Steuersignale nach Bild 10.54 können von externen Testautomaten erzeugt werden. Sie benötigen als Eingabe lediglich ein Startsignal CT (Chip-Test), geben an SIG seriell die Signatur aus und zeigen an TEND das Testende an. Die Vorteile des Selbsttests können allerdings nur dann vollständig genutzt werden, wenn seine Steuerung von einem entsprechenden Steuerwerk auf dem Chip übernommen wird. Solche Schaltungen wurden beispielsweise in [BGL88, WuHa89, WuHa90] vorgestellt. Im folgenden beschreiben wir den Vorschlag nach [WuHa89].

Die Ausgaben $\vec{S}$ der Teststeuerung nach Bild 10.54 sind in jeder Testsitzung S_j, j = 1, .., r, die Steuerbelegungen der b_1^i-Signale, i = 1, ..., q, für die Testregister. Ein derartiger Automat kann beispielsweise als mikroprogrammierbare Struktur nach Bild 10.55 realisiert werden. Als zusätzlich Eingabe benötigt der Automat Informationen über die Länge der Testregister für den Schiebebetrieb und über die Länge β_j der Testsitzungen S_j. Diese Informationen sind in den Konstanten const(0), ..., const(c) abgelegt.

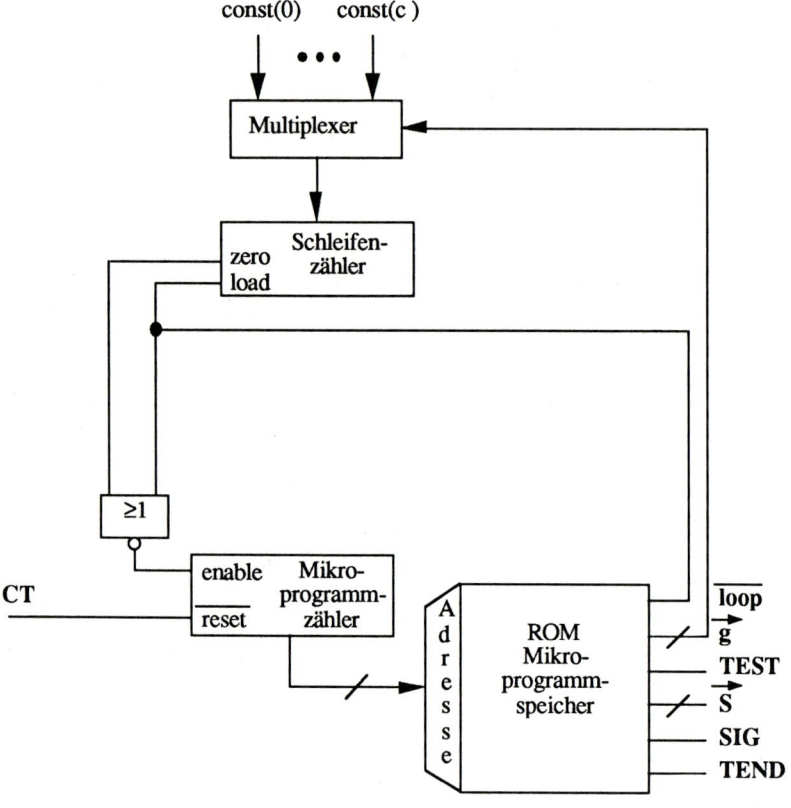

Bild 10.55: Mikroprogrammierbare Implementierung der Steuereinheit

Der Schleifenzähler kann zur Initialisierung der Testregister verwendet werden, er steuert die Ausgabe der Signatur und bestimmt die Dauer einer jeden Testsitzung. Das Signalbündel $\vec{g}$ wählt eine der Konstanten aus, die in den Schleifenzähler geladen wird, wenn loop = "1" ist. Ist loop = "0", so hält der Mikroprogrammzähler an, bis der Schleifenzähler rückwärts auf 0 gezählt hat. Für das Mikroprogramm ist ein Befehlssatz nach Tabelle 10.3 ausreichend; in dieser Tabelle bezeichnet der Parameter i die Adresse einer zu wählenden Konstanten const(i) und j bezeichnet die Nummer einer Testsitzung S.

Tabelle 10.3: Befehlssatz

Befehl	loop	$\vec{g}$	TEST	$\vec{S}$	SIG	TEND
beginn			0	0	0	
test(i, j)	1	i				0
	0	x	1	$\vec{S}(j)$	0	0
			1	$\vec{S}(j)$	0	
schieben(i)	1	i				0
	0	x	0	1	0	0
			0	1	0	
sig(i)	1	i				0
	0	x	0	1	1	0
			0	1	1	
ende	1	x				0
	x	x	x	x	x	1

In einem entsprechenden Mikroprogramm steht an der ersten Adresse der Befehl *beginn*, der den Chip auch im Normalbetrieb steuert. Der Befehl *test* wählt mit $\vec{S}$ die Testregister zur Mustererzeugung und Signaturanalyse aus. Die Befehle *schieben* und *sig* steuern Schiebeoperationen, wobei schieben(i) bestimmt, daß const(i) Bits geschoben wird, und sig(i) zeigt dabei noch zusätzlich am Ausgang SIG an, daß eine gültige Signatur anliegt. Diese Befehle können genutzt werden, um nach jeder Testsitzung die Signatur nach außen zu geben. Meistens ist es jedoch hinreichend, nur nach Ablauf des vollständigen Selbsttests die Signaturen auszulesen. Dadurch wird die Fehlermaskierungswahrscheinlichkeit nur unwesentlich erhöht, da eine falsche Signatur in einem Testregister erhalten bleibt, auch wenn es nach dem Signaturanalysebetrieb wieder zur Mustererzeugung verwendet wird.

Es sei $v(h)$ die Länge des Testregisters TR_h, $h = 1, ..., k$. Da der Schleifenzähler von const(h) bis 0 zurückzählt, und da der Automat das Bündel $\vec{S}(j)$ auch noch im Takt danach ausgibt, genügt es, in const(h) die notwendigen Konstanten um zwei vermindert zu speichern.

Für die Beispielschaltung nach Bild 10.51 gibt Tabelle 10.4 das Mikroprogramm einer einfachen Testablaufsteuerung wieder. Dabei ist $const(0) :=$ $\sum\limits_{h=1}^{k} v(h) - 2$ die um zwei verminderte Länge des gesamten Schieberegisters, $const(1) := \beta_1 - 2$ und $const(2) := \beta_2 - 2$ werden durch die Länge der beiden Testsitzungen bestimmt.

Tabelle 10.4: Beispiel eines Mikroprogramms für eine Selbstteststeuerung

	Befehl	loop	$g_1 g_0$	TEST	$S_1 S_2$	SIG	TEND
1	beginn	1	0 0	0	0 0	0	0
2	schieben(0)	0	x x	0	1 1	0	0
		1	0 1	0	1 1	0	0
3	test(1,1)	0	x x	1	1 0	0	0
		1	1 0	1	1 0	0	0
4	test(2,2)	0	x x	1	0 1	0	0
		1	0 0	1	0 1	0	0
5	sig(0)	0	x x	0	1 1	1	0
		1	x x	0	1 1	1	0
6	ende	x	x x	x	x x	x	1

In obenstehender Codierung fällt auf, daß sich einzelne Befehle teilweise zusammenfassen lassen und das gesamte Mikroprogramm lediglich 10 Zeilen beansprucht. Häufig ist es günstiger, die durch das Mikroprogramm spezifizierte Funktion nicht durch ein ROM, sondern als zwei- oder mehrstufiges Schaltnetz zu realisieren. Dann kann die Codierung unmittelbar als Eingabe eines Programms zur logischen Minimierung, beispielsweise ESPRESSO [Bray84], dienen und das ROM durch ein PLA oder ein mehrstufiges Schaltnetz ersetzt werden.

Die Testablaufsteuerung kann noch weiter vereinfacht werden, wenn man für die anfallenden Konstanten besonders günstige Werte wählt. Es sei

$\delta := \lceil \log_2(\sum_{h=1}^{k} v(h) - 2) \rceil$, und const (0) sei das Zweierkomplement von 2^δ.

Falls der Schleifenzähler nun von const(0) aufwärts zählt, werden 2^δ Takte für das Schieben erzeugt. Es beeinträchtigt die Funktion der Steuerung in keiner Weise, daß die Schaltung mit $2^\delta \geq \sum_{h=1}^{k} v(h) - 2$ möglicherweise einige Takte zuviel im Schiebebetrieb bleibt; lediglich die Testdauer wird geringfügig erhöht.

In ähnlicher Weise findet man eine einheitliche Sitzungslänge 2^ζ mit $\zeta := \lceil \log_2(\max_{1 \leq j \leq r} \beta_j - 2) \rceil$ und setzt const(1) gleich dem Komplement von ξ. Beide Konstanten reichen aus, um einen sinnvollen Testablauf zu bestimmen. Damit ist zur Erzeugung der Konstanten lediglich ein Inverter notwendig, und die Schleife kann durch einen einfachen Aufwärtszähler nach Bild 10.56 implementiert werden.

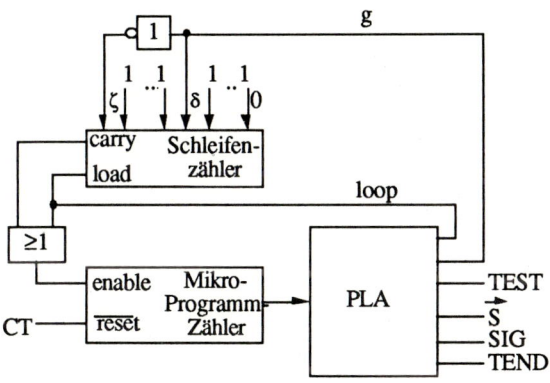

Bild 10.56: Prinzip einer einfachen Teststeuereinheit

Bei der Realisierung der Teststeuerung muß der Entwerfer somit zwischen den folgenden Zielvorgaben abwägen:

— Fehlererfassung
— Fläche
— Testdauer.

Die Fehlererfassung wird erhöht und die Wahrscheinlichkeit der Fehlermaskierung reduziert, wenn nach jeder Testsitzung die entstandene Signatur herausgeschoben wird. Dies dauert eine gewisse Zeit und vergrößert damit auch das Mikroprogramm und das Steuerwerk.

Die Fläche wird reduziert, wenn man auf häufiges Auswerten der Signatur verzichtet. Benutzt man zusätzlich nur zwei Konstanten zur Bestimmung der Sitzungslänge und der Dauer des Schiebens, erhält man eine flächenminimale Lösung auf Kosten der Effizienz. Wählt man für jede Testsitzung optimale Konstanten, verkürzt sich dagegen die Testzeit.

Abschließend sei darauf hingewiesen, daß die beschriebenen Selbsttest-Konfigurationen mit dem im fünften Kapitel eingeführten "Boundary Scan" und dem Testzugangsport kompatibel sind. Die Selbsttestregister sind die Benutzerdaten-Register, und während des Ablaufs des Run-Test Befehls gibt der Testzugangsport die Steuerung an das oben vorgestellte Schaltwerk ab.

11 Testverfahren für spezielle Strukturen

Bislang wurden Testverfahren für Schaltungen vorgestellt, die auf Gatterebene beschrieben sind und aus kombinatorischen Bauelementen, Registern und Peripherie bestehen. Bei steigender Integrationsdichte werden in einem Chip vermehrt Strukturen realisiert, für die in der Vergangenheit eigene Schaltungen vorgesehen waren. Dabei wird der Systementwurf von der Baugruppenentwicklung zum Entwurf eines Chips verlagert, in den neben unterschiedlichen synchronen Schaltungen auch Speicherfelder, sogenannte "Programmable Logic Arrays" (PLAs), asynchrone und sogar analoge Teile integriert sind. Eine derartige heterogene Struktur, in der mehrere unterschiedliche Teile realisiert sind (englisch: embedded ASICs), macht auch die Integration unterschiedlicher Testverfahren erforderlich. Im folgenden stellen wir Testmethoden für Schreib/Lese-Speicher (RAMs) und PLAs vor.

Auf den Test asynchroner und analoger Schaltungen wird im Rahmen dieses Buches nicht eingegangen, da die Entwicklung rechnergestützter Testverfahren hierfür erst am Anfang steht (vgl. [Maho87]). In der Regel werden analoge und asynchrone Strukturen so entworfen, daß möglichst früh der Übergang zu einer digitalen, synchronen Schnittstelle erfolgt, sie somit nur einen sehr kleinen Teil des Chips einnehmen und eine manuelle Testerstellung möglich ist.

11.1 PLAs

11.1.1 Implementierung eines PLAs

Programmierbare logische Arrays sind reguläre zweistufige Schaltnetze, die sich sehr einfach entwerfen und automatisch erzeugen lassen. PLA-Generatoren sind weit verbreitete Entwurfswerkzeuge, die aus der Beschreibung einer booleschen Funktion das entsprechende Layout erzeugen. Besonders häufig werden sie genutzt, um in Steuerwerken die Übergangs- und Ausgabefunktionen zu implementieren. Aus ihrer häufigen Anwendung entstand der Bedarf nach einer Vielzahl unterschiedlicher Testmethoden, Übersichtsartikel sind z. B. [Regh86, ZhBr88b]

Ein PLA realisiert eine boolesche Funktion F: $\{"0","1"\}^n \rightarrow \{"0","1"\}^m$ in disjunktiver Form unter Ausnutzung gemeinsamer Terme der Teilfunktionen F_i, i = 1, ..., m. In der einfachsten Form besteht ein PLA aus folgenden drei Komponenten:

1)   Eine Inverterstufe IN, die zu jeder Eingangsvariablen e_i, $1 \leq i \leq n$, die Literale l_i und $\bar{l}_i$ erzeugt.

2)   Eine UND-Matrix UN, die aus den 2n Literalen $l_1, \bar{l}_1, ...l_n, \bar{l}_n$ die k Produktterme $p_1, ..., p_k$ erzeugt.

3)   Eine ODER-Matrix OD, die aus den k Produkttermen $p_1, ..., p_k$ die m Ausgabesignale $a_1, ..., a_m$ mit $F_i(e_1, ..., e_n) = a_i$ für i = 1, ..., m erzeugt.

Bild 11.1 zeigt diese PLA-Struktur. Im folgenden werden die Buchstaben $e_1, ..., e_n$ stets zugleich für Eingangsvariable und die zugehörigen Eingangsleitungen des PLAs verwendet; ebenso l_i und $\bar{l}_i$ ($1 \leq i \leq n$) für Literale und Literalleitungen, p_j ($1 \leq j \leq k$) für Produktterme und Produktleitungen und a_h ($1 \leq h \leq m$) für die Ausgangssignale und -leitungen.

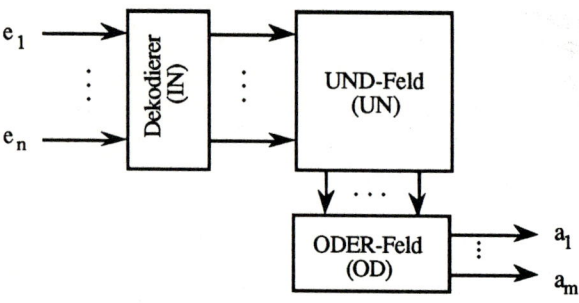

Bild 11.1: Komponenten eines PLAs

Ein PLA ist somit eine direkte Umsetzung einer in disjunktiver Form vorliegenden Funktionsbeschreibung in eine schaltungstechnische Realisierung. Die benötigte Fläche wird reduziert, wenn ein Produktterm p_i für mehrere Ausgabevariablen a_i verwendet werden kann. Bild 11.2 zeigt ein PLA mit zwei Ausgängen, vier Eingängen und drei Produkttermen zur Realisierung der beiden Teilfunktionen $a_1 = p_1 \vee p_2$ und $a_2 = p_2 \vee p_3$ mit $p_1 = e_1\bar{e}_2$, $p_2 = e_1e_3$ und $p_3 = \bar{e}_3e_4$.

Ein Punkt, der in dieser Darstellung an der Kreuzung zweier PLA-Leitungen auftritt, wird Kreuzungspunkt genannt. In der UND-Matrix wird damit ausgedrückt, daß ein Literal in einem Produktterm enthalten ist. In der ODER-Matrix bezeichnet ein solcher Kreuzungspunkt dagegen die disjunktive Abhängigkeit einer Ausgangsvariablen von einem Produktterm. Zwei sich kreuzende Leitungen ohne Kreuzungspunkt sind auf unterschiedlichen Ebenen der Schaltung angeordnet und beeinflussen sich nicht.

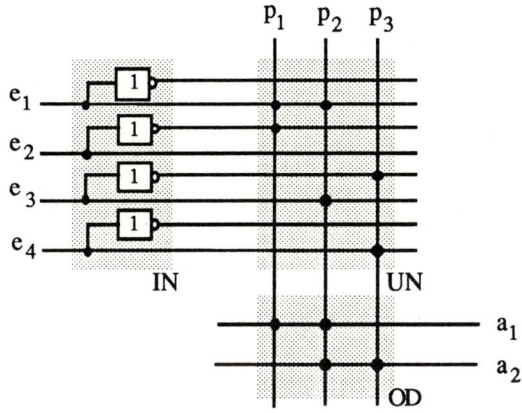

Bild 11.2: UND-ODER-Form eines PLAs

Zumeist wird ein PLA nicht in dieser ursprünglichen UND-ODER-Form realisiert, sondern insbesondere bei nMOS-Schaltungen wird eine NOR-NOR-Realisierung vorgezogen. Wendet man die Regeln von de Morgan auf das Beispiel von Bild 11.2 an, so erhält man $\bar{a}_1 = p_1 \barvee p_2$, $\bar{a}_2 = p_2 \barvee p_3$ und $p_1 = \bar{e}_1 \barvee e_2$, $p_2 = \bar{e}_1 \barvee \bar{e}_3$, $p_3 = e_3 \barvee \bar{e}_4$. Die Transformation eines PLAs von einer UND-ODER-Form in eine NOR-NOR-Realisierung geschieht also durch Invertieren der PLA-Ausgänge und Vertauschen von negierten und nicht negierten Literalleitungen. Bild 11.3 zeigt eine NOR-NOR-Realisierung des PLAs von Bild 11.2, wobei Kreuzungspunkte durch nMOS-Transistoren ersetzt wurden.

Weitere Realisierungsvarianten gibt es bei der Inverterstufe IN, die auch als Dekodierstufe bezeichnet wird, da durch einen Inverter das Eingangssignal "1" in die Signale "10" und das Signal "0" in "01" dekodiert wird. Eine Verallgemeinerung besteht in der Verwendung größerer Dekodierer, die bei-

spielsweise einen 2-Bit-Code in einen 1-aus-4-Bit-Code umsetzen, wie sie
etwa in [OsHo79] verwendet werden. Der Einfachheit wegen soll im folgenden stets die allgemeine UND-ODER-Form eines PLAs mit einfacher Inverterstufe zugrundegelegt werden.

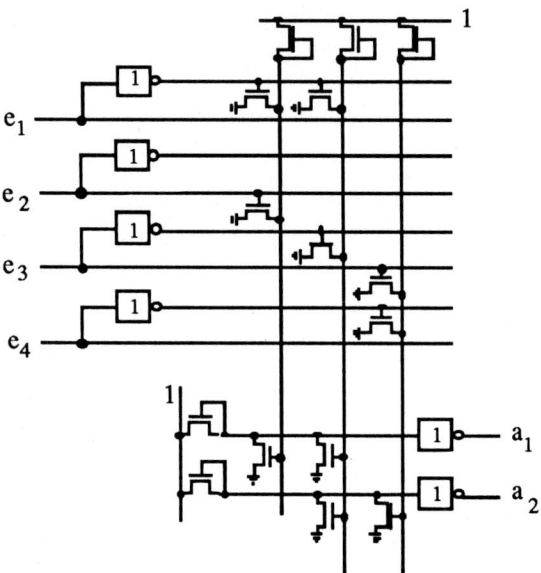

Bild 11.3: NOR-NOR-Form eines PLAs

11.1.2 Funktionsdarstellung eines PLAs

Auch die Funktion eines PLAs kann mit dem in Abschnitt 3.4.2 eingeführten Würfelkalkül ausgedrückt werden, das zu diesem Zweck für Funktionen
mit mehreren Ausgängen erweitert werden muß. Ein Würfel $C := (c_1, ..., c_n, c_{n+1}, ..., c_{n+m}) \in \{0, 1, -\}^{n+m}$ beschreibt auch in diesem Fall einen Produktterm $t(E)$ und ist für $1 \leq i \leq n$ definiert als

$$c_i := \begin{cases} 0, \text{ falls das Literal } \bar{l}_i \text{ in } t(E) \text{ vorkommt} \\ 1, \text{ falls das Literal } l_i \text{ in } t(E) \text{ vorkommt} \\ -, \text{ falls die Variable } e_i \text{ in } t(E) \text{ nicht vorkommt} \end{cases}$$

und für $n+1 \leq i \leq n+m$ als

$$c_i := \begin{cases} 1, \text{ falls } t(E) \text{ am Ausgang } a_{i-n} \text{ beteiligt ist} \\ -, \text{ falls } t(E) \text{ nicht am Ausgang } a_{i-n} \text{ beteiligt ist .} \end{cases}$$

Die Komponenten $c_1, ..., c_n$ gehören zum Eingangsteil des Würfels C, und $c_{n+1}, ..., c_{n+m}$ gehören zum Ausgangsteil.

Damit entspricht jedem Produkterm p_i, $1 \leq i \leq k$, auch ein Würfel C_i, und die Funktion eines PLAs ist eindeutig durch die Angabe ihrer Überdeckung $\mathcal{C} := \{C_i \mid 1 \leq i \leq k\}$ festgelegt. Enthält ein Würfel C an allen Komponenten $c_{n+1}, .., c_{n+m}$ seines Ausgangsteils nur das Zeichen -, so hängt kein Ausgang von dem so definierten Produkterm ab, und es ist C = Ø. Im folgenden nehmen wir für alle $C \in \mathcal{C}$ stets $C \neq \emptyset$ an.

Im Beispiel von Bild 11.2 bilden $C_1 = (1, 0, -, -, 1, -)$, $C_2 = (1, -, 1, -, 1, 1)$ und $C_3 = (-, -, 0, 1, -, 1)$ die Überdeckung $\mathcal{C} = \{C_1, C_2, C_3\}$. Der Würfelkalkül kann auch zur Beschreibung der fehlerhaften Funktion und damit zur Fehlermodellierung verwendet werden. Zu diesem Zweck erweitern wir den bereits eingeführten Operator $\cap$ auch auf Würfel und Überdeckungen mit einem Ausgangsteil von mehr als einer Variablen.

Es seien $A := (a_1, ..., a_n, a_{n+1}, ..., a_{n+m})$, $A' := (a_1, ..., a_n)$, $B := (b_1, ..., b_n, b_{n+1}, ..., b_{n+m})$, und $B' := (b_1, ..., b_n)$. A' und B' besitzen keinen Ausgangsteil, so daß hierfür der in Abschnitt 7.1.2.1 eingeführte Operator $\cap$ anwendbar ist: $C' := A' \cap B' = (c_1', ..., c_n')$. Dieser Würfel darf aber nur solchen Ausgangsvariablen zugeordnet werden, die sowohl in A als auch in B definiert sind: $a_i = b_i = 1$ für $n+1 \leq i \leq n+m$. Dies ergibt für $A \cap B = C = (c_1, ..., c_n, c_{n+1}, ..., c_{n+m})$ die Zuordnung

$$c_i := \begin{cases} c_i' \text{ für } 1 \leq i \leq n \\ 1 \text{ falls } a_i = b_i = 1 \text{ und } n+1 \leq i \leq n+m \\ - \text{ sonst .} \end{cases}$$

Für eine Überdeckung $\mathcal{B} := \{B_1, ..., B_s\}$ folgt $A \cap \mathcal{B} = \{A \cap B_1, ..., A \cap B_s\}$. Für $\mathcal{A} := \{A_1, ..., A_r\}$ gilt schließlich $\mathcal{A} \cap \mathcal{B} = \{A \cap B \mid A \in \mathcal{A}, B \in \mathcal{B}\}$.

Mit den in Bild 11.2 verwendeten Würfeln erhält man beispielsweise $C_1 \cap C_2 = (1, 0, -, -, 1, -) \cap (1, -, 1, -, 1, 1) = (1, 0, 1, -, 1, -)$ und $C_1 \cap C_3 = (1, 0, -, -, 1, -) \cap (-, -, 0, 1, -, 1) = (1, 0, 0, 1, -, -) = \emptyset$, da der im letzten Fall definierte Produkterm zu keiner Ausgabevariablen beiträgt. Mit $\mathcal{C} = \{C_1, C_2, C_3\}$, $\mathcal{A} := \{A_1, A_2\}$, $A_1 := (-, 1, -, 0, -, 1)$ und $A_2 :=$

$(0, -, 0, -, 1, -)$ gilt schließlich $\mathscr{A} \cap \mathcal{C} = \{C_1 \cap A_1, ..., C_3 \cap A_2\}$. Dabei sind

$C_1 \cap A_1 = \emptyset$
$C_2 \cap A_1 = (1, 1, 1, 0, -, 1)$
$C_3 \cap A_1 = \emptyset$
$C_1 \cap A_2 = \emptyset$
$C_2 \cap A_2 = \emptyset$
$C_3 \cap A_2 = \emptyset,$

so daß $\mathscr{A} \cap \mathcal{C} = (1, 1, 1, 0, -, 1)$ folgt.

Wie der Durchschnittsoperator läßt sich auch der im achten Kapitel vorgestellte Operator # auf Würfel mit mehreren Ausgängen erweitern. Für Würfel ohne Ausgangsteil wurde die Überdeckung $\mathcal{C}' := A' \# B'$ bereits definiert. Für jedes $C' \in \mathcal{C}'$ wird ein $C \in \mathcal{C}^b$ gebildet durch:

$$c_i := \begin{cases} c_i' \text{ für } 1 \leq i \leq n \\ 1 \text{ falls } a_i = b_i = 1 \text{ und } n{+}1 \leq i \leq n{+}m \\ - \text{ falls } a_i = - \text{ oder } b_i = - \text{ und } n{+}1 \leq i \leq n{+}m \ . \end{cases}$$

Die Überdeckung $\mathcal{C}^b$ betrifft die Ausgabevariablen, die sowohl in A als auch in B definiert sind. Kommt im Ausgangsteil von B ein in A definierter Ausgang nicht vor, so ändert sich nichts. Daher muß noch ein Würfel C^a mit

$$c_i^a := \begin{cases} a_i \text{ für } 1 \leq i \leq n \\ 1 \text{ falls } a_i = 1, b_i = - \text{ und } n{+}1 \leq i \leq n{+}m \\ - \text{ sonst} \ . \end{cases}$$

hinzugenommen werden. Die Überdeckung $A \# B = \mathcal{C}^b \cup \{C^a\}$ beschreibt daher eine mehrstellige Funktion, die komponentenweise "1" wird, wenn die Ausgabe von A = "1" und von B = "0" ist.

Wir erläutern diese Operation wieder anhand des Beispiels von Bild 11.2. Es ist

$C_1' \# C_2' = \{(1, 0, 0, -)\} = \mathcal{C}',$

ein Würfel C^a existiert nicht, und man erhält

$C_1 \# C_2 = \{(1, 0, 0, -, 1, -)\}.$

Dagegen ist

$C_2' \# C_1' = \{(1, 1, 1, -)\}$, hier ist

$C^a = \{(1, -, 1, -, -, 1)\}$, und man erhält

$C_2 \# C_1 = \{(1, 1, 1, -, 1, -), (1, -, 1, -, -, 1)\}$.

Die hiermit auf Würfeln definierte Operation # kann auf Überdeckungen $\mathcal{B} := \{B_1, ..., B_s\}$ durch $A \# \mathcal{B} := \bigcap\limits_{i=1}^{s} (A \# B_i)$ erweitert werden. Ist

schließlich $\mathcal{A} := \{A_1, ..., A_r\}$, so gilt $\mathcal{A} \# \mathcal{B} := \bigcup\limits_{i=1}^{r} (A_i \# \mathcal{B})$.

Wieder mit den bereits als Beispiel eingeführten Überdeckungen $\mathcal{C}$ und $\mathcal{A}$ kann $\mathcal{A} \# \mathcal{C}$ folgendermaßen bestimmt werden:

$A_1 \# C_1 = \{(-, 1, -, 0, -, 1)\}$,
$A_1 \# C_2 = \{(0, 1, -, 0, -, 1), (-. 1, 0, 0, -, 1)\}$,
$A_1 \# C_3 = \{(-, 1, -, 0, -, 1)\}$,
$A_2 \# C_1 = \{(0, -, 0, -, 1, -)\}$,
$A_2 \# C_2 = \{(0, -, 0, -, 1, -)\}$,
$A_2 \# C_3 = \{(0, -, 0, -, 1, -)\}$.

Man erhält daher

$A_1 \# \mathcal{C} = \{(0, 1, -, 0, -, 1), (-, 1, 0, 0, -, 1)\}$,
$A_2 \# \mathcal{C} = \{(0, -, 0, -, 1, -)\}$ und
$\mathcal{A} \# \mathcal{C} = \{(0, 1, -, 0, -, 1), (-, 1, 0, 0, -, 1), (0, -, 0, -, 1, -)\}$.

Die Anwendung dieser Operation bei der Fehlermodellierung ist offensichtlich: Ist $\mathcal{C}$ die Überdeckung des fehlerfreien PLAs und $\mathcal{C}_f$ die Überdeckung des fehlerhaften, so beschreibt die Funktion $\mathcal{C} \# \mathcal{C}_f$, welche Ausgänge im fehlerfreien Fall zu "1" und im fehlerhaften zu "0" werden. Der umgekehrte Fall gilt für $\mathcal{C}_f \# \mathcal{C}$ und die Funktion $\mathcal{C}_f \# \mathcal{C} \vee \mathcal{C} \# \mathcal{C}_f$ beschreibt, an welchen Ausgängen der Fehler erkannt wird.

11.1.3 Fehlermodellierung für PLAs

Fehlermodelle, die auf Gatterebene entwickelt wurden, können nicht einfach übernommen werden, da aufgrund der speziellen Struktur eines PLAs die im zweiten Kapitel beschriebenen Defektmechanismen auch zu besonderem fehlerhaften Verhalten führen. In der Literatur werden vor allem Haftfehler, Kreuzungspunktfehler und Brückenfehler betrachtet [Fuji85, Daeh86, OsHo79, Regh86], wobei zugleich die Einzelfehlerannahme getroffen wird. Im folgenden stellen wir diese drei Fehlermodelle vor, beschreiben sie mit Hilfe des Würfelkalküls und diskutieren Abhängigkeiten zwischen ihnen.

11.1.3.1 Haftfehler: Auch für PLAs ist das Haftfehlermodell weit verbreitet, es reflektiert solche Defekte wie ständig leitende oder sperrende Transistoren und mit der Masseleitung oder der Stromversorgung kurzgeschlossene Anschlüsse. Haftfehler können in allen Komponenten des PLAs vorkommen:

a)   *Im Eingangsteil:* Eine der Eingangsleitungen e_i liegt ständig auf 0 oder auf 1 ($s0$-e_i, $s1$-e_i).

b)   *Im Dekodierteil:* Eine der Literalleitungen l_i oder $\bar{l}_i$ liegt ständig auf 0 oder auf 1 ($s0$-l_i, $s1$-l_i, $s0$-$\bar{l}_i$, $s1$-$\bar{l}_i$).

c)   *In der UND-Matrix:* Leitet oder sperrt einer der Transistoren dieser Matrix stets, so liegt das entsprechende Literal des betroffenen Produktterms ständig auf 1 bzw. 0. Ein Defekt kann auch die gesamte Produktleitung p_i betreffen ($s0$-p_i, $s1$-p_i).

d)   *In der ODER-Matrix:* Hier bewirken ständig leitende oder sperrende Transistoren, daß die angeschlossenen Produktleitungen an dem betreffenden Ausgang ständig auf 1 oder 0 erscheinen. Schließlich kann ein Ausgang a_i selbst mit $s1$-a_i, $s0$-a_i fehlerhaft sein.

In Bild 10.4 sind einige der hier klassifizierten Haftfehler eingezeichnet.

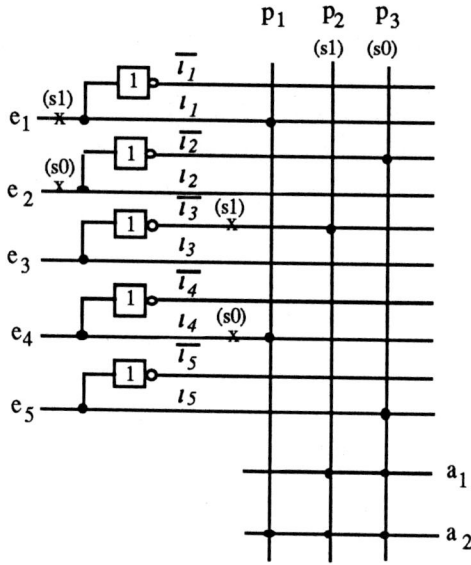

Bild 10.4: Haftfehler in einem Beispiel-PLA

Im folgenden werden wir untersuchen, auf welche Weise die PLA-Funktion durch diese Haftfehler verfälscht wird. Wir zeigen, wie im allgemeinen die fehlerhaften Funktionen C_f erzeugt werden können und geben für obenstehendes Beispiel die entsprechenden Überdeckungen an. Die Funktion dieser Schaltung wird durch die Überdeckung $C = \{C^1, C^2, C^3\}$ mit $C^1 = (1, -, -, 1, -, -, 1)$, $C^2 = (-, -, 0, -, -, 1, 1)$ und $C^3 = (-, 0, -, -, 1, 1, 1)$ wiedergegeben.

Um im allgemeinen Fall zu beschreiben, wie Haftfehler an einem Eingangssignal e_i die fehlerfreie Funktion mit der Überdeckung $C = \{C^1, ..., C^k\}$ verfälschen, führen wir die drei Teilüberdeckungen

$$C_i^- := \{C \in C \mid c_i = -\},$$
$$C_i^1 := \{C \in C \mid c_i = 1\} \text{ und}$$
$$C_i^0 := \{C \in C \mid c_i = 0\} \text{ ein.}$$

Somit enthält C_i^- diejenigen Würfel aus C, deren i-te Komponente gleich - ist, C_i^1 diejenigen mit der 1 als i-te Komponente und C_i^0 diejenigen mit 0. Für $a, b \in \{0, 1, -\}$ sei

$$C_i^{a,b} := \{C' \mid \exists C \in C_i^a \ c_k' = c_k \text{ für } k \neq i \text{ und } c_k' = b \text{ für } k = i\}.$$

$C_i^{a,b}$ enthält also Würfel, die an der i-ten Komponente ein $c_i' = b$ besitzen und ursprünglich mit $c_i = a$ aus C_i^a estammen. Ein Haftfehler s0-e_i des Eingangssignals e_i führt damit zu der fehlerhaften Überdeckung

$$C_{s0-e_i} := C_i^- \cup C_i^{0,-},$$

da das positive Literal und somit der Produktterm eines Würfels aus C_i^1 nie erfüllt sein kann und e_i unabhängig von der tatsächlichen Eingabe stets 0 ist. Entsprechend führt der Fehler s1-e_i zu der Fehlfunktion

$$C_{s1-e_i} := C_i^- \cup C_i^{1,-}.$$

Im Beispiel von Bild 11.4 ist $C_1^- = \{C^2, C^3\}$, $C_1^{1,-} = \{(-, -, -, 1, -, -, 1)\}$ und es folgt die Fehlfunktion $C_{s1-e_1} = C_1^- \cup C_1^{1,-}$. Mit $C_2^- = \{C^1, C^2\}$ und $C_2^{0,-} = \{(-, -, -, -, 1, 1, 1)\}$ folgt $C_{s0-e_2} := C_2^- \cup C_2^{0,-}$.

Ist jedoch nicht der gesamte Eingang, sondern nur eine Literalleitung l_i oder $\bar{l}_i$ fehlerhaft, so folgen:

a) $\mathcal{C}_{s0\text{-}l_i} := \mathcal{C}_i^- \cup \mathcal{C}_{i,}^0$

b) $\mathcal{C}_{s0\text{-}\bar{l}_i} := \mathcal{C}_i^- \cup \mathcal{C}_{i,}^1$

c) $\mathcal{C}_{s1\text{-}l_i} := \mathcal{C}_i^- \cup \mathcal{C}_i^0 \cup \mathcal{C}_i^{1,-}$,

d) $\mathcal{C}_{s1\text{-}\bar{l}_i} := \mathcal{C}_i^- \cup \mathcal{C}_i^1 \cup \mathcal{C}_i^{0,-}$.

Ist nämlich eine Literalleitung ständig auf "0" so können alle angeschlossenen Produktterme nie wahr werden, es gelten also daher $\mathcal{C}_{s0\text{-}l_i} \subset \mathcal{C}$ und $\mathcal{C}_{s0\text{-}\bar{l}_i} \subset \mathcal{C}$, und man nennt einen derartigen Fehler deshalb auch Verkleinerungsfehler. Ist jedoch eine Literalleitung stets auf "1", werden die angeschlossenen Produktterme unabhängig vom Wert der zugehörigen Variablen wahr, so daß $\mathcal{C} \subset \mathcal{C}_{s1\text{-}l_i}$ und $\mathcal{C} \subset \mathcal{C}_{s1\text{-}\bar{l}_i}$ gelten und man von Vergrößerungsfehlern spricht. Für die in Bild 11.4 eingezeichneten Literalfehler gelten

$$\mathcal{C}_{s1\text{-}\bar{l}_3} := \mathcal{C}_3^- \cup \mathcal{C}_3^1 \cup \mathcal{C}_3^{0,-} = \{C^1, C^3, (\text{-}, \text{-}, \text{-}, \text{-}, \text{-}, 1, 1)\} =$$
$$\{(\text{-}, \text{-}, \text{-}, \text{-}, \text{-}, 1, 1)\} \text{ und } \mathcal{C}_{s0\text{-}l_4} = \{C^2, C^3\}.$$

Ist eine Produktleitung p_i ständig auf 0, so muß der entsprechende Würfel aus $\mathcal{C}$ entfernt werden, $\mathcal{C}_{s0\text{-}p_i} := \mathcal{C} \setminus \{C^i\}$, und man erhält einen Verkleinerungsfehler. Ist eine Produktleitung ständig auf 1, so geben alle Ausgänge, die den entsprechenden Produktterm enthalten, konstant die 1 aus. Dies beschreibt der Würfel

$$C' = (c_1', ..., c_n', c_{n+1}', ..., c_{n+m}') \text{ mit}$$

$$c_j' := \begin{cases} \text{- für } 1 \le j \le n \\ c_j \text{ für } n+1 \le j \le n+m \ . \end{cases}$$

Bei einem Fehler s1-p_i mit $C^i := (c_1, ..., c_n, c_{n+1}, ..., c_{n+m})$ muß somit ein Würfel hinzugefügt werden, und $\mathcal{C}_{s1\text{-}p_i} := \mathcal{C} \cup \{C'\}$ ist ein Vergrößerungsfehler. Damit ist in dem Beispiel für den Fehler s1-p_2 die fehlerhafte Überdeckung $\mathcal{C}_{s1\text{-}p_2} = \{(\text{-}, \text{-}, \text{-}, \text{-}, \text{-}, 1, 1)\}$. Schließlich ist $\mathcal{C}_{s0\text{-}p_3} = \{C^1, C^2\}$.

Bislang haben wir lediglich Haftfehler an Leitungen betrachtet. Ein Haftfehler an 0 eines Ausgangs a_j des PLAs ändert jeden Würfel $C \in \mathcal{C}$ zu einem $C' \in \mathcal{C}_{s0\text{-}a_j}$ ab mit

$$c_i' := \begin{cases} \text{- für } i = j+n \\ c_i \text{ für } i \ne j+n \ . \end{cases}$$

Ein Haftfehler an 1 wird durch den zusätzlichen Würfel C′ mit

$$c_i' := \begin{cases} 1 & \text{für } i = j+n \\ - & \text{für } i \neq j+n \end{cases}$$

und $\mathcal{C}_{s1\text{-}a_j} := \mathcal{C} \cup \{C'\}$ modelliert.

Transistoren, die ständig leiten oder sperren, wirken sich als Haftfehler an einem Literal eines Produktterms aus. Bei einem Fehler an 0 verschwindet der entsprechende Würfel, bei einem Fehler an 1 wird die Komponente $c_i = -$ gesetzt. Hiermit sind die möglichen einfachen Haftfehler vollständig klassifiziert. Für jeden dieser Fehler kann mit linearem Aufwand aus der Beschreibung $\mathcal{C}$ der PLA-Funktion auch die Beschreibung $\mathcal{C}_f$ der Fehlfunktion im Würfelkalkül in der beschriebenen Weise erzeugt werden.

11.1.3.2 Kreuzungspunktfehler:

Ein Kreuzungspunktfehler ist ein PLA-spezifischer Fehler, der modelliert, daß an der Kreuzung einer Literal- mit einer Produktleitung oder einer Produkt- mit einer Ausgangsleitung ein weiterer Transistor hinzukommt oder ein vorhandener verschwindet [Smit79]. Da speziell in nMOS-Schaltungen die Transistoren allein durch die selbstjustierenden Gates auf der Polysiliziumebene definiert werden, spiegeln beide Fehlerarten realistische Defektmechanismen wieder. Die zugehörigen Fehlfunktionen können folgendermaßen klassifiziert werden:

a) *Fehlender Kreuzungspunkt in der UND-Matrix:* Ein Transistor zwischen einer Produktleitung p_i und einer Literalleitung l_j oder $\bar{l}_j$ ist entfallen. Daher wird der entsprechende Produktterm unabhängig von der Eingangsvariablen e_j, und im zugehörigen Würfel C^i muß an der j-ten Komponente ein "-" eingefügt werden. Es sei
$C^i := (c_1, ..., c_n, c_{n+1}, ..., c_{n+m})$. Mit
$C' := (c_1, ..., c_{j-1}, -, c_{j+1}, ..., c_n, c_{n+1}, ..., c_{n+m})$ ist die fehlerhafte Funktion $\mathcal{C}_{p_i \circ e_j} = (\mathcal{C} \setminus \{C^i\}) \cup \{C'\}$, wobei $p_i \circ e_j$ den fehlenden Kreuzungspunkt bezeichnet.

b) *Zusätzlicher Kreuzungspunkt in der UND-Matrix:* Zwischen den Leitungen p_i und l_j bzw. $\bar{l}_j$ ist ein weiterer Transistor entstanden. Diesen Fehler bezeichnen wir mit $p_i \bullet l_j$ bzw. mit $p_i \bullet \bar{l}_j$. Wir erhalten als Fehlfunktion
$\mathcal{C}_{p_i \bullet l_j} = (\mathcal{C} \setminus \{C^i\}) \cup \{(c_1, ..., c_{j-1}, 1, c_{j+1}, ..., c_n, c_{n+1}, ..., c_{n+m})\}$
bzw. $\mathcal{C}_{p_i \bullet \bar{l}_j} = (\mathcal{C} \setminus \{C^i\}) \cup \{(c_1, ..., c_{j-1}, 0, c_{j+1}, ..., c_n, c_{n+1}, ..., c_{n+m})\}$.

c)   *Fehlender Kreuzungspunkt in der ODER-Matrix.* $p_i \circ a_j$ bezeichnet den
Fehler, daß der Transistor zwischen der Produktleitung p_i und der Aus-
gangsleitung a_j fehlt. Man erhält als Fehlfunktion $\mathcal{C}_{p_i \circ a_j} = (\mathcal{C} \setminus \{C^i\}) \cup$
$\{(c_1, ..., c_n, c_{n+1}, ..., c_{n+j-1}, -, c_{n+j+1}, ..., c_{n+m})\}$.

d)   *Zusätzlicher Kreuzungspunkt in der ODER-Matrix:* Mit $p_i \bullet a_j$ ist ein
weiterer Transistor entstanden. Damit gilt $\mathcal{C}_{p_i \bullet a_j} = (\mathcal{C} \setminus \{C^i\}) \cup \{(c_1,$
$..., c_n, c_{n+1}, ..., c_{n+j-1}, 1, c_{n+j+1}, ..., c_{n+m})\}$.

Hiermit wurden auch sämtliche Kreuzungspunktfehler im Würfelkalkül
ausgedrückt.

11.1.3.3 Brückenfehler: Brückenfehler, also Kurzschlüsse, sind in
einem PLA zwischen Leitungen auf gleicher Ebene und zwischen Leitungen
verschiedener Ebenen möglich. Nach [ShMF85, Maly86] sind aber Kurzschlüsse zwischen unterschiedlichen Ebenen weit seltener als Brückenfehler
benachbarter Leitungen auf gleicher Ebene. Da die Auswirkungen von Kreu-
zungs-Brückenfehlern außerdem stark von der Realisierungsform des PLAs
abhängen, werden sie hier nicht weiter betrachtet. Im folgenden wird nur auf
Kurzschlüsse zwischen zwei benachbarten Leitungen L_1 und L_2 eingegangen, die sich je nach Technologie als UND- oder ODER-Brücke bemerkbar
machen. Somit wird das Signal $L_1 \wedge L_2$ bzw. $L_1 \vee L_2$ beiden Leitungen zugewiesen. Je nach Art der überbrückten Leitungen lassen sich drei Fehler-
klassen unterscheiden, wobei jeweils UND- und ODER-Brücken als Alternativen beschrieben werden:

a)   *Brückenfehler zwischen benachbarten Literalleitungen::* Eine Brücke
zwischen l_i und $\bar{l}_i$ führt auf den Mehrfachhaftfehler $\{s0\text{-}l_i, s0\text{-}\bar{l}_j\}$ bei einer UND-Brücke und auf $\{s1\text{-}l_i, s1\text{-}\bar{l}_j\}$ bei einer ODER-Brücke. Eine
UND-Brücke zwischen l_i und $\bar{l}_{i+1}$ führt dazu, daß jeder Produktterm,
der von l_i abhängig ist, jetzt auch von $\bar{l}_{i+1}$ abhängig wird und umgekehrt. Enthält so ein Produktterm bereits l_{i+1}, so kann er nie erfüllt
werden und muß entfallen. Somit ist $\mathcal{C}_{l_i \wedge \bar{l}_{i+1}} = (\mathcal{C} \setminus (\mathcal{C}_i^1 \cup \mathcal{C}_{i+1}^0)) \cup \mathcal{C}'$,
wobei $\mathcal{C}'$ für jeden Würfel $C = (c_1, ..., c_n, c_{n+1}, ..., c_{n+m}) \in (\mathcal{C}_i^1 \setminus$
$\mathcal{C}_{i+1}^1 \cup \mathcal{C}_{i+1}^0 \setminus \mathcal{C}_i^0)$ einen Würfel C' enthält mit

$$c_j' := \begin{cases} c_j \text{ für } j \neq i, j \neq i+1, \\ 1 \text{ für } j = i, \\ 0 \text{ für } j = i+1 \ . \end{cases}$$

Etwas aufwendiger ist eine ODER-Brücke zu modellieren, da jetzt jeder von l_i abhängende Produktterm auch von $\bar{l}_{i+1}$ aktiviert werden kann und umgekehrt. Somit muß für jeden Würfel $C \in \mathcal{C}_i^1$ ein zusätzlicher Würfel $C \in \mathcal{C}'$ definiert werden durch

$$c_j' := \begin{cases} c_j \text{ für } j \neq i, j \neq i+1, \\ - \text{ für } j = i \\ 0 \text{ für } j = i+1 \ . \end{cases}$$

Zugleich muß für jeden Würfel $C \in \mathcal{C}_{i+1}^0$ ein $C'' \in \mathcal{C}''$ definiert werden durch

$$c_j'' := \begin{cases} c_j \text{ für } j \neq i, j \neq i+1 \\ 1 \text{ für } j = i \\ - \text{ für } j = i+1 \ . \end{cases}$$

Die gesamte Fehlfunktion ist dann $\mathcal{C}_{l_i \vee \bar{l}_{i+1}} = \mathcal{C} \cup \mathcal{C}' \cup \mathcal{C}''$.

b) *Brückenfehler zwischen benachbarten Produktleitungen:* Eine UND-Brücke zwischen den Produktleitungen p_i und p_{i+1} bewirkt, daß beide Leitungen nur gemeinsam aktiviert werden können und daher die Konjunktion der zugehörigen Produktterme realisiert wird:

$$\mathcal{C}_{p_i \wedge p_{i+1}} = (\mathcal{C} \setminus \{C^i, C^{i+1}\}) \cup C' \text{ mit}$$

$$c_j' := \begin{cases} c_j^i \cap c_j^{i+1} \text{ für } 1 \leq j \leq n \\ 1 \text{ falls } c_j^i = 1 \text{ oder } c_j^{i+1} = 1 \text{ für } n+1 \leq j \leq n+m \\ - \text{ sonst} \ . \end{cases}$$

Bei einer ODER-Brücke können alle Ausgänge, an die p_i geht, auch durch p_{i+1} aktiviert werden und umgekehrt. Die beiden zugehörigen Würfel werden zu C', C'' verändert durch

$$
c_j' := \begin{cases} c_j^i & \text{für } 1 \leq j \leq n \\ 1 & \text{falls } c_j^i = 1 \text{ oder } c^{i+1}_j = 1 \text{ für } n+1 \leq j \leq n+m \\ - & \text{sonst} \end{cases}
$$

und

$$
c_j'' := \begin{cases} c^{i+1}_j & \text{für } 1 \leq j \leq n \\ 1 & \text{falls } c_j^i = 1 \text{ oder } c^{i+1}_j = 1 \text{ für } n+1 \leq j \leq n+m \\ - & \text{sonst}. \end{cases}
$$

Dann ist $\mathcal{C}_{p_i \vee p_{i+1}} = \mathcal{C} \setminus \{C^i, C^{i+1}\} \cup \{C' \cap C''\}$.

c) *Brückenfehler zwischen benachbarten Ausgangsleitungen:* Eine UND-Brücke zwischen den Ausgängen a_i und a_{i+1} bewirkt, daß beide Ausgänge auch dann auf 0 gehen, wenn sie im fehlerfreien Fall unterschiedliche Werte haben sollten.

Eine ODER-Brücke bewirkt im selben Fall, daß beide Ausgänge auf 1 gehen. Somit besitzen beide Fehlertypen dieselben Testmuster, der Fehler erscheint nur jeweils am anderen Ausgang. Es genügt also, nur für eine ODER-Brücke die Fehlfunktionen anzugeben: Die fehlerhafte Überdeckung $\mathcal{C}_{a_i \vee a_{i+1}}$ enthält für jeden Würfel $C \in \mathcal{C}$ einen Würfel $C' = (c_1', ..., c_n', c_{n+1}', ..., c_{n+m}')$ mit

$$
c_j' := \begin{cases} c_j & \text{für } j \neq n+i, \ j \neq n+i+1 \\ 1 & \text{falls } (j = n+i \vee j = n+i+1) \text{ und } (c_{n+i} = 1 \vee c_{n+i+1} = 1) \\ - & \text{sonst}. \end{cases}
$$

11.1.3.4 Abhängigkeiten zwischen den Fehlermodellen:

Es wurde deutlich, daß in einem PLA eine große Zahl unterschiedlicher Fehler entstehen kann. Die reguläre Struktur führt daher nicht automatisch zu einer Verbesserung der Testbarkeit. Zwischen den beschriebenen Fehlermengen bestehen jedoch Äquivalenz- und Dominanzrelationen, so daß sie nicht alle in ihrem vollen Umfang betrachtet werden müssen. Ein Haftfehler an einem Literal eines Produktterms entspricht einem Kreuzungspunktfehler, da er bewirkt, daß der betroffene Transistor stets leitet oder sperrt. Je nach Literal- und Fehlerart ist er ein Vergrößerungs- oder Verkleinerungsfehler.

Ein Haftfehler an einer gesamten Literalleitung ist folglich ein mehrfacher Kreuzungspunktfehler, und entweder werden alle betroffenen Produktterme vergrößert oder verkleinert. Mehrere Verkleinerungsfehler zusammen bilden wieder einen Verkleinerungsfehler, so daß ein Test für einen der involvierten

Kreuzungspunktfehler auch den Mehrfachfehler findet. Allerdings muß darauf hingewiesen werden, daß es möglich ist, daß alle einzelnen Kreuzungspunktfehler wegen Redundanz nicht erkennbar sind, wohl aber der Mehrfachfehler. Dann existiert für keinen der Einzelfehler ein Test, und die beschriebene Dominanzrelation kann für den Mehrfachfehler nicht ausgenutzt werden.

Insgesamt deckt das Kreuzungspunktfehlermodell viele Haftfehler ab, nicht jedoch umgekehrt, in der Praxis führt jedoch die Testerzeugung nach beiden Modellen zu einer vergleichbaren Produktqualität [Wu90Ma]. Schließlich können sich auch zahlreiche Brückenfehler ähnlich wie Kreuzungspunktfehler auswirken.

11.1.4 Deterministische Testerzeugung für PLAs

Für zweistufige Schaltnetze mit einem kombinatorischen Fehlermodell können ohne Einschränkung die im siebten Kapitel vorgestellten Testerzeugungsverfahren verwendet werden. Es ist jedoch effizienter, die besondere Struktur des PLAs auszunutzen und mit dem #-Operator des Würfelkalküls die Tests zu erzeugen [Daeh86]. Ein Testerzeugungsprogramm, wie es beispielsweise als IMPLANT in [Schm88] beschrieben wurde, kann dann in folgenden Schritten ablaufen:

1) *Fehlerinjektion:* Es wird das betrachtete Fehlermodell festgelegt, z. B. Haftfehler, Brückenfehler, Kreuzungspunktfehler. Diese Fehlermenge wird durch Äquivalenzklassenbildung und eventuell unter Berücksichtigung von Dominanzrelationen auf eine Menge F eingeschränkt. Für jeden Fehler $f \in F$ wird die in den vorhergehenden Abschnitten beschriebene fehlerhafte Überdeckung $\mathcal{C}_f$ erzeugt.

2) *Erzeugen der Fehlererkennungsfunktion:* Für jeden Fehler $f \in F$ erzeugt man mit Hilfe der #-Operation die Überdeckung $\mathcal{D}_f := \mathcal{C} \# \mathcal{C}_f \cup \mathcal{C}_f \# \mathcal{C}$. $\mathcal{D}_f$ beschreibt eine Funktion, deren Komponenten dann wahr werden, wenn der Fehler f an den entsprechenden Ausgängen des PLAs erkannt werden kann. Folglich entspricht für jeden Würfel $D \in \mathcal{D}_f$ der Eingangsteil $(d_1, ..., d_n)$ einem Testmuster, das bei $d_i = -$ an der Stelle i undefiniert ist. Im Ausgangsteil $(d_{n+1}, ..., d_{n+m})$ ist zumindest ein $d_i = 1$. Wir setzen
$\mathcal{E}_f := \{(d_1, ..., d_n) \mid (d_1, ..., d_n, d_{n+1}, ..., d_{n+m}) \in \mathcal{D}_f\}$.
Die Überdeckung definiert eine einfache boolesche Funktion, die von der Menge der Testmuster für f erfüllt wird. Da sie in disjunktiver Form gegeben ist, definiert sie diese Menge unmittelbar als partiell definierte Belegungen.

11.1.5   Der Zufallstest für PLAs

Ein PLA kann aus Produkttermen mit sehr vielen Literalen bestehen. Exponentiell mit der Zahl der Literale sinkt die Erkennungswahrscheinlichkeit bestimmter Fehler, so daß die Testlängen bei gleichverteilten Mustern drastisch steigen und PLAs lange Zeit als nicht zufallstestbar angesehen wurden. Aus diesem Grund gibt es in der Literatur Vorschläge, PLAs mit zusätzlichen Steuerleitungen zu versorgen, um im Testbetrieb Produktterme auszublenden und positive und negative Literalleitungen voneinander unabhängig belegen zu können [Fuji87, HaRe86]. Versorgt man die Steuerleitungen ebenfalls mit zufällig erzeugten Signalen, sinkt die erforderliche Testlänge beträchtlich. Berücksichtigt man die Zufallstestbarkeit nicht beim Entwurf, scheitert in vielen Fällen auch die Bestimmung einer günstigen Menge von Gewichten, da Produktterme widersprüchliche Anforderungen an die Eingangswahrscheinlichkeiten stellen können. Aus diesem Grund ist es beim Zufallstest für PLAs häufig zwingend erforderlich, die Muster nach mehreren Verteilungen zu generieren.

Zunächst behandeln wir Methoden, Fehlererkennungswahrscheinlichkeiten in PLAs zu bestimmen. Da die exakte Berechnung sehr aufwendig sein kann, wird auch ein effizientes Schätzverfahren vorgestellt. Darauf aufbauend, können die im sechsten Kapitel vorgestellten Verfahren zur Bestimmung günstiger Verteilungen genutzt werden.

11.1.5.1   Fehlererkennungswahrscheinlichkeiten: Ist für jeden

Fehler $f \in F$ die Erkennungswahrscheinlichkeit p_f bekannt, so kann mit den Verfahren aus dem sechsten Kapitel die erforderliche Testlänge N für das PLA bestimmt werden.

11.1.5.1.1 Berechnungsverfahren: Die Überdeckung $\mathscr{C}_f$ impliziert die boolesche Funktion

$$e_f(X^l) := \sum_{E \in \mathscr{C}_f} t_E(X^l),$$

wobei für jeden Würfel $E \in \mathscr{C}_f$ der Ausdruck $t_E(X^l)$ den zugehörigen Produktterm bezeichnet. Das Tupel $X := (x_1, ..., x_n)$ bezeichne die Eingangswahrscheinlichkeiten. Dann ist die Fehlererkennungswahrscheinlichkeit

$$p_f(X) = e_f^a(X) = P(e_f(X^l))$$

durch die arithmetische Einbettung nach Definition 6.10 gegeben.

Ist die Überdeckung $\mathcal{E}_f$ orthogonal, so repräsentieren die Produktterme t_E disjunkte Mengen von Mintermen, und nach Korollar 6.17 erhält man

$$p_f(X^l) = P(\sum_{E \in \mathcal{E}_f} t_E(X^l)) = \sum_{E \in \mathcal{E}f} P(t_E(X^l)) = \sum_{E \in \mathcal{E}_f} t_E^a(X^l).$$

Für den Würfel $E := (e_1, ..., e_n)$ wird die arithmetische Einbettung des Produktterms $t_E^a(x) := \prod_{i=1}^{n} t_{E,i}(X)$ durch

$$t_{E,i} := \begin{cases} x_i \text{ falls } e_i = 1 \\ 1 - x_i \text{ falls } e_i = 0 \\ 1 \text{ falls } e_i = - \end{cases}$$

bestimmt.

In der Regel wird die Überdeckung $\mathcal{E}_f$ noch nicht orthogonal sein, so daß sie noch geringfügig modifiziert werden muß. Dabei werden schrittweise Produktterme aufgeteilt, bis schließlich jeder eine disjunkte Menge von Mintermen repräsentiert:

```
Prozedur  Orthogonal(𝓔,𝓔´);
Setze 𝓔´:= ∅;
Solange 𝓔 ≠ ∅:
    Wähle ein E ∈ 𝓔.
    Setze 𝓔 := 𝓔 \ {E};
    Falls 𝓔´ ∩ E = ∅
            Setze 𝓔´ := 𝓔´ ∪ {E}
    Sonst
            Setze 𝓔 := 𝓔 ∪ (E # 𝓔´);
END.
```

Bild 11.5: Erstellung einer orthogonalen Überdeckung $\mathcal{E}´$

Für einen Fehler $f \in F$ bestimmt folgende Prozedur die Erkennungswahrscheinlichkeit bei Eingabe der Eingangswahrscheinlichkeiten X:

```
Prozedur   PLA_FEWs(f,X);
1)   Fehlerinjektion
     Bestimme die fehlerhafte Überdeckung 𝒞f;
2)   Bestimme die Testfunktion 𝒟f := (𝒞 # 𝒞f) ∪ (𝒞f # 𝒞);
3)   Setze die Erkennungsfunktion 𝒠f gleich dem Eingangsteil
     von 𝒟f;
4)   ORTHOGONAL(𝒠f,𝒠);
5)   pf(X) :=  ∑    tᵃE(X);
           E∈𝒠f
END.
```

Bild 11.6: Bestimmung von Fehlererkennungswahrscheinlichkeiten

Die oben aufgeführte Prozedur kann im schlechtesten Fall sehr rechenaufwendig werden, da in Schritt 2) die Überdeckung $\mathcal{D}_f$ und in Schritt 4) die Überdeckung $\mathcal{C}$ exponentiell mit der Variablenzahl wachsen kann. Das im nächsten Abschnitt beschriebene Schätzverfahren umgeht diese Schritte.

11.1.5.1.2 Schätzverfahren: In [Wu87c] wurde das Problem, Fehlererkennungswahrscheinlichkeiten in einem PLA zu schätzen, auf die Bestimmung der Wahrscheinlichkeit zurückgeführt, daß ein boolescher Ausdruck in disjunktiver Form wahr wird. Dies kann mit einem Stichprobenverfahren nach [KaLu83] geschätzt werden, das einen in Formelgröße und Genauigkeit polynomialen Aufwand verlangt. Allerdings macht sich die günstige Eigenschaft erst bei sehr großen Schaltungen bemerkbar, während im Normalfall das Stichprobenverfahren nicht schneller als die exakte Berechnung ist [Schm88]. Wir stellen zunächst ein exaktes Berechnungsverfahren vor und leiten daraus eine Schätzung ab.

Nach Definition enthält $\mathcal{C}_i^1$ alle Würfel, die sich auf den Ausgang a_{i-n}, $n+1 \le i \le n+m$, auswirken. Damit enthalten in $\mathcal{C}_i^1 \# \mathcal{C}_{f,i}^1$ die Würfel an der Stelle i eine 1, bei denen der Ausgang a_{i-n} im fehlerfreien Fall "1" und im fehlerhaften Fall "0" wird; für $\mathcal{C}_{f,i}^1 \# \mathcal{C}_i^1$ gilt das Umgekehrte. Schließlich ist der boolesche Ausdruck

$$E_{f,i-n}(X^l) := (\sum_{C \in \mathcal{C}_i^1} t_C(X^l))(\overline{\sum_{C \in \mathcal{C}_{f,i}^1} t_C(X^l)}) \vee (\overline{\sum_{C \in \mathcal{C}_i^1} t_C(X^l)})(\sum_{C \in \mathcal{C}_{f,i}^1} t_C(X^l))$$

dann wahr, wenn am Ausgang a_{i-n} der Fehler durch das Variablentupel X^l erkannt wird.

Der Ausdruck $E_f(X^l) := E_{f,1}(X^l) \vee ... \vee E_{f,m}(X^l)$ ist genau dann erfüllt, wenn sich der Fehler f an irgeneinem Ausgang auswirkt. In der Notation der arithmetischen Einbettung aus dem sechsten Kapitel kann der Ausdruck in

$$\tilde{E}_f(X^a) := 1 - \prod_{j=1}^{m}(1 - \tilde{E}_{f,j}(X^a))$$

äquivalent überführt werden, dabei ist X^a das Tupel ganzzahliger arithmetischer Variablen aus $\{0, 1\}^n$, das dem booleschen Tupel X^l entspricht und $\tilde{E}_{f,j}(X^a)$ soll genau dann 1 sein, wenn $E_{f,j}(X^l)$ gleich "1" ist. $E_{f,j}(X^l)$ ist die Disjunktion zweier sich gegenseitig ausschließender Terme. Es ist

$$\left(\sum_{C \in \mathcal{C}_{j+n}^1} t_C(X^l) \right)\left(\overline{\sum_{C \in \mathcal{C}_{f,j+n}^1} t_C(X^l)} \right) = "1"$$

genau dann, wenn

$$\left(1 - \prod_{C \in \mathcal{C}_{j+n}^1}(1 - t_C^a(X^a))\right)\left(\prod_{C \in \mathcal{C}_{f,j+n}^1}(1 - t_C^a(X^a))\right) = 1$$

ist. Entsprechendes gilt für den zweiten, hierzu disjunkten Term und man erhält

$$\tilde{F}_{f,j}(X^a) = \left(1 - \prod_{C \in \mathcal{C}_{j+n}^1}(1 - t_C^a(X^a))\right)\left(\prod_{C \in \mathcal{C}_{f,j+n}^1}(1 - t_C^a(X^a))\right) +$$

$$\left(1 - \prod_{C \in \mathcal{C}_{f,j+n}^1}(1 - t_C^a(X^a))\right)\left(\prod_{C \in \mathcal{C}_{j+n}^1}(1 - t_C^a(X^a))\right).$$

Die Größe des Ausdrucks $\tilde{E}_f(X^a)$ ist linear in der Größe des PLAs. Die Fehlererkennungswahrscheinlichkeit ist gleich dem Erwartungswert $E(\tilde{E}_f(X^a)) = e_f^a(X)$, dessen Bestimmung einen in n exponentiellen Aufwand im schlechtesten Fall erfordert. Dazu werden einfach alle bedingten Wahrscheinlichkeiten aufsummiert:

$$e_f^a(X) = \sum_{B \in \{0,1\}^n} P(X^a = B) \cdot \tilde{E}_f(B).$$

Statt alle Variablen zu berücksichtigen kann man auch nur eine beschränkte Teilmenge $I \subset \{1, ..., n\}$, $|I| = k$, auswählen. Für jedes $B \in \{0,1\}^k$ setzt man $Y(B) := (y_1, ..., y_n)$ mit

$$y_i = \begin{cases} x_i = P(x_i^a = 1) \text{ für } i \in \{1, ..., n\} \setminus I \\ \\ b_i \text{ für } i \in I. \end{cases}$$

Es ist $P(\forall i \in I \; x_i^a = b_i) = \prod_{i \in I}(x_i b_i + (1 - x_i)(1 - b_i)) =: R_B$, und es folgt die Schätzformel

(11.1) $$\tilde{p}_f(X) =$$

$$\sum_{B \in \{0,1\}^k} R_B \cdot \Big[1 - \prod_{j=n+1}^{n+m} \; (1 - (1 - \prod_{C \in \mathcal{C}_j^1}(1 - t_C^a(Y(B)))) \prod_{C \in \mathcal{C}_{f,j}^1}(1 - t_C^a(Y(B)))$$

$$- (1 - \prod_{C \in \mathcal{C}_{f,j}^1}(1 - t_C^a(Y(B)))) \prod_{C \in \mathcal{C}_j^1}(1 - t_C^a(Y(B)))) \Big].$$

Es bleibt noch die Aufgabe, eine günstige Teilmenge $J \subset \{1, ..., n\}$ auszuwählen. Man bestimmt eine Maßzahl für den Einfluß einer Variablen x_i, indem man die Kubenmenge $\mathcal{W}(x_i) := \mathcal{C}_i^1 \cup \mathcal{C}_i^0 \cup \bigcup_{f \in F} \mathcal{C}_{f,i}^1 \cup \mathcal{C}_{f,i}^0$ bestimmt, in der ein entsprechendes Literal vorkommt. Dann ist

$$k(i) := \sum_{\mathcal{W}(x_i)} t_C^a(X)$$

die Summe der Wahrscheinlichkeiten aller Produktterme, welche die Variable x_i enthalten. Die Tei#lmenge J enthält die k Variablen, die zu den größten Werten von $k(i)$ führen.

Die Bestimmung von $\tilde{p}_f(X)$ für die verschiedenen Fehler f reduziert sich im wesentlichen auf die vielfache Auswertung der Wahrscheinlichkeiten der Produktterme $t_C^a(Y(B))$. Zur Steigerung der Effizienz sind diese Werte nur einmal zu bestimmen und dann zu speichern. Das gleiche gilt für den gesamten Term $\prod_{C \in \mathcal{C}_j^1}(1 - t_C^a(Y(B)))$.

11.1.5.2 Ungleichverteilte Zufallsmuster:
Die im sechsten Kapitel vorgestellten Methoden zur Bestimmung einer oder mehrerer optimaler Ver-

teilungen für Zufallsmuster können ohne Änderungen übernommen werden. Durch Ausnutzen der besonderen Eigenschaften der Schätzformel $\tilde{p}_f(X)$ wird jedoch Effizienz gewonnen. Bei der Bestimmung der optimalen Verteilungen sind wiederholt die partiellen Ableitungen

$$\frac{dp_f(X)}{dx_i} = p_f(X, 1_i) - p_f(X, 0_i)$$

und damit die bedingten Erkennungswahrscheinlichkeiten zu berechnen. Dies erfordert die Bestimmung der bedingten Wahrscheinlichkeiten $t_C^a(X, 1_i)$, $t_C^a(X, 0_i)$ bzw. $t_C^a(Y(B), 1_i)$, $t_C^a(Y(B), 0_i)$, die leicht ausgewertet werden können durch

$$t_C^a(X, 1_i) = \begin{cases} 0, \text{ falls } c_i = 0 \\[2mm] \dfrac{t_C^a(X)}{x_i}, \text{ falls } c_i = 1 \\[2mm] t_C^a(X), \text{ falls } c_i = - \end{cases}$$

und

$$t_C^a(X, 0_i) = \begin{cases} 0, \text{ falls } c_i = 1 \\[2mm] \dfrac{t_C^a(X)}{1-x_i}, \text{ falls } c_i = 0 \\[2mm] t_C^a(X), \text{ falls } c_i = - \;. \end{cases}$$

11.1.5.3 *Eine Beispielrechnung:* Wir betrachten ein kleines PLA mit $n = m = 2$ und der Überdeckung

$\mathcal{C} := \{C^1, C^2, C^3\}$,
$C^1 := (1, -, 1, -)$,
$C^2 := (-, 0, -, 1)$, $C^3 := (0, 1, 1, 1)$ und der Fehlfunktion
$\mathcal{C}_f := \{C', C^2\}$ mit $C' := (-, -, 1, -)$.

Der Fehler f entspricht somit dem Haftfehler s1-e_1. Es ist
$\mathcal{C} \# \mathcal{C}_f = \{(0, 1, -, 1)\}$, $\mathcal{C}_f \# \mathcal{C} = \{(0, 0, 1, -)\}$ und folglich
$\mathcal{D}_f = \{(0, 1, -, 1), (0, 0, 1, -)\}$.
Es folgt $\mathcal{E}_f = \{(0, 1), (0, 0)\}$; diese Überdeckung ist bereits orthogonal und die Prozedur PLA_FEWs liefert $p_f(X) = 0.5$ für $X := (0.5, 0.5)$. Um die Schätzformel (11.1) auszuwerten, sind die Maßzahlen $k(1) = 1$ und $k(2) = 1$

zu bestimmen. Wir wählen ein I mit $|I| = 1$ und entscheiden uns für $I := \{1\}$. Dann sind zur Bestimmung von $\tilde{p}_f$ die folgenden Terme zu verwenden:

$$\prod_{C \in \mathcal{C}_3^1} (1 - t_C^a(X, 0_1)) = (1 - 0)(1 - 0.5) = 0.5$$

$$\prod_{C \in \mathcal{C}_{f,3}^1} (1 - t_C^a(X, 0_1)) = (1 - 1) = 0$$

$$\prod_{C \in \mathcal{C}_4^1} (1 - t_C^a(X, 0_1)) = (1 - 0.5)(1 - 0.5) = 0.25$$

$$\prod_{C \in \mathcal{C}_{f,4}^1} (1 - t_C^a(X, 0_1)) = (1 - 0.5) = 0.5$$

$$\prod_{C \in \mathcal{C}_3^1} (1 - t_C^a(X, 1_1)) = (1 - 1)(1 - 0.5) = 0$$

$$\prod_{C \in \mathcal{C}_{f,3}^1} (1 - t_C^a(X, 1_1)) = (1 - 1) = 0$$

$$\prod_{C \in \mathcal{C}_4^1} (1 - t_C^a(X, 1_1)) = (1 - 0.5)(1 - 0) = 0.5$$

$$\prod_{C \in \mathcal{C}_{f,4}^1} (1 - t_C^a(X, 1_1)) = (1 - 0.5) = 0.5$$

Setzt man diese Werte in (11.1) ein, so folgt:

$$\begin{aligned}
\tilde{p}_f(X) &= 0.5 \cdot [1 - \{(1 - (1 - 0.5) \cdot 0 - (1 - 0) \cdot 0.5) \cdot (1 - (1 - 0.25) \cdot 0.5 - (1 - 0.5) \cdot 0.25)\}] \\
&+ 0.5 \cdot [1 - \{(1 - (1 - 0) \cdot 0 - (1 - 0) \cdot 0) \cdot (1 - (1 - 0.5) \cdot 0.5 - (1 - 0.5) \cdot 0.5)\}] \\
&= 0.625.
\end{aligned}$$

Dies ist eine relativ geringe Abweichung, denn es gelten folgende Beobachtungen:

1) Je größer die Zahl der Variablen und die Zahl der Ausgänge des PLAs sind, um so geringere Abhängigkeiten sind zwischen den Zufallsvariablen zu erwarten, die den Produkttermen und Ausgängen entsprechen. Folglich ist auch eine Abnahme des durch (11.1) induzierten Schätzfehlers mit zunehmender Größe des PLAs anzunehmen.

2) Für konstante Wahrscheinlichkeiten $X \in \{0, 1\}^n$ gilt $\tilde{p}_f(X) = 1$ genau dann, wenn das dem Tupel X zugeordnete Muster den Fehler X entdeckt. Es entsteht in diesem Fall überhaupt kein Schätzfehler, und im allgemeinen nimmt der Schätzfehler ab, je weiter sich die Eingangswahrscheinlichkeiten X von der Gleichverteilung entfernen. Formel

(11.1) eignet sich daher auch besonders gut zur Bestimmung ungleichverteilter Zufallsmuster.

11.1.6 Prüfgerechter Entwurf von PLAs

Sind den Eingängen und den Ausgängen des PLAs Flipflops zugeordnet,
so können diese als Selbsttestregister konfiguriert werden [DaMu81,
KhMc82]. Für den externen Test wurden Entwurfsmethoden vorgeschlagen,
die jede Literalleitung und jede Leitung eines Produktterms einzeln steuerbar
machen. Normalerweise aktiviert eine Eingangsbelegung mehrere Produktterme. Lassen sich die entsprechenden Leitungen einzeln steuern, vereinfacht
sich die im vorhergehenden Abschnitt skizzierte Testerzeugung soweit, daß
universelle Testmengen unabhängig von der tatsächlich realisierten Funktion
erzeugt werden können. Durch den Einsatz besonderer Segmentierungstech-
niken wird sogar ein pseudo-erschöpfender Test möglich [HaRe88]. Allerdings kostet dieses Vorgehen zusätzlich Hardware. Bei dem im folgenden geschilderten Ansatz von Fujiwara und Kinoshita [FuKi81] sind dies zwei Kas-
kaden von XOR-Gattern, eine zusätzliche Leitung für Produktterme, eine
weitere Summenleitung, ein Schieberegister und vergrößerte Eingangsdekodierer (Bild 11.7).

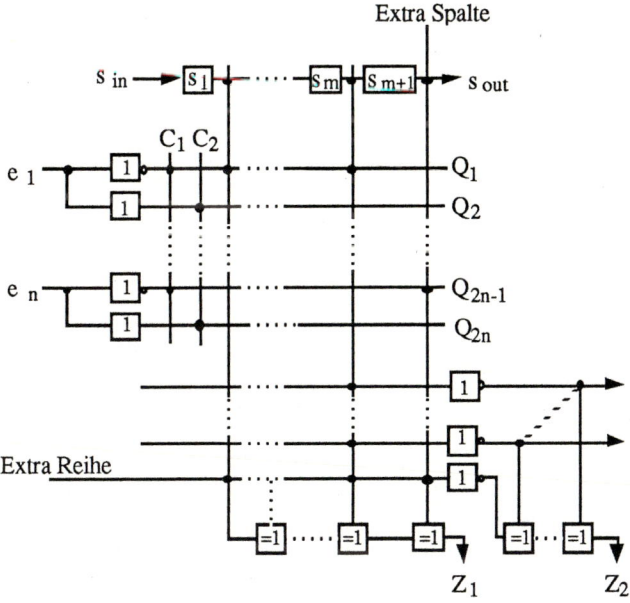

Bild 11.7: Testbares PLA nach [FuKi81]

Die Produktleitungen werden durch das Schieberegister gesteuert, wobei jeder Produktterm p_i mit dem Komplement S_i des entsprechenden Registerinhalts konjunktiv verknüpft wird. Folglich kann ein Produktterm p_i dadurch ausgewählt werden, daß an der entsprechenden Registerstelle S_i eine 0 und an allen anderen eine 1 gesetzt wird. Die zusätzliche Produktleitung p_{m+1} wird so ausgelegt, daß in jeder Reihe des UND-Feldes die Zahl der Kreuzungspunkte ungerade ist. Entsprechend wird eine Summenleitung gewählt, so daß jede Spalte des ODER-Feldes eine ungerade Zahl von Kreuzungspunkten besitzt. Die zusätzliche Bit-Leitung C_1 blendet alle negierten Literale, C_2 alle positiven Literale aus. Sind beide Steuerleitungen auf 0, arbeitet das PLA im Systembetrieb. Die beiden XOR-Bäume entdecken Paritätsfehler, die sie an Z_1 und Z_2 nach außen melden. Tabelle 11.1 zeigt für diesen PLA-Entwurf den universellen Testplan, der aus fünf Mustergruppen besteht. Es ist $\varepsilon_m = 0$ bei einer geraden Zahl von Produkttermen, $\varepsilon_m = 1$ bei einer ungeraden und - bedeutet unbestimmt.

Tabelle 11.1: Universeller Testplan für einen Entwurf nach Fujuwara und Kinoshita

Mustergruppe	$e_1 .. e_i .. e_n$	C_1	C_2	$s_1 .. s_j .. s_{m+1}$	Z_1	Z_2
I^1	0.........0	1	0	1.......1	0	0
I_j^2 (j = 1, ..., m+1)	0.........0	1	0	1.......1	1	1
I_j^3 (j = 1, ..., m+1)	1.........1	0	1	1.......1	1	1
I_i^4 (i = 1, ..., n)	1....0....1	0	1	0...0...1	ε_m	-
I_i^5 (i = 1, ..., n)	0....1....0	1	0	0...1...1	ε_m	-

Der Leser kann leicht verifizieren, daß mit diesem Testplan sämtliche Haftfehler im Schieberegister, im UND-Feld, im ODER-Feld, in den XOR-Gattern und auf den Steuerleitungen erkannt werden. Zusätzlich werden alle einfachen Kreuzungspunktfehler entdeckt. Jedoch wird bei diesem Entwurf die Erkennung aller Mehrfachfehler und Brückenfehler nicht garantiert. Mit noch größerem Hardwareaufwand kann man auch hierfür einen universellen Test ermöglichen. Verzichtet man auf universelle Testmengen, so läßt sich auch mit geringerem Aufwand die Testbarkeit eines PLAs verbessern. Im Aufbau nach Bild 11.8 wurden lediglich ein Schieberegister und eine weitere Summenleitung hinzugefügt, um Kreuzungspunktfehler leichter erkennen zu können [Khab84].

Für jede Produktleitung p_i wird in das Register ein Zustand $S(i)$ geladen und ein Eingangsmuster $X(i)$ angelegt, so daß $S(i)$ nur den Term p_i auswählt und $X(i)$ diesen Term erfüllt. Damit wird $Z^* = 1$. Jetzt werden nacheinander die einzelnen Bits im Muster X(i) auf ihren komplementären Wert gesetzt. Es sei X(i, j) das Muster, das aus X(i) entsteht, wenn an der j-ten Position der Wert invertiert wird. Falls in p_i die j-te Variable unbestimmt ist, so darf sich bei X(i, j) der Wert an Z* nicht ändern, andernfalls liegt ein Fehler vor. Ist jedoch in P_i die j-te Variable gleich 0 oder 1, so muß Z* von 1 nach 0 gehen.

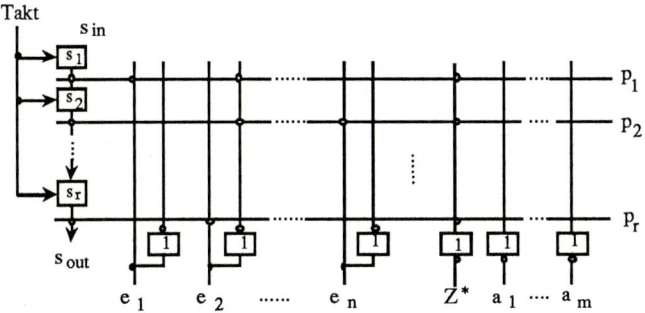

Bild 11.8: Testschema nach Khabar

Die geschilderten Techniken können auch mit Selbsttest-Verfahren kombiniert werden, indem man den Eingangsdekodierer des PLAs so erweitert, daß er die universellen Testmengen erzeugt [HuAb84, TFA85].

Wegen der anfangs erwähnten schlechten Zufallstestbarkeit sind linear rückgekoppelte Schieberegister zumeist nicht als Testregister geeignet. In [DaMu81] wird daher für ein nMOS-PLA vorgeschlagen, sowohl die Dekodierstufe IN als auch die beiden NOR-Felder jeweils mit einem nichtlinear rückgekoppelten Register zu testen, das folgende Muster erzeugt:

0 0 0 0 ... 0
1 0 0 0 ... 0
0 1 0 0 ... 0
....
0 0 0 0 ... 1

Leicht verifiziert man, daß hiermit alle Haftfehler, alle Kreuzungspunkfehler und alle Brückenfehler eines Feldes erkannt werden.

11.2 Test von Speicherfeldern

Die hohe Regularität von Speicherfeldern erleichtert die Testerzeugung, jedoch führt die rasch wachsende Zahl von Speicherzellen zu sehr großen Testmengen und langen Testzeiten. Zugleich sind die stark miniaturisierten Speicherzellen für intermittierende Fehler besonders anfällig. Beide Probleme kann man durch fehlererkennende und fehlerkorrigierende Codes sowie durch Rekonfigurationsverfahren behandeln. Entsprechende Techniken gehören in das Gebiet von Zuverlässigkeit und Fehlertoleranz, auf sie wird im folgenden nicht eingegangen. Stattdessen soll die Testerzeugung für RAM-Speicherfelder (Random Access Memories) diskutiert werden, die zusammen mit freier Logik auf einer Schaltung untergebracht sind.

11.2.1 Aufbau von Speicherfeldern

Eine RAM-Schaltung nach Bild 11.9 besteht im wesentlichen aus einem Feld von Speicherzellen, einem Adreßdekodierer, einem Adreßregister (AR), einem Datenregister (DR) und eventueller Treiberlogik.

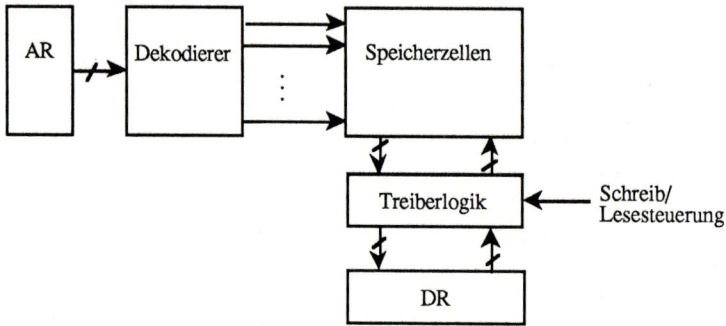

Bild 11.9: RAM-Organisation

Mit dem Adreßregister wird ein Wort des Speicherfeldes ausgewählt, indem der Dekodierer die entsprechende Zeile aktiviert. Die Schreib-/Lesesteuerung legt fest, ob der Inhalt des Datenregisters in die Speicherzelle geschrieben oder ob der Inhalt der Speicherzelle in das Datenregister übernommen wird.

In all diesen Bestandteilen eines RAM-Speicherfeldes können Fehler enthalten sein, die modelliert werden müssen und für die Tests zu erzeugen sind.

11.2.2 Fehlermodellierung für RAMs

Defekte in Speicherzellen können sich auf den Speicherinhalt, auf die Adressierung und auf die Lesezeit auswirken. Zu ihnen gehören offene Leitungen und Kurzschlüsse. Durch Fehler im Adreßdekodierer können mehrere Zellen zugleich von derselben Adresse oder eine Zelle von mehreren Adressen angesprochen werden. Daher müssen wirksame Testmuster für jede Zelle garantieren, daß eine Lese- und eine Schreiboperation stattgefunden hat, ohne andere Zellen zu tangieren.

Durch kapazitive Effekte können verschiedene Zellen untereinander in Wechselwirkung treten, so daß Fehler nur bei einer bestimmten Belegung einer Gruppe von Zellen erkannt werden. Ähnlich wie bei Logikschaltungen können dynamische Fehler zu verlangsamten Lese- und Schreiboperationen führen. Schließlich können durch Lade- und Entladeeffekte Zellen nach gewisser Zeit ihre Information verlieren.

Die dynamischen Fehler, wie vorzeitiger Informationsverlust oder verlangsamtes Schreiben und Lesen, können durch einen ausreichend schnellen bzw. langsamen Funktionstest erfaßt werden. Die Funktion eines RAM besteht darin, in jeder Zelle des Feldes eine 0 oder eine 1 speichern zu können, den Inhalt jeder Zelle von 0 zu 1 und von 1 zu 0 ändern und ihn unabhängig davon, ob er 0 oder 1 ist, auslesen zu können. Schließlich muß das alles unabhängig vom Inhalt der anderen Zellen möglich sein.

Würde man diese Funktion erschöpfend testen wollen, wäre eine Testlänge in der Ordnung von $O(2^n)$, n ist die Zellenzahl, erforderlich [Haye75]. Aus diesem Grund sind auch beim Speichertest einschränkende Annahmen über die zu betrachtenden Fehler nötig. Als Fehlermodelle sind verbreitet:

1) *Das Haftfehlermodell:* Es wird angenommen, daß ein Signal einer Schaltung, insbesondere der Inhalt einer Zelle, ständig auf 0 oder ständig auf 1 liegt. Dieses Modell ist nicht nur für das eigentliche Speicherfeld sondern auch für die andern Teile, wie den Dekodierer, geeignet.

2) *Musterabhängige Fehler:* Zwischen den einzelnen Zellen können Kurzschlüsse entstehen, Leckströme fließen, oder manche Zellen können durch parasitäre Kapazitäten gekoppelt sein. Diese Defekte werden als musterabhängige Fehler modelliert, bei denen der Inhalt einer Zelle verfälscht wird, wenn bestimmte Nachbarzellen einen bestimmten Zustand haben oder ihren Zustand ändern. In dieses Modell fallen auch Fehler, die eine Schreib- oder Leseoperation in Abhängigkeit vom Inhalt mancher Zellen scheitern lassen. Eine besonders wichtige Teilklasse der musterabhängigen Fehler sind

2.1) *gekoppelte Fehler:* Zwei Speicherzellen a und b sind gekoppelt, wenn eine Zustandsänderung in Zelle a auch stets den Inhalt in Zelle b verändert. Es können auch mehr als zwei Zellen so gekoppelt sein.

11.2.3   Testverfahren

Für die vorgestellten Fehlermodelle sind in der Literatur zahlreiche Testverfahren vorgestellt worden, eine Übersicht findet man in [AbRe83].

Verfahren, die das Haftfehlermodell berücksichtigen, sind relativ einfach und schnell. Komplizierter und zeitaufwendiger ist die Behandlung gekoppelter Fehler. Musterabhängige Fehler können im allgemeinen Fall aus Aufwandsgründen überhaupt nicht behandelt werden [Haye75]. Schränkt man das Fehlermodell jedoch etwas ein, so existieren hinreichend effiziente Testverfahren [Haye80] Die Verfahren von Nair und Thatte sowie von Reddy und Suk berücksichtigen sehr einfache Fehlermodelle [SuRe80, Nair79, NTA78, ThAb77]. Zugehörige Fehlererkennungswahrscheinlichkeiten und Testlängen für den Zufallstest können mit Hilfe der Markovtheorie bestimmt werden [DFC89].

Im folgenden stellen wir für die einzelnen Fehlermodelle je ein Verfahren vor und verweisen für eine allgemeine Behandlung auf einschlägige Lehrbücher [Micz86] und Übersichtsartikel [AbRe83].

11.2.3.1 Tests für Haftfehler: In [BrFr76] wird eine einfache Testprozedur mit dem Namen MSCAN (Memory Scan) vorgestellt. Für jedes Wort W_i, i = 0, ..., n-1, mit der Adresse i bezeichnet Wr0(i) das Schreiben des 0-Wortes $\underline{0}$ auf W_i, Wr1(i) das Schreiben des 1-Wortes, R0(i) das Lesen des Wortes W_i, falls es zuvor mit dem 0-Wort beschrieben wurde, und R1(i) bezeichnet das Lesen von Wort W_i, das zuvor mit dem 1-Wort $\underline{1}$ geladen wurde. Ein Fehler wird bei R1(i) $\neq \underline{1}$ und R0(i) $\neq \underline{0}$ erkannt. Nach Bild 11.10 beschreibt MSCAN abwechselnd ein Wort und testet durch sofortiges Lesen, ob das Schreiben erfolgreich war:

```
Prozedur   MSCAN;
Für i := 0 bis n - 1:
    Wr0(i);
    Falls R0(i) ≠ 0: STOP mit Fehlermeldung;
    Wr1(i);
    Falls R1(i) ≠ 1: STOP mit Fehlermeldung;
Kein Fehler gefunden;
END.
```

Bild 11.10: Testverfahren MSCAN

Falls das Adreßregister und der Dekodierer fehlerfrei sind, erkennt MSCAN jeden Haftfehler im Speicherfeld, im Datenregister und in der

Schreib/Leseschaltung. Sind jedoch Adreßregister oder Dekodierer fehlerhaft, so kann MSCAN beispielsweise bei allen Operationen stets dieselbe Adresse ansprechen. Nach einem erfolgreichen Durchlauf der Prozedur MSCAN ist daher lediglich gewiß, daß es mindestens eine Zelle gibt, die funktioniert. Diese Information ist in der Regel nicht ausreichend.

In [KnHa77a, KnHa77b] wurde ein aufwendigeres Testverfahren unter dem Namen ATS (Algorithmic Test Sequence] vorgestellt. Es erkennt alle Haftfehler im Speicher, falls der Dekodierer "nicht-kreativ" ist. Ein Dekodierer ist nicht-kreativ, wenn ein einfacher Haftfehler in ihm nicht bewirken kann, daß eine neue Adresse angesprochen wird, ohne die programmierte Adresse mit anzusprechen. Falls ein solcher Dekodierer im Fehlerfall zwei Adressen anspricht, gibt das Speicherfeld je nach Technologie die Konjunktion ("Wired-AND") oder die Disjunktion ("Wired-OR") der Inhalte beider Worte aus.

Das ATS-Verfahren wurde in [Nair79] weiterentwickelt, um die Beschränkungen für den Dekodiererentwurf aufgeben zu können. Bild 11.11 zeigt die unter dem Namen MATS+ (Modified ATS) bekannte Prozedur:

```
Prozedur   MATS+;
Für i := 1 bis n - 1: Wr0(i);
Wr1(0);
Für i := 1 bis n - 1:
    Falls R0(i) ≠ 0: STOP mit Fehlermeldung;
    Wr1(i);
Für i := 0 bis n - 2:
    Falls R1(i) ≠ 1: STOP mit Fehlermeldung;
    Wr0(i);
Falls R1(n - 1) ≠ 1: STOP mit Fehlermeldung;
Falls R0(0) ≠ 0: Stop mit Fehlermeldung;
END.
```

Bild 11.11: MATS+

Der interessierte Leser möge zeigen, daß die obenstehende Prozedur alle Haftfehler unabhängig vom Entwurf des Dekodierers findet. Ein weiterer Vorteil dieser Prozedur mit einem Aufwand von 5n - 2 ist, daß sie bei gleichzeitigem Zugriff auf mehrere Adressen den Fehler sowohl bei einem "Wired-AND" und bei einem "Wired-OR" als auch bei gemischtem Verhalten findet. Die entsprechenden Beweise sind leicht selbst nachzuvollziehen oder in [Nair79] nachzulesen.

11.2.3.2 Tests für musterabhängige Fehler: Da bei musterabhängigen Fehlern die Funktionen der einzelnen Zellen nicht als unabhängig voneinander angenommen werden können, darf die Testerzeugung nicht mehr
wortweise geschehen. Es bezeichnet im folgenden n nicht mehr die Zahl der
Worte des RAMs, sondern die Zahl der Bits, d. h. der Speicherzellen.

In der industriellen Praxis haben sich für musterabhängige Fehler zahlreiche Verfahren durchgesetzt, die unter illustrativen Namen wie Balkentest
(Column Bars), Marsch (Marching 1´s and 0´s), Galopp (GALPAT),
Schachbrett (Checkerboard) bekannt sind. Ihre Qualität ist weniger analytisch
belegt, sondern mehr aus der Erfahrung begründet. Da ihr Aufwand in den
Größenordnungen von $O(n)$ bis $O(n^2)$ liegt, sind sie nicht alle für große Speicher geeignet. Wir skizzieren kurz einige dieser Prozeduren, und verweisen
für einige analytisch begründete und dabei effizientere Verfahren auf die Literatur [Haye80, SuRe80].

Das Verfahren *GALPAT* (Galoppierende Einsen und Nullen) benötigt in
der ursprünglichen Version einen Aufwand von $4n^2 + 2n$ [BrFr76], mit einer
leichten Modifikation nach [AbRe83] ist der Aufwand $4n^2 + 4n$. In der Originalversion erfaßt GALPAT alle Haftfehler und die meisten gekoppelten Fehler, in der in Bild 11.12 vorgestellten Version werden auch alle gekoppelten
Fehler erkannt:

```
Prozedur  GALPAT;
Für i := 0 bis n - 1: Wr0(i);
Für i := 0 bis n - 1:
    Falls R0(i) ≠ 0: STOP mit Fehlermeldung;
    Wr1(i);
    Für alle j ≠ i:
        Falls R0(j) ≠ 0: STOP mit Fehlermeldung;
        Falls R1(i) ≠ 1: STOP mit Fehlermeldung;
    Wr0(i);
Für i := 0 bis n - 1: Wr1(i);
Für i := 0 bis n - 1:
    Falls R1(i) ≠ 1: STOP mit Fehlermeldung;
    Wr0(i);
    Für alle j ≠ i:
        Falls R1(j) ≠ 1: STOP mit Fehlermeldung;
        Falls R0(i) ≠ 0: STOP mit Fehlermeldung;
    Wr1(i);
END.
```

Bild 11.12: GALPAT

Bei diesem Test wird also auf jede Speicherzelle wiederholt zugegriffen,
wobei jedesmal eine andere Zelle die vorhergehende Adresse war. Erst wird
der gesamte Speicher mit 0 initialisiert, dann wird die erste Zelle als Testzelle

gewählt. Sie wird komplementiert und abwechselnd mit jeder anderen Speicherzelle gelesen. Dies wird mit einer anderen Zelle wiederholt, bis alle Zellen einmal als Testzellen behandelt wurden. Nun wird der Speicher mit 1 initialisiert, und die ganze Prozedur beginnt von vorn.

Auch beim *Marsch* wird zuerst der gesamte Speicher mit 0 belegt, die erste Speicherzelle gelesen und mit 1 beschrieben. Dies wird fortgesetzt, bis jede Speicherzelle mit 1 belegt ist. Anschließend werden in umgekehrter Reihenfolge die Zellen wieder auf 0 gesetzt. Schließlich wird alles mit invertierten Daten wiederholt. Mit einer Testlänge der Ordnung $O(n)$ werden offene Leitungen, Kurzschlüsse, Adressierungsfehler und manche Wechselwirkungen erfaßt.

Nach einer Speicherinitialisierung mit 0 wird beim *Diagonaltest* eine Diagonale mit 1 beschrieben, dann werden alle Zellen gelesen und die Diagonale horizontal verschoben, bis sie den gesamten Speicher durchwandert hat. Mit Aufwand $O(n)$ erfaßt der Diagonaltest Adressierungsfehler deutlich schneller als GALPAT.

Bild 11.13: Der Diagonaltest

Das *Umgebungslesen* behandelt nach der Initialisierung mit 0 nacheinander jede Zelle als Testzelle, die komplementiert wird und deren acht physikalische Nachbarn gelesen werden. Dies wird einige Male wiederholt, bis schließlich die Testzelle erneut gelesen wird, um festzustellen, ob ihr Inhalt durch das Lesen der Nachbarn verändert wurde. Der Vorgang wird nach einer Initialisierung mit 1 wiederholt.

Checkerboard beschreibt den gesamten Speicher im Schachbrettmuster mit 0 und 1 und liest nach einem Zeitintervall die Daten wieder aus.

Für weitere Ausfallmechanismen wurden noch zahlreiche andere Verfahren vorgeschlagen, die sich bezüglich ihres Aufwandes und ihrer Fehlererfassung unterscheiden.

11.2.4   Selbsttestbare Speicherstrukturen

Speicher können mit denselben Techniken selbsttestbar gemacht werden, wie sie im vorhergehenden Kapitel für allgemeine synchrone Schaltungen vorgestellt wurden. Da die Testprozeduren sowohl für Haftfehler als auch für musterabhängige Fehler sehr einfach und regelmäßig sind, eignen sie sich in ähnlicher Weise wie das Teststeuerwerk aus Kapitel 10 für eine Implementierung als mikroprogrammierbares Steuerwerk mit einem entsprechenden ROM.

Alternativ können Adreßregister und Datenregister in der beschriebenen Weise auch als Testregister ausgestattet werden. In [SSK87, KiSa87] findet man Vorschläge, Testmuster für musterabhängige Fehler günstig durch Hardware zu erzeugen.

11.3   Ausblick

Die vorgestellten Testverfahren für spezielle Strukturen haben stets vorausgesetzt, daß deren Eingänge und Ausgänge unmittelbar zugänglich sind. Bei eingebetteten Strukturen, die von kombinatorischer Logik umgeben sind, oder bei Kombinationen mehrerer Strukturen ist dies meist nicht der Fall, und es müssen unterschiedliche Verfahren miteinander verknüpft werden. Ist beispielsweise ein Speicherfeld in ein Schaltnetz eingebettet, so können vorbestimmte Werte nur dann in den Speicher geschrieben werden, wenn die Knoten des Schaltnetzes, die mit Daten- und Adressleitungen verbunden sind, entsprechend belegt sind. Eine zugehörige Belegung der Primäreingänge des Schaltnetzes kann mit Testerzeugungsalgorithmen, beispielsweise dem A-Algorithmus, gefunden werden.

Gegenwärtig werden die Kombinationen unterschiedlicher Testverfahren für Schaltnetze (wie der Zufallstest oder der deterministische Test)mit Testmethoden eingebetteter Felder (beispielsweise Schreib-/Lesespeicher oder Assoziativspeicher) untersucht [MPF88, MBG84, CHW88]. Der Selbsttest hochintegrierter Schaltungen sollte möglichst umfassend sein und alle eingebauten Strukturen behandeln, damit nicht für einzelne Schaltungsteile doch noch Hochleistungstestautomaten erforderlich werden. Entsprechende Selbsttestverfahren für eingebaute Strukturen, Speicher und PLAs, werden gegenwärtig entwickelt [Nico85, LiMc88].

Bei zunehmender Integrationsdichte und wachsender Fläche einzelner ICs kann das korrekte Zeitverhalten häufig nur durch Modularisierung gewährleistet werden, so daß einzelne Schaltungsteile ohne zentralen Takt miteinander kommunizieren. Der Test der zugehörigen Busse auf Chip- und Platinenebene wird noch dadurch erschwert, daß einzelne Anschlüsse der Moduln "tristate"-fähig sind. Falls diese Verbindungen nur sequentiell etwa über einen Boundary-Scan zugänglich sind, können sehr lange Testzeiten anfallen. Die Reduktion solcher Testmengen und ihre günstige Erzeugung im Selbsttest sind Gegenstand der Forschung [YaJa89, JaYa89, HRA88].

Auch automatisierte Testverfahren für asynchrone Schaltungsperipherie und für analoge Teilmoduln haben sich noch nicht allgemein durchgesetzt, wobei allerdings aufgrund des relativ kleinen Umfangs diese Moduln manuell bearbeitet werden können. Vorschläge für eine Automatisierung findet man beispielsweise in [Pany86, Hirz89].

Die Auswahl der geeigneten Teststrategien für die einzelnen Moduln, die Erstellung der zugehörigen Tests und das Zusammenfügen der Einzeltests zu einem globalen Prüfprogramm bilden sehr komplexe Arbeitsschritte, die umfangreiches Spezialwissen erfordern, so daß gegenwärtig entsprechende Expertensysteme entwickelt werden [AbBr85, RLG89].

Insgesamt ist zu erwarten, daß Techniken und Lösungsverfahren, wie sie auf dem Gebiet der sogenannten "künstlichen Intelligenz" entwickelt werden, mit der zunehmenden Komplexität der Moduln und integrierten Systeme an Bedeutung gewinnen werden. Diese Entwicklung hat bereits damit begonnen, Funktionsdarstellungen auf unterschiedlichen Abstraktionsebenen des Schaltungsentwurfs und die zugrunde liegende Hierarchie bei Testerzeugung und Fehlersimulation auszunutzen [BMH89, Kris87].

Literatur

Abra86 Abraham, J.A.: Fault Modeling in VLSI; in: VLSI Testing (ed. T. W. Williams), North-Holland, Amsterdam, 1986

Abra89 Abramovici, M.; Miller, D.T.: Are Random Vectors Useful in Test Generation? in: Proc. 1st European Test Conference, Paris 1989, pp. 22-25

AbBa83 Banerjee, P.; Abraham, J.A.: Generating Tests for Physical Failures in MOS Logic Circuits; in: Proc. 1983 International Test Conference

AbBr85 Abadir, M. S.; Breuer, M. A.: Constructing Optimal Test Schedules for VLSI Circuits Having Built-In Test Hardware; in: International Symposium on Fault-Tolerant Computing, FTCS-15, Ann Arbor, June 1985, pp. 165-170

AbBr85a Abadir, M. S.; Breuer, M. A.: A Knowledge-Based System for Designing Testable VLSI Chips; in: IEEE Design and Test, August 1985

AbFu86 Abraham, J.A.; Fuchs, W.K.: Fault and Error Models for VLSI; in: Proceedings of the IEEE, Vol. 74, No. 5, May 1986, pp. 639-654

AbRe83 Abadir, M.S.; Reghbati, H.K.: Functional Testing of Semiconductor Random Acccess Memories; in: Computing Surveys, Vol. 15, No. 3, Sept. 1983, pp. 175-198

Agra81 Agrawal, V.D.: An Information Theoretic Approach to Digital Fault Testing; IEEE, Trans. Comp., Vol. C-30, No. 8, August 1981

AgAg76 Agrawal, P.; Agrawal, V. D.: On Monte Carlo Testing of Logic Tree Networks; in: IEEE Trans. Comp., Vol. C-25, No. 6, June 1976

AgCe81 Agarwal, V.K.; Cerny, E.: Store and Generate Built-in-Testing Approach; in: Proc. Fault Tolerant Comp. Symp., FTCS-11, 1981

AgCh89 Cheng, K.-T.; Agrawal, V. D.: An Economical Scan Design for Sequential Logic Test Generation; in: Proc. FTCS-19, Chicago, 1989

AgFu81 Agarwal, V.K.; Fung, A.S.F.: Multiple Fault Testing of Large Circuits by Single Fault Test Sets; in: IEEE Trans. on. Comp., Vol. C-30, No. 11, Nov. 1981

AgIv87 Agarwal, V.K.; Ivanow: On a Fast Method to Monitor the Behaviour of Signature Analysis Registers; in: Proc. IEEE International Test Conference, 1987

AgMe82 Agrawal, V.D.; Mercer, M.R.: Testability Measures - What Do They Tell Us? in: Proc. IEEE International Test Conference, 1982, pp. 391-396

AgSe88 Tutorial: Test Generation for VLSI Chips; IEEE Computer Society Press, 1988

Aker85 Akers, S.B.: On the Use of Linear Sums in Exhaustive Testing; in: Proc. FTCS-15, pp. 148-153 1985

AkKr84 Krishnamurthy, B.; Akers, S.B.: On The Complexity of Estimating the Size of a Test Set; in: IEEE Trans. on Computers, Vol. C-33, No. 8, 1984

Ando80 Ando, H.: Testing VLSI with Random Access Scan; in: Proc.Compcon 80, 1980, 50-52

AnSc87 Antreich, K.J.; Schulz, M.H.: Accelerated Fault Simulation and Fault Grading in Combinational Circuits; in: IEEE Trans. on Computer-Aided Design, Vol. CAD-6, No. 5, pp. 704-712September 1987

AnWi73   Williams, M.J.Y.; Angell, J.B.: Enhancing Testability of Large-Scale Integrated Circuits via Test Points and Additional Logic; in: IEEE Trans. Comp., Vol. C-22, Nr. 1, 1973

Arch85   Archambeau, E. C: Network Segmentation for Pseudo-Exhaustive Testing; CRC Technical Report No. 85-10, Stanford, July 1985

Arms66   Armstrong, D. B.: On finding a nearly minimal set of fault detection tests for combinational nets; in: IEEE Trans. Electr. Comput. EC-15 (2)

Arms72   Armstrong, D.B.: A Deductive Methode for Simulating Faults in Logic Circuits in: IEEE Trans. on Comp., Vol. C-21, No. 5, May 1972

ArMc84   Archambeau, E.C.; McCluskey, E.J: Fault Coverage of Pseudo-Exhaustive Testing; in: Proc. FTCS-14, 1984

ABRA86   Abramovici, M.; Menon, P.R.; Miller, D.T.: Checkpoint Faults Are Not Sufficient Target Faults for Test Generation; in: IEEE Trans. Computers, Vol. C-35, pp. 769-771, August 1986

AGRA84   Agrawal, V.D.; Jain, S.K.; Singer, D.M.: Automation in Design for Testability in: Proc. Custom Integrated Circuits Conference, 1984

AGRA87   Agrawal, V.D.; Cheng, K.; Johnson, D.D.; Lin, T.: A Complete Solution to the Partial Scan Problem; in: Proc. IEEE International Test Conference 1987, pp. 44-51

AHU74   Aho, A.V., Hopcroft, J.E., and Ullman, J.D.: The Design and Analysis of Computer Algorithms, Addison Wesley, Reading, MA, 1974

AMBL86   Ambler, A.P. et al.: Economically Viable Automatic Insertion of Self-Test Features for Custom VLSI; in: Proc. IEEE International Test Conference, 1986

AMM83   Abramovici, M., Menon, P.R, Miller, D.T.: Critical Path Tracing - An Alternative to Fault Simulation; in: Proc. of 20th Design Automation Conference, pp. 214-220, 1983

BaAb85   Banerjee, P.; Abraham, J.: A Multivalued Algebra for Modeling Physical Failures in MOS VLSI Circuits; in: IEEE Trans. on Computer-Aided Design, Vol. CAD-4, No. 3, 1985, pp. 312-321

BaMc82   Bardell, P.H.; McAnney, W.H.: Self-testing of multichip logic modules; in: Proc. 1982 IEEE Test Conf., pp. 200-204

BaMc82a   Bardell, P.H.; McAnney, W.H.: Built-In Test for RAMs; in: IEEE Design & Test, August 1988, pp. 29- 37

BaUl73   Ulrich, E.G.; Baker, T.: The Concurrent Simulation of Nearly Identical Digital Networks; in: Proc. 10th Design Automation Conference, 1973

Benn84   Bennetts, R.G.: Design of testable logic circuits; Addison-Wesley, 1984

Bert83   Bertram, W.J.: Yield and Reliability; in: Sze, S.M. (ed.) VLSI Technology, Mc-Graw-Hill BookCompany, 1983

BeAl87   Beausang, J.; Albicki, A.: The Design for Testability Process: Definition and Exploration; in: Proc. IEEE International Conference on Computer Design, ICCD, New York, Oct. 1987, pp. 362-365.

BeMc83   McDonald, J.F.; Benmehrez, C.: Test Set Reduction Using the Subscripted D-Algorithm; in: Proc. 1983 International Test Conference

Bhat86   Bhatt, S. N.; Chung, F. R. K.; Rosenberg, A. L.: Partitioning Circuits for Improved Testability; in: Advanced Research in VLSI: Proceedings of the 4-th MIT Conference, pp. 91 -106, April 7-9, 1986

Bhav83   Bhavsar, D.K.: Design for Test Calculus: An Algorithm for DFT Rules Checking; in: Proc. of 20th Design Automation Conference, pp. 300-307, 1983

BlDa76   David, R.; Blanchet, G.: About Random Fault Detection on Combinational Networks; in: IEEE Trans. Comp., Vol. C-25, No. 6, June 1976

Bott86   Bottorff, P.S.: Test Generation and Fault Simulation; in: VLSI Testing (ed. T. W. Williams), North-Holland, Amsterdam, 1986

Brgl85   Brglez, F.: A Fast Fault Grader: Analysis and Applications; in: Proc. International Test Conference, pp. 785-794, 1985

Brya84   Bryant, R.E.: A Switch-Level Model and Simulator for MOS Digital Systems; in: IEEE Trans. on Comp., Vol. C-33, No. 2, pp. 160-177 Feb. 1984

Brya87   Bryant, R.E.: Boolean Analysis of MOS Circuits; in: IEEE Trans. on Computer-Aided Design, Vol. CAD-6, No. 4, 1987

BrDa85   Daniels, R.G.; Bruce, W.C.: Built-In Self-Test Trends in Motorola Microprocessors; in: IEEE Design & Test, April 1985

BrFr76   Breuer, M.A.; Friedman, A.D.: Diagnosis and Reliable Design of Digital Systems; Computer Science Press, Inc., 1976

BrSc87   Schulz, M.H.; Brglez, F.: Accelerated Transition Fault Simulation; in: Proc. 24th Design Automation Conference, Miami Beach, 1987

Burr89   Burr, G.: Untersuchungen und Implementierungen zur compilierten Testbarkeitsanalyse; Diplomarbeit am Institut für Rechnerentwurf und Fehlertoleranz, Universität Karlsruhe, 1989

BARZ81   Barzilai, Z. et al.: The Weighted Syndrome Sums Approach to VLSI Testing; in: IEEE Transactions on Computers, Vol. C-30, No. 12, pp. 996-1000

BARZ84   Barzilai, Z. et al.: Fault Modelling and Simulation of SCVS Circuits; in: Proc. ICCD'84, Intl. Conf. on Comp. Design, 1984

BARZ87   Barzilai, Z. et al.: HSS- A High Speed Simulator; in: IEEE Transactions on Computer-Aided Design, Vol. 6, No. 4, July 1987, pp 601-617

BASS90   Basset, R. et al.: Low-Cost Testing of High-Density Logic Components; in: IEEE Design and Test, April 1990, pp. 15-28

BCR83   Barzilai, Z.; Coppersmith, D.; Rosenberg, A.L.: Exhaustive Generation of Bit Patterns with Applications to VLSI Self-Testing; in: IEEE Trans. on Computers, Vol. c-32, No. 2, February 1983

BEH82   Beh, C.C., Arya, K.H., Radke, C.E., Torku, K.E.: Do Stuck Fault Models Reflect Manufacturing Defects? in: Proc. IEEE Semiconductor Test Conference, pp. 35 - 42, 1982

BGL88   Breuer, M.A. et al.: Concurrent Control of Multiple Bist Structures; in: Proc. IEEE International Test Conference 1988, pp. 431-442

BGK89   Brglez, F. et al.: Hardware-Based Weighted Random Pattern Generation for Boundary-Scan; in: Proc. IEEE International Test Conference, Washington, 1989, pp. 264-274

BMH89   Bhattacharya, D. et al.: High-Level Test Generation; in: Computer, Vol. 22, No. 4, pp. 16-26

BMS87   Bardell, P. H. et al: Built-In Test for VLSI, John Wiley & Sons, 1987

BRAY84   R. K. Brayton, G. D. Hachtel, C. T. McMullen, A. Sangiovanni-Vincentelli: Logic Minimization Algorithms for VLSI Synthesis;   Boston: Kluwer Academic Publishers, 1984

BRAY87   R. K. Brayton et al.: MIS: A Multiple-Level Logic Optimization System;   in: IEEE Transactions on Computer-Aided Design, Vol.-CAD 6, No. 6, November 1987, pp 1062-1081

BRYA87   Bryant, R.E. et al.: COSMOS: A Compiled Simulator for MOS Circuits; in: Proc. 24th Design Automation Conference, Miami Beach, 1987

Chan83   Chandramouli, R.: On Testing Stuck-Open Faults; in: Fault Tolerant Computing Symp. FTCS-13, 1983

Chen88   Chen, C. L.: Exhaustive Test Pattern Generation Using Cyclic Codes; IEEE Trans. on Comp., Vol. 37, No. 2, February 1988, pp. 225 - 228

Chri75   Christofides, N.: Graph Theory: An Algorithmic Approach; Academic Press, New York, 1975

ChCh89   Cheng, W.-T.; Chakraborty, T.J.: Gentest: An Automatic Test-Generation System for Sequential Circuits; in: Computer, Vol. 22. No. April 1989, pp. 43-50

ChHu86   Chakravarty, S.; Hunt III, H.B.: On the Computation of Detection Probability for Multiple Faults; in: Proc. IEEE International Test Conference, Washington, 1986

ChHu90 Chakravarty, S.; Hunt III, H.B.: On Computating Signal Probability and Detection Probability of Stuck-at Faults; (erscheint in IEEE Trans. on Computers)

ChKo75 Christofides, N.; Korman, S.: A Computational Survey of Methods for the Set Covering Problem; in: Management Science, Vol. 21, No. 5, Jan. 1975, S. 591-599

ChMc87 Chin, C.K.; McCluskey, E.J.: Test Length for Pseudorandom Testing; in: IEEE Trans. Comp., Vol. C-36, No. 2, 1987

ChSt87 Chen, I.; Strojwas, A.J.: Realistic Yield Simulation for VLSIC Structural Failures; in: IEEE Trans. on Computer-Aided Design, Vol. CAD-6, No. 6, November 1987

Cook71 Cook, S. A.: The complexity of theorem proving procedures; in: Proc. 3rd ACM Symp. Theory of Computing, 1971

CoWe71 Collatz, L.; Wetterling, W.: Optimierungsaufgaben; Springer-Verlag, 1971

CrKS88 Craig, G. L.; Kime, C. R.; Saluja, K. K.: Test Scheduling and Control for VLSI Built-In Self-Test; in: IEEE Transactions on Computers, Vol. C-37, No. 9, Sept. 1988, pp. 1099-1109.

CADA86 CADAT User´s Manual; HHB Systems Inc., 1986

CAMU88 Camurati et al.: ESTA: An Expert System for DFT Rule Verification; in: IEEE Trans. on Computer-Aided Design, Vol. CAD-7, No. 11, November 1988, pp. 1172-1180

CART85 Carter, J.L. et al.: ATPG via Random Pattern Simulation; in: Proc. ISCAS-15, Kyoto 1985

CCES74 Chang, H.Y.-P. et al.: Comparison of Parallel and Deductive Fault Simulation Methods; in: IEEE Trans. on Comp., Vol C-23, No. 11, November 1974

CGV80 Galiay, J. et al.: Physical Versus Logical Fault Models MOS LSI Circuits: Impact on Their Testability; in: IEEE Trans. on Comp., Vol C-29, June 1980

CHW88 Carter, L. et al.: TRIM: Testability Range by Ignoring the Memory; in: IEEE Trans. on Computer-Aided Design, Jan. 1988, Vol. 7, No. 1, pp. 38-49

Daeh83 Daehn, W.: Deterministische Testmustergenerierung für den eingebauten Selbsttest von integrierten Schaltungen; in: Großintegration, NTG-Fachberichte 82, 1983 Baden-Baden

Daeh86 Daehn, W.: A Unified Treatment of PLA Faults by Boolean Differences; in: Proc. 23rd Design Automation Conference, Las Vegas, 1986

Daeh89 Daehn, W.: A Switching Criterion for Hybrid ATPG; in: Proc. 1st European Test Conference, Paris 1989, pp. 26-32

DasG80 DasGupta, S. et al.: An enhancement to LSSD and some applications of LSSD in reliability, availiability and serviceability; in: FTCS-10, Fault Tolerant Computing Symposium, 1980

Davi80 David, R.: Testing by Feedback Shift Registers; in: IEEE Trans. Comp., Vol. C-29, No. 7, July 1980

Davi82 Davis, B.: The economics of automatic test; McGraw-Hill, 1982

Davi84 David, R.: Signature Analysis of Multi-Output Circuits; in: FTCS-14, 1984

DaMu81 Daehn, W.; Mucha, J.: A hardware approach to self-testing of large programmable logic arrays; in: IEEE Trans. Comp., Vol. C-30, Nov. 1981, pp. 829-833

DAMI89a Damiani et al.: An Analytical Model for the Aliasing Probability in Signature Analysis Testing; in: IEEE Trans. on Computer-Aided Design, Vol. 8, No. 11, 1989, pp. 1133-1144

DAMI89 Damiani et al.: Aliasing in Signature Analysis Testing with Mulitple-Input Shift-Registers; in: Proc. 1st European Test Conference, Paris 1989, pp. 346353

DEKK89 Dekker, R. et al: Realistic Built-In Self-Test for Static RAMs; in: IEEE Design & Test; February 1989, pp. 26-35

DFC89 David, R. et al.: Random Pattern Testing Versus Deterministic Testing of RAM's; in: IEEE Trans. on Computers; Vo. 38, No. 5, 1989, pp. 637-650

DRAC88 Dracula User´s Manual, ECAD Inc., 1987

Edwa83 Edwards, J.: VLSI Process Technology Selection; in: VLSI Architecture (B. Randell, P.C. Treleaven, eds.), Prentice-Hall, 1983

Eich65 Eichelberger, E.B.: Hazard Detection in Combinational and Sequential Switching Circuits; in: IBM J. Res. Dev., Vol. 9, No. 2, March 1965, pp. 90 - 99

EiLi83a Eichelberger, E.B.; Lindbloom, E.: Random-Pattern Coverage Enhancement and Diagnosis for LSSD Logic Self-Test; in: IBM J. Res. Develop., Vol. 27, No.3, May 1983

EiLi83b Eichelberger, E.B., Lindbloom, E.: Trends in VLSI-Testing; in: Proc. VLSI'83, IFIP, 1983

EiWi77 Eichelberger, E.B.; Williams, T.W.: A logic design structure for LSI testability; in: Proc. 14th Design Automation Conference, pp. 462-468, June1977

Even79 Even, S.: Graph Algorithms; Computer Science Press, Inc., 1979

Fant74 Fantauzzi, G.: An Algebraic Model for the Analysis of Logical Circuits; in: IEEE Trans. on Computers, Vol. C-23, No. 6, June 1974, pp. 576-581

Fell68 Feller, W.: An Introduction to Probability Theory and Its Applications, I; John Wiley & Sons, Inc., Third Edition, 1968

Ferg86 Ferguson, F.J.: Inductive Fault Analysis; Private Kommunikation (Ph. D. Thesis)

FeSh88 Ferguson, F.J.; Shen, J.P.: A CMOS Fault Extractor for Inductive Fault Analysis; in: IEEE Trans. on Computer-Aided Design, Vol. CAD-7, No. 11, November 1988, pp. 1181-1194

FiSa78 Fischer, G.; Sacher, R.: Einführung in die Algebra; Teubner Studienbücher Mathematik, Stuttgart 1978

Froh77 Frohwerk, R.A.: Signature Analysis, A New Digital Field Service Method; in: Hewlett Packard Journal, Vol. 28, No. 9, May 1977, pp. 2-8

Fuji85 Fujiwara, H.: Logic Testing and Design for Testability; The MIT Press, 1985

Fuji88 Fujiwara, H.: Design of PLA's with Random Pattern-Testability; in: IEEE Trans. on Computer-Aided Design, Jan. 1988, Vol. 7, No. 1, pp. 5-10

FuKi81 Fujiwara, H.; Kinoshita, K.: A Design of Programmable Logic Arrays with Universal Tests; in: IEEE Trans. Comp., Vol. C-30, pp. 823-828, 1981

FuSh83 Fujiwara, H.; Shimono, T.: On the Acceleration of Test Generation Algorithms; in: Proc. FTCS-13, Milano, June 1983

FuTo82 Fujiwara, H.; Toida, S.: The Complexity of Fault Detection Problems for Combinational Logic Circuits; in: IEEE Trans. Comp., Vol. C-31, No. 6, June 1982

Ga Jo79 Garey, M.R.; Johnson, D.S.: Computers and Itractability - A Guide to NP-Completeness; Freeman 1979, San Francisco

Gärt85 Gärtner, A.: Optimierte Selbsttestprogramme für Mikroprozessoren; Verlag TÜV Rheinland, 1985

Gels86 Gelsinger, P.P.: Built-in self-test of the 80386; in: Proc. IEEE International Conference on Computer Design, 1986, pp. 169-173

Godo77 Godoy, H.C. et al.: Automatic Checking of Logic Design Structures for Compliance with Testability Ground Rules; in :Proc. of 14th Design Automation Conference, pp. 469-478, 1977

Goel80 Goel, P.: Test Generation Costs Analysis and Projections; in: Proc. 17th Design Automation Conference, pp. 77-84, June1980

Goel81 Goel, P.: An implicit enumeration algorithm to generate tests for combinational logic circuits; in: IEEE Trans. Comp., Vol. C-30, No. 3, March 1981

Goel82 Goel, P.: Automatic Test Generation for VLSI: Techniques, Results, And Projections; in: International Automatic Testing Conference, IEEE, 1982

Golo82 Golomb, S. W.: Shift Register Sequences; Aegan Park Press, Laguna Hills, 1982

Görk73 Görke, W.: Fehlerdiagnose digitaler Schaltungen; B. G. Teubner, Stuttgart, 1973

GoRo81 Goel, R.; Rosales, B.C.: PODEM-X: An automatic test generation system for VLSI logic structures; in: Proc. 18th Design Automation Conference, pp. 260-268, 1981

GoTh80 Goldstein, J.L.; Thigpen, E.L.: SCOAP: Sandia Controllability/Observability Analysis Program; in: Proc. 17th Design Automation Conference, 1980

Gutb88 P. Gutberlet: Entwurf eines schnellen Matrizenmultiplizierers; Studienarbeit Fakultät Informatik, Universität Karlsruhe, 1988

GuPr88 Gupta, S. K.; Pradhan, D. K.: A New Framework for Designing & Analyzing BIST Techniques: Computation of Exact Aliasing Probability; in: Proc. IEEE International Test Conference, Washington 1988

GGBr89 Gupta, R. et al.: An Efficient Implementation of the BALLAST Partial Scan Architecture; in: Proc. VLSI'89, Conference on Very large Scale Integration, München, 1989

GHK87 Görlich, S. et al.: Integriertes Elektronenstrahlmeßsystem; 20. Kolloquium des Arbeitskreises für Elektronenmikroskopische Direktabbildung und Analyse von Oberflächen (EDO), Bremen, 13.-19. 9. 1987

GÖRL87 Görlich, S. et al.: Integration of CAD, CAT and Electron Beam Testing for IC-Internal Logic Verification; in: Proc. IEEE International Test Conference, 1987

Hadl69 Hadley, G.: Nichtlineare und dynamische Programmierung; Physica Verlag, Würzburg 1969

Hart62 Hartmanis, J.: Loop-Free Structure of Sequential Machines; Information and Control, pp. 25-43, 1962

Hass84 Hassan, S. Z.: Signature Testing of Sequential Machines; in: IEEE, Trans. on Computers, Vol. C-33, No. 8, August 1984

Haye75 Hayes, J. P.: Testing logic by transition counting; in: Proc. Fault Tolerant Computing Symp. 5, FTCS-5, 1975

Haye80 Hayes, J.P.; Testing memories for single-cell pattern-sensitive faults; in: IEEE Trans. Comp., Vol. C-29, 3, pp. 249-254

Haye82a Hayes, J.P.: A Fault Simulation Methodology for VLSI; in: Proc. 19th Design Automation Conference, 1982, pp. 393-399

Haye82b Hayes, J. P.: A Unified Switching Theory with Apllications to VLSI Design; in: Proc. of the IEEE, Vol. 70, No. 10, 1982

Haye85 Hayes, J. P.: Fault Modeling for Digital MOS Integrated Circuits; in: IEEE, Trans. on Computer-Aided Design, Vol. CAD-3, No. 3, July 1984

Haye85a Hayes, J. P.: Fault Modeling; in: IEEE Design&Test, April 1985, pp. 88-95

Haye86 Hayes, J. P.: Pseudo-Boolean Logic Circuits; in: IEEE, Trans. on Computers, Vol. C-35, No. 7, pp. 602-612 July 1986

HaKr87 Harel, D.; Krishnamurthy, B.: Is there Hope for Linear Fault Simulation? in: Proc. 17th Fault Tolerant Computing Symposium, pp. 28-33, 1987

HaMc83 Hassan, S.Z.; McCluskey, E.J.: Testing PLAs Using Multiple Parallel Signature Analyzers; in: FTCS-13, 1983

HaMc84 Hassan, S.Z.; McCluskey, E.J.: Increased Fault Coverage Through Multiple Signatures; in: FTCS-14, 1984

HaRe86 Ha, D.S.; Reddy, S.M.: On the design of random pattern testable PLA's; in: Proc. IEEE International Test Conference, 1986, pp. 688-695

HaRe87 Reddy, S.M.; Ha, D.S.: Pseudo-Exhaustive Testable PLAs; in: Proc. IEEE International Conference on Computer Design, ICCD'87, New York, 1987

HaRe88 Reddy, S.M.; Ha, D.S.: On the Design of Pseudo-Exhaustive Testable PLAs; in: IEEE Trans. Comp., Vol. C-37, No. 4, 1988, pp. 468-472

HaSr81 Sridhar, T.; Hayes, J.P.: Design of Easily Testable Bit-Sliced Systems; in: IEEE Trans. Comp., Vol. C-30, No. 11, 1981

HaSt85 Hallenbeck, J.J.; Stock, G.N.: Design Verification Testing of VLSI Prototype Circuits; in: VLSI Design, April 1985

Hell90   Hellebrand, S.: Synthese vollständig testbarer Schaltungen; Dissertation, Fakultät für Informatik, Universität Karlsruhe, 1990

HeLe83   Heckmaier, J.H.; Leisengang, D.: Fehlererkennung mit Signaturanalyse; Elektronische Rechenanlagen, 1983, Heft 3

HeRo89   Heap, M.A.; Rogers, W.A.: Generating Single-Stuck-Fault Coverage from a Collapsed-Fault Set; in: Computer, Vol. 22. No. April 1989, pp. 51-58

Hirz89   Hirzer, J.: Ein automatischer Generator für analoge VLSI-Testprogramme; in: Informatik Forschung und Entwicklung, Springer-Verlag 1989, 4, pp. 25-36

HiMi83   Mitchell, M.A.; Hiatt, C.F.: Process Monitoring and Prediction of Yield; in: IEEE Curriculum for Test Technolgoy, 1983

HiSi82   Hirose,F.; Singh,V.: McDDP, A Program for Partitioning Verification Testing Matrices; CRC Technical Report No. 81-13, Stanford, July 1982

Hong78   Hong, S.J.: Fault Simulation Strategy for Combinational Logic Networks; in: Proc. 8th International Symposium of Fault Tolerant Comp. (FTCS-8) pp. 96-99, 1978

Hugh88   Hughes, J.L.A.: Multiple Fault Detection using Single Fault Test Sets; in: IEEE Trans. on Computer-Aided Design, Jan. 1988, Vol. 7, No. 1, pp. 100-108

Hung87   Hunger, A.: Untersuchungen zur Wirksamkeit von Rechnertests; Verlag TÜV Rheinland, 1987

HuAb84   Hua, K. et al.: Built-in Tests for VLSI Finite State Machines; in: Proc. 14th Symp. Fault-Tolerant Computing, 1984

HIKY88   Hiraishi, H.; Kawahara, K.; Yajima, S.: Locally Exhaustive Testing of Combinational Circuits Using Linear Logic Circuits; in: Journal of Information Processing, Vol. 11, No. 3, 1988, pp. 191-198

HKL87   Lathrop, R.H. et al.: Functional Abstraction From Structure in VLSI Simulation Models; in: Proc. 24th Design Automation Conference, Miami Beach, 1987

HORT89   Hortensius, P.D. et al.: Cellular Automata-Based Pseudorandom Number Generators for Built-In Self-Test; in: IEEE Trans. on Computer-Aided Design, Vol. 8, No. 8, August 1989, pp. 842-859

HRA88   Hassan, A. et al.: Testing and Diagnosis of Interconnects using Boundary Scan Architecture; in: Proc. IEEE International Test Conference, Washington 1988, pp. 126-137

IbSa75   Ibarra, O.H.; Sahni, S.K.: Polynomially Complete Fault Detection Problems; in: IEEE Trans. on Comp., Vol. C-24, No. 3, 1975

IvAg87   Ivanov, A.; Agarwal, V. K.: On A Fast Method to Monitor the Behaviour of Signature Analysis Registers; in: Proc. IEEE International Test Conference, Washington 1987, pp. 645-655

IvAg88   Ivanov, A.; Agarwal, V. K.: An Iterative Technique for Calculating the Aliasing Probability of Linear Feedback Signature Registers; Proc. FTCS-18, Tokyo 1988, pp. 70-75

IvAg89   Ivanov, A.; Agarwal, V. K.: An Analysis of the Probabilistic Behavior of Linear Feedback Signature Registers; in: IEEE Trans. on Computer-Aided Design, Vol. 8, No. 10, Oct. 1989, pp. 1074-1088

IYEN88   Iyengar, V.S. et al.: Delay Test Generation 1 & 2; in: Proc. IEEE International Test Conference, Washington 1988, pp. 857-876

JaSt86   Jain, S.K.; Stroud, C.E.: Built-In Self Testing on Embedded Memories; in: IEEE Design & Test, October 1986, pp. 27- 38

JaYa89   Jarwala, N.; Yau, C. .: A New Framework for Analyzing Test Generation and Diagnosis Algorithms for Wiring Interconnects; in: Proc. IEEE International Test Conference, Washington 1989, pp. 63-70

JePe82   Jensen, F.; Petersen, N.E.: Burn-In; John Wiley& Sons, Chichester, U. K., 1982

John75 Johnson, D.B.: Finding all the elementary circuits of a directed graph; in: SIAM J. Comput., Vol. 4, No. 1, March 1975, S. 77 - 84

Jung87 Jungnickel, D.: Graphen, Netzwerke und Algorithmen; Bibliographisches Institut, Zürich, 1987

JTAG88 JTAG: A Test Access Port and Boundary Scan Architecture. JTAG, Version 2.0, April 1988.

JTAG89 JTAG: Standard Test Access Port and Boundary-Scan Architecture. JTAG, Draft D5, June 1989.

Karp72 Karp, R.M.: Reducibility Among Combinatorial Problems, in: Complexity of Computer Computations (ed. Miller and Thatche, pp. 85-104, Plenum Press, 1972

KaAB86 Kalinowki, J.; Albicki, A.; Beausang, J.: Test Control Signal Distribution in Self-Testing VLSI Circuits. Proc. in: IEEE International Conference on Computer-Aided Design, ICCAD, Santa Clara, Nov. 1986, pp. 60-63.

KaLu83 Karp, R.M., Luby, M.: Monte-carlo Algorithms for Enumeration and Reliability Problems; in: Proc. Annual Symp. on Foundations of Computer Science, 1983, pp. 56-64

Khab84 Khabaz, J.: A Testable PLA Design with Low Overhead and High Fault Coverage; in: IEEE Trans. Comp., Vol. C-33, No 8, 1984

KhMc82 Khabaz, J.; McCluskey, E. J.: Concurrent Error Detection and Testing for Large PLAs; in: IEEE J. Solid-State Circuits, Vol. SC-17, 1982, 386-394

KiSa82 Kime, C. R.; Saluja, K. K.: Test Scheduling in Testable VLSI Circuits; in: Dig. International Symposium on Fault-Tolerant Computing, FTCS-12, Santa Monica, June 1982, pp. 406-412.

KiSa84 Kinoshita, K.; Saluja, K.K.: Built-In Testing of Memory Using On-Chip Compact Testing Scheme; in: Proc. IEEE International Test Conference, 1984, pp. 271-281

KnHa77a Knaizuk, J., Jr.,; Hartmann, C.R.P.: An algorithm for testing stuck-at faults in random access memories; in: IEEE Trans. on Computers, Vol. C-26, No. 4, 1977

KnHa77b Knaizuk, J., Jr.,; Hartmann, C.R.P.: An optimal algorithm for testing stuck-at faults in random access memories; in: IEEE Trans. on Computers, Vol. C-26, No. 4, 1977

KnTr89 Knopf, R.; Trischler, E.: CERBERUS: A Hierarchical DFT Rule Checker; in: Proc. 1st European Test Conference, Paris, 1989

Koep87 Koeppe, S.: Optimal Layout to Avoid CMOS Stuck-Open Faults; in: Proc. 24th Design Automation Conference, Miami Beach 1987

KoOk84 Oklobdzija, V.G.; Kovijanic, P.G.: On Testability of CMOS-Domino Logic; in: Proc. FTCS-14, 1984

Kris87 Krishnamurthy, B.: Hierarchical Test Generation: Can AI Help? in: Proc. IEEE International Test Conference, 1987

KrAl 85 Krasniewski, A.; Albicki, A.: Self-Testing Pipelines. in: Proc. IEEE International Conference on Computer Design, ICCD, Port Chester, Oct. 1985, pp. 702-706.

KrAl 85a Krasniewski, A.; Albicki, A.: Automatic Design of Exhaustively Self-Testing Chips with BILBO Modules; in: Proc. IEEE International Test Conference, Philadelphia, Nov. 1985, pp. 362-371.

KrPi89 Krasniewski, A.; Pilarski, S.: Circular Self-Test Path: A Low-Cost BIST Technique for LVSI Circuits; in: IEEE Transaction on Computer-Aided Design, Vol. CAD-8, No. 1, Jan. 1989, pp. 46-55

KrTo86 Krishnamurthy, B.; Tollis, I.G.: Improved Techniques for Estimating Signal Probabilities; in: Proc. IEEE International Test Conference, 1986, pp. 244-251.

Kunz89 Kunzmann, A.B.: Test synchroner Schaltwerke auf der Basis partieller Prüfpfade; Fortschrittsberichte VDI, Reihe 10, Nr. 117, VDI-Verlag 1989

KuSa84 Kuban, J.; Salick, J.: Testability features of the MC68020; in: Proc. IEEE International Test Conference, 1984, pp. 821-826.

KHT88   Kim, K. et al: On Using Signature Registers As Pseudorandom Pattern Generators in Built-In Self-Testing; in: IEEE Transaction on Computer-Aided Design, Vol. CAD-7, No. 8, Aug. 1988, pp. 919-928

KMZ79   Koenemann, B. et al.: Built-In Logik Block Observation Techniques; in: Proc. Test Conference, Cherry Hill 1979, New Jersey

KTH88   Kim, K. et al.: Automatic Insertion of BIST Hardware Using VHDL; in: Proc. 25th ACM/IEEE Design Automation Conference; 1988, pp. 9-15

Lala85   Lala, P.K.: Fault tolerant & fault testable hardware design; Prentice/Hall, 1985

Lang65   Lang, S.: Algebra; Addison-Wesley, Reading, 1965

Leis82   Leisengang, D.: Berechnung von Fehlererkennungswahrscheinlichkeiten bei Signaturregistern; in: Elektronische Rechenanlagen, 1982, Heft 2

LiMc88   Liu, D.L.; McCluskey, E.J.: Design of Large Embedded CMOS PLA's for Built-In Self-Test; in: IEEE Trans. on Computer-Aided Design, Jan. 1988, Vol. 7, No. 1, pp. 50-49

LiNi86   Lidl, R.; Niederreiter, H.: Introduction to finite fields and their applications; Cambridge University Press, Cambridge 1986

LiRe87   Lin, C.J.; Reddy, S.M.: On Delay Fault Testing in Logic Circuits; in: IEEE Trans. on Computer-Aided Design, Vol. CAD-6, No. 5, Sept. 1987, pp. 694-703

Lüne79   Lüneburg, H.: Galoisfelder, Kreisteilungskörper und Schieberegisterfolgen; Mannheim, Wien, Zürich: Bibliographisches Institut, 1979

LBDG86   Lisanke, R. et al.: Testability-Driven Random Pattern Generation; in: Proc. ICCAD, November 1986

LBDG87   Lisanke, R. et al.: Testability-Driven Random Test-Pattern Generation; in: IEEE Trans. on Computer-Aided Design, Vol. CAD-6, No. 6, Nov. 1987, pp. 1082-1087

LSU87   Liu, C.-Y., Saluja, K.K., Upadhyaya, J.S.: BIST-PLA: A Built-In Self-Test Design of Large Programmable Arrays; in: Proc. 24th Design Automation Conference, Miami Beach, 1987

Maho87   Mahoney, M.: DSP-Based Testing of Analog and Mixed-Signal Circuits; IEEE Computer Society Press, 1987

Maly87   Maly, W.: Realistic Fault Modeling for VLSI Testing; in: Proc. 24th Design Automation Conference, Miami Beach 1987

Mang84   Mangir, T., E.: Sources of Failures and Yield Improvement for VLSI and Restructurable Interconnects for RVLSI and WSI: Part I; in: Proc. of the IEEE, Vol. 72, No. 6, June 1984, pp. 690 - 708

Marl86   Marlett, R.: An Effective Test Generation System for Sequential Circuits; in: Proc. 23rd Design Automation Conference, 1986, pp. 250-256

MaEs67   Martin, D.E.; Estrin, G.: Models of Computational Systems - Cyclic to Acyclic Graph Transformations; in: IEEE Trans. on Electronic Computers, Vol. EC-16, No. 1, Feb. 1967, pp. 70-79

MaRa88   Maamari, F.; Rajski J.: A Reconvergent Fanout Analysis for Efficient Exact Fault Simulation of Combinational Circuits; in: Proc. FTCS-18, Tokyo 1988

MaWu85   Mallela, S.; Wu, S.: A Sequential Circuit Test Generation System; in: Proc. IEEE International Test Conference, 1985, pp. 57-61

MaYa84   Malaiya, Y.K.; Yang, S.: The Coverage Problem for Random Testing; in: Proc. IEEE International Test Conference, 1984, 237-245

McBo81   McCluskey, E.J.; Bozorgui-Nesbat, S.: Design for Autonomous Test; in: IEEE Trans. Comp., Vo. C-30, No. 11, 1981; und in:IEEE Trans. on Circuits and Systems, Vol. CAS-28, No. 11, November 1981

McCl71   McCluskey, E.J.; Clegg, F.W.: Fault Equivalence in Combinational Logic Networks; in: IEEE Trans. on Computers, Vol. C-20, No.11, Nov. 1971, pp. 1286-1293

McCl84 McCluskey, E.J.: Verification Testing - A Pseudoexhaustive Test Technique; in: IEEE Trans. on Computers, Vol. C-33, No.6, June 1984

McCl84a McCluskey, E.J.: A Survey of Design for Testability Scan Techniques; in: VLSI Design, Dec. 1984

McCl86 McCluskey, E.J.: Logic Design Principles: With Emphasis on Testable Semi-c u s t o m   C i r c u i t s Prentice-Hall International Editions, 1986

McSa88 McAnney, W.H.; Savir, J.: Built-In Checking of the Correct Self-Test Signature; in: IEEE Trans. on Computers, Vol. C-37, No.9, September 1988, pp. 1142-1145

McSh87 Shperling, I.; McCluskey, E. J: Circuit Segmentation for Pseudo-Exhaustive Testing via Simulated Annealing; in: International Test Conference 1987, pp. 58 - 65

Mei74 Mei, K.C.Y.: Bridging and Stuck-At Faults; in: IEEE Trans. on Computers, Vol. C-23, No.7, July 1974, pp. 720-729

MeCo80 Mead, C.; Conway, L.: Intruduction to VLSI Systems; Addison Wesley, 1980

Micz83 Miczo, A.: The Sequential ATPG: A Theoretical Limit; in: Proc. IEEE International Test Conference, 1983, pp. 143-147

Micz86 Miczo, A.: Digital Logic Testing and Simulation; Harper Publishers, New York, 1986

Muro82 Muroga, S.: VLSI System Design; John Wiley & Sons, 1982

Murp64 Murphy, B.T.: Cost-Size Optima of Monolithic Integrated Circuits; in: Proc. IEEE, 52, 1964

Muth76 Muth, P.: A nine-valued circuit model for test generation; in: IEEE Trans. Comp., Vol C-25, No. 6, 1976

MALY86 Maly, W. et al: VLSI Yield Prediction and Estimation: A Unified Framework; in: IEEE Transaction on Computer-Aided Design, Vol. CAD-5, No. 1, Jan. 1986

MBG84 McAnney, W.H. et al.: Random testing for stuck-at storage cells in an embedded memory; in: Proc. IEEE International Test Conference, 1984, pp. 157-166

MPC88 McFarland, M.C.; Parker, A. C.; Camposano, R.: Tutorial on High Level Synthesis; in: Proc 25th Design Automation Conference, 1988

MPF88 Mazumdar, P. et al.: Methodologies for Testing Embedded Content Addressable Memories; in: IEEE Trans. on Computer-Aided Design, Jan. 1988, Vol. 7, No. 1, pp. 11-20

Nair79 Nair, R.: Comments on an optimal algorithm for testing stuck-at faults in random access memories; in: IEEE Trans. Comp., Vol C-28, No. 6, 1979

NeYu83 Nemirovsky, A.S.; Yudin, D.B.: Problem Complexity and Method Efficiency in Optimization John Wiley & Sons, 1983

Nico85 Nicolaidis, M.: An efficient built-in self test scheme for functional test of embedded RAM's; in: Proc. IEEE International Test Conference, 1985, pp. 118-123

NoWi84 Novicki, E.: VLSI Board Designs Demand Enhanced Testing Capabilities; in: Electron. Test, April 1984

NTA78 Nair, R. et al.: Efficient algorithms for testing semiconductor random access memories; in: IEEE Trans. Comp., Vol C-27, No. 6, 1979, pp. 572-576

OsHo79 Ostapko, D.L.; Hong, S.J.: Fault Analysis and Test Generation for PLAs; in: IEEE Trans. Comp., Vol C-28, 9, 1979, pp. 617-627

Pany86 Pany, C.J.: Simplifying analog device test program generation; in: Proc. IEEE International Test Conference, 1986, pp. 286-290

Parr83 Parrilo, L.C.: VLSI Prozeß Integration; in: VLSI-Technology, McGraw-Hill, 1983

Pata83 Patashnik, O.: Circuit Segmentation for Pseudo-Exhaustive Testing; CRC Technical Report No. 83-14, Stanford, October 1983

PaMc75   Parker, K.P.; McCluskey, E.J.: Analysis of Logic Circuits with Faults Using Input Signal Probabilities; in: IEEE Trans. Comp., Vol. C-24, No. 5, May 1975

PaMc75a Parker, K.P.; McCluskey, E.J.: Probabilistic Treatment of General Combinational Networks; in: IEEE Trans. Comp., Vol. C-24, No. 6, June 1975

PaWi82   Williams, T.W.;Parker, K.P.: Design for Testability; in: IEEE Trans. Comp., Vol. C-31, No. 1, Jan. 1982, 2-15

Pear83   Pearce, C. W.: Crystal Growth and Wafer Preparation; in: VLSI-Technology (Sze, S.M. ed.), McGraw-Hill, 1983 ISBN 0-07-062686-3

PeWe72   Peterson, W. W.; Weldon, E. J.: Error-Correcting Codes; MIT Press, Cambridge 1972

Poag63   Poage, J.F.: Derivation of Optimum Tests to Detect Faults in Combinational Circuits; in: Proc. Symp. on Mathematical Theory of Automata (April 1962), pp 483-528, Polytechnic Press, New York, 1963

PRAD87   Pradhan, M.M; Tulloss, R.E.; Bleeker, H.; Beenker, F.: Developing a Standard for Boundary Scan Implementation; in: Proc. IEEE International Conference on Computer Design, ICCD'87, New York 1987

Ramm86   Rammig, F. J.: Mixed Level Modeling and Simulation of VLSI Systems; in: Logic Design and Simulation (ed. E. Hörbst), North-Holland, 1986

Regh86   Reghbati, H.K.: Fault Detection in PLAs; in: IEEE Design & Test of Computers, Dec. 1986, pp. 43-50

ReRe86   Reddy, S.M.; Reddy, M.,K.: Testable Realizations for FET Stuck-Open Faults in CMOS Combinational Logic Circuits; in: IEEE Trans. on Computers, Vol. C-35, No. 8, 1986, pp. 742-754

Rich83   Rich, E.: Artificial Intelligence; McGraw-Hill International Editions, 1983

Ride79   Rideout, V.L.: One Device Cells for Dynamic Random Access Memories: A Tutorial; in: IEEE Trans. Electron. Devices, Vol. 26, 6, 1979

Ross83   Ross, M.S.: Stochastic Processes; Wiley, New York, 1983

Roth66   Roth, J.P.: Diagnosis of Automata Failures. A Calculus and a Method; in: IBM J. of Res. and Development, V. 9, No. 2, 1966

Roth75   Roth, J.P.: Computing Minimal Test Assemblages; in: IBM Technical Disclosure Bulletin, Vol. 18, No. 2, July 1975

Roth78   Roth, J.P.: Sequential Test Generation; in: IBM Technical Disclosure Bulletin, Vol. 20, No. 8, Jan. 1978

Roth80   Roth, J.P.: Computer Logic, Testing, and Verification; Pitman, 1980

RoCa89   Rosenstiel, W.; Camposano, R.: Rechnergestützter Entwurf hochintegrierter MOS-Schaltungen; Springer Hochschultext, 1989

RoLa84   Roberts, M. W.; Lala, M. Sc.: An Algorithm for the Partitioning of logic circuits; in: IEE Proceedings, Vol. 131, Pt.E., No.4,July 1984, pp. 113-118

REDD83   Reddy, S.M. et al.: On Testable Design for CMOS Logic Circuits; in: Proc. International Test Conference, 1983

REDD87   Reddy, S.M. et al.: An Automatic Test Pattern Generator for the Detection of Path Delay Faults; in: Proc. IEEE International Conference on CAD, ICCAD, 1987, 284-287

REDD88   Pramanick, A.K.; Reddy, S.M.: On the Detection of Delay Faults; in: Proc. IEEE International Test Conference, 1988, pp. 857-866

RLG89   Robach, C. et al.: Knowledge-Based Functional Specification of Test and Maintenance Programs; in: IEEE Trans. on Computer-Aided Design, Vo. 8, No. 11, pp. 1145-1156

Savi80   Savir, J.: Syndrome-Testable Design of Combinational Circuits; in: IEEE Trans. on Comp., Vol. C-29, No. 6, 1980

SaBa84   Savir, J.; Bardell, P.H.: On Random Pattern Test Length; IEEE Trans. Comp., Vol. C-33, No. 6, June 1984

SaMc88 Savir, J.; McAnney, W.H.: Random Pattern Testability of Delay Faults; in: IEEE Trans. Computers, Vol. C-37, No. 3, pp. 291-300, 1972

Schm88 Schmieder, M.: Analytische und probabilistische Verfahren zur Bestimmung optimaler Zufallstests für programmierbare logische Arrays; Diplomarbeit am Institut für Rechnerentwurf und Fehlertoleranz, Universität Karlsruhe, 1988

Schn67 Schneider, P.R.: On the Necessity to Examine D-Chains in Diagnostic Test Generation - An Example; in: IBM J. Res. Dev., vol. 11, no. 1, Jan. 1967

Schu88 Schulz, M.H.: Testmustergenerierung und Fehlersimulation in digitalen Schaltungen mit hoher Komplexität; Informatik-Fachberichte 173, Springer-Verlag 1988

ScAu88 Schulz, M.; Auth, E.: Advanced Automatic Test Pattern Generation and Redundancy Identification Techniques; in: Proc. FTCS-18, 1988

ScAu89 Schulz, M.; Auth, E.: Essential: An Efficient Self-Learning Test Pattern Generation Algorithm for Sequential Circuits; in: Proc. IEEE International Test Conference, 1989

ScMe72 Schertz, D.R.; Metze, G.: A New Representation for Faults in Combinational Digital Circuits; in: IEEE Trans. Computers, Vol. C-21, pp. 858-866, August 1972

SeBs88 Seroussi, G., Bshouty, N. H.: Vector Sets for Exhaustive Testing of Logic Circuits; in: IEEE Trans. on Information Theory, Vol. 34, No. 3, May 1988, pp. 513-522

ShMF85 Shen, J.P. et al.: Inductive Fault Analysis of NMOS and CMOS Integrated Circuits; Research Report No. CMUCAD-85-51, Carnegie Mellon University, Pittsburgh, 1985

Simo80 Simonyi, K.: Theoretische Elektrotechnik; VEB Deutscher Verlag der Wissenschaften, Berlin 1980

Smit79 Smith, J.E.: Detection of Faults in PLAs; in: IEEE Trans. Comp., Vol. C-28, No. 11, Nov. 1979

SmWa75 Smith, G.W.; Walford, R.B.: The Identification of a Minimal Feedback Vertex Set of a Directed Graph; in: IEEE Transactions on Circuits and Systems, Vol. CAS-22, No. 1, Jan. 1985, pp. 9-15

Son85 Son, K.: Rule Based Testability Checker and Test Generator; in: Proc. International Test Conference, pp. 884-889, 1985

Spir85 Spiro, H.: Simulation integrierter Schaltungen; R. Oldenburg Verlag, München, Wien 1985

Stap75 Stapper, C.H.: On a Composite Model to the I.C. Yield Problem; IEEE J. Solid State Circuits, SC10, 1975

Stap76 Stapper, C.H.: LSI Yield Modeling and Process Monitoring; IBM J. Res. Dev., 20(3), May 1976

Stap83 Stapper, C.H.: Modeling of Integrated Circuit Defect Sensitivities; IBM J. Res. Dev., 27(6), November 1983

Stew78 Steward, J.H.: Application of SCAN/SET for Error Detection and Diagnostics; in: Proc. International Test Conference, 1978

Stra86 Strassen, V.: The Asymptotic Spectrum of Tensors and the Exponent of Matrix Multiplication; in: Proc. of 27th Annual STOC, pp. 49-54, 1986

Stro88 Stroud, C.E.: Automated BIST for Sequential Logic Synthesis; in: IEEE Design & Test, Dec. 1988, pp. 22-31

SuRe80 Suk, D.S.; Reddy, S.M.: Test procedures for a class of pattern-sensitive faults in random access memories; in: IEEE Trans. Comp., Vol. C-29, No. 6, June 1980

SzTh75 Thompson, E.W.; Szygenda, S.A.: Parallel Fault Simulation; in: Computer, March 1975

Sze83 Sze, S. M.: VLSI-Technology, McGraw-Hill Book Company 1983 ISBN 0-07-062686-3

SAVI83 Savir, J. et al.: Random Pattern Testability; in: Proc. Fault Tolerant Computing Symp. (FTCS) 13, 1983

SAVI84 Savir, J. et al.: Random Pattern Testability; in: IEEE Trans. Comp., Vol. C-33, No. 1, Jan. 1984

SCHN75 Schnurmann et al.: The Weighted Random Test-Pattern Generator; in: IEEE Trans. Comp., Vol. C-24, No. 7, July 1975

SELL68 Sellers, F.F. et al.: Analyzing Errors with the Boolean Difference; in: IEEE Trans. Comp., Vol C-17, no. 7, July 1968

SETH85 Seth, S.C.; Pan, L.; Agrawal, V.D.; PREDICT - Probabilistic estimation of digital circuit testability; in: Proc. FTCS-15, Ann Arbor, June 1985, pp. 220-225

SETH86 Seth, S.C.; Bhattacharya, B.B.; Agrawal, V.D.: An Exact Analysis for Efficient Computation of RandomPattern Testability in Combinational Circuits; in: Proc. FTCS-16, Wien, July 1986, pp. 318-323

SFF89a Schulz, M.H.; Fuchs, K.; Fink, F.: Advanced Automatic Test Pattern Generation Techniques for Path Delay Faults; in: Proc. 19th Symposium on Fault-Tolerant Computing, 1989

SFF89b Schulz, M.H.; Fink, F.; Fuchs, K.: Parallel Pattern Fault Simulation of Path Delay Faults; in: Proc. 26th Design Automation Conference, 1989, pp. 357-363

SPICE80 Hoefer, E.E.; H. Nielinger, H.: SPICE: Analyseprogramm für elektronische Schaltungen, Springer, 1985

SSK87 Saluja, K.K. et al.: Built-In Self-Testing RAM: A Practical Alternative; in: IEEE Design & Test, Febr. 1987, pp. 42-51

SST88 Schulz, M. et al.: SOCRATES: A Highly Efficient Automatic Test Pattern Generation System; in: IEEE Trans. on Computer-Aided Design, Jan. 1988, pp. 126-137

Tarj74 Tarjan, R.E.: Finding Dominators in a directed graph; in: SIAM Journ. of Computing, Volume 3, 1974 pp. 62-89

TaCh84a Tang, D. T.; Chen, C. L.: Iterative Exhaustive Pattern Generation for Logic Testing; in: IBM J. Res. Develop., Vol. 28, No. 2, March 1984

TaCh84b Tang, D. T.; Chen, C. L.: Logic Test Pattern Generation Using Linear Codes; in: IEEE Transaction on Computers, Vol. C-33, No. 9, September 1984

ThAb77 Thatte, S.M.; Abraham, J.A.: Testing of semiconductor random access memories; in: Proc. 7th Fault Tolerant Computing Symp., FTCS-7, Los Angeles, pp. 81-87

Tier70 Tiernan, J.C.: An efficient search algorithm to find the elementary circuits of a graph; in: Comm. ACM, 13 (1970), S. 722-726

To73 To, K.: Fault Folding for Irredundant and Redundant Combinational Circuits; in: IEEE Transaction on Computers, Vol. C-22, No. 11, Nov. 1973, pp. 1008-1015

Tolk37: Tolkien, J.R.R.: The Hobbit or There and Back Again; George Allen & Unwin, Ltd., London, 1937

Tris83 Trischler, E.: Testability analysis and incomplete scan path; in: Proc. ICCAD 1983, S. 38 - 39

TFA85 Treuer, R. et al.: Implementing a Built-in Self-Test PLA Design; in: IEEE Design and Test, Vol. 2, No. 2, April 1985

TI74 The TTL Data Book; Texas Instruments, 1974

Udel88 Udell, J. G., Jr. Reconfigurable Hardware for Pseudoexhaustive Test in: Proc. IEEE International Test Conference 1988, pp. 522 - 530

UlBa73 Ulrich, E.G. and Baker, T.: The Concurrent Simulation of Nearly Identical Digital Networks; in: Proc. of 10th Design Automation Workshop, vol. 6, pp. 145-150, 1973

VaMa85 Vasanthavada, N.; Marinos, P.N.: An Operationally Efficient Scheme for Exhaustive Test-Pattern Generation Using Linear Codes; in: Proc. IEEE International Test Conference 1985, pp. 476 - 482

VoPl88 Voelkel, L.; Pliquett, J.: Signaturanalyse; Akademie-Verlag Berlin , 1988

VARM84 Varma, P. et al.: An analysis of the economics of self-test; in: Proc. International Test Conference, 1984

VENU86 Hörbst, E.; Nett, M.; Schwärtzel, H.: VENUS - Entwurf von VLSI-Schaltungen; Springer-Verlag, 1986

Wads78 Wadsack, R.L.: Fault Modeling and Logic Simulation of CMOS and MOS Integrated Circuits; in: The Bell System Technical Journal, Vol. 57, No. 5, May-June 1978

Waer66 van der Waerden, B. L.: Algebra I, II; Springer, Berlin 1966

Wagn87 Wagner, K.D. et al.: Pseudorandom Testing; in: IEEE Trans. Comp., Vol. C-36, No. 3, 1987

Walk87 Walker, D.M.H.: Yield Simulation for Integrated Circuits; Boston u. a.: Kluwer, 1987

WaLi88 Waicukauski, J.; Lindbloom, E.: Fault Detection Effectiveness of Weighted Random Patterns; in : Proc. 1988 International Test Conference

WaMc86 Wang, L.T.; McCluskey, E.J.: Circuits for Pseudo-Exhaustive Test Pattern Generation; in: Proc. IEEE International Test Conference, 1986

WaMc86a Wang, L.T.; McCluskey, E.J.: Complete Feedback Shift Register Design for Built-in Self-Test; in: Proc. IEEE International Conference on Computer-Aided Design, 1986

WaMc86b Wang, L.; McCluskey, E.J.: Condense Linear Feedback Shift Register Testing - A Pseudo-exhaustive Test technique; in: IEEE Transactions on Computers, Vol. C-35, No. 4, April 1986

WaMc87 Wang, L.T.; McCluskey, E.J.: Circuits for Pseudo-Exhaustive Test Pattern Generation Using Shortened Cyclic Codes; in: Proc. IEEE International Conference on Computer Design 1987

WeEs85 Weste, N.; Eshragian, K.: Principles of CMOS VLSI-Design; Addison-Wesley, 1985

WiBr81 Williams, T.W., Brown, N.C.: Defect Level as a Function of Fault Coverage; in: IEEE Trans. Comp. Vol. C-30, No. 12, Dec. 1981

WiDa89 Williams, T. W.; Daehn, W.: Aliasing Errors in Multiple Signature Analysis Registers; in: Proc. 1st European Test Conference, Paris 1989, pp. 338-345

Will81 Williams, T.W.: Design for Testability; in: Computer Design Aids for VLSI Circuits, P. Antognetti et al. (eds.), Sijthoff & Nordhoff, 1981

Will86 Williams, R. M.: IBM Perspectives on the Electrical Design Automation Industry; Keywords to IEEE Design Automation Conference, 1986

Wolf86 Wolfgang, E.: Electron Beam Testing; in: Automation '86 High Technology Computer Conference Proceedings, March 10-12, 1986, Houston, Texas

Wu84 Wunderlich, H.-J.: Zur statistischen Analyse der Testbarkeit digitaler Schaltungen; Interner Bericht 18/84, Fakultät für Informatik der Universität Karlsruhe, 1984

Wu85 Wunderlich, H.-J.: PROTEST: A Tool for Probabilistic Testability Analysis; in: Proc. IEEE and ACM 22nd Design Automation Conference, 1985, Las Vegas, pp. 204-211

Wu87 Wunderlich, H.-J.: Probabilistische Verfahren für den Test hochintegrierter Schaltungen; Informatik-Fachberichte 140, Springer-Verlag 1987, Berlin, Heidelberg, New York, Tokyo

Wu87a Wunderlich, H.-J.: Self Test Using Unequiprobable Random Patterns in: Proc. IEEE 17th International Symposium on Fault-Tolerant Computing, FTCS-17, Pittsburgh 1987, pp. 258-263

Wu87b Wunderlich, H.-J.: On Computing Optimized Input Probabilites for Random Tests; in: Proc. IEEE and ACM 24th Design Automation Conference, Miami Beach 1987, pp. 392-398

Wu87c Wunderlich, H.-J.: The Random Pattern Testability of Programmable Logic Arrays; in: Proc. IEEE ICCD'87, New York 1987, pp. 682-685

Wu88 Wunderlich, H.-J.: Multiple Distributions for Biased Random Test Patterns; in: Proc. IEEE International Test Conference, Washington 1988, pp. 236-244

Wu89 Wunderlich, H.-J.: The Design of Random-Testable Sequential Circuits; in: Proc. 19th International Symposium on Fault-Tolerant Computing, FTCS-19, IEEE, Chicago 1989

Wu90 Wunderlich, H.-J.: The Efficient Evaluation of Test Sets; erscheint demnächst

Wu90a Wunderlich, H.-J.: Multiple Distributions for Biased Random Test Patterns; IEEE Transactions on Computer-Aided Design, No 6, 1990,pp. 584-593

WuEs90 Eschermann, B.; Wunderlich, H.-J.: A Synthesis Approach to Reduce Scan Design Overhead; in: 1st European Design Automation Conference, EDAC, Glasgow, 1990

WuHa89 Haberl, O.; Wunderlich, H.-J.: The Synthesis of Self-Test Control Logic; in: Proc. COMPEURO 89, May 8-12, 1989, Hamburg

WuHa90 Haberl, O.; Wunderlich, H.-J.: HIST - Hierarchischer Selbsttest; Interner Bericht, Fakultät für Informatik, Universität Karlsruhe, 1/1990

WuHe88 Wunderlich, H.-J.; Hellebrand, S.: Generating Pattern Sequences for the Pseudo-Exhaustive Test of MOS-Circuits; in: Proc. IEEE 18th International Symposium on Fault-Tolerant Computing, FTCS-18, Tokyo 1988, pp. 36- 45

WuHe88a Wunderlich, H.-J.; Hellebrand, S.: Automatisierung des Entwurfs vollständig testbarer Schaltungen; in: Proc. GI - 18. Jahrestagung II, Hamburg 1988, Informatik-Fachberichte 188, Springer-Verlag, 145-159

WuHH90 Hellebrand, S.; Wunderlich, H.-J.; Haberl, O.F.: Generating Pseudo-Exhaustive Vectors for external Testing; in: Proc. IEEE International Test Conference, Washington 1990

WuHe90 Wunderlich, H.-J.; Hellebrand, S.: Tools and Devices Supporting the Pseudo-Exhaustive Test; in: 1st European Design Automation Conference, EDAC, Glasgow, 1990

WuKe89a Kesel, F.; Wunderlich, H.-J.: Parametrisierte Speicherzellen zur Unterstützung des Selbsttests mit optimierten und konventionellen Zufallsmustern; in: GMD Berichte, 4. E.I.S.-Workshop, Bonn 21./22. 2. 1989, pp. 75-84

WuKe89b Kesel, F.; Wunderlich, H.-J.: Automatische Synthese selbsttestbarer Moduln für hochkomplexe Schaltungen; in: Tagungsband Mikroelektronik, 3.-5. Oktober 1989, Stuttgart

WuKu85 Kunzmann, A.B.; Wunderlich, H.-J.: Design Automation of Random Testable Circuits; in: Proc. ESSCIRC'85, Toulouse 1985, pp 277-285

WuKu90 Kunzmann, A.B.; Wunderlich, H.-J.: An Analytical Approach to the Partial Scan Problem; in: JETTA, Journal of Electrontic Testing - Theory and Application, 2/1990

WuMa90 Maxwell, P.; Wunderlich, H.-J.: The Effectiveness of Different Test Sets for PLAs; in: 1st European Design Automation Conference, Glasgow, 1990

WuRo86 Wunderlich, H.-J., Rosenstiel, W.:On Fault Modeling for Dynamic MOS Circuits; in: Proc IEEE and ACM 23rd Design Automation Conference, 1986, Las Vegas, pp. 540-546

WuSc86a D. Schmid, R. Camposano, A. Kunzmann, W. Rosenstiel, H.-J. Wunderlich: The Integration of Test and High Level Synthesis in a General Design Environment; in: Proc. ICTC, Integrated Circuits Technology Conference, Limerick, Irland, 1986, pp. 317-331

WuSc86 Schmid, D.; Wunderlich, H.-J.: Logikbaustein zur Erzeugung von ungleich verteilten Zufallsmustern für integrierte Schaltungen; Patentschrift P3639577.3, Deutsches Patentamt München, 20. 11. 1986

WuSc88 Schmid, D.; Wunderlich, H.-J. et al: Integrated Tools for Automatic Design for Testability; in: Tool Integration and Design Environments, F.J. Rammig (Editor), Elsevier Science Publishers B. V. (North-Holland), IFIP, 1988, pp. 233-258

WuSc89 Wunderlich, H.-J.; Schulz, M.: Methoden der Prüfvorbereitung; in: Tagungsband Mikroelektronik, 3.-5. Oktober 1989, Stuttgart

WAIC85 Waicukauski, J.A. et al.: Fault Simulation for Structured VLSI; in: VLSI Systems Design, Dec. 1985

WAIC85a Waicukauski, J.A.et al.: A Statistical Calculation of Fault Detection Probabilities by Fast Simulation; in: Proc. International Test Conference, pp. 779-784, 1985

WAIC87 Waicukauski, J.A. et al.: Transition Fault Simulation; in: IEEE Design and Test, April 1987, pp. 32-38

WAIC88 Waicukauski, J.A.; Lindbloom, E.; et al.: WRP: A Method for Generating Weighted Random Patterns; IEEE Design for Testability Workshop, Vail Colorado, 1988

WAIC89 Waicukauski, J.A.; Lindbloom, E.; et al.: WRP: A Method for Generating Weighted Random Patterns; in: IBM Journ. of Research and Development, Vol. 33, No. 2, March 1989, pp. 149-161

WILL86 Williams, T. W.; Daehn, W.; Gruetzner, M.; Starke, C. W.: Comparison of Aliasing Errors for Primitive and Non-Primitive Polynomials; Proc. IEEE International Test Conference, Philadelphia, Sept. 1986, pp. 282-288.

WILL87a Williams, T. W. et al.: Aliasing Errors in Signature Analysis Registers; in: IEEE Design & Test, April 1987, pp. 39-45

WILL87b Williams, T. W. et al.: Aliasing Errors With Primitive and Non-Primitive Polynomials; in: Proc. IEEE International Test Conference, Washington 1987, pp. 637-644

YaJa89 Yau, C. .; Jarwala, N.: A Unified Theory for Designing Optimal Test Generation and Diagnosis Algorithms for Board Interconnects; in: Proc. IEEE International Test Conference, Washington 1989, pp. 71-77

YKL88 Yu, P.S. et al.: Optimal Design and Sequential Analysis of VLSI Testing Strategy; in: IEEE Trans. on Computers, Vol. 37, No. 3, 1988, pp. 339-347

ZhBr88a Zhu, X.-A.; Breuer, M.A.: A Knowledge-Based System for Selecting Test Methodologies; in: IEEE Design & Test, October 1988, pp. 41-59

ZhBr88b Zhu, X.-A.; Breuer, M.A.: Analysis of Testable PLA Designs; in: IEEE Design & Test, August 1988, pp. 14-29

Stichwortverzeichnis

Rückgabedatum